大飞机出版工程　总主编／顾诵芬

民机先进航电系统及应用系列

主编／冯培德　执行主编／金德琨

数字航空电子技术

（第3版）（上）

Digital Avionics Handbook (Third Edition)

【美】C.R. 斯比策（C.R. Spitzer）乌玛·费雷尔（Uma Ferrell）
托马斯·费雷尔（Thomas Ferrell）／著
肖刚　程宇峰／译

内容提要

本书从航空电子技术、元件到列举最新军用与民用飞机的各种现代系统，全面介绍了航空电子技术。本书分为4部分，撰写本书各章的作者均为目前从事该领域研究和发展工作的资深专业人员，并且充分考虑了读者的需求。因此，本书适用于需要航空电子某些方面信息的工程师和其他读者。

Digital Avionics Handbook, Third Edition, / Edited by Cary R. Spitzer, Thomas Ferrell and Uma Ferrell

图书在版编目(CIP)数据

数字航空电子技术 / (美) C. R. 斯比策 (Cary R. Spitzer), (美) 乌玛·费雷尔(Uma Ferrell), (美) 托马斯·费雷尔(Thomas Ferrell)著; 肖刚，程宇峰译. —上海: 上海交通大学出版社, 2019(2020 重印)
大飞机出版工程
ISBN 978-7-313-19749-8

Ⅰ. ①数… Ⅱ. ①C… ②乌… ③托… ④肖… ⑤程…
Ⅲ. ①航空电气设备 Ⅳ. ①V242

中国版本图书馆 CIP 数据核字(2018)第 161447 号

数字航空电子技术(第3版)
SHUZI HANGKONG DIANZI JISHU(DI-SAN BAN)

著　　者: [美] C. R. 斯比策　乌玛·费雷尔　托马斯·费雷尔
译　　者: 肖　刚　程宇峰
出版发行: 上海交通大学出版社
地　　址: 上海市番禺路 951 号
邮政编码: 200030
电　　话: 021-64071208
印　　制: 上海盛通时代印刷有限公司
经　　销: 全国新华书店
开　　本: 710 mm×1000 mm　1/16
印　　张: 54
字　　数: 733 千字
版　　次: 2019 年 12 月第 1 版
印　　次: 2020 年 8 月第 2 次印刷
书　　号: ISBN 978-7-313-19749-8
定　　价: 498.00 元(上下册)

大飞机出版工程
丛书编委会

民机先进航电系统及应用系列
编委会

总序

国务院在2007年2月底批准了大型飞机研制重大科技专项正式立项，得到全国上下各方面的关注。“大型飞机”工程项目作为创新型国家的标志工程重新燃起我们国家和人民共同承载着“航空报国梦”的巨大热情。对于所有从事航空事业的工作者，这是历史赋予的使命和挑战。

1903年12月17日，美国莱特兄弟制作的世界第一架有动力、可操纵、重于空气的载人飞行器试飞成功，标志着人类飞行的梦想变成了现实。飞机作为20世纪最重大的科技成果之一，是人类科技创新能力与工业化生产形式相结合的产物，也是现代科学技术的集大成者。军事和民生对飞机的需求促进了飞机迅速而不间断的发展，体现和应用了当代科学技术的最新成果；而航空领域的持续探索和不断创新为诸多学科的发展和相关技术的突破提供了强劲动力。航空工业已经成为知识密集、技术密集、高附加值、低消耗的产业。从大型飞机工程项目开始论证到确定为《国家中长期科学和技术发展规划纲要》的十六个重大专项之一，直至立项通过，不仅使全国上下重视起我国自主航空事业，而且使我们的人民、政府理解了我国航空事业半个世纪发展的艰辛和成绩。大型飞机重大专项正式立项和启动使我们的民用航空进入新纪元。经过50多年的风雨历程，当今中国的航空工业已经步入了科学、理性的发展轨道。大型客机项目其产业链长、辐射面宽、对国家综合实力带动性强，在国民经济发展和科学技术进步中发挥着重要作用，我国的航空工业迎来了新的发展机遇。

大型飞机的研制承载着中国几代航空人的梦想，在2016年造出与波音737和空客A320改进型一样先进的“国产大飞机”已经成为每个航空人心中奋斗的目标。然而，大型飞机覆盖了机械、电子、材料、冶金、仪器仪表、化工等几乎所有工业门类，集成了数学、空气动力学、材料学、人机工程学、自动控制学等多种学科，是一个复杂的科技创新系统。为了迎接新形势下理论、技术和工程等方面的严峻挑战，迫切需要引入、借鉴国外的优秀出版物和数据资料，总结和巩固我们的经验和成果，编著一套以“大飞机”为主题的丛书，借以推动服务“大型飞机”作为推动服务整个航空科学的切入点，同时对于促进我国航空事业的发展和加快航空紧缺人才的培养，具有十分重要的现实意义和深远的历史意义。

2008年5月，中国商用飞机有限责任公司成立之初，上海交通大学出版社就开始酝酿“大飞机出版工程”，这是一项非常适合“大飞机”研制工作时宜的事业。新中国第一位飞机设计宗师——徐舜寿同志在领导我们研制中国第一架喷气式歼击教练机——歼教1时，亲自撰写了《飞机性能捷算法》，及时编译了第一部《英汉航空工程名词字典》，翻译出版了《飞机构造学》和《飞机强度学》，从理论上保证了我们的飞机研制工作。我本人作为航空事业发展50年的见证人，欣然接受了上海交通大学出版社的邀请担任该丛书的主编，希望为我国的“大型飞机”研制发展出一份力。出版社同时也邀请了王礼恒院士、金德琨研究员、吴光辉总设计师、陈迎春总设计师等航空领域专家撰写专著、精选书目，承担翻译、审校等工作，以确保这套“大飞机”丛书具有高品质和重大的社会价值，为我国的大飞机研制以及学科发展提供参考和智力支持。

编著这套丛书，一是总结整理50多年来航空科学技术的重要成果及宝贵经验；二是优化航空专业技术教材体系，为飞机设计技术人员培养提供一套系统、全面的教科书，满足人才培养对教材的迫切需求；三是为大飞机研制提供有力的技术保障；四是将许多专家、教授、学者广博的学识见解和丰富的实践经验总结继承下来，旨在从系统性、完整性和实用性角度出发，把丰富的实践经验进一步理论化、科学化，形成具有我国特色的“大飞机”理论与实践相结合的知识体系。

“大飞机”丛书主要涵盖了总体气动、航空发动机、结构强度、航电、制造等专业方向，知识领域覆盖我国国产大飞机的关键技术。图书类别分为译著、专著、教材、工具书等几个模块；其内容既包括领域内专家最先进的理论方法和技术成果，也包括来自飞机设计第一线的理论和实践成果。如：2009年出版的荷兰原福克飞机公司总师撰写的*Aerodynamic Design of Transport Aircraft*（《运输类飞机的空气动力设计》）；由美国堪萨斯大学2008年出版的*Aircraft Propulsion*（《飞机推进》）等国外最新科技的结晶；国内《民用飞机总体设计》等总体阐述之作和《涡量动力学》《民用飞机气动设计》等专业细分的著作；也有《民机设计1000问》《英汉航空双向词典》等工具类图书。

该套图书得到国家出版基金资助，体现了国家对“大型飞机项目”以及“大飞机出版工程”这套丛书的高度重视。这套丛书承担着记载与弘扬科技成就、积累和传播科技知识的使命，凝结了国内外航空领域专业人士的智慧和成果，具有较强的系统性、完整性、实用性和技术前瞻性，既可作为实际工作指导用书，亦可作为相关专业人员的学习参考用书。期望这套丛书能够有益于航空领域里人才的培养，有益于航空工业的发展，有益于大飞机的成功研制。同时，希望能为大飞机工程吸引更多的读者来关心航空、支持航空和热爱航空，并投身于中国航空事业做出一点贡献。

顾诵芬

2009年12月15日

系列序

20世纪后半叶特别是21世纪初，信息技术的高速发展带动了其他学科的发展，航空信息化、智能化加速了航空的发展。航空电子已成为现代飞机控制和运行的基础，越来越多的重要功能有赖于先进的航空电子系统来实现。先进的航空电子系统已成为飞机先进性的重要标志之一。

如果将发动机比作飞机的“心脏”，航空电子系统则称得上是飞机的“大脑”和“中枢神经系统”，其性能直接影响飞机的自动化和智能化水平，对飞机的安全性、经济性、舒适性、可用性等有重要的作用。由于航空电子系统地位特殊，因此当今主流飞机制造商都将航空电子系统集成与验证的相关技术列为关键技术，这也是我国亟待突破的大飞机研制关键技术。目前，国家正筹备航电专项以提升航空电子系统的自主研发和系统集成能力。

随着国家对航空产业的重视，在“十二五”“十三五”民机科研项目的支持下，在国产大飞机研制的实践中，我国航空电子系统在综合化、模块化方面取得了很大的进步。本系列图书旨在将我国广大工程技术人员在航空电子技术方面多年研究成果和实践加以梳理、总结，为我国自主研制大型民用飞机助一臂之力。

本系列图书以“民机先进航电系统及应用”为主题，内容主要涵盖航空电子系统综合技术、飞行管理系统、显示与控制系统、机载总线与网络、飞机环境综合监视、通信导航监视、航空电子系统软件/硬件开发及适航审定、客舱与机载信息系统、民机健康管理系统、飞行记录系统、驾驶舱集成设计与适航验证、系统安全性设计与分析和航空电子适航性管理等关键性技术，既有理论又有设计方法；既有正在运营的各种大型飞机航空电子系统的介绍，也有航空电子发展趋势的展望，具有明显的工程实用性，对大飞机在研型号的优化和新机研制具有参考和借鉴价值。本系列图书适用于民用飞机航空电子研究、开发、生产及管理人员和高等学校相关专业师生，也可供从事军用航空电子工作的相关人员参考。

本系列图书的作者主要来自航空工业无线电电子研究所、航空工业西安航空计算技术研究所、航空工业雷华电子技术研究所、航空工业综合技术研究所、中国电子科技集团航空电子公司、航空工业陕西千山航空电子有限责任公司、上海交通大学以及大飞机研制的主体单位——中国商用飞机有限责任公司等专业的研究所、高校以及公司。他们都是从事大飞机航空电子系统研制的专家和学者，在航空电子领域有着突出的贡献、渊博的知识和丰富的实践经验。

大型民用飞机的研制承载着中国几代航空人的梦想，制造出先进的国产大飞机已经成为每个航空人奋斗的目标。本系列图书得到 2019 年国家出版基金的资助，充分体现了国家对“大飞机工程”的高度重视，希望该套图书的出版能够为国产大飞机的研制服务。衷心感谢每一位参与编著本系列图书的人员，以及所有直接或间接参与本丛书审校工作的专家学者和上海交通大学出版社的“大飞机出版工程”项目组，在大家的共同努力下，这套丛书终于面世。衷心希望本系列图书能切实有利于我国航空电子系统研发能力的提升，为国产大飞机的研制尽一份绵薄之力。

由于本系列图书是国内第一套航空电子系列图书，规模大、专业面广，作者的水平和实践经验有限，不妥之处在所难免，敬请读者批评指正！

民机先进航电系统及应用系列编委会

译者序

本书是美国CRC Press公司2015年出版的《数字航空电子技术》(第3版)(*Digital Avionics Handbook, Third Edition*)一书的翻译版本①。2009年,中国航空无线电电子研究所谢文涛研究员在航空工业出版社的支持下,完成了第2版的翻译出版工作。对照该书的第2版和第3版,可以发现随着航空电子技术的日新月异,后者已大量增加了近5年来最新的航空电子技术及发展趋势分析。

本书以专题形式编写,共4部分。第1部分,航空电子技术的发展:安全与认证;第2部分,航空电子功能:支撑技术与案例研究。第3部分,航空电子技术的发展:工具、技术和方法;第4部分:总结。为了便于读者阅读及编辑成册,参考第2版译著形式,将第1、第2部分编辑成上册,将第3、第4部分编辑成下册。其中,第1部分航空电子技术主要包括通信系统、导航系统、全球定位系统、容错航空电子系统、电磁环境、飞行器健康管理系统、驾驶舱通话记录器和数据记录仪、民用航空电子设备的合格审定。第2部分航空电子支撑技术主要包括RTCA D0-160在航空电子设备认证过程、机载系统和设备软件的合格审定、RTCA DO-178C/EUROCAE ED-12C和技术补充、RTCA DO-254EUROCAE ED-80、人为因素及驾驶舱设计、头戴式显示器、平视显示器、视网膜扫描显示器、视觉系统、语音识别与语音合成、地形感知系统、交通告警和防撞系统、广播式自动相关监视系统、飞行管理系统、电气布线互连系统、蓄电池,并以B787及以后的IMA架构、B777的飞机信息管理系统、B777的电传飞行控制、A330/A340的新型航空电子系统等作为典型机型开展了案例分析与研究。第3部分航空电子开发工具及方法包括电子硬件可靠性、MIL-STD-1553B数字时分制命令/响应式多路复用数据

---

① 原书名直译为《数字航空电子手册》,但从第2版、第3版的内容来看,该书为航空电子领域的文集。为了区别于国内将"手册"理解为工具书的歧义,本译著采用《数字航空电子技术》作为书名,并在第2版中文翻译时得到第2版原著主编首肯,2016年,第3版译著讨论书名时,也得到了第2版中文译者谢文涛研究员的认同。

总线、ARINC 429 数字信息传输系统、RTCA DO-297/EUROCAE ED-124 集成模块化航空电子设备(IMA)设计指南和认证注意事项、ARINC 653 接口标准、时间触发协议总线、数字航空电子建模与仿真、采用 AADL 的模型开发、与 MBD 有关的 Mathworks 方法、与 MBD 有关的 Esterel SCADE 方法等内容。本书各章的作者来自美国著名的航空研究中心、航空电子公司、大学和航空电子咨询公司。他们长期从事航空电子技术的应用研究与开发活动,颇具学识和工程实践经验。本书从不同侧面,比较全面地介绍了不断涌现的数字航空电子技术及其演进历程、发展趋势和应用前景,给出了不少颇有参考价值的航空电子设计与试验数据,同时字里行间不乏作者在数字航空电子技术应用方面的经验。

本书主编 C. R. 斯比策作为第 2 版的作者,是美国航空电子领域颇具声望的学者,是电气和电子工程师协会(IEEE)的会士和美国航空航天学会(AIAA)的副会士。先后在 1994 年获 AIAA 数字航空电子奖、IEEE 航空百年奖章和 IEEE 千年奖章。他是 IEEE 航空航天与电子系统协会的前任主席,以及 IEEE 美国航天政策委员会的前任主席。自 1979 年以来,他在 IEEE/AIAA 数字航空电子系统举办极为成功的会议上发挥了重要作用,包括介绍教程和担任主席。由乌玛·费雷尔和托马斯·费雷尔在 2015 年完成第 3 版编著及出版,并以此纪念 C. R. 斯比策先生。

本书对我国从事飞机航空电子技术研究、航空电子设备及其系统开发、适航取证的工程技术人员和管理人员以及相关专业大学生、研究生均有很高的参考价值。

参与本书翻译的有上海交通大学肖刚、刘独玉、何方、程正杰、戴周云、张强、刘艺博以及航空工业雷达与电子设备研究院程宇峰、于超鹏、刘心刚、钱君,感谢上海民航职业技术学院航空维修系蓝屹群为本书所做工作!特别感谢已是耄耋之年的谢文涛研究员对本书提出的修改意见!然在本书修改之际,痛闻谢老先生仙逝,也谨以此书纪念谢老!本套书的翻译过程中,特别得到了中航工业雷达与电子设备研究院、中国航空无线电电子研究所领导的鼓励、支持，也得到了上海交通大学出版社的指导及帮助，并在金德琨研究员的指导下将译著纳入“大飞机出版工程 · 民机先进航电系统及应用系列”丛书。

本书由航空电子领域众多作者所著，由于这些作者写作风格迥异，撰写形式也有差异，第3版译者遵从第2版译者建议，尽量保持原著风貌，忠于原著及原意。由于本书涉及专业知识广泛，航空电子技术领域发展迅速，产生的新概念、新词汇也比较多，限于译者水平及时间有限，疏漏和差错之处敬请读者批评指正。

肖　刚　程宇峰

2018年10月

原著作者简介

C. R. 斯比策(Cary R. Spitzer)早年毕业于美国弗吉尼亚(Virginia)大学和乔治·华盛顿(George Washington)大学。在美国空军服役之后,他加入了美国国家航空航天局(NASA)兰利研究中心(Langley Research Center)。C. R. 斯比策在 NASA 任职的后半部分时间致力于航空电子的研究。他是 NASA 与霍尼韦尔(Honeywell)公司的一项联合计划的 NASA 负责人,该计划于 1990 年 11 月首次实现了民航飞机基于卫星引导自动着陆功能。由于该计划的成功,他被 ARINC、ALPA、AOPA、NBAA、ATA 和 RTCA 等机构联合提名 1991 年科利尔奖(Collier Trophy),表彰"他为证明 GPS 辅助精密进近原理所做的先驱性工作"。他曾领导一个定义运输机试验与操作要求的项目,研制了适用于飞行试验的飞机平台。如今,这一飞机就是 NASA 兰利研究中心的波音 757ARIES 飞行研究平台。斯比策先生是美国航空公司电子工程委员会的 NASA 代表。1988 年他被美国航空公司航空电子设备协会主席授予特别沃拉尔奖(Special Volare Award)。他是过去 30 年获此殊荣的第二位联邦政府雇员。C. R. 斯比策一直积极投身于 RTCA 的各项工作,曾经担任 1992 年全球导航卫星系统过渡和实施策略特别工作组的机场地面运行技术专题研讨会小组主席。他还曾是 RTCA 技术管理委员会成员。1993 年斯比策先生创办了国际航空电子咨询公司,即 AvioniCon,专门从事航空电子战略规划、业务开拓、技术分析和内部培训等业务。

C. R. 斯比策是美国电气与电子工程师协会(IEEE)会士和美国航空航天学会(AIAA)副会士。他曾获得 1994 年 AIAA 数字航空电子奖和 IEEE 航空百年奖章和千禧年奖章。他曾任 IEEE 所属航空航天与电子系统学会的主席。自 1979 年以来,他在举办极为成功的几个数字航空电子系统会议中扮演了极其重要的角色,包括担任会议的总主席。

斯比策曾在 UCLA 大学分部讲授为期一周的基于卫星通信、导航、监视的空中交通管理(ATM)。同时他还一直为国际运输协会作 ATM 的讲演。C. R. 斯比策是《数字航空电子系统》一书的作者，该书是航空电子领域第一部专著，由 McGraw-Hill 公司出版。同时也是《数字航空电子技术》第一作者，并由 CRC 出版社出版。

斯比策先生有两项专利，发表论文 40 余篇，还出版了关于航空电子的几本专著。在编写完航空电子技术教程后，斯比策先生应邀作为加州大学洛杉矶分校的顾问，并在全世界讲学。引以为自豪的是，他所编著的《数字航空电子技术》一书已翻译成中文，并在中国大量发行。

乌玛·费雷尔和托马斯·费雷尔是费雷尔联合咨询公司(FAA)的合伙创始人，该公司从事航空航天工业的认证和软件安全咨询。通过培训、认证项目支持以及相关研究帮助工业部门实现认证目标，他们有超过 50 年的经验。在一些企业采用传统认证方法失败的情况下，该公司经常能为他们寻找到新的技术和方法。近年来，费雷尔联合咨询公司的业务范围已经扩展到包括项目管理支持，特别是需要恢复计划的项目，以确保发动机和飞机认证的成功。费雷尔先生和夫人不仅在众多行业一起合作，还共同撰写了一些论文，并一起编写了大量行业会议的教程，其中最著名的是数字航空电子系统会议(DASC)和国际安全会议(ISSC)。他们撰写的费雷尔联合咨询公司《服务历史手册》(DOT/FAA/AR-01/116)可支撑 DO-178B 规范。其他工作还包括在飞机上无线系统的使用(通过 AVSI)和 FAA 的现有适航标准在商用航空使用的全面审查。费雷尔夫妇撰写并讲授了众多课程，涵盖各种航空工程主题，包括 DO-178C、DO-178B、DO-254、DO-200A、DO-201A、FAA 飞机认证，系统和软件的安全，工程伦理，技术转移以及航空系统软件验证等。

乌玛·费雷尔毕业于约翰霍普金斯大学的电气工程专业，并获得硕士学位；她还是固体物理学硕士，物理、化学、数学理学学士，印度班加罗尔大学(Bangalore University in India)物理学(荣誉)理学学士。费雷尔夫人取得了可靠软件技术公司(RST)、MITRE 公司、General Sciences Corporation (GSC)和计算机科学公司(CSC)的高级技术职务。她还为国家航空航天局(NASA)、国家海洋和大气管理局(NOAA)和联邦航空管理局(FAA)的大规模关键任务科学信息系统工程建设方面作出了巨大贡献。

费雷尔夫人还参与了一系列行业标准制定方面的工作,包括为RTCA和IEEE所做的工作。她担任CNS/ATM地面系统Commercial Off the Shelf Software(COTS)软件RTCA SC-190分部美国公司副主席。她为RTCA SC-147(交通预警和防撞系统(TCAS)最低运行性能规范)需求工作组做了大量的工程研究。费雷尔夫人还代表RTCA认证小组MITRE公司向FAA提供政策建议。她是RTCA SC-200的成员,建立RTCA DO-297综合模块化航空电子系统的设计指导和认证事项。她还为RTCA SC-205做出了贡献,实现了CNS/ATM系统DO-248C、DO-178C和DO-278A的构想。

费雷尔夫人是电气机械系统的软件指定工程A级DER代表(规章第23部和第25部)。她也承担了作为众多的FAA ODAS授权代表(AR)之类的工作。她目前担任ASQ软件质量专业编委,提供有关软件出版物的审查资料。

托马斯·费雷尔先生获得北伊利诺伊大学电气工程学士学位,伦斯勒理工学院(Rensselaer Polytechnic Institute)信息技术管理硕士学位,还获得了乔治梅森大学(George Mason University)的历史学硕士学位。费雷尔先生曾担任过科学应用国际公司(SAIC)、铱有限责任公司(LLC)和波音商用飞机集团的高级技术职务。

费雷尔先生曾在RTCA委员会担任领导,包括SC-190,他领导创建了DO-278、SC-205,负责了DO-178C文档的整合工作。他曾在ICAO担任FAA的私营部门顾问,经常被邀请作为嘉宾演讲,讨论与系统和软件安全以及飞机认证有关的各种主题。

费雷尔先生是电气机械系统及发动机控制的软件和机载电子硬件的指定工程代表(规章第23、25和33部),多个FAA ODAS的授权代表(AR)。

前言

航空电子是现代飞机控制和运行的基石。飞机的所有功能几乎都与航空电子设备的功能紧密相关。因此，航空电子设备的复杂性和成本非常高。

最近10年出现的很多技术都将在未来10年得到使用。全球定位系统能够实现基于卫星的精确导航和着陆，而通信卫星已在支持各种航空服务。航空领域正在实现基于卫星通信、导航和监视的空中交通管理。飞机运营商和空中交通服务供应商从中获益颇丰。

在本书中有我们所熟知的技术，包括数据总线技术（其中一种已经使用了20年以上）、头戴式显示器和电传飞行控制系统等。然而，新的概念总线和显示器（如视网膜扫描显示器）等的出现可能会很快替代这些老式的设备。

其他不断涌现的技术包括了飞行员与飞机之间的语音交互控制技术和合成视觉技术等。语音交互控制技术可能很快以其他方式进入商务机的商业应用，完成一些非关键性功能。当飞机上无法提供足够空间安装显示设备时，合成视觉技术可在低能见度条件下，为军用和民用飞机提供满足实际应用的可能性。

本书从航空电子技术、元件到最新军用与民用飞机的各种现代系统，全面介绍了航空电子技术。撰写本书各章的作者均为目前从事该领域研究和工程实践的资深专业人员，并且充分考虑了读者的需求。因此，本书适用于需要航空电子某些方面信息的工程师和其他读者。当然仅在这一本书中不可能详细介绍航空电子的所有专题，读者可通过查阅书中提供的参考书目或者推荐书目获取更详细的信息。

本书分为4部分，每一部分都包含几个相关章节。

第一部分包括如下几个方面的内容：① 空中交通控制到空中交通管理的发展历程；② 航空电子在通信、导航及监控方面的应用；③ 安全支撑和认证架构。

第二部分在第一部分讨论的基础上，介绍了不同航空电子设备的具体技术和应用，包括对航空电子设备所实现功能的总结、航空电子架构的实例研究以及一些具体的航空电子设备的实例。

第三部分是关于一些实现航空电子设备功能的工具、技术及方法的介绍，包括数据总线、航空电子系统架构、航空电子系统的建模以及导航算法等。

第四部分主要对于航空电子技术的未来发展进行了展望。在 NextGen（下一代民用航空电子系统）的应用过程中，对于 FarGen（未来一代航空电子系统）进行展望很有意义。

本书中的许多内容都涉及监管和认证的设备和系统。随着技术和运营环境的发展以及从事故和事件中吸取经验教训，认证和管理框架在不断演变。这些章节所表达的意见仅是对遵守标准的一种解释。这些材料的来源都是可靠的，然而，并不能保证材料的准确性或完整性，作者或其雇主对此不承担任何责任。尽管极其谨慎地与认证机构保持了一致，但在特定情况下对该解释能否最终被接受还取决于认证机构。本书中讨论的许多标准都与发行文件或认证审查项目相结合，以增强它们在具体项目中的应用。因此，组织编写本书的机构仍有责任寻找航空电子设备的飞行许可，以表明该电子设备遵守了所有必要的法规要求。

通过借鉴航空无线电技术委员会（RTCA）、欧洲民用航空设备组织（EUROCAE）、美国汽车工程师学会（SAE）等组织的许多行业文件，航空电子概念得以发展并规范化。这些文件由行业、学术界和监管机构的委员会制订，还有许多影响航空电子设备开发、使用和维护的监管文件。自然地，为了描述这套书许多章节中的概念，作者引用、详细说明并使用了大量文档。然而，这并不意味着本书中的章节就可以替代这些行业文件或颁布规则的监管文件。而且，所有这些文件随时间在不断演变。必须注意，适用法规优先于本书。可以想象，在各项目适用的条例中，可能会有特定的行业文件的具体版本。

致谢

衷心感谢托马斯·费雷尔和乌玛·费雷尔先生的工作，使这本书得以完成。C. R. 斯比策先生因为生病，无法完成这个项目。对于本书的完成，我对 C. R. 斯比策先生感激不尽并非常满意。还要感谢诺拉(Nora)，及时让我知道本书的进展。

劳拉·斯比策(Laura Spitzer)

感谢本书的所有撰稿人。没有他们的奉献，这本书是不可能完成的。我们也希望泰勒(Taylor)和弗朗西斯(Francis)看到这个项目的总结。最后，还要非常感谢诺拉科诺普卡(Nora Konopka)和蒂帕·卡来奇万(Deepa Kalaichelvan)，没有你们的努力，本书也不可能完成。

托马斯·费雷尔，乌玛·费雷尔

术语

[1] DO－160

RTCA DO－160《机载设备环境条件和试验方法》，由 RTCA 第 135 专门委员会制定和颁布，与 ED－14 文件一致。

[2] ED－14

ED－14 向 EUROCAE 颁布，对应于 DO－160，由 EUROCAE 第 14、第 31 和第 33 工作小组制定，与 DO－160 文件一致。

[3] 电磁兼容性(electromagnetic compatibility，EMC)

这是一门范围很广的学科，研究电气/电子系统及设备的电磁辐射和电磁敏感度。

[4] 电磁环境(electromagnetic environment，EME)

仅针对商用飞机而言，其内容包括照明、HIRF 以及 EMC 的电气/电子系统及设备的电磁辐射(内部或设备之间)部分(不包含电磁敏感度部分)。

[5] 平均故障间隔时间(mean time between failures，MTBF)

见《全球航空公司技术操作术语汇编》。

[6] 平均非预期拆卸间隔时间(mean time between unscheduled removals，MTBUR)

见《全球航空公司技术操作术语汇编》。

[7] 欧洲民用航空设备组织(Duropean Organization for Civil Aviation Equipment,EUROCAE)

该组织在欧洲航空界的作用与美国 RTCA 和 SAE 相当。

[8] 便携式电子设备(portable electronic device,PED)

一种尚未包含在 EMC 学科内的新出现的电磁发射源。

[9] 合格(许可)证(Cetification)

由民用航空管理当局颁发的证书,在法律上认可某一产品、某项服务、某个机构或个人符合管理当局的要求。

[10] 合格审定基础(Certification Basis)

在各项目向民用航空管理当局提出申请、开始合格审定过程时,适用于该项目的所有现行规章的总和。

[11] 委任代表(Designee)

由 FAA 根据 FAR 183 部授权的个人,在一个或几个领域代表管理机构履行职责。

[12] 问题纪要(issue paper)

由 FAA 控制的文件,确定和控制申请人与 FAA 之间对某一重要问题的理解,例如正式确定合格审定基础或寻求等效的安全性或提供某专题的指南(如可编程器件的验收方法)。

[13] 零部件制造商批准书(parts manufacture approval,PMA)

FAA 授权制造商按批准的设计,生产用于替换或修改的零部件。

[14] 专项条件(special condition)

专项条件是对合格审定基础的一种修改。如果申请人提出的设计特性或环境未列入现有 FAA 规则,则需要这种修改。实际上,由 FAA 管理的一项新规则是在发布提出的新规则公告和征询期之后。

[15] 补充型号合格证(Supplemental Type Certificate, STC)

FAA 以此证书批准为现有飞机设计进行大改所开发的部件和程序。

[16] TSO 项目批准书(Technical Standard Order Autbonzation, TSOA)

FAA 通过 TSOA 机制,批准由某项 TSO 定义的产品设计资料和制造授权。

[17] 视轴(boresight)

飞机纵向轴线,用于 HGS 初始安装时定位,并作为显示符号的基准。定视轴是 HUD 相对于飞机参考框架的精确对准过程。

[18] 准直(collimation)

产生平行光线的光学处理过程,其结果是在无穷远处形成一幅图像。

[19] 共形符号(conformal)

定位的符号,使它们能够准确地覆盖真实世界。

[20] 眼箱(eyebox)

HUD 眼箱是指围绕座舱眼睛参考点(ERP)的三维区域,在此区域内可以观察到组合镜显示的所有数据。

[21] 头戴式显示器(helmet-mouuted display, HMD)

具有平视显示器(head-up display, HUD)和下视显示器(head-down display, HDD) 功能的头部安装显示装置。

[22] 图像可视区(image viewing zone, IVZ)

可以看到整个虚像而同时可注视图像边缘的区域范围。

[23] 光学出射光瞳(opticai exit pupil,OEP)

由所有组合放大镜构成的空间图像,此图像规定了图像可视区(IVZ)。

[24] 光机电子(optomechatronic)

在成像和显示中对光学、机械、电子元件的集成应用。

[25] 视网膜扫描显示器(retiuai scauning display,RSD)

扫描一个光束在视网膜上形成可视图形的虚像投影显示器。头盔安装视网膜扫描显示器的光学出射光瞳(OEP)的典型值为 15 mm,在直升机的工作环境中,允许头戴式设备在规定范围内移动而不会失去图像,但在更高的加速度环境下可能要求更大的OEP。

[26] 虚像投影(virtual image projection,VIP)

由平行或者会聚光线束组成的光学显示器图像。

[27] 虚拟视网膜显示器(virtual retinal display,VRD)

RSD 的一种子类,其特征是 OEP 小于 2 mm,用于弱视辅助(LVA)、视力,测试和窄视场或"敏捷"眼跟踪(eye-following)OEP 显示系统。这是一种最轻和高效的 RSD 形式。

[28] 准确性(accuracy)

一般而言,准确性系指语音识别器正确识别一个单词次数的百分比。该准确性数值是由识别器正确识别一个单词的次数除以输入到 SR 系统的单词数来确定。

[29] 连续语音识别(continnous speech recognition)

语音识别系统接受一个连续的、无间断的一串单词,并识别它为一个有效的短语的能力。

[30] 离散单词识别(discrete word recognition)

这是指语音识别器识别单个词的能力。在前面的单词和后续的词之间,各个单词必须有个间隙或停顿,停顿一般为 150 ms 或更长。使用这种语音识别系统的特征是语音“不连贯”确保各单词之间有所需的间断。

[31] 语法(grammar)

这是确定 SR 系统有效命令和词汇的一套句法规则。语法将定义各单词的次序,并定义什么命令是有效的。最常用的语法定义结构称为无上下文语法,即 CFG。

[32] 孤立单词识别(isolated word recognition)

SR 系统在一串单词中识别一个特定的单词的能力。孤立单词识别可以用作“触发器”,它可以使 SR 系统进入激活的准备方式,做好接受输入的准备。

[33] 音素(phonemes)

音素是语音的基本部分。英语由 45～50 个单个的音素组成。

[34] 与说话人相关(speaker dependent)

这种类型的系统依赖于操作该系统的说话人。系统将接受训练,以识别某一个人的语音模式和声学特征。这种类型的系统比说话人无关系统具有更高的准确率,但仅限于某一个用户使用。

[35] 说话人无关(speaker independent)

说话人无关系统的操作将不考虑说话人。这种类型的系统最适用于一般的用途,然而,准确率和回应率将低于说话人相关系统。

[36] 语音合成(speech synthesis)

使用人工的方法形成像语音一样的声音。

[37] 文本转换成语音(text to speech)

以"对话"文本输出机制或处理将文本转换为数字音频形式。语音合成用来使系统以口头语言的方式回应用户。

[38] 三音素(tri - phones)

这是指三个音素分组。音素所产生的声音可以根据其前面和后面的音素而变化。语音识别使用三音素可以更准确地根据音素前面和后面的声音确定所说出的是哪个音素。

[39] 无用言辞(verbal artifacts)

这是与所需的命令一起说出的但对命令没有价值的单词或词组。当定义一个具体的语法时,有时这种单词或词组简单地称为无用言辞。语法的编写可以不管和忽略这些言辞,但允许有这些无用言辞存在。例如,飞行员的言辞是"uhhhhhmmmmmm, select north up mode"("嗯……,选择北向上方式")。"uhhhhhmmmmmm"将作为无用言辞被忽略。

[40] 词汇库(vocabulary)

语音识别系统的词汇库由系统要识别的单词或短语组成。词汇库的规模一般分为4档:小规模有几十个单词,中规模有几百个单词,大规模的有几千个单词,超大规模则多达64 000个单词,以及无限多个单词。当定义一个词汇库时,该库将包含与应用有关的单词以及特定的单词。

[41] 安时容量(ampere-hour capacity)

蓄电池存储的电能量,用安培小时来测量,是蓄电池从充满电状态到放完电状态所能提供的电能量。放电容量与蓄电池放电时的放电率有关,放电率高时,可用容量就降低。

[42] C 放电率(C-rate)

放电率,用安培表示,蓄电池能以该电流值放电 lh 后其电压值达到一个固定的电压终点值(对于 24 V 蓄电池,终点电压一般确定为 18 V 或 20 V)。也可使用 *C* 的分数或倍数形式。*C*/2 表示蓄电池将在 2 h 内放完它的容量,2C 表示为 2 倍的 *C* 放电率或指蓄电池将在 0.5 h 内放完它的容量。这种评定制度有助于对不同容量单体电池的性能进行比较。

[43] 用安培表示的电流数值(CCA)

是指充满电的铅酸蓄电池在−18℃的温度下,经过 30 s 的放电后,蓄电池每个单体电池的电压值到达 1.2 V(即 24 V 蓄电池电压值降到 14.4 V)时的放电电流值。在某些情况下,放电时间为 60 s,而不是 30 s。CCA 是冷启动安培(电流)(cold cranking amperes)的英语缩写。

[44] 电解液(Electrolyte)

一种借离子导电的液体介质,其离子可在一个单体电池的正负极板之间流动。在铅酸电池中,电解液为硫酸(H_2SO_4)和去离子水的混合溶液。在镍镉电池中,电解液为溶解于去离子水中的氢氧化钾(KOH)混合溶液。

[45] Imp

该电流用安培表示,是指蓄电池以其标称电压的一半(对于 24 V 蓄电池,为 12 V)恒压放电的第 15 s 时才给出的电流。Imp 额定值通常参照的蓄电池温度是 23℃(75℉),但制造商一般也能提供较低温度条件下的 Imp 数据。

[46] Ipp

类似于 Imp 和 Ipr,但它是在恒压放电过程中在 0.3 s 时的电流。

[47] Ipr

同 Imp 的释义。

[48] 整体蓄电池(monobloc)

是由两个或两个以上串联连接的单体电池所组成的单体电池组,封装在一个整体容器内而在单体电池之间具有相应的隔墙。典型的整体槽有 6 V、12 V 或 24 V 等配置,它一般用于铅酸蓄电池,很少用于镍镉飞机蓄电池。

[49] 负电极(negative electrode)

指当蓄电池向外部电路放电时,电子流从该处流出的电极。在负电极上有电化学氧化的反应物。在铅酸单体电池中,负电极包括作为活性物质的(PbO_2)的多孔的铅和硫酸铅($PbSO_4$);在镍镉单体电池中,负电极包括作为活性物质的镉和氢氧化镉[$Cd(OH)_2$]。

[50] 标称电压(nominal voltage)

指一个单体电池或蓄电池的特征工作电压。铅酸单体蓄电池和镍镉单体蓄电池的标称电压分别为 2.0 V 和 1.2 V。这些电压电平值代表了在室温条件下、按 C 放电率放电时的单体电池电压的近似值。实际的放电电压取决于蓄电池的充电状态、健康状态、放电时间、放电率和温度。

[51] 正电极(nominal voltage)

指当电池向外部电路放电时,电子流向该处流进的那个电极。在正电极上,反应物通过电化作用而减少。在铅酸单体电池中,正电极含有作为活性物质的二氧化铅(PbO_2)和硫酸铅($PbSO_2$)。在镍镉单体电池中,正电极含有作为活性物质的氢氧化正镍($NiOOH$)和氢氧化镍[$Ni(OH)_2$]。

[52] 隔板(separator)

指一种电绝缘材料,它用以阻止单体电池中正、负极板之间的金属接触,但容许离子在极板间的流动。在淹没式电池中,隔板包括一个气体阻挡层,用以阻止气体扩散和氧气的再化合。在密封式电池中,隔板可容许气体扩散并促成气体高效再化合。

[53] 充电状态(state of charge)

是指蓄电池的可用容量除以满充时可提供的容量所得的值,通常以百分率表示。充电状态有时候指的是“真实的充电状态”。

[54] 健康状态(state of health)

是指满充蓄电池的可用容量除以蓄电池额定容量所得的值,通常以百分率表示。健康状态有时候指的是“看起来的充电状态”它还能以较为定性的意义来表明蓄电池的一般状态。

[55] 加速测试

在比正常操作水平更严格的压力水平下进行的测试,以便在较短时间内增强损坏累积速率。

[56] 常见原因故障

冗余队列中的一个共同原因,导致两个或多个相同部件同时或在非常短的时间间隔内出现故障。

[57] 关键性

故障频率和后果的相对测量指标。

[58] 损坏

产品降级或偏离无缺陷状态的程度。

[59] 降额

使部件承受比它们能承受的更低电气或机械压力,以提高部件的预期寿命的做法。

[60] 故障机制

缺陷形成和成长为压力(如热,机械,电磁或化学负载)的函数,最终导致产品降级或故障的过程(如蠕变,疲劳或磨损)。

[61] 故障模式

由故障机制引起的任何物理上可观察到的变化。

[62] 完整性

衡量制造商进行的测试是否合适，以及部件在这些测试中的生存能力。

[63] 过压力故障

由于单次发生的超过材料固有强度的压力事件突然导致的灾难性故障。

[64] 产品性能

产品根据规范要求执行的能力。

[65] 鉴定

确保名义设计和制造规范达到或超过可靠性目标的所有活动。

[66] 质量

衡量部件满足制造商的工艺标准的能力。

[67] 可靠性

产品在其生命周期应用环境中按指定时间按预期执行(即没有故障和在指定的性能限制内)的能力。

[68] 服务线程

服务线程是支持一个或多个国家空域系统架构功能的一系列系统。这些服务线程表示到控制系统或飞行员的特定数据路径(例如，雷达监视数据)。线程根据叙述以及描述系统的可靠性框图来定义。

[69] 服务线程损耗严重程度类别(STLSC)

根据线程损耗对飞机安全有效的操作和控制可能产生的影响的严重程度，为每个服务线程各分配一个服务线程损耗严重程度类别。服务线程损耗严重程度类别有 3 个：① 安全关键。此类别中的服务线程损耗将在过渡期间呈现可接受的安全危害，以减少容量操作。② 效率关键。此类别中的服务线程损耗可在不影响安全性的情况下通过减少容量来解决，但由此产生的影响有可能对国家空域系统运行效率产生广泛安全影响。③ 基本类别。此类别中的服务线程损耗可在不影响安全性的情况下通过减少容量来解决，而只对国家空域系统效率产生局部影响。

[70] 目标运行可用性

与给定的国家空域系统服务/容量关键性相关的期望运行可用性。

[71] 损耗故障

由于增量损坏累积造成的故障，在累积损坏超过材料耐久限制时发生。

[72] 确定性(dererministic)

指一个系统其时间的进展和特性可以精确预测。

[73] 事件驱动(event-driven)

指一个系统在任意时刻是由事件所触发。

[74] 容错区(fault-tolerant region，FTR)

一组有故障的部件，以一个极小的单元形式出现，在统计上与其他 FTR 无关。

[75] 容错单元(fault-tolerant unit，FTU)

一组有确定副本的节点。

[76] 抖动(jitter)

数据从传感器传输到计算单元在时间时延上的波动。

[77] 延迟(latency)

消息发送和接收之间的时延。

[78] 成员(Membership)

对系统状态和健康信息有共同判断的一个矢量。

[79] 时间触发(Time-Triggered)

指一个系统按时间进展在预定的时刻被触发。

[80] 时间触发构架(Time-Triggered Architecture,TTA)

时间触发结构包含 TTP,并提供系统级确定性的全部优点,包括使用 TTP 工具的应用开发方法。

[81] TTA 平台(TTA Platform)

开发可再使用的航空航天控制子系统平台的技术。

总目录

第1部分　航空电子技术的发展：安全与认证

第 2 部分　航空电子功能：支撑技术与案例研究

第4部分 总 结

目录

第1部分　航空电子技术的发展：安全与认证

9 民用航空电子设备的合格审定 / 211

10 系统安全与系统开发 / 237

第2部分 航空电子功能：支撑技术与案例研究

22 交通告警和防撞系统Ⅱ(TCAS Ⅱ) / 543

23 广播式自动相关监视系统 / 555

24 飞行管理系统 / 581

25 电气布线互连系统 / 621

27 通用组网元件：B787 IMA 架构及拓展 / 677

28　B777 飞机航空电子架构 / 723

29　B777 的电传飞行控制 / 735

31 空客系列电子飞行控制：系列容错系统 / 769

第 1 部分
航空电子技术的发展：安全与认证

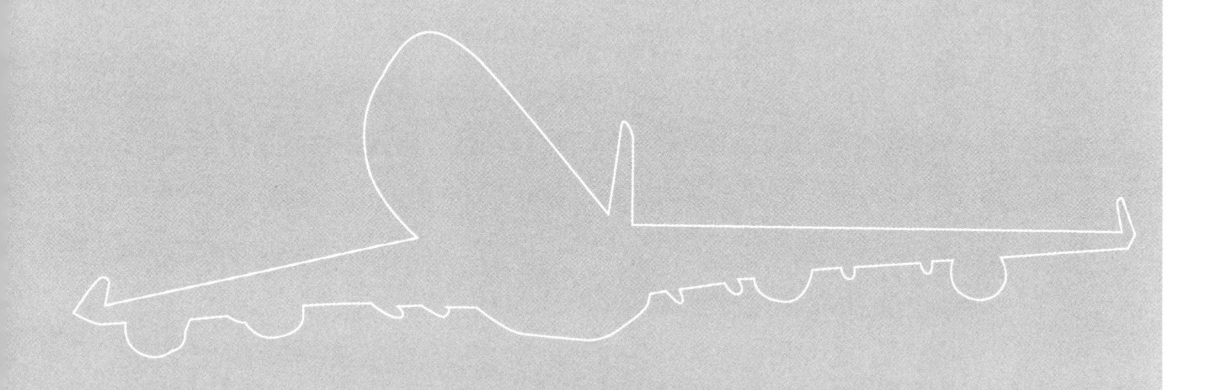

第一部分论述空中交通管制(ATC)到空中交通管理(ATM)的演进和航空电子能支持通信、导航和监视以及支持安全和认证基础设施的原因。关于 NextGen(下一代民用航空电子系统)/单一欧洲天空 ATM 研究(SESAR)的章节对飞机运行的背景做了广泛的描述;而飞行员保持策略控制,ATM 保持战略控制以促进安全和效率。本部分的各章节主要涉及各种不同功能的航空电子部分,然而这些功能的完成都没考虑接地部分。虽然关于通信的章节是对历史和技术发展的一个宽泛描述,而关于导航的章节更侧重于算法。在全球定位系统(GPS)、广播式自动相关监视(ADS-B)和 TCAS Ⅱ 的章节中,介绍了通信、导航和监视(CNS)的监视功能。接下来的一些章节讨论了在空域内对飞机进行管理的基本设备。紧接着的第 3 章内容讨论专门用于安全的航空电子设备。在本部分的最后一些章节中,讨论了支持设计和开发保证的认证专用指南。

1

航空电子设备的发展历史：迎接 NextGen 和 SESAR 的挑战

1.1 航空电子的发展历史

1.1.1 航空电子

航空电子这个术语是在 20 世纪 70 年代提出来的，由“航空”和“电子”两个词语组合得到。如果将其定义扩大到包括仪表和机械系统等更大的范围，航空电子则包含了更多的系统，如无线电收发报机、高度计、雷达和燃油表，以及在军用电子设备出现之前就已经用于驾驶舱的导航设备等。

1.1.2 技术、安全性和规则

自 1903 年动力飞行出现以来，航空技术在各领域都取得了很大的进展，如飞行科学和工程、飞机间防撞控制、地形防撞控制、危险气象规避控制、安全着陆和起飞控制等。

对于航空的安全，航空领域专家达成了共识，并制定了标准，由政府机构强制执行。最早的安全标准是由美国联邦认证机构于 1926 年制定的《商业航空法》(Air Commerce Act)。在纽瓦克、克利夫兰和芝加哥建立了空中交通管制(ATC)中心，以帮助飞行员确定航向。根据调度员、无线电操作员和机场间通过电话获得的信息，使用黑板和“捕虾船”(表示飞机位置的纸船)实现了对交通的控制，整个交通控制过程都由人工完成。在美国联邦航空管理局(FAA)的历史上，根据 1938 年《民用航空法》建立了两个独立的分支机构，一个负责空中交通管制(ATC)，另一个负责安全规则制定、事故调查和航空公司的经济监管。经过第二次世界大战，随着技术的发展，早期基于视觉信号和光信标的 ATC 演变为雷达信号。喷气式飞机的出现和高密度的空中交通为航空安全带来了更多的挑战。随着一些重大事故的发生，空中交通安全避撞、地形避撞和气象条件避撞成为关注的重点。1986 年，在美国国会的授权下，将一个具有独立事故调查权限的内阁部门移交给国家运输安全委员会，成立了一个独立的运输部门，负责包括航空运输在内的所有交通运输。这也就形成了今天的美国联邦航空管理局。随着技术的发展，尤其是因为交通事故、交通和运营成本的增加，对新的技术产生了更多需求，一些交通规则和法规也随之发生了变化。

1.1.3 三大技术和空中交通管制

为了更好地控制具有协同功能的飞机，飞行员和地面空中交通管制员可采用三种基本技术：通信、导航和监视技术。这些技术的挑战包括全球兼容性、互操作性及为军机和民机都能提供服务等。

这三方面的航空电子技术，即通信、导航和监视(CNS)，在互为需要的发展过程中得到了共同发展。在战争时期，导航和雷达探测技术的进步对复杂通信技术提出了更高的要求。这些技术又应用于民用航空；同样地，军用航空中使用的雷达技术也适用于民用航空。空中交通流量的增加必然会对地面和空中的分布式 CNS 设备产生更多的依赖，确保在避撞过程中能有效地协调交通。20 世纪 70 年代，为了解决高油价的问题，引入了越来越多的数字系统以实现精确的飞行控制。同时，随着驾驶舱仪表的不断增加，又在驾驶舱内逐渐增加了一些辅助设备，例如自动驾驶仪和警告系统，以减少飞行员的工作量。

通常，导航系统通过确定自身位置和速度，可在速度发生变化或不发生变化的情况下计算未来某时刻的位置和速度。在飞行员看来，飞机的导航系统知道飞机相对于计划轨道的位置，从而能实现对于飞机运动的控制。导航包括四个功能：规划、追踪、记录和飞机运动控制。空中导航起源于早期的船舶导航。在夜间或者恶劣天气条件等能见度极差的飞行需求产生之前，早期的航空旅行中，用于导航的航空电子设备都非常简单，一般都是根据一些已知的地标如轨道或河流等来实现导航的，有时也会结合复杂的天体导航。随着天空变得越来越拥挤，对飞机的准确定位也变得越来越重要，就要求通过集中的地面控制来制订具体的飞行路线。在 20 世纪 20 年代末，首次实现盲飞和使用了陀螺仪和无线电导航辅助设备着陆。今天，飞机能够在视觉飞行规则(VFR)或仪表飞行规则(IFR)的引导下飞行。在保证安全的前提下，精确的导航技术实现了空域容量的最大化。这也就要求导航系统必须满足四大性能要求，即准确度、完整性、可用性和服务的连续性。

航空电子技术的第三方面——监视技术，通过对于飞机外部环境的感知(如地面ATC)，确定飞机的位置和速度。航空电子技术CNS(通信、导航和监视)的进步大部分归功于二战期间技术的发展。20世纪30年代，产生了无线电信标和定向波束技术。1935年，在美国新泽西州的纽瓦克自由国际机场建立了第一个ATC塔台。飞机上安装有两种雷达：主监视雷达和辅助监视雷达。主监视雷达是无源雷达，通过地面检测飞机表面散射的雷达能量，测量出飞机相对于地面雷达源的距离和航向；而辅助监视雷达是有源雷达，通过地面雷达联络飞机上的应答机，该应答机又将应答信号传送给地面。这种应答信号传输也可从附近的飞机获取，从而有助于飞机间的防撞。为了使应答机的传输可以准确识别，每架飞机都被分配了唯一的地址。该寻址系统在全世界都是统一的，从而使飞机应答机可在所有空域使用。无论是来自主监视雷达还是辅助监视雷达，所有的应答机信号均会显示在ATC面板上。雷达信号已进一步应用于辅助气象和地形探测。通过使用如广播式自动相关监视(ADS-B)技术，使导航和监视相结合实现了一些新技术，可用于有人机和无人机的防撞、地形避撞、终端鸟类危害检测以及协助使用平行跑道等。以上这些仅是不断发展的航空电子技术的一些例子。

ATC已经发展为空中交通管理(ATM)。ATM使用过程、程序和资源来确保空中和地面的飞机引导。地面和空中分工合作共同负责飞机的安全。由于地面和空中的职责相互关联，处理设备和飞行过程密切相关，故引入了通信性能(RCP)、导航性能(RNP)和监视性能(RSP)等概念，以支持飞机之间的有效间隔保持。因此，本书中的许多航空电子技术为飞行员提供了飞机的策略管理支持。

1.2 自由飞行到 NextGen/SESAR

20 世纪 30 年代初有了最早的 ATC，可以引导多架飞机。当时，指挥人员只能通过与航空调度员、无线电操作员和其他机场空中交通管制员间打电话，使用地图、黑板和“捕虾船”来追踪飞机的位置。随后尽管通信、雷达传感器数据、电子显示器等技术得到了发展，但其基本系统仍然是相同的。在不同的空中交通设施中引入了许多分立的自动化系统，而这些系统可帮助空中交通管制员应对不断演变的复杂性和提供决策制订支持。这些系统的引入，增加了已有功能配置管理的复杂性，并对互操作性提出了新的功能需求。美国联邦航空管理局(FAA)引入了国家空域管理系统(NAS)计划，以系统地管理未来 20 年内航空旅行的计划增长。然而这个计划过于宏伟而难以实现。随即又提出了一个新的计划——“自由飞行”计划，以充分利用最新发展的 GPS 技术。自由飞行这个概念将 NAS 从飞行员和空中交通管制员之间的集中式命令控制系统转变为分布式系统，该分布式系统允许飞行员根据实际情况自己选择路线，并提交包含最经济有效的飞行路线计划。自由飞行这个概念又开辟了分布式 ATM 的思路，该思路结合了飞机间隔保持和自优化的分布式决策。这些特性要求飞机具有明确的能力，并由通信、导航与监视(CNS)中的所需性能来度量。这个新的计划最终被称为基于性能的导航(PBN)，这是 NextGen 和 SESAR 中的一个主要概念。也就是说，NextGen 和 SESAR 计划通过实施一些新技术，以对环境负责的方式安全地使用自由飞行概念。这些概念包括通过改变技术、基础设施和飞行程序等方式来改变空中交通系统。因此，飞机所用航空电子设备或系统都提出了通信性能(RCP)、所需监视性能(RSP)和所需导航性能(RNP)方面的要求。

通信性能定义了包括人在环路条件下的通信网络的每个器件的所需性能，每个器件必须以某些规范执行，以便维持定义的飞机间隔标准。RCP 有具体的时间要求，以秒为单位发送和接收消息。根据飞机设备及在主控端发生故障的情况建立备用通信方式的需求，一般而言，对于完整的端到端通信限制为 240 s 或 400 s。

监视性能定义了系统技术性能要求，它独立于空中交通服务(ATS)监视系统所满足的技术和架构，以支持特定的 ATS 服务或功能。与 RCP 类似，对 RSP 也有具体的性能要求：以秒为单位发送和接收消息。根据飞机设备及在主控端发生故障的情况建立备用通信方式的需求，完整的端到端通信周期一般为 180 s 或 400 s。

导航性能是"限定空域内运行所需导航性能准确度的描述"，包含两个性能指标：① 距离(海里)，称为"RNP 类型"；② 概率测度，1×RNP 内为 95%，2×RNP 内为 99.999%。例如，一架飞机要能在 RNP 4 航线飞行，对于在其导航系统显示的位置 4 n mile(海里)范围内的飞机，该飞机的导航系统必须至少能以 95%概率持续显示在 4 n mile 范围内的飞行。当条件不能满足时，导航系统还需要向飞行员发出警告。而在两倍 RNP 的"容限限制"(在该示例中，为指示位置的 8 n mile 内，该飞机导航显示面板上能以 99.999%的概率持续显示 8 n mile 范围内的飞行，指示位置(包括总系统)误差不超过给定的 RNP 值。

将 RNP、RSP 和 RCP 以及 ATC 监视能力组合在一起，就是所需总的系统性能(RTSP)的概念，它定义了最小间隔和碰撞安全风险的基准值，其所需的这些性能是在实际运行中提出的，不依赖于任何特定的技术、方法和/或架构。

ATM 演变对机载航空电子设备、飞行规划、空域规划、地面基础设施、飞行交通管理程序、认证以及相关活动和利益相关者都产生了影响。因此，可从多个角度来看待这种演变。事实上，许多工业进步也促进了这种演变。

1.3　NextGen

全球定位系统(GPS)技术为飞行员提供了计划点对点飞行而非航路点规划所需的工具。这种基于卫星的系统通过给飞行员提供接近直线的航线，使航线更短，从而节省时间和燃料，减少延误，并增加航路能力。飞行员和地面管制人员间更好的通信使机场使用效率得以提升。通过数据融合技术，将全球气象观测资料收集到一个通用气象图像中，以便实现更加策略性的交通管理决策。上述各种目标通过一组核心工具来实现，如图 1-1 所示为美国国家空域管制系统(NAS)，主要包括：语音系统(NVS)含有 NextGen 的关键语音通信组件，全系统信息管理(SWIM)支持信息的共享，通用支持服务气象雷达(CSS-Wx)通过 SWIM 传播气象信息，协作式空中交通管理技术(CATMT)提供了增强交通流量管理系统并与 SWIM 协作，增程主动导弹(ERAM)处理飞行雷达数据并提供实时航空信息，广播式自动相关监视(ADS-B)增强了态势感知。下面给出美国联邦航空管理局(FAA)公布和更新的目标，虽然部分还处于实验阶段，但其中一些已经在航空领域应用了。

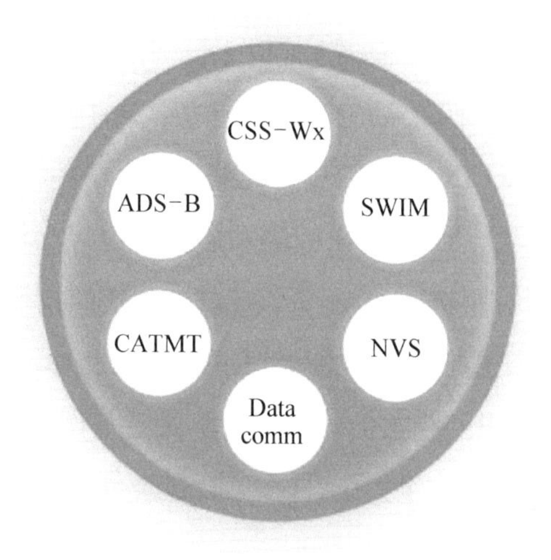

图 1-1　NextGen 的核心工具集(由 FAA 提供，华盛顿特区，网址：https://www.faa.gov/about/office_org/field_offices/fsdo/orl/local_more/media/fy13summit/NEXTGEN_MCO_Safety_Summit.pdf，2014 年 4 月 27 日)

(1) 通过 GPS 和 ADS-B 创建了空中交通的单一实时显示，分发给飞行员和空中交通管制员，使其具有相同的信息。即使在低能见度的情况下，也可通过卫星实现精确进近过程，而不需要地面着陆系统。但是，许多小型机场可能只有一个或根本就没有仪表着陆系统。

(2) 在全国空域内建立和提供通用气象图像。许多不同的工具为飞行员提供了不同高度的结冰和湍流信息。

(3) 通过数据链路更好利用数据通信，实现飞行员和管制员的常规通信。

(4) 通过使用单个语音通信系统，实现空中—地面通信和地面—地面通信。

(5) 无人驾驶飞机系统与空域的集成。

NextGen 实用工具和概念在许多机场得到了实施，并取得了决定性的成果。

SWIM 是一项非常关键的工具，和其他国际标准一样，它可以和 NextGen 与 SESAR 相互兼容。SWIM 收集共享包括飞机和地面设施整个系统的信息。SWIM 服务处理五个数据域，即飞行数据、航空数据、气象数据、监视数据以及容量和需求数据。国际民用航空组织(ICAO)于 2005 年采用了 SWIM。这种面向服务的架构使用现有网络、现成硬件和 SWIM 兼容软件工具，为航空公司、空中交通管理员和管制员及军方提供了近实时信息的共享服务(见图 1-2)。

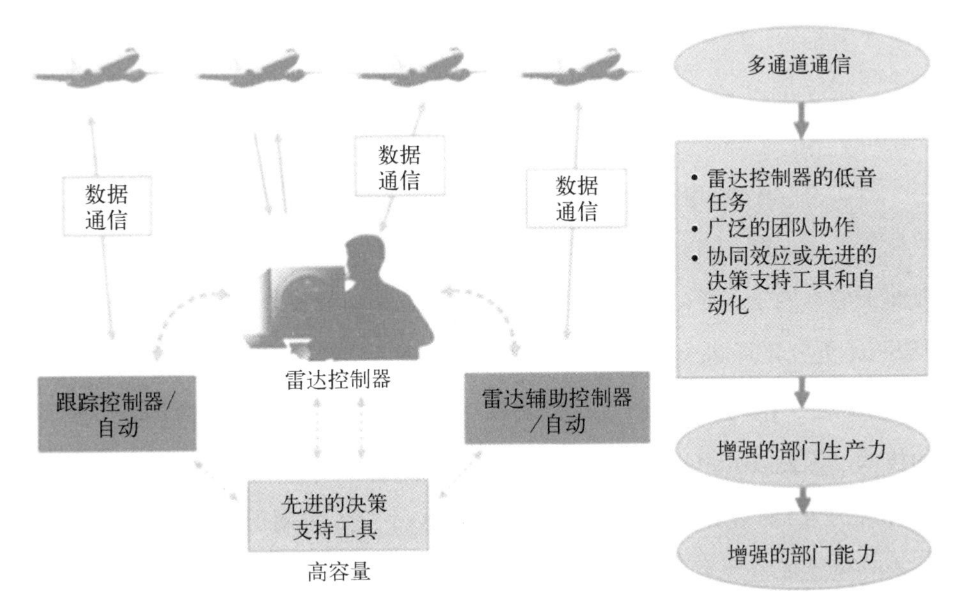

图 1-2　明天：带有数据通信的演变扇区(由 FAA 提供，华盛顿特区，网址：https://www.faa.gov/about/office_org/field_offices/fsdo/orl/local_more/media/fy13summit/NEXTGEN_MCO_Safety_Summit.pdf，2014 年 4 月 27 日)

1.4 SESAR

欧洲包含了多个不同的国家，但没有统一的空中导航服务管理，而且欧洲 ATC 非常繁忙密集，这就使得整个空管系统非常复杂。欧洲天空一体化思路的引入，通过重组重构欧洲空域，使其不受国界限制，为所有欧洲国家提供了统一的安全和高效率空管标准。所有利益相关者共同合作形成了 SESAR，以定义、开发和部署高性能 ATC 基础设施。正如 NextGen 一样，SESAR 的重要特性是从空域管理转变为轨迹操作，并采用集成的数据通信系统。为了关注和衡量其发展进度，定义了一组关键性能指标。这些性能指标相互影响，必须进行取舍折中考虑。性能指标的重点是通过环境友好的方法以安全高效的方式提高交通流量。SESAR 测试已在某些机场取得了成功。

1.5 小结

对于 NextGen 和 SESAR 这两个概念，其运行基础是基于共享的网络中心信息和轨迹控制，不仅帮助所有利益相关者协作决策，而且有效利用了空中和地面资源。两个系统之间的差异在于数据编译和分发上：NextGen 更集中，SESAR 更分散。NextGen 主要由政府控制，以确保组件的互操作性，而 SESAR 是一个单一的多利益相关者联盟。变化是一种范式转换，需要适应新的技术。因此，NextGen 和 SESAR 都面临相当大的挑战。欧洲和美国当局就其各自的 ATM 基础设施之间的互操作性达成一致，并对所需的航空电子技术或产品也达成一致意见。

参考文献①

[1] Federal Aviation Administration, NextGen implementation plan, June 2013, Washington, DC. http://www.faa.gov/nextgen/implementation/. Accessed on April 27, 2014.

[2] Federal Aviation Administration, Washington, DC. Available online at: https://www.faa.gov/about/office_org/field_offices/fsdo/orl/local_more/media/fy13summit/NEXTGEN_MCO_Safety_Summit.pdf. Accessed on April 27, 2014.

[3] SESAR (Single European Sky ATM Research) program by European Union. http://www.sesarju.eu/. Accessed on April 27, 2014.

① 本书参考文献采用原版书格式。——编注

2

通信系统

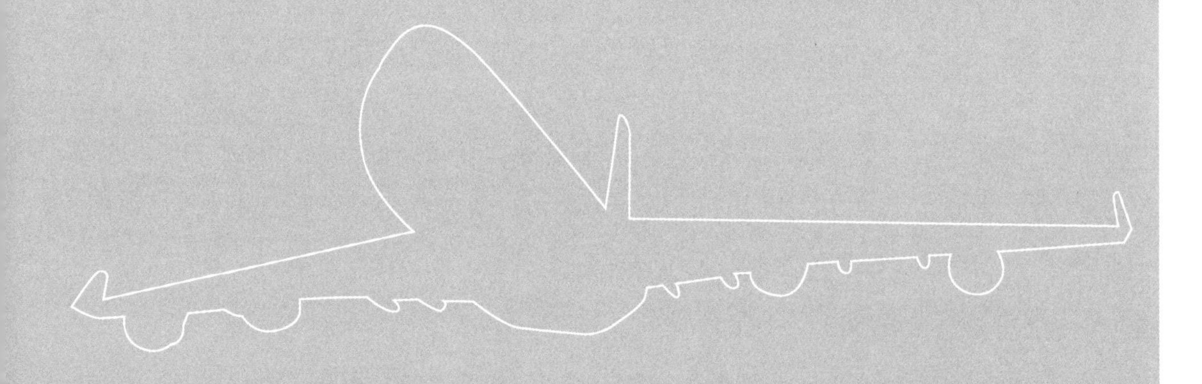

2.1　空地通信

2.1.1　历史

第一次世界大战期间,飞机成为一种战争工具。在随后的10年中,即美国快速发展的20世纪20年代,飞机则变成了一种商业工具。在欧洲和美国,飞机成为一种娱乐工具,后来作为一种城市间的邮递工具。一旦一个公司拥有多架飞机后,就需要与飞行中的飞行员进行通信,同时飞行员与空中交通管制(ATC)之间(即机场)也需要通信。

早期的空地通信尝试过使用目视方法:灯光、旗帜,甚至于篝火。但用这种方式进行通信是远不能满足要求的。早期的电台用莫尔斯码进行通信,而这种方式用在一个敞开并晃动的驾驶舱中是不切实际的。采用实用的话音电台进行空地通信,成了刚起步的航空运输行业的必不可少的手段,并一直沿用到今天。

20世纪70年代,航空公司使用飞机通信寻址与报告系统(ACARS)完成飞行中数据通信。空中导航服务供应商(ANSP)的各种试验已证明数据通信对ATC的有效性。海洋和偏远地区已通过数据链路实施空中交通管制,国内空域的试验显示了这种通信方式的价值。

在20世纪90年代,国际民用航空组织(ICAO)开发的航空电信网(ATN)手册,指定了一个空—地数据网络,该网络以国际标准化组织(ISO)的开放系统互连(OSI)模型为基础。随后的工作扩展了这个网络来支持因特网协议套件(IPS)。

2.1.2　无线电台介绍

在早期,人们就认识到无线电波是一种重要的资源。在20世纪30年代,一些国家和国际机构对无线电的频谱进行了分配。在美国,由联邦通信委员会(FCC)的前身——联邦无线电委员会(FRC)向运营商颁发使用无线电频率的许可证。1929年，FRC指导飞机的运营公司联合起来制定出统一的频率分配需求。航空无线电公司（ARINC）就是在那一年为此目的而专门成立的。ARINC是负责美国航空无线电频率分配的部门，现在是一个独立的公司，称为航空频谱资源公司（ASRI）。为了解决在国家和国际级与语音和数据使用相关的航空领域的任何问题，美国联邦航空管理局（FAA）和FCC在国际民用航空组织（ICAO）下通过合作和谈判来开展工作。

正如预期的那样，机场周围的通信需求是最大的。由于每家飞机运营公司都有自己的频率分配和自己的无线电操作员，因此当这个行业增长时，对更多频率的需求也随之增长。重复发生的、称为频谱耗尽的问题，现在已经有了各种解决方法。在早期，它是通过联合起来使用一些公共的频率和无线电操作员来解决。飞机运营公司自然而然地选择ARINC来构建这些公共的无线电站。为此，ARINC在全美国建立了55个这样的通信中心。

解决频谱耗尽的另一种方法是引入新的技术。无线电技术的不断改进，已经向受到物理限制的实际通信开放了越来越高的频段。日益完善的无线电电路能够用不同的方式对无线电信号进行调制（即把信息加到无线电信号上）。当初这些改进使得话音通信更好、更清晰和更有效。后来的技术促进了数据通信的发展。

更高的可用频率结合更好的调制技术，使空—地话音通信的使用寿命延续了近一个世纪。在20世纪30、40年代，空—地话音通信波段从高频（HF）移到了甚高频（VHF）。幅度调制（AM）技术仍然是美国国内空域空中交通管制（ATC）的基本手段。远距离的话音通信则依赖于HF波段的特性，这将在后面讨论。

2.1.3 数据通信介绍

当航空公司变得越来越依赖于向飞行中的飞机提供信息和接收飞机信息时，话音通信就让位给了数据通信。从语音转换到数据有许多原因，例如不同的飞行员和不同的空中交通管制员口音不同，即使使用事先约定的词汇但不同会话之间由于传输、失真和重叠也会造成清晰度问题等。数据传输更清洁,干扰更小。自动响应的自动化也提高了空中交通管制员和飞行人员的效率。从1978年起,航空公司开始应用VHF数据链,其服务有两大目的:① 信息可在飞机上自动生成,以减轻机组人员的工作负荷;② 可将信息中继到航空公司的计算机系统,而不需要任何地面无线电操作员。这种数据链起初称为"ARINC通信寻址与报告系统"(ACARS),但"ARINC"一词很快被改为"飞机"("Aircraft"),以表明数据链并无所有权的特性。

空—地数据链已成为航空公司运营的主要依靠手段。早期的ACARS信息主要包括了每个飞行区段的4个下行链信息:离开登机口准备滑行—离开跑道起飞—已着陆滑行—停机坪(称为OOOI,即Out、Off、On和In信息)。这些信息使得航空公司能够更好地跟踪他们的飞机,并且为飞机上的机组人员提供自动计时。已经由原来的50架增加到近1万架飞机加装了ACARS,信息量现在最高达到每月2 000万条,而且信息的类型包含了航空公司运营所能够想到的每一个方面:飞机运行;行政管理信息(如机组的计划);旅客信息(如登机口);维护信息(如发动机性能和故障报告);机场和航空公司间的业务协调(如除冰和加油等),不胜枚举。现在许多数据链是双向的,包括上行链路和下行链路。事实上,有一些应用是以飞行机组人员或者地面人员启动的请求与响应来互动的。虽然通过数据链的互动缺少话音对话的即时性,但它们是异步的,请求者和响应者不需要同时"在线"。对于实时性不是关键的应用场合,这反而是一个很大的优点。

2.1.4　ATC数据链介绍

在美国空域,当VHF话音通信仍为空中交通管制(ATC)通信的主要手段时,在1955年,ACARS首次获准在南太平洋情报区使用ATC。最初,在美国西海岸与澳大利亚和新西兰之间飞行的B747-400飞机,通过使用空管员—飞行员数据链通信(CPDLC)和后来的自动相关监视(ADS),开创了ATC数据链的应用。波音飞机的FANS 1航空电子包提供了这种组合特性。FANS未来空中航行系统，原来是由国际民用航空组织(ICAO)取名的一个缩写词，是个覆盖卫星导航和通信的术语，然而这个术语已经有了自己的内涵与定义。正如所知的，已获确认的FANS-1/A是空客(Airbus)公司提出的，具有ADS和CPDLC相同的用途，并得到全世界的空中交通服务提供商的支持。原南太平洋的空中服务提供商已加入了北大西洋、北太平洋、印度洋、俄罗斯远东、中国、北非和其他区域的服务提供商行列。

ACARS应用到机载ATC通信之前，飞机和ATC之间已在地面上实现了两种服务：离场前的放行许可(PDC)和数字式自动终端信息服务(D-ATIS)。在起飞和降落前，飞行机组人员接收和确认这些信息是强制性的。通过ACARS接收这些信息有若干显著的优点，例如，对于飞行机组人员来说，不需要主动记录供日后参考的这些信息，而且请求和接收这些信息不需要设法去发现合适的话音信道，也无需专门请求PDC或监听记录的ATIS起始段。塔台的控制员也不需要为PDC单子排队、呼叫每一架飞机、读出净空及验证回读。此外，在繁忙机场的放飞高峰时段，ACARS对于缓解净空输送通道上的拥挤情况，具有很大的作用。

所有这些ATC的应用都使用了ACARS空—地数据链，而ACARS最初既不是为ATC设计的，也没有获准作为ATC的通信媒体。为此，ICAO制定了航空电信网(ATN)标准和推荐的操作规程(SAJ)，用于空—地通信和地面通信。在后一个任务中打算用ATN来替代固定航空电信网(AFTN)。AFTN作为一种以电传打字机为基础的信息交换网络，工业界已使用了多年。但是，AFTN技术上已经落后，而ATN使用更为现代的报文分组交换技术看起来更为合适。ATN SARP的发展始于20世纪90年代初。20世纪90年代初拟定的ATN的SARP，是必须完整执行而不是试用。在过去的15年中，基于不同的报文分组交换技术，即传输控制/互联网协议(TCP/IP)的互联网已经取得了空前的成功。ICAO已建立另一个ATN SARP的“集”，称为ATN/IP SARP。

最初的ATN是基于OSI协议建立的，称为ATN/OSI。

当ACARS成为航空公司运行的基本工具以后，最初的VHF数据链的局限性变得不可容忍了。首先是其覆盖范围的限制，然后是其速度的限制。前者通过两种不同的方式得到了解决。首先，使用国际海事卫星(Inmarsat)实现远距离的数据链，这是在南太平洋启动FANS实施过程的基础。由卫星和数据链提供的远洋覆盖改善了HF话音服务。数据链相对话音通信的所有优点在FANS试验之初和以后的使用中都很突出。这些优点包括：① 控制器—飞行员直接通信；② 信息的一致性和快速传递；③ 标准化的信息报文，这种报文可以为所有人理解而不管他们使用何种母语；④ 自动发送位置报告；⑤ 链路信息和飞行管理系统(FMS)的综合。高频数据链(HFDL)提供了另一种远距离ACARS的子网络，用来覆盖信号不能到达的北极地区。甚高频数据链(VDL)模式2提供了一个在大陆空域的高速子网络。最近，铱星系统提供一种能够传递ACARS和空中交通管制信息的全球卫星网络(包括在两极地区)。这些链路用途在下面各节中将详细介绍。

2.2　话音通信

2.2.1　VHF话音

现代的VHF收发机为受控空域中的所有飞机提供空—地通信。对于运输机(即商用飞机)来说，VHF收发机是最小设备清单(MEL)中的一项设备，这意味着如果没有达到所要求的可工作单元的数量，飞机就不能起飞，且需配备两套。提出双余度要求的理由是VHF收发机是与ATC通信的主要工具。

航空VHF通信波段覆盖的频率范围是118～136.975 MHz。VHF的信号限制在地面站和飞机之间，通常取地面站周围半径约120 n mile的范围以内。航空VHF话音工作主要是受限于无线电的作用距离，即飞机和地面站之间最低的无遮挡的路径角。其他因素包括飞机高度和发射功率。实际上，给定频率下的航空通信仅限于 ATC 扇区的范围，当每一新区段的控制员指派一个不同的信道时，在一个给定的话音频率上的航空通信受限于 ATC 区段范围，一个给定信道的合理的复用范围大约是可用半径的两倍。

航空 VHF 波段是受到保护频谱，这意味着在此频段上的任何与安全和飞行规则无关的发射都是禁止的。这些信号的波长大约为 2 m 或 90 in，天线的大小与此波长有关。VHF 的波段范围为 118.000～137.000 MHz，划分成 760 个信道，间隔为 25 kHz。在每个分配的频段的每一末端留有一个 12.5 kHz 的保护频带。当工作间隔为 8.33 kHz 时，VHF 的收发机必须能够调谐到同频段，间隔为 8.33 kHz 的 2 280 个信道中的一个信道上。这个容量是为欧洲的空域开发的，那时 ATC 区段(相应指定的无线电信道的数量)的增长超过了指定可用的 25 kHz 信道的容量。公认的应急频率是 121.500 MHz，该频率受到所有 ATC 设施的监视。

《国际民用航空协定》的附件 10(ICAO Annex10)"国际标准和推荐的操作规程航空电信"颁布了话音和数据通信的 SARP，用来支持空中交通服务。在话音 ATC 通信的场合，美国国内的 ATC 服务普遍遵循 ICAO 的 SARP。

VHF 的话音音频通过对载频的双边带(DSB)调幅(AM)加到射频(RF)信号上。这种调制方法把典型为 1～2 kHz 的音频信号通过与音频信号幅度成正比的射频幅度变化方式调制到射频上。在频域上看到的这个信号是在载频上的一个峰值和位于载频左右两侧相等的边带峰值。接收到的这个信号重新转换成音频，然后分送给耳机和驾驶舱话音记录仪。图 2-1 给出了时域和频域上的 AM 信号。在时域上，这个音频信号是"骑"在 RF 载波上；在频域上，可以清楚看出代表载波和边带的各个峰值频谱。

老式的 VHF 电台使用一个远程电台控制面板，该控制面板上有一组拨盘，通过选择每一数字调谐到某个频率(信道)上。这种远程电台控制面板通过 19 条连线连接到电台。五根信号线，其中两根线始终接地，代表了频率的每个

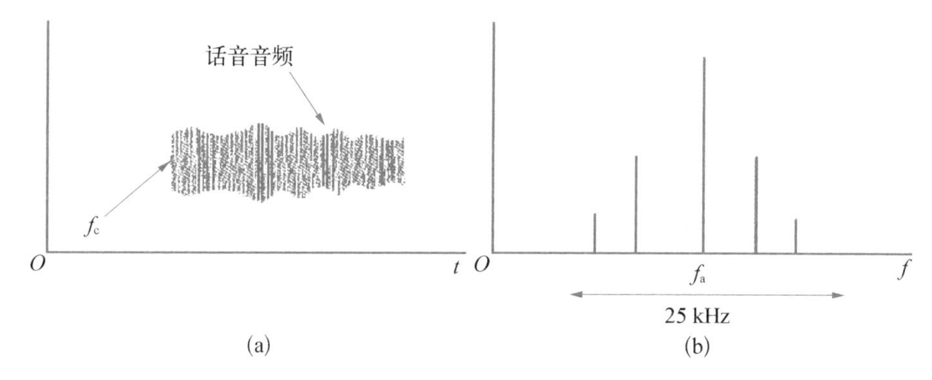

图 2-1　双边带调幅话音信号图形
(a) 时域图　(b) 频域图

十进制数字。这种方法源自这样一种方案：即采用数字选择使得到电台上一个电动机的电源连线接地。当这个电动机驱动一个小型的拨盘开关到达相应的位置时，该接地线断开，电动机停止转动，因此这个电动机驱动了一个调谐装置(通常为一个可变电容)。后来，不用电动机驱动的调谐方法时仍保留了这种五根线取两根线接地的方案，直到它被一条数据总线替代才有的改变。

一台现代的 VHF 台(由 ARINC 750 规定的一种电台)通过 ARINC 429 总线的两根信号线连接到电台控制面板，该总线携带的指令字符，完成了原来 20 条线和其他方法完成的所有频率选择功能。

频率调谐并不是现代 VHF 电台获得发展的唯一因素。就电动机驱动的电台使用真空管或后来的晶体管完成 DSBAM 功能而言，现代的电台用完全不同的方式产生同样的输出信号。现在的电台用一种称为数字信号处理器(DSP)的高速微处理器来替代模拟的 RF 和调制器电路。这个 DSP 和一个高速模数(缩写为 A to D 或者 A/D)变换器(ADC) 一起工作。A/D 变换器把话音的音频输入变换成一系列的二进制字，每个字都代表了信号的幅度。如果取样率足够高，一系列的这种采样值可以真实地代表原来的模拟波形。这种方法与把音乐记录到一个 CD-ROM 或者 MP3 文件中是一样的。一个数模(D/A)

变换器(DAC)执行相反的功能。

DSP对音频输入采用数字表示方法，处理算法上将此信息与RF载波信号结合起来，生成DSB调幅(AM)信号，然后传输至功率放大器。这句话说起来容易，然而在DSP中要用多行的代码来完成。这种将信息内容(在此是话音音频)与选定频率的RF载波相结合的方法，具有很大的灵活性。在DSP的功率与速度、DAC/ADC的采样速率与取样位数，以及其他一些要求的限制条件内，这种结构有极大的灵活性。就如将能看到的，这种类型的电台不仅能够产生DSBAM信号，而且还能够产生其他话音和数据信号。

术语“数字”和“模拟”必须小心使用。确实可以说，现代航空电子的VHF电台是个“数字电台”，说它用数字方法处理话音信号也是对的。然而，如果意味着已经有了“数字话音”的话，那是一种误解。从地面电台传播到飞机的，与采用电动机调谐和真空管的电台发送和接收的信号，一样是DSBAM信号。后面将简要地讨论用数字方式在RF上发送话音的方法。

2.2.2 HF话音

HF话音通信频率在2.850～23.350 MHz之间的各个频段上，其波长在10～100 m之间，可用于远洋和远距离空域的ATC通信。HF信号的传播特性是可以在数千英里距离上提供可靠通信，其原因是HF的信号能够为大约70 mi高处的电离层底部所反射，从而允许进行有效的超视距或者天波接收，这不同于由卫星提供的通信服务。在这些频率上，RF信号同时以地波和天波形式传播。地波能够提供有效的视距通信，而天波可以用于超视距通信。RF信号可能实现的多次反射会造成航空话音通信不够可靠。这些特性降低了HF被用于话音通信的有效性。例如，HF信号的昼夜起伏和对太阳活动的干扰敏感。周期为11年的太阳黑子对电离层和HF信号的传播有很大的影响。

就天线在飞机上的布局而言，当HF波长与飞机长度非等比例或者更长时，就遇到了难题。在螺旋桨推进的年代，天线使用了从尾向前布置的长天线。

后来,用长的探头作为天线安装在翼尖或者尾部。现在 HF 天线通常安装在常为复合材料制作的垂直安定面的前缘。HF 地面站的天线尺寸巨大,一般可覆盖一个足球场大小。

HF 话音调制在采用单边带(SSB)的射频载波上,抑制了载波调制信号。图 2-2 给出了单边带话音信号的频谱。要注意的是,航空话音通信只使用上边带信号。可靠的 HF 通信要求飞机发射的峰值包络功率(PEP)为 200 W,地面站发射的 PEP 应达 5 kW。与 DSB 相比,SSB 的优点是增加了携带信息的信号功率,而不是载波功率。

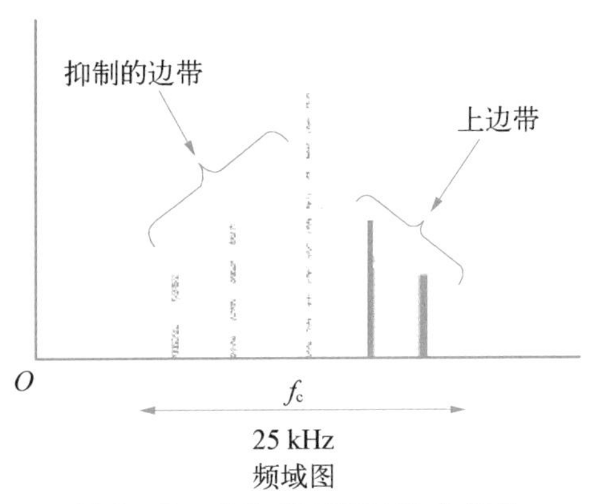

图 2-2　单边带(SSB)话音信号

在远距离或者远洋的空域中飞行时,如果没有选择性呼叫或 SELCAL,则要求长时间地监听充满静噪的 HF 信道。有一种技术允许机组人员调低 HF 电台的音量,直到接收到使用预选音调的地面信号。因为这些预选的音调并不是作为 SSB 信号发送的,所以需要专门的接收电路。当识别到这种预选音调时,飞行机组人员被提醒进入 HF 信道。

2.2.3　话音通信发展

远程飞机上卫星电话业务的快速增长产生了这样一个问题:“为什么不用直接拨通 ATC 号码与空管员通话呢?”飞行机组人员当然喜欢用这种方法,但阻力来自空中导航服务提供商。迄今在受保护的频谱中,频率的管理已经建立了完善的程序,但各控制位置的电话号码则没有这种管理模式。考虑到其他的一些因素,例如使用不受保护的频谱,可能会导致现有频谱不再受到保护的严重后果,这些都阻止了 ATC 大量接受电话呼叫。最后,数据链路成功地在控制器工作站环境中应用,取代了在某些飞机上的相关设施中控制器的语音使用的情况。然而，携带语音广播仍有安全要求。

第三方卫星语音服务的工作正在进行中（类似于高频语音服务），以使 ATC 卫星能与飞机、远程空域及海洋空域的地面语音操作者之间呼叫往来。这种呼叫将终止于操作者。在终端呼叫，呼叫信号将被转换为在控制器中发送/接收的数据。

欧洲所做的演示表明，使用 8.33 kHz 话音能够扩展航空 VHF 话音通信的频段。VDL 模式 3 的 ICAO SARP 也可能扩展话音信道的数量。但是，更换机上和地面所有 VHF 电台是要付出代价的，就这一点已降低了对这种技术的推广应用。VDL 模式 3 定义了一种真正的空间传播数字话音信号。音频信号被转换成一种数字形式，通过空地 VDL 模式 3 的子网络，以数字形式发送，在到达其目的地时，再变换成音频信号。而 VDL 模式 3 极大地扩展了语音通道的数量。VDL 有可能替代所有的无线电广播系统（包括空中和地面），且具有成本优势，使这个方案将在进一步应用中不断完善。

宽带网络连接到飞机也许能提供质量可接受的话音通信服务，值得作为远期项目考虑。同时，在可以预见的将来，DBSAM 话音通信仍将作为 ATC 话音通信的主要方法。

2.3 数据通信

2.3.1 ACARS 概述

今天，ACARS 提供了世界范围的数据链覆盖。对于配备了相应设备的飞机，可以使用五种不同的空地子网络：原来的 VHF、卫星通信、HF 数据链（HFDL）和 VDL 模式 2、铱星。在没有看到比较全面的 ACARS 网络图之前，读者不可能理解 ACARS 航空电子的功能。图 2-3 是一个 ACARS 网络的概貌。此网络中，有飞机、四个空地子网络、中央消息处理器和地面消息传递

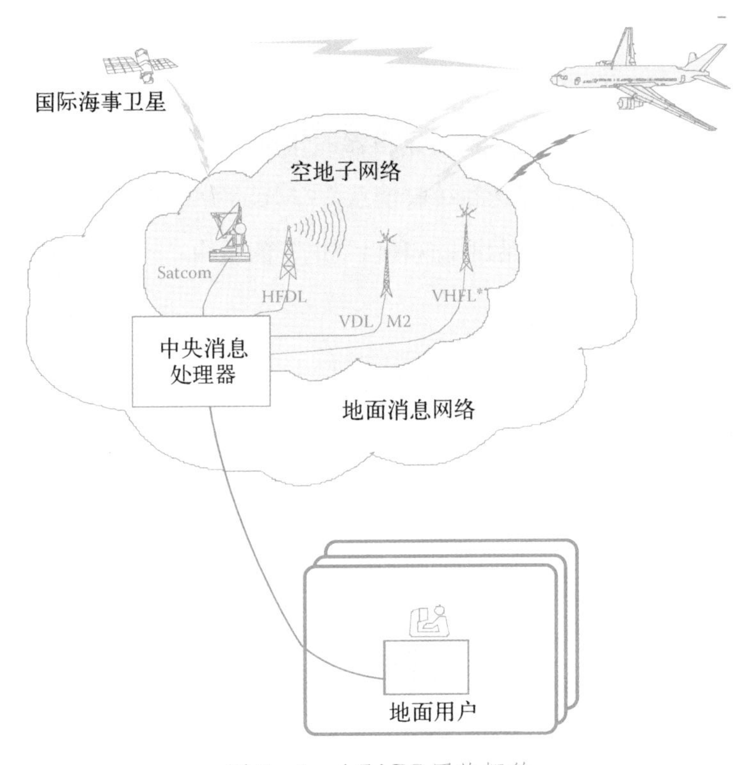

图 2-3　ACARS 网络概貌

注：VHFL—VHF 数据链，可以是 ACARS 或者 VDLM3 或 VDLM4。

网络。

ACARS 消息传递网络采用以中央消息处理器为核心集线器(hub)的星形拓扑结构。地面消息传输网络将消息传送至集线器，然后把消息从集线器传送出去，而空地子网络都是将消息从集线器发射出去。多家 ACARS 网络服务供应商提供网络服务，虽然在实施方案的细节上各有不同，但普遍采用同样的星形拓扑结构。两家数据链服务供应商可提供世界范围的 ACARS 覆盖，其他一些供应商则提供区域性覆盖。任何给定的 ACARS 消息都能够在任一空地子网络上传送，由飞机运营商来选择配置。应注意的是，ACARS 是一种面向字符的网络，这意味着只有有效的 ASCII 字符才能被识别，而且某些控制字符用来构成一个有效消息帧。

2.3.2 ACARS 航空电子结构

ACARS 航空电子结构以管理单元(MU)或通信管理单元(CMU)或通信管理功能(CMF)为中心,起着机上路由器的作用。所有的空—地电台都连接到 MU 或 CMU/CMF 来发送和接收消息。CMU/CMF 连接到所有与地面通信的各种电台上。图 2-4 给出了这种航空电子的结构。

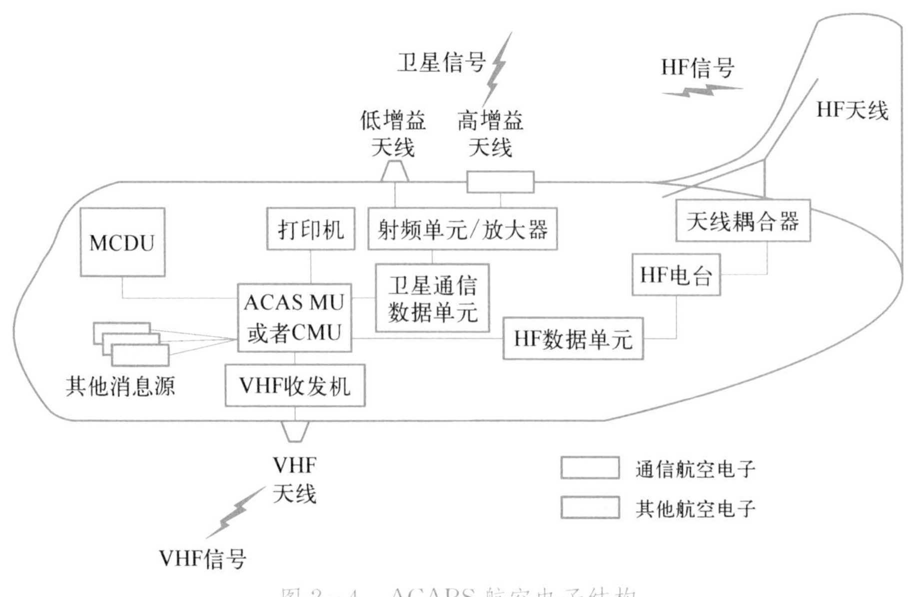

图 2-4 ACARS 航空电子结构

2.3.3 ACARS 管理单元

在飞机上,MU 或 CMU/CMF 用作 ACARS 的路由器。通过任一空—地子网络至飞机或者来自飞机的所有消息块都要经过 MU 或 CMU/CMF。虽然 MU 或 CMU/CMF 处理所有的 ACARS 消息块,但它并不执行消息交换功能。因为 MU 并没有在传递消息之前把多个消息块重新组合成一个"消息",它按照"标号"标识符传递这些消息块,接收终端系统才把这些消息块重新组合成一个完整的消息。原始的 OOOI 报文经格式化,并从一个航空电子单元传送至 MU,此航空电子单元感知置于机体周围的各种传感器信号,并判定相关的状态变化。在现代运输机中，许多其他的航空电子单元都收发常规 ACARS 消息。

多用途控制显示单元(MCDU)和打印机是 ACARS 与机组人员的主要接口。其他单元，如飞行管理系统(FMS)或空中交通服务单元(ATSU)，也要与机组人员就 FANS 消息进行交互作用。当今，大量重要的数据链消息是由飞机上各种系统自动生成后下行传输的。MU/CMU/CMF 识别每个上行消息块，并把它送到相应的装置去。同样，它们在每条下行链路上附加相应的飞机信息，例如飞机的识别号，并把它发送到其中一个空—地子网络。四种子网络的每一种最新航空电子设备都通过一条数据总线(典型的为 ARINC 429)接受作为数据消息的 ACARS 消息块。然后，子网络航空电子设备将把消息块转换成与地面电台通信所需的信号。每个子网络都有自己的协议，用于物理层和链路层数据块交换。

2.3.4　VHF 子网络

VHF 子网络，作为先驱者在 1978 年问世。它使用了与 ATC 和航空业务通信(AOC)话音相同的 25 kHz 信道，这种空中信号有时候称为简易老式 ACARS(POA)，其理由在讨论 VDL 模式 2 之后就会了解得更清晰。这种 VHF 子网络使用了一种称为最小频移键控(MSK)的频移键控(FSK)方式，此方式的载波由 1 200 Hz 或 2 400 Hz 音调调制。每个发送信号的间隔代表一个信息位，因此 2 400 波特率(即信号改变的速率)等于 2 400 b/s 的位速率。初始同步后，接收机就可判定一个给定位是 1 还是 0。

VHF ACARS 使用了载体侦听多重访问(CSMA)协议，以降低两台发射机同时或有重叠时间上发送两个数据块造成的影响。CSMA 并不比话音电台协议的自动协议版本更复杂。在这种协议中，在启动一个呼叫之前，讲话者先要监听信道。一旦一台发射机开始发送消息块，其他的发射机都不会“加入”那个发送消息块。VHF ACARS 子网络是一个非连接链路层协议的一个例子，因为飞机没有“登录”到其飞行路线上的每一个地面站。若飞机确实开始与中央信息处理器发生联系，当子网络发生变化时，它必将发送出管理消息。关于POA信号和ACARS消息块在VHF信道上发送时的更完整的描述见ARINC 618附件B。

在如美国的东北部或者欧洲般拥挤的空域，需要成倍地增加VHF ACARS信道来传送报文业务量。例如，芝加哥地区需要10个信道，并且制订了一个复杂的频率管理方案来自动改变单架飞机所使用的频率，以平衡业务量。

最初的ACARS MU与VHF电台一起工作，这种电台与只有话音通话的电台相比没有什么改变。ACARS的调制信号是由MU（如ARINC 724MU）产生的双音调音频，并发送到电台（如ARINC 716VHF电台），像话筒话音那样去调制RF。ACARS与CMU（如ARINC 758CMU）和最新的电台（如ARINC 750VHF数据电台，VDR）的交联接口出现新变化：CMU与电台之间通过一条串行数据总线[即ARINC 429数字信息传输系统（DITS）]发送ACARS报文块，而电台则用数据直接调制RF。

2.3.5 卫星通信(Satcom)

卫星ACARS子网络使用国际海事卫星实现通信功能。在I-3星座，地球同步轨道上的四颗卫星提供地球大部分区域（至纬度82°左右）的全球波束覆盖，并用点波束覆盖大陆。在I-4星座，三颗地球同步轨道卫星提供全球波束和点波束，覆盖陆地主要部分与北部海洋。INMARSAT星座提供了电话线路和数据链，因此它使用了一组复杂的协议，涉及若干不同类型的信道，且这些信道使用不同的空中信号。在传统航空服务中、分组信道是用来发送和接收ACARS或客舱的分组数据消息。在卫星数据单元（SDU）和卫星地面站（GES）之间建立了线路。任何由MU生成的要经卫星通信子网络转发的数据链消息块发送到SDU，经该线路传送到GES，然后转送到中央消息处理器。消息转发功能需要提前协调以进行适当的路由和计费。在Swift Broadband数据服务中，这是一个 432 kb/s 的、在 I-4 星座上的分组数据服务，ACARS 或客舱分组数据消息将被发送在可用的 IP 带宽作为无连接的数据包。国际海事卫星接入节点(SAN)将地面上的消息路由到适当的网关服务。

国际海事卫星工作在 L 波段，频率约为 1 GHz，这是为航空移动卫星(路由)服务的，即为航空移动卫星服务(AMS(R)S)保留的，旨在保护飞行安全和飞行规则。卫星通信的航电设备是专门研制的，这意味着它们并不是从先前的 L 波段话音电台发展而来的，这与 VHF ACARS 和 HFDL 电台(下面将介绍)是从话音电台发展来的不同。RF 单元(RFU)与高增益低噪声放大器和双工器一起，在为国际海事卫星服务规定的各 L 波段信道上发送和接收信号。

1995 年，ACARS 实现了卫星进行消息通信，并通过在南太平洋中，与美国联邦航空管理局(奥克兰中心)、斐济、新西兰(奥克兰中心)和澳大利亚(布里斯班中心)之间的远程 ATC 通信验证。在海洋空域，使用的消息集称为 FAN-1 消息集与镜像高频语音消息。B747-400 飞机是第一个实施 FANS-1 的机型，但远程空客飞机很快就跟着实施 FANS-A。从那时起，FANS-1/A 已被世界上许多 CAA 实施，只要该处消息集支持当地的 ATC 程序即可。

2.3.6 高频数据链(HFDL)

HFDL ACARS 子网络使用 HF 话音波段的各个信道。HF 话音电台略加改装就可成为 HFDL 电台，然后连接到 HF 数据单元(HFDU)。换句话说，一台 HF 数据电台(HFDR)能够包含话音电台和数据链两方面的功能。不论何种情况，HF 通信系统必须有独立的话音或数据操作。

HFDL 使用了相移键控(PSK)和时分多址(TDMA)。一个 32 s 的帧分成了 13 个时隙，每个时隙都能够以不同的数据率与不同的飞机通信，共有四种数据率(1 800 b/s，1 200 b/s，600 b/s 和 300 b/s)，并使用了三种不同的 PSK (8 PSK，4 PSK 和 2 PSK)方法。最慢的数据率受到前向纠错码功率影响，其程度会加倍显现。所有这些技术(即多重数据率、前向纠错和 TDMA)都是为了减小介质中的固有衰落和噪声，同时最充分地使用 HF 信号的远距离特性。12 个 HFDL 地面站可提供包括对北极的全球覆盖，但南极地区除外。关于 HFDL 的更多详情可以参阅 ARINC 753：HF Data Link System。

HF 需要大型的天线，事实上即使一个 1/4 波长的天线也是个问题，必须要有一个天线耦合器来匹配天线馈线的阻抗。RFU 无论是一个单独的单元还是结合在 HFDR 内部，均把代表数据调制的音频信号与载波频率混合起来，用合适的滤波器抑制掉载波和较低端各个边带，然后放大滤波后的信号。

2.3.7 VDL 模式 2

VDL 模式 2 与简易老式 ACARS(POA)一样工作在 VHF 频段。在全世界范围内已为 VDL 模式 2 服务保留了四个信道。当前仅使用的一个工作频率是 136.975 MHz。VDL 模式 2 采用差分 8 相移键控(D8PSK)，以 10.5 K 波特信号速率调制载波。因为每个相位改变代表了 8 个可辨别相移中的一个相移，每一波特或者信号改变传递 3 b 信息。因此，VDL 模式 2 的数据率是 31.5 kb/s。VDL 模式 2 具有 POA 信道近 10 倍的容量，因此具有大大地减少 ACARS 信道拥挤的潜力。CSMA 用作信息的出入通道，但在 VDR 和地面站之间建立了一个称为航空 VHF 链路控制(AVLC)的面向连接的链路层协议。按 AVLC 协议传送的 ACARS(AOA)消息是一个术语，用来区分 ACARS 消息块和通过 AVLC 传送的其他数据包。通过利用 AOA，配备 VDL 模式 2 的飞机可利用一个高速甚高频链，发往或来自飞机的 AOC 消息没有任何变化。应该注意的是，作为 ATN 的一个子网络，VDL 模式 2 已按 ICAO SARP 在应用中。因此，VDL 模式 2 是一种面向比特的数据链路层协议，在 AOA 的场合恰好传送 ACARS 消息块。ARINC 750 电台能够支持 25 kHz 和 8.33 kHz 话音、POA 和 AOA，但在任一给定时间里只能使用其中一种功能。

2.3.8　铱星系统

铱星系统能够将电话和数据信息发送到地球上任何地方飞行的飞机,亦可接收飞机发来的电话和数据信息。ACARS 利用铱星系统短数据收发(SBD)的能力,传送 MU/CMU 与航空公司选择的 ACARS 服务供应商的中央处理器之间的 ACARS 数据块。

铱星由六极轨道面上的 66 颗卫星组成,这些卫星位于 485 mi(英里)高度的近地轨道(LEO)上。相对于地面或空中用户,低轨卫星快速穿越天空。飞机上的电话连接和点对点协议(PPP)的数据连接,由卫星之间的交联来维持,然后下行传输到在亚利桑那州的铱星系统网关。与地球同步卫星数据链相比,LEO 卫星对航空电子设备功率要求较低。

2.3.9　ATN

2.3.9.1　ATN 的历史和概述

20 世纪 80 年代,ICAO 航空导航委员会(ANC)认识到需要确保空中交通通信未来数据链路的通用性。1989 年,ANC 被责成将二次监视雷达(SSR)和 SICASP ICAO 开发材料加以改进以保证通用性。1991 年,自动相关监视专家组(ADSP)发布了数据链路应用手册,定义了 ANSP 的消息集使用。1997 年,ANC 批准 ATN 的 SARP 作为未来所有 ATC 数据通信的框架。

2.3.9.2　ATN 体系结构

ATN 的架构基于 ISO 发布的 OSI 模型,该模型用于数据通信。如图 2-5 所示,该架构确定了 7 个层次,当维持一个去往/来自 ES 的有序消息流时,这种架构为实现提供了灵活性。ATN 的其他基本特征包括按位的消息和包交换路由。

ATN 不仅基于多个空—地子网,以方便在大范围与不同空域中大量的不同飞机通信,还基于多个地—地网络通信,以留出空中导航及其他服务供应商的独立域。

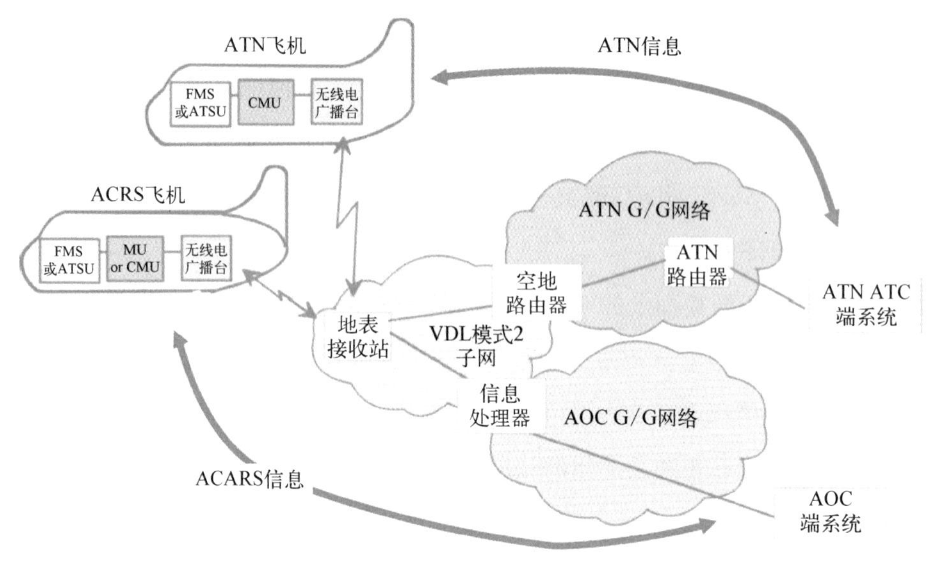

图 2-5 VDL Mode 2 子网支持 ACARS 和 ATN

ATN 的架构包括 ESS 和中间系统(IS)。ESS 引发并接收每一个具有 7 层 ISO 协议栈的 ATN 消息。IS 也称为路由器,用以保证消息包到达域内适当的目的 ES。如果消息指向域外的 ES,其被指向适当的域传输的边界中间系统(BIS)。

上述结构应用于所有地面和机载 ESS。对于飞行中的飞机,ATN 的连接由一个或多个 ATN 子网维持;地面的 ESS,可使用常规的电信基础设施。

2.3.9.3 ATN 子网

在数据链路层(第 2 层)和物理层(第 1 层),ATN 包括如下的空—地数据链 SARP:

(1) VDL。

(2) 地球同步轨道卫星(卫星)。

(3) 高频数据链路(HFDL)。

(4) 铱星系统。

每一个子网用一个特别的射频调制和协议实现。由于 VDL 只能在视线范围内运行,因此需要多个地面站以确保连续覆盖。其他的三个子网可用于远程和海洋空域,但各有其独特的优势和缺点。

2.3.9.4　VDL 子网

截至目前,VDL 模式 2 是在运行的唯一用于 ATN 信息交通的 ATN 空—地网络。在欧洲,VDL 模式 2 已用于运行的 ATC 数据链信息。而在美国,ATC 数据链路正在测试中,尚未获得飞行许可。

图 2-5 显示了如何设计 VDL 模式 2 子网以便能够传送 ACARS 消息和 ATN 的消息。VDL 模式 2 是面向位的数据链路层协议,如是航空 ACARS,则恰好是携带 ACARS 消息块。ACARS 消息块通过 AOC 地—地网络传向消息处理器,以便进一步传递。ATN 数据包转向空—地路由器,然后通过 ATN 地—地网络将其转发到 ATN 路由器,使 ATN 包得以进一步传递。

2.3.10　数据通信发展

飞机在飞行中实现了宽带互联网,就可能提供地面与飞机之间的通用、快速和廉价的连接。从最早的话音电台链路,一直到所有的 ACARS 空—地子网络,空—地通信已如此专门化,以至于设备都要专门设计,其制造成本很高。因此,如果宽带互联网(指 TCP/IP)的连接性能够做得安全而可靠,就没有理由不把它用于空地数据链通信。ATN 关于 IPS 的定义具有为 ATC 通信增加了近乎普遍性连接的潜力。

电信工业的发展趋势是高速、大容量和通用的连接。例如,为传播有线电视而安装的光纤链路,未做重大更改的情况下,正被用来作为互联网连接或者电话线。先进的大容量 RF 调制技术用于高清电视和无线电的数字信号广播。移动电话技术可在同一网络上传输数字话音和数据消息。互联网本身传输的内容远远超过它原先设计的文本和图形信息。

图 2-6 展示了一个想象中的未来的空中交通管制设施,它能够利用声音、ATN 数据链、FANS-1/A 数据链与装备适当的、在空域中穿越的飞机通信。

对于大部分常规数据链通信，通常由地面和飞机之间的自动交流，这样将减少对飞行员和管制员的工作量。同时也将增加参与空中交通管理(ATM)的飞机数量，从而使得以下各方从中受益：航空公司机组人员、管制员和空域管理者。

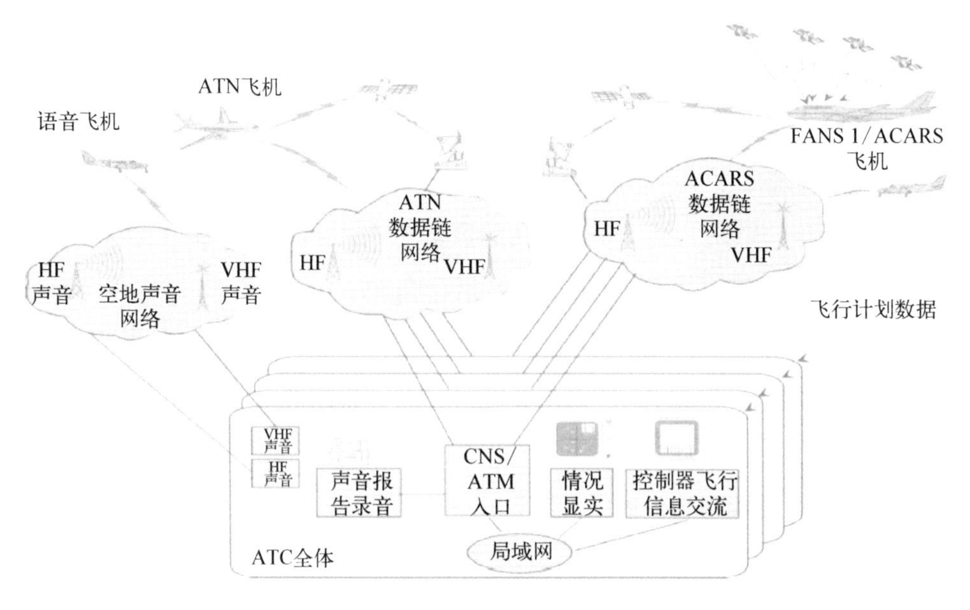

图 2-6　支持多种话音和数据网络的国家 ATC 设施

2.4　小结

航空公司将继续更多地依靠空—地数据链来发送和接收对有效运营其机队所需的信息。即使话音的处理数量减少，ATC 对空—地通信的依赖性仍将增大。展望未来的 10～20 年，在 ATC 通信，数据链的使用将大大增加。如果空中交通管理(ATM)的概念成为规范标准，那么地面自动化系统和飞行管理系统(FMS)毫无疑问地将建立有规则的联络，用来交换计划的航迹、气象、交通和其他信息。而且话音的干预将减到最少，将仍然使用 VHF 波段以及采用 DSBAM 方式。

现代运输机正变成一个飞行的网络节点,此节点必然会连接到地面,以进行无缝数据通信。这只是时间和创造性的问题。一旦条件具备,假定为各项应用提供了足够的带宽、可用性和可靠性,则许多应用将会转移到该链路上去。

参考文献

[1] American Radio Relay League, The Radio Amateur's Handbook, 36th ed., The Rumford Press, Concord, NH, 1959.

[2] ARINC Characteristic 566A - 9, Mark 3 VHF Communications Transceiver, Aeronautical Radio, Inc., Annapolis, MD, January 30, 1998.

[3] ARINC Characteristic 719 - 5, Airborne HF/SSB System, Aeronautical Radio, Inc., Annapolis, MD, July 6, 1984.

[4] ARINC Characteristic 724 - 9, Aircraft Communications Addressing and Reporting System, Aeronautical Radio, Inc., Annapolis, MD, October 9, 1998.

[5] ARINC Characteristic 724B - 5, Aircraft Communications Addressing and Reporting System, Aeronautical Radio, Inc., Annapolis, MD, February 21, 2003.

[6] ARINC Characteristic 741P2 - 7, Aviation Satellite Communication System Part 2 System Design and Equipment Functional Description, Aeronautical Radio, Inc., Annapolis, MD, December 24, 2003.

[7] ARINC Characteristic 750 - 4, VHF Data Radio, Aeronautical Radio, Inc., Annapolis, MD, August 11, 2004.

[8] ARINC Characteristic 753 - 3, HF Data Link System, Aeronautical Radio, Inc., Annapolis, MD, February 16, 2001.

[9] ARINC Characteristic 758 - 2, Communications Management Unit Mark 2, Aeronautical Radio, Inc., Annapolis, MD, July 8, 2005.

[10] ARINC Specification 410 - 1, Mark 2 Standard Frequency Selection System, Aeronautical Radio, Inc. ,Annapolis, MD, October 1, 1965.

[11] ARINC Specification 618 - 5, Mark 2 Standard Frequency Selection System Air/Ground Character-Oriented Protocol Specification, Aeronautical Radio, Inc. , Annapolis, MD, August 31, 2000.

[12] ARINC Specification 619 - 2, ACARS Protocols for Avionic End Systems, Aeronautical Radio, Inc. ,Annapolis, MD, March 11, 2005.

[13] ARINC Specification 620 - 4, Data Link Ground System Standard and Interface Specification, Aeronautical Radio, Inc. , Annapolis, MD, November 24, 1999.

[14] ARINC Specification 720 - 1, Digital Frequency/Function Selection for Airborne Electronic Equipment, Aeronautical Radio, Inc. , Annapolis, MD, July 1, 1980.

[15] Institute of Electrical and Electronics Engineers and Electronic Industries Association (IEEE and IEA), Report on Radio Spectrum Utilization, Joint Technical Advisory Committee, Institute of Electrical and Electronics Engineers, New York, 1964.

[16] The ARINC Story, The ARINC Companies, Annapolis, MD, 1987.

3

导航系统

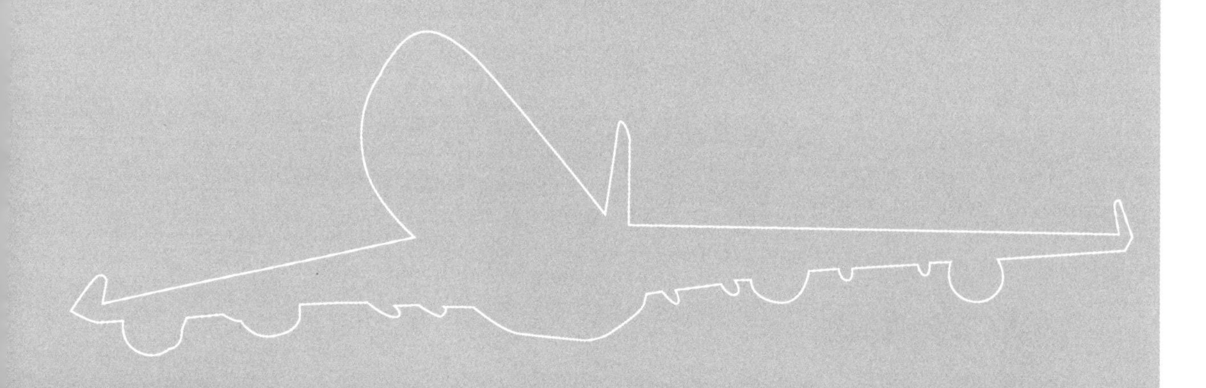

3.1 导言

导航是确定一个移动的运载器在陆地、海面、空中或空间的位置和速度。3个位置分量和3个速度分量组成了一个6维分量的状态矢量,其时变函数完整地描绘了运载器的空间运动。随着全球定位系统(GPS)的出现,测量员用同样的传感器作为导航仪,但是凭借周期更长的观察和更复杂的后处理,可获得更高的精度。

在一般的导航系统中,状态矢量是在飞行器上导出,显示给机组人员的同时记录在飞行器中或者发送到地面的。导航信息通常被送到机上的其他子系统,例如航路点引导、通信控制、显示、武器控制以及电子战(辐射探测和干扰)计算机等系统。某些导航系统称为定位系统,使用地面的或者在其他飞行器的传感器来测量另一个飞行器的状态矢量。外部的传感器通常跟踪无源雷达的回波或者一台应答机,定位系统则通常把信息提供给调度或者控制中心。

术语"制导"有两个含义,两者都不同于"导航"。其一是,操纵飞行器从当前位置飞向一个已知位置的目的地,对于近程目的地,操纵方程采用平面三角计算,而对于远程目的地,则采用球面三角计算。其二是,操纵飞行器引向一个目标而无须明确地计算状态矢量,被引导的飞行器对无线电、红外或者可见光辐射是自动寻找的。制导一个运动目标通常是军用策略导弹的要求,弹内的操纵算法保证在拦截器的机动性和燃油限制条件下命中目标。制导到一个固定目标则涉及波束引导,如仪表着陆系统(见3.5节)。

3.2 坐标系

导航是相对于设计者选择的坐标系而言的。对于几百千米的导航(如直升机),有各种地图格网,格网坐标可以根据经度和纬度来计算。北大西洋公约组织的直升机和地面车辆使用统一的横向墨卡托投影格网。远距离的飞机导航

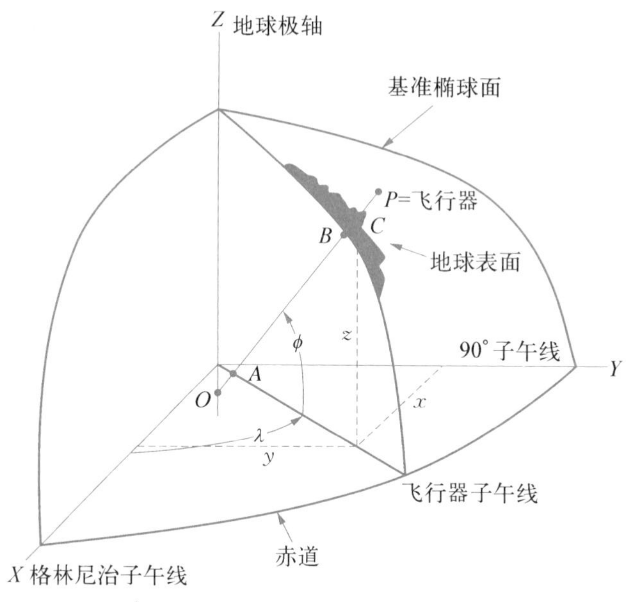

ϕ=大地纬度；
OP=椭球面上B点的法线；
λ=大地经度；
$h=BP$=在基准椭球面上方的高度=平均海拔高度

图 3-1　经度-纬度-高度和 $X-Y-Z$ 坐标系

使用与地球相固连的坐标系。图 3-1 是最通用的坐标系，它们分别是：

(1) 经度-纬度-高度坐标系：这是世界大地测量系统 WGS-84(美国政府 1991 年颁布)中所述的最有用的基准椭球。经度在极区变得不确定，故这种坐标在南北极不适用。

(2) 以地球为中心的直角坐标(XYZ)系：这些坐标是全球范围内都有效的，因此，GPS 按该坐标进行计算，并且常常变换成经度、纬度、高度后读出。

3.3　导航种类

导航系统可分为绝对导航系统、航位推算导航系统以及地形辅助导航系统。绝对导航系统测量状态矢量而不考虑飞行器已行驶过的路径。有两类这样的系统：无线电系统(见 3.5 节)和天体系统(见 3.6 节)。无线电系统是由地面或者卫星上的多个发射机构成(有时是应答机)的一个网络。飞行器检测发射信号,并且计算它相对于导航坐标系中已知位置的各基站的位置。飞行器的速度通过测量发射信号的多普勒频移或者通过一系列的位置测量得出。

第二种绝对导航系统,即天文导航系统,其原理是通过测量天体相对于当地水平位置和真北方向的仰角和方位角来导航。特种用途的高高度飞机和航天飞机使用了电子星光传感器。人工天文导航在海上已经使用了几千年(Bowditch,1995)。

航位推算导航系统以一个已知的初始位置为起点,通过一系列连续的测量来推导它们的状态矢量。有两种这样的导航系统：一种是测量载体的航向、速度或加速度(见 3.4 节);另一种是测量连续波电台各基站的发射信号,用这些信号建立起一条模糊的"航路"(见 3.5 节)。随误差的积累或发生供电丢失时,航位推算系统必须重新更新数据。唯一的航位推算无线电系统,即奥米伽(Omega),已经在 1997 年退役。

最后,地形辅助导航系统观察并识别地面图像、高度剖面、转弯次序或者外部地形特征(见 3.7 节)。通过把观察结果和通常放在 CD 盘上的数据库数据进行比较,实现导航。

3.4 航位推算

最简单的航位推算系统是测量飞机的航向和速度,并把速度分解到导航坐标系上,然后进行积分得到位置,如图 3-2 所示。最古老的航向传感器是磁罗盘,这是一个磁化的指针,或者是一个通电激励的环形线圈(称为磁通量门),或者是一个电磁表,如图 3-3 所示。磁传感器是霍尔效应传感器或磁致电阻,当磁场变化时,它们测量磁性材料的电阻变化。三个正交的磁致电阻安装在电路板上(见图 3-3),在飞机以稳定速度飞行时,用来测量地磁场的方向,精度大约为 2°。霍尔效应传感器在飞机上不常见。地磁场的水平分量指向磁北,从真北到磁北的角度称为磁差,它是预期飞越区域位置的函数,磁差储存在现代飞行器的计算机中(Quinn,1996)。由于飞行器的铁材料和电动机引起的磁偏差会超过 30°,因此必须在导航计算机中予以补偿。

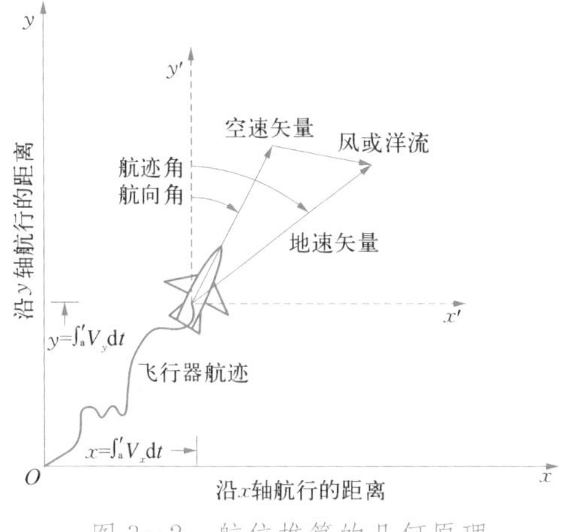

图 3-2 航位推算的几何原理

图 3-3 3 轴数字磁力计的电路板

比较复杂的航向传感器是由飞轮组成的回转罗盘,其中一个悬锤把飞轮的轴限定在水平面上。飞机上这种形式的航向传感器(更确切地称为定向陀螺)可保持任何预置的相对于地球的航向,其漂移超过 50°/h。廉价的陀螺(有些做在硅芯片上,作为具有片上信号调理的振动电子束)常与磁罗盘耦合,以减少机动引入的误差和长时间漂移。

通常在飞机或者直升机上的速度传感器是一根空速管,它测量气流的动态压力,大气数据计算机据此推算出空速。为了计算地速,必须把风速矢量叠加到飞机速度矢量上(见图 3-2)。因此,如果没有预计的风,那么误差将引入航位推算计算中。大多数的空速管对垂直于其轴向的空速分量(称为漂移)不敏感。空速管必须加热,以防止其结冰堵塞管口。

另一种速度传感器是多普勒雷达,它测量从飞机下方地面或者水面来的雷达回波中的频率偏移,由此直接推算出地速。多波束的多普勒雷达能够测量飞行器相对于地球的所有三个速度分量。空速管在能够斜飞与向后飞行的飞行器上定位困难,所以多普勒雷达广泛地用于军用直升机。

最精确的航位推算系统是惯性导航仪(见图3-4)。在惯性导航仪里面,加速度计测量飞行器的加速度,陀螺测量这些加速度计的方向。机载计算机将这些加速度分解到导航坐标上,积分后得到速度和位置。陀螺和加速度计直接安装在飞机框架上或者安装在一个伺服稳定的平台上。自1990年以来,只有高精度天体跟踪器和舰载导航仪使用伺服系统。当直接紧固在飞机框架上(捷联)时,这些传感器就易受到飞行器的角速度和角加速度的影响。所有现代飞机惯性导航仪都将陀螺仪和加速度计直接固定在飞机上("捷联式"),如此便能直接测量飞机的角速度和角加速度。

图3-4　GPS—惯性导航仪

姿态采用一种四元算法(Kayton和Fried,1997)计算,以比导航坐标计算更快的速率,对测量得到的三维角度增量进行积分。供操纵和瞄准用的惯性系统测量飞行器的指向精度可达到0.1°以内。大多数的加速度计有检测精度1g大小,并安装在一个挠曲旋转中心上。这种低成本加速度计在测量精度上存在误差。最精确的加速度计把检测指针回复到零,因此可不依靠挠曲的结构特性。最新的加速度计则是刻蚀在硅芯片上。

最老的陀螺使用在滚珠轴承或者气体轴承上旋转的金属飞轮来测相对于惯性空间的角速度或者角增量。比较近期的陀螺包含了一些旋转的振动环,用它们的振荡频率来测量这种仪表的角速度。最新的陀螺是一些抽真空的腔体或者光纤。在那里，通过比较逆时针旋转的各激光波束的相位，来测量传感器相对于惯性空间围绕垂直于激光平面各轴的角速度。振动的半球和旋转的振动杆是优质导航陀螺(漂移率小于 0.1(°)/h)的核心部件。

采用合理的冗余陀螺和加速度计(典型为每套 4～6 个)的容错配置，可以检测并且校准传感器的故障。毫无疑问，惯性导航仪将广泛用于远程民航客机、公务机、大多数的军用固定翼飞机、太空推进器、航天飞行器和载人飞船。

3.5 无线电导航

人类已经发明了几十种无线电导航辅助设备，其中许多设备已经得到广泛的应用，如表 3-1 所示。最精确的是全球定位系统(GPS)，它是一个由 24 颗卫星、17 个监控地面站、一个主控站及其备用站组成的网络。飞机用四个卫星接收到的信号来确定其三维空间位置和速度。每个卫星使用一个民用频率 L1＝1 575.42 MHz，一个军用频率 L2＝1 227.60 MHz(附加一个 L2C 的民用调制)。在最新的卫星上，有第二个民用频率(L5＝1 176.45 MHz)，每一个卫星携带高精度原子钟(精度为 10^{-13})，而飞机携带温控石英钟(精度为 10^{-8})。最大误差源是(由于无线电穿越电离层导致的)延迟，延迟取决于频率。因此，如接收到 L1、L2、L5 中任意两个，飞机对电离层延迟做一阶修正。如三者(L1、L2、L5)都接收到，则对电离层延迟做二阶修正。Misra 和 Enge(2001)，Parkinson 和 Spilker(1996)对 GPS 进行了详细介绍。

表 3-1 世界各地的航空无线电导航设备

系　统	频　率		基站数量	航空用户的数量
	频　率	波 段		
远程导航系统(罗兰-C/Chaika)	100 kHz	LF	50	130 000
信标①	200～1 600 kHz	MF	4 000	130 000

(续　表)

系　统	频　率		基站数量	航空用户的数量
	频　率	波段		
仪表着陆系统(ILS)①	108～112 MHz 329～335 MHz	VHF UHF	1 500	200 000
甚高频全向无线电信标(VOR)①	108～118 MHz	VHF	1 500	200 000
COSPAS搜救卫星(SARSAT/COSPAS)	121.5 MHz 243 MHz,406 MHz	VHF UHF	5颗卫星	200 000
联合策略信息分布系统(JTIDS)	960～1 213 MHz	L	网络	500
距离测量设备(DME)①	962～1 213 MHz	L	1 500	150 000
策略无线电导航系统(Tacan)①	962～1 213 MHz	L	1 000	15 000
二次监视雷达(SSR)①	1 030 MHz,1 090 MHz	L	1 000	250 000
全球定位系统(GPS-GLONASS)	1 227 MHz,1 575 MHz	L	24颗卫星	150 000
雷达高度表	4 200 MHz	C	无	40 000
微波着陆系统(MLS)①	5 031～5 091 MHz	C	25	100
气象/地形测绘雷达	10 GHz	X	无	10 000
机载多普勒雷达	13～16 GHz	Ku	无	40 000
SPN-41航母着陆监视器	15 GHz	Ku	25	1 600
SPN-42/46航母着陆雷达	33 GHz	Ka	25	1 600

① 国际民用航空组织的标准。

针对民用用户,GPS对运动飞机提供20 m以内精度,如军用则提供5 m以内精度。单频接收机在2013年价格低于100美元。GPS接收机内置于手机里,精度范围为100 m,其不具备跟踪飞机速度的能力。

GPS首次提供全球范围内的持续导航。它取代了许多飞机上航位推算,降低了大多数导航系统的成本。图3-5是一张2010年首次发布的GPS Block 2F卫星的图片。20世纪90年代,俄罗斯部署了GLONASS系统,其与GPS不兼容(Urlichich,2011;May,2012)。在2013年,超过20个GLONASS卫星在轨道上运行。2013年,欧盟推出了自己的卫星导航系统(伽利略)的测试版本，该系统将提供免费和有偿服务（Hein 等，2003；Anonymous，2009）。美国计划 2015 年对 GPS 进行重大升级，以降低其易受干扰程度。国际全球定位服务（IGS）进行“后处理”（6 小时延迟或更多）修正，以使卫星定位达到厘米级精度（Novatel，2014）。

图 3-5　全球定位卫星，Block 2F

差分全球定位系统（DGPS）利用已知位置的地面站接收 GPS 信号，并且用无线电数据链向附近的飞行器发送测得的距离误差。DGPS 改善了精度（对于固定观察者为几厘米），并且能够立即检测出 GPS 卫星的故障。在 2003 年，美国建立了一个包括 50 个基站和监视点的全国范围的航空 DGPS。这种广域增强系统（WAAS）。通过地球同步通信卫星发送它的校正信号，将最终取代使用率较低的跑道上的伏尔塔克（VORTAC）和Ⅰ级 ILS 装置。2006 年美国试验了机场的稠密的 DGPS 站点网络，即所谓局域增强系统（LAAS），打算用少量 DGPS 站来替换每个机场的 ILS 和 MLS（微波着陆系统）着陆辅助设备。试验表明，LAAS 可在惯性设备辅助下实现Ⅰ类和Ⅲ类的着陆（全天候）。WAAS 和 LAAS 的误差精度大约是 1 s。

罗兰用于通用航空飞机的航线导航和在机场的非精密进近（机场云层的底

部应高于跑道400 ft(英尺,1 ft=0.304 8 m)以上)。

罗兰的100 kHz信号可以在一个由3个或4个基站组成的链路的1 000 n mile范围内使用(Kayton和Fried,见4.5节)。该链路覆盖了美国、西欧部分地区、日本、沙特阿拉伯和少量的其他地区。俄罗斯有个称为Chaika的兼容系统。飞行器上的接收机测量由2个地面基站发射的脉冲到达的时间差,因此,飞行器的位置就在以基站为焦点的一条双曲线分支上。两对或多对基站给出了在双曲线交叉点上的一个二维位置。由于受到飞机和发射站之间地形上传播的不确定性的限制,典型的定位精度为0.25 n mile。这种上百微秒时间差是用飞行器上的低精度时钟(万分之一)测得的。20世纪90年代后期,罗兰的基站得到了更新,因此在第三个千年的前20年,其服务是得到保证的。罗兰将是GPS的一个不精确的监视者,而且无论何时美国军方作为GPS的唯一运行方有意取消GPS服务时,罗兰仍将是一个独立的导航辅助设备。GPS的监视功能可能由俄罗斯或者欧洲的导航卫星或者由私人的导航通信卫星交替地提供。这些以卫星为基础的监视器比罗兰更精确,但是它们会像GPS一样受到如太阳耀斑和干扰影响而中断。

21世纪初,最广泛使用的飞机无线电辅助设备是伏塔克(VORTAC),它的基站提供了以下三种服务:

(1) 在108~118 MHz上模拟式方位测量,称为甚高频全向无线电信标(VOR):由飞行器上的接收机比较由地面站全向天线发射的正弦波和各旋转的心形天线发射的正弦波的相位得出。

(2) 在1 GHz上的脉冲距离测量称为距离测量设备(DME):由DME测量飞机询问VORTAC基站到接收到应答的时间延迟。

(3) 从VORTAC基站来的DME幅度调制应答信号所传递的塔康方位信息。

海洋上短距离飞行时,惯性导航系统导出的状态矢量每小时漂移1~2 n mile。当飞机靠近海岸时,它采集VOR站的信息,并以此更新惯性状态矢量。然后继续使用惯导和 VOR 导航到达目的地，也可以使用 ILS 着陆。越洋远距离飞行（如穿越太平洋）时，GPS 通常和一套或多套的惯性导航仪一起使用，以防止 GPS 卫星或者机载接收机发生故障。远程运输飞机通常携带三个惯性导航系统，有些还没有升级到 GPS。

在陆上发达地区，空中交通管制是基于通过航路和终端区域雷达的定位，在美国和欧洲，随着广播式自动相关监视（ADS - B，见第 23 章）普及和推广，大多数导航设备将被淘汰。

飞机以 1 090 MHz 的频率广播载机 GPS 或惯导或多点定位位置，间隔为随机的（断续在 1 s 间）。广播信号送至美国 800 个地面站。这些地面站向空中交通管制中心输送数据，再由管制中心以 1 090 MHz 和 978 MHz 频率向其他配有内置 ADS 接收机的飞机转发。ADS 地面站维护比雷达便宜，在海洋及欠发达地区（如北极或非洲），低高度的铱星将收到 ADS 消息并将其送至空中交通管制设施。这样，ADS 将覆盖全世界范围的飞机位置。同一转发器亦可用于 TCAS 传输（Kayton 和 Fried，1997，见第 14 章）。Lo 和 Enge（2012a）对雷达回复、ADS、TCAS 在 1 090 MHz 波段拥塞做了仿真。

在西方各国，民用飞机使用 VOR/DME，而军用飞机使用 TACAN/DME 进行航线导航。在 20 世纪 90 年代，中国和从苏联解体出来的国家开始在它们的国际机场和这些机场到边境的空中走廊使用国际民用航空组织（ICAO）标准的导航辅助设备（VOR、DME 和 ILS）来替代它们的定向基站。DGPS 站点将最终取代大多数的 VORTAC；50 个 DGPS 的场点可以替代 1 000 套 VORTAC，因此能够节省大量的维护费用。虽然 VORTAC 基站将在 2010 年开始退役，但是看来它们仍将在一些重要的航线上被保留下来，直到 2025 年（美国联邦无线电导航计划，2005 年）为止。WHAS 和 LAAS 允许直路、连续下降、弧线接近。如此可在下降时消除重复高度，节省燃油。

特殊装备的飞机用于无线电导航辅助装置、速度和速率传感器、航向传感器和新算法的常规校准。机载测试床和硬件-软件集成实验室通常用于开发算法和传感器-软件接口。测试范围有时对当地地面信标(匿名,2013)使用高度精确的多点定位来衡量运行的导航系统性能。

要建立一个标准去衡量其精度辅助导航设备是十分困难的。Locata reference(匿名,2013)宣称其研制优于10厘米导航精度机载(设备)。

Omega曾经是一种世界范围的无线电导航设备,它由8个地面基站组成,每一个基站发射10～13 kHz连续正弦波。大多数的飞行器通过观察接收到的正弦波之间的相位差来测量2个基站之间的距离差。当相位差超过360°时,就会产生模糊航路。由于无线电传播不规则,其误差大约为2 n mile。潜水艇、海上通用航空飞机以及少数国际航线飞机所使用的Omega已经在1997年退役。

ILS在全世界(甚至20世纪的中国、印度和苏联)用于着陆引导。邻近跑道的发射机建立一个接近110 MHz的水平引导信号和接近330 MHz的垂直引导信号。两个引导信号都经过调制,在空间形成一条零交叉点直线,把飞机从15 n mile距离上引导到跑道上空50 ft以内。ILS并不给出飞机沿着波束的位置信息,除非飞机正飞越在2台或者3台垂直的指点信标上空。大多数ILS设备适航取证为ICAO Ⅰ类着陆。用这类ILS时,若下降到200 ft的高度上看不见跑道,则飞行员必须放弃着陆。在美国,大约有100个ILS认证为Ⅱ类,使飞机得以在因能见度不良而放弃着陆前将飞机下降到跑道上方100 ft。大约有200套ILS获得Ⅱ类取证,它允许飞机下降到跑道上空100 ft,若此时目视不好,则放弃着陆。Ⅲ类允许飞机在更低的气象云底高度下着陆,大约有50套ILS取得Ⅲ类合格证,大多数是在西欧,那里有世界上发达地区最差的飞行气候。Ⅲ类ILS能检测它们自己的故障,并且在1 s时间内切换到余度信道,以保护正在拉平的飞机(在跑道上空50 ft内),并且可以再执行中断进近。一旦飞临跑道上空,安装在飞机底部的无线电高度表测量飞机高度,由电子引导或者飞行员引导做拉平机动。Kayton和Fried(1997)在相关文章中已叙述了着陆辅助设备。GPS允许作为非精密进近唯一辅助的导航方式。辅助GPS

(WAAS 或 EGNOS)允许精密进近至 200 ft 高度。

美国海军的飞机用塔康对航空母舰进行定位，使用工作在 15.6 GHz 上的一种微波扫描系统着舰；NASA 的航天飞机曾经使用海军的系统在其基地着陆，但是惯性辅助 DGPS 已取代了它。曾经考虑另一种 5 GHz 的微波着陆系统(MLS)来替代民用的 ILS，特别是Ⅱ级和Ⅲ级的着陆系统。然而 20 世纪 90 年代的试验表明，由一个粗略的惯导辅助 DGPS 作为着陆的辅助设备，在飞行中能够达到优于 3 m 的精度，并且能够在 1 s 以内检测到卫星的错误，因此 LAAS 很可能将替代或者补充 ILS，那样 ILS 肯定能够至少服务到 2010 年(美国联邦无线电导航计划)，且很可能服务到 2020 年以后。北大西洋公约组织也许会批准在部分小型机场使用便携式 MLS 或者 LAAS。

位置定位系统同时监视许多飞行器的状态矢量，并且通常在控制室或者调度中心显示这些数据。有些飞行器从距离调制上推导出状态矢量(如 DME)，而其他的仅仅报告一个独立导出的位置(如 GPS)。二次监视雷达在 1 030 MHz 询问飞机并且收到 1 090 MHz 应答信号。如此，它们能由空中交通管理和避撞算法识别出。

低高度商用通信卫星将提供世界范围内数字测距的收费服务。这些商用定位的断续性质将要求运载器在定位点之间进行航位推算，也许要使用固态惯性仪表。因此，如果纳税人坚持导航服务收费的话，那么到 21 世纪的中期，私营的通信导航网络(如 Galileo 商用服务)也许会取代政府投资的 GPS 和空中交通通信网络。2014 年，IRIDIUM 和 INMARSAT 通过卫星提供海洋上位置的报告。

INMARSAT 在地球同步轨道上，需要在飞机上装载跟踪天线。

军用的通信导航系统测量战场上空、地面和海上的运载器的位置，并且报告给司令部，例如美国的联合策略信息分布系统(JTIDS)和位置定位报告系统(PLRS)，它们的每台终端在 2014 年的价格据说就超过了 10 万美元。

大约由 40 个 SARSAT - COSPAS 站组成的一个全球网，监视着从救生定位发射机(在飞机上、船上和陆上用户)通过低轨道卫星应答机中继的信号,其频率为3个国际救生频率(121.5 MHz、243 MHz和406 MHz)。监听站内的软件,根据由卫星观察到的多普勒频率偏移随时间的变化,计算在5～15 km内406 MHz频率和15～30 km内其他频率的救生定位发射机的位置,这样就可以派遣救援运载器。一些406 MHz的救生定位发射机包含GPS装置,向同步卫星发送其位置。从1982年起,SARSAT－COSPAS已经在全世界范围内拯救了33 000多条生命,其中有北极无人区的飞行员,也有热带的渔民。

3.6　天文导航

在天文导航中,导航员使用六分仪来测量地平线上方天体的仰角。仰角的峰值出现在当地的正午或子夜:

$$仰角(°)=90°-纬度+倾斜角$$

因此,在当地的正午或者子夜,纬度能够从一个倾斜角表格(在地球赤道平面上方太阳或者星星的角度)通过简单的算术计算得到。20世纪30年代开始向各种运载器广播时间起,在晚上任何时刻(云层条件许可情况下),偏离开子午线都能观测到两个或者更多的天体的仰角。这些定位点用对数进行手工计算,然后由导航员在航图上标绘位置。在那个时代,制成了手持式的水平泡六分仪,在飞机上不需要看到地平线就能够测量天体的仰角。导航员通过飞机顶部的天文圆顶来观察太阳和恒星。在空中,天文定位的精度仅为5～50 mile,这是因为受到地平线的不确定性以及不能精确测量飞机俯仰和倾侧角的限制。Kayton(1990)评述了在海上和空中的天文导航的历史。

20世纪50年代后期建成了第一台自动恒星跟踪仪,它测量恒星相对于陀螺稳定平台的方位角和仰角。通过航位推算测出近似位置,然后把望远镜指向

要观察的恒星的一个光点，其精度可达到几分之一度。实现了窄视场观测之后，在白天可以用望远镜和光探测器通过飞机顶部的一个窗口来跟踪恒星。机上的计算机存储了20～100颗恒星精确的上升和下落数据，从而可计算出飞机的位置。远程军用飞机和航天飞机上使用的自动恒星跟踪器，将其安装在用万向接头固定的惯性导航仪的稳定平台上。精心设计的光学装置和恒星惯性信号处理滤波器使定位测量精度优于500 ft（Kayton和Fried，1997）。将来的低成本的系统也许会把恒星跟踪仪直接安装在飞机上。

自动恒星跟踪仪装在平台式惯性导航系统上，据说价值超过百万美元。

3.7 地图匹配导航

飞机上的地形测绘雷达和光学传感器向机组人员提供地形图像，但是无人机的导航必须是自主的。从20世纪60年代以来，开发了各种自动地图匹配设备，把观察到的图像与储存的不同地形的各块图像建立相关性，选择最匹配的图像来更新航位推算状态矢量。从1980年起，飞机和巡航导弹测量它们下面的不同地形各部分的垂直剖面，并且与储存的剖面进行匹配。用这种匹配剖面方法，约每小时更新一次数据，来减少惯导的长时间漂移。地形剖面是通过将气压-惯性高度表（按海拔高度标定）的读数减去无线电高度表（测量地形净空）的读数来测量的。机载计算机把测量得到的剖面与运载器可能的平行路径上的许多储存的剖面的每一个进行交叉相关计算。运载器的惯性导航仪通常有一个数字滤波器，当获得了各定位点的次序时，该数字滤波器将校正方位陀螺的漂移。此后由于通过存储的地图，飞行的方向是已知的，因此节省了可观的计算时间，否则还要进行飞行航线未知方位的相关计算。

最复杂的地图匹配系统通过数字视频（常常是立体的）来观察它们周围的地形，并且建立起自己的导航空间地图。21世纪正在开发光学地图匹配系统，此系统将允许没有配备电子辅助设备的飞行器在机场着陆。系统使用传感器数据(通常是毫米波或红外)生成图像来帮助飞行员在这些区域着陆,这称为“视觉增强”。使用“存储地形”以产生图像的系统称为“视觉合成”。这些图像经常会投射到平视显示器上。合成的视觉图像比增强的图像更清晰、更能显示细节,但不会显示跑道上的移动设备(如滑行中的飞机或起重机等)。目前的趋势是,在预算许可的前提条件下,则将两者均加到平视显示器。

3.8　导航软件

导航软件有时和其他航空电子软件一起嵌入一个中央处理器中,或者限定在一个或者多个导航计算机中。导航软件包括各种算法和数据,来处理各个传感器(如GPS、惯导或者大气数据)测量的数据。它包括校正常数、初始化程序、自检算法、合理性测试,以及传感器发生故障或者没有接收信息时的替代算法。在最简单的系统中,状态矢量是根据每一个传感器数据独立地计算的,由导航软件计算位置和速度的最佳估计值。在1970年之前,这种最佳估值是采用带恒定加权函数的最小二乘方算法,或者具有常系数的频域滤波器来计算的。现在根据各传感器的动态特性的数学模型,使用卡尔曼滤波器来计算这种最佳估计值(Kayton和Fried,1997)。

越来越多的飞机装备了带CD存储盘的数字地图,其位置可以目视显示给机组人员,且可以发出地形告警。许多民用飞机将它们的导航位置、天气、含有ADS-B的交通报告加到存储的湍流地图中。在2014年,通用航空飞机是“叠加显示”的主要用户。军用飞机把它们的导航位置叠加显示在包含地形和地貌特征的所储存的地图上,来帮助穿越或者逃离敌区。航路点导引和飞机姿态控制的算法包含在飞行管理分系统和飞行控制分系统的软件中。

RTCA标准DO-178C的制定的目的是提高航空电子软件可靠性(见

第13章)，该标准定义了五种级别的可靠性水平。级别A的失效将导致飞机灾难性事故。级别B的失效将导致系统功能的丢失(如任务计算的能力)。这些级别在要求的记录和测试的数量上是不同的。导航软件通常定义为B级;飞行控制和大气数据软件定义为A级。

3.9 导航硬件

导航硬件安装在航空电子舱和仪表板上，硬件和布线标准与其他航空电子设备相同。导航取决于时钟精度，因此，飞机在温度控制或温度监视的烤箱中带有石英钟。许多天线安装在机身的顶部、底部、尾翼和机翼上。完整的点到点地用于电能和信号传输的电缆及同轴射频是最可靠的。然而，新飞机经常将其集成预装。相对可靠性尚未确定。民用航空硬件通常符合RTCA标准DO-160。

3.10 设计权衡

导航系统的设计者对每一种运载器都要做各种权衡，来确定使用何种导航系统以及如何把它们交联起来。权衡时须符合美国联邦无线电导航计划的当前版本。权衡的要点如下:

(1) 成本。包括发射站的建造和维护费用，以及购买运载器上电子设备及软件的费用。用户只关心运载器上软硬件的费用。在陆地上，现代导航系统和飞行员经常被要求使所需导航性能(RNP)达到约0.3 n mile。海洋上RNP通常为20 n mile。

(2) 位置和速度的精度。用圆概率误差(CEP，以m或n mile为单位)来表示。允许的最大值CEP常基于典型任务计算的碰撞风险。

(3) 自主性。运载器在没有外部辅助情况下,确定其位置和速度的能力。自主性对于某些军用运载器,以及在无线电导航覆盖外的民用运载器的运行都是很重要的。自主性的程度请参阅本章参考文献。

(4) 由计算和传感器的延迟造成的位置和速度计算的时间延迟。

(5) 地理的覆盖。工作在100 kHz以下的无线电系统能够在地球上超视距接收,工作于100 MHz以上的无线电系统,只限于视距内接收。GPS在全球范围内可用,因为用户视线可及范围内有许多卫星覆盖。

(6) 自动化。运载器的操作员(运载器上的人员或者地面控制员)接收位置、速度和设备状态的直接读数,通常无须人工干预。

在20世纪70年代,由于电子设备能自动地选择导航台,进行航点导引计算,并且报告故障,因此民用飞机的机组已经取消了领航员位置,如图3-6所示。新的飞机有多个显示器("玻璃面板")显示导航数据、引擎状态、机载雷达图像及其他的数据。这些显示器进行了冗余切换。

图3-6　美国空军C-5运输机的导航显示器

每个飞行员前面装有平板显示器,其中垂直态势显示器在仪表板外侧,水平态势显示器在仪表板内侧。水平安装的控制显示器正好在操纵杆后面，用于输入航路点。在仪表板中央是飞行状态主显示器和发动机显示器以及备用的模拟仪表。

参考文献

文章

[1] Anonymous, Galileo slips, EGNOS operates. *GPS World*, November 2009, 12 - 14.

[2] Anonymous, Iridium to put ADS - B receivers on next constellation. *Avionics Magazine*, August 2012, 8.

[3] Anonymous, Locata tests lead to air force contract. *GPS World*, January 2013, 29 - 30.

[4] Billingsley, T. B. et al., Collision avoidance for general aviation. *IEEE Aerospace Magazine*, July 2012, 4 - 12.

[5] Bowditch, N., The American practical navigator. U. S. Government Printing Office. Re-issued approximately every five years. Marine focus but good discussion of celestial navigation, 1995, 873pp.

[6] Braff, R., Description of the FAA's Local Area Augmentation System (LAAS). *Navigation*, Winter 1997 - 1998, 411 - 423.

[7] Craig, D., USAF's new reference system. *Inside GPS*, May 2012, 37 - 48.

[8] Enge, P., Global positioning system. *Scientific American*, May 2004, 91 - 97.

[9] Hein, G. W. et al., Galileo frequency and signal design. *GPS World*, January 2003, 30 - 45.

[10] Kayton, M., *Navigation: Land, Sea, Air, and Space*. IEEE Press, New York, 1990, 461pp.

[11] Kayton, M. and W. R. Fried, *Avionics Navigation Systems*, 2nd edn. John Wiley, New York, 1997, 650pp.

[12] Lo, S. C. and P. Enge, Assessing the capability of DME to support future air traffic capacity. *Navigation*, Winter 2012a, 249 - 260.

[13] Lo, S. C. and P. Enge, Capacity study of multilateration-based navigation FR alternate position, navigation, and timing services for aviation. *Navigation*, Winter 2012b, 263 - 279.

[14] Lo, S. C. et al., Loran data modulation: A primer. *IEEE Aerospace and Electronic Systems Magazine*, September 2007, 31 - 50.

[15] May, M., GLONASS in perspective. *ION Newsletter*, Fall 2012, 4 - 19.

[16] Minzner, R. A., The U. S. Standard Atmosphere 1976. NOAA report 76 - 1562, NASA SP - 390. 1976 or latest edition, 1976, 227pp.

[17] Misra, P. and P. Enge, *Global Positioning System*. Ganga-Jamuna Press, Lincoln, MA, 2001, 390pp.

[18] Narins, M., Status of loran-C modernization testing. *Ion Newsletter*, Winter 2001 - 2002, 4 - 5.

[19] Novatel, Multi-GNSS monitoring, *INSIDE GNSS*, January 2014, 30 - 34.

[20] Parkinson, B. W. and J. J. Spilker, Eds. *Global Positioning System, Theory and Applications*. American Institute of Aeronautics and Astronautics, Reston, VA, 1996, 1300pp., 2 volumes.

[21] Quinn, J., 1995 Revision of joint US/UK geomagnetic field models. *Journal of Geomagnetism and Geo-Electricity*, Fall 1996.

[22] Read, B., Seeing clearly. *Aerospace International*, May 2002, 30 - 33.

[23] Taylor, J. et al., GPS control segment upgrade details. *GPS World*, June 2008, 27 - 33.

[24] Urlichich, V. S. et al., GLONASS modernization. *GPS World*, November 2011, 34 - 39.

[25] U. S. Air Force, *Navstar - GPS Space Segment/Navigation User Interfaces*. IRN - 200c - 004. ARINC Research, Annapolis, MD, 2000, 160pp.

[26] U. S. Government, Federal radionavigation plan. Departments of Defense and Transportation, issued biennially, 200pp.

[27] U. S. Government, WGS - 84 World Geodetic System. U. S. Defense Mapping Agency, Washington, DC, 1991.

[28] Van Graas, F. et al., Ohio University/FAA flight test demonstration of local area augmentation system (LAAS). *Navigation*, Summer 1998, 129 - 135.

[29] Walter, T. et al., Evolving WAAS to service L1/L5 users. *Navigation*, Winter 2012, 317 - 325.

[30] Zhao, Y., *Vehicle Location and Navigation Systems*. Artech House, Norwood, MA, 1997, 345pp.

相关期刊

[1] IEEE Transactions on Aerospace and Electronic Systems; bimonthly through 1991, now quarterly.

[2] Proceedings of the IEEE Position Location and Navigation Symposium (PLANS), biennially.

[3] Navigation, Journal of the U. S. Institute of Navigation, Quarterly.

[4] Journal of Navigation, Royal Institute of Navigation (UK), Quarterly.

[5] AIAA Journal of Guidance, Control, and Dynamics, bimonthly.

[6] GPS World, monthly.

[7] Inside GPS, monthly.

[8] Commercial aeronautical standards produced by International Civil Aviation Organization (ICAO, Montreal), Aeronautical Radio, Inc. (ARINC, Annapolis, MD), Radio Technical Committee for Aeronautics.

[9] (RTCA, Inc., Washington, DC), and European Commission for Aviation Electronics (EUROCAE, Paris).

相关网站

[1] www.faa.gov (landing category I, II, III requirements).

[2] www.navcen.uscg.gov (almanac and constellation status).

[3] www.gps.losangeles.af.mil.

[4] www.inmarsat.org.

[5] www.sarsat.noaa.gov.

[6] www.arinc.com.

[7] www.loran.org.

[8] www.gpsworld.com/the-almanac.

[9] www.garmin.com/adsb.

[10] http://microwavelandingsystem.com.

4

全球定位系统

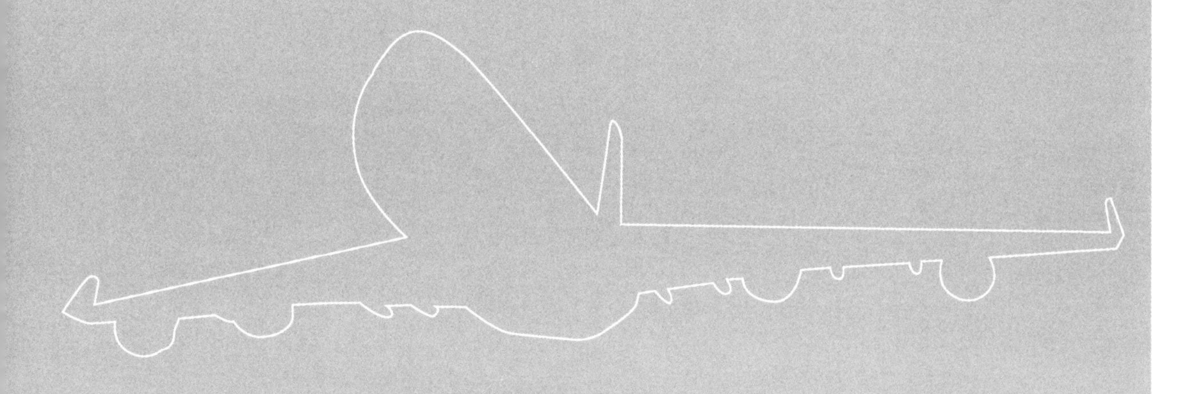

4.1 导言

全球定位系统(GPS)[1-4]是由美国研制的卫星导航系统。简单地说,该系统包括地球轨道上的24颗卫星,及监测控制卫星的全球地面网。GPS系统始建于20世纪70年代初,并于1995年布设完成。在国际上,GPS卫星系统只是被看作全球导航卫星系统(GNSS)中的一部分。

GPS已广泛用于民机和军机系统。本章首先对GPS系统、航空增强系统、GPS航空电子设备和航空应用等进行概述,最后总结讨论未来趋势。

4.2 GPS系统

以下几部分将简要介绍GPS卫星系统、GPS导航信号、GPS的工作原理、GPS的服务及其性能等相关内容。感兴趣的读者可参考文献[2-4]来获得更全面的信息。

4.2.1 GPS卫星系统

简单地说,GPS卫星系统由位于半径为26 559 km的圆形轨道上的24个卫星组成[5]。大量的原子钟(铷钟和/或铯钟)是每个卫星的关键部件,因而可广播与公共时标精确同步的信号。卫星轨道相对于赤道平面的倾角为55°。每个六轨道平面包含4颗卫星,它们围绕地球自转轴线相对于其方向保持等距间隔。近年来,这个卫星系统包含的卫星已经增加到31颗。继24颗之后的最早3颗卫星位于24颗卫星系统的可扩展槽中[5]。继这27颗之后的几颗卫星通常位于临近更换的卫星附近。

GPS卫星是在不同时间范围内成组发射升空的,从一组到下一组,其能力也在不断加强。目前的31颗GPS卫星,包括Block ⅡA的7颗卫星、Block Ⅱ

R的12颗卫星、现代化Block ⅡR（ⅡR－M)的7颗卫星和Block ⅡF的5颗卫星。Block ⅡA的卫星由洛克威尔国际公司制造，并于1990年至1997年间发射升空。Block ⅡR和ⅡR－M的卫星由洛克希德马丁公司制造，并于1998年至2009年间发射升空。目前，波音公司还在继续制造Block ⅡF卫星。到目前为止，已经发射升空5颗，另外还有12颗ⅡF卫星在规划之中。最早的Block ⅡF卫星于2010年8月发射升空。继Block ⅡF卫星之后的GPS卫星最初被命名为Block Ⅲ，但现在更名为GPS Ⅲ。2008年5月，洛克希德马丁公司签下了第一颗GPS Ⅲ卫星的合同。第一颗GPS Ⅲ卫星预计将于2015年发射升空。

4.2.2 GPS导航信号

所有GPS导航信号都采用码分多址（CDMA）技术，即所有卫星在相同的载波频率上广播信号。向上通过Block ⅡR卫星，GPS卫星在两个载波频率上广播现称为的传统导航信号：1 575.42 MHz的链路1(L1)和1 227.6 MHz的链路2(L2)。传统导航信号包含两个用矩形符号表示的直接序列扩频（DSSS）信号[6]，这两个信号在L1上广播时相位正交。粗收集（C/A）码信号具有1.023 MHz的码片速率，而精(P)码信号具有10.23 MHz的码片速率。C/A码是使用码长为1 023的Gold码生成[7]，每毫秒重复一次。在未加密时，P码的时长为1周，但P码通常是加密的，以阻止电子欺骗，一旦加密，该码就称为Y码。相同的P(Y)码信号在L2载波上广播。C/A和P(Y)码信号都进一步调制为50个字节数每秒(50 b/s)的信号。该信号包含了导航所需的信息，包括用于广播卫星的星历、时钟校正和卫星广播的健康信息以及整个卫星系统的年历数据。

在Block ⅡR－M的卫星中引入了两个新的导航信号：L1和L2上的一个新的军用信号(称为M码)[8]和一个新的民用信号(称为L2C)[6,9]。这两个新信号的设计都非常先进，包括了导航数据的无数据信号分量和前向纠错，以实现用户设备的鲁棒追踪和数据解调。L2C使用的DSSS调制具有矩形符号和

1.023 MHz码片速率。M码使用具有5.115 MHz码片速率和一个谱信号的DSSS调制方式,该谱信号是频率为10.23 MHz方波信号的倍周期信号。该DSSS调制变体称为二进制偏移载波(BOC)[10],并且可看作是使用矩形信号的普通DSSS信号和方波子载波的乘积,而实际上也可能是这样产生的。

Block ⅡF的卫星在新的载波频率上增加了一个民用导航信号。新的载波频率(在1 176.45 MHz)和信号都称为链路5(L5)[11,12]。L5是由DSSS调制方式产生的,使用了矩形符号和10.23 MHz的码片速率。与其他现代化GPS信号(如L2C和M码)一样,L5包括导航数据的无数据信号分量和前向纠错,用于鲁棒追踪和数据解调。

GPS Ⅲ航天器将广播附加的L1民用信号(L1C),采用的信号使用具有1.023 MHz码片速率的BOC调制,并由1.023和6.138 MHz方波子载波衍生的符号的时分复用混合体来创建[13,14]。

图4-1显示了GPS导航信号的整个演变过程。图中的纵轴表示各信号的功率谱,横轴则不相似。在载波频率任一侧的第一频谱零点测量,由C/A码和L2C信号延伸出的带宽为2.046 MHz。P(Y)码和L5信号的空对空(null-to-null)带宽都为20.46 MHz。

4.2.3　GPS的工作原理

GPS接收机利用对可见卫星的无源距离测量来确定它们的位置和精确时间。这些距离测量通过测量广播导航信号的传播时间获得,并且称为伪距,低成本接收机时钟会使得同步测量可能具有较大的共同偏差。在某一时刻利用N个可见卫星建立的伪距测量模为

$$\begin{cases} \rho_1 = R_1 + cb + \varepsilon_1 \\ \rho_2 = R_2 + cb + \varepsilon_2 \\ \vdots \\ \rho_N = R_N + cb + \varepsilon_N \end{cases} \tag{4-1}$$

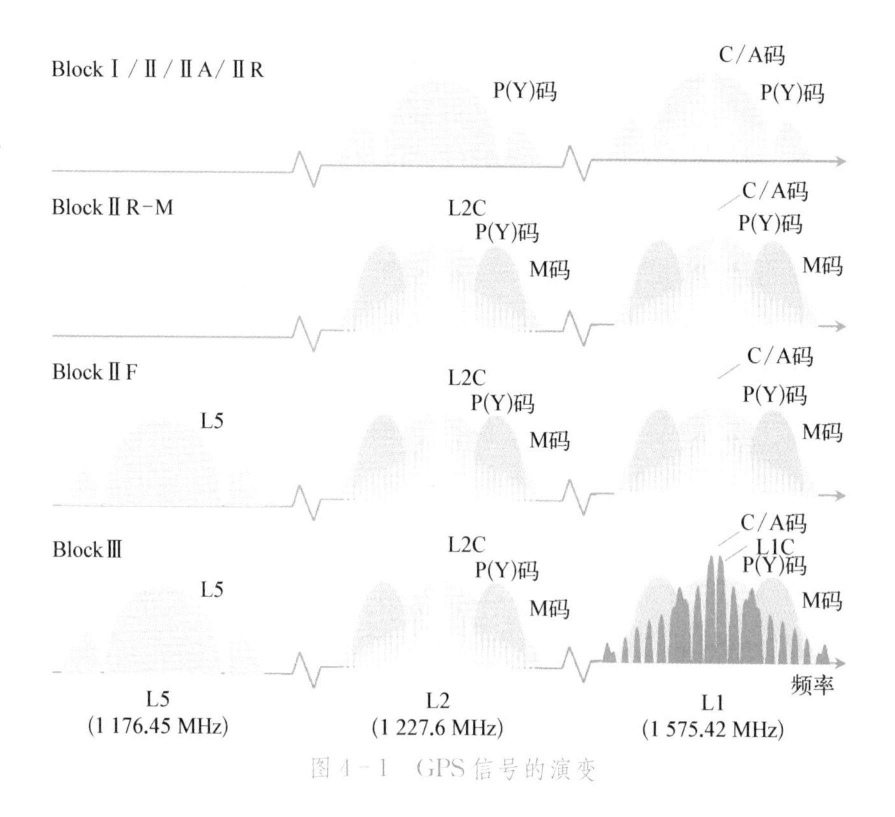

图 4-1 GPS 信号的演变

其中：对于第 i 个可见卫星，p_i 是伪距(以 m 为单位)；R_i 是卫星和接收机天线之间的实际距离(以 m 为单位)；c 是光速(以 m/s 为单位)；b 是接收机时钟误差(以 s 为单位)；ε_i 是所有其他误差源的误差(以 m 为单位)。

位置坐标(x, y, z)处的接收机天线与坐标为(x_i, y_i, z_i)的第 i 个卫星天线之间的实际距离为

$$R_i=\sqrt{(x-x_i)^2+(y-y_i)^2+(z-z_i)^2} \tag{4-2}$$

通常可以通过各种方法尽可能地减小测量误差，如设备设计、建模(如对于大气延迟误差和相对论效应)以及对广播导航数据应用校正。式(4-2)中的卫星天线位置坐标由接收机利用各卫星的导航数据广播信息计算得到。

忽略测量误差并将式(4-2)中的 R_i 代入式(4-1)，式(4-1)可看作包含 4 个未知数(x, y, z, b)的 N 个方程。尽管是非线性的，但该方程组在大多数

情况下容易求解，在至少4个卫星可见(即 $N>4$)的情况下，得到接收机天线坐标和接收机时钟误差的估计值[2-4]。解的精度取决于伪距测量的准确性，即通过所有可用方法校正测量后的残余测量误差的统计量，以及天空中可见卫星的几何形状。后者的准确度通常通过称为精度因子(DOP)的各种指标来量化[2-4]。常用的DOP包括垂直DOP(VDOP)、水平DOP(HDOP)和位置DOP(PDOP)，分别与一个sigma的垂直、水平和三维位置误差及一个sigma伪距误差的比率相关。例如，如果接收机的伪距误差是以5.0 m的一个sigma值独立同分布，并且假设典型中纬度HDOP和VDOP值分别为1.0和1.5，则接收机的估计位置将预期表现为5.0 m水平方向上的一个sigma误差和7.5 m垂直方向上的一个sigma误差。

4.2.4 GPS的服务和性能

目前，GPS提供两种服务：民用的标准定位服务(SPS)[5]和授权用户的精确定位服务(PPS)(主要是美国军方和美国盟友的军方)[15]。SPS仅使用L1 C/A码信号，而PPS用户可另外使用L1/L2 P(Y)码信号。美国承诺为民机持续提供全球范围内的免费GPS SPS服务，如果该服务终止，则至少提前6年通知。这一承诺最初是由美国联邦航空管理局(FAA)于1994年做出的[16]。FAA在2007年重申了这一承诺[17]，同时FAA还承诺在北美利用广域增强系统(WAAS)，提供免费的GPS卫星增强系统(SBAS)服务(关于SBAS的说明，包括WAAS，见4.3节)。

一种称为选择可用性(SA)的技术曾用于降低SPS的准确度，该技术可实现卫星时钟的伪随机抖动，此伪随机抖动仅通过生成算法和密码密钥的PPS接收机就可消除[2]。2000年5月1日，停止使用了这种利用SA技术实现的SPS性能降级方法[18]。2007年9月，美国宣布，未来的GPS卫星不再将SA技术的这项能力作为参数指标[19]。

GPS SPS伪距的指定准确度优于或等于7.8 m，覆盖率为95%[5]。该规范是根据全球平均值制订的，仅用于空间信号（SIS）（即不包括由于大气、多路径或用户设备引起的误差）。如果利用典型的 GPS DOP 值，实际的 SPS 伪距准确度将定位精度在水平和垂直方向上分别设置为 8 m 和 12 m，以 95%的概率作为标准。实际性能通常明显优于此。例如，2012 年 7 月 1 日至 9 月 30 日，在北美地区分布的 28 个 GPS SPS 接收机 95%的定位精度作为标准，观测到的水平和垂直方向上的定位准确度分别为 2.8 m 和 4.3 m[20]。此外，文献[20]中报道的数据包括所有实际误差，而 SPS 性能标准[5]中的准确度规范仅包括 SIS 误差。

4.3 航空增强

虽然 GPS 提供了强大的全球定位和定时能力，但在无增强时，目前它还不能满足导航和其他机载应用的所有要求（见 4.5 节）。特别是，尽管 GPS 通常非常准确，还是会有这样非常罕见的例子：在相关的卫星运行正常时却没能给接收机任何信号，而此时又发生了非常大的距离误差。SPS 性能标准[5]包括潜在故障模式的清单及其特性的讨论。

国际民用航空组织（ICAO）定义了三种增强 GPS 的方法，可解决前面讨论的问题。这些方式包括飞机增强系统（ABAS）、卫星增强系统（SBAS）和地面增强系统（GBAS）。这些系统在以下部分都将进行介绍。

4.3.1 飞机增强系统（ABAS）

ICAO 将 ABAS 定义为“一种增强系统，它可利用飞机上可用的信息增强和/或集成从其他 GNSS 系统获得的信息”。ABAS 包括一些方法，可通过利用接收机自主完整性监测（RAIM）的冗余 GNSS 测量[21]或机载传感器（如气压高度计、惯性导航系统及其他导航系统）提供完整性监测。如 4.2.3 节所述，

GPS定位仅需要4个可见卫星。因此，每当5个或更多个卫星可见时，就可进行冗余测量。如果正好有5个可见卫星且几何形状良好，则接收机可检测一个异常偏置伪距的存在性。此功能称为接收机自主完好性监视(RAIM)或故障检测(FD)。如果至少有6个可见的卫星且几何形状良好，接收机不仅可检测一个不良伪距的存在，而且可确定误差对应的卫星并将其排除(见图4-2)。这种增强的能力通常称为故障检测和排除(FDE)。

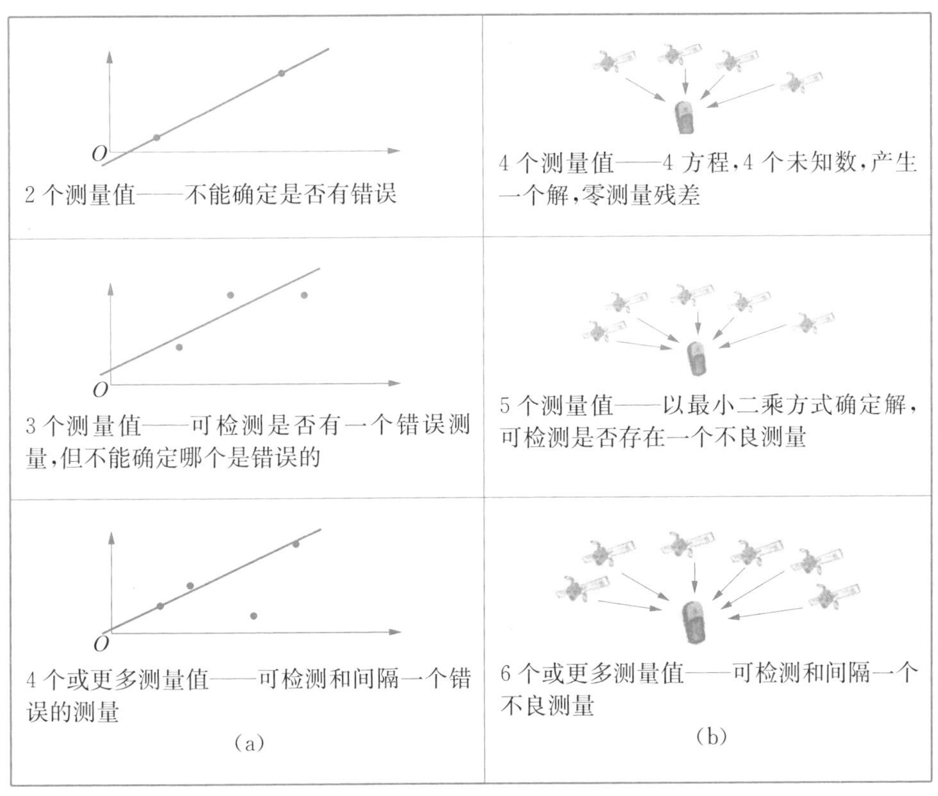

图4-2　通过对(a)(b)两类问题类比的RAIM概念图示

(a) 关于线性关系的噪声测量的2D问题

(b) 解决GNSS中用户位置和时钟误差的4D问题

ABAS还使用了其他机载传感器来提高GNSS其他单元的连续性、可用性或准确性[22]。WAAS广域增强系统由华盛顿特区联邦航空管理局提供，如图4-3所示。

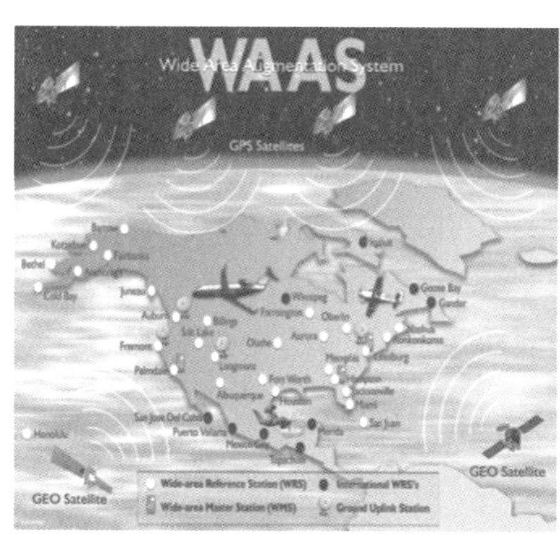

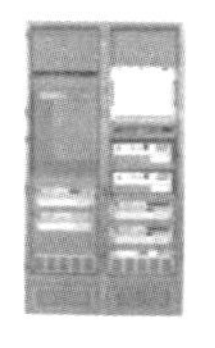

图 4-3　广域增强系统(WAAS)

4.3.2　卫星增强系统(SBAS)

全球民用航空界都采用增强 GPS 来改进 SBAS[23]，使其能在精确进近时仅利用仪表进行飞机导航。SBAS 包括广布的监测站地面网络，该网络收集 GNSS 卫星测量(目前仅限于 GPS)和地球同步(GEO)卫星的信号，从而向最终用户广播差分校正、完整性参数和电离层数据。这一代 SBAS GEO(Current-generation SBAS GEO)直接在 1 575.42 MHz 的 GPS L1 载波频率上广播。SBAS 信号[24]是开放的(即未加密的)，类似于 GPS C/A 码信号，可用于测距。与 GPS C/A 码相比，采用 1/2 前向纠错编码高于 250 b/s 数据速率的编码，以便给用户提供所有必需的系统数据。用户设备仅在 L1 上处理 GPS C/A 码和 SBAS 信号。

好几个 SBAS 系统已经投入运行或进入研发的尾声阶段，如美国的 WAAS[25-27](见图 4-3 和图 4-4)、欧洲的地球同步导航覆盖服务(EGNOS)[28]、日本的多功能运输卫星(MTSAT)增强系统(MSAS)[29]、印度的 GPS 和 GEO 增强导航(GAGAN)系统[30]和俄罗斯的差分校准和监测系统[31]。最近，中国也宣布打算研发 SBAS。据预计，SBAS 服务最终将支持信号频率为 1 575.42 和

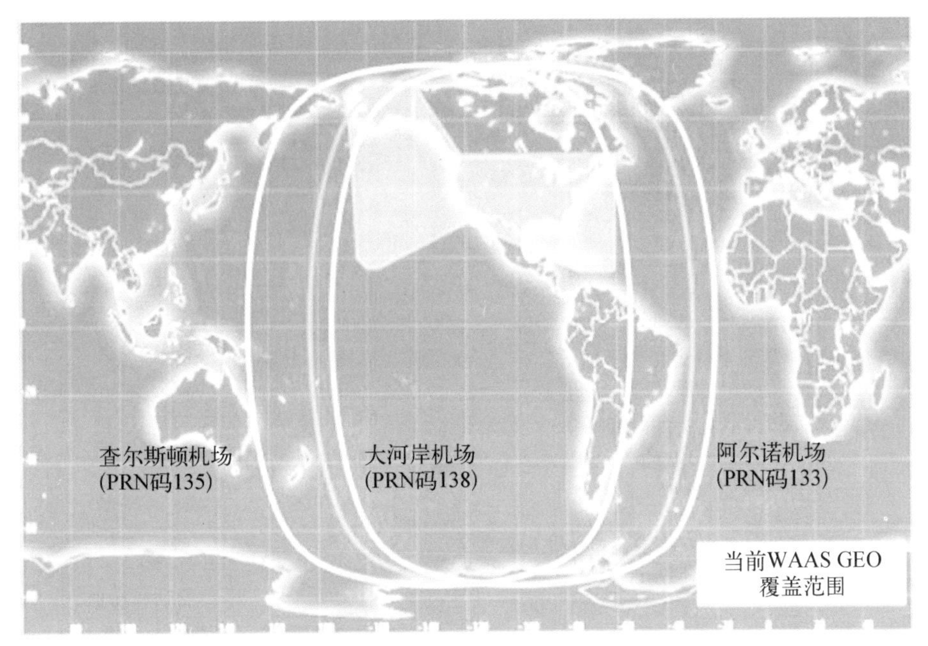

图4-4　WAAS GEO覆盖(由FAA提供,华盛顿特区)

1 176.45 MHz 的双频用户设备[32]。

4.3.3　地面增强系统(GBAS)

利用位于机场的冗余参考站信号和甚高频(VHF)数据广播(VDB)信号,GBAS 为 GPS 或其他 GNSS 信号提供了差分校正和完整性数据。GBAS 架构如图 4-5 所示。GBAS 旨在为终端区飞机提供区域导航并支持Ⅰ~Ⅲ类的精密进近控制。GBAS 概念和各种实现的详细描述可参考文献[33]。

4.4　航空电子设备

本节介绍 GPS 航空电子设备。第一部分概述了现行的国际国内标准。后续部分依次介绍通用航空(GA)、航空运输和军用飞机上的典型设备。

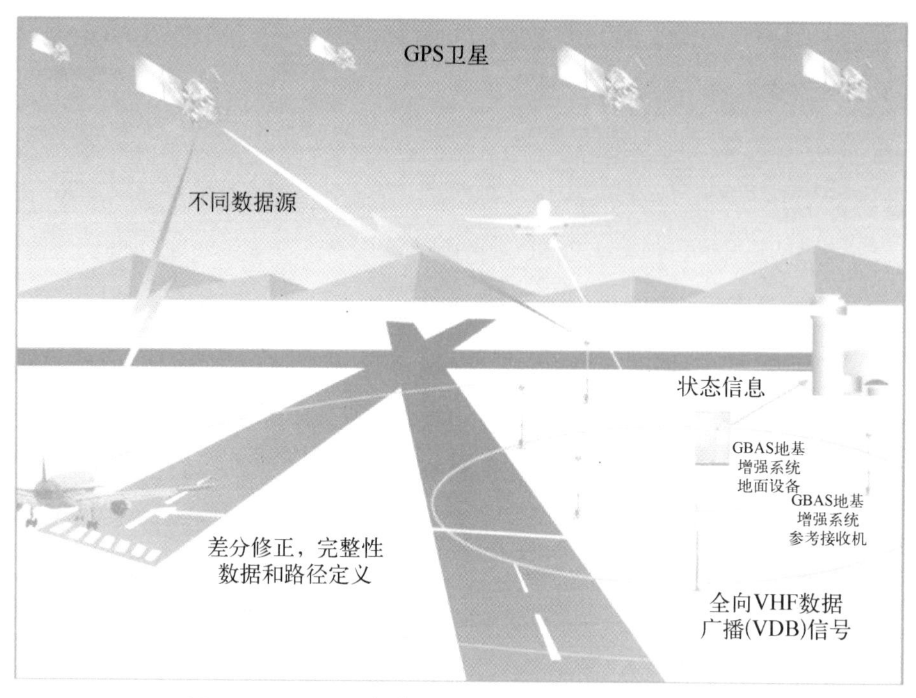

图 4-5 GBAS 架构(由 FAA 提供,华盛顿特区)

4.4.1 GPS 的标准

2001 年,ICAO 首次采用了 GNSS 的标准和建议措施(SARP)。后来对 GNSS SARP 又进行了多次修订,其内容见《国际民用航空公约》的附件 10[34]。目前的 SARP 只包括两个核心卫星系统(GPS 和俄罗斯 GLONASS 系统)及 4.3 节中介绍的航空增强系统的标准。

相关的 FAA 技术标准规定(TSO)如表 4-1[35-42]所示。与许多 FAA TSO 一样,该表中文档通常是短文档,引用了由航空无线电技术委员会(RTCA)编制的长文档[24,43-48]。在表中交叉引用了这些文档。FAA 标准阐述了四种设备。

(1) 天线：TSO-C144 最初提供了无源和有源机载 GNSS 天线的要求,但最新版本(-C144ª)只用于新的无源天线模型。TSO-C190 是有源天线的新

表 4-1　GNSS 导航设备的 FAA TSO

设　　备	TSO	调用的 RTCA 文档	首次发布日期	状　态
独立 GPS	TSO-C129	DO-208	1992	已取消
独立 GPS	TSO-C196	DO-316	2009	活动
天线	TSO-C144[a]	DO-228	1998	活动
天线	TSO-C190[a]	DO-301	2007	活动
基于 GPS/卫星的增强系统(SBAS)	TSO-C145	DO-229	1998	活动
GPS/SBAS	TSO-C146	DO-229	1998	活动
基于 GPS/地面的增强系统(GBAS)	TSO-C161	DO-253	2003	活动
GBAS VDB	TSO-C162	DO-253，DO-246	2003	活动

[a] 最新版本的 TSO-C144(-C144[a])仅适用于新的无源天线型号。最新版本的 TSO-C19Q 应用于新的有源天线型号。

标准。这两种标准用于 L1(波段)专用设备。

(2) 独立 GPS 接收机：TSO-C129 是第一个适用于单机 GPS 设备的 FAA TSO,已被 TSO-C196 取代。这两个标准都适用于使用 ABAS/RAIM 满足适用完整性要求的 GPS L1 C/A 码设备。

(3) GPS/SBAS 接收机：TSO-C145 和 TSO-C146 为采用 SBAS(如美国的 WAAS)增强的 GPS L1 C/A 码信号的机载接收机提供标准。

(4) GPS/GBAS 接收机：TSO-C161 为采用 GBAS 增强的 L1 C/A 码信号的机载 GPS 接收机提供标准。TSO-C162 为支持 GBAS 功能所需的 VDB 链路提供标准。

如上所述,这一代机载设备标准仅需要处理 L1 信号。包括 RTCA 和 ICAO 在内的航空标准组织目前正在制定机载接收机处理 GPS L5 信号及由欧洲伽利略等外国卫星导航系统广播的 L1/L5 信号的更新标准。

4.4.2　通用航空(GA)的 GPS

在通用航空飞机中使用的 GPS 航空电子设备主要分为两个类别：集成驾

驶舱的GPS和独立安装在面板的GPS导航仪。集成驾驶舱已成为许多新通航飞机的标准设备。这种系统通常是由飞机制造商安装已取得适航许可的航空电子设备，但有一些可用的改进选项。集成驾驶舱通常采用两个或两个以上的大LCD显示屏，用作主飞行显示器(PFD)和多功能显示器(MFD)。GPS接收机本身可远程安装并组合VHF全向信标(VOR)/仪表着陆系统(ILS)和VHF通信接收机的信号。图4-6显示了这种系统的一个示例。

图4-6　GA集成驾驶舱(Garmin G1000)

驾驶舱的GPS结合姿态航向参考系统(AHRS)和空中数据计算机，用于驱动PFD和MFD。先进的导航系统提供合成视觉显示组合了GPS含姿态信息的位置数据和地形数据，用3D显示逼真地描绘了地面特征和水域特征、机场、障碍物和交通的状况。集成驾驶舱使用冗余的双GPS接收机和天线，一个装置馈送给主飞行员侧的PFD，另一个馈送给副驾驶侧的第二个PFD。

另一类通航飞机GPS接收机是独立安装在面板的GPS接收机。典型的配置将GPS、VOR/ILS和VHF通信功能组合成一个单元。面板安装的GPS接收机一般已取得适航许可和改装设备，并且是迄今为止在通航机队中最常见类型的接收机。到目前为止，面板安装的GPS接收机的销售量已经超过10万台。包括SBAS功能的这类装置已超过30 000个。图4-7和图4-8展示了面板安装GPS导航仪的两个常见例子。

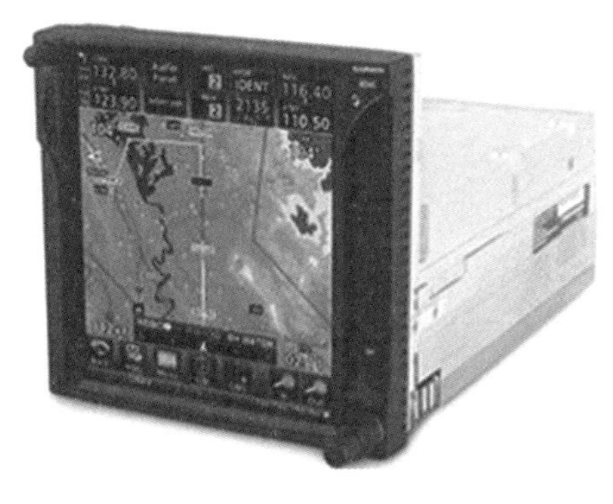

图 4-7　面板安装的 GPS(Garmin GTN 750)

图 4-8　面板安装的 GPS(Garmin GNS 530 W)

驾驶舱集成通航飞机和现代面板安装的 GPS 接收机均包括移动地图显示器，显示了飞机相对于飞行路径、地标和地面导航辅助设备的位置。许多设备能够描述详细的地形数据，有些还提供与 TSO 兼容的地形感知告警系统(TAWS)功能。当耦合到适当的外部传感器时，这些显示器还能在移动地图上覆盖实时的天气数据和交通数据。其中的机场地面图可在地面作业期间提高态势感知，并有助于防止意外的跑道入侵。

通常，通航飞机 GPS 接收机需要经过 IFR 航路、终端和非精确进近能力认证。TSO-C146 认证的 SBAS 接收机也可支持水平/垂直导航(LNAV/VNAV)的垂直导航进近，并满足垂直引导(LPV)功能的定位准确度最小值要求。即使通航飞机 GPS 经过仪表飞行规则(IFR)的使用认证，目视飞行规则(VFR)的运行还是需要 GPS 提供的增强态势感知。任意给定航点的直飞能力可大大简化飞行计划。在飞行中遇到紧急情况下，GPS 使飞行员能快速识别最近的机场并在按下按钮时为飞行员提供引导。

由于通航飞机承担的任务繁多，因此，有很多不同的通航设备。GPS 接收机可与驾驶舱中的许多其他类型设备连接。表 4-2 列出了在通用通航飞机面板安装的 GPS 接收机中的一些外部设备接口。

通航飞机中的 GPS 设备几乎普遍使用有源天线，由直流电压供电并由天

表 4-2　面板安装 GPS 接收机外部接口

设　备　类　型	接　口
空中数据计算机	ARINC 429,RS-232
高度计	平行(Gray 码),RS-232
姿态航向参考系统(AHRS)	ARINC 429,RS-232
自动驾驶	模拟,ARINC 429
航向偏差指示器(CDI)/垂直偏差指示器(VDI)	模拟
测距设备(DME)	并行,串行
电子飞行仪表系统(EFIS)	ARINC 429
燃油管理系统	RS-232
水平情况指示器(HSI)	模拟,ARINC 429
模式 S 应答机	ARINC 429,RS-232
卫星天气接收机	RS-232
交通咨询系统	ARINC 429

线同轴电缆传输到该天线。这些天线可使用美国航空无线电公司(ARINC)的 743A[49]形状因子,其大小与水滴差不多。许多通航飞机的尺寸相对较小,因此天线布置可能是一个挑战。常见的解决方式是使用组合天线,其中不仅包括 GPS 天线,而且包括 VHF 通信和/或卫星数据天线。

通航飞机通常使用便携式 GPS 接收机,该接收机有时与更传统的 GPS 设备共用驾驶舱。便携式接收机是具有内置天线和电池的独立设备。在飞机电源发生故障的情况下,要实现精确导航,便携式接收机是一个重要的导航源。通常,它们专用于航空,具有面板式 GPS 的许多功能,包括移动地图显示、卫星天气和 ADS-B 交通,且价格极低。但是,便携式 GPS 接收机不适合安装在飞机上,它们不能用作仪表气象条件(IMC)下的导航源。

4.4.3　商用航空运输中的 GPS

商用航空运输飞机通常携带冗余的多模式接收机(MMR)作为机载 GNSS

传感器(见图4-9)。截至2012年,全球航空运输机队已购买了28 000多个MMR。这些接收机之所以称为多模式,是因为它们还提供其他导航传感器功能。MMR又主要分为数字MMR[50]和模拟MMR[51]。数字MMR将GNSS、仪表着陆系统(也称为盲降系统,ILS)和可选的微波着陆系统(MLS)接收机功能集成在一个部件中。典型的模拟MMR还提供甚高频全向无线电信标(VOR)和标记信标(MB)功能。

图4-9　GLU 925数字MMR(由Rockwell Collins提供,Cedar Rapids,IA)

虽然一些MMR能够处理GLONASS信号,其处理能力还远远不够,这一代MMR主要(如果不是专用)依赖GPS L1 C/A码信号来实现其GNSS功能。老一点的MMR具有一定的GPS功能,但主要使用的还是未增强的GPS。这些系统通过了TSO-C129认证,而较新的MMR包括SBAS和/或GBAS功能,并且还具有TSO-C145/-C146/-C161/-C196组合功能。与SBAS相比,GBAS的感知运行收益(perceived operational benefits)更大。最近,大多数航空运输飞机运营商对GBAS表现出越来越大的兴趣。然而,随着WAAS的不断完善(以及全球其他SBAS系统的发展),可用的WAAS LPV方法和FAA的ADS-B OUT设备也越来越多,航空运输运营商对同时具有GBAS和SBAS的MMR表现出更多的兴趣。支持GBAS增强的MMR还实现了VDB

接收机功能，可接收和处理携带 GBAS 校正的差分八进制相移键控(PSK)信号。所有现场 MMR 至少使用 RAIM 进行完整性监控。MMR 能够接受外部辅助输入(如气压高度计输入)，以提供增强可用性。它们还能够接受来自惯性参考传感器的输入，并且在辅助导航模式下提供位置和速度输出信号。

在航空运输飞机导航系统内典型的 MMR 集成如图 4-10 所示。冗余 GNSS 和 VOR/ILS 天线为冗余 MMR 提供必要的输入。GNSS 天线安装在飞机顶部，用于保证良好的卫星可见性，并且位于机翼前部靠近机身中心线的位置，以避免来自机翼和尾部结构的阻塞和多路径(multipath)干扰。ARINC 743A 规定了机载 GPS 天线的通用形状因子[49]。要求共形天线为 4.7 in×2.9 in×0.75 in(英寸，1 in=25.4 mm)，其高度为 0.75 in，是机身上方突出部分的高度。商用运输飞机通常携带一些航空移动卫星服务(AMSS)通信设备，其发射频带与 GPS 接近(1 626.5～1 660.48 MHz)。因此，这些 GPS 天线与 Satcom 天线保持一个最小的距离，以实现间隔。

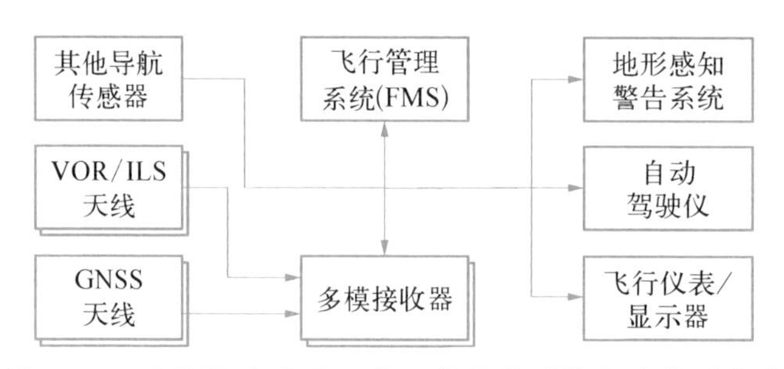

图 4-10　MMR 在航空运输飞机导航系统中的典型集成

MMR 的其他输入可由飞行管理系统(FMS)或用于初始化目的的其他导航传感器提供，也可由模式选择和通道调谐等的控制单元(未显示)提供。MMR 的 ARINC 标准(743A，755，756)输出再发送给 FMS 以及飞行显示器、自动驾驶仪和地形感知警告系统(TAWS)，包含 SBAS 和/或 GBAS 的 MMR 可向 FMS/飞行指引器(FD)提供基于 GPS 的航路引导。它们利用 SBAS/GBAS 增强的 GPS 位置信息和跑道数据库参数来计算水平和垂直偏差，在符合 ARINC 标准的冗余偏差总线输出端口进行传输。这些偏差可能是角度或直线偏差,且需要根据 FMS/FD 的要求来确定。表 4-3 给出了由 MMR 在偏差输出总线上提供的一些标签。

表 4-3 MMR 输出标签

八进制标签	消 息 描 述	最大消息发送间隔/ms
116	水平 GLS 偏差-直线(BNR)	50
117	垂直 GLS 偏差-直线(BNR)	50
126	计算垂直警报限制	200
127	FAS 垂直警报限制	200
166	计算水平警报限制	200
167	FAS 水平警报限制	200
173	定位器偏差	50
174	滑移斜率偏差	50
377	设备 ID	1 000

如表 4-3 所示,根据 GLS(GNSS 着陆系统)模式中的跑道参考参数和增强的 GNSS 位置,MMR 向下游航空电子设备提供水平和垂直偏差(116 和 117/173 和 174)。当 MMR 调谐到 ILS/MLS 模式(由飞机的调谐头控制)时,对应的模式标记为 173 和 174。在一些飞机参数设置中,MMR 还将根据 FMS 提供给 MMR 的位置和参考路径输入计算 FLS(FMS 着陆系统)偏差。机组人员可以看到相对于虚拟"波束"的偏差,并执行必要的校正,类似于飞行一个盲飞进近过程。然而,该模式通常用于非精确进近。原则上,用于计算偏差信息(SBAS GLS/GBAS GLS/ILS/MLS/FLS)的方法不重要,标记为 173/174 的数据将用于提供驾驶舱的航向偏差指示,从而减少机组人员在飞行危险阶段的工作量。除偏差输出之外,MMR 还向 FMS/FD 提供计算的水平和垂直完整性限制和相关的最终进近段(FAS)警报限制,用于飞机级决策。

通过与其他冗余机载 GNSS 传感器交叉检查,或与其他可用的导航传感器输入相混合，FMS 可实现 GNSS 输入的完整性监视或性能增强。根据在传感器级要满足的目标安全级别功能，额外的交叉检查可通过比较多个冗余解决方案上的位置和偏差输出在 MMR 内执行。今天的 MMR 能够执行 ILS cat Ⅰ/Ⅱ/Ⅲ和 GBAS cat Ⅰ进近，而下一代 MMR 将设计为支持 GBAS cat Ⅱ/Ⅲ能力，并且能够处理来自不同 GNSS 卫星系统的多个频率信号。为了能支持对 RNP 阈值有更严格要求的全球飞机运行，未来的 MMR 还将能够计算综合的 GNSS 惯性解决方案。

图 4-11　独立 GPS 传感器-GPS4000(S)(由 Rockwell Collins 提供，Cedar Rapids，IA)

航空运输、商业和区域飞机中存在的另一种 GNSS 解决方案是独立 GNSS 传感器，如图 4-11 所示的 GPS4000(S)。这是一个 2 MCU(电机控制单元)标准配置，并提供符合 ARINC 743A 标准的冗余导航数据输出。这些输出被提供给 FMS，可以与 GNSS 传感器输出及其他导航传感器信息(气压高度计/惯性传感器)融合，并能在冗余 GNSS 传感器上进行交叉检查。FMS 将该传感器提供的 GNSS 位置信息与跑道数据库信息结合，提供进近引导信息。

在导航数据总线上看到的标签子集如表 4-4 所示。

表 4-4　独立 GPS 传感器输出数据

八进制标签	参　　数	名义发送间隔	最大发送延迟/ms
060	SV 测量状态	1.0	200
061	伪距	1.0	200

（续　表）

八进制标签	参　数	名义发送间隔	最大发送延迟/ms
062	精细伪距	1.0	200
063	距离变化率	1.0	200
064	Δ距离	1.0	200
065	*X* 方向 SV 位置	1.0	200
066	精细的 *X* 方向 SV 位置	1.0	200
070	*Y* 方向 SV 位置	1.0	200
071	精细的 SV 位置 *Y*	1.0	200
072	*Z* 方向 SV 位置	1.0	200
073	精细的 *Z* 方向 SV 位置	1.0	200
074	UTC 测量时间	1.0	200
076	GPS 高度(MSL)	1.0/0.2	50
101	HDOP	1.0/0.2	N/A
102	VDOP	1.0/0.2	N/A
103	轨道角度-真(GPS)	1.0/0.2	50
110	当前位置纬度(GPS)	1.0/0.2	50
111	当前位置经度(GPS)	1.0/0.2	50
112	地面速度(GPS)	1.0/0.2	50
120	精细的当前位置纬度(GPS)	1.0/0.2	50
121	精细的当前位置经度(GPS)	1.0/0.2	50
124	数字时间标记(GPS)	1.0	25
125	UTC(GPS)	1.0/0.2	50
130	自治的水平完整性限制	1.0/0.2	50
133	自治的垂直完整性限制	1.0/0.2	50

实质上，导航信息包括：安装在飞机顶部的 GPS 天线的相位中心位置，从 GPS 得到的时间，保护级计算位置，用户速度和接收机跟踪的所有 GPS 卫星的原始卫星测量。值得注意的是，除了在偏差总线上提供的数据外，具有 GNSS

能力的 MMR 在 ARINC 743A 总线上还传送上述标签。为了支持基于增强 GNSS 功能(如具有 SBAS 增强的 LPV)的飞机运行,增强解决方案的更新速率必须更高,并且通常要求频率不低于 5 Hz。

4.4.4 军用 GPS

GPS 的 CDMA 信号结构本身就具有抗干扰能力。如前所述(见 4.2.2 节),除了在 L5 频带中发射的一些卫星外,GPS 卫星还在 L1 和 L2 频带中发射信号。利用支持 PPS 安全模块(PPS-SM)或更先进的 SA 防欺骗模块(SAASM)的硬件架构,美国和盟军的 GPS 接收机能处理 L1 和 L2 频率的加密 P(Y)码信号。这些接收机具有特定的任务能力,并在存在干扰和/或欺骗威胁的情况下满足性能要求。

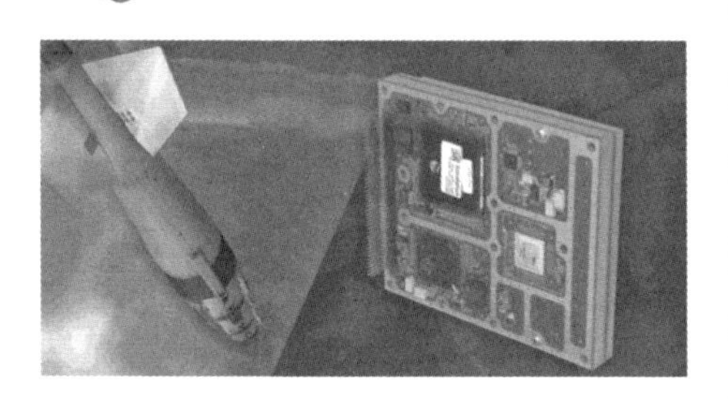

图 4-12 NavStorm™+,喷枪硬化的 GPS 接收机(最上面的图),集成 GPS AJ 系统(IGAS-最下面的图)(由 Rockwell Collins 提供,Cedar Rapids,IA)

机载军用 GPS 解决方案可大致分为武器平台方案和飞机平台方案。图 4-12 最上面的图显示了接收机的两个视图,在干扰信号比期望 GPS 信号大 90dB 的情况下,该接收机能够在 L1 和 L2 频带中处理 GPS 信号。这种类型的接收机较小(和曲棍球大小差不多),并且适合安装于导弹和旋转平台上,在短时间内可承受很大的加速度(高达 20 000g)。为了在这些条件下实施,这些键控接收机能够数字清零(在这种情况下具有多达五个天线输入),支持超紧密 GPS 惯性耦合,从而使接收机设计能够减少载波跟踪环的等效噪声带宽。这些接收机通过高速串行接口与弹药平台的其余部分通信，并且为了实现同步提供每秒1个脉冲(PPS)的信号。图4-12中间的图显示了该喷枪硬化的GPS接收机的剖视图。

当放宽大小、重量和功率(SWAP)限制时，可在精确制导导弹或弹药平台上实现附加的功能。图4-12最下面的图显示了一个集成的GPS防干扰(AJ)系统，该系统存在于联合直接攻击弹药(JDAM)接收机中，而该接收机又能将波束引导到计划中的所有卫星。这些接收机在存在干扰威胁的情况下执行直接Y(加密P)码捕获，并且在激发信号工作环境下，在跟踪期望的GPS信号时的抗干扰能力很强。

军用飞机还配备了SAASM GPS接收机，当与高级惯性传感器(光纤或环形激光陀螺仪)集成时，称为嵌入式惯性GPS(EGI)设备。这些设备能够支持导航战争(NAVWAR)和全球空中交通管理(GATM)需求，并且还可与高级天线电子元件连接，应用于需要AJ能力的场合。图4-13(从左侧起)的前两个接收机用于固定翼和旋翼飞机。这些双频(L1/L2)接收机能接收PPS和SPS(L1 C/A)信号，通过提供符合RTCA DO-229 MOPS的FDE能力来支持民用空域中的运行。它们通过ICD-GPS-155兼容双端口RAM(DPRAM)和/

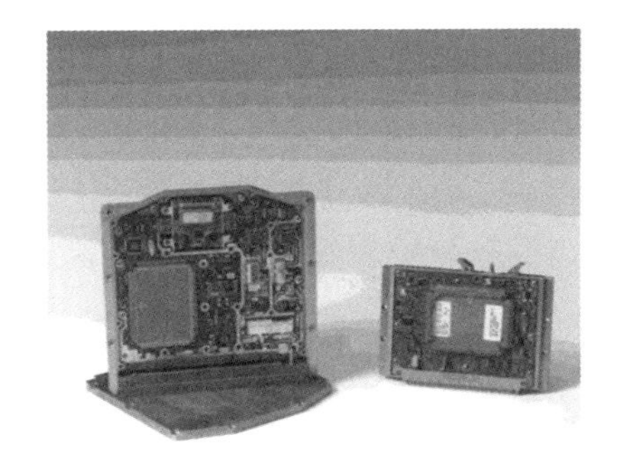

图4-13　从左到右：GEM(GPS嵌入式模块)，ASR(机载SAASM接收机)和MicroGRAM(与美国邮票一起显示，用于比较大小)(由Rockwell Collins提供，Cedar Rapids，IA)

或串行主控接口(SHCI)进行通信,并提供用于计算紧密耦合的 GPS 惯性导航解决方案的伪距和载波相位输出。此外,它们还具有 PPS I/O 功能和精度增强的 HAVEQUICK 输出(跳频系统),以支持安全的 UHF 无线电通信。

尽管如 ASR 这样的 GPS 接收机可寄生在无人机载平台上,下一代轻型[<3 lb(磅,1 lb=0.454 kg)]智能、监视、侦察和瞄准(ISRT)的微型无人机仍需要小而轻的 GPS 解决方案,且能防阻塞和欺骗。使用 MicroGRAM(见图 4-13)的 SAASM GPS 接收机就可以满足这些要求,这种具有 SAASM 功能的 GPS 装置体积小(和邮票差不多大小),重量轻[0.25 oz(盎司,1 oz=28.35 g)],功率低(<0.5 W),且可直接捕获 Y 码。

4.5 GPS 的应用

4.5.1 导航

GNSS 在民用航空的主要应用是作为仪表气象条件(IMC)下的导航传感器,适用于所有飞行阶段:起飞、巡航、非精确进近和精确进近。GNSS 比传统的导航辅助设备具有更多的优点,如促进区域导航(RNAV),能飞行任意路线而不受地面导航设施位置约束。GNSS 还能为目前没有覆盖地面导航设备的地区提供导航服务,并有可能减少维持地面导航设备的网络维护费用。

导航传感器的性能要求通常包括四个方面:准确性、完整性、连续性和可用性。准确性指的是飞机真实位置与导航传感器提供的估计位置之间的一致性程度。由于导航传感器误差具有随机性,因此准确度要求通常以高概率(如高达 95%)满足水平和垂直位置误差要求。

完整性指的是当系统不能安全导航时导航系统提供及时告警的能力。通常,临界安全导航应用的完整性要求使用三个指标来评价:① 预警限;② 预警时间(the time to alert);③ 危害性误导信息的完整性水平或概率。预警限是在未及时通知用户的情况下,不可接受的安全故障发生之前,允许导航系统位置误差的最大值。预警时间是从超出允许误差范围开始到提供报警的最大允许时间。危险性误导信息的完整性水平或概率是在没有及时告警的情况下超出允许误差范围的最大可接受概率。连续性指的是导航系统在预期运行期间,执行导航功能而不会发生非计划中断的能力。可用性指的是导航系统可用于执行预期操作的时间片段。

表4-5总结了ICAO的GNSS SIS性能需求。注意,尽管GPS SPS可满足许多飞行阶段的准确性要求,但是在没有增强(ABAS、SBAS或GBAS)的情况下,GPS SPS不能在飞行任意阶段都满足完整性要求。例如,GPS SPS性能标准中的完整性要求是,按照每年发生多达三次重大服务故障的可能性,每次持续时间为6 h。重大服务故障是指卫星测量信号出现超过30 m的距离误差,而用户不能从卫星的广播导航数据中侦查到这一误差的存在[5]。

表4-5列出的大多数操作已经定义了几十年,并且可使用传统的地面导航设备来完成。根据机载气压高度计就能估计垂直位置,因此在非精确进近的巡航仅需要导航传感器的水平估计位置。具有垂直引导(APV)操作的进近定义为GNSS能提供的调整或操作。

目前,通过利用RAIM、SBAS或GBAS实现的非精确进近巡航都可满足用户设备的完整性要求;在垂直导航中,除了具有复杂ABAS能力的飞机[如气压垂直导航(baro-VNAV)]外,需要使用SBAS或GBAS。目前,研究人员正在探索能否应用RAIM技术来满足精确进近(如APV或类别Ⅰ)要求[52]。

许多国家都批准了IMC中的GNSS操作。图4-14描述了已经批准使用GPS航空操作的国家,这是根据美国FAA 2005年左右的数据进行编撰的。目前,空中导航的一个重要概念是所需导航性能(RNP),RNP定义为具有导航限制和监测的RNAV操作[53]。许多RNP程序已经在全球范围内开发或规划,其中GNSS是一种使能技术。

表 4-5 ICAO GNSS 空间信号性能需求

操　作	水平/垂直准确度(95%)	完整性等级	水平/垂直警报限制	警报时间	连　续　性	可　用　性
巡航(海洋,遥远)	7.4 km	$1-1\times10^{-7}/h$	7.4 km N/A	5 min	$1-1\times10^{-4}/h\sim1-1\times10^{-8}/h$	0.99～0.999 99
航路	3.7 km N/A	$1-1\times10^{-7}/h$	37 km N/A	5 min	$1-1\times10^{-4}/h\sim1-1\times10^{-8}/h$	0.99～0.999 99
终点	074 km N/A	$1-1\times10^{-7}/h$	1.85 km N/A	15 s	$1-1\times10^{-4}/h\sim1-1\times10^{-8}/h$	0.999～0.999 99
非精确进近	220 m N/A	$1-1\times10^{-7}/h$	556 m N/A	10 s	$1-1\times10^{-4}/h\sim1-1\times10^{-8}/h$	0.99～0.999 99
垂直引导(APV)进近-Ⅰ	16 m 20 m	$1-2\times10^{-7}$/进近	40 m 50 m	10 s	$1-8\times10^{-6}/15\ s$	0.99～0.999 99
垂直引导(APV)进近-Ⅱ	16 m 8 m	$1-2\times10^{-7}$/进近	40 m 20 m	6 s	$1-8\times10^{-6}/15\ s$	0.99～0.999 99
类别Ⅰ	16 m 4～6 m	$1-2\times10^{-7}$/进近	40 m 10～35 m	6 s	$1-8\times10^{-6}/15\ s$	0.99～0.999 99

来源：匿名,《国际民用航空公约》附件 10,第Ⅰ卷(无线电导航设备),第 87 修正案,国际民用航空组织,加拿大魁北克蒙特利尔,2012 年 11 月。

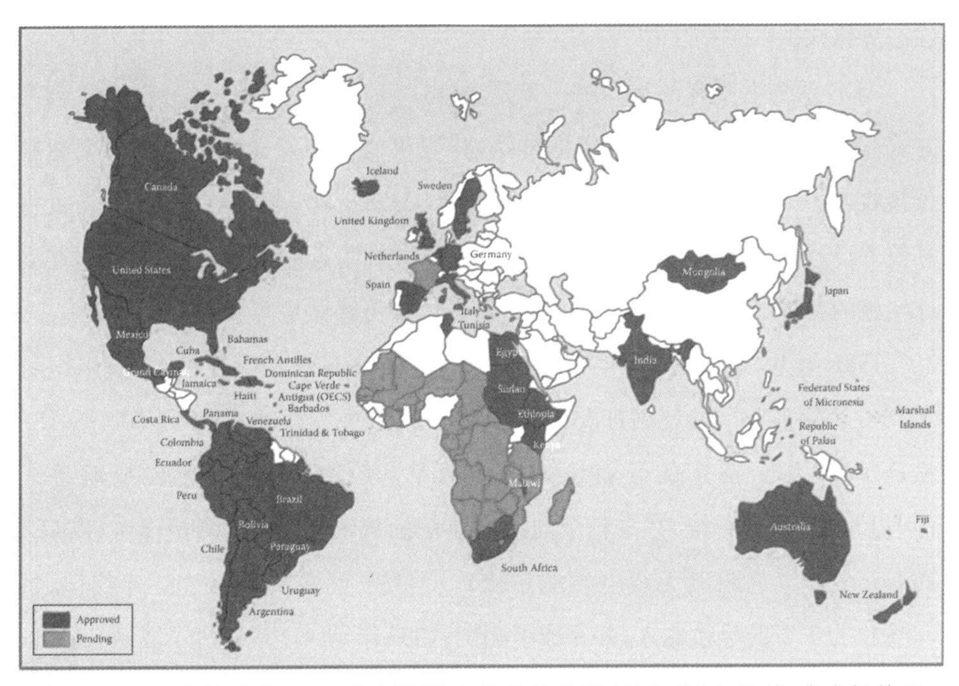

图 4-14　已经批准将 GPS 用于 IMC 飞机导航的国家(由 FAA 提供,华盛顿特区)

随着 GNSS 基础设施的发展,包括美国在内的一些国家正计划在未来停用大量地面导航设备。随着对卫星导航的依赖性越来越强,面临的一个关键问题是,GNSS 信号易受有意或无意的射频干扰。解决这一问题的审慎手段包括:保留一部分现有的地面导航设施,制订操作程序,从而可以减轻在较大地理区域内 GNSS 服务丢失带来的影响。

4.5.2　自动相关监视

所谓自动相关监视(ADS)是指飞机不断向空中交通服务设施或其他飞机发送位置、意图和其他数据。ADS 的优点多于雷达监视,包括在雷达覆盖不可达或难以实现的地区(如海洋和遥远的空域)为空中交通管制员提供飞机的位置;ADS 系统还可提供飞机意图信息,如飞机的计划轨迹,这是雷达无法实现的;现代 ADS 实施还允许飞行员在驾驶舱显示器上查看附近飞机的位置,以增

强态势感知。

ADS 系统主要有两类。第一类是 ADS 寻址方式(ADS - A)或 ADS 合约方式(ADS - C),通过点对点数据链路,将飞机的位置发送到单个空中交通服务接收方。第二类是广播式自动相关监视(ADS - B),通过这种方式,飞机将其位置经过数据链路持续广播到空中交通服务和附近的其他飞机。目前,在全球实施的各种 ADS 服务中,最常用的机载位置传感器是 GNSS。

1983 年 ICAO 成立了未来空中航行系统(FANS)专门委员会,该组织对 ADS 在民用航空中的使用首次进行了深入研究[55]。当时,GPS 和 GLONASS 只是 ADS 几个备选的导航输入中的两个,其他还包括奥米伽导航系统(OMEGA)、惯导系统、甚高频全向无线电信标(VOR)、距离测量设备(DME)和 Loran - C(远距离无线电导航系统)。ADS - C 在 20 世纪 90 年代初,将 GPS 作为主要的导航输入,并完成了测试;1995 年 ADS - C 通过了波音 FANS - 1 导航系统认证,之后不久在全球的一些地区得到了使用。后来,空客公司开发了一种具有 ADS - C 和 GPS 功能的航空电子设备包,即 FANS - A,并于 2000 年首次在 A340/A330 飞机系列上通过了适航认证。安装有 FANS - 1 和 FANS - A 的飞机,与兼容的地面系统装备一起,统称为 FANS - 1/A。FANS - 1/A ADS - C 装备遵循由 RTCA[55] 和 ARINC[56] 开发的标准,这些标准基于每架整装飞机和空中交通服务提供商之间的专用数据链路连接,并且仍在发挥作用。

第二种形式的 ADS 是 ADS - B。目前,世界许多地区都用的是 ADS - B。装有 ADS - B 的飞机通过数据链路不断向附近的空中交通设施和其他适当飞机广播其位置、意图和其他信息。其广播功能称为 ADS - B 输出,使飞机能够收听来自其他飞机和空中交通设施的 ADS - B 输入。第 33 章全面介绍了 ADS - B。

4.5.3 地形感知告警系统

可控飞行撞地(CFIT)即正常运行的飞机主动规避地面、水面或障碍物,这是飞行史上空难的一个主要原因。包括地形感知告警系统(TAWS)、近地告警系统(GPWS)或地面防撞系统(GCAS)在内的各种技术发展,减少了CFIT的发生率[57]。早期的CFIT技术解决方案采用机载传感器检测危害状况(如相对于地形清晰度的过度下沉速率),并为机组人员提供听觉和视觉警告。这些传感器包括无线电高度计、空气数据系统和惯性传感器。

现代TAWS增加了GNSS与机载地形数据库,以提供前视能力,并且在一些情况下还在驾驶舱显示器上描绘飞机附近的地形。自2007年1月1日起,针对所有允许超过5 700 kg起飞质量或获准运载9名以上乘客的涡轮式或活塞式飞机,ICAO都强制要求飞机具有前视地形感知能力[58]。

4.5.4 授时技术

GPS能够传播精确的时间和频率。许多应用都具备这种能力,如大量的机载系统。

4.6 未来趋势

预计,未来的航空电子设备将利用4.2节描述的现代化GPS信号,以及遍布全球的若干其他GNSS卫星系统广播的信号。这些卫星系统包括如下几方面。

(1) 全球卫星导航系统(GLONASS)[59,60]:俄罗斯联邦运行的卫星导航系统。命名为GLONASS 24卫星系统在1995年首次完整布置组网,但这些卫星初始寿命很短(1～3年),到了2001年,就已经迅速减少到只有6颗卫星还在运行。幸运的是,GLONASS现在已经完善修复,自2011年12月以来,中高度轨道(MEO)卫星系统已经完全重新组网。现在,第一代GLONASS卫星不能再工作了。当前运行的24颗卫星都是现代化的GLONASS-M卫星。下一代

GLONASS - K 卫星(GLONASS - K1)于 2011 年 2 月首次发射升空,目前正处于飞行测试阶段。

(2) 伽利略(Galileo)[61,62]:一个规划中的欧洲卫星导航系统,由高度约为 23 000 km的 3 个 MEO 轨道平面上的 30 颗卫星组成,其中 27 个为主要卫星,3 个为有源备用卫星。该卫星导航系统将提供四种不同的导航服务:① 开放服务(OS);② 完整性监控服务(以前称为生命安全服务);③ 商业服务(CS);④ 公共监管服务(PRS)。2 颗测试卫星分别于 2005 年和 2008 年发射。前 4 颗运行卫星称为轨道内验证(IOV)卫星。第一颗 IOV 卫星于 2011 年 10 月发射,第二颗于 2012 年 10 月发射。预计该系统将于 2020 年投入全面运行。

(3) 北斗[63]:中国卫星的导航系统,该系统分三个阶段部署。第一阶段依靠有源(双向)测距到地球同步轨道(GEO)卫星的实验系统。第二阶段和第三阶段依靠三种轨道的卫星:MEO、GEO 和倾斜地球同步轨道(IGSO)。IGSO 中的卫星有一个 8 字形地面轨迹,南北方向,中心在指定经度赤道上的一个点。第二阶段的目的是为中国用户提供自主导航能力,并于 2012 年完成。第三阶段的目标,北斗将使用 27 颗 MEO 卫星、3 颗 IGSO 卫星和 5 颗 GEO 卫星,其覆盖范围将扩大到覆盖地球的整个表面。迄今为止,已经发射了 4 颗 MEO 卫星、5 颗 IGSO 卫星和 5 颗 GEO 卫星。计划在 2020 年前完成第三阶段的目标。

(4) 准天顶卫星系统(QZSS)[64,65]:由日本政府正在开发的卫星导航系统。QZSS 的目的不是为了提供独立导航能力,而是提高日本 GPS 的性能,特别是在城市中,其建筑物挡住了大部分天空。QZSS 的最初规划为 3 颗 IGSO 卫星组成的卫星系统,优化覆盖日本。最近,日本宣布将 QZSS 扩展为 7 颗卫星,但尚未提供新设计的细节。2010 年 9 月首颗卫星发射,完整的卫星系统预计将在 10 年内部署完成。

(5) 印度区域导航卫星系统(IRNSS)[30]:印度规划的卫星导航系统。整个系统将包括 7 颗卫星。其中 3 颗卫星将被放置在东经 34°、83°和 132°的地球同步轨道上。另外4颗卫星将被放置一对地面轨道呈8字形东经55°和111°的倾斜地球同步轨道上,中心位于赤道上。设计覆盖东经40°E～140°E和南纬40°S～北纬40°N的范围。目前的计划要求在2012年发射第一颗卫星,整个星座将在2020年左右投入运行。

如前所述,为了使跟踪多个GNSS星座广播信号的设备具备精确进近能力,未来高级RAIM(ARAIM)技术的引入及广泛使用将成为必然趋势。该领域的最新研究成果可参见文献[66]。

参考文献

[1] Parkinson, B. and S. Gilbert, NAVSTAR: Global positioning system — Ten years later, *Proceedings of the IEEE*, New York, October 1983, pp. 1117 - 1186.

[2] Parkinson, B. and J. J. Spilker, Jr. (eds.), *Global Positioning System: Theory and Applications*, Vol. I, American Institute of Aeronautics and Astronautics, Washington, DC, 1996.

[3] Kaplan, E. and C. Hegarty (eds.), *Understanding GPS: Principles and Applications*, 2nd edn., Artech House, Norwood, MA, 2006.

[4] Misra, P. and P. Enge, *Global Positioning System: Signals, Measurements, and Performance*, 2nd edn., Ganga-Jamuna Press, Lincoln, MA, 2006.

[5] Anonymous, *Global Positioning System Standard Positioning Service Performance Standard*, 3rd edn., U. S. Department of Defense, Washington, DC, September 2008.

[6] Anonymous, Navstar GPS space segment/user navigation user interfaces, IS - GPS - 200F, U. S. AirForce, GPS Directorate, Los Angeles Air Force Base, El Segundo, CA, September 21, 2011.

[7] Gold, R., Optimal binary sequences for spread spectrum multiplexing, *IEEE Transactions on Information Theory*, IT-13, 619-621, October 1967.

[8] Barker, B., J. Betz, J. Clark, J. Correia, J. Gillis, S. Lazar, K. Rehborn, and J. Straton, Overview of the GPS M code signal, *Proceedings of the Institute of Navigation National Technical Meeting*, Anaheim, CA, January 2000, pp. 542-549.

[9] Fontana, R. D., W. Cheung, and T. Stansell, The new L2 civil signal, *GPS World*, 12(9), September 2001, pp. 28-34.

[10] Betz, J. W., Binary offset carrier modulations for radionavigation, *NAVIGATION: Journal of the Institute of Navigation*, 48(4), 227-246, Winter 2001-2002.

[11] Van Dierendonck, A. J. and C. Hegarty, The new L5 civil GPS signal, *GPS World*, 11(9), June 2000, pp. 64-72.

[12] Anonymous, Navstar GPS space segment/user navigation user segment L5 interfaces, IS-GPS-705B, U. S. Air Force, GPS Directorate, Los Angeles Air Force Base, El Segundo, CA, September 21, 2011.

[13] Betz, J., M. Blanco, C. Cahn, P. Dafesh, C. Hegarty, K. Hudnut, V. Kasemsri et al., Description of the L1C signal, *Proceedings of the Institute of Navigation ION GNSS 2006*, Fort Worth, TX, September 2007, pp. 2080-2091.

[14] Anonymous, Navstar GPS space segment/user navigation user segment L1C interfaces, IS-GPS-800B, U. S. Air Force, GPS Directorate, Los Angeles Air Force Base, El Segundo, CA, September 21, 2011.

[15] Anonymous, *Global Positioning System Standard Positioning Precise Positioning Service Performance Standard*, 1st edn., U. S. Department of Defense, Washington, DC, February 2007.

[16] Hinson, D. R. (Administrator of the Federal Aviation Administration), Letter to

Dr. Assad Kotaite (President of the Council, International Civil Aviation Organization), Federal Aviation Administration, Washington, DC, October 14, 1994.

[17] Blakey, M. C. (Administrator of the Federal Aviation Administration), Letter to Dr. Roberto Kobeh (President of the Council, International Civil Aviation Organization), Federal Aviation Administration, Washington, DC, September 10, 2007.

[18] Clinton, W. J., Statement by the President regarding the United States' decision to stop degrading global positioning system accuracy, United States White House, Office of the Press Secretary, Washington, DC, May 1, 2000.

[19] Perino, D., Statement by the Press Secretary, United States White House, Office of the Press Secretary, Washington, DC, September 18, 2007.

[20] Anonymous, Global Positioning System (GPS) Standard Positioning Service (SPS) performance analysis report, Report # 79, Federal Aviation Administration, William J. Hughes Technical Center, Atlantic City, NJ, October 2012.

[21] Anonymous, *Global Positioning System: Papers Published in NAVIGATION*, Vol. V (RAIM), The Institute of Navigation, Fairfax, VA, 1998.

[22] Murphy, T., M. Harris, and M. Braasch, Availability of GPS/INS integration methods, *Proceedings of the Institute of Navigation's ION GPS 2001*, Salt Lake City, UT, September 2001, pp. 600 - 609.

[23] Walter, T. and M. B. El - Arini (eds.), *Global Positioning System: Papers Published in NAVIGATION*, Vol. VI (Satellite-Based Augmentation Systems), The Institute of Navigation, Fairfax, VA, 1999.

[24] RTCA, Minimum operational performance standards for global positioning system/wide area augmentation system airborne equipment, RTCA DO - 229D, RTCA, Inc., Washington, DC, December 13, 2006.

[25] Enge, P. , T. Walter, S. Pullen, C. Kee, Y. Chao, and Y. Tsai, Wide area augmentation of the global positioning system, *Proceedings of the IEEE*, 84(8), 1063 - 1088, August 1996.

[26] Walter, T. and P. Enge, The wide-area augmentation system, in *EGNOS: The European Geostationary Overlay System*, Javier Ventura-Traveset (ESA) and Didier Flament (Alcatel Alenia Space) (eds.), European Space Agency Publication SP - 1303, Noordwijk, the Netherlands, December 2006, pp. 395 - 412.

[27] Lawrence, D. , D. Bunce, N. Mathur, and C. E. Sigler, Wide area augmentation system (WAAS) — Program status, *Proceedings of the Institute of Navigation ION GNSS 2007*, Fort Worth, TX, September 2007, pp. 892 - 899.

[28] ESA, *EGNOS: The European Geostationary Overlay System*, European Space Agency Publication SP - 1303, Noordwijk, the Netherlands, December 2006.

[29] Manabe, H. , MSAS programme overview, in *EGNOS: The European Geostationary Overlay System*, Javier Ventura-Traveset (ESA) and Didier Flament (Alcatel Alenia Space) (eds.), European Space Agency Publication SP - 1303, Noordwijk, the Netherlands, December 2006, pp. 417 - 422.

[30] Ganeshan, A. , On Indian satellite based navigation system and implementation status, *Seventh Meeting of the United Nations International Committee on Global Navigation Satellite Systems (ICG)*, Tokyo, Japan, September 2011. http://www. oosa. unvienna. org/pdf/icg/2012/icg - 7/3 - 2. pdf. Accessed on April 3, 2014.

[31] Stupak, G. , SDCM status and plans, *Seventh Meeting of the United Nations International Committeeon Global Navigation Satellite Systems*, Beijing, China, November 4 - 9, 2012. http://www. oosa. unvienna. org/pdf/icg/2012/icg - 7/3 - 2. pdf. Accessed on April 3, 2014.

[32] Van Dierendonck, A. J. , C. Hegarty, and R. Niles, Next generation satellite based augmentation systemsignal specification, *Proceedings of the Institute of*

Navigation National Technical Meeting, San Diego, CA, January 2005, pp. 371 - 384.

[33] Murphy, T. and T. Imrich, Implementation and operational use of ground-based augmentation systems (GBAS) — A component of the future air traffic management system, *Proceedings of the IEEE*, 96(12), December 2008, pp. 1936 - 1957.

[34] Anonymous, Annex 10 to the Convention of International Civil Aviation, Vol. I (Radio Navigation Aids), Amendment 87, International Civil Aviation Organization, Montreal, Quebec, Canada, November 2012.

[35] FAA, Airborne supplemental navigation equipment using the global positioning system (GPS), TSO - C129a, Federal Aviation Administration, Washington, DC, February 20, 1996.

[36] FAA, Airborne supplemental navigation sensors for global positioning system equipment using aircraft-based augmentation, TSO - C196a, Federal Aviation Administration, Washington, DC, February 15, 2012.

[37] FAA, Passive airborne global navigation satellite system (GNSS) antenna, TSO - C144a, Federal Aviation Administration, Washington, DC, March 30, 2007.

[38] FAA, Active airborne global navigation satellite system (GNSS) antenna, TSO - C190, Federal Aviation Administration, Washington, DC, March 30, 2007.

[39] FAA, Airborne navigation sensors using the global positioning system augmented by the satellite based augmentation system, TSO - C145c, Federal Aviation Administration, Washington, DC, May 2, 2008.

[40] FAA, Stand-alone airborne navigation equipment using the global positioning system augmented by the satellite based augmentation system, TSO - C146c, Federal Aviation Administration, Washington, DC, May 9, 2008.

[41] FAA, Ground based augmentation system positioning and navigation equipment, TSO - C161a, Federal Aviation Administration, Washington, DC, December

17, 2009.

[42] FAA, Ground based augmentation system very high frequency data broadcast equipment, TSOC162a, Federal Aviation Administration, Washington, DC, December 17, 2009.

[43] RTCA, Minimum operational performance standards for airborne supplemental navigation equipment using global positioning system (GPS), DO - 208 including Change 1, RTCA, Inc. , Washington,DC,September 21, 1993.

[44] RTCA, Minimum operational performance standards for global positioning system/aircraft based augmentation system airborne equipment, DO - 316, RTCA, Inc. , Washington, DC, April 14, 2009.

[45] RTCA, Minimum operational performance standards for global navigation satellite system (GNSS)air borne antenna equipment, DO - 228 with Change 1, RTCA, Inc. , Washington, DC, January 11,2000.

[46] RTCA, Minimum operational performance standards global navigation satellite system (GNSS)airborne antenna equipment for the L1 frequency band, DO - 301, RTCA, Inc. , Washington, DC,December 13, 2006.

[47] RTCA, Minimum operational performance standards for GPS local area augmentation system, DO - 253, RTCA, Inc. , Washington, DC, December 16, 2008.

[48] RTCA, GNSS-based precision approach local area augmentation system (LAAS) signal-in-space interface control document, DO - 246, RTCA, Inc. , Washington, DC, December 16, 2008.

[49] Anonymous, Global navigation satellite system (GNSS) sensor, ARINC Characteristic 743A - 5,ARINC, Inc. , Annapolis, MD, May 2009.

[50] Anonymous, Multi-mode receiver (MMR) — Digital, ARINC Characteristic 755 - 3, ARINC, Inc. ,Annapolis, MD, February 2005.

[51] Anonymous, GNSS navigation and landing unit (GNLU), ARINC Characteristic

756 - 3, ARINC, Inc., Annapolis, MD, February 2004.

[52] Walter, T., J. Blanch, B. Pervan, and P. Enge, The GPS Evolutionary Architecture Study (GEAS), *Proceedings of the IEEE*, 96(12), December 2008, pp. 1918 - 1935.

[53] Anonymous, *Performance Based Navigation Manual*, 3rd edn., Doc. 9613 - AN/937, International Civil Aviation Organization, Montreal, Quebec, Canada, 2008.

[54] Massoglia, P. L., M. T. Pozesky, and G. T. Germana, The use of satellite technology for oceanic air traffic control, *Proceedings of the IEEE*, 77(11), 1695 - 1708, November 1989.

[55] Special Committee 170, Minimum operational performance standards for airborne automatic dependent surveillance (ADS) equipment, RTCA DO - 212, RTCA, Inc., Washington, DC, October 26, 1992.

[56] Airlines Electronic Engineering Committee, Automatic dependent surveillance (ADS), ARINC Characteristic 745 - 2, ARINC Incorporated, Annapolis, MD, June 1993.

[57] Breen, B. C., Controlled flight into terrain and the enhanced ground proximity warning system, *Proceedings of the 16th AIAA/IEEE Digital Avionics Systems Conference*, Irvine, CA, October 1997, pp. 3.1 - 1 - 3.1 - 7.

[58] Anonymous, Annex 6 to the Convention of International Civil Aviation, Part I (International Commercial Air Transport — Aeroplanes), 8th edn., Amendment 29, International Civil Aviation Organization, Montreal, Quebec, Canada, November 24, 2005.

[59] Revnivykh, S. G., GLONASS status and modernization, *Seventh Meeting of the United Nations International Committee on Global Navigation Satellite Systems (ICG)*, Beijing, China, November 4 - 9, 2012.

[60] Anonymous, Global navigation satellite system GLONASS interface control

document, version 5. 1, Coordination Scientific Information Center, Russian Federation Ministry of Defence, Moscow, Russia, 2008.

[61] Anonymous, Galileo open service signal in space interface control document (OS SIS ICD), Issue1. 1, European Space Agency/European GNSS Supervisory Authority, Prague, Czech Republic,September 2010.

[62] Hayes, D. , Status of Galileo and EGNOS, *Seventh Meeting of the United Nations International Committee on Global Navigation Satellite Systems (ICG)*, Beijing, China, November 4 - 9, 2012. http://www. oosa. unvienna. org/pdf/icg/2012/icg - 7/4. pdf. Accessed on April 3, 2014.

[63] Huang, Q. , Development of BeiDou navigation satellite system, *Seventh Meeting of the United Nations International Committee on Global Navigation Satellite Systems (ICG)*, Beijing, China, November 4 - 9, 2012.

[64] Nomura, E. , Quasi-Zenith satellite system, *Seventh Meeting of the United Nations International Committee on Global Navigation Satellite Systems (ICG)*, Beijing, China, November 4 - 9, 2012.

[65] Anonymous, Quasi Zenith satellite system navigation service: Interface specification for QZSS(IS - QZSS), Version 1. 4, Japan Aerospace Exploration Agency, Chofu, Tokyo, February 28, 2012.

[66] Anonymous, EU - US cooperation on satellite navigation: Working group C, ARAIM Technical Subgroup Interim Report, Issue 1. 0, December 19, 2012, available at http://www. gps. gov/policy/cooperation/europe/2013/working-group-c/ARAIM-report-1. 0. pdf. Accessed on April 2, 2014.

5

容错航空电子系统

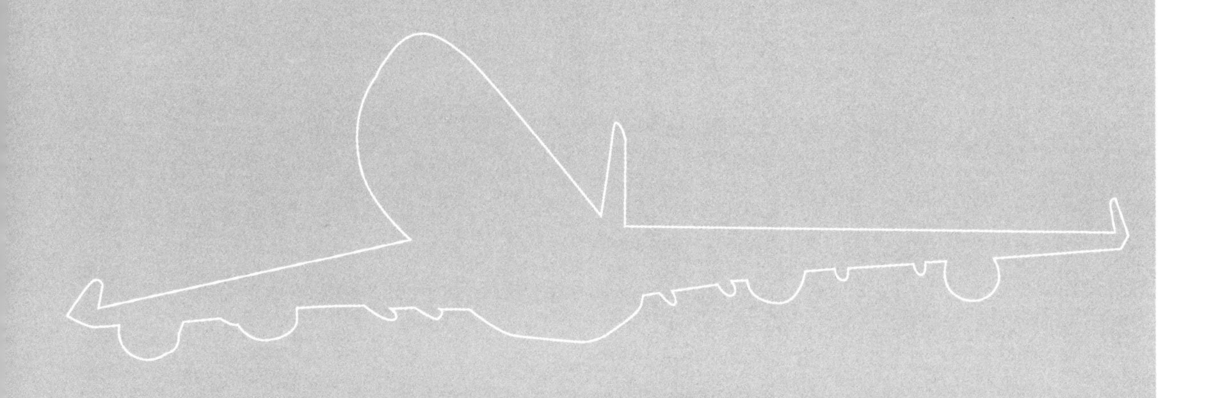

5.1 导言

本章将讨论容错设计的促进因素以及与实现容错系统有关的众多设计实践案例。容错设计要求确保执行飞行关键性功能的数字航空电子系统安全地运行。设计者需要确保容错要求得到完整的定义,以便从各种可用的备选方案中选择要实现的设计原理。容错系统的要求包括性能、可信性,以及确保系统实现后该设计能满足所有容错要求的方法。这些要求必须编入系统预定特性的规范中,规定系统各种输出容差(Anderson 和 Lee,1981)。设计过程中还需同时开发能确认该设计满足所有要求(包括容错)的方法。本章在结尾给出了这一发展领域的参考资料,供进一步研究使用。

容错系统能在存在故障的情况下继续安全运行。容错航空电子系统是飞行关键结构中的关键组成部分,其组成包括容错计算系统(硬件、软件和定时)、传感器及其接口、作动器、各个单元,以及各个分布式单元之间的数据通信。无论是飞行员操作还是自动驾驶仪操作,容错航空电子系统都应能确保控制飞机飞行的输出数据的完整性。容错系统必须能检测由故障引起的差错,评估由故障引起的损害,从错误中恢复及间隔故障。一般来说,要设计和构建一个能对所有可能的故障都实现容错的系统是不经济的。通过需求分析,包括每种故障发生的概率以及不容错单一故障所产生的影响,来确定系统设计应能容错的各种故障。

系统的用户可能在系统运行中观察到错误,这个错误是由一个事件引发的故障造成的。换而言之,故障是错误的原因,而错误是失效的原因。设计或构建系统时的某个差错,可能将差错引入系统的设计之中,这些疏忽或者是因为部件选用不当,或者是因为部件之间不当的相互作用(或失去相互作用)。另一方面,如果认为系统设计无误,则错误的转移只可能因系统的某个部件的失效引起。与解决部件故障所需的技术相比,处理设计缺陷要求更强有力的容错技术。设计缺陷是不可预报的,其表现形式是预想不到的,因此会产生无法预见的错误。相反，部件故障常常是可以预测的，其表现形式是可以预料的，并且产生的错误是可以预见的（Anderson 和 Lee，1981）。

在无容错能力的系统中，观察到的错误要通过诊断来确定故障产生的原因。航空电子系统中的故障有许多类型，通常可分为硬件故障、软件故障、与定时有关的故障。故障可以在系统生命周期的任何阶段引入系统，包括需求定义阶段、设计阶段、生产阶段或使用阶段。

20 世纪 60 年代，设计者力求通过避免故障或屏蔽故障来获得高可靠性和高安全性的系统。阿波罗（Apollo）的制导及控制系统就是使用了已经证实的高可靠性部件，并采用三模数余度（TMR）技术，通过表决选择正确的输出。随着硬件可靠性的提高，以及对故障和引发故障触发事件认识的深入，现已有了改进的可负担的容错系统设计方法。

在任何容错系统中，必须容纳的潜在故障条件的范围极广，在确认系统的适航性或可投入应用方面，要一一列举出所有此类可能的故障条件是一项巨大而困难的任务。出于处理每一个这类故障条件的综合需要，促使人们加强了关注，这有助于开展认证系统取证的各项安全保证活动。

5.1.1 促进因素

安全性对航空系统在经济上的成功是尤为重要的。航空电子系统的设计者必须保证系统能为乘客、机组和维修人员提供所要求的安全级别。在数字系统日益复杂的发展趋势下，容错系统是至关重要的。

许多因素迫使执行各种功能的系统有容错能力，在出错情况下系统必须继续执行功能而无明显的中断。在航空电子系统中，这样的功能对于连续安全飞行或者圆满执行任务常常是关键性的，因而称之为飞行关键功能和任务关键功能。第一个必须直面的现实是，物理部件是处于非理想的状态部件，即它们不可避免地要发生性能退化或失效。显然，部件的使用寿命本来就是有限的，而且同型部件各个实际产品的使用寿命是不同的。在某些场合，任何物理部件都会发生突然失效或过度退化，于是在某个系统操作层次上就可能检测到故障。由于高可靠性军用集成电路的用量很小，在设计新飞机和改进现有飞机，并引进新航空电子以升级飞机功能时，航空电子工业界及其用户已开始选择使用商用货架产品集成电路。这些商用货架产品集成电路的时钟频率越来越高、几何尺寸越来越小、电源电压也越来越低。对这些趋势研究的结论是，商用货架产品集成电路的可信度在降低 Constantinescu, 2002)，预期寿命也在缩短(Driscoll 等，2004)，预计的工作寿命在5～10年范围内。

影响物理故障的第二个因素是航空电子系统运行环境的不理想。局部振动、湿度或温度循环变化、电源瞬变、电磁干扰等将在物理部件上产生应力，引起部件突然失效或逐渐退化，其结果可能使输出发生瞬间或永久的变化，这取决于应力的性质和严重程度。诱发退化的程度可能会严重地影响部件的可用寿命。幸运的是，可以采取设计措施来减少对各种环境作用的敏感性。相应地，需要有保证系统可信的更为综合的开发方法，显然故障容错是最常见的方法，因此它推动了系统结构组织和逻辑的发展。

设计缺陷是需要容错的主要因素。硬件、软件和整个数据流都要求能对设计缺陷容错，以达到飞行关键系统所必需的完整性。依靠硬件芯片在无物理故障时产生正确的输出是有风险的，这一点在广泛使用的高性能微处理器的浮点单元中发现的设计缺陷可以证明。因为消除所有设计缺陷是困难的，所以使用非相似余度技术来产生输出。使用非相似余度虽然采用不同的计算机进行计算，但它们的输出是相同的。使用非相似余度是共模故障(CMF)容错的一种方法，当一个余度系统的各个拷贝件几乎同时遭受由单一原因引起的故障时，就会发生 CMF(Lala 和 Harper，1994)。

5.1.2　定义架构

数字航空电子系统是一种“硬实时”系统，所产生的时间关键性输出用于控制飞机的飞行。这些关键性的输出必须是可信的——既是可靠的，也是安全的。可靠性有许多定义，通常表示为不失效的概率；另一个定义是产生“正确”输出的概率(Vaidya 和 Pradhan，1993)。安全性定义为系统输出正确的概率，或输出错误可检测的概率(Vaidya 和 Pradhan，1993)。正确性则要求在无故障的情况下所有通道的输出是逐位(bit-by-bit)一致的(Lala 和 Harper，1994)。另一种设计概念是所谓近似一致，即如果输出在某个门限内是一致的，则系统是正确的。当前这两种方法都在使用。

硬件部件故障通常按范围、量值和持续时间来分类(Avizienis，1976)。范围是指故障所产生的错误是局部的还是非局部的；量值是指故障产生的错误值是固定的还是变化的；持续时间是指故障是瞬时的还是永久的。研究表明，与瞬态故障相比，永久性故障引起的错误仅占所有已检测到错误中的小部分(Sosnowski，1994)。重复发生的瞬时故障通常称为间歇性故障(Anderson 和 Lee，1981)。图 5-1 描述了在故障分类树中的这些分类。

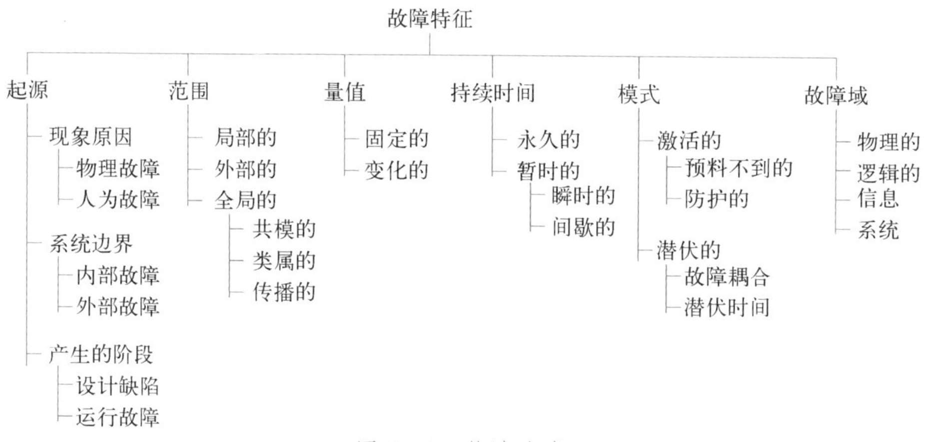

图 5-1　故障分类

原发故障可以由一个系统硬件部件内的物理失效造成，或者因人为的错误产生。系统边界内部的故障是指系统状态的出错部分，即计算运行时产生的错误；而外部故障是由外部物理环境引起的系统干扰造成的，或者是由系统与人类环境的相互作用产生的。按产生的时间阶段划分，原发故障可分为在系统开发(从需求指标到实现)、后续修改、建立系统操作或维修程序期间所产生的不完善性而引起的设计缺陷,或者在系统运行期间出现的操作错误(Lala 和 Harper,1994)。

如果硬件或者软件中的故障产生一个错误的状态,那么这个故障是激活模式故障。也就是说,在这种情况下,这个状态不同于正常预期状态。另一方面,如果这一故障未产生错误的状态,则称该故障为潜伏故障。容错系统中用的错误检测方法主要有下列几种类型(将在5.4节中讨论)(Anderson 和 Lee,1981):① 重复检查;② 定时检查;③ 反向检查;④ 编码检查;⑤ 合理性检查;⑥ 结构检查;⑦ 诊断检查。

在开发过程中,对图5-1中故障域和量值的特征应有一个全面的了解,这一点是极富指导意义的。从根本上说,故障域是指分层提取故障的整体,这样可集中处理所涉及的设计问题。量值仅简单地指错误状态是保持不变还是起伏不定。当熟练的设计者为便于开展具体的开发工作,在选择适当的故障分类时,应特别注意下列有关故障域:

(1) 物理故障——硬件部件的基本物理故障(潜在的短路、开路、接地故障)。

(2) 逻辑故障——器件特性表现出来的逻辑故障(死锁于逻辑1,死锁于逻辑0,状态翻转)。

(3) 信息故障——在解释的结果中呈现的错误状态(不正确的值,符号改变,奇偶错误)。

(4) 系统故障——作为结果的系统失效产生不可接受的服务(系统崩溃,死锁,失控)。

这些故障域构成各个层次的设计责任和义务,也确定了容错活动本身的位置。因此,故障处理及部分故障封闭,在物理故障域中来讨论是最恰当的。类似地,在逻辑故障域中进行硬件故障检测和评估是最容易管理的,此时错误值的特性(固定的或是变化的)可用来优化相关的故障鉴别机制。最后,从错误中复原,也许还包括某些故障封闭必须在信息故障域中来讨论,而服务的持续性则要在系统故障域中来解决。

涉及安全关键性的应用中,物理硬件故障不再对可信性构成主要威胁。现在的主要威胁是 CMF。CMF 起因是同一时间影响多个故障封闭区的故障,这些故障通常是由共同的原因引起的。用于 CMF 容错的方法包括:故障间避法,通过测试与评价或借助于故障插入的故障排除法,使用异常处理程序的容错法,设置程序检查点法,以及重启动等方法(Lala 和 Harper, 1994)。表 5-1 给出了 CMF 的分类;"√"表示必须考虑而并非故意拼凑的有可能故障组合。

表 5-1 CMF 分类

现象上的原因		系统边界		产生阶段		持续时间		CMF 分类
物理的	人为的	内部的	外部的	设计	操作	永久	暂时	
√			√		√		√	瞬时(外部)CMF
√			√		√	√		永久(外部)CMF
	√	√		√			√	间歇(设计)CMF
	√	√		√		√		永久(设计)CMF
	√		√		√		√	相互作用 CMF

物理的、内部的和操作的故障可以通过使用硬件余度来实现容错。所有其他故障可能会同时影响多个故障封闭区。4 个 CMF 源需要认真考虑。

(1) 瞬时(外部)故障是物理环境对系统短暂干扰的结果,例如闪电、HIRF 和高热等。

(2) 永久(外部)故障是由运行环境引起的永久性系统干扰的结果,诸如高温、沙尘、盐雾、尘埃、振动、冲击等。

(3) 间歇(设计)故障是由各阶段,包括需求制订、详细设计、设计实施以及由系统运行的其他各阶段工作不完善而引入的故障。

(4) 永久(设计)故障引入的阶段与间歇故障相同,但是永久地表现出来的

(Lala 和 Harper,1994)。

单元物理失效是引起部件工作不正常的一个事件,并会产生一个物理故障。相关定义反映在图 5-2 所示的状态转移图中,它描绘了无容错时 4 种故障状态及其有关事件。如图 5-2 所示,潜伏故障状态由于一个强化事件而转移到激活故障状态,此事件可能是功能模式的改变,致使故障区域以显露的方式被激活。从这个事件接着发生的一个极为严重的激励故障,且不会出现自行恢复,系统失效事件随之发生,此时系统就不再维持预期功能。如果一个特定的激活故障未产生太大的衰退效应,则系统可能以服务降级的方式继续运行。容错无疑可防止系统失效的发生和服务降级的出现。

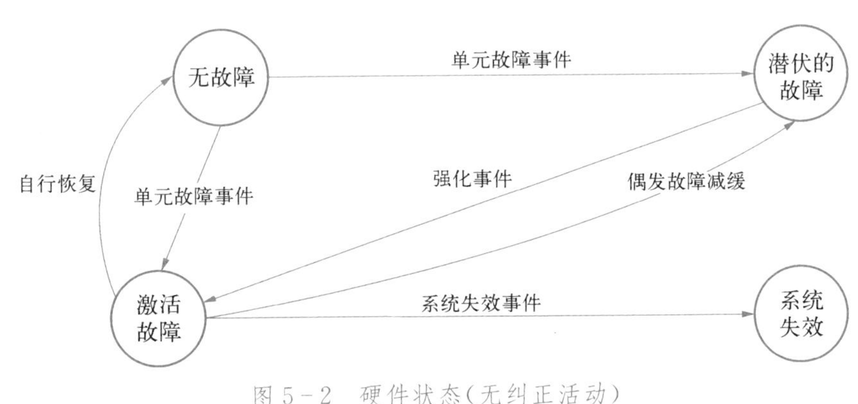

图 5-2　硬件状态(无纠正活动)

图 5-2 中的自发恢复事件表明,故障有时可能是瞬时性的,无须有意干预便会自行消失。这种现象可以发生在外部干扰平息或间歇的物理反常停止之后。图 5-2 中的偶发故障减缓事件提供了某种类似的情况。其中,故障没有消失,而是由于故障激发条件中止或消除而自发地从激活状态恢复到潜伏状态。表 5-2 阐明了故障分类,是对图 5-2 的补充说明。

虽然上述瞬态失效模式被认为是应用系统大部分故障的起因,但这种故障仍可能持续足够长的时间,看上去是系统的永久故障。因此在许多情况下,系统中必须有明确的特性，以确保及时地从可能引发不恰当或不安全的系统操作的故障中恢复过来。

表 5-2 故障条件的描述

恢复方式	潜伏方式	激活方式
在干扰之后的自行恢复	—	由瞬时干扰引起的错误状态
从临界物理故障中恢复	—	出现临界故障现象
—	硬物理故障减缓	出现硬故障现象
—	硬物理故障潜伏	持续的硬故障现象

有三类故障因为其影响趋向全局范围，“全局”意味着影响到容错系统中的余度部件，因此需要特别关注。CMF 是发生在系统的一个特定的点上，可以引起所有同类余度部件同时衰退的单一物理故障。这种现象可能见于无防护余度的系统中，其后果是将出现大量的失效事件。类属故障是一种开发时引入，并在类同余度部件中复现的故障，激活时会产生大规模的失效事件，与 CMF 引起的事件相仿。传播故障是指单一故障的各种影响向外散布，产生复合的错误状态。当缺乏故障封闭特性时，就可能产生这样的错误症状。在系统开发期间，必须特别注意防止此类全局故障，因为在单事件中它们就可以破坏容错设施。因此，需要对设计以及余度措施进行缜密细致的评估，以确保系统的可信性。

在按航空电子标准制造的集成电路器件转为在航空电子系统中使用的商用货架产品器件时，拜占庭故障备受关注。拜占庭故障对不同的观察者呈现不同的征兆。因拜占庭故障而丧失系统服务的现象称为拜占庭失效（Driscoll 等，2004）。如果一个系统使用表决一致机制，则拜占庭故障可以引起拜占庭失效。航空电子的安全关键性功能要求失效概率低于 10^{-9}/h。研究已确定，数字信号锁定在 1/2 CMOS 开路电平上和传送走时，稍微偏离规范的传输定时时，需要设计者为获得要求的可信性考虑拜占庭故障。

5.1.3 可信性

可信性是实现并证明系统能够可靠服务所具有的一种特性。因此,可信性是一个宽泛的定性术语,体现了集合的非功能属性,属于理想系统所追求的,它对必须具有连续安全性能的关键系统尤为重要。安全性、可靠性、可用性、维修性等属性可利用条件概率公式来度量,作为可信性的构成元素可方便地分组。实际上,可信性通常要求把容错能力结合到一个系统中,并达到定量的可靠性或可用性水平。此外,为达到维修性要求,也可能需要容错,例如,在线维修设施这类情况。

应注意,为了实现完整性,达到可信性,应避免故障、减少故障,并需要容错,如图 5-3 所示。表 5-3 是图 5-3 的补充,强调了开发活动,如在设计阶段进行故障可能性分析,使潜在故障事件的数目和范围减到最小。这项工作与图 5-3 中的故障封闭准则有关,所做分析应确保故障事件的数目和传播都受到控制。总的意见是,使可能的故障数量减至最小,减少其发生的可能性,并确保能安全地处理已投入使用的系统中发生的故障。

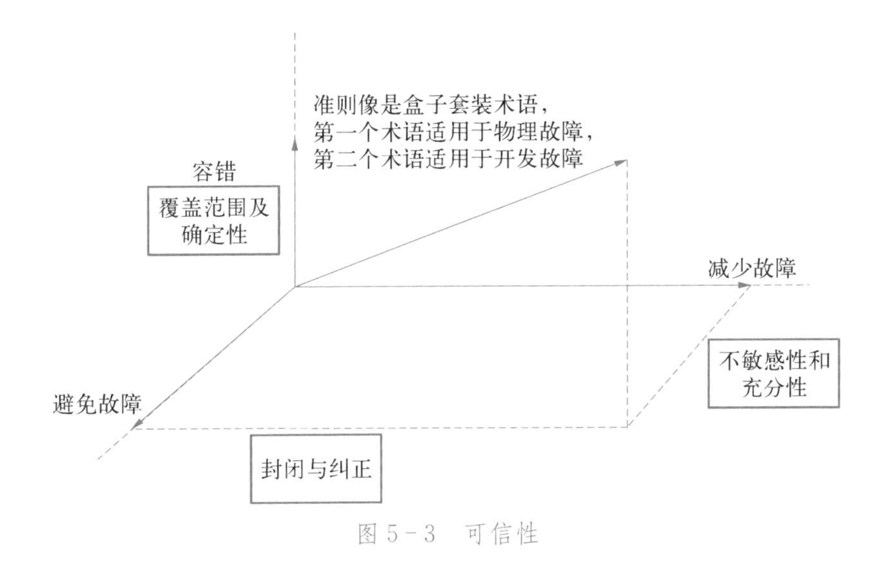

图 5-3　可信性

表 5－3 可信性保证措施

目 的	物理故障	开发故障
避免故障	通过分析使故障最少	通过严格控制开发错误来防止
减少故障	有选择地减少故障发生率	通过验证消除
容 错	通过余度来保证	测试

注：可能对物理故障和开发故障都做了处理，但暴露出的任何不足仍属于开发的缺陷。

5.1.4 容错选择

系统可靠性需求是从功能的关键性级别和最大暴露时间引出的。飞行关键性功能是这样的一种功能，丧失该功能就可能造成飞机本身损失，也可能造成机上人员伤亡。在后一种情况下，飞行关键性系统被称为安全关键性系统。这里，民用运输机和作战飞机之间可以有所区别。对于民用运输机，飞行关键性即意味着安全关键性，对于战斗机，则是容许飞行员从不能飞行的飞机中弹射出来的可能性，如此其系统可靠性要求就可以降低。任务关键性功能的丧失将促使人们综合考虑或取消有关的任务。对于航空电子系统来说，损失飞机比放弃任务通常要付出更高的代价(击毁核武器的反导任务例外)。这样，全程的飞行关键性系统通常会比飞行阶段的任务关键性系统具有高得多的可靠性要求。其次，系统可靠性要求与系统部件的临界可靠性是关联在一起的，影响着容错系统结构的设计，并决定了确保系统生存能力的余度级别。那么，为保证满足系统可靠性要求，容错设计必须建立在设计配置项和各种有依据的分析的基础上。

对于民用运输机飞行阶段的关键性功能，如全天候自动着陆的余度级别，一般要求单故障能运行，这意味着任何潜在的独立单元失效之后，系统应能保持运行。另外的情况，像电传主飞行控制的全程关键性功能，通常要求双故障时能运行。应注意的是，非飞行关键性功能也可能具有威胁飞行安全性的失效模式。例如，为了减轻由于阵风或机动飞行造成的结构负荷，采用的主动控制功能不是关键性的,这样做仅仅是为了减少结构疲劳效应。在引起结构损伤的失控或失去操纵的失效事件中,如果有关的飞行控制面是有权限的,那么这样的失效模式就是安全关键性的。在这种情况下,该失效模式必须设计成故障被动的,防止像控制面失控这种激活模式的失效影响。但是,如果激活作用的级别和严重程度完全在飞行机组人员安全管理能力之内,则呈现激活特性的失效模式仍然是失效安全的。

随着飞机中的航空电子系统成为以网络为中心,功能分布于其他飞机系统、地面系统和空基系统的整个运行系统的一部分,航空电子通信、导航和监视功能的复杂性大大增加。这样协同交换正确的时间和位置基准信息便十分必要。这就要求系统具有对机内航空电子系统故障以及处理故障的容错能力。这些故障可能源于网络中的任何节点(飞机、地面和空基系统),并且包括网络运行故障以及错误信息。为保证容错系统的可信性,网络中心运作中可选择的措施包括检测到或预测到故障时,有意地撤除易损的网络单元,以避免故障;用已知良好的部件代替故障部件来重构系统,从而消除故障(Knight 等,2002)。容错网络的生存能力涉及控制回路结构、网络状态检测与分析,并通过重构网络实现容错所需的变更(Hill 和 Knight,2003)。飞行在高度拥挤的空域时,多架飞机之间的网络中心操作信息流所需的完整性水平,要求设计者不仅要进行容错设计,还要保证把网络生存能力和恢复能力都加到航空电子系统设计中。

5.1.5　飞行系统的演变

早在20世纪70年代,美国国家航空航天局(NASA)的F-8飞机数字式电传飞行控制(DFBW)研究项目便探索了用电子计算机和电信号通路代替机械式主飞行控制系统。项目旨在开发实用技术,并证实用电气链路取代至控制面的机械链接的可行性,借以在减轻重量和维修方面产生显著的效益。F-8飞机数字式电传飞行结构依靠余度计算机的输出逐位精确比较,进行故障检测和隔断(Lala 和 Harper,1994)。

波音B747、洛克希德L－1011及道格拉斯DC－10飞机，使用了不同的技术方案来提供自动着陆功能，以满足着陆期间故障概率小于10^{-9}的要求。其中，B747使用了三余度模拟计算机，L－1011飞机使用了双通道-双套结构的数字计算机，DC－10则使用了两个相同的通道，每个通道有单独的双余度故障切断模拟计算机。从那时起，A320飞机使用了全时DFBW飞行控制系统，采用不同软件设计技术来防止CMF。B777飞机FCC则使用了3种不同型号的由9个处理器组成的3×3矩阵结构，还使用了多版本的软件。

A380和B787飞机的航空电子结构，使用航空电子全双工交换式以太网(A664－P7)/ARINC 664，在IMA机柜之间进行数据通信。A380和B787航空电子供应商使用ARINC 653规范“航空电子应用软件标准接口”(见第14章)。B787飞机使用“共用核心系统(CCS)”，它与B777飞机的AIMS相似，但驻留更多的功能并提供更大的通信带宽。CCS包含公共计算资源(CCR)机柜、ARINC 664－P7以太网和远程数据集中器。

从联合式航空电子结构发展到A380飞机和B787飞机的综合化结构，还可能将专用功能，例如飞行数据采集单元和FDR，转变为分布式实现。IVHM执行检查、识别、记录间隔及封闭故障的功能。某些IVHM设计还包括修理和恢复到规定的系统状态的功能(Scandura和Garcia－Galan，2004)。实现可信的容错设计、IVHM和FDR等功能，要求使用一种综合的设计方法，以确保IVHM系统和容错系统对于观察到的同一错误不至于判断为不同的故障。上述系统的各种错误和故障均向机组人员显示，训练有素的机组人员可根据显示的信息采取各种操作。

5.1.6 设计方法

可信的容错航空电子系统的设计，必须以已证实的系统工程过程和工具为基础。设计者必须确定所有的功能，以及实现这些功能的各处理过程之间的信息流及数据流。涉及故障检测、鉴别、间隔和恢复的各种功能，必须使用工具来精确编制文件,把这些处理过程在硬件、软件和人(机组人员和维修人员)之间进行分配。设计、开发、集成和测试必须能追溯到这些分配。

实际上,人们是不可能设计出能够对所有可能的故障实施容错的复杂航空电子系统的。故障包括永久和瞬时故障、硬件和软件故障,并且这些故障可能单独发生或同时发生。定时故障要求直接追查到几毫秒之内的实时响应,以及造成数据延迟及差错的硬件和软件。为了更加有效地利用空域,人们要求减小航路上和终端区域内的飞机间距,但这样一来,不正确的数据故障的影响将随之增加。当接受空中交通管制和其他飞机询问时,所需的导航性能和飞行的四维(作为时间函数的飞机位置)管理要求会提高传输飞机状态信息的精度。应关注的是,其他数据差错包括使用含有无效数据的各个数据库,这种无效数据包括地形和人造物体的位置,以及 FMS 使用的飞行计划信息。

实现容错带来了系统开销、复杂性和验证等方面的困难。按照增加的硬件、通信和计算要求,实现容错显著地增加了系统资源和有关管理活动的开销。错综复杂的连接关系和硬件与软件单元之间的相依关系,可能导致出现更多的系统状态数目,并且管理系统需更为复杂的逻辑,这一切都增加了复杂性。在很宽的潜在故障事件范围内,要确定、评估和证实保持系统功能的能力是对确认工作的挑战。因此,容错航空电子系统采用的设计方法必须在实现容错付出的成本与达到的可信性之间取得平衡。

容错设计方法包括系统原理、开发方法和容错要素。系统原理主要是 5.1.4 节介绍的各种容错基本选项。须强调的是,要审慎地组合容错特性,以适合给定的应用属性。开发方法归结为相互支持的设计质量保证方法,这种方法强调一致性,强调责任,强调对系统可信性的高度信任。通过提供一种有序的系统组织和展开模式,把容错设计要素的设计原理和方法统一起来。以下是在任何容错系统中,常常以某种形式出现的容错要素:

(1) 错误检测——识别故障事件。

(2) 损伤评估——诊断故障部位。

（3）故障封闭——限制故障影响范围。

（4）从错误中恢复——恢复到可重新启动的无故障状态。

（5）持续服务——持续提供系统服务。

（6）故障处理——修复故障。

估量这些要素并限制其起作用的基本设计参数是故障处理的粒度。故障的检测、间隔和从故障中恢复，基本上应发生在相同模块级别上，以求设计的平衡和协调。在低于相关的故障处理边界级上来鉴别或封闭一个故障一般是不利的或不当的。但也可能有例外，尤其是对于故障检测，为了利用机内自检特性或减少故障延时，可能要使用更细的处理粒度。

根据产生原因，故障封闭可包括遏制物理故障的损伤传播和抑制有错误的计算。物理故障封闭必须设计在硬件中，软件错误状态封闭必须设计在应用软件中。在大多数情况下，错误的软件状态必须给予纠正，因为在检测故障的延时期间引入了应用程序的不一致。恢复这种错误可能需要重新设置某些数据对象值，并退回到可运行的处理器的控制流通路。在这一点上，底层结构的完好性，包括运行部件的协调性，必须由基础结构保证。通常这种工作完全依赖于用于容错的系统管理软件。运行部件继续工作始于建立重新启动程序的合适的应用状态。在航空电子系统中，由于功能的实时性要求，一系列容错活动必须极快地进行。相应地，为响应继续工作，必须按容忍最差性能确定预计绝对时间。

5.2 系统级容错

5.2.1 通用机制

如 5.1.2 节所讨论的，系统失效是指丧失系统服务或预期功能。在没有容错时，仅一个严重故障就可能使系统失效。这种系统实际上只能在零故障条件下运行,同时对于非关键性功能也许是允许的。此外,图5-2表示了这种系统的特征,在这种系统中,继续工作取决于自发减缓一个激活故障或一个后果未严重到引起系统失效的故障。

如果必须有很高的连续工作概率,系统应采用余度设计,以确保系统在遇到任何永久性故障时的可用性。这样的容错系统合并了一个附加的故障恢复状态,如图5-4所示。只有当备份耗尽或出现未处理的严重故障时,系统才发生失效。前述的余度级别绝不可能仅由于硬件故障,耗尽备份而使系统失效。未处理的故障只能作为设计错误的结果出现,就像一般错误的产生一样,甚至都无法检测到该故障的存在。

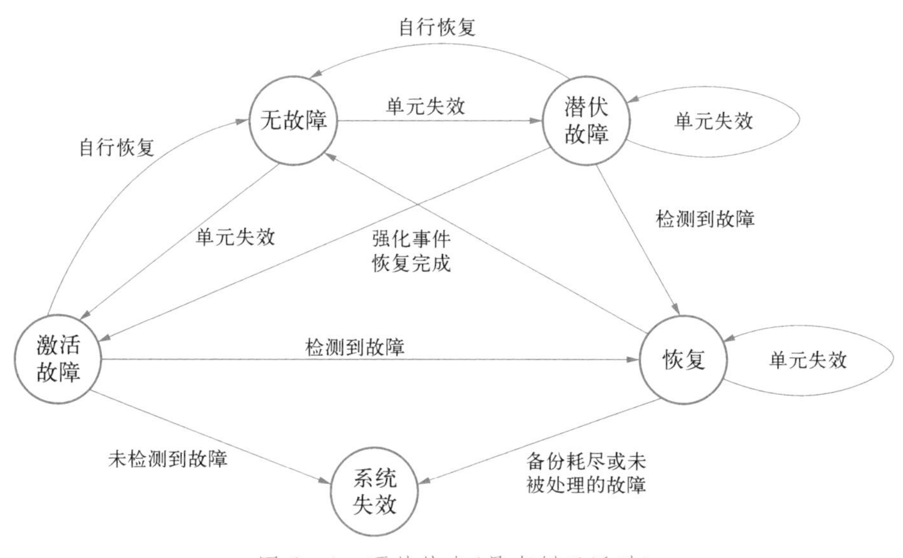

图5-4　硬件状态(具有纠正活动)

本节从系统级视角,研究了容错系统的结构和实例。这些例子具体说明了系统级容错的一般原理,其中特别突出了飞行控制系统,因为飞行控制系统推动和开拓了许多容错技术。过去,这种系统是功能专用的,因此对外部原因引起的运行故障可提供完整的防护。然而,随着综合航空电子的推广,功能分离的程度不可逆转地降低了。与以前相比,有更多的航空电子功能成为关键性功能。实际上，这样做不是一律有害，相反，通过综合处理得到了许多收益。再说，系统开发者可以行使特权，使之做得更具防护性来防止外来的故障。

5.2.2 余度选择

容错通常是基于某种形式的余度，通过调用备用资源提高系统的可靠性。余度可以置于硬件、软件、时间或者它们的组合之中。在硬件和软件方面，余度有 3 种基本类型：静态、动态和混合。静态余度从复制任务的多数结果来屏蔽故障，动态余度采取"两步"处理过程来检测故障，并从故障中恢复过来；混合余度是静态余度和动态余度的结合(Shin 和 Hagbae，1994)。

通常，很多这种余度驻留在附加的硬件部件中。附加部件减少了平均维修间隔时间，因为有更多的电子器件可能失效或在某个时刻将会失效。由于在容错系统中可能发生多个不同的故障，所以存在许多附加的失效模式，对于它们，必须在确认整个系统的适航符合性时进行评价。增加的余度自然会对重量、功耗和冷却付出额外代价。其他形式的余度也会导致系统管理开销增加，例如，执行软件实行容错任务所需的计算能力。与所有的设计任务一样，容错设计必须经过折中和优化。总之，必须寻求平衡的、最小限度的和有效的设计，表明能为应用对象提供最合适的保护和失效生存余量。

容错航空电子系统已有各种各样的余度实现方法，用来构建所需的容错级别和类型。图 5-5 给出了余度选择的分类，通过适当的组合可以建立所需的容错结构。该分类表指出了在系统设计中引用各种各样余度的可能性。虽然在大多数情况下，这些选择是作为例子(在后面各节还要说明)，但可以简明地指出，余度是以其分类、方式、协调和组成等方面来表征的，每个方面都必须做出结构约定。例如，传统的系统可使用具有同步操作的多重硬件模块来实现故障屏蔽。在较低的层次，有关的数据总线可使用余度编码来检测和纠正错误。为了防止类属设计错误，可用非相似余度方案作为后备方案。

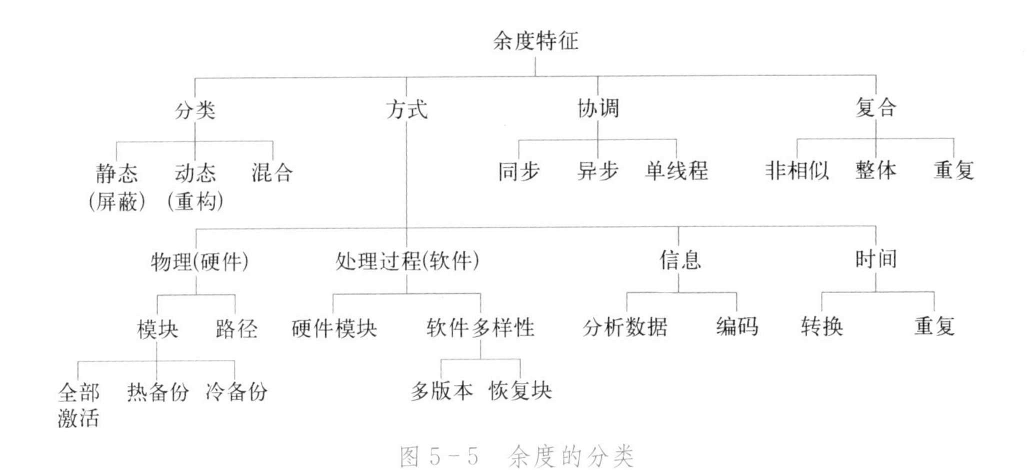

图 5-5　余度的分类

但是,在考虑系统结构本身之前,需要说明和例证图 5-5 所列的关键因素。确定这些余度实施选择方案是形成一个余度结构的基础,所以对实质性的折中需要予以确定和探讨,在此特别要评述的是屏蔽与重构、工作与备份、同型重复及非相似余度。

现在还没有用像拜占庭恢复(BR)处理随机硬件或物理操作故障那样的方式来处理 CMF 的统一理论。现有三种技术可用于设计 CMF 容错系统,即故障避免、故障消除和容错。在整个设计开发过程中,项目最初阶段是减少 CMF 概率费效比最有效的阶段。表 5-4 给出了故障避免技术以及现在使用的工具(Lala 和 Harper,1994)。

表 5-4　故障避免技术及工具

技　术
使用成熟的和正式验证过的部件
按标准设计
形式化方法
设计自动化
综合的形式化方法和 VHDL 设计方法

（续 表）

技　术
简化抽象
避免性能 CMF
软件和硬件工程实践
设计多样性

CMF 消除技术和工具包括设计评审、仿真、测试、故障注入以及严格的质量控制程序。共模容错要求进行错误检测和从错误中恢复。设计中必需确定各余度通道的错误信息，以确定使用哪种恢复机制（即从物理故障中恢复或从 CMF 中恢复）。CMF 的实时恢复要求系统状态恢复到先前已知的正确点上，然后计算工作可以从该点重新开始（Lala 和 Harper，1994）。

5.2.3　结构分类

图 5-5 所指出的三类容错结构分别是屏蔽类、重构类和混合类。

5.2.3.1　屏蔽容错

屏蔽方法是按照冯・诺依曼的 TMR 概念的传统方法，已推广应用于任何余度级别。TMR 概念以表决器为中心，在备份用尽的限度内，排除沿信号通路来的故障信号。这种方法是被动的，不需要重构来阻止错误状态的传播或者间隔故障。

由多个相同的模块和一个表决器组成的模块化航空电子系统要求对可靠性和安全性做折中处理。“模块”不局限于硬件模块，它代表能够产生输出的一个实体。当安全性和可靠性被一起考虑时，模块的设计将影响安全性和可靠性两个方面。通常希望增加余度使可靠性和安全性得到改善。如果一个模块具有内置的错误检测能力，增加一个向表决器提供输入的模块，有可能使可靠性和安全性都得以改善。如果模块级没有错误检测能力，要同时改善可靠性和安全性至少要求两个附加的模块。错误控制仲裁策略是表决器实现的功能，它决定什么是正确的输出,而当模块输出中的错误属于超限时,就不能决定正确的输出,表决器可能给出不安全的信号。n 模数安全模块余度(nSMR)结构的可靠性和安全性取决于单个模块的可靠性以及所使用的特殊的仲裁策略。就改善可靠性和安全性而言,没有最佳的单一仲裁策略。可靠性可定义为表决器数据输出正确和不发出不安全信号的概率。因为系统可靠性和安全性是相互关联的,所以系统可靠性的增加可能引起系统安全性降低,反之亦然(Vaidya 和 Pradhan,1993)。

当受损部件所表现的故障具有随机性,甚至显示出似乎是智能的预谋行为这样的极端情况(Lala 和 Harper,1994)时,表决器就要逐位比较。这样的故障称为拜占庭故障。对拜占庭故障的结构容错提出的要求包括降低以下的限制,即故障封闭区的数目,其连通性、同步性以及使用某些简单信息的交换协议。当使用逐位比较时,对部件的特性不需要做先验性假设。在正确设计的 BR 系统结构中,CMF 是其失效的主要原因。

故障的作用必须屏蔽,直至可以采取恢复措施。余度系统必须加以管理,使之在存在故障时保持继续正确地工作。一个方法是将余度单元划分成一个个故障封闭区(FCR)。FCR 是一些部件的集合,不管在封闭区外有任何随机的逻辑故障或电气故障,它都能正确运行。故障封闭边界要求带有独立的电源和时钟源的硬件部件。各 FCR 之间的接口必须是电气上间隔的。为了具有如中弹这样的物理损伤容错,必须将 FCR 从物理上分隔开来,置于不同的航空电子设备舱。在飞行控制系统中,一个通道可能就是一个自然的 FCR。表现为错误数据的故障影响可以在 FCR 边界传播,所以系统还必须通过在不同的处理点使用表决器来提供错误封闭能力,包括余度输入表决、控制律计算结果表决以及作动器输入表决。故障和错误的屏蔽可使系统正确运行,并提供所需的即时损伤评估、故障间隔和系统重构信息(Lala 和 Harper,1994)。

5.2.3.2　重构容错

在重构或使用预留的无故障通道之前,硬件互锁提供了第一级防护。在三余度或更多余度的系统中，多数通道可以禁止故障通道的输出。在采取这个动作之前，系统将确定失效是永久的还是暂时的。一旦做出这个决定，下一步是确定剩余任务需要什么功能，以及系统是否需要进行损伤评估、故障间隔或重构剩余系统的资源。对于执行长续航时间任务的系统，设计者可以采用具有重构能力的系统。

5.2.3.3 混合容错

混合容错采用混合余度，即静态余度和动态余度的结合，它把屏蔽、检测和可能涉及重构的恢复结合起来。采用混合余度的系统将配有 N 个激活的余度模块，以及若干备份(S)模块。差异检测器检测任何激活模块的输出是否不同于表决器输出。如果一个模块的输出与表决器不一致，则切换电路，用一个备份模块取代故障模块。混合(N，S)系统不能够在其核心设备中一次性具有多于$(N-1)/2$个故障模块，否则在表决时，系统将错误地切换掉正常模块。

混合容错采用屏蔽与重构相结合的方法，其目的是取两者之长获取优异的容错性能。屏蔽消除了错误状态对系统工作的影响，这样就不需要从错误中恢复操作。重构去掉了至表决器的有故障的输入，这就使多个故障不能使表决器失去作用。屏蔽和重构工作一般用表决器-比较器机制实现，这一机制将在5.3.1节中讨论。

图5-6描述了一种具有一个备份通道的混合式TMR结构，其可提供双故障运行能力。一旦第一个工作通道失效后，该通道断开比较器输入配置，转入后备通道。当第二个通道失效后，表决器的不一致输入被断开，仅剩下两个输入，这样可以检测后续(第三个)通道失效，但不能被表决器本身正确地鉴别。当表决器选择两个剩余信号中较弱的一个，并排除过强的输出时，持续的错误比较导致系统功能的故障被动能力的丧失。而另一可选用的双故障工作结构放弃了后备通道转换，简单地使用一个四重表决器。这个结构在专用的飞行关键性系统，例如，电传操纵(FBW)飞行控制系统中已用得相当普遍。这种结构仍然使用重构，以消除故障输入表决器。

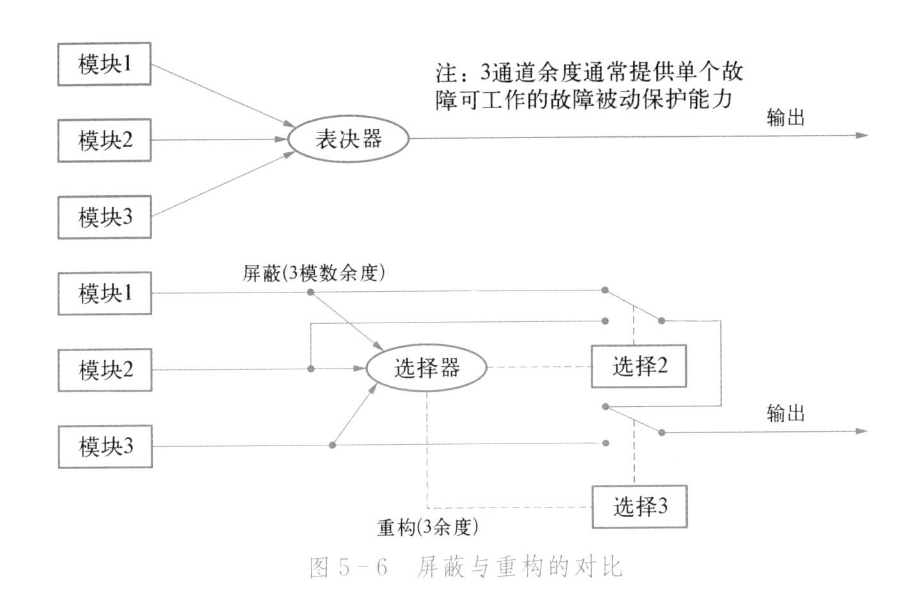

图5-6　屏蔽与重构的对比

错误检测是由比较器提供的，损伤评估是利用各种比较器状态的重构逻辑完成的。故障封闭和服务延续是经表决器实现的，这就排除了从错误中恢复的需要。最后，故障处理是由重构逻辑驱动故障通路切换来完成的。这个简单的例子说明了在高层次上容错的各个方面如何结合到综合设计之中。

5.2.4　综合任务航空电子

在军事应用中，余度装置按某种形式安装在飞机相对的两侧，避免单边安装因战伤而引起功能丧失。民用飞机上使用的综合机柜装备也存在对物理损伤的脆弱性。设计者在设计容错系统时必须考虑这种脆弱性。

5.2.5　系统自检

航空电子系统可靠性分析是以系统准备好遣派为条件。在遣派放飞这点上，有时候可容许关键性级别较低的系统在余度上有所降低。然而，对于全程飞行的关键性系统，在系统可靠性预测中，一般将系统假定为所有余度都是完整无缺的。这一假定对系统飞行前自检的覆盖范围和置信度提出了相当高的要求。这种测试一般是端到端的测试，按步骤对所有的单元进行测试，这种测试在飞行中是不可能进行的。容错措施应特别予以加强。例如，这样的测试有意设法强制断开很少使用的比较器，以确保不存在像被动硬件失效这样的潜在故障。在开发期间，必须对有关测试方案及其覆盖范围做设计分析。方案中还必须包括适当的逻辑互锁，以确保飞行前测试的安全执行。例如，除了在地面之外，进行防止轮载重量互锁测试。幸运的是，系统自检程序可以以相对完整和高度逼真的方式进行编制。

由于数字系统的离散时间特性，不是所有的能力都用于应用功能。因此，在飞行期间可能对处理器那样的数字部件进行周期性自检处理，还可以周期性地检查其他系统部件的健康状态。此类测试提供了自检测能力，可以在错误状态产生或超出检测门限之前，指出存在的偏差。自检测提供的提前时间十分重要，这是因为稳定飞行时信号幅度低，可能不能模拟比较器的触发。故障保持潜伏的时间越长，第二个故障发生的可能性就越大。因此，周期性自检减少了同时出现多个故障的现象，从而极大地提高了系统的可靠性和安全性。

自检测可以用于更低的层次，但要根据故障检测的粒度进行权衡。这种折中按照故障检测、恢复响应及选择的故障封闭层次来调整。故障封闭通常表明了故障检测的粒度，除非恢复响应时间要求有更快的故障检测，否则故障封闭最好在较低的层次上进行。

5.3 硬件实现的容错：容错硬件设计原理

5.3.1 表决器与比较器

表决器和比较器非常广泛地应用于容错航空电子系统中，而且对有关系统的完整性和安全性往往是极其重要的。鉴于表决器和比较器所起的重要作用，在开发中对它们必须加倍关注。这些可由软件或硬件实现的动态系统单元并非像表面看起来那么简单，尤其是在器件的完整性和门限参数设置上可能存在问题的情况下。

某些基本单元和有关元件都适用于表决器和比较器的变量范围。图5-7给出了三重表决比较器(TMR)的概念图。此处的表决器用作中间信号选择器，即选择3个输入中的中间电平作为输出。表决器部分置于比较器之前，因为表决器的输出是各比较器的一个输入。基本上，表决器输出被看作是正确的标准，任何持续过度偏离该标准的输入信号都被判定为错误信号。

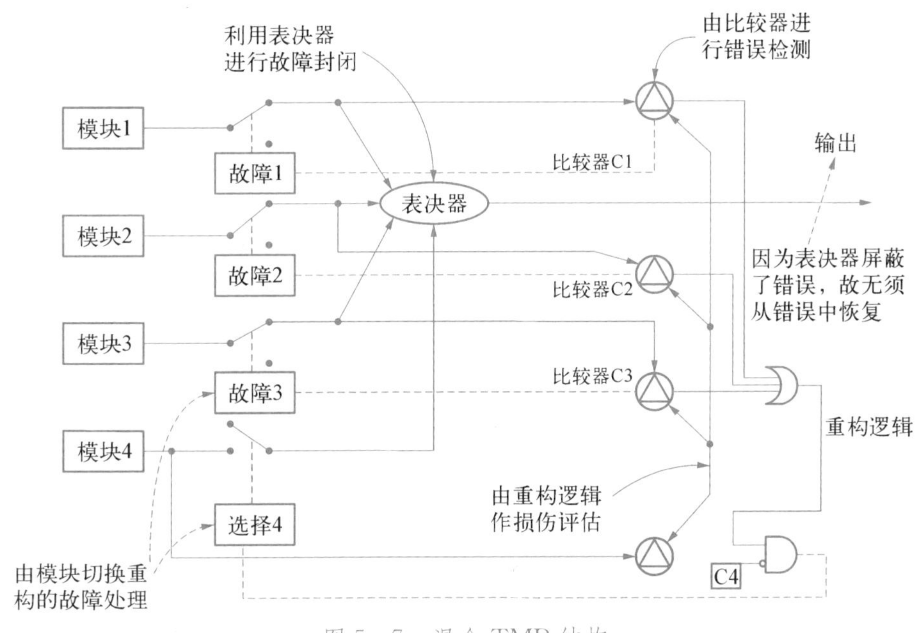

图5-7　混合TMR结构

在图5-7中，每个信号通路的各个输入都是调幅脉冲序列，这在数字处理中是比较常见的。

表决器每次迭代都是一次独立的选择，因此每一个表决器的输出总是从任一输入通道取得的。这从图5-8也可看到，表决器输出脉冲序列分量在每个时间点上，按选取的输入通路进行计数。随着每次时间的递增，表决器的输出加到各比较器上，它与各输入信号的差值被送入相应的幅度门限检测器。设置的幅度门限使累积容差不致断开检测器。如图 5－8 所示，当第一次观察到差值超限时，幅度检测器发送一个置位输出。当差值回落到门限之内时，则发送一个复位输出。

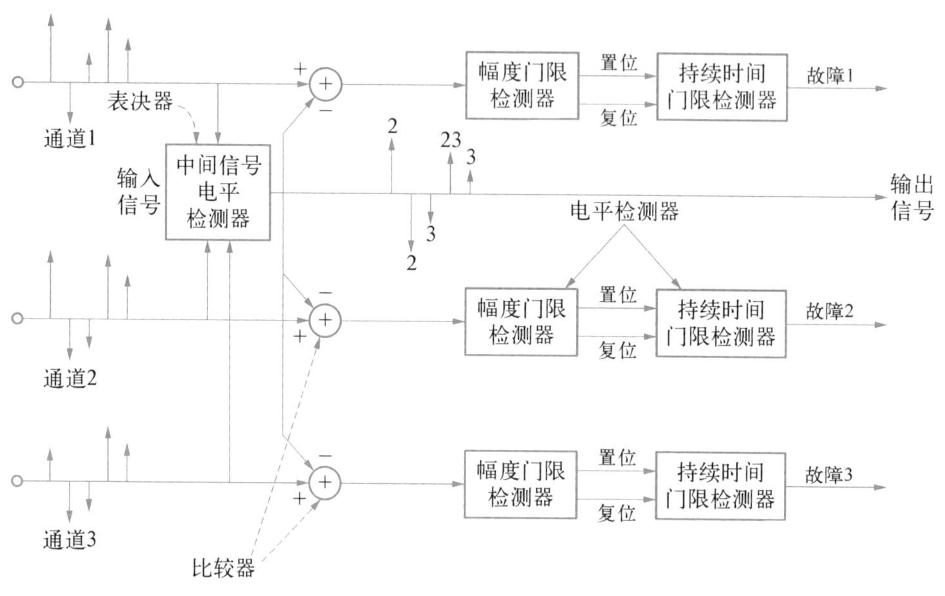

图 5－8　三重表决比较器

因为瞬时作用可能产生短时间触发幅度检测器的现象，为此在每个幅度检测器的输出端加了一个定时门限。连续的超容差幅度门限的触发次数必须达到给定的数目时，才表明是故障信号。因此，每当接收到置位信号时，持续时间门限检测器就开始计数，此后在没有新的输入时，计数随每个采样间隔递增，如果计数值超出了给定的循环计数值，则表明有一个错误状态，并向受影响的通道设置故障逻辑信号。反之，当接收到复位信号时，计数归零。

定时和幅度门限的设置极其重要，因为这样可在有噪声干扰的情况下（简称噪扰）的故障逻辑触发和对真正故障的缓慢响应之间做出折中。噪扰的故障逻辑触发会降低用户对系统的信心，不应有的触发可能会潜在地引起资源消耗。另一方面，延误的故障响应可能会引起不安全状态或灾难性事件的发生。

从一个与应用相关的给定类型的故障中恢复的允许时间是设置合适门限的关键。通道间同步的程度和数据时滞也影响了门限的设置，因为门限必须适应这样的松散性。如果要求快速地从故障中恢复过来，折中处理就可能有很大难度。

因为系统的完整性和功能是利害攸关的，因此表决器和比较器的详细设计必须在开发的所有阶段加以仔细地评估。在硬件实现的组件中，其故障检测的各个方面都必须全面地检查，尤其要关注不常用电路中的被动故障。机内自检、自监控或硬故障征兆监测是保证组件完整性的常用方法。在软件实现的表决器和比较器中，通过形式化证明方法和使用中的验证代码可增强其容错可信性。

5.3.2 看门狗定时器

看门狗定时器用来捕捉硬件和软件向不希望状态的漂移情况(Lala 和 Harper，1994)。定时检查是确认检查的一种形式。这个类型的检查是很有用的，因为许多软件和硬件错误是某个运行超时的表现。在同步数据流结构中，数据要在规定的时间到达，这种数据传输错误可以用定时器来检查。

5.4 软件实现的容错：状态一致性

软件在数字系统中起着关键的作用。术语“软件实现的容错”在本章的使用中有更广泛的意义。这是指软件在实现容错中所起的作用，而不是指 20 世纪 70 年代末 SRI International 公司为 NASA 实施的“SIFT”(“严密检查”)项目。

5.4.1 错误检测

软件在错误检测中起主要作用。系统级的错误检测应以系统特性规范为基础。系统的输出应独立于系统进行检验，以确保输出符合规范。因为输出是用软件实现的，检验要求存取待核查的信息，因此也存在使该信息出错的潜在可能性。所以，系统与检验之间的独立性不可能是绝对的。错误检测的理想化措施很少是实用的，大多数系统将检验用于合格验收（Anderson 和 Lee，1981）。

系统错误检测在何处进行并非是直截了当的事情。早期检验不能替代最后时刻的检验。早期检验在于了解系统内部工作，因此不能独立于系统。早期检验可能在最早的阶段检测出错误，并将故障扩散范围限制到最小；最后时刻的检验则确保不存在未经检验的系统输出。因此，在每个系统中都应该做最后时刻检验和早期检验（Anderson 和 Lee，1981）。

为了检测软件故障，软件必须有相互独立的冗余版本，也就是不同设计的软件版本（Avizienis 和 Kelly，1982）（见 5.5 节）。

5.4.1.1 复制件检验

如果预计到设计会有差错，必须有使用不同设计的系统版本的复制件。复制件检验比较复制件模块输出的两组结果。复制件检验设立错误标志，并启动其他的处理过程，以确定哪个部件或哪个通道有差错（Anderson 和 Lee，1981）。

5.4.1.2 定时检验

定时检验用于揭示系统中存在故障，而不是表明不存在故障（Anderson 和 Lee，1981）。在同步的硬实时系统中，含有数据的消息按规定的时间表经数据总线传输。在预定的时间未收到消息就是一个错误，这个错误可能是由传感器或数据总线中的故障造成的。在这种情况下，如果数据是关键性的，也许可以使用前向状态外推的容忍故障的方法。

5.4.1.3 反向检验：解析余度

反向检验从一个系统取得输出，计算出应是什么样的输入才可产生这样的输出。然后，将计算得到的输入与实际的输入进行比较，以检验是否存在错误。

可用数学函数表达的系统经常用它们自己做反向检验(Anderson 和 Lee,1981)。

多模型(MM)或广义似然比(GLR)是两种常用的错误检测方法,使用其中任一方法的分析余度都是一种反向检验。两种方法都使用卡尔曼滤波器表示的系统模型。

MM 方法试图通过观察预测误差,计算每个卡尔曼滤波器如何很好地跟踪一个数值。实际系统具有非线性,而模型则假定是线性系统,由此产生的问题是:扩展的卡尔曼滤波器产生的跟踪误差是否“最接近于”真实非线性系统的线性化模型的误差,并且明显小于基于“较远的”(“more distant”)模型的滤波器的误差。作动器和传感器失效也可以用这种方法以不同的方式来建模(Willsky,1980)。

GLR 所用的公式与 MM 相似,但解决方案的结构十分不同。GLR 的出发点是描述所观察信号正常作用或从系统来的系统信号正常作用的模型。由于 GLR 的直接目标是检测输出的突变,所以其应用限于与突变有关的问题,如失效检测。与 MM 相反,GLR 只需要单个卡尔曼滤波器。任何检测到的失效都将表现为观察值和预计观察值之间的系统偏差。如果参数失效的作用“足够接近”附加一个偏差的影响,则系统仍将继续工作。

GLR 和 MM 基本的方法是利用系统余度产生可用于失效检测的比较信号。寻找比较信号所涉及的基本思路是利用系统余度,即用所测变量之间已知的关系产生信号,这些比较信号在正常操作期间是很小的,在发生特殊异常时则显示出可预测的模式。所有的失效检测都是基于测得的变量之间的解析关系,包括表决的方法,该方法假定传感器精确测量的是同一变量。利用解析关系,我们可以减少硬件余度而保持相同级别的故障工作能力。一方面,解析余度允许从数据中提取更多的信息,检测系统部件特性的细微变化。另一方面,如果在确定解析关系的参数中存在很大的不确定性,则使用这样的信息可能会出现问题(Willsky,1980)。

失效检测算法的第二部分是决策规则，该算法根据得到的比较信号，通过指示失效，做出中断正常工作的决策。这些方法的优点之一是决策规则简单，也就是使门限最大化，并对门限做比较，而主要的缺点是规则不能清晰地反映所需的折中处理。贝叶斯序列决策方法恰好具有相反的特性，允许直接包括性能折中，用一个极其复杂的算法计算近似的贝叶斯判定。贝叶斯序列决策问题是选择一个停止规则及终结决策规则，使总的预期代价和停止前出现的预期代价最小(Willsky，1980)。

5.4.1.4　编码校验

编码校验基于系统中使用的一个对象表示法的冗余码。在对象中，冗余数据与表示该对象值的非冗余数据保持着某种固定的关系。奇偶校验是熟知的编码校验的例子，海明码、循环冗余校验、算术码等也是错误检测与校正码(Anderson 和 Lee，1981)。

5.4.1.5　合理性检验

合理性检验基于已知的输入数据的最小值和最大值，以及输入数据的最大变化率。这种检验根据传感器的物理工作原理，并使用该传感器的工作模型。

5.4.1.6　结构检验

计算系统中对数据结构的检验有两种形式：数据语义完整性检验和结构完整性检验。数据语义完整性检验关注数据结构中所含信息的一致性；结构完整性检验关注结构本身是否一致。例如，通过数字数据总线(如 MIL-STD-1553、ARINC 429 或 ARINC 653)传送来自子系统的外部数据结构检验；来自子系统的消息内容(消息中的字数和每个字的内容)被储存起来，与输入数据一起做一致性检验。

5.4.1.7　诊断检验

诊断检验产生各种输入，并输至系统的硬件单元，此时硬件单元应产生已知的输出。诊断检验很少用作主要的错误检验方法。它们通常在系统启动时使用，由操作员发起，作为机内测试的一部分。当处理器空闲时，诊断检验可在后台方式下连续运行。诊断检验运行时,也可以用来间隔某些故障。

5.4.2　损伤封闭和评估

发现错误之后,从错误中恢复之前须确定故障引起的损伤程度。损伤程度评估通常与系统结构有关。如果及时检出错误,损伤评估通常限制在当前的计算或处理过程中。这种状态在输入口也是一样的。在退出当前计算之前要完成错误检测测试。检出的任何错误都认为是由当前计算中的故障造成的。

5.4.3　从错误中恢复

在确定了损伤程度之后,重要的是使系统恢复到一致状态。从错误中恢复有两种主要的方法,即后向从错误中恢复和前向从错误中恢复。在后向从错误恢复中,系统返回到先前的一致状态,然后用现有的部件恢复当前的计算(重构),或者用备份部件恢复当前的计算(重构),或者忽略当前的计算(跳帧)。采用后向复原,需要有保存和恢复状态的能力,与损害评估无关。前向从错误中恢复试图通过对当前状态中发现的不一致性进行补偿,使系统恢复到一致状态,从而继续当前的计算。前向从错误中恢复需要对损害程度有详细的了解和有一个修复不一致性的策略。在实现难度上,前向从错误中恢复比后向从错误中恢复要大得多(Hitt 等,1984)。

5.4.4　故障处理

一旦系统从错误中恢复,可能需要间隔和纠正引起错误的部件。由于某些故障的瞬时性质,或者因为检测和恢复过程足以克服其他正在复现的错误,所以故障处理并非总是必需的。对于永久性故障,故障处理成为了重要问题,因为屏蔽永久性故障将降低系统处理后续故障的能力。有些容错软件技术设法通过即时错误检测把故障间隔在当前的计算之外。故障间隔后,可以通过计算重构来处理故障,用别的计算形式继续提供服务(如恢复块中那样采用串行方式或如N版本编程那样采用并行方式)。前提是由故障引起的损伤被适当地封闭在当前的计算中,并且错误检测本身无差错(也就是所检测的所有错误和原因没有一个是检测过程自身产生的)(Hitt等,1984)。

5.4.5 分布式容错

由外部数据总线互连的计算资源组成的多处理结构,应该设计成分布式的容错系统。使用并行背板总线可将计算资源安装在一个机箱中,实现多重处理。每个机箱可以看作是整个网络中的一个虚拟节点。网络操作系统与数据总线及其协议相结合,构成容错的分布系统。系统结构可以是异步的、松散同步的或紧密同步的。在异步系统的各个余度通道中较为困难的是保持数据的一致性(Papadopoulos,1985)。

5.5 软件容错

软件故障被认为是设计缺陷,可能产生于需求开发、规范制订、软件结构设计、代码编制和代码集成等各个阶段。虽然在系统综合和测试期间可以发现和消除许多故障,但事实上不可能消除所有可能的软件设计缺陷,所以要采用软件容错。表5-5列出了目前在用的主要容错软件技术。多版本软件和恢复块是已用于软件容错的主要方法。

表5-5 容错软件的分类

技 术
多版本软件
N版本程序
容错"品尝"Cranfield算法(CRAFT)

(续 表)

技 术
不同的和非相似的软件
恢复块
截止期限机制
非相似后备软件
异常处理
加固核
鲁棒数据结构和审查程序
保持运行时间①
混合多版本软件和恢复块技术
级联
一致的恢复块

① 它仅检测错误,不是一个完整的容错软件技术(参阅 Hitt E 等,Study of fault-Tolerant Software Technology,NASA CR 172385)。

5.5.1 多版本软件

多版本软件作为容错软件技术,实现并执行两个或两个以上不同版本的软件,并且使用某种形式的判定算法对结果进行比较。该技术的目标是开发这些备选版本,使可能存在于一个版本中的软件故障在其他版本中不再出现,而判定算法可从备选的版本中确定正确的值。无论使用什么方法产生备选的版本,共同的目标是获得个性化的软件版本,使故障同时发生的概率极小,并且通过对多版本的执行结果相互比较,辨别出故障。

每当从各版本接收到结果时,比较功能就执行一个判定算法。判定算法选择一个答案,或者给出不能决定一个答案的信号。这种判定算法和备选版本构成主要的错误检测方法。损伤评估假定损害局限于各个软件版本的封闭范围内。故障软件部件被屏蔽,于是故障限制在发生故障的模块内。有故障的部件

有可能复原,也可能无法从故障中复原。

一个程序的多版本是由 N 个软件工程小组(通常)按照一个共同的规范独立编制的。每个版本的执行都独立于其他版本。每个版本都必须存取一组相同的输入值,且输出由一个执行程序进行比较,由它选出所用的结果。选择精确的还是不甚精确的表决检查算法取决于功能的关键性和与表决有关的定时。

5.5.2 恢复块

表 5-5 所示的第二种主要技术是恢复块及其子类,即截止期限机制和非相似后备软件。恢复块技术识别在软件中可能存在残余故障的概率。这种技术不是开发独立的余度模块,而是使用一个软件模块对主模块的输出执行验收测试。如果系统的状态是不可接受的,则验收测试出现异常。下一步工作是评估损害并从故障中恢复。假如主模块中的设计缺陷可能对系统状态造成随机损害,并且错误发生的准确时间也不能确定,那么复原最适合的优先状态是使主模块进入故障前的状态(Anderson 和 Lee,1981)。

5.5.3 折中处理

利用余度及错误检测处理来覆盖大量的故障会有相应的软硬件开销。对于不同类型故障发生的概率和影响,设计者可以通过建模和仿真,从容错与不同故障的概率和影响确定容错所需的余度数量。如果一个故障对安全性或者对完成任务的影响很小甚至没有,即使这个故障发生的概率相当高,用余度来处理这种故障也可能没有什么价值和意义。

5.6 小结

只要失效会造成生命或财产的重大损失,那就必须使用容错系统。模拟航空电子系统被第一代和第二代数字航空电子替代之后,硬件的物理失效减少了。第三代数字航空电子使用高度综合的多功能商用货架产品集成电路器件及电路板卡实现多种功能,其失效机制变得更加复杂,而在电路板这一级,其失效率可能会高于第二代数字航空电子。物理故障和设计缺陷实际上是不可能完全消除的,所以必须更多地依靠容错设计来满足安全性强制要求。

5.6.1　设计分析

容错用于复杂系统存在一种风险,即新的机制可能会由于设计和实现中的错误而引入附加的故障源。因此,非常重要的一点是,引进的新机制应保持设计的完整性且附加的复杂性最小。设计者应使用建模和仿真工具来确保设计达到容错要求。现已发展了一些设计原理来简化设计决策过程。封装和层次结构提供了各种途径,使之在实现特定的容错功能中达到简化设计决策过程的目的,并使之有通用性。其中,封装提供以下的组织作用:

(1) 将数据和程序组织为统一的对象,严格控制对象间的交互作用。

(2) 将不同程序版本集组织到各容错程序模块中(如恢复块和N版本程序)。

(3) 为多个过程组织一致的各组恢复点。

(4) 按最细(不可分割)的操作,组织各分布处理中间的通信。

(5) 将操作系统功能组织到可恢复的各模块中。

以下是用于增强容错功能可靠性的层次结构原理的例子:

(1) 所有的软件,包括应用软件和系统软件,分层组织、层间均具有单向相关性。

(2) 每一层具有综合服务功能和容错功能。

(3) 使用嵌套的恢复块,提供分层的恢复能力。

(4) 操作系统功能只有最底层(“核”)的最小一组需要免除容错。

(5) 综合全局和局部数据,并由分布式处理器控制。

为其余系统提供容错基本机制的那部分操作系统内核应当是“可信任的”。该系统内核复杂性应是有限的，使所有可能的通路都能测试到，以确保在所有的逻辑和数据条件下正确地工作。如能确保满足上述条件，则这组“核”可无须容错。

5.6.2 安全性

安全性是用危险和风险来定义的。危险是指在正常的环境下可能发生事故的一个条件或一组条件。与危险有关的风险级别取决于发生危险的概率、出现危险时发生事故的概率以及事故潜在的后果(Williams,1992)。

MIL－STD－882 是美国国防部武器系统安全性的重要指导文件，其通过工程及风险管理控制，已将安全性纳入系统设计。为确保任务成功，安全性要求和其他要求做了权衡处理。曾经有民用标准的使用达到军用设备信任程度的案例。这必须以权衡安全性和设备所必需的性能的要求来判断。考虑到作战环境的差异、尖端技术的使用、武器使用、自卫和任务完成，军事航空应考虑系统安全的更大灵活性。

对于民用航空而言，安全性被监管者施加了“证明”的合法认证。世界上对航空电子有三方面要求：

(1) 系统执行预期的功能。

(2) 所设计的系统不代表或包含单个故障点。

(3) 该系统已尽可能地表现出没有意外的功能。

在民用航空中，航空电子系统的开发是通过使用各种设计保证标准或等效的替代方法来完成的。SAE 推荐的实践 ARP4754 是一种系统开发方法，过去用于系统地发现危害和减轻危害，并改进系统开发过程中的体系结构和设计。该文件还介绍了与特定系统的故障后果相匹配的开发工作的“分级”概念。这些层次、避错、容错的概念还继续在 RTCA DO－178C 机载软件开发和 RTCA DO－254 机载电子硬件开发中应用。关于航空电子设备的特殊用途，例如出于安全飞行需要与地面控制相联系的无人飞机系统，即具有特定危险因素和容错性问题。同样，对于特定的架构，如集成模块化航空电子也已经注意到常见原因和CMF问题。

5.6.3 确认

确认是通过运行表明系统满足规范的过程。确认过程始于规范完成之时。人们已经认识到，开发一个永不更改的准确规范几乎是不可能的。这个现实情况迫使采用迭代的开发和确认过程。确认过程要求开发测试用例，并在交付系统的硬件和软件上执行这些测试用例。测试必须100%覆盖系统设计容忍的故障和百分比极高的可能设计缺陷。这种测试包括硬件和软件，或是在执行所有可能数据和逻辑通路期间，硬件与软件之间的相互作用。系统一旦得到确认，就可以投入运行。为了使每次修改之后对整个飞行操作程序(OFP)所需的确认工作达到最少，开发方应设法把大的系统分解成有独立指标的、已实现的和已确认的模块。只有被修改的那些模块及其接口，才必须使用这种方法重新确认(见第9章)。

快速原型、仿真和动态演示都是有助于系统进行确认的技术。形式化方法正在用于开发和确认数字航空电子系统。在使用形式化方法方面还存在着支持和反对的争论(Rushby，1993；Williams，1992)。

5.6.4 本节小结

安全关键性系统必须使用容错来解决主要与软件和定时相关的设计缺陷。在产品全生命周期的后期，消除所有故障仍然是不够的。容错设计需要保证故障都已经消除或极不可能发生。民用航空安全性要求危及生命的故障发生率必须低至10^{-9}/h的量级，并要求这种故障是极其不可能发生的。安全关键性容错系统的设计者应当关注这个领域的新发展，因为设计和确认方法都在不断地发展。

推荐阅读

Tom Anderson and P. A. Lee. 的 *Fault Tolerance, Principles and Practices* 一书对容错设计有很好介绍；硬件设计技术在 P. K. Lala (1985)的 *Fault Tolerant and Fault Testable Hardware Design* 一书中有所描述。其他优秀的期刊包括 *IEEE publications Computer*, *IEEE Micro*, *IEEE Software*, *IEEE Transactions on omputers*, and *IEEE Transactions on Software Engineering*，其中相关内容均可参考。

参考文献

[1] Anderson, T. and Lee, P. A., *Fault Tolerance, Principles and Practices*, Prentice Hall, London, U.K., 1981.

[2] Avizienis, A., Fault-tolerant systems, *IEEE Trans. Comput.*, C-25(12): 1304-1312, 1976.

[3] Avizienis, A. and Kelly, J., *Fault-Tolerant Multi-Version Software: Experimental Results of a Design Diversity Approach*, UCLA Computer Science Department, Los Angeles, CA, 1982.

[4] Avizienis, A., Kopetz, H., and Laprie, J. C., Eds., *The Evolution of Fault-Tolerant Computing*, Springer-Verlag, New York, 1987.

[5] Best, D. W., McGahee, K. L., and Shultz, R. K. A., *Fault Tolerant Avionics Multiprocessing System Architecture Supporting Concurrent Execution of Ada Tasks*, Collins Government Avionics Division, AIAA 88-3908-CP, 1988.

[6] Constantinescu, C., Impact of deep submicron technology on dependability of VLSI circuits, in *Proc. Dependable Systems and Networks*, 2002.

[7] Driscoll, K. et al., Byzantine fault tolerance, from theory to reality, *Int. Conf. Computer Safety, Reliability and Security*, 2004.

[8] Gu, D., Rosenkrantz, D. J., and Ravi, S. S., Construction of check sets for algorithm-based fault tolerance, *IEEE Trans. Comput*, 43(6): 641 - 650, 1994.

[9] Hill, J. and Knight, J. C., *Selective Notification: Combining Forms of Decoupled Addressing for Internet-Scale Command and Alert Dissemination*, Computer Science Department, University of Virginia, Charlottesville, VA, 2003.

[10] Hitt, E., Webb, J., Goldberg, J., Levitt, K., Slivinski, T., Broglio, C., and Wild, C., *Study of Fault-Tolerant Software Technology*, NASA CR 172385, Langley Research Center, Hampton, VA, 1984.

[11] Hudak, J., Suh, B. H., Siewiorek, D., and Segall, Z., Evaluation and comparison of fault tolerant software techniques, *IEEE Trans. Reliability*, 1993.

[12] Knight, J. et al., The Willow Architecture: Comprehensive Survivability for Large-Scale Distributed Applications, Intrusion Tolerance Workshop, DSN - 2002, *International Conference on Dependable Systems and Networks*, Washington, DC, June 2002.

[13] Lala, J. H. and Harper, R. E., Architectural principles for safety-critical real-time applications, *Proc. IEEE*, 82(1): 25 - 40, 1994.

[14] Lala, P. K., *Fault Tolerant and Fault Testable Hardware Design*, Prentice Hall, London, U. K., 1985.

[15] Papadopoulos, G. M., Redundancy Management of Synchronous and Asynchronous Systems, Fault Tolerant Hardware/Software Architecture for Flight Critical Functions, AGARD - LS - 143, 1985.

[16] Rushby, J., *Formal Methods and Digital Systems Validation for Airborne Systems*, NASA CR 4551, Langley Research Center, VA, 1993.

[17] Scandura, P. and Garcia-Galan, C., A unified system to provide crew alerting electronic checklists and maintenance using IVHM, in *Proceedings of the 23rd Digital Avionics Systems Conference*, 2004.

[18] Shin, K. G. and Hagbae, K., A time redundancy approach to TMR failures using fault-state likelihoods, *IEEE Trans. Comput.*, 43(10): 1151 - 1162, 1994.

[19] Shin, K. G. and Parmeswaran, R., Real-time computing: A new discipline of computer science and engineering, *Proc. IEEE*, 82(1): 6 - 24, 1994.

[20] Sosnowski, J., Transient fault tolerance in digital systems, *IEEE Micro*, 14(1): 24 - 35, 1994.

[21] Tomek, L., Mainkar, V., Geist, R. M., and Trivedi, K. S., Reliability modeling of life-critical, real-time systems, *Proc. IEEE*, 82 (1): 108 - 121, 1994.

[22] Vaidya, N. H. and Pradhan, D. K., Fault-tolerant design strategies for high reliability and safety, *IEEE Trans. Comput.*, 42(10): 1195 - 1206, 1993.

[23] Williams, L. G., *Formal Methods in the Development of Safety Critical Software Systems*, UCRL - ID - 109416, Lawrence Livermore National Laboratory, Livermore, CA, 1992.

[24] Willsky, A. S., Failure Detection in Dynamic Systems, Fault Tolerance Design and Redundancy Management Techniques, AGARD - LS - 109, 1980.

6

电磁环境

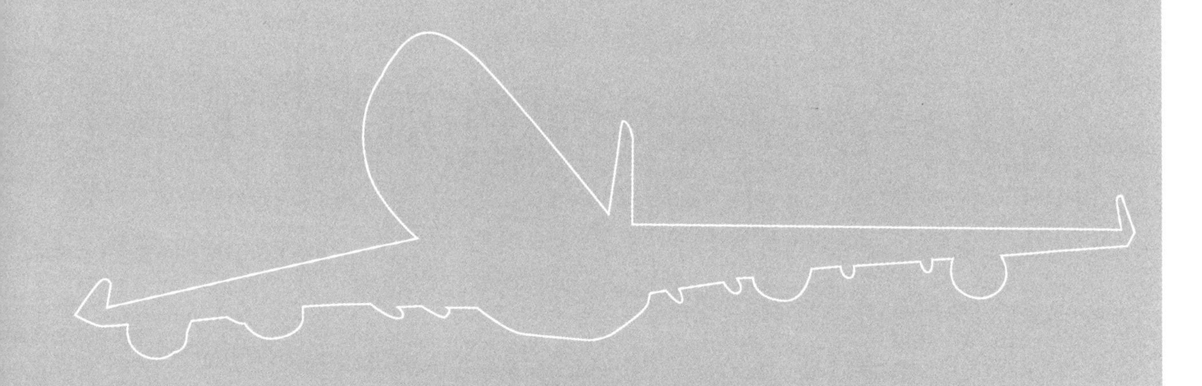

6.1 导言

电气/电子系统中数字电子技术的出现，使飞机系统的功能得到了前所未有的扩展，飞机的自动化功能也发生了前所未有的演变。采用了这种技术的系统越来越多地用于实现飞机的各项功能，包括影响飞机安全运行的A级电气/电子系统。但这种功能并非是没有代价的。电磁环境(EME)是能量的一种形式，它与电气/电子设备处理与传递信息所用的能量属于同一类型，即电能。正因为如此，EME对依赖数字设备的系统的正常运行形成了一种基本威胁。这是一种共同模式的威胁，它会破坏依赖于冗余技术的电气/电子系统的容错策略。

A级电气/电子系统提供与飞机安全运行直接有关的功能，而且这些功能取决于电子设备所处理的信息(如导航和控制等)。因此，EME对这些系统的威胁转化为对飞机本身的威胁。现代飞机导航和控制系统使用的计算机极易受到来自雷电以及射频(RF)辐射源的干扰，这些辐射源的辐射频率主要是在1 GHz到数GHz之间，在飞机内部产生5～200 V/m或更高的场强。大于200 V/m的机内场强通常来自脉冲宽度小于10 ms的周期性脉冲。机内由雷电感应产生的电压和电流，其强度范围从约50 V/20 A到超过3 000 V/5 000 A。

电气/电子系统对电磁环境的敏感性通常引起断路、失控和失常等故障。引发此类系统失常的电磁场强度常常比引起部件失效的电磁场强度低得多，而且不留痕迹，故障不可复现。

6.2 EME能量敏感度

显然，无论是数字或模拟的电气/电子系统，电磁场源对它们的威胁都非常大。虽然两者对相同的威胁都有所反应，但若干因素使得数字系统要比模拟系统受到短暂的瞬变信号(特别是类似由雷电产生的强烈瞬变信号)造成的威胁严重许多。例如,在模拟设备中,信息带宽及相应的噪声响应截止频率的上限值仅为几兆赫。而在数字系统中,则往往会超过 100 MHz,而且还在上升。这种带宽上的差别,在数字系统中产生的问题至少比模拟系统严重 10 倍,而且可能耦合到数字系统中去的电磁能量种类更多(调制和脉冲能量等)。此外,与自动驾驶仪和飞行管理系统(FMS)相关联的模拟电路,其伺服回路的带宽在 50 Hz 左右,用于其他控制回路的则还要低得多(外部回路低于 1 Hz)。因此,如果干扰时间相对于重要的系统时间常数较短,那么即使是具有高增益和大带宽的模拟电路设备,在遭受电磁瞬态干扰造成瞬间失常后,电路还会恢复到正常状态。人们应当认识到,为了电路高速运行,必须正确控制电路板的布局,并采用高密度的器件。如果采用合适的设计工具(信号完整性等),那么电路板上印刷线路上的有效天线回路面积会变得极小,而且回路上各个接口与每条电路板印制线(传输线)将是匹配的。较早(20 世纪 70—80 年代)的技术采用绕接线板,处理器用分立的逻辑器件,而且分布在多块电路板上,其敏感性要高出几个数量级。与模拟电路不同,数字电路和相应的计算单元一旦受到干扰就不能恢复到正常状态,需要外部干预才能恢复正常工作。应当看到,出于多种原因,高增益带宽的器件一直在飞机系统的数字计算平台中使用。干扰典型分立晶体管的能量为 10^{-5} J (电压为 2 000 V,电流为 100 μA,持续时间为 50 μs),而干扰典型集成电路的能量范围为 10^{-9} J (20 V,1 μA,50 μs) ~10^{-10} J(5 V,0.4 μA 以下,50 μs)。随着技术的发展,处理器的半导体结构的特征尺寸越来越小,这个问题变得更为严重。

还应指出,除了干扰之外,在设备接口上还会出现雷电感应瞬态信号,因为它们所拥有的能量会引起模拟或数字设备接口电路产生硬故障(即损坏电路器件)。例如,与电气/电子系统中的电子部件相比,传统的(而不是连接“智能”作动器的主电子飞行控制)伺服回路及与控制翼面相连接的机械、机电和电动液压部件暴露在 EME 能量影响下时,具有固有的不受影响的能力或具有极强的鲁棒性。

电路设计过程中需要考虑电子器件的抗损性。电路的抗损性受到以下诸因素的影响：

(1) 电路阻抗(电阻、电感、电容)，它们可以是分布的，也可以是集成的。

(2) 系统器件互连回路周围的阻抗以及与电路器件接口的导线的特性阻抗(电涌阻抗)。

(3) 在器件结构中使用的材料(如厚膜电阻、薄膜电阻)的性质。

(4) 威胁程度(开路电压/短路电流的大小)，即对绝缘层、集成电路引线、印制电路板的走线间隔等产生的应力。

(5) 半导体器件的非线性(如正向偏置的晶体管结、场效应管的沟道阻抗、晶体管结击穿/场效应管栅极击穿)。

模拟处理器的抗干扰性是通过电路设计措施来获得的，而数字处理器则需要结合结构设计和电路设计两种措施来获得。

6.2.1　软故障

在航空电子数字计算机和信息处理领域中，数字电路的失常也称为“软故障”，这是一种即使在相对良好的运行环境中也会发生的故障。为了使数字处理器的运行达到比较高的完整性，虽然在设计时采取了具体措施(定时余量、传输线交互连接、加接地层和电源层、数字电路的时钟使能器)，但软故障仍会发生。

在正常的运行环境中，数字处理系统中的软故障很少发生，而且无规律。这种偶尔发生的异常事件是随机事件，可能由以下事件引发：

(1) EME能量与计时的逻辑时钟边缘重合。

(2) 偶然超出设备的运行界限(界限是由设计、处理以及生产操作过程的各个加工要素确定的)。

从这个角度来看，EME严酷度加剧的预期后果将增加软故障的发生概率。

也就是说，在任何特定时间点，软故障事实上可能发生也可能不发生。但平均而言，在新的环境条件下，软故障会发生得较为频繁。

软件完成开发后，软件被“烧到非易失的”存储器中而成为“固件”，其结果是成为一台采用数字电子技术的专用实时数据处理机，其带有固有的潜在软故障。由于这种软件具有硬件的特质，即使是耗费大量精力为通用数字机（计算平台、数字引擎等）开发“无故障”操作系统和应用程序（软件），这种潜在的软故障依然存在。

6.2.2 MTBUR 与 MTBF

机上数字系统以往的维修经验表明，经确认的系统故障率等于或优于预期值，而预期值则要比先前一代模拟设备大得多。不过，非预期的更换率与先前大致相同。一般来说，平均非预期拆卸间隔时间（MTBUR）和平均故障间隔时间（MTBF）之间的差异仍然很大。这种差异对航空公司直接运行成本造成的影响如图 6－1 所示。

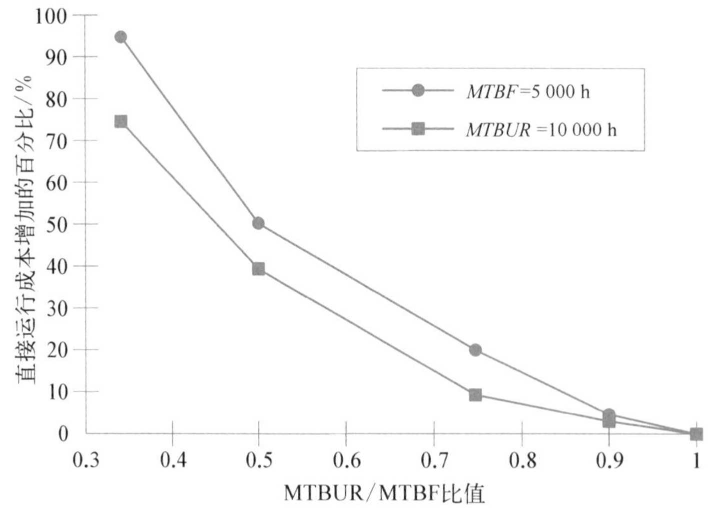

图 6－1 MTBUR/MTBF 比值对运行成本的影响

就软故障对MTBUR与MTBF之间的差异所起的作用而言，任何软故障发生和传播的减少都能转而减小这种差异。

6.3 民用航空适航机构关心的问题

EME中的雷电和高强度辐射场(HIRF)对电气/电子系统所提供的各项飞机功能带来的安全性问题，已为以下组织所确认：

(1) 美国联邦航空管理局(FAA)。

(2) 欧洲联合航空局(JAA)：非欧盟组织。

(3) 欧洲航空安全局(EASA)：欧盟组织。

FAA和JAA意识到下列因素，促使他们必须关注雷电和HIRF的影响问题。

(1) 飞机连续安全飞行和着陆所必需的操作功能对电气/电子系统的依赖程度增加。

(2) 电气/电子系统中电子器件的工作功耗降低，使电路对雷电和射频感应的电床和电流更易做出反应，从而导致异常和失效。

(3)飞机结构中的复合材料比例增加，由于导电性能差，复合材料可能导致飞机结构固有的屏蔽作用变差。

(4) 由于雷电通道中流动的电流未经衰减就强制流入或通过飞机结构(遭雷电时)导致飞机结构材料导电性能的降低，故处理雷击是一个特别棘手的问题。

几十年来，雷电的直接影响(介质击穿、爆炸、熔融、引燃燃料等)被视为是对飞行的严重威胁。1972年，美国国际自动机工程师学会(SAE)成立了AE4F特别工作组(后来成为AE4L，现在是AE2)来研究这个问题。20世纪80年代初，FAA开始制定关于雷电对电气/电子系统影响(间接影响)的策略。AE4L

为国际标准(规则和规章)和指导材料提供了技术基础来支持FAA和JAA,其中的指导材料为飞机型号认证提供了验证其符合规则和规章的验收方法。AE4L还支持RTCA 135专门委员会(SC-135)将雷电环境条件和测试步骤列入RTCA DO-160,以及与之对应的欧洲民用航空设备组织(EUROCAE)的标准ED-14。1987年,EUROCAE成立了第31工作组,它相当于美国AE4L特别工作组。

1986年,FAA和JAA确认高能射频(HERF)电磁场对飞机电气/电子系统是一个安全性危胁。而后,HERF改为现在的名称HIRF。在FAA将HIRF确认为安全问题之后,SAE和EUROCAE分别成立了AE4R委员会和第33工作组,以AE4L解决雷电问题同样的方式,支持FAA和JAA。此外,与雷电案例不同,RTCA SC-135成立了HIRF工作组(对应的欧洲工作组是EUROCAE/WG33的一个部分),将HIRF要求整合到DO-160/ED-14中。

RF标准从缺失到出台之间的过渡期,对飞机型号合格证(型号合格证、补充型号合格认证、修正型号合格证)的申请人发布了一些专项条款。下面是发布这些专项条款的理由。

这些飞机因安装了采用新技术的电气/电子系统,将具有新颖的或独特的设计特性,而这些系统将实现关键的或重要的功能。现行适航条例中未包含适用的或适当的保护这些系统不受雷电和射频能量影响的安全性标准。本通告包含了管理层认为必需的附加安全性标准,以确保飞机暴露在雷电和RF能量之下时,采用新技术的电气/电子系统可继续维持实现关键或重要功能。

目前,与FAA有关的联邦条例的规章已做了修订,列入了雷电的“间接影响”但未包括HIRF。在HIRF规则从缺失到出台期间,已向飞机合格证申请人发布了用于HIRF的专项条款。不过,FAA已成立了航空条例编制咨询委员会,后者也建立了电磁效应协调工作组(EEHWG)来制订关于HIRF以及雷电规则修改的一揽子方案。对便携式电子设备(PED)还未做出规章性的规定,但FAA在1992年向RTCA提出对PED产生的EME开展研究。作为对

FAA要求的回应,1992年RTCA成立了第177专门委员会(SC-177)。1996年,SC-177发布了题为"机上携带的PED"(DO-233)的报告。目前,PED及其相关电磁辐射的管理采取了将RTCA的某些建议列入航空公司的乘客注意事项规定,即禁止机上使用手机,当飞机滑行、起飞和着陆时,乘客应关闭PED等。2003年成立的SC-202目前正在复审PED问题,但迄今未发布任何调查结果。随着2004年第一阶段报告发布"允许飞机上运输便携式电子设备的指导(RTCA DO-294)",SC-202已经提出了测试程序来评估机上特殊PED设备干扰的风险,也提出了用操作程序来减轻操作影响(人为因素)。在第二阶段,委员会着眼于新兴PED技术,例如超宽带设备或小型基站在飞机上的电话用途。最终研究报告——DO-294B,即"允许飞机运输便携式电子设备指导"于2006年12月13日发布。2007年10月11日,委员会发布了第二个指导文件DO-307,即"便携式电子设备容忍性的飞机设计与认证"。这个文件给出了关于容忍PED运行的飞机设计和认证的原则。这些设计和认证建议如被实施,将会减少PED使用限制的要求。FAA也成立了PED航空规则制定委员会并在2013年9月30日得出了一个报告,表明大多数商用飞机能够容忍来自PED的无线电干扰信号。FAA和EASA均对特定飞行阶段下"飞机模式"和"飞行模式"中的PED使用发布了指导。然而,最终的决定还是取决于飞机持有者/操作者如何将此指导包含到自身的政策中去。有许多关于机上PED使用的操作和技术上的关注点,这包括乘客对PED操作模式限制的服从性、因PED使用产生紧急公告而带来的注意力分散、周围乘客的干扰等。

6.3.1　电气/电子系统的EME符合性验证

FAA,JAA,EASA FAR和JAR要求对下列EME要素以明确或隐含的方式进行符合性验证:① 雷电;② HIRF(FAA);③ HIRF(JAA/EASA);④ 电磁兼容性(EMC)。

在飞机级这个层面上,重点应是雷电和HIRF,因为大多数能量和系统的险情源于这些威胁。它们与飞机系统的相互作用是全局性的，也是最复杂的，需要花更多的精力来探究。系统之内的电磁辐射属于内容很广的 EMC 学科。PED 是一种电磁辐射源，但没有列入 EMC 通常所包括的设备范围内。与雷电和 HIRF 一样，PED 电磁辐射和飞机电气/电子系统之间的相互作用是复杂的，而且可能是全局性的。

申请人应与 FAA 飞机合格审定办公室(FAA ACO)协同，对那些执行飞行关键功能的电气/电子系统进行功能风险评估，必要时进行初步系统安全性评估(见 SAE ARP4761)。术语“关键”两字是指那些功能的失效将造成或促成灾难性的事故(机毁)。对那些执行有关飞机运行安全功能的系统，表 6-1 提供了功能故障影响与质量保证级别之间的关系。

表 6-1　AC 25.1309 和 SAE ARP4754 之间的术语对照

故障影响分类	研制质量保证级别
灾难性	A 级
严重/危险性	B 级
较重大	C 级
次要	D 级
无影响	E 级

A 级是表示特定的系统开发质量保证级别，表明系统开发中(设计、实施、验证与合格审定、生产等)所有过程的周密和严格程度。有必要把重点放在基于“高度综合”或“复杂”单元的那些系统的开发过程上。这些单元主要是数字电子单元，其整体安全性不能仅靠测试，如果没有分析工具的帮助的话，其逻辑是很难理解的。

研制质量保证活动是系统开发过程的组成部分。正如前面指出的，根据故障状况分类来规定系统和相关部件的“研制质量保证级别”，其中故障状况分类与系统和部件所完成的飞机级功能有关。实施各种支持过程所要求的周密与严格程度随规定的研发质量保证级别的不同而不同。飞机功能不存在开发过程。通常认为这些功能是飞机内在的,并且按照飞机所起的作用分类(控制、导航、通信等)。对于安全性而言,它们也是按照故障影响分类的(根据FAA咨询材料),例如灾难性、严重/危险、较重大、次要、无影响。

自从机上引入了无线电/电气与电子系统以来,FAA规章中就包含了EMC要求。电气设备、控制器以及连接线的安装必须满足EMC要求,从而使任何一个单元或单元组成的系统的运行不会对同时运行并关系到飞行安全的其他电气单元或系统产生不利影响。电缆必须进行分组、排线和定位,在大电流电缆出现故障时,对基本电路的损害降到最低。在验证无线电和电子设备及其安装是否符合飞机电气/电子系统安全要求时,必须考虑极端环境条件。无线电和电子设备、控制器以及连接线的安装必须满足EMC要求,从而保证任何部件或由部件组成的系统的运行,不会对同时运行的、飞机功能所需的任何其他无线电、电子单元或单元组成的系统造成不利影响。

对于安全性和电气/电子系统的关系而言,其功能是飞机安全运行所必需的系统、装置和设备,必须设计得确保它们能在所有可预见的运行条件下完成预期功能。A～C级功能的飞机系统和相关部件在设计上要个别考虑,同时要考虑与其他系统的关系,以实现下述目标:

(1) 不可能发生任何阻碍飞机连续安全飞行和着陆的故障情况。

(2) 不可能出现任何别的降低飞机性能或降低机组处理不利飞行条件能力的故障情况。

6.3.2 EME能量传播

正如本章导言一节所述和图6-2所示,雷电和HIRF是对整个飞机的威胁。鉴于它们是飞机外部的EME因素,两者中雷电后会产生最强的EME,特别当雷电直接附着于机体时。雷电和HIRF的相互作用产生飞机内部电场。雷电还能横跨飞机结构产生巨大的电压降。这种结构上的电压为能量传播到电气/电子系统产生了另一种机理(除内部电场之外)。此外,结构材料的导电

性能越差，发生以下情况的可能性就越大：① 横跨结构的电压差；② 巨大的雷电扩散磁场；③ 传播外部环境能量。

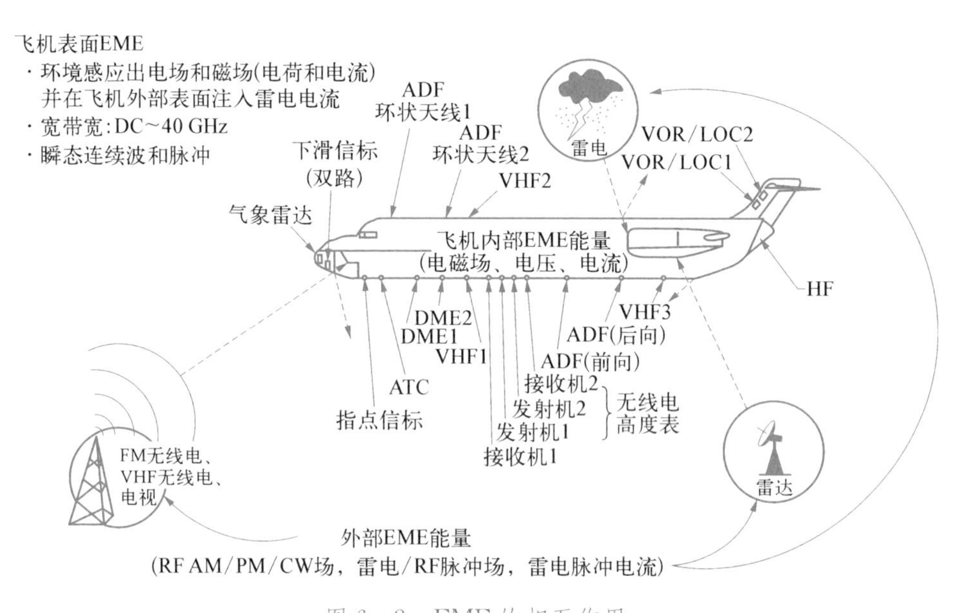

图 6-2　EME 的相互作用

ADF—自动定向仪；ATC—空中交通管制；DME—距离测量设备；FM—调频；LOR—指向信标；VHF—甚高频；VOR—甚高频全向无线电信标。

图 6-3 给出了 HIRF 的频谱以及相关的飞机/机载设备的特性。图中未标出 GPS 的频率和模式 S 的频率(1～2 GHz)。

总之，外部 EME 能量传播到飞机内部和电气与电子系统中，是 EME 与飞机外部结构、内部结构和系统设备之间的复杂相互作用的结果(见图 6-3～图 6-7)。图 6-8 给出了频域内能量传播至电气/电子系统有代表性的传递函数，图 6-9 给出了由传递函数产生的雷电脉冲的时域响应，其中函数的低频率特性为 $V_o(f)=kf\,[H_i(f)]$，高频率有“模变”(共振)特性(如由磁场激励的电缆的开环电压，见图 6-8)。

电磁波从外部进入内部设备区的路径有时称为入口点。入口点可以是接缝处、电缆入口和窗口。如前所述，入口点是通过本地环境而不是入射环境激

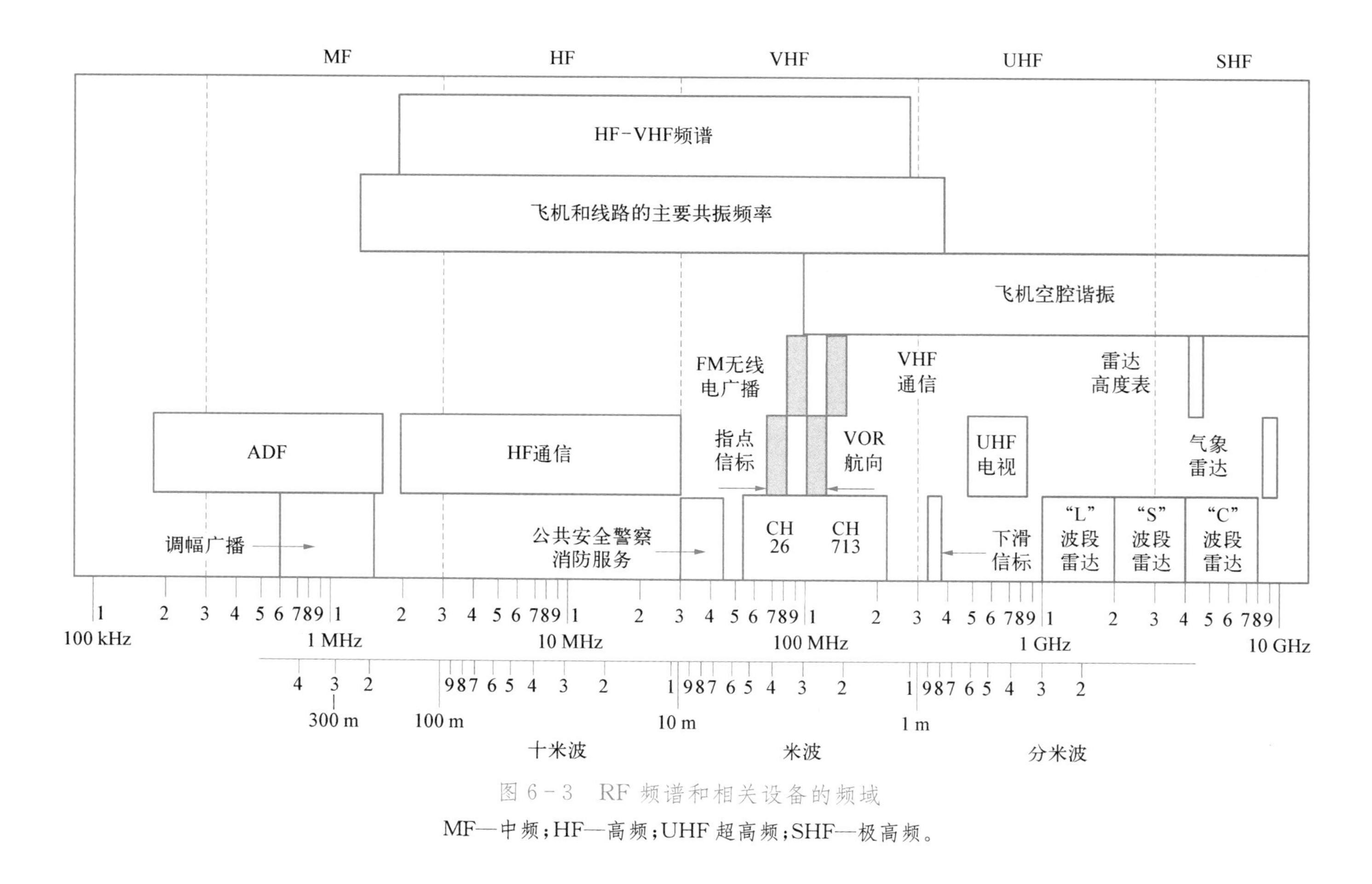

图6-3　RF频谱和相关设备的频域

MF—中频;HF—高频;UHF超高频;SHF—极高频。

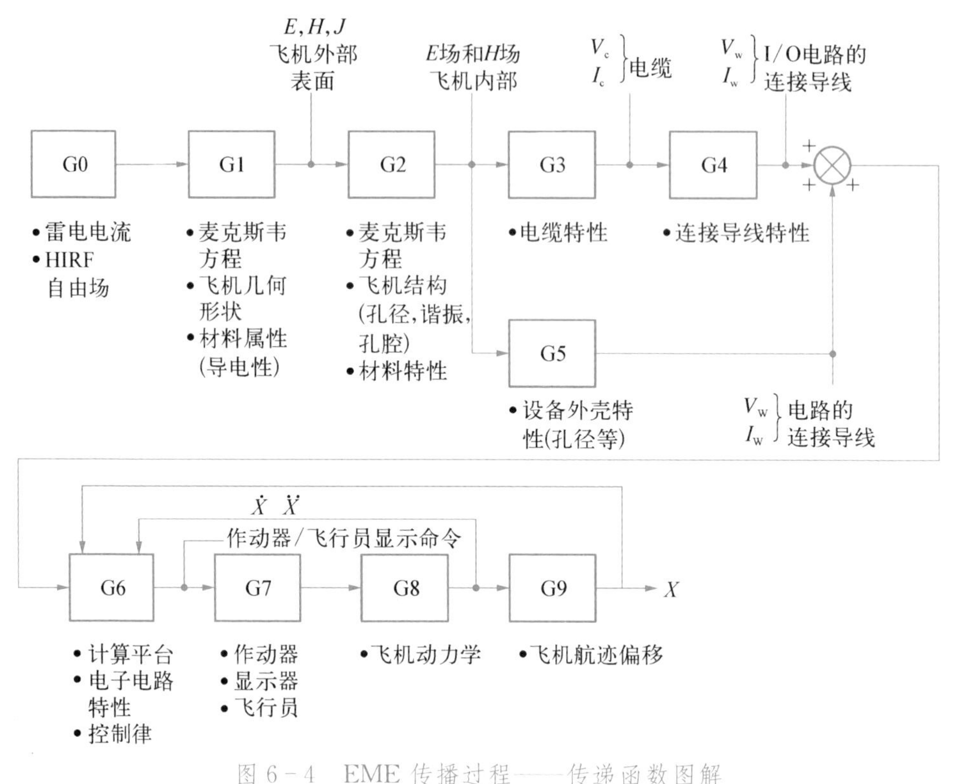

图 6－4　EME 传播过程——传递函数图解

励的。内部场强取决于入口点和内部腔体这两者的具体情况。形成的内部场的强度、波形和波阻抗可以在很大范围内变化。金属飞机中，由于金属蒙皮的电场屏蔽特性，在 10 MHz 以下频段，雷电产生的磁场起主要作用。在 HIRF 高频段，飞机内部某些区域的内部场强可能超过入射场强。

靠近安装区的设备或系统的 EME 能量（耦合到安装区连接线上的 EME 能量，出现在设备接口电路上的 EME 能量），以及在任何区域得以衰减或增强的程度是由多个因素决定的。例如，该区域的外部 EME 特性、材料、连接结构、尺寸和几何形状，以及可使 EME 穿透到飞机内的任何开口的位置和尺寸（见图 6－4 中 G0－G5，这些可以具有图 6－8 所示的任何一种特性）。

如前所述，在 HIRF 高频段（频率 100 MHz 及以上频段），大多数情况下由

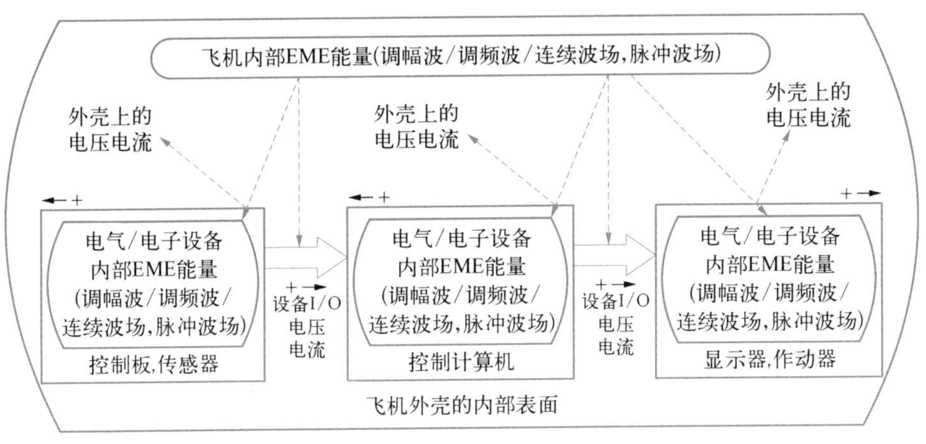

图 6-5　飞机内部 EME 能量对电气/电子系统的影响

- 外部能量通过开口、复合材料、缝隙、连接处和天线穿透到飞机内部。
- 飞行控制系统元件和电缆上感应的电压和电流：

— 1 MHz 以下的射频能量的感应耦合是很低的，因此对其不必过于关注；

— 1～400 MHz 之间的射频能量是飞机导线连接最关注的，当接线长度相当于这些频率的波长的一半($\lambda/2$,即 1/2 波长)或更长时，它们就起到高效天线的作用；

— 当频率超过 400 MHz 时，耦合到飞机连接线上的 RF 能量下降(在这些较高的频率上，电磁能量的耦合将通过机箱上的开口而不是通过飞机接线)。

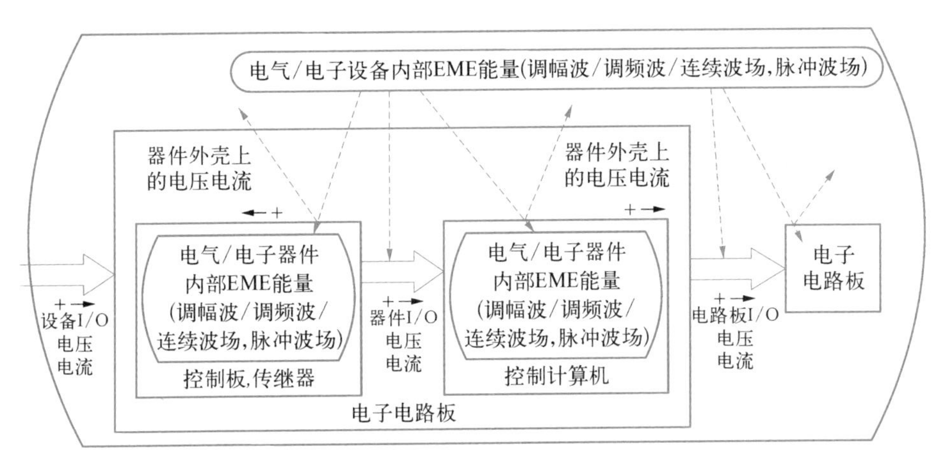

图 6-6　电气/电子设备内部 EME 与电气/电子电路的相互作用

- 系统部件上的电压、场、电流和电荷通过孔、缝隙和飞机接线(电缆)穿透到设备机箱内部；
- 电路板连接导线和印制导体所收集的能量(电压和电流)，并传送至电子器件。

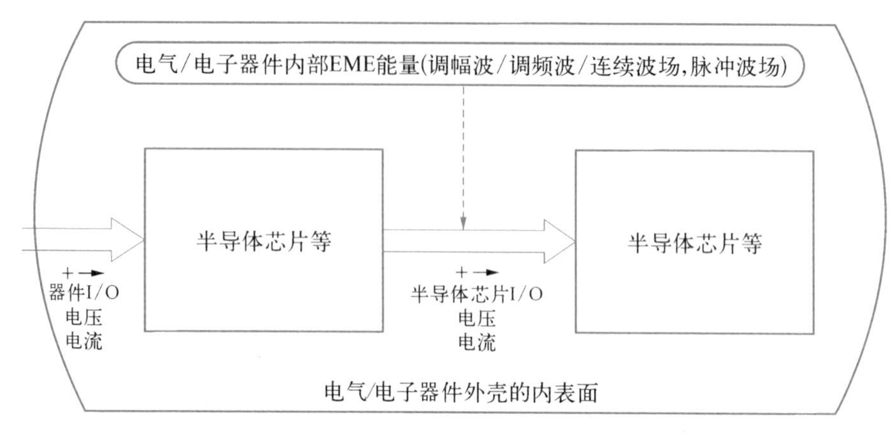

图 6-7 电气/电子器件内部 EME 电气/电子电路的相互作用

- 电路板和器件的导体将能量传送至半导体芯片等；
- 可能出现的效应：

— 损坏；

— 干扰。

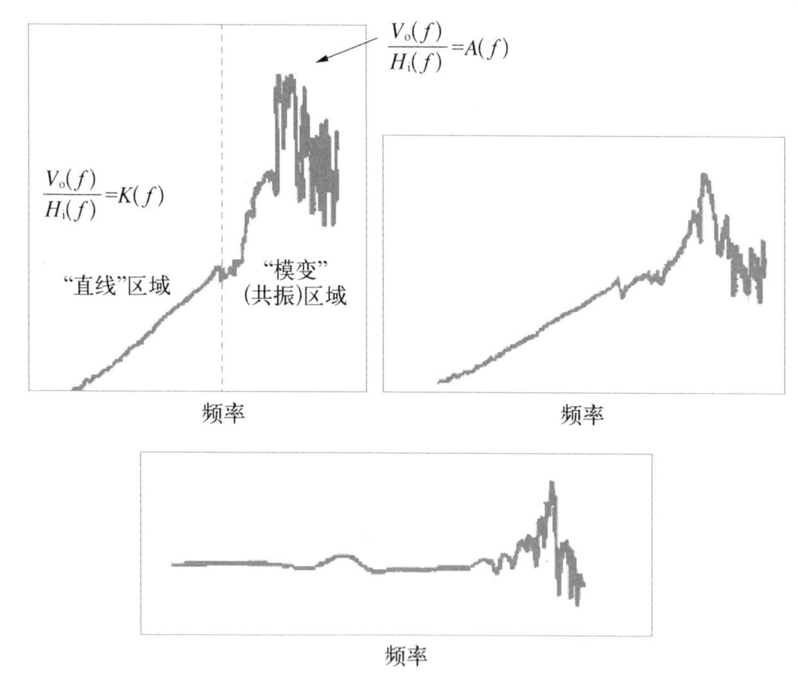

图 6-8 EME 能量衰减/耦合传递函数的频域表示

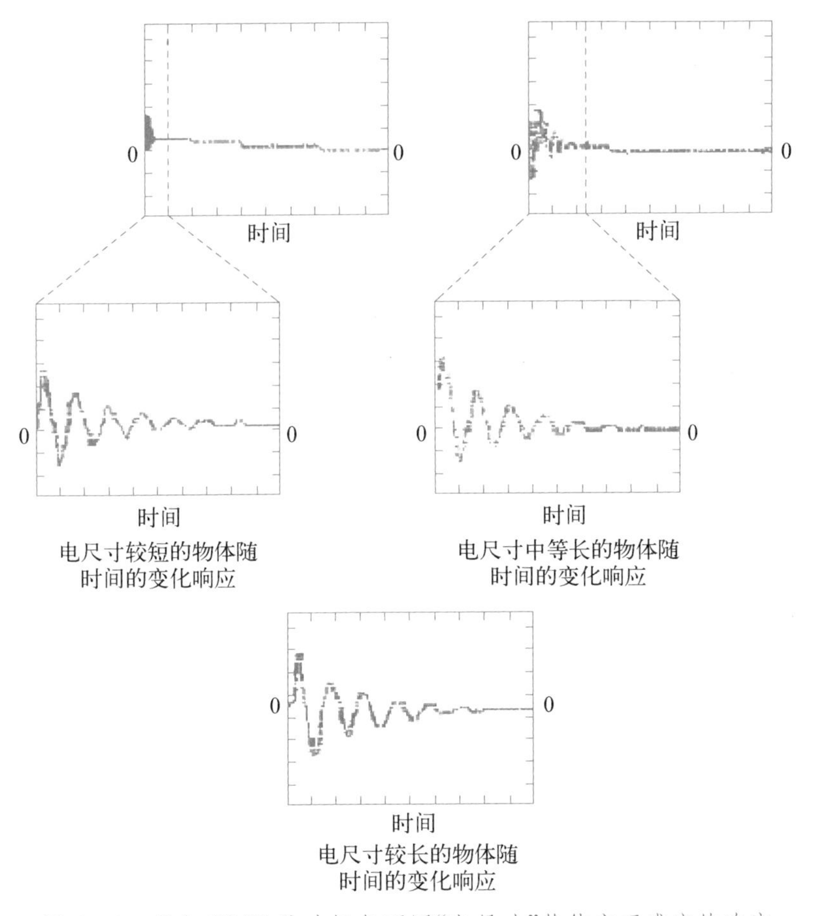

图 6-9　雷电 EME 脉冲场与不同“电尺寸”物体交互感应的响应

这种影响产生的内部场会在系统或设备所在的部位或区域内产生不均匀的场。这个场不能认为是一致和均匀的。采用单点测量技术必然不能准确地确定等效内场和作用系统的测试结果。飞机的任一分段都会有几个辐射最强点,这在腔体谐振条件下更是如此。在距离开口处几个波长的范围内,在所有频率上都将局部经受强效应。相对波长较小的开口,在开口内所测得的场强要比在机内远处测出的场强大得多,这是因为场强以与半径的立方成反比的关系衰减。如果开口的大小有一个波长或更大些,那么此电磁场可以透入而无衰减。

耦合到飞机电缆及电气/电子系统的射频能量 HIRF 频谱可以概括为三个基本区间。

(1) 1 MHz 以下的 HIRF 能量：此频段产生的感应耦合效应很弱，因此不必过于关心。

(2) 1～400 MHz 之间的 HIRF 能量：由于在该频段飞机电缆会起到高效天线的作用，所以感应耦合效应是主要的问题。

(3) 400 MHz 以上的 HIRF 能量：在 400 MHz 以上，耦合使飞机电缆的能量下降。在这种较高的频率下，EME 能量趋向于通过设备的开口和缝隙耦合，并通过外场可更换单元(LRU)所连接的长度为 1/4 波长的导线耦合。在该频段，设备的外壳结构成为重要问题。

电气/电子系统在机内的分布形式从高度分散(如飞行控制系统)到相对集中都有。分散系统的设备之间的连接线要穿过机内多个区域。某些区域对 EME 可能比其他区域更加开放，穿过这些开放区域的连接线将暴露在较高的 EME 中。因此，高度分散系统的连接线在 400 MHz 以下的频率上会感应出较大电压和电流，并加到设备的接口电路上。

飞机驾驶舱是一个开放区域。当入射场的波长等于风挡玻璃的周长，或者在相应更高的频率上，那么风挡玻璃对该入射场几乎呈现零衰减。在谐振条件下产生的增强作用可使开口内及开口周围的场强超过入射场。

雷电及由它产生的内部环境是瞬态电磁现象。若用频谱来表达，雷电能量集中在 0～50 MHz 的范围内(大多数能量在 3 MHz 以下)。但是，因为雷电是很强的瞬时能量，其高能量的频率可达 10 MHz 甚至更高。在更高的频率范围(100 MHz 以上)，例如驾驶舱和设备舱等飞机内部空间(腔体)，可能会发生强烈的谐振。在极高的频率下，EME 可能很强烈，但持续时间很短。从腔体谐振角度看，因为较好的腔体谐振器的时间常数大约为 1 ms 数量级，所以在腔体内的电磁场能量扩大之前，脉冲可能已经消失。

6.4　减缓故障的结构选择方案

依据新开发的系统结构方案,它们可以辅助和增强传统的方法来防护EME能量效应。在系统总体级上或者在系统的数字计算平台级上可以选择体系结构来防护EME。这些选择方案如下:① 分布式总线结构;② 错误检测和纠正(EDC)方法;③ 光纤数据传输;④ 计算复原。

6.4.1　电气/电子系统

过去,数字航空电子中出现的软故障通过人工干预、重启电源等物理方法予以纠正。现在,人们已着手开发系统级的方法来解决软故障的自动修复问题。通过在系统基本机制的设计中加入软故障防护措施可获得很大收益。当I/O数据或内部计算遭到破坏,系统级的软故障保护方法可提供容错能力。破坏按情况分为两种不同类型。

(1) 破坏位于系统设备接口边界,导致受影响分系统的输入或输出数据出错。

(2) 破坏出现在系统设备内,使内部数据和计算发生错误。该类破坏作为一种最坏的情况,假设计算机内所有的逻辑状态元件(寄存器、存储器等)都可能会在破坏发生时受到影响。

设备边界上I/O数据的短期破坏可以通过现有的多种方法管理。此时必须检测数据错误并抑制相关数据,直至错误状态被清除。数据处理算法应该能允许数据丢失而不发出硬故障信号。有效刷新之间允许的时间长度取决于系统的数据项和相关时间常数(响应),以及正在执行的相应功能。

要做到系统设备内部的计算和存储单元对其所遭受的破坏具有容错能力,同时又不会将相关故障的影响传播出去是一个相当困难的问题。对于有冗余通道的系统,这意味着只要不损失余度通道的任何一个通道,就具有对损坏的容错能力。清除故障和恢复计算的速度必须足够快,使得对功能运作和飞机座舱的作用是“透明”的。这种恢复计算要求检测出破坏，并恢复受影响的系统状态。安全关键性系统几乎总是配备冗余通道。对这些通道的输出实时进行比较，发生差错的通道将被阻断，以防止故障影响的扩散。安全关键性系统检测破坏的一个有效方法是使用所谓的交叉通道监控器。通道之间经过出错比较之后，出错通道就会设法加以恢复。但对于硬故障，这种恢复尝试不能修复出错比较状况。

“快速”恢复计算的一个基本方法是将功能状态变化数据从有效通道传输至已被确定有故障的通道，并设法恢复其功能（见图 6－10）。但这种交互通道机制对可能会影响所有通道的破坏是无效的。

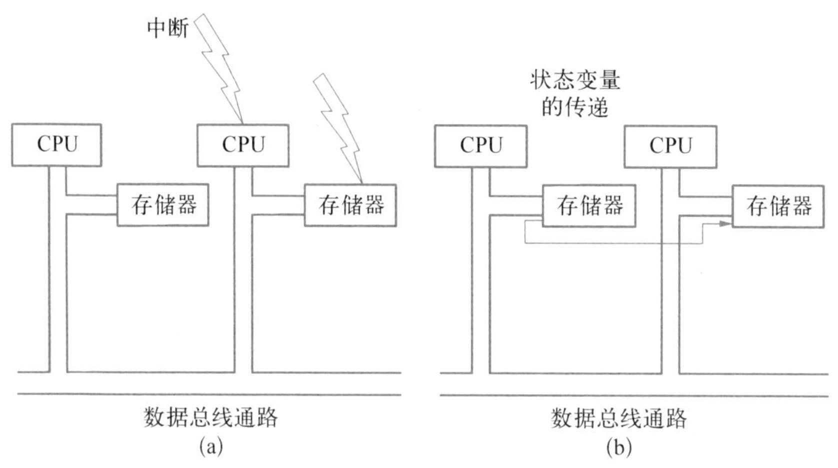

图 6－10　冗余 CPU 交叉通路的恢复（可以实现一定程度的“快速”恢复）

6.4.2　数字计算平台

B777 的飞机信息管理系统（AIMS）平台技术和通用综合航空电子（VIA）技术是设计计算平台结构原理的一个例子。VIA 基本上是 AIMS 技术重新包装后的版本。如上所述，第一代数字航电已经受到高 MTBUR 的困扰。B777 计划的主要目标之一是显著改善航空公司飞机运行的准备状况，降低全生命周期成本。AIMS 的功能冗余和自检验旨在对结构（self-check pair architecture）

达到这些目标。AIMS支持的高度综合化要求有一个全面的监测环境，这一环境对于通道的“柔性”恢复是极其理想的。

在AIMS中采取的极其重要的措施是，在每一个CPU时钟周期都对硬件进行监测。在处理器中，以锁步方式逐个周期地对所有的计算和I/O管理资源进行比较，对所有可能发生的硬件的软故障或硬故障进行检测。采用这种方法，如果发生了软故障或硬故障事件，输至服务处理程序的处理器模块会被立即间隔，不输出任何数据。以往的系统中，事件发生与事件被检出(或被清除)之间的时延是出现故障的真正原因。出错的数据通过计算传播出去，最终影响到某些输出。为了恢复功能，通常不得不采取强制性措施(重新引导或重新激活)。在AIMS中，例如，显示(因为机组人员可以看到显示中断)之类的关键功能具有一个“隐蔽”备用计算资源。与主自检验对一样，隐蔽计算资源能同时看到相同的输入数据组。如果主设备检测到故障事件，在几纳秒内故障单元就被阻止产生输出。当AIMS的SAFEbus总线系统检测到主设备输出数据丢失时，AIMS立即传送供显示用的“隐蔽”资源的正确数据。

在有故障的处理器模块中，核心系统在自检验对中有两个处理器“状态数据”的拷贝。以往系统中的单线程处理器不太完善，不能记录任何数据，与此不同，现在的系统至少有一半AIMS自检验对是有效的。因此，诊断硬件故障的过程，就是通过比较认定自检验正确的部分一半AIMS继续工作。出现的错误可容易地向下间隔到处理器地址、控制位、数据位。如果事件属于软故障，核心系统可以在处理器模块被允许再次输出数据之前柔性地恢复功能。表面上，由于强化监测会带来潜在的运行脆弱性，系统显得更加敏感，但是从自检验对处理器(双锁步结构，dual-lock-step)数据比较的角度来看，在这些平台中，自动恢复功能将提供更鲁棒的运行能力。换而言之，即使微观时间内发生了软故障，但宏观时间上系统功能仍能继续运行。

除了能间隔硬件故障(硬故障或软故障)之外，通过监测与自检验相关的处理器和采用SAFEbus通信技术，可以实现执行各种级别应用软件程序的有效的时间划分和物理划分。

推荐阅读

14 CFR § 25. 581, *Lightning Protection*, Code of Federal Regulations for Lightning Protection of Part 25 aircraft.

14 CFR § 23. 1306, 25. 1306, 27. 1306, 29. 1306, *Electrical and Electronic System Lightning Protection as they Pertain to Different Types of Aircraft*, Code of Federal Regulations.

AC 20 - 136B, *Aircraft Electrical and Electronic System Lightning Protection*, issued on September 07, 2011,The FAA.

AC 20 - 158, *The Certification of aircraft Electrical and Electronic Systems for Operation in the High-Intensity Radiated Fields (HIRF) Environment*, issued July 20, 2007, The FAA.

AC 20 - 174, *Development of Civil Aircraft and Systems*, issued September 30, 2011 to recognize the use of SAE ARP4754A, The FAA.

AC - 21 - 16G RTCA Document DO - 160 versions D, E, F, and G, *Environmental Conditions and Test Procedures for Airborne Equipment*, issued June 22, 2011 to cover the use of later versions of DO - 160 for lightning and HIRF.

AC 33. 4 - 3, *Instructions for Continued Airworthiness, Aircraft Engine High Intensity Radiated Fields (HIRF) and Lightning Protection Features*, issued September 16, 2005, The FAA.

Clarke, C. A. and Larsen, W. E. , FAA Report DOT/FAA/CT 86/40, Aircraft electromagnetic compatibility, June 1987.

Committee to the Federal Aviation Administration, A report from the Portable Electronic Devices Aviation Rulemaking, September 30, 2014. http://www.faa.gov/about/initiatives/ped/media/ped_arc_final_report.pdf (accessed April 28, 2014).

DO-307, *Aircraft Design and Certification for Portable Electronic Device (PED) Tolerance*, issued October 11, 2007, Prepared by SC-202.

EUROCAE ED-14D/RTCA DO-160G, *Environmental Conditions and Test Procedures for Airborne Equipment*, issue date December 6, 2007, Prepared by RTCA SC-135.

FAA AC 20-158A, *The Certification of Aircraft Electrical and Electronic Systems for Operation in the High — Intensity Radiated Fields (HIRF) Environment*, issued on May 30, 2014, The FAA.

FAA Notice 8900.240, *Expanded Use of Passenger Portable Electronic Devices (PED)*, issued October 31,2013.

Hess, R. F., Implications associated with the operation of digital data processing in the relatively harsh EMP environments produced by lightning, *International Aerospace and Ground Conference on Lightning and Static Electricity*, Paris, France, June 1985.

Hess, R. F., Computing platform architectures for robust operation in the presence of lightning and other electromagnetic threats, *Proceedings of the Digital Avionics Systems Conference*, Irvine, CA, October 1997.

Hess, R. F., Options for aircraft function preservation in the presence of lightning, *International Conference on Lightning and Static Electricity*, Toulouse, France, June 1999.

MIL-STD-464C, *Electromagnetic Environmental Effects, Requirements for systems, Department of Defense Interface Standard*, December 1, 2010, US DoD.

Report AC25.1309-1A, System design and analysis, Advisory Circular, U.S. Department of Transportation, Washington, DC, 1988.

SAE AE4L Report: AE4L-87-3 ("Orange Book"), *Certification of Aircraft Electrical/Electronic Systems for the Indirect Effects of Lightning*, September 1996 (original publication February 1987).

SAE ARP4754, *Certification Consideration for Highly Integrated or Complex Aircraft Systems*, SAE, Warrendale, PA, issued November 1996.

SAE ARP4761, *Guidelines and Tools for Conducting the Safety Assessment Process on Civil Airborne Systems and Equipment*, SAE, Warrendale, PA, issued December 1996.

SAE ARP5412, *Aircraft Lightning Environment and Related Test Waveforms*, SAE, Warrendale, PA, 1999.

SAE ARP5413, *Certification of Aircraft Electrical/Electronic Systems for the Indirect Effects of Lightning*, SAE, Warrendale, PA, issued August 1999.

SAE Report: AE4L-97-4, *Aircraft Lightning Environment and Related Test Waveforms Standard*, July 1997.

Society of Automotive Engineers (SAE) Aerospace Required Practice 4754A *Guidelines for Development of Civil Aircraft and Systems*, dated December 21, 2010, SAE.

7

飞行器健康管理系统

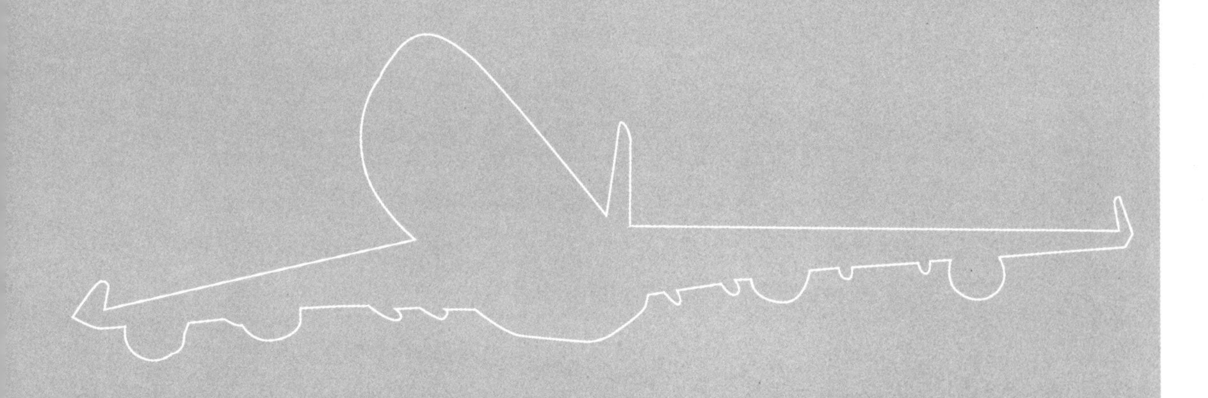

7.1 导言

任何人只要使用过或乘坐过交通工具,无论是汽车、卡车、船舶还是飞机,对飞行器健康管理(VHM)的概念应该不会陌生。即便是百余年前的莱特兄弟,在他们的自行车工作间里也做过 VHM 工作。VHM 包括一系列用来识别、缓解和排除飞行器故障的活动[1]。这些活动可以分为四个阶段,如图 7-1 所示。

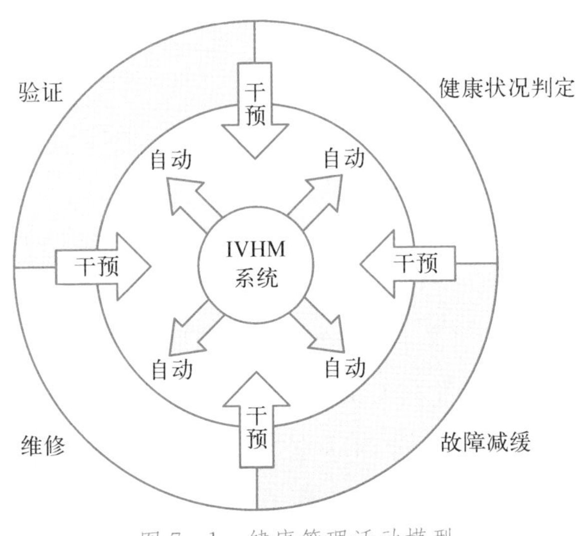

图 7-1　健康管理活动模型

第一阶段是健康状况判定,主要确定飞行器整个健康状态。使用故障诊断和预测算法,对飞行器及其系统进行监测,检出并间隔其中的故障。此项工作可以使用检测程序与由人工观测完成或使用嵌入式硬件和软件自动完成,也可以由两者结合起来完成。

第二阶段是故障减缓,包括实时评估这些故障对飞行器及其当前任务的影响。一旦影响经过评估,余度管理功能便实施飞行器的系统重构,以维持安全运行条件,并继续执行任务。如果系统重构不足以继续完成任务,机组人员可以修改任务。例如,一个飞机发动机故障,机组人员可改变原来的航线,选择飞往就近的机场降落。

第三阶段是维修,此阶段的工作是使飞行器恢复到正常工作状态,主要是修复或更换故障部件。根据具体情况,如飞向火星这样的长距离空间飞行任务,实际上维修工作可在任务执行过程中进行,也可在任务执行完毕后进行。

第四阶段是验证,确保维修正确无误,且系统恢复到全功能状态。根据政府管理部门,如美国联邦航空管理局(FAA)的要求,检验阶段的工作要由独立的第三方检验人员来完成。

7.2 综合飞行器健康管理定义

虽然上述讨论规划了在可允许的条件下运行和维护飞行器过程中所涉及的各项活动,但实际上 VHM 的内容不仅仅是保障飞行器的使用。综合飞行器健康管理(IVHM)贯穿了飞机的全寿命周期,包括设计、运行(如前面讨论的)和改进。IVHM 并非只关注飞行器本身,还涉及飞行器运行所需的基础支持设施。这就要求对 IVHM 采取“企业范围”的做法,覆盖整个业务周期(飞行器开发和持续改进)和任务周期(飞行器任务计划和执行),如图 7-2 所示。

7.2.1 系统工程准则

IVHM 并非只是加装在现有飞机上的一个分立的子系统,或者视为一组传感器加上相关的仪表系统。从软件角度来看,IVHM 远不只是故障模型、算法和传感器处理软件。虽然 IVHM 确实需要用这些部件来实现预定功能,但不等于说这些“构件和零件”集合在一起就是真正的 IVHM 系统。在实际应用中,IVHM 必须把着眼于安全性、可操作性、维修性、可靠性和测试性的设计与开发的准则、方法和规程结合在一起。从项目开始起就必须把 IVHM“设计并

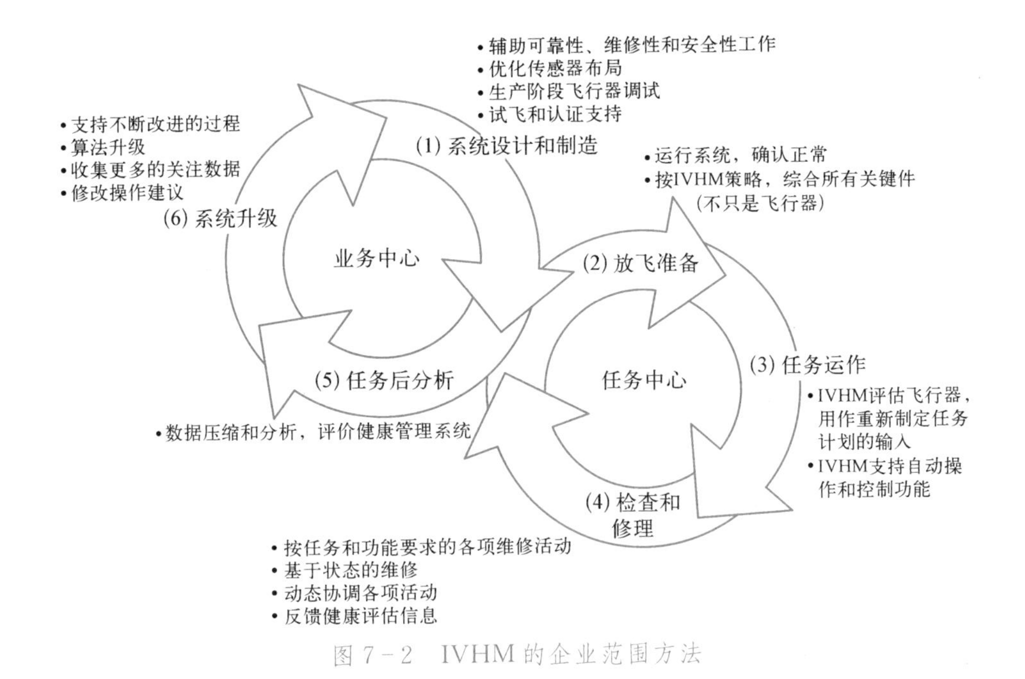

图 7-2　IVHM的企业范围方法

融入"飞行器及其基础支持设施，而不是中途"加入"，这样才能获得最好的效果①。IVHM的原则必须渗入企业的文化和意识，像对待安全性一样来对待。总之，IVHM必须提升到系统工程学科的高度。

7.2.2　分层方法

IVHM可看作是一个分布式系统，由若干层组成，每一层完成IVHM的一部分功能，如图7-3所示。第一层要求建立坚实的子系统健康管理(SHM)基础，即各子系统具有监测各部件的嵌入式机内自检(BIT)和故障检测、间隔与修复(FDIR)的能力。一个子系统可看作一个部件或者提供高一级功能部件的集合。SHM的主要目的是保证子系统的安全运行，做法是根据对子系统安全性分析，提供必需的子系统监控器和功能测试。通常在子系统的功能设计中，

① 虽然也有成功加装VHM系统的实例，但通常这种系统不如VHM设计进飞行器及其支持基础设施的系统有效。

须采用 BIT 来减缓潜在的故障或危险状态。SHM 第二层要求是经济性。SHM 通过改善维修性、测试性和可靠性，帮助降低飞行器的全寿命周期费用。商用航空经验表明，飞机全寿命周期中发生的最大费用(不包括燃油和人工成本)是维修费用①。如果不建立准确和可靠的 SHM，则整个 IVHM 的有效性将受到严重限制。

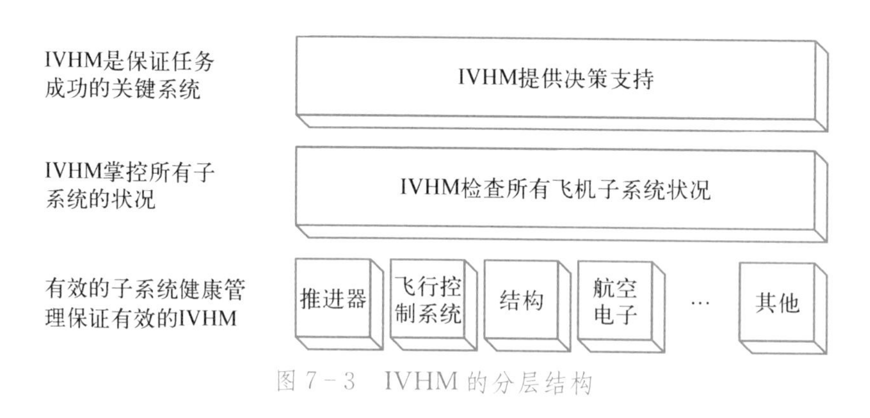

图 7-3　IVHM 的分层结构

IVHM 的中间层检查所有的子系统状况，以评估整个飞行器的健康状况。所有子系统的 SHM 信息必须在飞行器级对 IVHM 是可见的，以保证 IVHM 能检出和间隔发生于子系统之间或影响多个子系统的故障。据此，IVHM 能确定飞行器的整体健康状况，并利用这些信息提出可能的全机故障的减缓策略。许多现代飞机都有某种类型的中央维护系统，用来收集子系统的故障，确定故障根源，并提示所需的维修工作。

最后，在 IVHM 最高层，对飞行器健康和运行状况加以综合，以发挥整个系统的最大效益。如图 7-4 所示，IVHM 能为所有的业务层面提供决策支持。应注意的是，IVHM 数据的使用随特定的市场和应用的业务情况而定。人们必须确定得到的 IVHM 数据是否能为预定的用户界，包括机务人员、飞行机组人员、航空公司运营人员、飞机制造商，甚至乘客创造所需的价值。除了业务要

① 据 2001 年统计，民机的平均服役年限约为 12 年。开过旧车的读者都知道，为保证旧车安全行驶，维修要花更多的钱。

求之外,IVHM系统设计(包括物理结构和开发该结构所用的方法)必须满足IVHM数据用户的安全性和关键性要求。传统的维护系统是在飞行结束后指导飞机的修理,而不是在飞行过程中为飞机的非正常运行提供帮助,因此它被归入非关键性系统。此外,机组告警系统(CAS)用来确定整个飞机的各项运行能力,对飞机运行起着重要作用,因此CAS被归入关键性系统。为了满足如此广大的用户,就必须确定IVHM数据的整个用户界,并确保采用适当的设计保证措施来满足他们的需要。

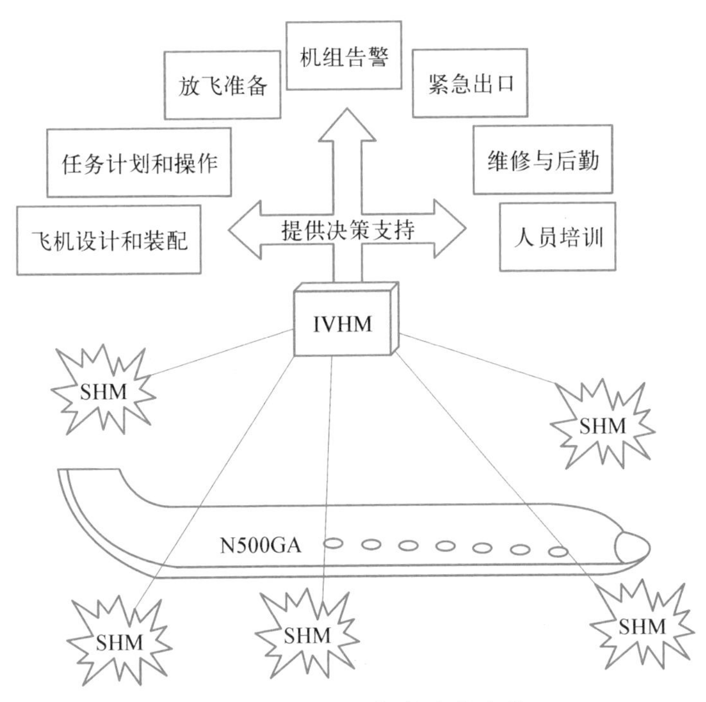

图7-4　IVHM提供决策支持

SHM—子系统健康管理。

(摘引自Scandura, P. A. Jr., Integrated vehicle health management as a system engineering discipline. IEEE 24th DASC, Washington, D. C. Oct. 2005)

7.2.3　健康管理综合

如前所述,IVHM必须在项目开始就融入系统设计中,而不是后来再加入。因此，在项目中需进行 IVHM 工作的协调和综合。健康管理综合的概念有助于确保将 IVHM 正确地设计进系统，以及建立飞机和保障系统设计中要实施的各种健康管理策略和过程[①]。健康管理策略和过程包括以下几方面：

（1）故障检测和间隔的原则。

（2）最佳的传感器数量和布局指南。

（3）BIT 和 FDIR 的设计标准和实施方法。

（4）IVHM/SHM 度量（如故障覆盖率和故障间隔准确率）。

（5）IVHM/SHM 测试计划和步骤。

（6）故障建模指南。

（7）SHM 与 IVHM 之间的接口标准。

飞机制造商要和子系统供应商合作，才能制订出一套全面的健康管理策略和过程。此后，还要定期检查工作和实施技术监理，以保证这些策略在所有子系统中都得到正确的贯彻。为此，通常要有健康管理系统集成者，最终负责对于成功部署 IVHM 系统至关重要的协调和综合工作。

集成健康管理系统的最终目标是实现 IVHM 跨系统的最佳均衡，达到改善系统安全性、可靠性和减少全寿命周期费用的目的。

7.3 VHM 标准的发展

7.3.1 民用标准

早期的民用飞机主要由机械和模拟电路设备组成，设备的功能测试不外乎按下给设备内部电路供电的按钮，如果通电正常，则绿色指示灯点亮，表示测试通过。不严格地说，这些按键-测试或通过/不通过测试可以认为是最初

① 典型做法是以合同方式把飞机制造商的要求下达给各子系统供应商，并按这些要求对供应商的设计进行评审。

的BIT。

20世纪80年代初，民用飞机开始安装数字航电子系统，用硬件和软件来完成先前由机械和模拟电路设备实现的功能。通常由一个或多个外场可更换单元(LRU)组成的这些全新的数字航电子系统对飞机机械师提出了特殊的挑战，因为对一个“黑盒子”的排故能力受限于该子系统给出的指示。以往使用带有按键和简单指示功能(如指示灯和字母数字指示器)的专用前面板，机械师就可测试和查询子系统。

随着数字航电子系统迅速增多，机械师疲于应对不同航空电子厂商采用的变化多样和不统一的方法，因此标准成为当务之急。美国航空无线电公司(ARINC)与工业界一起，制定了健康管理的首个航空工业标准——ARINC-604《机内测试设备设计和使用指南》[①]。该标准的主要内容包括：机内自检设备(BITE)的目标、维修概念、BITE系统概念以及中央故障指示系统概念。自从有了此标准，民用飞机诞生了VHM技术领域，虽然20年以后才使用VHM这个缩写词。

ARINC-604发布之后，由几个系统共用的中央指示面板为机械师提供了单一的多系统访问点，理论上减少了熟悉各个系统所需的技术培训总量，但直至20世纪80年代末、90年代初中央维护计算机问世[②]，机械师才真正受益。此类中央系统收集来自各LRU的健康和状态数据，进行故障合并和根源分析，帮助机械师找出需要修理或更换的系统，并给出适用的维修步骤。经过航空工业界进一步的工作，制定了包括ARINC-624《机上维护系统设计指南》在内的新标准，由此产生了称为中央维护计算机(CMC)或机上维护系统(OMS)的新系统。ARINC-624的主要内容包括：维修概念，OMS说明，CMC设计要求，OMS成员系统BITE设计，OMS通信协议，机上维护文档以及飞机状态监控功能(ACMF)。一些民用飞机使用遵循ARINC-604-1的子系统，较新

① ARINC-604最初于1985年发布，1988年修订为ARINC-604-1，仍沿用至今。

② CMC更多信息见下节所述的联合式航空电子系统与模块化航空电子系统维护技术的比较。

的飞机则采用基于 ARINC－624 的 CMC。表 7－1 是上述标准在民用飞机应用的部分清单。

表 7－1　ARINC－604－1 和 ARINC－624 在民用飞机上应用的部分清单

机　型	投入使用大致年份	ARINC－604	ARINC－624	简版 ARINC－604－1① 和 ARINC－624
波音 B757/767	1982/1983	×		
空客 A320	1988	×		
波音 B747－400	1989	×		
麦道 MD－11	1991	×		
波音 B777	1995		×	
波音 B717	1999	×		
赛斯纳君主号(喷气式公务机)	2004			×
阿古斯塔 AB－139(直升机)	2004			×
“湾流”450/500/550(喷气式公务机)	2004			×
巴西航空工业 ERJ－170/190(支线喷气飞机)	2004/2005			×

① 专为 Honeywell International 的 Primus Epic 系统而开发。

7.3.2　军用标准

上述 ARINC 标准也用于某些军用项目，但许多项目转向源于网络协议分层结构的更先进标准，这种标准称为基于状态维修的开放式系统结构(OSA－CBM)。该标准最初是为海军舰船开发的，现在已广泛用于军用车辆和飞机。联合开发 OSA－CBM 标准的单位有 Boeing，Caterpillar，Mimosa，Oceana Sensor，Rockwell，Penn state 和美国海军负责研发 OSA－CBM 的研究办公室。该联合团体的任务声明如下：

“基于状态的维修(CBM)正在成为美国工业界和军界的共识。完整的 CBM 系统由若干功能组成，CBM 的实现需要集成各种硬件和软件组件。为此需要一个开放式系统结构,以便于这些不同来源组件的综合和互换。”

OSA - CBM 以分层式架构方法实现 VHM,其中每一层可看作一种相似任务或功能的集合,如图 7 - 5 所示。按照分层关系,通过逻辑跃迁,数据从最底层的传感器输出,经过中间各层,流向最高决策支持层。这种方法的目的是鼓励各层交付产品的标准化。

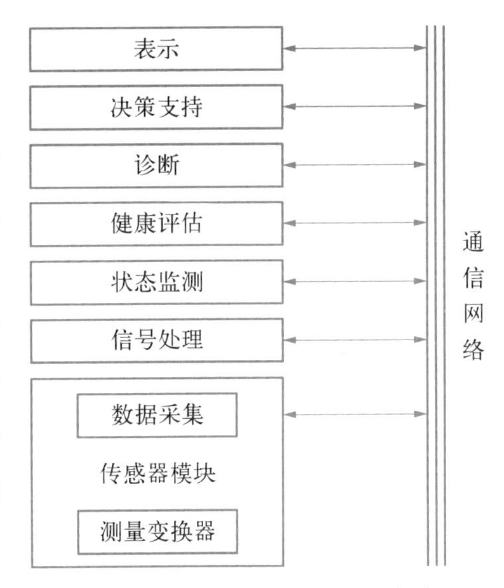

图 7 - 5　OSA - CBM 分层方法

美国目前采用 OSA - CBM 或派生标准的军用项目的例子有:海军的舰载 CBM,海军、空军和海军陆战队的 JSF F - 35 飞机,陆军的未来作战系统以及海军陆战队的远征战斗车辆。

7.4　联合式航空电子系统与模块化航空电子系统维护技术的比较

多年来,传统的航空电子系统一直是联合式的,由一个或几个外场可更换单元(LRU)来实现飞机的每项功能。例如,飞行管理功能由它所在的飞行管理计算机(通常为双核)来实现;飞行控制功能由飞行控制计算机、带单独的信号发生器单元的驾驶舱显示器以及显示控制板三者共同实现。总之,各航空电子子系统驻留在各自的物理 LRU 中,通过专用连接线与控制板、传感器以及作动器交联。

20 世纪 90 年代初,B777 飞机打破了联合式系统的传统,取而代之的是模块化航空电子方法,即把多重功能驻留在通用外场可更换模块(LRM)中,而这些通用模块安装在左、右两个模块式机柜中。LRM 的例子包括电源模块、显示处理模块、飞机 I/O 模块、通信模块和数据库模块。但是，第一代的 LRM 并非完全通用，许多特有的硬件单元将各航空电子功能限制在专用模块上。尽管有这种限制，B777 飞机已经大胆地把一个 LRU 实现一项功能的关系改变成一个 LRM 实现多项功能。

后续的模块化航空电子系统进一步提高了 LRM 的通用性，研制了通用计算模块，用于处理通用或专用 I/O 模块、网络接口模块、数据存储模块以及其他模块。此外，模块式机柜的概念也扩展到多个机柜，而这些机柜由全机余度数据总线网络连接在一起。这些新系统成功的关键在于其规模可变性和可扩展性，适于多种不同的应用市场（如公务机、通用飞机、支线飞机、民用机、搜救机、军机等），以及由不同制造厂商生产的各种型号的飞机和直升机，而不仅仅是针对特定的飞机（如 B777 飞机）。

虽然模块化航空电子系统有许多优点，但需要解决系统维修方面的困难。对飞机机械师而言，外场维修联合式航空电子系统是比较简单的，因为绝大多数功能驻留在各自专用的 LRU 内，只需更换 LRU 便可修复这个系统的故障。通常采用“猎枪式寻踪”法，也就是说，如果问题发生在左侧 LRU，则可将它换到右侧 LRU 位置，如果问题仍存在，则故障最有可能是该 LRU 所致。

但是，对于模块化航空电子系统来说，各项功能不再有专门的 LRU。飞行管理系统不再驻留在专用的计算机中，而是驻留在某处理器模块中，所接收的飞机数据由 I/O 模块提供，使用的导航数据也储存在数据库模块中。同时，处理器模块、I/O 模块及数据库模块由同一电源模块供电。飞行管理功能的失效可源于其中某一个模块的故障或模块间的通信故障。如果没有系统提供的其他信息，机械师很难确定故障出自哪个模块。中央维护计算机（CMC）解决了这个问题，它收集来自各 LRU 和 LRM 的健康状态数据，通过故障合并和原因分析确定故障单元，最后为机械师指出需要更换的单元。因此，CMC 在采用模块化航空电子系统的飞机的排故和维修中扮演了极其重要的角色。

7.5 关键技术

至此,本节已讨论了 IVHM 与过程有关的许多方面,其中包括设计原理、健康管理策略、健康管理集成任务,以及各种工业标准。尽管每一方面对 IVHM 系统的成功都是必不可少的,但关键技术则直接关系到 IVHM 能否达到其主要的目标,即确定飞机的健康状况。本节以下内容将对关键技术做一概述,如需更详细信息,可参阅本章所列的参考文献。

7.5.1 成员系统概念

定义一个子系统,需要确定其合适的边界,边界内的部件属于该子系统,边界外的部件属于其他子系统。边界的确定十分重要,因为边界确定了 SHM 管辖范围。如果边界不明,就会出现脱离任何子系统监控的"孤立"部件。在飞机设计阶段就应避免这种情况的发生,因为孤立部件会导致不可维修和潜在的不安全性。

遵循飞机健康管理策略的子系统称为成员系统。成员系统负责对其边界内的硬件和软件实现 SHM,并将故障和健康状况,尤其是那些影响该成员系统预期功能的状况报告给 IVHM 系统。

成员系统按其符合飞机健康管理策略和过程的程度分为以下三类:

(1) 完全符合的成员系统——支持所有 IVHM 特性和接口。

(2) 部分符合的成员系统——支持选定的 IVHM 特性和接口子集。

(3) 不符合的成员系统(非成员系统)——没有与 IVHM 系统交联的系统。

虽然后面类别的系统似乎有违 IVHM 的重要性,但不增加 IVHM 接口有其原因,包括商业原因(如效费比较差)或技术原因(如复杂性增加)。在这种情况下,宁可直接采用这类子系统,而无须承担更新系统和重新认证系统的费用。在新机设计中选用现有的或传统的子系统,往往属于这类系统。

7.5.2 诊断

诊断的简明定义是检测飞机子系统的故障或异常。下面将讨论检测硬件失效引起的故障、软件错误以及系统级故障的诊断方法。

7.5.2.1 硬件诊断方法

表 7-2 中列出了多个典型硬件故障的诊断方法。此外，还详细介绍了 I/O 方法的可选子集，包括输出环绕和输入激励的详细例子。

表 7-2 硬件的诊断方法

硬件类型	诊断方法
存储器	ROM 检查；循环冗余码校验(CRC)；RAM 测试图(地址线死锁，数据线死锁)；奇偶校验；差错检测与纠正(EDAC)
CPU 核	指令集；寄存器/高速缓存测试；PCI 访问；中断；看门狗定时器
I/O 测试	输出环绕；输入激励；A/D 和 D/A 变换；基准电压
电源	电压监测；电流监测；温度监测

7.5.2.1.1 输出环绕测试例子

对输出故障的检测是飞机故障间隔的重要部分。作为输入故障出现在其他子系统的输入端，输出故障一般会一直向下传递，重要的是 LRU 应能检测输出故障，间隔故障电路(若可能)，并向 CMC 报告故障。图 7-6 给出了输出环绕监测的一般方法。输出信号可以在两处进行监测，第一处是信号从数据控制器输出处，第二处是经信号变换准备从电路板或 LRU 离开处。

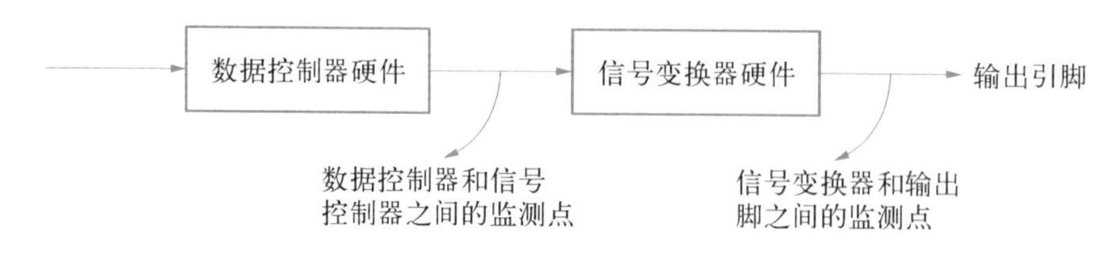

图 7-6 输出环绕监测的一般方法

器件实例

数据控制器：ARINC-429 芯片，离散量芯片，A/D 转换芯片；

信号变换器：运算放大器，离散驱动器(接地/开路，或 28 V/开路)；

输出引脚：电路板引脚，LRU 引脚。

图 7－6 建议把环绕点设在最靠近外部输出引脚处,使监测覆盖的电路最多。此外,根据具体电路设计情况,可能选择更容易实现的监测点。不管测试点如何选择,设计者必须注意所加测试电路不得超过功能电路。也就是说,设计者必须权衡外加的测试硬件,避免因器件数量增加而导致可靠性下降。

图 7－7 简单列举了离散量输出环绕电路,图 7－8 是数字总线输出(采用 AR1NC－429 收发机)环绕电路的较为复杂的例子,图中左侧是输出发送机的环绕测试电路。利用一个多路转换接收机(测试多路转换器(MUX)和测试接收机 Rx) 可监听任一选定的发送机,这样软件就可以将测试接收机上收到的数组与发送机预定输出的数组进行比较。图 7－8 中其余的电路用来说明激励输入接收机的能力,详见下一节。

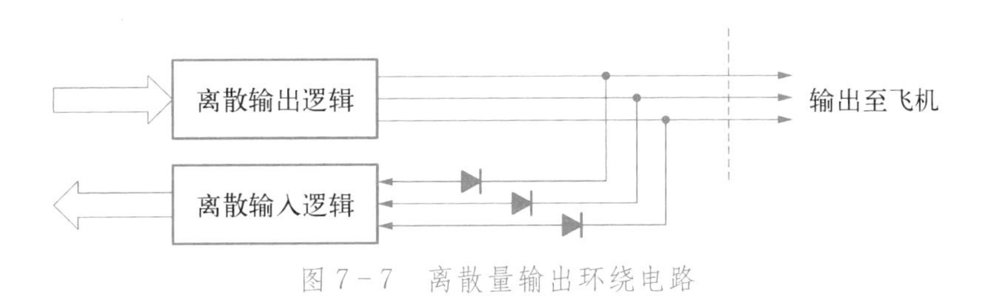

图 7－7　离散量输出环绕电路

7.5.2.1.2　输入激励例子

如果一个 LRU 没有能力激励自己的输入,则测试其输入的唯一方法是依靠从上游子系统来的外部数据。如果没有数据,该 LRU 无法判断是本身的输入电路发生故障,还是上游子系统没有发送数据。增加了激励各输入的能力之后,该 LRU 可以在上电时测试各输入电路或接着检测从外部子系统来的数据丢失情况。

大多数离散输入电路的设计非常简单,为此增设自激励电路会违背“测试电路硬件不应多于被测功能电路硬件”的经验法则,因此很少用自激励的离散输入。另一方面,因为数字总线输入的失效模式很多,因此增加自激励电路是

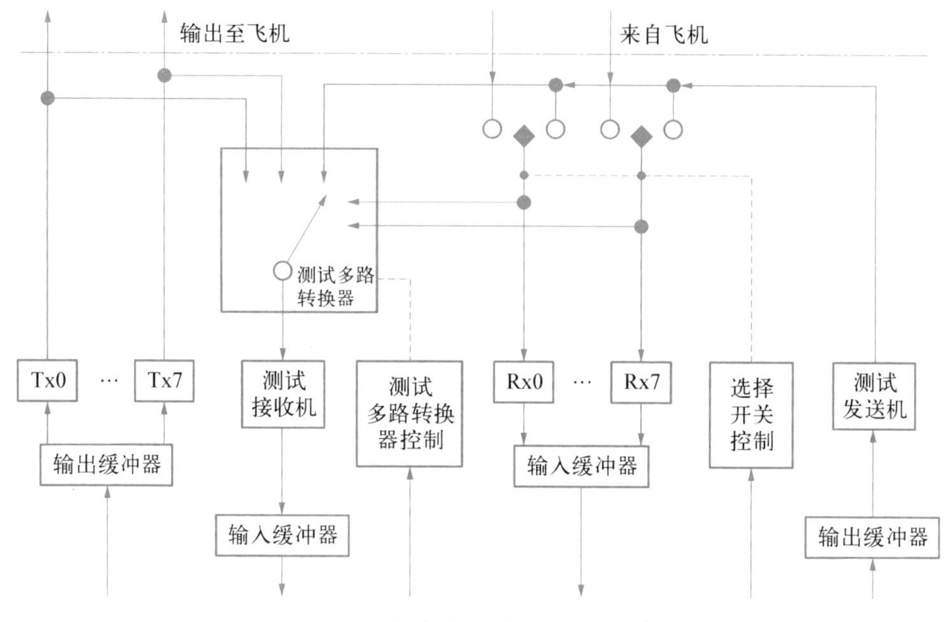

图 7-8　复杂数字总线的环绕测试

Tx0…Tx7—编号 0～7 的发送机；Rx0…Rx7—编号 0～7 的接收机。

合理的。图 7-8 中右边的测试发送机(Test Tx) 可以把测试数据发送至任一选定的输入接收机，如果发送数据与接收数据不相符，则有硬件故障发生。此外，在测试其他发送机和接收机之前，可先用 Test Tx 测试 Test Rx。

7.5.2.2　软件诊断方法

软件诊断方法是一个有争议的话题，因为传统的设计质量保证程序(如确认和验证)的目标就是防止把软件设计错误带入外场。但无论采用什么方法，经验表明错误仍会发生，导致在使用中会发生由软件错误引起的问题。其挑战性在于软件错误产生的故障往往是瞬发或间发的，而且追溯根源非常困难。因此，软件异常处理程序的设计非常重要，可以最大限度地截获、间隔和排除软件错误数据，使设计师能复现软件出错情况并确定错误软件代码。表 7-3 给出了几种软件诊断的方法，下面将详细介绍根据多年经验所得到的有效实例，包括打标记法、执行追溯法和状态截获法。

表7-3　软件诊断方法

软件功能	诊　断　方　法
异常处理	致命异常,处理器特别异常,违约访问异常,浮点异常
执行监控	软件搏动,软件排序,打标记,执行追溯,状态截获
门限监控	电平检测,变化率,比较/表决
数据确认	合理性检查,奇偶/检验和/CRC,源选择/返回

7.5.2.2.1　打标记法实例

采用打标记法时,软件进程或线程在给定的时间片内完成后便在其"标签上打标记",如图7-9所示。然后标签监管器汇总所有所需的标签,并选择"应用搏动"或起动该应用的输出过程。在执行搏动操作时,无标签标记则不产生搏动更新输出,典型的结果是引起系统复位。在执行输出进程操作时,按照输出响应要求,无标签标记将导致无数据输出(输出寂静),老数据(数据不变,与前次输出相同)或已标识无效的数据输出。通过检查标记和相应的响应,打标

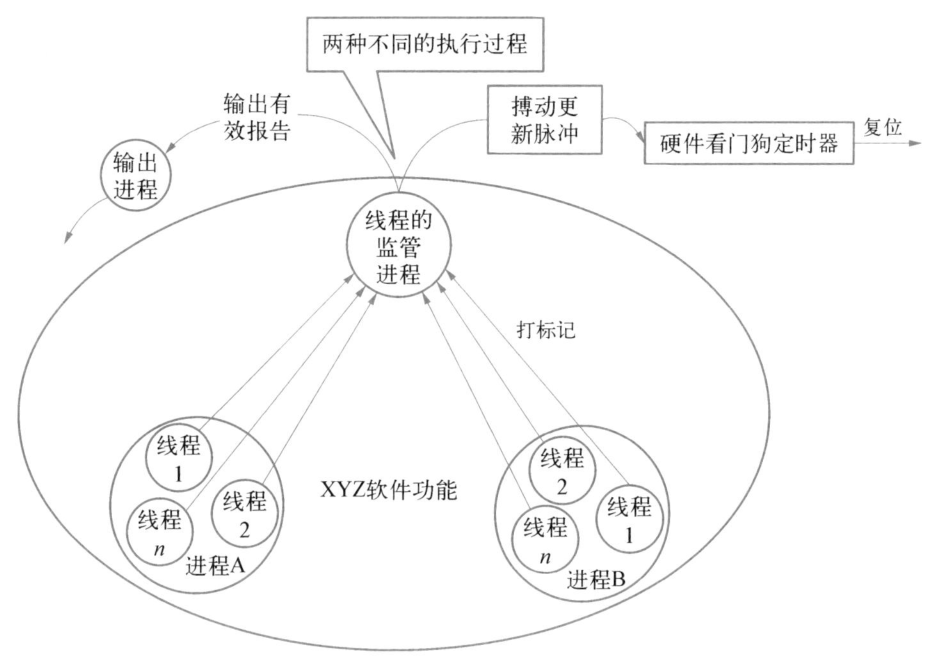

图7-9　软件打标记法

记法防止了无响应的软件错误。

7.5.2.2.2　执行追溯法和状态截获法实例

执行追溯法(见图7-10)由软件异常触发(如“除以0”的违规运算),它引起操作系统通过执行堆栈返回,确定“谁调用谁”并记录该异常错误的堆栈路径。根据所用操作系统的不同,堆栈路径可以采用滑窗(sliding window)技术实时地截获,或在异常发生时按需要构建。并非所有的商用操作系统都能提供这种有用的功能,但是可以与许多LRU使用的已有本地操作系统结合起来。

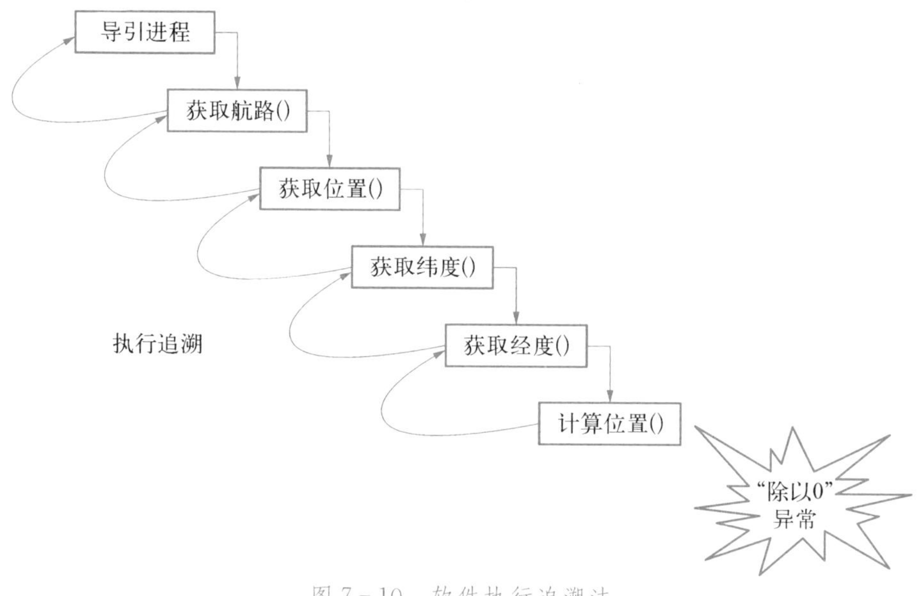

图7-10　软件执行追溯法

状态截获法(见图7-11)是周期性地收集关键状态数据。在发生软件异常时,最新数据连同异常错误一起以“快拍”的方式记录下来。状态数据的例子有飞行器特定数据(高度、航向、位置等)、软件执行数据(处理器寄存器、系统定时器、堆核指针等)或兼有这两种数据。

执行追溯法和状态截获法这两种方法结合起来使用时,将是排除软件运行错误的强有力方法。

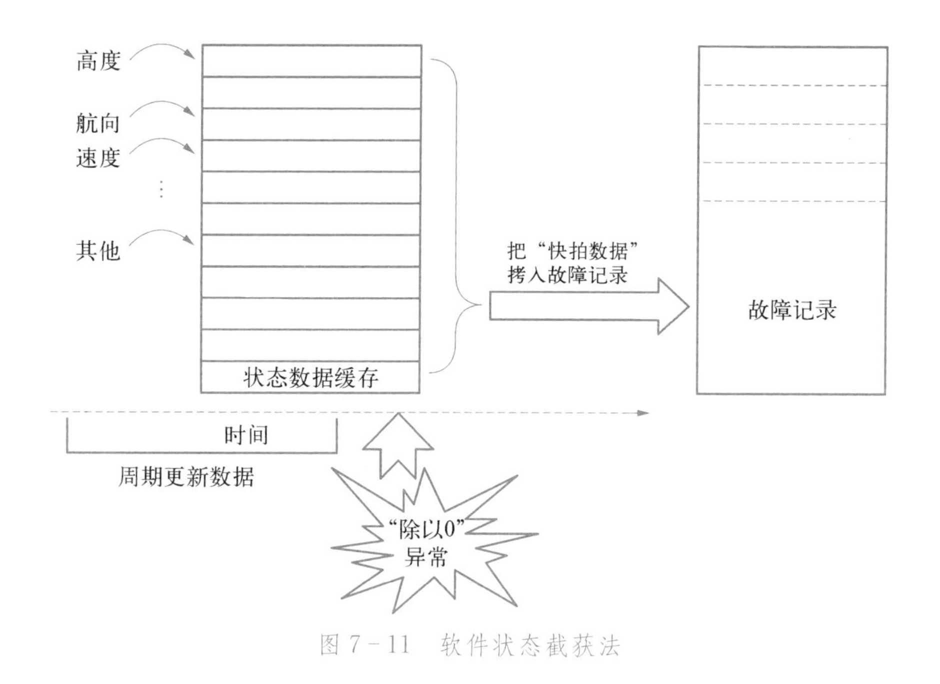

图 7-11　软件状态截获法

7.5.2.3　系统级诊断方法

系统级故障诊断方法旨在检测发生在两个或多个子系统之间的故障。表 7-4 列出了多种目前常用的方法。兼容性/配置检查和余度管理的例子见以下两节所述。

表 7-4　系统级故障诊断方法

系统功能	诊断方法
兼容性检查	硬件对硬件,硬件对软件,软件对软件
配置检查	子系统到飞机,飞机到任务
余度管理	比较式监控器(两子系统之间),表达式监控器(三个或更多子系统之间)
完整性管理	端对端协议检查
专用模式测试	地面模式,安全模式,上电模式,备份模式,省电模式

7.5.2.3.1　兼容性/配置检查实例

兼容性检查的目的是确定两个或多个部件能否很好地一起工作,即各部件

是否遵循为它们建立的运行规则，并交联在一起。例如，一个 10 mm 的公制插孔与 1/2 in 螺栓不兼容。许多层次需要做兼容性检查，包括硬件对硬件、硬件对软件和软件对软件。

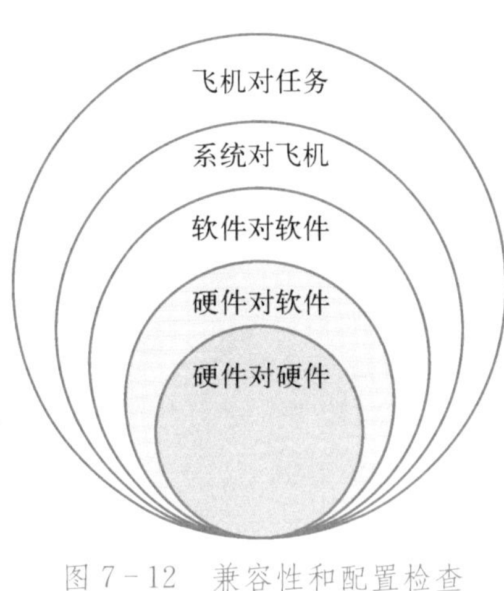

图 7-12　兼容性和配置检查

配置检查是一种特殊形式的兼容性检查，其目的是确定飞机的系统集合是否是该飞机的正确配置，或者该飞机是否适合任务要求。根据合格审定方（如 FAA）的规定，这些机上系统和软件（型号合格证文件）必须经过审核批准，否则不得作为该飞机配置的一部分。换而言之，通过兼容性检查并不保证是否能通过配置检查。如图 7-12 所示，各级兼容性和配置检查工作始于结构的最内层并层层包裹，由内向外展开。

7.5.2.3.2　余度管理例子

余度管理是常用的提高安全性级别的结构方法。现代飞机通常为提供自动驾驶功能的子系统配备多台设备，而不是只靠该子系统的单台设备，其中一台用于操控飞机，其他则监控其运行。一旦子系统发生一个故障，当前主控设备便下线，控制权转移到另一台设备。

余度管理方案可以通过子系统两台设备之间简单的比较监控方式来实现。如出现不符合事件表示有故障，但在不能确定是哪个设备故障的情况下，子系统可能重试操作，或者让它们下线并尝试恢复。更复杂的余度管理方案采用一个子系统的三台或多台设备之间表决的方法并以多数为准则。

图 7-13(a)～(c)是一个概念性的四余度方案（典型应用为载人航天飞机的控制系统），其中三台设备工作，第四台作为热备份[见图 7-13(a)]，表决信息通过交叉通道数据总线交换。在发生表决失败事件时，处于少数地位者下

线,由热备份设备取代其工作[见图7-13(b)]。如果再次发生故障,则系统转为由余下的两台设备之间的比较监控方式[见图7-13(c)]。此四余度方案也称为“双故障容错”,因为它可以在经历两个设备故障后仍能提供安全的运行。

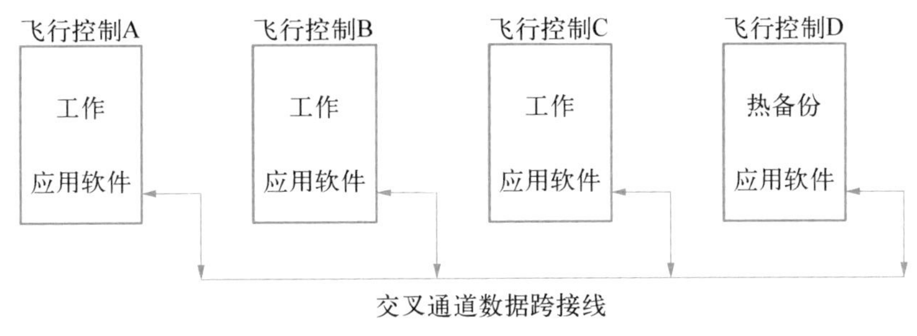

故障设备号	设备 A	设备 B	设备 C	设备 D
0	表决	表决	表决	热备份

(a)

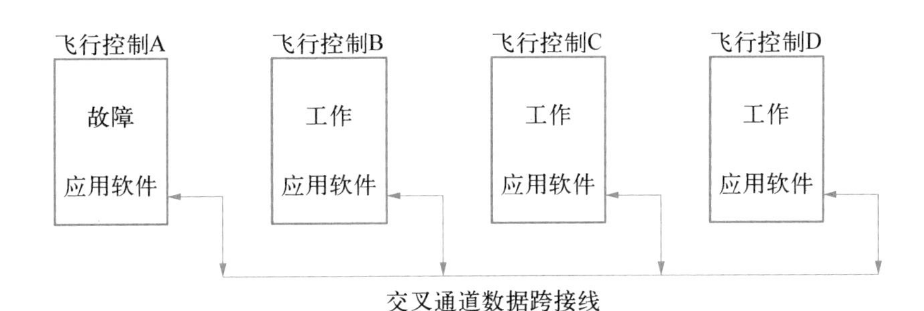

故障设备号	设备 A	设备 B	设备 C	设备 D
0	表决	表决	表决	热备份
1	关闭	表决	表决	表决

(b)

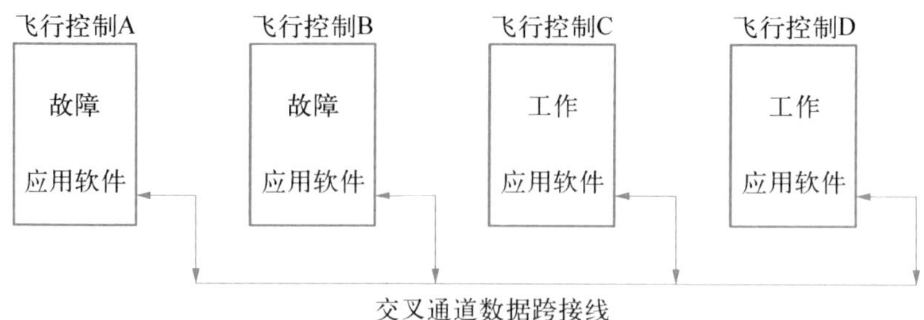

各工作设备之间通过跨接线进行表决

故障设备号	设备 A	设备 B	设备 C	设备 D
0	表决	表决	表决	热备份
1	关闭	表决	表决	表决
2	关闭	关闭	比较	比较

(c)

图 7-13 余度管理举例

(a) 无故障(3 路表决) (b) 一个故障(3 路表决) (c) 两个故障(2 路比较)

7.5.3 故障预测

这里所讨论的许多故障诊断方法现在已经很成熟并广为应用,与此不同的是,故障预测则仍属新领域。事实上,有人把故障预测归属于“艺术”和“科学”。虽然故障预测有不同的定义,本文采用 Engel 的定义:“提供早期检测一个部件的故障预兆和/或初始故障状态(即非常微小的故障),并用技术和方法来处理和预告这种故障状态发展到部件损坏的能力。”通常的预测方法关注于检测和诊断表明部件早期失效的事件,例如通过监视振动、压力、温度等造成的参数变化趋向。利用这方面的知识可加快飞机维修,促使把问题解决在萌芽状态而不是让它们发展为大的故障。

故障预测界还有一些人致力于解决更难的部件或系统的剩余寿命估计问题,以延长飞机的维修周期。例如,传统的维修方法要求每 500 h 更换部件 X,而有了可靠的剩余寿命估计方法,该时间间隔可以延长到 600 h。应当注意,剩余寿命估计不仅对技术是一种挑战,而且在认证方面,还需要向适航当局证明延长维修间隔是安全的。

故障预测方法的例子包括概率密度函数法、模糊逻辑法、神经网络法、遗传算法、基于状态的特性识别法和 Dempster - Shafer 理论,这些内容已超出了本书的范围。如需了解更多的信息,读者可参阅本章所列的参考文献和书目。

7.5.4　智能推理机

“智能推理机”概念指的是收集来自飞行器子系统的症状(如飞行器状态、诊断/预测结果),采用基于关系的规则或模型,滤除级联效应,间隔出症状背后的初始故障状况(即故障根源)。在中央维护计算机(前文中的 CMC)问世前,需要向机组人员和/或机械师交待这些工作,有了 CMC 之后,可用智能推理机帮助机械师自动地完成。这些推理机按照功能可分为“基于规则”和“基于模型”两类。

7.5.4.1　基于规则的推理机

典型的基于规则的推理机采用“if then else”语句形式的硬编码逻辑。各飞行器系统中担任专业专家的系统工程师负责建立逻辑规则,以诊断几千种症状情况。软件工程师整理逻辑规则,常得出非常复杂的逻辑。同时,基于规则的方法只适于“小”系统,不能扩大处理飞机中更复杂的系统及其交互作用。此外,基于规则的系统更改很麻烦,原因是变化带来的影响并不总能被看清。看似简单的单条规则修改可能违反许多其他规则,使得工程师们不愿更改它们。

7.5.4.2　基于模型的推理机

基于模型的推理机旨在解决基于规则的推理机的许多局限性。模型分为许多种类,大多数飞机的 CMC 采用故障传播模型,也称为“原因与影响”模型。其基本前提是 LRU 内部的故障表现为输出故障,其影响传到下游系统,或者在下游系统的输入端被检出或者未能检出得以放行，引发后续下游系统一系列的故障。通过建立路径模型，可以获取这些故障，并将存在的接口故障报告给CMC，后者能滤除级联故障并间隔故障 LRU。在出现模糊事件时，结果则是可能引起多个 LRU 故障，此时会提示检查步骤，帮助机师间隔故障。

其他基于模型的方法包括功能模型方法和参数模型方法。功能模型试图建立飞行器及其子系统的实际运行模型，这不同于仅建立它们的故障模型（见故障传播法）。参数模型根据从飞行器“正常”运行过程中收集到的运行数据建立数学方程，预报飞行器在实际使用中的表现。功能模型和参数模型的两种方法都与飞行器同时使用输入数据，通过模型处理数据，并将模型输出与飞行器输出做比较。两种输出之间产生的偏差数据就被认为是飞行器工作偏离了规定的要求。

与故障传播模型相似，功能模型方法提供了确定偏离规定性能原因的能力，然而构建和测试模型所需的工程资源相当接近于构建和测试实际飞行器所需的总量。此外，要在机上提供足够的计算资源，实时运行模型也是不可行的。根据飞行器及其子系统的复杂度，使用功能建模可能代价过于高昂。

不同于故障传播模型和功能模型，参数模型法并不专门诊断故障的原因，只识别飞行器偏离规定性能的程度。例如，参数模型法可识别发动机推力在当前运行模式下低于标称值 5%。因为参数模型是基于正常的飞行器运行条件和经过一段时间的使用之后建立的，所以从可靠性意义上来说，参数模型是稳定的。参数建模也可看作是“黑盒”或“灰盒”测试方法，使用这种方法需要了解输入与输出之间的关系，而不用了解子系统内部工作的细节。有关参数模型的详细信息可参阅本章所列的参考文献和书目。

7.5.4.3 智能推理机使用

本书在写作之时，已有许多推理机应用于航空和航天领域。表 7-5 列出了一些产品及其应用情况，但不是全部产品。

表 7-5　已应用的智能推理机举例

智能推理机	类　型	应用情况	公司信息
CMC	故障传播模型	B777，Primus Epic（商务机，支线飞机，直升机）	Honeywell International（http://www.cas.honeywell.com/cmc）
TEAMS 工具包	多信号相关模型（从故障传播模型发展而来）	查询公司网址	Qualtech Systems Inc.（www.teamqsi.com）
eXpress 设计工具包	相关模型（类似于故障传播模型）	查询公司网址	DSI International（www.dsiintl.com）
Livingstone	基于人工智能的推理机（功能与参数混合模型）	太空飞船1号，地球观测卫星1号（EO-1）	NASA Ames Research Center（http://ic.arc.nasa.gov/projects/L2/doc）
BEAM And SHINE	基于人工智能的推理机（功能与参数混合模型）	NASA 各种太空航天任务（旅行者，伽利略，麦哲伦，卡西尼，远紫外探测器）	NASA Jet Propulsion Laboratory（www.jpl.nasa.gov）

7.6　先进的 IVHM 系统举例

以下是3个 IVHM 系统的案例，代表了当前航空技术发展的最新水平。在汽车和过程控制行业也可找到类似的例子。

7.6.1　霍尼韦尔公司的 Primus Epic 飞机诊断维护系统

Primus Epic 航空电子系统是新一代模块化航空电子系统的代表，于2003年取得了 FAA 的合格许可证并投入使用。霍尼韦尔公司的 Primus Epic 系统是规模可变和可扩展的，面向不同制造商生产的各种飞机和直升机市场，而不是只针对一种特定的飞机。如今，Primus Epic 系统正应用于许多商务机、支线飞机和直升机。

集成在 Primus Epic 系统中的飞机诊断与维护系统(ADMS)代表了过去系统的各种维修特性的发展趋势。它由 CMC、飞机状态监控功能件及机上各种成员系统的 BIT 功能件组成,如图 7-14 所示。Primus Epic ADMS 覆盖了由霍尼韦尔公司和第三方子系统供应商提供的 200 多个飞机子系统。ADMS 通过点击式图形用户界面(GUI)成为所有子系统的维修访问入口,维护范围几乎覆盖了从头到尾整个飞机。ADMS 的故障根源诊断能力可以排除级联故

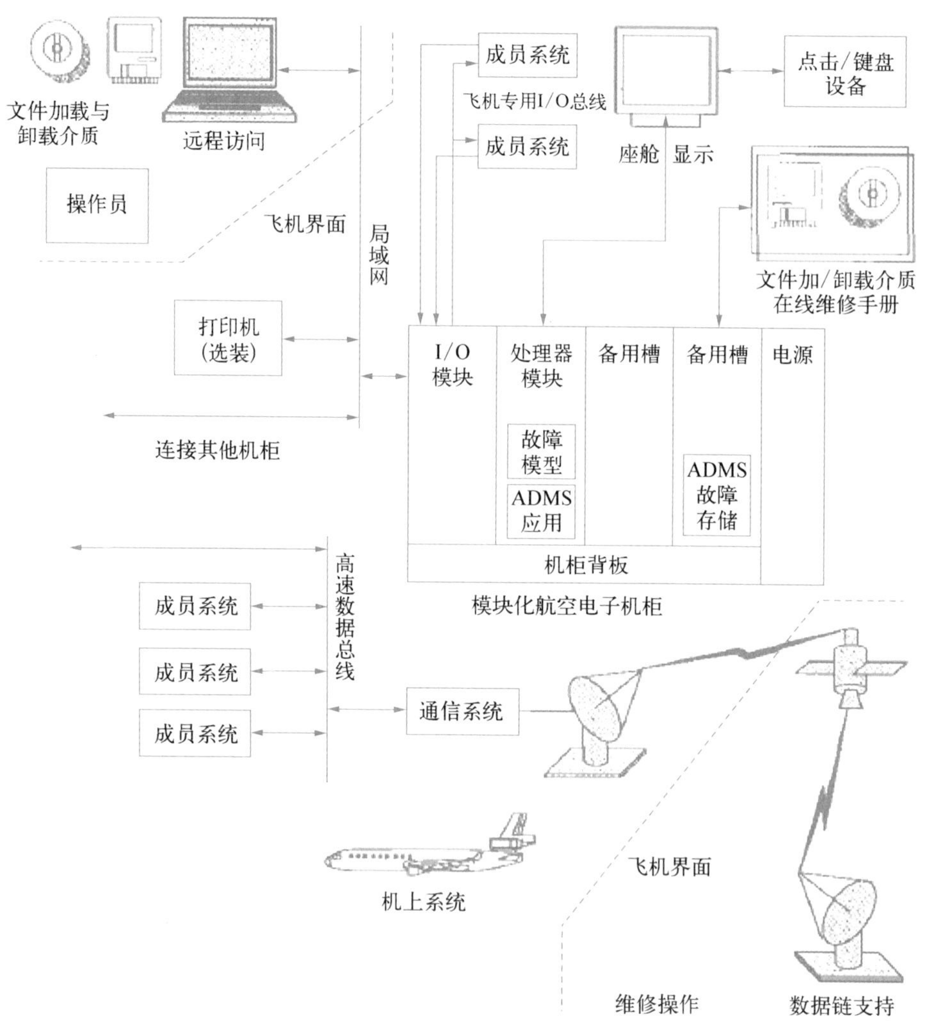

图 7-14 霍尼韦尔公司的 Primus Epic 飞机诊断与维护系统(ADMS)

障,使驾驶舱工作与系统故障交互作用。它可以通过单独加载的诊断数据库进行配置,通过飞机数据链向地面提供故障信息,用驾驶舱打印机打印报告,并提供飞机子系统的机上数据加载。

7.6.2　霍尼韦尔公司的直升机健康与使用状况监测系统

直升机的健康与使用状况监测系统(HUMS)使传统的维修方式过渡到效率更高的基于状态的维修(CBM)方式。传统的维修方式主要依据机队的统计数据和计划的维修间隔,而基于状态的维修方式则关注各飞行器及其部件的运行状况。霍尼韦尔公司的HUMS监测指定的直升机部件和子系统构成维修工作的基础。图7-15标出了贝尔407直升机为支持HUMS而安装的各种传感器。这些传感器和HUMS处理算法实现了各种类型的监控,包括发动机状态和性能、连续振动、发动机超限、旋翼轨迹与平衡。此外,HUMS还提供地面进行机队数据分析的工具。机上和地面的HUMS功能相结合,可以更为有效和有准备地运行维修资源,提高机队签派率。

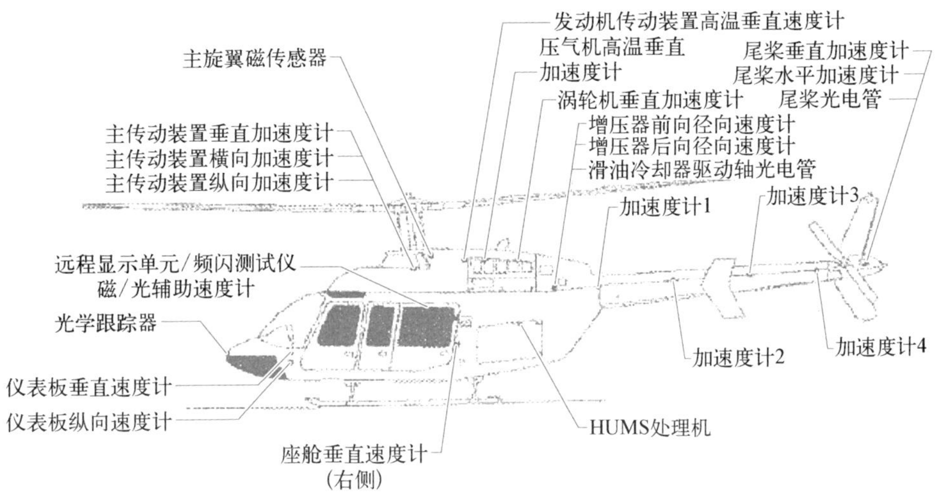

图7-15　霍尼韦尔公司的直升机HUMS

7.6.3 B787 飞机的机组信息系统/维护系统

B787 飞机的机组信息系统(CIS)将提供组网基础设施,实现机上应用和地面应用的无缝连接,如图 7-16 所示。CIS 内驻留了多种应用,包括维护系统、电子飞行包、软件分布式系统、机组信息服务、驾驶舱打印机及无线局域网支持设备。

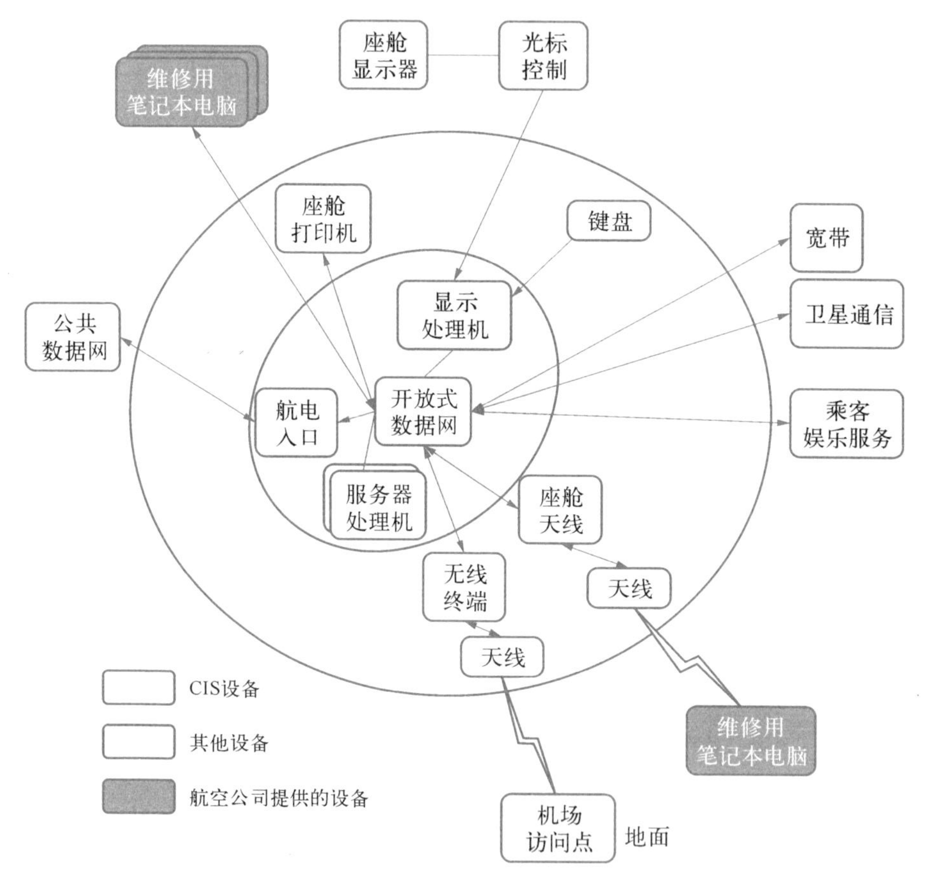

图 7-16 B787 飞机的 CIS/维护系统

图中未画出余度设备。

B787 中的维护系统部分结构源自 B777 所用的方法,后者率先采纳了 ARINC-624 标准中的许多维修概念(本章前面已讨论过)。B787 的维护系统采用了无线通信和万维网技术，灵活性更好，功能更强，使上述大部分维修概念得到进一步完善。在每一架飞机周围都有安全的无线网络，移动个人电脑是该网络的成员，使用电脑中装载的互联网浏览器就可以获取维修信息。使用这一网络，通过安全的互联网分布式服务器，可以访问维修信息和加载软件更新资料，同样也可以将维修数据下传到飞机运营商的维修和后勤网络。

7.6.4　霍尼韦尔公司的感知和响应项目

目前的IVHM解决方案仍受到实际情况的限制，例如要高度真实地使用许多IVHM功能，IVHM必须非常接近飞行器。然而，对输出进行分析、做出决策和采取措施的大多数专家和对应的装备则广泛分布在飞机运营外的行业或部门。

请想一下F1方程式赛车，每辆赛车都装备了数以百计的传感器，无线数据流回送到停放在赛车场工作车内的操作和分析中心，计算机和赛车专家对数据进行分析，而后赛车专家们依次直接向检修人员、比赛指挥员和车子发出指令，通过实时调整来改善车况和提高性能。大量的数据也被汇总并立即传送给在公司办公室里的国际自动机工程师学会，在那里开始下一赛事前的赛车设计更改和升级。

上述例子突出的革新，与其说是技术上的革新，不如说是运行流程和处理上的革新。通过采用IVHM和信息技术改革运行流程，民用航空将实现下一波的改进。通过实时感知和响应各种异常情况，加上利用全球航空界的资源和专家来解决各种问题，工业界便能从反应式到预先反应式，从而向预测策略转变。

霍尼韦尔公司当前正在开发其感知和反应的技术方案，如图7-17所示，系统设计在飞机全制造商、供应商和运维部门之间的闭环回路上。该系统将收集从各飞机子系统(包括CMC，若机上有此设备)上获取的机上诊断数据，并自动传输到中央数据存储区。诊断数据在那里进行分析、解码、规范化处理，并存入数据库。此数据库使用面向结构的万维网服务，按工业标准进行查询。数据库的用户将包括支持制造和机队运行的霍尼韦尔公司内部机构(工程、可靠性、产品改进和保证期服务)以及外部客户(原始设备制造商、飞机所有者和运营商)。

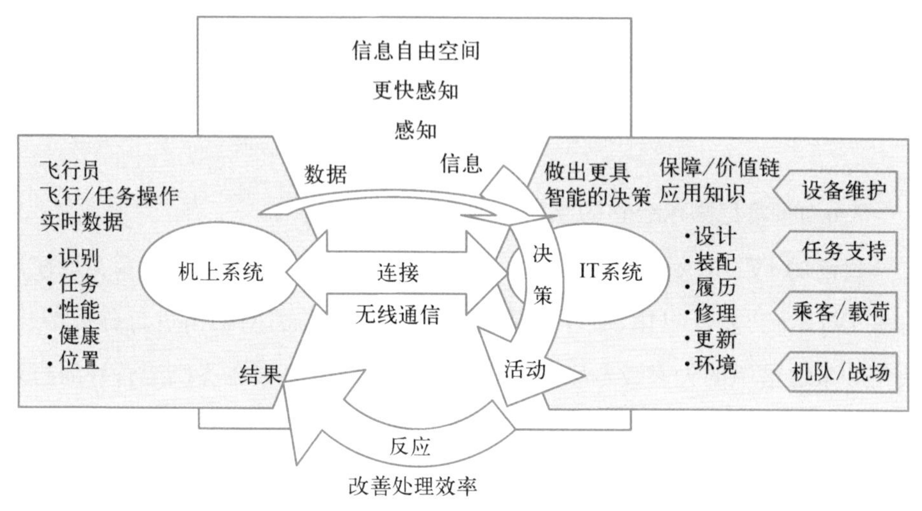

图 7-17　霍尼韦尔的“感知和反应”项目

7.7　小结

VHM 的基本用途是确定目标飞行器的健康状态。确定之后,便可以运用知识,通过系统重构来缓解故障,保证任务成功;或者在必要时,调整飞行任务,使之最有效地使用剩余的健康系统继续完成任务目标。此后 VHM 用于飞行器修理和验证飞行器已恢复正常运行状态。

VHM 基于诊断、预测和推理来确定健康状况,它们与故障检测结合,来确定故障根源,建议必要的缓解措施。按照分层的方法,SHM 完成子系统级的健康评估,向 VHM 提供由谁来完成飞行器级的健康评估的信息。根据企业的综合能力,可利用 IVHM 将飞行器健康状态综合到企业的设计、生产、计划、后勤以及培训各过程中。

本章已举例说明 IVHM 有多方面的应用,范围从非关键的单一维修应用到安全关键性/任务关键性的决策。IVHM 所用的设计过程和结构必须与要求的关键性级别相匹配,以确保系统安全。

为了最大限度地发挥 IVHM 的效能,IVHM 必须按系统工程规则来设计。IVHM 应当与飞行器设计统筹考虑,而不是事后追加。同时需要更多地关注综合健康管理方法的应用,该方法的最终目标是保证 IVHM 做到跨系统最优均衡,同时达到提高安全性、可靠性和降低全寿命周期费用的目的。

推荐阅读

作者建议读者从下面清单列出的相关书籍、网站、论文获得更多的关于 VHM 主题的相关信息。

HM Desk References

Jennions, I. K. (ed.), *Integrated Vehicle Health Management: Perspectives on an Emerging Field*, SAE International, Warrendale, PA, 2011.

Johnson, S. B. (ed.), Gormley, T., Kessler, S., Mott, C., Patterson-Hine, A., Reichard, K., and Scandura, P. (Co-eds.), *System Health Management: With Aerospace Applications*, John Wiley & Sons, Chichester, U. K., 2011.

Aerospace Standards

ARINC Avionics Maintenance Conference (www. arinc. com/amc).

Military OSA - CBM

Discenzo, F., Nickerson, W., Mitchell, C. E., and Keller, K. J., Open Systems Architecture Enables Health Management for Next Generation System Monitoring and Maintenance, OSA - CBM Development Group.

Machinery Information Management Open Systems Alliance (MIMOSA) (www. mimosa. org).

Diagnostics and Prognostics

Aaseng, G. B. , Patterson-Hine, A. , and Garcia-Galan, C. , A review of system health state determination methods, presented at *AIAA First Space Exploration Conference*, Orlando, FL, January 31, 2005.

"Fault Diagnostics/Prognostics for Machine Health Maintenance," Four-day short course offered by Georgia Tech (www. pe. gatech. edu).

Park, H. , Mackey, R. , James, M. , and Zak, M. , BEAM: Technology for autonomous self-analysis, presented at *IEEE Aerospace Conference*, Big Sky, MT, 2001.

"Prognostics and Health Management and Condition Based Maintenance," Two-day design course offered by Impact Technologies (www. impact-tek. com).

Scandura, P. A. Jr. , Thomas, D. , Luis, H. , and Roger, V. , Enterprise health management framework — A holistic approach for technology planning, R&D Collaboration and Transition, *IEEE International Conference on Prognostics and Health Management*, Denver, CO, October 2008.

Parametric Modeling

Ganguli, S. , Deo, S. , and Gorinevsky, D. , Parametric fault modeling and diagnostics of a turbofan engine, *IEEE CCA*, Taipei, Taiwan, September 2004, [On-Line]. Available at www. stanford. edu/~gorin/. Accessed September, 2005.

参考文献

[1] Aaseng, G. B. , Blueprint for an integrated vehicle health management system, *IEEE 20th Digital Avionics Systems Conference*, Daytona Beach, FL, October 2001.

[2] Scandura, P. A. Jr. , Integrated vehicle health management as a system engineering discipline, *IEEE 24th Digital Avionics Systems Conference*, Washington, D C, October 2005.

[3] Scandura, P. A. Jr. and Garcia-Galan, C. , A unified system to provide crew alerting, electronic checklists and maintenance using IVHM, *IEEE 23rd Digital Avionics Systems Conference*, Salt Lake City, UT, October 2004.

[4] Bird, G. , Christensen, M. , Lutz, D. , and Scandura, P. A. Jr. , Use of integrated vehicle health management in the field of commercial aviation, *NASA First International Forum on Integrated System Health Engineering and Management in Aerospace*, Napa, CA, November 2005.

[5] Open System Architecture for Condition Based Maintenance, www. mimosa. org.

[6] Engel, S. J. , Gilmartin, B. J. , Bongort, K. , and Hess, A. , Prognostics, the real issues involved with predicting life, remaining, *Proceedings of the IEEE Aerospace Conference*, Vol. 6, Big Sky, MT, March 2000, pp. 457 - 469.

[7] U. S. Department of Transportation, Transportation statistics annual report, September 2004. [On - Line]. Available at www. bts. gov/publications/transportation_statistics_annual_report/2004. Accessed September 2005.

8

驾驶舱通话记录器和数据记录仪

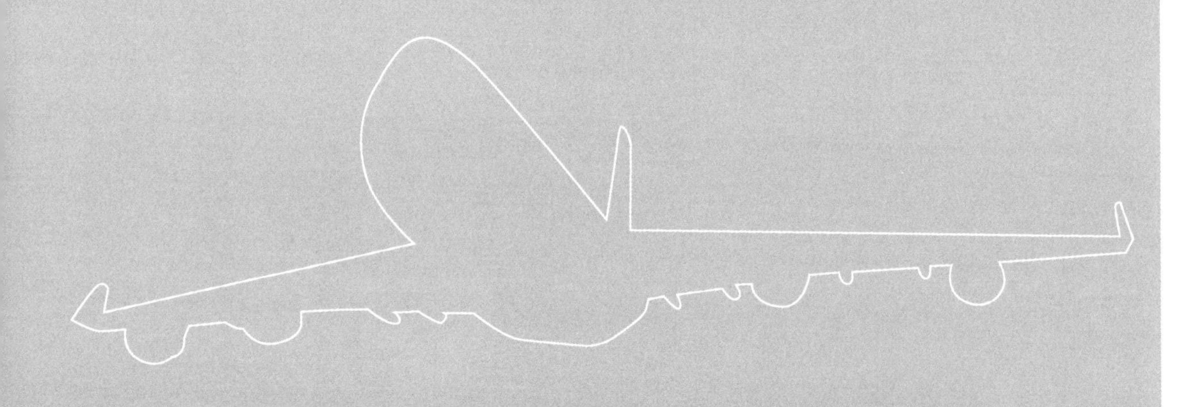

8.1　导言

航空工业中最常用的记录器是驾驶舱通话记录器(CVR)。虽然不同的航空公司和安装设备采用不同的名称或首字母缩略词来指代这两个单元(如DVR表示数字语音记录器,DVDR表示数字语音数据记录器),但CVR最常见,且为业内熟知。

CVR有各种形状和大小。规范给出了CVR的大小限制,颜色规定为明亮的橙色,并要求在其外面显示具体的文本。但是在满足规范的情况下,航空电子设备制造商还可有自己的外观设计专利,如图8-1所示。

图8-1　驾驶舱语音记录器

CVR的主要功能是收集和存储记录的音频,以便在发生事故时帮助调查人员进行事故调查。这些数据可为调查人员提供大量信息,以帮助确定事故中出现的情况、导致事故发生的原因以及为避免事故在将来再次发生可采取的必要措施。

8.2　系统架构

CVR系统由记录器单元(通常称为CVR)和控制单元组成。在许多系统中,控制单元包括测试开关、擦除开关、耳机插孔和视觉正常/故障指示器。一些控制单元具有信号电平指示器,照亮后显示由CVR接收的音频电平。CVR单元本身由控制系统的大多数电子器件和存储所有记录数据的防撞保护外壳组成。通常,CVR单元还连接一个水下定位器信标(ULB)。

虽然CVR的主要功能是录音,但也记录其他输入。通常,CVR能记录的信息包括以下几方面:

(1) 四个通道的音频,分别来自从飞行员、副驾驶员、乘务员或乘客地址

(PA)系统以及安装在驾驶舱内的一个区域麦克风传来的信息。

(2) 协调世界时(UTC),通常称为格林尼治标准时间(GMT)。

(3) 旋翼航空器的旋翼速度。

(4) 数据链路通信消息(在一些较新的 CVR 模型中)。

CVR 有几个其他输入端口,用于实现一些辅助功能。一个输入是与电源独立的记录仪(RIPS),是 CVR 系统相对较新的装置。RIPS 是 CVR 内部的备用电源,既可看作是 CVR 的内部单元,也可看作是 CVR 的外部输入端口,能为关键的 CVR 记录系统多供电 9～11 min。这一新的要求源于功率波动或功率完全丧失导致飞机发生事故时丢失关键音频这样的情况,而关键数据的丢失将妨碍事故的调查。

帮助 CVR 运行的其他输入还有:

(1) 地面互锁离散输入。

(2) 与机载维护系统的接口。

(3) 终止记录离散输入。

(4) 飞机离散输入。

机轮承重(WOW)输入通常用作地面互锁离散输入,以启用或防止启用擦除功能。CVR 通常具有批量擦除功能,允许机组人员或维护人员删除或擦除在 CVR 存储中的音频。当需要调查潜在记录时,为了防止此功能在飞行中被意外或故意激活,WOW 输入通常被发送到 CVR,以便在必要时禁用擦除功能。此外,WOW 输入通常通过一架或多架飞机互锁发送,以确保飞机在启用擦除功能之前落地。欧洲民用航空电子组织(EUROCAE)文档 ED－112 提供了该功能可接受的三个具体的飞机互锁示例:

(1) 停机制动器和 WOW 传感器。

(2) 主舱门位置传感器(门打开)和 WOW 传感器。

(3) 在旋翼飞机安装设备中,旋翼制动器和 WOW 传感器。

上述每个设备在确保飞机安全落地后将允许擦除所记录的 CVR 信息。

机载维护系统的接口通常与CVR兼容,允许CVR将状态报告发送到飞机上的维护显示器。通常,显示器维护系统或机组警告系统能显示CVR故障信息。此接口将允许CVR将状态信息传送到老系统。该接口还允许飞机上的老系统命令CVR自检。

根据规定,撞击后10 min内必须停止CVR记录的输入。一些离散输入信号能实现该功能。在老的CVR中,一些设备通过使用冲击(g)开关为CVR提供离散的地面输入信号。然而,由于可靠性问题,一些监管机构已要求停用冲击开关。在不使用冲击开关的情况下,这个输入与发动机的油压相关。飞机上的离散输入"告诉"CVR,可以把这个设备安装在飞机上。除非此输入为真,大多数CVR不会启动录音功能。产生这个特定输入有两个原因。其中一个原因是ED-112中详细描述的目前CVR设计规范,该规范规定,只要音频没有从飞机删除,就不能从CVR下载。在此离散信号为真时,CVR将禁用任何音频下载功能。

该离散输入的另一个功能是允许CVR进入记录阶段。当需要对CVR进行维护或从CVR下载信号而将其从飞机上移除时,该功能可用。当CVR不在飞机上时,就应该进入记录阶段,并可能覆盖先前记录的音频。因此,如果此离散信号为假,CVR不会开始记录。

图8-2是典型CVR和外部接口的示意图。

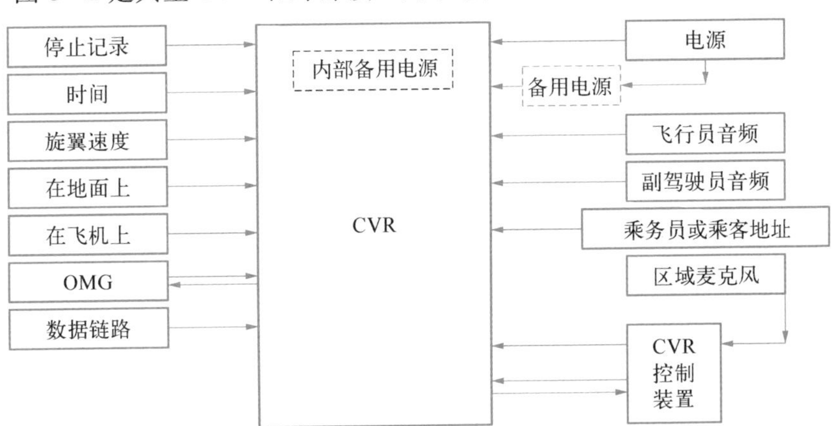

图8-2　典型CVR和外部接口

8.3 发展历史

FAA就CVR设计要求发布了一些技术标准规定(TSO)。1964年9月发布了TSO-C84。1963年11月发布了CVR的最低参考性能标准,详细说明了使用磁带记录四通道驾驶舱音频数据、记录速度、失真水平以及与模拟磁带记录介质相关的其他细节的CVR设计要求。为了确保根据TSO-C123a生产“未来……驾驶舱语音记录器”,于1995年5月18日发布了《联邦公报》第60卷第74号,取消了TSO-C84。

TSO-C123a于1996年8月发布。该TSO没有自己的最低性能标准,以EUROCAE ED-56A“驾驶舱语音记录器系统的最低操作性能要求”第2章~第6章作为CVR设计的基础(ED-56A,1993)。该规范不同于以前的CVR规范,主要表现在以下几个方面:

(1) 引入了固态记录技术的规范。

(2) 对于CVR持续30 min、1 h和2 h分别制订了规范。

(3) 为产生CVR和飞行数据记录器(FDR)同步需求制订了规范。

至此所有语音记录器都使用磁带录音,这种录音方式并不可靠。随着航空电子技术的不断进步,新的固态记录技术不再采用旧的磁带录音技术,CVR可存储更长时间的记录。

目前的CVR TSO版本是于2006年6月生效的TSO-C123b。该修订版本也无自己的最低性能标准。这次修订将EUROCAE ED-112作为最低性能标准。这一新规范于2003年3月发布,与以前的ED-56A规范(ED-112,2003)相比有许多不同和改进之处:

(1) 将CVR和FDR规范合并成一个文档,使这两类设备的耐受性和环境测试要求协调一致。

(2) 禁止使用磁带作为记录介质。

(3) 增加了对记录数据链路消息的要求。

(4) 增加了对图像记录的要求。

(5) 增加了对可自动部署记录器的要求。

(6) 增加了对组合记录器(CVFDR)的要求。

(7) 增加了对独立电源的要求。

尽管当前的TSO版本是C123b,但先前根据TSO-C123a批准的CVR满足许多所需的规范,并且仍然可以在制造、销售和安装飞机时使用。老的飞机并不要求引入TSO-C123b中的新规范。

8.4 当前规范[①]

《联邦航空法典》(CFR)第14章给出了对固定翼飞机和旋翼飞机的要求规范。第23部和第25部是关于固定翼飞机的规范,而第27部和第29部是关于旋翼飞机的规范。FAR第23.1457条、第25.1457条、第27.1457条和第29.1457条给出了CVR的要求规范。这些规范基本相同,差异非常小。在过去几年中,对CVR的要求规范已进行了改变,新增了固定翼飞机和旋翼飞机的CVR要求规范,重大变化不多。主要有两个补充:添加了记录数据链路通信要求;要求有备用电源(RIPS),以便在失去CVR主电源后为CVR和驾驶舱安装的区域麦克风再供电9～11 min。

并非所有飞机都需要这些补充规范。同时,对第91部、第121部、第125部和第135部中的规范也做了修改,详细说明了哪些固定翼飞机/旋翼飞机必须包括哪些要求以及对应的时间。其中一些要求是“远期装配”或仅在某一日期之后制造的新型飞机上需要,其他是一些改进要求或是需要在已经投入使用的飞机上安装。下面概述CVR的要求规范。

① 条款编号按中文格式。

8.4.1 CFR 第 14 章第 91.609 条

(1) 配备两名飞行员,并要求 6 座以上的飞机要求安装 CVR。

(2) 改装:截至 2012 年 4 月 7 日,对于 2010 年 4 月 7 日之前制造的所有需要 CVR 和 FDR 的飞机,必须在单独机匣中安装 CVR 和 FDR。

(3) 对于 2010 年 4 月 7 日后制造的新型飞机,必须满足 CFR 第 14 章第 23.1457 条、第 25.1457 条、第 27.1457 条或第 29.1457 条中除数据链路记录和 RIPS 的全部 CVR 要求。

(4) 对 2012 年 4 月 6 日之后制造的新型飞机,必须满足 CFR 第 14 章第 23.1457 条、第 25.1457 条、第 27.1457 条或第 29.1457 条中包括数据链路记录和 RIPS 的全部 CVR 要求。

(5) 数据链路远期装配,在 2012 年 4 月 6 日之后在需要 CVR 和 FDR 的飞机上安装数据链路,必须记录数据链路信息。

8.4.2 CFR 第 14 章第 121.309 条

(1) 对 CVR 的要求取决于座椅配置(10~19 座或 20 座以上)。

(2) 改装:截至 2012 年 4 月 7 日,对于 2010 年 4 月 7 日之前制造的所有飞机,必须:

a. 当需要 CVR 和 FDR 时,在单独机匣中安装。

b. 保留最后 2 h 的记录信息。

c. 具有 TSO-C123a 或更高版本的 CVR。

d. 录制其他音频:(a) 飞行机组对讲机通信 (b) 来自助航设备的音频 (c) 乘客扬声器(PA)(如果 CVR 的第四个通道可用)。

(3) 远期装配。

a. 2010 年 4 月 7 日之后,必须:(a) 完全符合第 23.1457 条或第 25.1457 条,只有一个例外:数据链路记录包括了 RIPS 要求 (b) 保留最后 2 h 的记录信息 (c) 具有 TSO-C123a 或更高版本的 CVR。

b. 2010年12月6日之后,必须完全符合第23.1457条或第25.1457条,包括数据链路要求。

(4) 数据链路远期装配。如果在2010年12月6日之后安装数据链路(不考虑飞机制造日期),则必须记录数据链路信息。

8.4.3 CFR第14章第125.227条

(1) 对CVR的要求。

(2) 改装:截至2012年4月7日,对2010年4月7日之前制造的所有飞机,必须:

a. 当需要CVR和FDR时,在单独容器中安装CVR和FDR。

b. 保留最后2 h的记录信息。

c. 具有TSO-C123a或更高版本的CVR。

d. 录制其他音频:(a) 飞行机组对讲机通信　(b) 来自助航设备的音频　(c) 乘客扬声器(PA)(如果CVR的第四个通道可用)。

(3) 远期装配。

a. 2010年4月7日当天或之后,必须:(a) 完全符合第25.1457条,只有一个例外:数据链路记录包括RIPS要求　(b) 保留最后2 h的记录信息　(c) 具有TSO-C123a或更高版本的CVR。

b. 2010年12月6日当天或之后,必须完全符合第25.1457条,包括数据链路要求。

(4) 数据链路远期装配。如果在2010年12月6日之后安装数据链路(不考虑飞机制造日期),则必须记录数据链路信息。

8.4.4 CFR第14章第135.151条

(1) 在具有6座以上以及需要2名飞行员或20座以上的飞机上需要CVR。详细说明每个座椅配置的具体要求。

（2）改装：截至2012年4月7日，在2010年4月7日之前制造的所有飞机必须：

a. 当需要CVR和FDR时，在单独容器中安装CVR和FDR。

b. 录制其他音频：（a）飞行机组对讲机通信 （b）来自助航设备的音频 （c）乘客扬声器（PA）（如果CVR的第四个通道可用）。

（3）远期装配。

a. 2010年4月7日当天或之后，必须：

（a）完全符合第23.1457条、第25.1457条、第27.1457条或第29.1457条，只有一个例外：数据链路记录包括RIPS要求 （b）从飞行前检查清单到飞行结束时完成最终检查清单，持续工作 （c）保留最后2 h的记录信息 （d）具有TSO-C123a或更高版本的CVR。

b. 2010年12月6日当天或之后，必须：完全符合第23.1457条、第25.1457条、第27.1457条或第29.1457条，包括数据链路要求。

（4）数据链路远期装配。如果在2010年12月6日之后安装数据链路（不考虑飞机制造日期），则必须记录数据链路信息。

8.5 定期检查要求

事故调查员建议：根据初始安装的要求，世界上许多地区开始要求每年都得对CVR系统进行检查。通过许多事故调查发现，CVR系统没有完全起作用。当从这些装置下载音频记录时，CVR总是缺少一些音频的输入。因此，建议定期对整个CVR系统执行全面功能测试。不过，不同的监管机构规定的检查要求略有不同。

ICAO附件6第一部分附录D提供了一些关于如何检查CVR和FDR系统的详细指南。其中规定，重放CVR记录可对CVR音频进行年度检查。通过提供来自每个飞机源的测试信号来完成测试，或者检查实际飞行中的记录并验证可理解性。印度在其民用航空要求中一字不变地通过了ICAO的检查要求,见第2节——适航性系列Ⅰ第Ⅵ部分第Ⅱ期,并于2012年11月印发了最新修订版。

欧洲航空安全局(EASA)于2009年12月发布了SIB 2009-28。与ICAO一样,该《安全信息公告》旨在减少FDR和CVR休眠故障的数量。然而,EASA检查要求与ICAO附件6中所列的要求略有不同。本公告阐述了CVR和FDR系统的检查要求。根据该公告,CVR系统必须每6个月检查一次。在检查中,使用CVR管制员监视器插孔必须确认发送到CVR的每个通道的音频被提出并记录了。同时,还需要对大量擦除禁止逻辑进行功能测试。

CVR检查要求也与加拿大航空条例(CAR)第Ⅵ部分(一般运行和飞行规则,见标准625附录C)阶段任务和设备维护要求中的ICAO程序略有不同。CAR描述了对CVR系统进行的四种定期维护:操作检查、功能检查、可理解性检查和设备检修,以及执行这些检查时的细节。每12个月或3 000 h进行一次功能和可理解性检查,以时间先到的为准进行检查。CAR对于如何执行检查的描述较少,仅详细说明"测试程序……应能够验证来自规则所要求的所有输入源的可理解音频信息"。

FAA正在起草CVR定期检查指南。目前不能确定这些要求是否像印度一样完全复制了ICAO附件中的要求,或者将其作为制定特定要求的基础。常识表明,FAA将要做的是修订工作,类似于EASA对SIB 2009-28进行修订,并详细说明自己的要求。

8.6 小结

CVR系统是今天许多固定翼飞机和旋翼飞机上安装的非常有用的工具。这些系统的技术已经发展了很多年。新的数字技术与机载飞机系统交联,并淘汰了最初的磁带CVR。新的记录器体积小、质量轻,可记录的信息也远远超过磁带 CVR。然而，随着记录器的发展，强制要求也随之而来。现在的 CVR 不能仅用来记录音频，而且它必须有备用电源，记录来自飞机上其他系统的信息，并能更长时间地保留这些信息。随着时间的推移，CVR 将不断发展，记录更多信息，并与更多的飞机系统交联。

参考文献

[1] ED-56A, Minimum operational performance specification for cockpit voice recorder system, December 1993.

[2] ED-112, Minimum operational performance specification for crash protected airborne recorder systems, March 2003.

[3] Electronic Code of Federal Regulations, Title 14 Aeronautics and Space, http://www.ecfr.gov/cgi-bin/textidx? &c = ecfr&tpl =/ecfrbrowse/Title14/14tab_02.tpl.

[4] Federal Register, Vol. 60, No. 74, April 18, 1995.

[5] TSO-C84, http://www.airweb.faa.gov/Regulatory_and_Guidance_Library/rgTSO.nsf/MainFrame? OpenFrameSet.

[6] TSO-C123a, http://www.airweb.faa.gov/Regulatory_and_Guidance_Library/rgTSO.nsf/MainFrame? OpenFrameSet.

[7] TSO-C123b, http://www.airweb.faa.gov/Regulatory_and_Guidance_Library/rgTSO.nsf/MainFrame? OpenFrameSet.

9

民用航空电子设备的合格审定

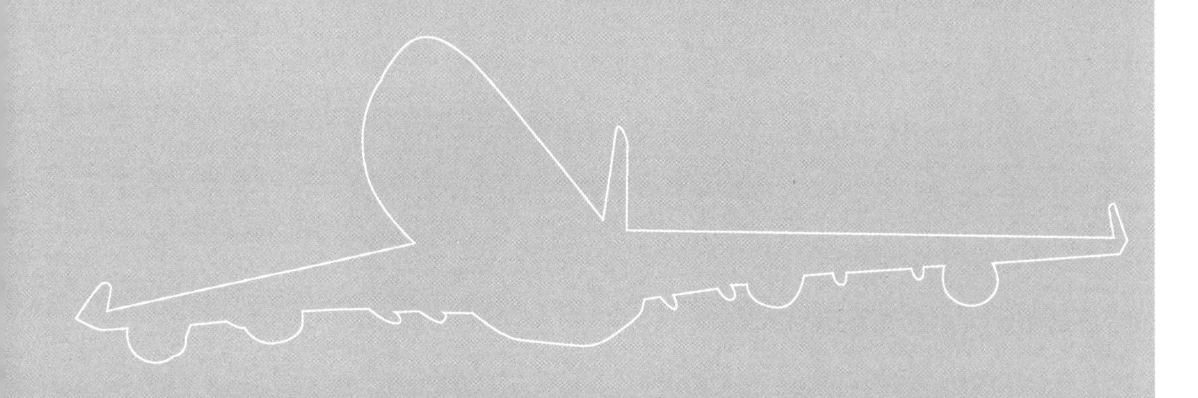

9.1 导言

在民用飞机设计、制造和使用的过程中,几乎所有方面都要服从政府制定的范围广泛的规章与条例。本章将讨论开发者在航空电子设备合格审定中可能遇到的主要相关规章。

在民用航空安全问题上,合格审定是最重要的要素。航空电子设备合格审定的法律意义是:一方面,用文件确认某项设备满足所有适用规章的要求并能以正确的方式制造;另一方面,在规章审定的法律和监管机制之下,合格审定还可以理解为对新机型或设备的安全性的一种预测及保障。提交合格审定的新设备没有使用经历,因此合格审定实际上是为新设备提供对未来服务可信度的预测,即对机组的影响、安全性后果、故障率和维修要求。合格审定虽不是一个十全十美的预报器,但从历史上看,它确实是一个有效的预报器。

本章讨论的合格审定活动绝大部分满足 FAA 的要求。不过要注意的是,其他的民航主管当局的做法虽然多数与 FAA 相似,但在细节或范围方面却常常有所不同。在第 1 版的《数字航空电子技术》中,本章讨论过 FAA 与 JAA 在实践中的主要差别。《数字航空电子技术》第 2 版强调,欧盟正把合格审定的职权从 JAA 移交给另外一个新机构 EASA。现在,这个职权的移交工作已基本完成。

在本章末尾,我们将审视建立 EASA 带来的影响。那只是世界上一些领导人按各自的原则提出的一些规定,不大可能有什么惊人的东西。在某种意义上,欧洲的管理者只是简单地把成熟的功能引入一个新的组织机构中。尽管如此, EASA 的规章和指南可能会有很大的和不可预见的变更,而各管理机构之间的差异可能导致代价昂贵的误解。每个管理当局的规则和期望随时间而变化,FAA 亦是如此。作为通用的指导原则,合格审定工作应经常向权威机构咨询。

本章讨论如下一些题目：

(1) FAA 的基本条例。

(2) FAA 的航空电子设备批准书。

(3) TSO。

(4) STC。

(5) 型号合格证、改型合格证及服务通告。

(6) FAA 的委任代表。

(7) 系统需求。

(8) 安全性评估。

(9) 环境合格审定。

(10) 软件质量保证。

(11) 复杂的电子硬件。

(12) 制造批准书。

(13) EASA。

在概念上，航空电子设备的合格审定是简单明了的，是最为平常的事情。首先申请人简单地定义一项产品，建立受规章限制的产品要求，然后演示该产品已满足所有要求。现实情况当然要复杂得多。不言而喻，任何航空电子系统必须有适合的市场。与所有商业行为一样，售出的航电产品必须达到一定的数量，才能收回在该产品上的投资。项目如要生存，必须控制开发费用。担保和保障费用必须要加以预测和管理。而上述工作所做的每一个选择将与合格审定工作产生相互影响。

本章介绍航空电子设备的合格审定工作，不是审定全部的工作内容。一些重要题目只做了简单的讨论，未涉及在实际合格审定项目中遇到的许多情况。好的工程设计不应与好的合格审定混为一谈。一项新的航空电子设备可能富有想象力而且设计完美，但却可能未取得审定合格证。优良的工程设计是顺利通过合格审定的前提，但两者并不是同义的。合格审定含有很强的法律因素，所以合格审定与其说是一门科学还不如说是一种技巧。在开发期间,对项目提出奇怪的规章性审批要求是经常会遇到的情况,合格审定中这种意外情况很少使人愉悦,但通过与审定机构保持开诚布公的对话,可以尽可能减少或消除这种意外情况。

9.2　FAA的基本条例

FAA创建于1958年,其主要的活动是出版和实施联邦航空条例(FAR)①。FAR是按部来编纂的,以下各部覆盖了与航空电子有关的绝大多数工作。

第1部(Part 1)——定义和缩略。

第21部(Part 21)——产品和部件合格审定程序。

第23部(Part 23)——适航标准:正常类、实用类、特技类和通勤类飞机。

第25部(Part 25)——适航标准:运输类飞机。

第26部(Part 26)——运输类飞机持续适航性和安全性的改善。

第27部(Part 27)——适航标准:一般类旋翼机。

第29部(Part 129)——远航标准:运输类旋翼机。

第33部(Part 33)——适航标准:飞机发动机。

第34部(Part 34)——涡轮发动机飞机的燃油排泄和废气排放要求。

第39部(Part 39)——适航性指令。

第43部(Part 43)——维修、预防性维护、重建、改变。

第91部(Part 91)——运行和飞行一般规则。

第121部(Part 121)——运行要求:国内、标志及补充运行要求。

---

① 当FAA和航空工业继续用缩写词FAR代表联邦航空条例时,美国政府官方关于这些条例的文件在CFR(Code of Federal Regulations)中的标题14。缩写词FAR通常是为"联邦采购条例"预留的。需要查询航空条例的个人应使用14CFR形式以及相应的部分,如14CFR21。

第 183 部(Part 183)——管理人代表。

任一给定的项目都只需用到这些条例的一个子集。管理良好的合格审定项目能确定并遵循一个完整且最小的适用规章子集。

9.3 FAA的航空电子设备批准书

FAR为安装在民用飞机上的电子设备提供了几种不同的批准书形式。其中,大多数读者主要关心的是TSO体系下及STC体系下的批准书,或者作为型号合格证(TC)、修改型号合格证(ATC)或服务通告一部分的批准书①。

9.4 TSO

TSO体系下的批准书是通用的。TSO是认定某个类型的产品、部件和设备可在机上广泛使用的规章性文件。TSO不仅用于航空电子设备,也可用于任何有潜在广泛应用的民机产品,从安全带、灭火器到轮胎和氧气面罩。事实上,TSO背后的指导思想是产品适用对象的广泛性。FAA在提倡和采用TSO方面做了极大的努力。对于用途有限的设备,FAA几乎没有兴趣为它出版TSO。

TSO内容包括产品规范、要求提交的数据、标识要求以及各种指令和限制。许多TSO与航空电子设备有关:驾驶舱仪表、无线电通信设备、仪表着陆系统接收机、导航设备、防撞系统、飞行数据记录仪(FDR)等,不胜枚举。

TSO-C133"机载多用途电子显示器"是航空电子设备TSO的典型例子。

---

① 过去按FAA Form 337,新开发的设备有时被安装且作为现场验收的一部分,现在这种行为在所有情况下都不允许。

电子显示系统可应用于不同的用途：显示姿态、空速、高度、发动机数据或飞机状态，航路导航或精密进近引导，维修告警，乘客娱乐等。同一物理显示设备可用于许多不同的飞机型号，其潜在应用包括上述任一或全部功能。鉴于这种广泛的适用性，FAA 发布了 TSO - C133，这样开发商可以方便地将通用显示设备用于各种用途。TSO - C133 一般要求提交下列数据：

(1) 适用性说明。

(2) 例外及更新说明。

(3) 引用条例、数据和出版物。

(4) 环境试验要求。

(5) 软件设计质量保证要求。

(6) 部件标识要求。

(7) 操作指令。

(8) 设备限制条件。

(9) 安装程序及限制条件。

(10) 原理图和接线图。

(11) 设备规范。

(12) 部件清单。

(13) 图样清单。

(14) (生产)程序说明书。

(15) 功能测试规范。

(16) 设备校准程序。

(17) 检修/维护程序。

如果一个航空电子制造商申请 TSO 批准书，并且该制造商的设施、能力和数据符合 TSO 的条目，那么该制造商就可以取得 FAA 的 T50 项目批准书(TSOA)。TSOA 代表设计数据和制造权利的双重许可，即所提出的产品的设计通过了验收，而且制造商已证明其具有生产完全相同产品的能力。

在基于TSO的项目中，实际提交给FAA的资料总量是不同的，随系统类型、FAA对具体申请人的了解以及FAA管区而异。在某个案例中，申请人可能需要提交大量的合格审定资料；而另一个案例的申请人，为获得TSOA也许只递交一页纸就足够了。对任何一个新项目，没有必要了解所有的条例要求。一致性是FAA的目标，但确实存在在各办事处之间的地区差异。尽早与合适的审定机构沟通对话，可以保证管理机构和申请人之间的相互理解，达到彼此间认识上的一致。

关于TSO更多的信息，可查阅FAA网站www.faa.gov的“技术标准规定”和FAA Order 8051.1（版本C或以后各版）“TSO计划”（“Technical Standard Order Program”）。如果申请的设备只满足TSO规范的一个子集，或者实现由几个TSO覆盖的功能，则后者对制订TSO计划是很有帮助的。

应注意，TSO并不授予在飞机上安装的批准书。虽然TSO认可的数据可用来支持安装批准书，但TSOA本身只适用于所讨论的设备。安装批准书必须通过其他办法获取，而且并非必须由航空电子设备制造商办理。

9.5 STC

STC授予想要修改现有某型飞机设计的个人或机构，而这些改装申请人一般不是飞机制造商。通常，向FAA寻求STC合格证的动因是出于航空电子设备的改进或升级。在STC中，申请人要对飞机改装的所有方面负责，其中涉及的事项主要有如下几个方面。

（1）正式申请STC。

（2）与FAA商谈相关飞机合格审定的基本要求。

（3）确定需要专案处理的特定项目。

（4）准备合格审定计划。

(5) 实施合格审定计划中规定的所有分析工作。

(6) 与 FAA 进行项目全过程协调。

(7) 实际飞机配置的修改。

(8) 完成全部一致性检验。

(9) 完成全部符合性检验。

(10) 完成所有要求的实验室、地面和飞行试验。

(11) 准备飞行手册补充材料。

(12) 准备持续适航性所需说明。

(13) 准备合格审定总结。

(14) 准备所有生产许可证的支撑材料。

STC 申请人必须是"美国机构",该条目的确切含义并不确切,因此外国公司常在美国设立一个名义上的办事处作为申请人。FAA 也接受在美国的办事处申请,并持有 STC。

STC 申请人完成并向 FAA ACO 提交 FAA Form 8110－12"型号合格证、生产许可证或 STC 的申请书",即正式启动申请过程。伴随申请的还应该有关于该项目及相关型号飞机的说明、项目进度安排、设计和安装地点表格、建议委任代表(本章后文将讨论)名册材料以及与 FAA 举行初次会议的请求(如果需要)。FAA 将分配项目编号、指定该项目的管理者、安排会议日程(如有请求),并向申请人发出含上述细节的告知信。在某些案例中,由于项目大或复杂,在受理申请前,可能要求 FAA 地区办事处与 FAA 国家总部进行协调。

申请人必须确定待修改飞机合格审定的基本要求。"合格审定基本要求"包括概括适用的所有 FAA 规章(按规定的修改类别)以及与所讨论的飞机和项目密切相关的各种指南。规章会随时间变得更加严格,遵守较新的规章可能比遵守先前的规章要耗费更多的时间和费用。

建立合格审定基础的起点是查阅每一个受影响的飞机型号的型号合格审定数据单(TCDS)。实际上在多数情况下,认证的基本要求是申请当时有效的，并适用于所讨论的STC的那些规则。前不久，按惯例还允许飞机改型者遵循飞机原来的合格审定基本要求。这样，过时的要求便保留在当前的可接受性文档中。这些保留条款现在已经基本上失效，新的修改必须满足当前的规则。

复杂的航空电子系统、大范围的设计更改以及新颖的系统架构，都会引发特殊的情况：项目中会出现某些不寻常的状态，且不能精确地符合正常的规章框架。对于这些情况，申请人就会设想按照别的规章提出符合性申请，例如另一种符合性方法，或寻找等效的安全性、豁免或者特殊条件。如果是这样，那么一般的建议便完全无用。就其性质而言，这些非正常的活动需要与FAA密切协调。

STC申请人必须准备合格审定计划，包括如下内容：

(1) 修改的简要说明和如何证实符合性。

(2) 功能危险性评估概述(见9.9节)。

(3) 提交的符合性文档清单，包括文件号、题目、拟制者、批准或建议的委任代表(委任代表的说明见本章后面相关小节)。

(4) 提交FAA委任代表名单(如果使用)，包括姓名、代表号、委任的FAA办事处、分类、授权区域以及授权职能。

(5) 符合性检查表，列出所采用的来自合格审定基本要求的规章、其修正版本号、主题、符合性检验方法、证明文件以及相关的委任代表。

(6) 最低签派配置定义(以满足MMEL)。

(7) 项目进度表，包括提交数据，提交测试计划，提交各项测试(及其地点)、符合性检验、完成安装、地面和飞行试验和项目完成等的日期。

某些FAA ACO要求参加该项目的所有委任工程代表(见下节)签署FAA Form 8110-3"联邦航空规章符合性声明"("Statement of Compliance with Federal Aviation Regulation")，并提出批准该项目的合格审定计划建议。

申请人需要做大量的分析和试验来验证符合性，并必须保留分析和测试结果。本章后面将讨论四项最重要的活动：安全性评估、环境合格审定、软件质量保证和复杂的电子硬件的设计质量保证以及其他工程问题和系统需求开发与处理。

FAA介入STC是一个过程,而不是一个行动。FAA的专家们同时支持许多项目,配合申请人的安排,因此管理机构要求申请人有一个计划。提交计划是申请人的责任。如果申请人方面错过最终期限,以及在最后一分钟提出意外的要求,会导致项目的严重延误,因为FAA主要人员必须重新安排他们的时间表,这样可能会比原计划推迟数周或数月。

STC的过程要求至少改装一架原型机,对该机的修改须做全面的工程分析,包括飞机性能、结构和电气负载、重量与平衡、人的生理心理因素等。飞机改装所用的每个部件必须单独考核是否完全满足其指标,或者更一般地,需要审查该部件是否由批准的生产系统制造。单个部件考核通常称为"部件符合性检验"。而整个飞机改型还要经受"设备符合性检验"。对于复杂的设备,甚至对于复杂的部件,可能要做逐项符合性检验。符合性检验向FAA检验员或FAA授权委任的制造检验代表(DMIR)或适航委任代表(DAR)实施(见下节)。

需要强调的是,符合性检验旨在保证部件符合其规范;相对应的是,一致性检验则是通过物理方法检验修改是否符合适用的联邦航空规章。一致性检验的典型例子是检查机上布线的改动或所需的标牌的可视性。一致性检验由FAA工程师或授权的委任的工程代表(DER)实施。

对涉及地面和飞行试验的重要项目,FAA将签发型号检验授权书(TIA),TIA中详细列出完成合格审定程序所必需的所有检验、地面试验和飞行试验。在签发TIA之前,FAA应已接受和审查了有关该项目的所有的说明性和一致性数据。近年来,FAA在TIA中增加了一个程序:飞行试验风险评估。该项评估将按照申请人提交的资料,力求确定和降低飞行试验中包括FAA人员在内的任何可察觉危险。

作为STC的部分,安装新的航空电子设备,飞行机组人员通常要增加新的不同的操作程序。在大多数情况下,申请人应当提供新的操作程序文档,作为对已批准的飞行手册的补充。对一些复杂情况，可能还需要提供操作手册补充材料。

申请人必须提供改型飞机的持续适航性说明书。例如，贯穿压力阀的线束和管道要做的周期性检验，配合新子系统作动器要做的定期维修。持续适航性说明书通常补充到维护手册中，但也可能要补充到部件图册、结构修理手册、结构检验程序或部件维修手册中。

本章讨论的大部分内容更多的是适用于运输飞机，而不是小型飞机。小型飞机（FAR 23 部）的规章限制要求，在某种程度上没有运输飞机那样严格。即使对运输飞机，也不是在每一种情况下，上面讨论的每项都是必需的。申请人和管理机构之间的早期交流讨论是确定实际开展工作的最快捷径。

20 世纪 60 年代以来，一些航空电子设备开发商发现可以通过称为指定的改型委托机构（DAS）的一类公司取得 STC。如得到 FAA 的适当授权，DAS 可进行与确定的飞机改型相关的所有工作并签发 STC。采用这种方法，航空电子设备开发商也许根本无须与 FAA 成员接洽。STC 的拥有权和生产许可证的控制权是两个关键性问题。

自《数字航空电子技术》第 1 版出版以来，FAA 已开始彻查其各组织的委任条例（主要是指定改型委托机构、委任选择授权以及联邦航空特别条例 36 授权）。FAA 于 2005 年 10 月 13 日出版了最终规则（Federal Register, Volume 70, Number 197），以适航机构委任授权（Organization Delegation Autborization, ODA）为名的新框架取代了以前的各组织的委任条例。ODA 以 FAR 183 部下面的子部 D，整合了先前的各种组织的授权，并在流程中考虑了新的飞行标准功能。构建的 ODA 将处理型号合格证，生产许可证，STC、TSOA，大修，大改，适航，部件制造人批准书以及飞行标准操作批准书。在本书准备出版的过程中，FAA 关于 ODA 指南的规定已在编制中，但尚未公布。当本书与读者正式见面时，该规定和指南应该已出版。

终止以前的组织机构并将它们移交给 ODA，需要经过一段时间。根据

2005年颁布的规则,移交工作应在2009年11月14日之前完成。在交接阶段,如果打算利用某个外部机构处理STC或相关的许可证事宜,或许需要对DAS及ODA两者做出评估。欲获得更多信息,可查阅FAA Order 8100.15A(或后续版本)的“组织委任授权程序”。

9.6　型号合格证、改型合格证及服务通告

作为型号合格证(TC)、改型合格证(ATC)及服务通告的部分,批准书是与飞机制造商或发动机制造商合格审定活动联系在一起的,这些制造商统称为原设备制造商(OEM)。在与TC、ATC及服务通告有关的项目中,虽然具体细节会有很大变化,航空电子设备供应商的义务大体与STC项目的要求相仿。参与飞机或发动机开发项目的航空电子设备供应商,可以应该也期望从他们的OEM用户处获得合格审定工作的指导。

在这些项目中,供应商在评估协议书时要注意如下情况:OEM把额外的或错误规定的合格审定责任转包给供应商。转包是一个好方法,可以有效地实施和管理。转包需要全面理解有关各方的责任。然而,在合同商谈中这种理解成为关键问题时,却往往难以做到全面。如果缺乏全面了解,项目贸然开展并盲目乐观,就不能清晰地看到潜在高昂的代价以及责任。代表OEM接受了合格审定责任的供应商,尤其是那些对合格审定工作毫无了解或没有直接适用于所涉及系统合格审定经验的供应商,在签署合同前,必须认真考虑重要问题并做好准备与其用户及管理人员坦率地讨论那些困难的问题。

9.7　FAA的委任代表

在美国,任何申请人都可以直接与FAA接洽。FAA并不向申请人收取服

务费用。这种向用户免费提供服务的做法不同于其他民用航空适航当局，他们中间有些要为常规审定事务收取固定的费用。然而，FAA 可根据其判断，委任某些具有适当资质的人员作为代表。这些选派人员，称为委任代表[①]，他们根据 FAR 183 部取得授权，提供各种服务。其中有些人是内科医生，颁发飞行员体检合格证明。另一些是考官，向新飞行员颁发驾驶执照。还有一些检验人员被授权核发维修工作许可证。

航空电子设备开发商最可能打交道的是 FAA 的 DER、DMIR 或 DAR。如果航空电子开发商与 ODA 相联系(或欲使他们的设备获得具有 ODA 的 OEM 批准)，则符合性调查活动可能由 ODA 的组内成员(UM)或 ODA 的授权代表(AR)来完成，与 FAA 委任代表一样，AR 和 UM 存在于与之相同的区域。

所有委任代表必须具有 FAA 授予的，并与其活动相应的认证权力。DER 可以审核批准工程设计数据，试飞员 DER 可以处理和核准新机或改型飞机的试飞数据，DMIR 和 DAR 可以进行产品和安装的一致性检验，DAR 可以颁发适航证书。在执行认证权力时，委任代表在法律上代表 FAA，在大多数情况下，对申请人而言，他或她就是 FAA。然而，FAA 与委任代表在处理问题方面存在事实上的差别。

最显著的不同是：申请人事实上聘用了委任代表并向他支付费用，这样在项目中可灵活地使用该代表的时间。这给项目进度安排带来的好处远大于付给代表的费用。有经验的委托代表能提出有价值的指导或建议，而 FAA 通常限于发现符合性问题，即管理方只是简单地告诉申请人其提交的资料是否符合规章要求。如果被判定不符，在多数情况下，FAA 并不告诉申请人如何做才能符合要求，但委任代表能为申请人提供补救策略，如果做得更好，一开始就引导申请人走上预期能符合要求的途径。

---

① FAA 委任代表系统在可由委任代表行使活动的范围内是不同寻常的，然而，其他监督授权机构使用类似的方式，例如，EASA 将类似的符合性调查活动授权给被称为认证工程师(CVE)的个人。

FAA 通常鼓励申请人聘用委任代表。申请人必须为每个项目向 FAA ACO 明确提名委任代表。如果 ACO 接受该提名，将和其制造同行协调，并授予该指定的委任代表某些确定的职能。这些委任代表之后就可作为 FAA 相关人员为该项目的代理人开展工作，提供监督，最终批准或建议批准符合的资料。

虽然申请人可任意使用委任代表，但 FAA 工作量和进度计划的现实情况使得使用委任代表显得更为实效。一旦把委任代表纳入项目之中，则需要像对待其他工程资源一样，仔细权衡他们的费用和得到的好处。更多信息可参阅 FAA Order 8100.8(版本 B 或以后各版)，“委任代表管理手册”(*Designee Management Handbook*)以及 FAA Order 8110.37(版本 C 或以后各版)，“工程委任代表手册”(*Designee Engineering Representative Handbook*)。

至此，本章主要讨论了 FAA 条例的定义和实施。在任何一个航空电子设备开发项目中，无疑有大量的工程设计工作。FAA 最感兴趣的 5 个主题是系统需求、安全性评估、环境合格鉴定、软件质量保证，以及所谓的“复杂电子硬件”的设计质量保证。

9.8　系统需求

航空电子开发商必须为他们所提出的系统以易于控制和处理的方式编制需求文件。大多数有经验的专业人员通常把熟练获取需求看作是任何一个项目中最重要的一项技术活动。对于测试、训练、维修程序以及其他许多事项来说，系统规范是描述系统工作正常或异常的根据。本书针对系统需求规范仅做简短讨论，但并不意味着对此做表面研究就可以了。恰恰相反，系统规范非常重要，为此大量文献资料有专门的论述。定义需求有很多可用的方法，各个公司在这方面可根据各自的经验不断发展各自的方法。

多年来，许多型号的航空电子系统事实上已用了标准化的需求描述，这样就减轻了工程设计和合格审定两方面的工作负荷。但新的系统仍然可以自由设计而不拘泥于传统。申请人应预计到，管理人员和用户将会仔细审查这些不同之处，并可能要求对变化补充论证材料并加以证实。

完美的航空电子设计以合理的需求作为基础。无论以什么作为需求的依据，无论用什么方法来获取和完善需求，申请人必须要能够证明新系统的需求，包括性能、安全性、维修性、持续适航性等都需经过全面的考虑。有些项目简单地采用需求列表，并附上符合各项需求的一种或几种方法。另一些则采用控制需求和符合性信息的大型复杂数据库。符合性通常通过分析、试验、检查、演示或它们的某种组合来加以证明。

9.9 安全性评估

在项目早期，开发商就应考虑并提出与设备相关的飞机级的危险性，而且是越早越好。这是新系统安全性评估诸步骤中的第一步。

系统失效的严重性与系统经受失效的详细研究之间有清楚的关系。除去少数值得注意的例外情况外[①]，那些对安全性无关紧要的系统几乎不受关注。对于操作不当会造成机毁人亡的系统，需要加倍注意，工程设计上需要做周密计算和充分验证。

一般而言，系统失效的严重性和可承受的失效发生频度之间是一种相反的关系。每一千飞行小时发生几次小麻烦是允许的，但灾难性危险的发生率必须低于每十亿飞行小时一次。大多数危险处于这两个极端之间。对于运输机来

① 例如，FDR、驾驶舱话音记录器、应急定位器发射机的故障对继续安全飞行和着陆没有影响。传统的安全性评估论证不考虑这些设备故障影响。然而这些系统显然执行重要的功能，FAA 定义这些设备比安全性评估所建议的给予了更多的注意。

说,不考虑概率,条例要求任何单一的随机故障都不应产生灾难性危险,这意味着必须要有两个或更多的独立故障同时发生时,才可能造成灾难性危险。

对申请研制新系统,必须用功能危险性评估(FHA)文件做出危险性的最初分析。FHA应只分析与该系统操作直接相关的危险。例如,自动驾驶仪的FHA,应考虑控制面未受命令控制的急剧偏转或振荡。显示系统的FHA应考虑在不同的飞行阶段产生显示空白,冻结以及虽有显示但给出误导而带来的危险。

一般而言,如果FHA的结论是某系统的误动作,对持续的安全飞行和着陆影响甚微或没有影响,则无须对它做进一步的安全评估。反之,如果FHA确认该系统对飞机或乘客构成极大的风险,则必须继续进行调查和分析。需要增加的工作主要是准备以下文件:初步系统安全评估、故障树分析、失效模式和影响分析、共因分析和系统的安全性最终评估。

在没有特殊的飞机设备时,需要对航空电子系统的使用情况做出假定,以开展安全性评估。在TSO项目批准书中确实出现了这种假设,即TSO中未规定设计质量保证的级别或者开发商预期的危险和使用情况不同于TSO中的假设。即使是标准产品,由于验收中的疏忽和采用了通用的危险分类和软件分级(见9.11节)也可能导致隐匿失误[①]。现代航空技术变化很快,而规章并非如此。技术和认可之间的差距有时会产生相互矛盾的需求、使人迷惑的困难,并推迟产品上市的时间,而这些产品实际上改善了安全性或运行的经济性或兼而有之。解决的办法是尽早与合格审定管理人员就适用于新设备的需求取得一致意见。

安全性评估的详细讨论超出了本章的讨论范围。与安全性分析相关的参

① 给定的TSO可能规定软件级别(见9.11节),而TSOA很可能据此予以认可。应注意的是,该器件实际安装在飞机上时可能需要更高的安全级别。例如,含C级软件的空速传感器可根据TSO-C2d获得批准,但是,该传感器不能在运输机上作为主要大气数据。按第25部运输飞机要求,主要大气数据功能至少相当于A级软件。

考材料如下：

- 本书第 10 章
- ARP4754A — Guidelines for Development of Civil Aircraft and Systems；Society of Automotive Engineers，Inc.，December 2010
- ARP4761[①]— Guidelines and Methods for Conducting the Safety Assessment Process on Civil Airborne Systems and Equipment；Society of Automotive Engineers Inc.，December 1996
- NUREG - 0492 — Fault Tree Handbook；U. S. Nuclear Regulatory Commission，1981
- FAA Advisory Circular 25. 1309 - 1A — System Design Analysis，1988
- FAA Advisory Circular 23. 1309 - 1E[②]— System Safety Analysis and Assessment for Part 23 Airplanes，2011
- Safeware：System Safety and Computers — Nancy G. Leveson，Addison - Wesley Publishing Company，1995
- Systematic Safety：Safety Assessment of Aircraft Systems — Civil Aviation Authority (UK)，1982

用户可能会要求某些故障发生的频率低于规章规定，即使它们的危险程度较低。换而言之，用户的需求可能严于 FAA 的要求，这主要是用户从运营经济性角度出发，例如考虑了签派的可靠性和维修费用。在这种情况下，满足用户指标就自然满足了规章规定。

---

① ARP4754 和 ARP4761(或其后续版本)有望为新的 FAA 咨询通报 AC 25. 1309 - 1B 所确认。在撰写本书时，该咨询通报还只是作为比较成果的草稿，称为“储备版本”(“Arsenal version”)，但尚未被采用。FAA 和 EASA 已采纳了申请人在近年来的开发项目中应用储备版本的提议。正式出版颁布 AC 25. 1309 - 1B 的最终日期尚未确定。

② 专门开发通用航空电子设备的申请人，尤其应注意咨询通报 AC 23. 1309 - 1B(或后续版本)。它提供的规章允许降低在其他情况下必须采用的许多要求，特别是对于若干类型小飞机的某些功能，允许软件质量保证级别可低于运输飞机。

某些TSO引用第三方指导性材料,通常是来自诸如RTCA[①]和国际自动机工程师学会之类组织的设备性能规范。TSO、咨询通告和第三方规范能清楚地给出危险级别和软件研制保证级别。如果这些规范规定了适于给定产品的危险级别和软件研制保证级别,开发商就可以在其安全性评估中便捷地使用这些质量要求。通常,开发商仍需证实其声明的要求级别。

除了安全性评估,为了预测设备的平均故障间隔时间,还需要做可靠性分析。虽然安全性评估中通常也做这种分析,但两者的重点不同。安全性评估关注对运行的影响和系统发生故障的可能性,可靠性分析则关注系统中可能影响飞机签派(可用性)特定部件的故障频率。

9.10　环境合格审定

航空电子设备必须通过环境合格审定。相关标准为RTCA DO-160(版本E及此后各版)"机载设备环境条件和试验方法"(RTCA,2004)。DO-160E规定了温度范围、湿度、冲击和坠撞安全、振动、对于辐射和传导的无线电频率的敏感性、雷电耐受力以及其他环境因素的测试要求。申请人应负责确定适用其产品的环境试验项目,如果不清楚需要做哪些环境试验,可以向FAA或DER索取适用的指南。

要取得合格审定的信任,必须对被测单元进行环境试验,表明被测单元的配置是受控的,所做测试是可接受的。对于不是按照生产许可证生产的测试成品,还应做符合性检验。FAA专家或委任代表常常要求检查批准的试验计划、

① RTCA(美国无线电技术委员会)是美国和工业界联合组建的非营利的航空组织。RTCA寻求关于航空运行电子和通信应用方面问题的合理解决方案。RTCA试图通过与其成员和同事如I组织(参见EUROCAE)取得一致的意见来解决这些问题。在美国《联邦咨询委员会法》(FACA),RTCA的建议通常作为其责任的一部分。

检验试验装置的符合性并现场监视正式测试。在所有的案例中，申请人必须对设备配置、测试装置、测试程序和测试结果建立文件，并保存证据。

欲获得更多“环境测试”的信息，参阅第11章。

9.11 软件质量保证

对航空电子产品的开发而言，软件是必不可少的，而且相应地在合格审定中占有很高的位置，其通常是合格审定计划主要考虑的对象。对于软件来说，规章方面的符合性与RTCA DO-178（版本B或以后各版本）“机载系统与设备的软件合格审定要求”所述规则一致。DO-178是由RTCA与EUROCAE[①]联合开发的。至2011年，经过长时间的更新等待，RTCA发布了DO-178C及一些相关文件，包括：① DO-330 “Software Tool Qualification Considerations”；② DO-331 “Model-Based Development and Verification Supplement to DO-178C and DO-278A”；③ DO-332 “Object — Oriented Technology and Related Techniques Supplement to DO-178C and DO-278A”；④ DO-333 “Formal Methods Supplement to DO-178C and DO-278A”。在写作本书当前版本时，许多现有开发项目仍旧使用DO-178B，后续新项目预期将适用DO-178C和相关指导（文件），本书后续第12章和第13章对软件设计质量保证的细节做了进一步讨论。

FAA已接受RTCA DO-178C作为规章符合性的一种方式，但在写作本章时DO-178B仍然在普遍使用。因此，以下大部分讨论是基于DO-178X

① 许多由RTCA建立的特别委员会是与它们的欧洲同行EUROCAE一起的联合委员会，成功的时候，这些在相同指导文件集中的结果由美国和欧洲共同发布。RTCA DO-178B等价于EUROCAE ED-12B “Considerations sur le Logiciel en Vue de la Certification des Systems et Equipments de Boed”（EUROCAE，1992）。RTCA DO-178C（2011）类似等价于EUROCAE ED-12C。这种安排形式也可能在其他标准制定机构中遇到（如国际自动机工程师学会），例如，ARP4754等价于ED-79。

(系列)的,出于取证的目的,对于不同项目,每一个申请人必须识别软件设计-质量标准的恰当版本。

DO-178X并非软件开发标准,而是一个质量保证标准。它对开发方法持中立态度,开发商可自由选择他们自己的方法,只要其结果符合DO-178B在计划制订、需求定义、设计与编码、综合、验证、配置管理和质量保证等方面的质量控制准则。

DO-178X定义了A~E共5个软件级别,对应于前面讨论安全性评估时所述的危险分类。一个极端级别是A级软件,其异常特性将引起或造成飞机的灾难性故障。A级软件的典型例子是电传操纵的主控制系统和数字发动机控制器。另一个极端级别,例如乘客娱乐软件,则几乎全属于E级,因为它的故障无安全性相关效应。DO-178B中有一个递增关系:软件的重要性越高,对它做的详细研究工作就越多。A级软件产生的合格审定资料多于B级软件,B级软件产生的合格审定资料多于C级软件,依次类推。

航空电子设备用户有时会坚持要求软件保证级别高于安全评估级别,这纯属合同问题。用户合同中的愿望与提交给FAA或DER的规章符合性资料区分开来,可以避免混淆。合格审定提交的文件应基于安全性评估而不是合同。如果安全性评估结论给定的软件集合为C级,而软件用户希望它为B级,一般来说,申请人应向FAA提交C级软件的计划和证实数据。证明符合B级合同要求的补充证据,属于供应商和用户之间的事情。合格审定不需要这些证据,但在特殊情况下也会成为规章范畴工作①。

FAA的指南有时会要求软件保证级别高于常规的软件评估要求。实际上有这样的设备,即签派时需要检查,但其故障不影响持续安全飞行和着陆。

① 慎重的做法是避开这样的先例,即做一些超出条例要求的额外工作。当然,申请人是可以做额外的工作,开发商出于自身的某些原因经常这样做,并且如果规章看来不适合或不适当,申请人应寻求改进规章。然而,无论如何,在任何规章体系中,各个先例都是强有力的。新的先例可以有意想不到的惊人的后果。

例如，绝大多数执行定期航班的飞机必须安装和使用FDR，但是FDR在飞行中的故障并不影响机组正常执行任务。因此，仅从安全性评估来看，FDR不存在与安全性相关的故障状态。根据这一点，记录仪的软件属于E级，意味着该软件无须证实。这自然与通常的观念相悖。FAA明明有一条关于FDR正常操作的规章性条款。为了解决这种不匹配情况，FAA要求任何与签派所需功能相关的软件至少应为D级。

数字技术早于文件DO-178X，许多基于软件的产品是在DO-178X颁布前开发和批准的。如果申请人对按旧标准审批的设备做一些较小的修改，可能保留旧标准作为更新的管理准则。更典型的做法是，FAA会要求新的或改变的软件满足DO-178B的指导原则，而把未改变的软件作为“存量”进入新的批准书中。当这些案例涉及运输机时，处理使用“遗留”软件的问题纪要将包含在飞机合格审定的基础文件中。在某些案例中，FAA会要求修改全部产品软件以满足当前的标准。

在实际工作中，要求申请人向管理者提交所有软件资料是不现实的。申请人可以实事求是地提交相关资料，而管理者可以实事求是地审查软件开发中所产生的部分资料。申请人应提供并与FAA协商该资料子集，无论是否要正式提交，申请人应保留和保存所有相关资料（见DO-178B中9.7节）。FAA可在任何时候检查申请人的设施和资料，申请人有责任确保所有相关资料处于受控状态，存档和可检索。

9.12 复杂的电子硬件

二十多年来，复杂的数字器件越来越多地用于飞机的关键功能件，并备受审查管理员的关注。如今，大多数飞机系统全部或部分地依赖于数字逻辑。数字逻辑中的设计错误隐藏着危险。

因为采用离散逻辑，数字器件非常像软件。由于离散的特点使数字器件的形式和功能不像传统的物理器件那样是不可分的,且物理器件输入/输出关系(至少分段的)在数学上是连续的。举例来说,一个给定的飞机结构元件可以用线性弯曲、剪切、扭转载荷和压力来完整有效地描述其特征,同时其热特性(如防冰)天然地取决于材料选择和能量消耗,而不是设计者设想中的行为描述。

物理世界中,软件和数字器件并没有这样的简化和限制。与软件一样,数字器件具有任意性。在输入、输出和定时中,数字逻辑的设计者可毫无约束地规定它们之间所满足的关系。困难在于要使这些关系在所有的环境下保持正确,复杂数字硬件难以"证明"其正确性。作为替代方案,设计者和审查管理员接受某种形式的设计质量保证,借以证明上述器件适用于民用飞机。控制硬件设计质量保证的标准是 RTCA DO－254《机载电子硬件设计质量保证指南》。

DO－254 是面向过程的,其目标是通过详细检查计划、需求、设计、确认、验证、配置管理、测试判据和文档等,从而消除硬件产品的错误。设计质量保证分为 A～E 共 5 级,这 5 个级别分别对应的风险为灾难、危险、主要、次要、无安全性影响。分配给一个器件的质量保证级别决定了它对应于 DO－254 标准的文档深度、独立性要求以及对于特定对象的可用性。

近年来,FAA 对可编程逻辑器件,包括专用集成电路(ASIC)和现场可编程门阵列(FPGA)等给予了更大的关注。这些器件共同归入复杂电子硬件。FAA 加强了对复杂电子硬件的详细检查,目的是保证在这些器件的开发中遵循验收过程。FAA 咨询通告 20－152 指定采用 RTCA DO－254 作为表明复杂电子硬件符合适航性要求的方法,并说明了 DO－254 在这方面的应用。更多信息可参阅本书第 14 章。

9.13　制造批准书

对于航空电子设备只获得设计批准书是不够的,还必须取得产品制造和商标批准书。按照核准的生产系统制造的部件，不需要进行部件符合性检验。

如前所述，按照 TSO 设计和制造的批准书要一起申请并同时授予。为了取得 TSOA，申请人不能只演示一个合格的样品，而需证明制造该成品的能力。

STC 持有者必须另外证明其生产能力。在取得 STC 批准书之后，持有者可申请零部件制造商批准书(PMA)，生产支持 STC 所必需的部件。FAA 制造检验地区办公室负责向申请人颁发 PMA。如果 STC 申请人还需要后续 PMA，则在项目开始时就应制订 PMA 的计划并做好准备。此外，STC 持有者可能把生产权转让给他人，后者将具有上述部件的 PMA 权。更多信息可参阅 FAA Order 8110.42 (“Parts Manufacturer Approval Procedures”)。

9.14 EASA

在本书的第 1 版中，讨论过 JAA，目的是阐明 FAA 与其他有影响的管理当局之间主要的相似和不同之处。

从那时起，JAA 的许多职责已移交给 EASA。通过新的欧洲议会和欧盟委员会的立法，EASA 自 2003 年 9 月末正式开展工作。EASA 总部位于德国科隆。

EASA 已担负起欧盟范围内的设计审批、持续适航性、设计机构审批和环境认证责任。此外，EASA 将负责审批欧盟范围外的某些活动：生产设施、维修站以及维修培训机构。该局负责其成员国的所有航空安全认证工作的标准化和监督工作，在有关需求以最终形式完成时，EASA 将负责处理运行批准书和个人执照。

欧盟各国的国家航空管理局将保留对本国许多生产活动和维修功能的管理职责，负责验收产品及其在自己国内的注册。这些国家的航空管理局将遵循 EASA 的工作程序。在各项职能向 EASA 移交期间，JAA 将处置运行批准书和执照事宜。JAA还将代表非欧盟国家的JAA成员国,并承担EASA推荐给这些国家的批准书。

欲获得更多信息,可参考网站 http://www. easa. eu. int/and FAA Order 8110. 52 的“Type Validation and Post-Type Validation Procedures”。

9.15 小结

合格审定工作可以是明确和直截了当的,但与其他开发活动一样,也需要相应的管理。项目之初,申请人就应和管理者一起,确定双方的预期目标。在开发阶段,供应商、用户和管理者之间应保持开放的通信渠道。运转良好的项目,通过正常的工作流程,无须增加工作量就能形成符合规章要求的证明材料。最终,累积的结果将证明完全符合规章要求,然后很快进行合格审定。

管理官员,无论是FAA的雇员还是委任代表,当他们被看作申请人开发团队的成员时,其工作将非常出色和高效。

申请人仅需证明其产品符合适用规章,但是申请人的部分信息可能导致误解或延误,而想要采用非技术手段来解决与管理者在技术上的意见不一致,往往很难得到所要的效果。

有可能投入了大量费用的系统或产品并没有得到FAA的批准,为了避免这种遗憾的结局,建议申请人尽早与合适的FAA成员或委任代表沟通商谈。

相关网站

Certification Services Inc. : www. certification. com.

European Aviation Safety Agency (EASA): www. easa. eu. int.

European Organisation for Civil Aviation Equipment (EUROCAE): www. eurocae. org.

Federal Aviation Administration (FAA): www. faa. gov.

Joint Aviation Authorities (JAA): www. jaa. nl.

RTCA: www. rtca. org.

Society of Automotive Engineers (SAE): www. sae. org.

10

系统安全与系统开发

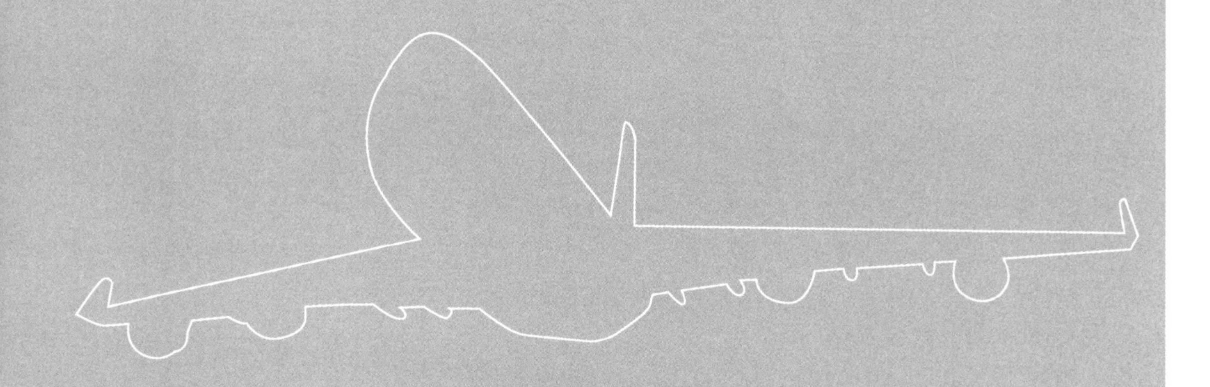

今天的飞机使用综合航电设备来实现多个系统和子系统的功能。要了解这些设计的相互关系和依赖性可能比较困难。同时如果安装不当或忽视了安装过程,可能导致意想不到的后果。在从安全角度评估当前的综合航电设计时,必须考虑如何实施造成并可能引起飞机或系统的不利因素(即导致或促成故障条件)。所用系统开发过程和系统安全过程是关键要素,用作遵守14 CFR第23部、第25部、第27部和第29部-F部件设备-第2X.1309[①]条规定的一种手段。

商用飞机安全评估过程是基于自上而下的理念,即识别飞机级和系统级的故障条件,对故障条件影响的严重程度进行分类,并建立必须达到的顶级安全要求,以便考虑"1309"故障条件下的符合性。顶级安全要求有两种:基于随机故障的要求和基于系统故障的要求。必须为识别的每个故障条件指定要求。

随机故障的发生通常是由降级或磨损机制等物理原因所致。这些故障因降级所致,可进行穷尽的测试以定义和理解特定的故障模式及其发生的概率。历史数据也可用于分析随机故障,以定义组件故障模式(开路、短路、参数变化等)和统计故障率数据。"1309"法规和咨询通告(AC)中所定义的定量概率就是关于随机故障的定义。

系统故障是由错误引发的。错误指的是要求上的缺陷,包括缺失或不完整的要求、不明确的要求(导致不同解释的要求)或不正确的要求。系统、设备设计、软件或机载电子硬件(AEH)、制造过程、维护过程和测试程序等均可能发生错误。如果存在系统性故障,则当暴露于相同的环境或条件时,故障总会发生。由于系统故障的性质,仅对其进行详尽测试和传统的安全分析技术是不够的。很难预测出现系统性故障所需情况或条件的时机。因此,为了证实对于系统"1309"故障条件下的符合性,将对飞机、系统、设备和软件/AEH开发进行严

① 2X.1309代表14 CFR 23.1309、14 CFR 25.1309、14 CFR 27.1309、14 CFR 29.1309和相关的ACS。"1309"用作对这些条例的一般性引用;然而,14 CFR 27.1309不包括条例中的严重性和概率性方面的语言。AC 27-1B确实是安全和保证过程在本章中讨论时使用的集成或电子基础设备的应用,特别是在危险应用中。请参阅AC讨论的具体适用性和例外情况。

格管理，以最大限度地减少错误发生的可能性。

表 10 - 1 提供了基于 AC25.1309 - 1B(Arsenal 草案)中定义的严重性分类的“1309”顶级安全要求。所示标准在 AC 中称为严重性和概率之间的“反向关系”。AC23.1309 - 1E 和 AC29 - 2C 也提供了类似的标准。然而，在 AC23.1309 - 1E 中，飞机类别不同，定量概率和保证要求也有所不同。

10.1 系统开发和保证

基于保证的系统故障认证概念首先由 RTCA DO - 178 应用于机载软件开发，然后由 DO - 254 应用于 AEH。这些文档根据软件/AEH 对故障条件的贡献程度定义了五个保证级别(级别 A～级别 E)的开发和验证过程。后果越严重，需要的保证级别越高，也就必须满足更多的要求(见第 12 章～第 14 章)。使用 RTCA DO 所实施的系统故障认证，其问题在于：它们侧重于针对特定要求的软件/AEH 开发和验证，而要求定义分配给软件/AEH 的需求集。然而，在飞机、系统和设备的整个开发过程中都可能引入系统故障/错误，而不只是在软件和 AEH 的开发过程中。20 世纪 90 年代中期，工业界开发了 SAE ARP4754 和 SAE ARP4761 来定义系统开发过程，不仅涵盖了飞机、系统和设备的保证要求，而且建立了有助于确保要求的安全过程。这两个标准涵盖了定义保证过程所需的部分，可一起用于显示符合有关系统和随机故障的“1309”要求。

2010 年，对 SAE ARP4754 进行了修订，形成了修订版 ARP4754A。该版本与“1309”要求一致，进一步强调了过程保证的重要性，完整描述了飞机和飞机系统的开发过程，涵盖了要求的收集、要求的验证及要求的确认等内容。图 10 - 1 描述了整个开发过程。其中，最顶层的概念定义(收集)了要求，不但制订了设计决策及开发架构，而且还对要求的可行性、准确性和完整性进行了审查和分析(即验证)。接着，评估由设计决策创建的且不可追溯到更高级别要

表 10-1　安全标准

潜在影响				概率要求			保证级别	典型安全分析
严重性	乘客或客舱乘务员	飞机(安全裕度)	机组人员	条件	定量	定性		
灾难性	多人死亡	飞机故障;无法继续安全飞行和着陆	无法响应或补偿故障情况	极不可能	1×10^{-9} 及以下数量级	预计在同一种类型的所有飞机的整个使用寿命期间不会发生,没有一起故障可被评估为极不可能	A	定性设计和安装分析(PRA,ZSA,CMA)和定量设计分析(具有支持性源数据的 FTA,FMEA 和预测)
危害	除了机组人员外,对相对较少的乘客造成严重或致命的伤害	安全裕度或功能能力大幅降低	身体伤害或过度工作量,无法信赖机组人员可准确地或完全地执行他们的任务	非常遥远	1×10^{-7} 及以下数量级	预计在每架飞机的整个寿命期间不会发生,但当考虑到该类型的所有飞机的总使用寿命时,可能发生几次	B	与灾难性一样
重大	对乘客或机组人员造成身体伤害,可能包括受伤	飞机的安全裕度或功能能力显著降低	工作量显著增加或者影响机组人员效率的条件显著增加;机组人员不适	遥远	1×10^{-5} 或以下数量级	不太可能在每架飞机的总寿命期间发生,但当考虑到该类型的所有飞机的总使用寿命时,可能发生几次	C	取决于复杂性和冗余的设计。范围从定性设计和安装评估到定量分析(具有支持性源数据的 FTA,FMEA 和预测)
不严重	对乘客或客舱乘务员有一些身体不适	飞机的安全裕度或功能能力轻微降低	机组人员在能力范围内行动良好;轻微增加工作量(如路线飞行计划更改)	可能	$>1\times10^{-5}$/飞行小时	预计在每架飞机的整个使用寿命期间发生一次或多次	D	设计和安装评估,以便与更关键的设备或功能充分间隔
无影响	未定义	不影响飞机的安全性或操作能力	机组人员工作量未增加	不适用	不适用	不适用	E	与不严重相同

来源:AC 25.1309-IB 阿森纳草案“系统设计和分析”,美国交通部联邦航空局,2002 年;SAE ARP4754A“民用飞机和系统开发指南”,汽车工程师协会,Warrendale,PA,2010;AC 20-136B“飞机电气和电子防雷系统”,2011 年。

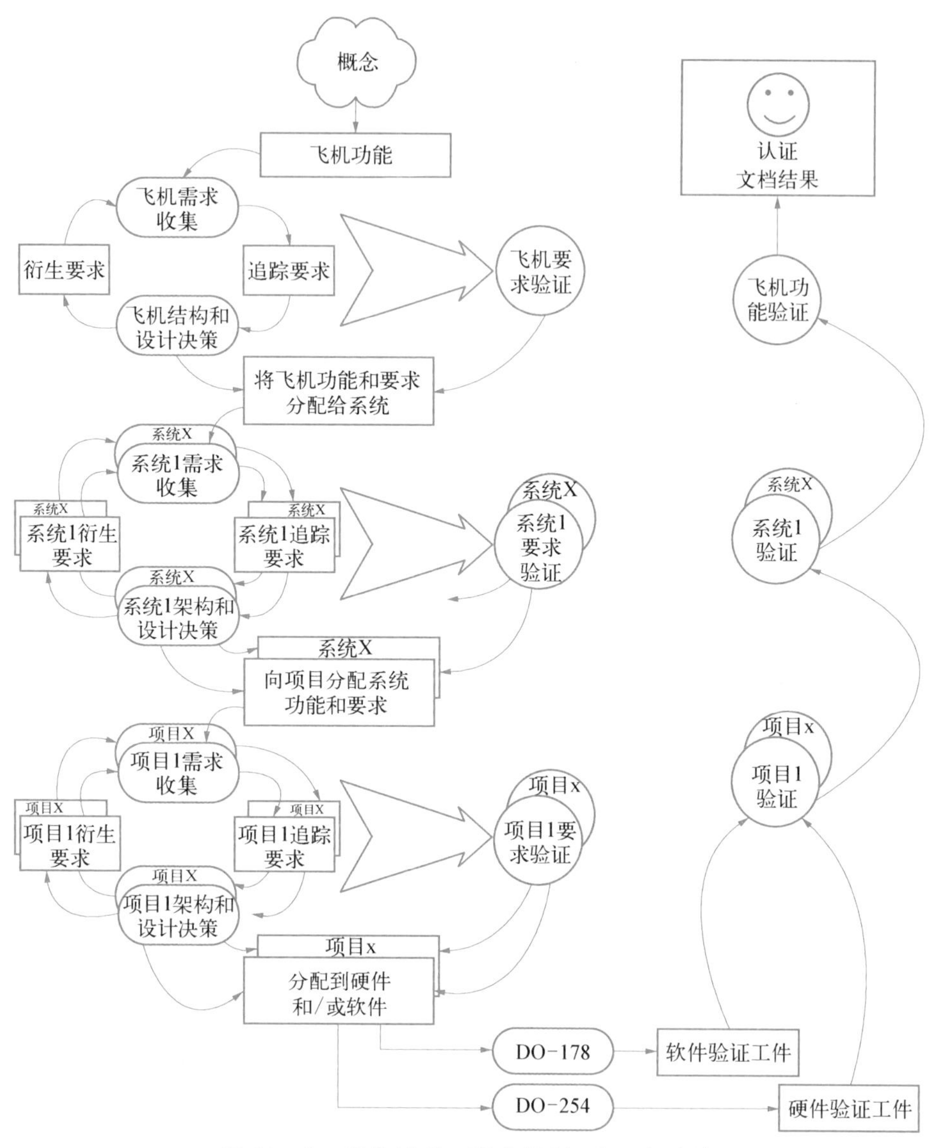

图 10-1　开发过程：要求识别、验证和确认

求的派生要求对现有要求的影响以及与现有要求的兼容性。然后将所有要求分配给下一个更低的契约级别，并重复收集和验证过程。每级都重复要求收集和验证过程，直到对硬件、软件、AEH 等实现的功能做出具体架构和实现决定。一旦开发过程收集、验证并从上到下分配了要求，就“确保”了分配给软件和

AEH 开发过程(DO-178、DO-278、DO-254 等)的要求是正确完整的。在最低一级开发 RTCA DO 验证工件/数据,并开始自下而上的验证过程。将 RTCA DO-178/-254 验证的结果集成到设备级验证结果(测试、分析、审查/检查等),进而又与系统验证结果集成,并且最终集成到飞机级。合并的 ARP4754A 和 RTCA DO 过程确保促成系统安全过程识别的故障条件的系统故障/错误已得到充分缓解。这两个过程都需要符合 14 CFR 2X.1309 的规定。

图 10-2 说明了系统、硬件、软件和系统安全过程的集成以及相关的 FAA 指南材料,FAA 指南将该集成看作是可接受的合规手段。系统开发规划必须考虑每一个过程,并集成有助于有效开发和认证的所有过程。因为系统、硬件和软件开发过程实际上减少了故障条件并确保遵守 14 CFR 2X.1309 的一部分,因此必须在开发早期建立使用过程的安全要求,而开发保障要求源于安全过程。

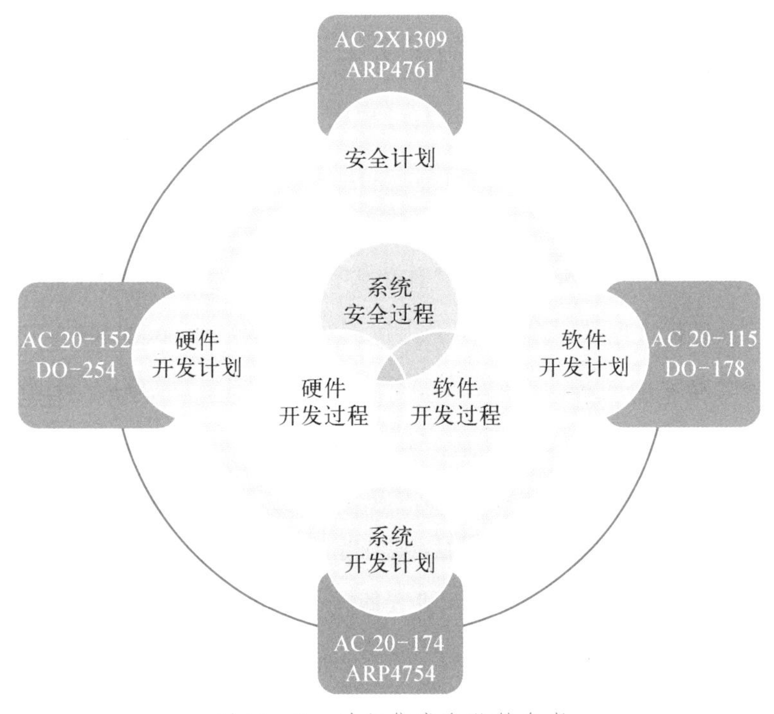

图 10-2　过程集成和监管参考

ARP4754A 开发过程是根据安全过程中建立的顶级安全要求而定制的。具有高危险性的飞机或系统功能需要具有严格的结构化开发过程，而具有较低危险性的功能仅具有最低的开发要求。从安全角度将错误降低到可接受水平的开发过程水平称为“保证级别”。ARP4754A 建立了为功能（FDAL）和项目（IDAL）分配开发保证级别（DAL）的标准和方法。实现功能的架构是建立 FDAL 和 IDAL 要求的关键。在确定了 DAL 的基础上，ARP4754A 附录 A 定义了每个保证级别的开发过程要求。

10.2 系统安全概念

系统安全是试图假设事故所有可能的发生方式，并确保“系统”[①]的设计/功能、操作和物理属性，以减少风险。作为工程师，我们接受培训和教育的大部分是关于如何使系统正常运转，而不是关于在它们不按预期工作或遇到故障时会发生什么。系统安全有助于在开发过程中试图做到这一点：了解如何在飞机、系统和设备可能以意外的方式执行时建立要求，以确保这些意外的功能符合民用航空条例的可能性。系统安全不应视为一个单独的实体，不只是为民用航空当局提供所需的安全文档，而是作为整个系统开发的一个组成部分。系统安全是一个工程过程，具有与任何工程过程相同的任务：识别问题，开发解决问题的替代方案，在性能、成本等约束条件下确定最有效的解决方案；并实施最佳解决方案。

图 10-3 显示了系统安全过程概念的通用模型。在系统安全工程中，使用不同的术语来描述“问题”：危害和故障条件是最常见的。本质上，这些术语用于描述与“系统”相关的潜在“威胁”或意外后果。因此，安全工程过程的第一步

① “系统”是指系统安全性中所分析内容的一般引用。在没有引证的情况下，系统用来指代飞机系统层级。

是确定“威胁”或非预期功能。一旦确定，就评估“威胁”对“系统”影响的严重性。然后，基于严重性建立风险要求，通常称为“可接受的风险标准”或在民用航空中称为严重性和概率之间的“反向关系”。风险要求还可能包括特定的容错要求，例如单一故障不会导致灾难性后果。

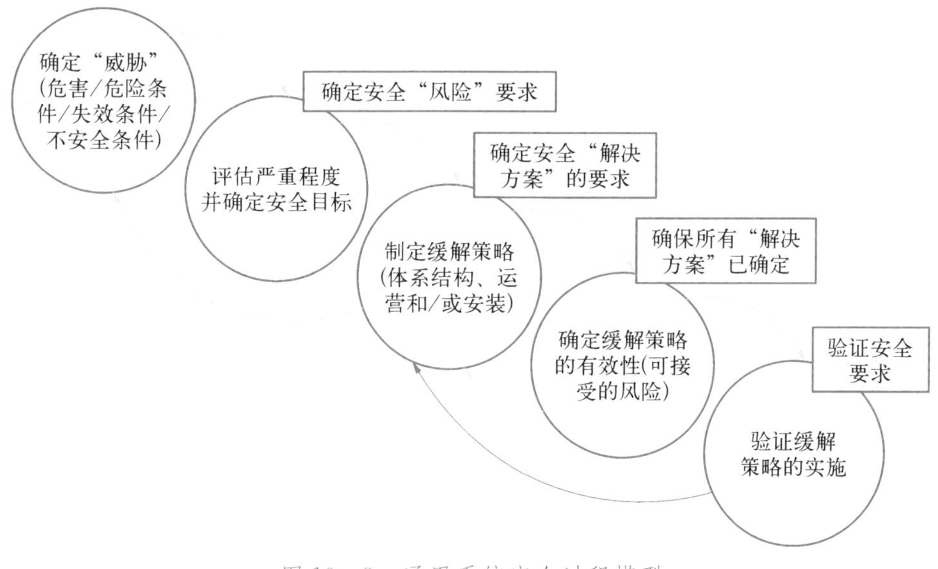

图10-3　通用系统安全过程模型

一旦识别出“问题”，下一步就是确定解决方案。在安全工程中，根据风险标准确定解决方案。风险越高，需要的解决方案或缓解措施越多，风险越低，需要的缓解措施越少。缓解措施(也称为“故障安全设计”或“危害控制”)可包括诸如冗余、独立性、检测/指示、安全裕度和过程之类的方法。这些缓解措施用于为可实现风险要求的“系统”构建功能和物理架构。

提出缓解措施后，对其进行评估，根据风险标准评估其有效性。这是“确定最有效解决方案”的一部分。安全分析技术用于识别架构内部可能导致“威胁”发生的因素，并确定缓解要求。一旦确定了缓解措施并分配了要求，就进入系统开发的设计阶段，并最终验证设计的实施是有效的。

安全工程过程是个迭代过程。随着缓解策略和架构的开发，可能会产生新的“威胁”,因而需要改变架构。如果发现缓解策略无效或不完整,则可能需要改变架构。对架构实施的改变可能会导致对现有“威胁”严重性(或多或少需要缓解)的改变。这些迭代被认为是整个过程的正常部分(由虚线箭头表示)。如果“威胁”识别到确定缓解有效性的过程是稳健的,并且在设计早期就已识别到,则不太可能需要在最终设计和验证期间进行成本极高的设计变更(实线箭头表示从验证到设计的迭代过程)。

图 10-3 清楚地显示了安全工程过程与系统开发过程的相关性:识别安全“风险”要求(捕获安全要求),识别安全“解决方案”要求,确保识别所有“解决方案”要求(验证安全要求)并满足验证安全要求(验证要求)。虽然安全工程过程总是遵循此通用模型,但不同行业对“风险标准”、用于识别威胁和解决方案的不同首选分析技术以及不同文档要求有不同的定义。

10.3 民用航空系统安全过程

对于民用航空,“1309”最早规定了通用系统安全或安全工程过程。“1309”与 AC 2X.1309 提供的其他定义一起要求识别飞机和系统级故障条件,包括操作条件和环境条件,定义了每个故障条件必须达到所需要求发生的概率和严重性之间的“反向关系”,讨论了故障安全设计概念的应用,并确定了用于表示符合“反向关系”标准的考虑事项,如单一故障模式、多故障模式、外部故障模式(即安装或物理危害)、潜在故障和机组人员互动(见图 10-3)。此外,AC 2X.1309 概述了通常用于完成识别、验证和确认安全要求的安全过程任务的各种分析技术。

图 10-4 显示了由 AC 2X.1309、SAE ARP4754A 和 SAE ARP4761 定义的飞机系统安全过程。应当注意,14 CFR 25 .1309(d)要求必须进行分析,以显示合规。而功能测试即使模拟了系统/设备的故障,通常也是不够的。对飞

机和系统相关功能故障的分析总是需要建立其顶级安全概率(定性或定量)要求和要求的最低安全分析,以显示其符合性。

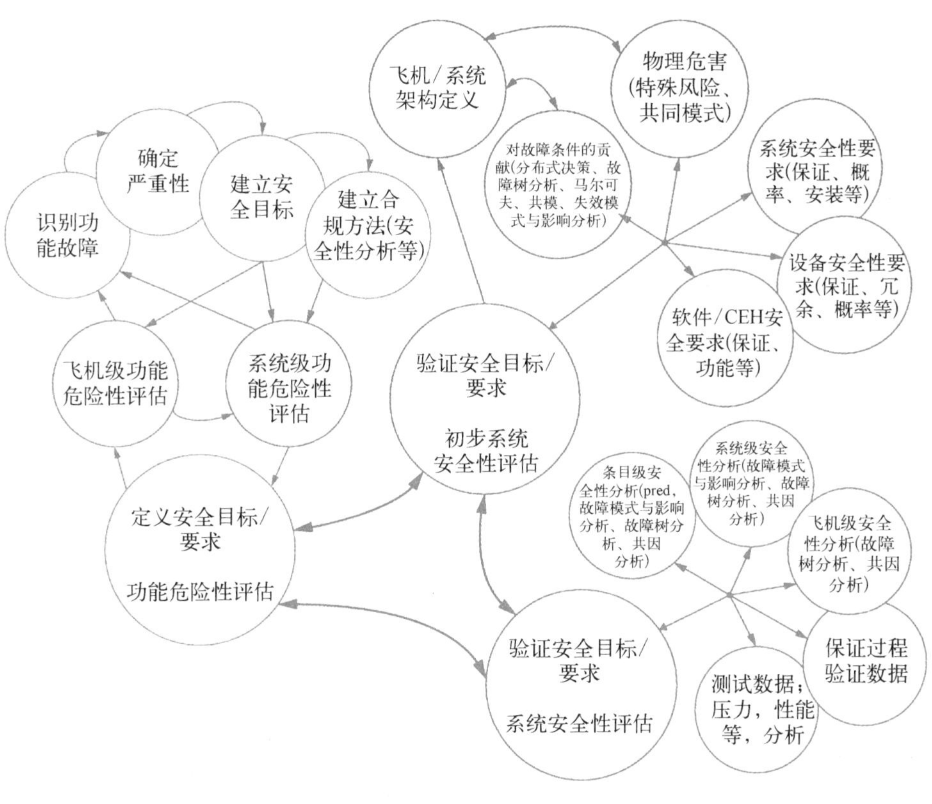

图 10-4　安全评估过程

图 10-4 显示了在需求收集、验证和确认时要完成的活动和分析。系统安全显示在任务这三项活动上方的圆圈中。每个阶段系统安全任务的完成通过功能危险性评估(FHA)、初步系统安全性评估(PSSA)和系统安全性评估(SSA)记录。虽然安全评估过程的三项任务相互独立,但是它们的 FHA 和 PSSA 的任务和分析有时同时进行。要求的识别是通过执行具有主要功能的高级(飞机)FHA 来实现的,甚至为了符合要求还开发了一些架构特征。为每个 FHA 故障条件创建了架构的安全模型,以识别其他安全要求。架构决策和功能可创建须添加到 FHA 的新故障条件,并在系统级重复该过程。还需在系

统架构中识别子功能(或辅助功能),并且需要对其进行评估来确定其重要性,以便建立子功能/设备要求(如命令、监视器、冗余设备),从而使该子功能(或辅助功能)成为 FHA 或 PSSA 的一部分。

10.4 识别安全要求(功能危险性评估)

为了识别故障条件,要求识别需要从 FHA 开始。如图 10-4 所示,安全过程从最高的飞机级[飞机 FHA(AFHA)]开始,以了解飞机的基本主要功能以及相关的操作、环境和异常情况,据此飞机将获得批准。FHA 所假设的功能故障包括“损失”“部分损失”和“故障”等故障条件。如果机组人员知道补偿的条件,或者无论机组人员是否知道该条件没有补偿,FHA 也须考虑故障情况的发生。考虑已知与未知的故障条件有助于确保监测器和指示器安全要求的正确识别。

FHA 应严格考虑所有功能和故障条件,包括“非关键”或“不可信”的条件。FHA 的目的是显示已经考虑的所有功能,分析识别具有最高严重性的那些功能。当定义失败条件时,识别条件的影响并确定影响的严重性类别。从严重性来看,将反向关系概率要求、功能保证要求和 AC 2X.1309 中定义的最低安全分析水平(“分析深度”)作为顶级安全要求(见表 10-1)。

一旦 AFHA 已确定顶级故障条件,系统开发过程就会将功能和安全要求分配给系统。每个系统均进行一次系统 FHA(SFHA),以识别其故障条件。在系统级,需要掌握系统之间的相互依赖性。已采用了不同的技术来显示已经识别并掌握的所有系统的交互性和依赖性。这些技术包括生成 SFHA 中的“交换功能”,开发系统和功能的交叉矩阵,或者将所有相互依赖性都升级为 AFHA,并作为架构衍生功能。相互依赖性或相互影响的示例是交换功能,该函数定义了与其他系统间的接口,而且还定义了依赖于另一系统来补偿或减少总体影响严重性的系统故障条件效应。

由于FHA是功能性的，它可能并应该在概念设计时就发起，并在整个架构开发过程中不断改进。然而，许多开发计划在认证计划完成后才开始，或是等到有了系统安全过程草案之后才开始，这太晚了。延迟通常是为了节省预算，直到确定正在开发的概念是一个“可行”计划才进行FHA。然而，到目前为止，还只是已经定义了架构，并且通常与设备供应商达成了协议，但尚未考虑顶级安全要求。系统安全过程和顶级安全要求会极大地影响所选的架构及其相关的发展。在不考虑安全要求的情况下，定义架构和设备功能分配不能提供足够的权衡评估。一种架构的实施可能导致与其他架构大不相同的功能和/或项目DAL要求。这将直接导致开发和认证计划的复杂性和成本的大幅度增加。因此，如果早期识别顶级安全要求(包括保证级别)，在开发和认证后期就极少为延迟和重新设计付出极高的代价。

10.5　安全要求验证(初步系统安全性评估)

对飞机级安全要求的验证能确保规定的安全要求的正确性和完整性。可使用几种不同的方法完成验证，包括多领域(安全、系统、机组人员/飞行测试、空气动力学等)的功能、故障条件审查和效应审查，分配概率和FDAL要求的分析(通常使用FTA)审查，要求跟踪的审查，以确保将所有飞机安全要求都分配给系统，验证故障条件效应的严重性分类(如需要)的其他工程分析、模拟或测试。飞机级验证的结果记录在飞机的初步系统安全性评估(PASA[①])中，且应在相应的规范中记录所产生的系统级安全要求。可能不会在完成SFHA之前完成最终的PASA，以确保获取系统的相互依赖性，但应足以支持要求审查、

① 在ARP4754A介绍了PASA，来记录飞机的安全性要求的系统配置和捕获系统的相互依存关系。PASA正被增加到ARP4761的目前修订版中。更多信息请参考ARP4754A。

初步设计审查和完成认证计划。

通常，系统级 PSSA 比 PASA 更详细。PSSA 为具有重大的和更高严重性的所有 SFHA 故障条件建模[最常用 FTA 或依存图(DD)]，或者对支持符合 1309 条例的架构和故障安全设计原理进行定性讨论。PSSA 的目的是记录安全要求的获取和分配。它侧重于定义系统内的子功能，识别系统架构中的共模故障，并确定设备的安全要求。PSSA 通常被认为是设计时的快照——SSA 的草案版本，但这是不正确的。切勿因其标题使用了"初步"而被误导。PSSA 是一个架构安全评估，其内容和目标不同于 SSA。如果架构发生设计更改，则必须评估其对安全要求的影响，并相应地修订要求。因此，PSSA 应在产品的整个生命周期内保持通用性①。

有许多分析技术可用于帮助 FTA 或 DD 模型的开发。如，硬件和软件的功能故障模式及影响分析(FMEA)，有助于了解架构、不同设备之间交换的信息以及检测故障的方式；故障率分配或预测用于确定设备的可靠性和安全性要求。这些模型还可用于定制子系统或设备所需的后续安全分析类型。例如，如果用于通信丢失的模型包括无线电设备外部具有故障检测功能的多个无线电设备项，则使用具有设备级故障率的简单功能 FMEA 可能就足够了。此外，如果故障条件模型包括具有内部冗余或内部检测的设备项，则用验证独立性的共模分析支持的更详细 FMEA 和预测可能更合适。使用早期 PSSA 来改进供应商的工作声明和合约交付成果中指定的具体安全分析类型和详细程度，可以降低成本，并提高合约数据可交付成果支持系统级和飞机级分析的可能性；可早期识别和管理细节级别的问题与专有/知识产权问题；局限性可能反映在安全分析和安全要求的分配中。

PSSA 验证过程可在设备级使用。如果设备项集成了许多不同的功能和安全要求，或包含了具有多个故障缓解措施(独立冗余项目)的架构，那么明智

① 在型式认证方面对 FHA 和 PSSA 需要是系统开发和安全规划过程的一部分。数据库可以用来完成对安全要求的维护和对派生需求的文件审查。

的做法是根据设备架构检查要求,以确保可实现分配给设备的安全要求。PSSA验证过程还记录了较低级别设备的安全要求。

除了功能安全要求之外,PASA和PSSA还记录了物理安装安全要求。一旦定义了飞机系统和设备位置,就可识别“外部事件”并定义要求(见ARP4761常见原因分析:特定风险和区域)。建立限制常见物理危害影响的架构要求(即所有故障条件缓解措施不在相同区域,并受单个外部事件影响)。安装位置可能产生独特的内部飞机或微环境(冷却损失、特定流体暴露、HIRF/闪电等)。需要及早识别故障条件缓解措施的物理“威胁”,以确保指定足够的间隔或间距要求。

PASA/PSSA的最后一个重要步骤是将安全要求实际纳入规范或要求数据库中。这似乎是一个显而易见的任务,但经常被忽视。这通常是因为PASA/PSSA在开发过程中PASA/PSSA完成得太晚,规范或合约已经制订好。如果不将PSAS/PSSA纳入规范,则不能对软件/AEH建立保证(经验证,正确且完整)要求集合。此外,如果没有明确定义和维护安全要求,那么未来的修改项目往往会在安全评估方面不断进行“无谓的重复劳动”。

10.6　衍生要求

对于在设计过程中衍生的要求,且不可追溯到别的要求,则需要衡量功能危险性评估(FHA)和初步系统安全性评估(PSSA)的影响。在PSSA中记录的这些安全影响评估提供了伪影/数据,以支持DO-178/254安全审查衍生要求的目标。较低级别要求的安全影响审查可在PSSA之外记录;然而,需要获取实际的分析结果。审查分析应系统结构化考虑要求对功能、故障条件、后果和严重性分类、容错、故障率、故障检测、安全假设和独立性要求的影响。安全分析师/工程师单独进行要求审查是不够的。附带会议记录的完整安全影响审查清单将提供更充分的数据/伪影，以用于证实已经对衍生要求的影响进行了充分审查。

10.7 定义发展保证级别

对于FHA中识别的每个故障条件都应根据其严重性指派一个FDAL。FDAL任务应用于飞机和系统级开发过程。功能独立性确保设计中实现的功能要求是不同的。从FDAL角度出发，可为单个设备、软件和AEH分配IDAL，必须考虑与故障条件相关的架构。项目设计独立性确保在独立项目之间实现功能的硬件或软件设计的不同。通常使用的飞机和系统架构包括不同的冗余度、命令/监视器和保护免受软件/AEH错误等影响的机械装置。使用这些类型的架构，项目开发中的错误不会影响其他项目或在其他项目中产生相同的错误。由于错误效应的独立性和遏制性，一个或多个IDAL可处于低于故障条件FDAL的水平。ARP4754A定义了用于分配系统FDAL和分配IDAL的标准、限制和方法。

为了分配DAL，需要定义FHA和架构。必须理解的另一个关键问题是架构对共模故障的敏感性。共模影响被当作(或期望)独立的多个项目的共同特征或潜在故障(随机或系统性的)。ARP4761[①] 包括一个共模检查表，可用于帮助识别对共模故障的敏感性。当寻找架构中的共模时，可采用“有罪推定”的哲学。除非证实共模不存在或已通过保证过程最小化了，否则共模都是存在的。

对适用于第23部的飞机，AC 23.1309－1E定义了用于每类飞机的DAL分配要求。这些要求用来代替ARP4754A过程。要完成的开发目标仍与AC

① ARP4761 CMA例子表明了减小共模作为验证SSA部分的一种要素的理由。在PSSA过程中完成清单和指定减轻敏感性的要求同样重要。

定义级别的ARP4754A和DO-178/DO-254目标相关。例如,在具有灾难性故障条件的Ⅰ类飞机中,FDAL和IDAL将用于C级。要求实现ARP4754A附录A推荐的C级需求收集、验证和证实目标。项目将遵循DO-178和DO-254 C级目标。对于Ⅳ类飞机,如果获得小型飞机理事会或飞机认证的批准(见AC 23.1309-1E中的第21.e(3)段,了解更多细节和具体批准要求),可使用ARP4754A标准和方法。

FDAL和IDAL被确定为项目认证计划所需的信息。在没能为DAL任务提供足够的安全分析之前,使用认证机构审查DAL为时过早。为证明DAL,将需要FHA和PSSA。因此,FHA和PSSA必须在项目早期就完成(或至少是一个相当完善的草案)。

10.8　闪电认证级别

根据14 CFR 23.1306、25.1316、27.1316和29.1316,无论是"间接"还是"直接",都须使飞机电气和电子系统免受闪电影响。术语"间接"和"直接"通常用于分类闪电影响。然而,这些规定没有区分闪电影响。重点是使飞机和系统免受在电气和电子系统布线和设备中引起的闪电瞬变的影响,以及使连接到电子电气系统的飞机外部设备和传感器免受闪电损害,例如无线电天线和空中数据探测器[①]。

在准备闪电认证计划时,FHA和PSSA的结果可用于帮助识别闪电影响和所需的系统闪电认证级别。AC 20-136定义了这些级别。AC 20-136还提到:"与14 CFR 23.1306、25.1316、27.1316和29.1316要求的闪电影响相关的特定飞机安全评估优先于AC 23.1309-1、AC 25.1309-1、AC 27-1和

① 根据AC 20-136,第5.b和6.c段。

AC 29-2 描述的更一般的安全评估过程。评估电子电气系统的闪电影响通常和评估与闪电无关的其他系统故障独立进行，并且不需要结合与闪电无关的潜在或有源故障。作为常见原因分析（特别风险和区域分析）的一部分，闪电在PSSA 中被视为“外部事件”。符合 14 CFR 23.1306、25.1316、27.1316 和29.1316 可作为减轻常见原因故障的缓减措施。

与 DAL 原理一样，FHA 和 PSSA 需要尽早启动，以支持闪电认证规划过程。第 11 章（DO-160）提供了有关 HIRF/闪电的更多讨论。

10.9 安全验证（系统安全性评估）

图 10-5 提供了在系统安全过程中执行的各种分析和制备的文档的图例。水平线表示基于分析项目的契约级的不同活动。安全要求和验证讨论包括从飞机到设备项目的要求分配。验证是自下而上的过程，从设备级开始，直到系统级和飞机级为止。

SSA 记录了所有活动、分析、测试、机组人员程序、维护操作、限制等，用于显示符合获取和验证阶段确定的安全要求。它集成了与每个故障条件相关的所有验证活动的结果，目的是显示故障条件符合“1309”法规定义的所有概率、容错和保证要求。ARP4761 提供了 SSA 的进一步定义，并包括一个示例。SSA 至少应提供以下内容：

（1）功能和物理系统描述与安全性分析中提供的详细程度一致。这是为了帮助文档审阅者理解分析和设计的缓解措施，并能对于定义的故障条件是正确完整性得出结论。

（2）所分析的配置定义涵盖了安装、设备以及包含修订版的软件/AEH，评估涵盖特定配置或配置组。如果对配置或设计做出更改，则须评估对安全性的影响。

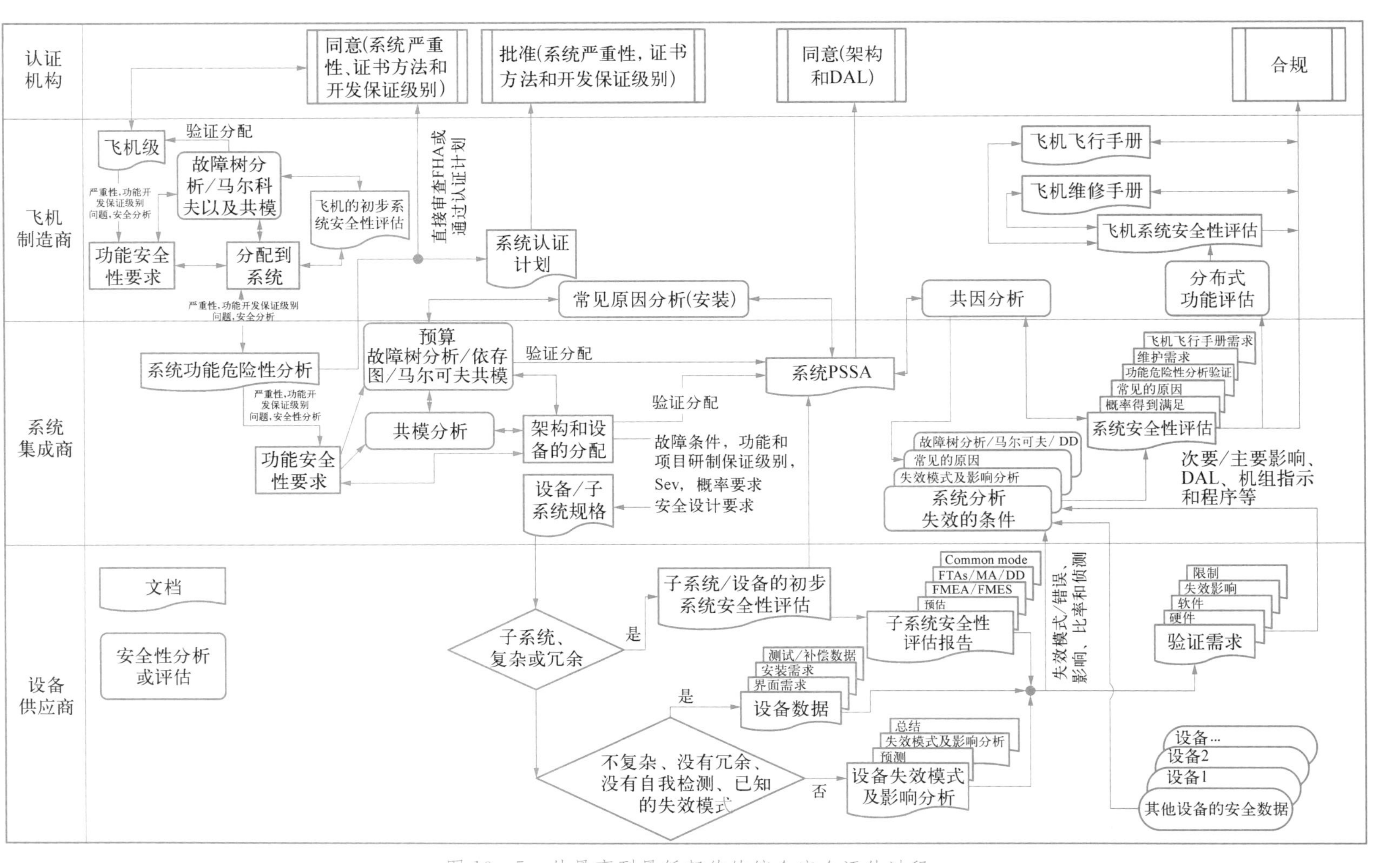

图 10-5　从最高到最低契约的综合安全评估过程

(3) SSA 中使用的所有假设和条件(有时称为基本规则)清单以及 SSA 中包含的任何安全性分析。

(4) 故障条件验证摘要——FHA 和 PSSA 的安全要求清单以及参考详细分析的验证结果。实际安全性分析可能是 SSA 或单独报告的一部分,并源自 SSA。

(5) 对于保证过程结果的讨论,参考遵守过程目标的文档。应审查项目开发中的任何未完成项目对整体安全性的影响,但也应考虑对安全性分析结果和假设的影响。

(6) 对常见原因分析(共模、特定风险和区域)以及这些原因如何影响灾难性和危险性故障状况的讨论。

(7) 对潜在故障及通过概率分析保持潜在状态是否可接受的讨论,以及对不安全的系统操作条件进行考虑[即 25.1309(c)]。

(8) 用于减轻或降低故障情况严重性的机组人员工作量清单,以及参考实施该行动的飞机飞行手动程序(或如果飞机飞行手册(AFM)为不可用或未发布,参考程序要求),不需要指定特定 AFM 录入的机组人员评估(作为机组人员正常训练计划的一部分)。

(9) 危险性和灾难性故障条件的安全性分析使用的维护操作清单用于限制故障暴露时间。这些被定义为备选认证维护要求(CMR),将根据 AC 25-19A 进行审查。

10.10 电气布线互连系统(EWIS)

14 CFR 25 的修订版 25-123 增加了与电气布线互连系统(EWIS)相关的新规定,包括制定了一些特定的法规,增加了 14 CFR 25.1709 EWIS 系统安全性,要求进行分析来证明符合"反向关系"标准。AC 25.1701-1 强调,在安全性评估过程中,必须阐明布线的功能因素和布线的物理故障模式。

功能因素可作为25.1309系统安全性过程的组成部分。线束/连接器结构可包括在PSSA中，作为所建立故障条件和间隔要求的主要因素。SSA分析可包括来自EWIS间隔和物理危险性分析的结果。AC 25.1701-1提供了有关EWIS安全性分析的更多指南。有关EWIS的更多信息，请参见第25章。

10.11　在安全评估中使用TSO

许多技术标准规定(TSO)包括由TSO定义的功能重要性分类。这使得开发的设备符合TSO要求，以使软件和AEH遵循DO-178/254。然而，仍然需要飞机级和系统级安全性评估来确定在TSO中公布的保证级别是否足以满足特定应用和架构。在TSO功能重要性和基于架构实现所需的级别之间可能存在一些差异。

还应在飞机级或系统级安全性分析中进行假设，以确定TSO标识涵盖哪些方面。许多TSO没有指定将安全性分析作为提交给FAA的数据的一部分。在满足相同TSO功能要求的不同设计之间，故障模式、速率和检测手段可能不同。必须对TSO进行安全性分析，并将其结果用作系统级分析的源数据。

10.12　MIL-STD-882系统安全

MIL-STD-882E定义了国防领域使用的系统安全。从开发商、制造商或安装者、操作员或用户以及各种“系统”维护者的角度来看，它涵盖了整个生命周期中安全性的方方面面。因此，其范围比飞机认证和适航性更广。MIL-STD-882定义了不同的风险标准和软件安全性评估方法，还有几种不同的危险性分析技术，但该技术在商业过程中并未使用。然而，如图10-6所示，如果

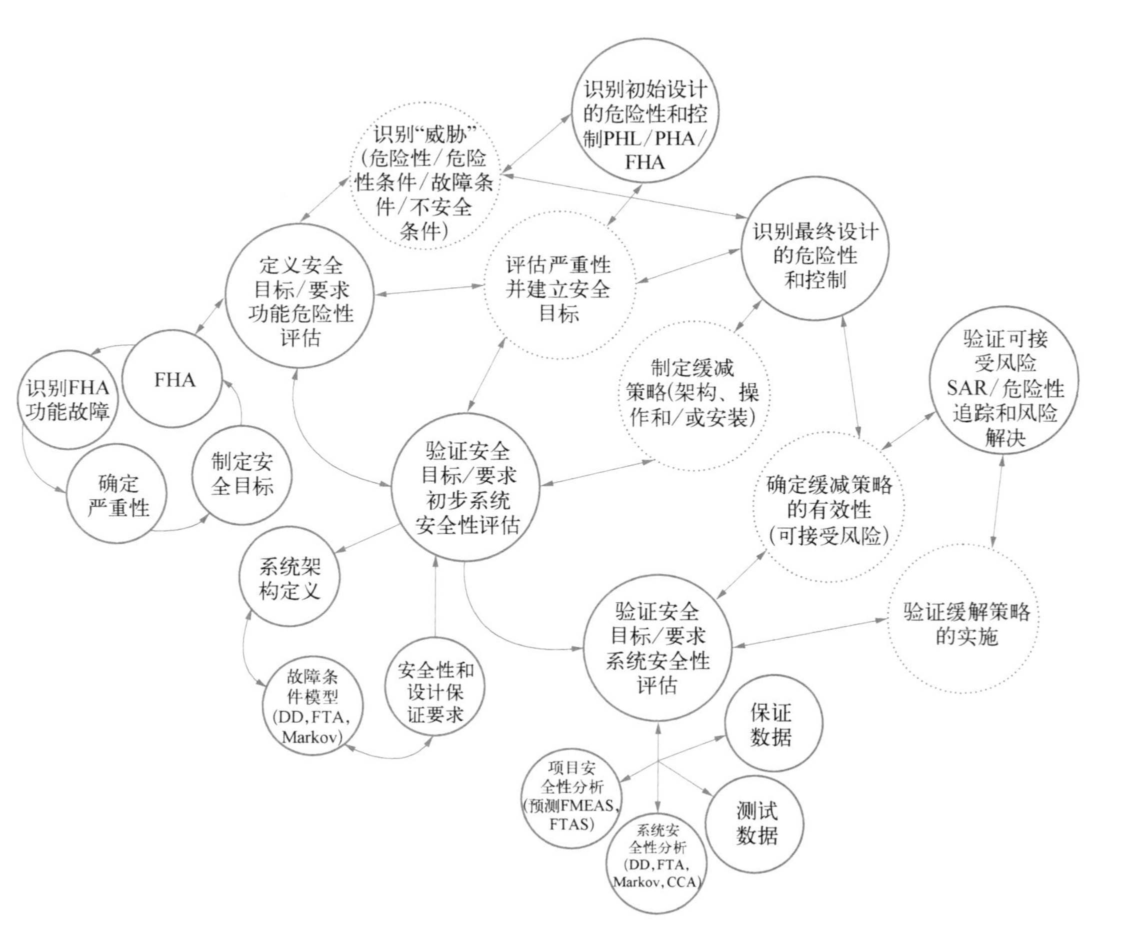

图 10-6 商业航空与 MIL-STD-882 安全性评估过程的关系

任务与通用模型相关,则可看到如何设计 MIL-STD-882 的各种分析任务来实现类似目标。

图 10-6 并不隐含各种分析在方法上相同,而是表明通过一些调整,这两个过程都可用于国防和商用航空使用的系统或设备中。图 10-7 提供了国防和商用航空间增加的交叉引用。如果希望用 MIL-STD-882 管理系统安全过程并开发也可用于支持商业认证的数据,则需要对分析任务和数据项描述进行调整,以确保 FHA(任务 208)、系统要求危险性分析(任务 203)、系统危险性分析(任务 209)和安全性评估报告(任务 301)遵循 ARP4761 过程。同样,如果目标是使用 ARP4761 过程来满足 MIL-STD-882 任务,请记住,ARP4761 SSA

	MIL-STD-882E	ARP4761	ARP4754A
任务 101	使用系统安全方法识别和缓减危害	自上而下的要求分配和自下而上的验证	系统开发和系统安全的集成
任务 102	系统安全计划	无等价物(用认证机构的认证计划实现)	系统安全计划(内容因系统安全过程差异而有所不同,仅涉及飞机认证)
任务 103	危险性管理计划	系统开发和系统安全的集成	系统开发和系统安全的集成
任务 103	联合承包商、分包商、建筑师和工程公司的整合/管理	无等价物	无等价物;只作为规划的一部分
任务 104	支持政府审查/审核	无等价物	只作为要求和计划审查的一部分
任务 105	综合产品团队/工作组支持	无等价物	无等价物
任务 106	危害追踪和风险解决	无等价物	无直接等价物;仅作为要求可追溯性的一部分
任务 107	危险性管理进展报告	无等价物	无等价物
任务 108	危险性材料管理计划	无等价物	无等价物
任务 201	初步危险性清单(PHL)	无等价物	

（续　图）

	MIL-STD-882E	ARP4761	ARP4754A
任务 202	初步危险性分析	共模分析、区域安全性分析以及特定风险分析的早期任务，以检查物理(内在)危险	
任务 203	安全要求危险性分析	PSSA	需求收集和验证
任务 204	子系统危险性分析	FMEA	
任务 205	系统危险性分析	系统 FMEA、FTA(或 DD 或 Markov)、共模分析、区域安全性分析和特殊风险分析	
任务 206	操作和支持危险性分析	无等价物	
任务 207	健康危险性评估	无等价物	
任务 208	功能危险性评估(系统和组件)	FHA(飞机和系统)	
任务 209	系统的系统危险性分析	系统 FMEA，FTA(或 DD 或 Markov)，共模分析，区域安全性分析和特殊风险分析	
任务 210	环境危险性分析	无等价物	
任务 301	安全性评估报告	飞机 SSA 和系统级 SSA 除剩余风险、风险接受、危险性材料和维护人员安全问题外，其他相同	
任务 302	危险性管理评估报告	无等价物	
任务 303	测试和评估参与	无等价物(一些适用于公司和飞行前风险分析，拥有其他 FAA 政策和 AC 赋予的认证权限)	
任务 304	工程更改建议书、更改通知、缺陷报告、意外事故以及偏离/豁免请求的安全审查	无等价物；然而，需要维持持续的适航规章	修改飞机分析定制指南
任务 401	安全验证	部分 SSA 和/或合规报告(符合适用的法规，不仅仅是安全要求)	要求验证
任务 402	爆炸危险性分类数据	无等价物	
任务 403	爆炸物处置数据	无等价物	

图 10-7　MIL-STD-882E 与 ARP4761 和 ARP4754A 之间的交叉引用(摘自 SED-PMHDBK-ASA，美国陆军软件工程局，《航空软件适航计划经理手册》)

未讨论残余风险。它只负责遵守“1309”法规。此外，“1309”法规和AC不需要系统安全过程规划(但ARP4754A确实包括一个示例，作为集成规划讨论的一部分)。ARP4761过程也进行与操作和支持危险性分析、健康危险性分析、环境危险性分析或爆炸物数据任务分析等同的分析。操作和支持危险性分析目标的一些因素可作为区域分析的一部分来完成，但区域分析可能无法完成将在操作和支持危险性分析中完成的一些程序审查和分析。

10.13　小结

为了有效地进行飞机和系统开发，系统安全过程必须与开发过程集成在一起。系统安全任务和目标取决于自上而下的开发过程。FHA/PSSA的拖延则意味着未遵守开发过程要求，系统和设备的设计也将受到影响。

对于系统开发和系统安全，STC必须遵循与TC相同的过程。安全和开发过程的目标是相同的，只是安全目标的复杂性可能会低一点，这取决于变化的范围和相关功能或受影响功能的严重性。无论修改的功能重要性分类如何，物理安装应始终要求在2X.1309环境下完成。

系统开发和安全过程是为了确保设计和安装符合法规。需要记录过程的结果，以显示符合性。

推荐阅读

Ericson, Clifton A. II, *Hazard Analysis Techniques for System Safety*, John Wiley & Sons, Hoboken, NJ, 2005.

Fault Tree Handbook with Aerospace Applications, NASA - FTH

Version 1.1, August 2002.

Fault Tree Handbook, NUREG 0492, January 1981.

Handbook of Reliability Prediction for Mechanical Equipment, Naval Surface Warfare Center, Dahlgren, VA, 2011.

Kritzinger, Duane, *Aircraft System Safety, Military and Civil Aeronautical Applications*, CRC Press, Boca Raton, FL, 2006.

O'Connor, Patrick D. T., *Practical Reliability Engineering*, 4th Edition, John Wiley & Sons Ltd., Chichester, U.K., 2007.

Rierson, Leanna, *Developing Safety-Critical Software: A Practical Guide for Aviation Software and DO-178C Compliance*, CRC Press, Boca Raton, FL, 2013.

SAE ARP5580, *Recommended Failure Modes and Effects Analysis (FMEA) Practices for Non-Automotive Applications*, Society of Automotive Engineers, Warrendale, PA, 2001.

SAE ARP5150, *Safety Assessment of Transport Airplanes in Commercial Service*, Society of Automotive Engineers, Warrendale, PA, 2003.

System Reliability Toolkit, SRKIT, Reliability Information Analysis Center (No Date).

参考文献

[1] Advisory Circular 20-115C, *Airborne Software Assurance*, 2013.

[2] Advisory Circular 20-136B, *Aircraft Electrical and Electronic System Lightning Protection*, 2011.

[3] Advisory Circular 20 - 152, RTCA, Inc. , *Document RTCA DO - 254*, *Design Assurance Guidance/or Airborne Electronic Hardware*, 2005.

[4] Advisory Circular 20 - 174, *Development of Civil Aircraft and Systems*, 2011.

[5] Advisory Circular 23. 1309 - 1E, *System Safety Analysis and Assessment for Part 23 Airplanes*, U. S. Department of Transportation Federal Aviation Administration, 2011.

[6] Advisory Circular 25 - 19A, *Certification Maintenance Requirements*, U. S. Department of Transportation Federal Aviation Administration, 2011.

[7] Advisory Circular 25. 1309 - 1A, *System Design and Analysis*, U. S. Department of Transportation Federal Aviation Administration, 1988.

[8] Advisory Circular 25. 1309 - 1B Arsenal Draft, *System Design and Analysis*, U. S. Department of Transportation Federal Aviation Administration, 2002.

[9] Advisory Circular 25. 1701 - 1, *Certification of Electrical Wiring Interconnect Systems on Transport Category Aircraft*, U. S. Department of Transportation Federal Aviation Administration, 2002.

[10] Advisory Circular AC 27 - 1B Change 3, *Certification of Normal Category Rotorcraft*, *Section 27. 1309 Equipment*, *Systems*, *and Installations*, U. S. Department of Transportation Federal Aviation Administration, 2008.

[11] Advisory Circular 29 - 2C Change 3, *Certification of Transport Category Rotorcraft*, *Section 29. 1309 Equipment*, *Systems*, *and Installations*, U. S. Department of Transportation Federal Aviation Administration, 2008.

[12] Code of Federal Regulations, Title 14, *Aeronautics and Space*.

[13] MIL - STD - 882E, *System Safety*, Department of Defense, 2012.

[14] RTCA DO - 178C, *Software Considerations in Airborne Systems and Equipment Certification*, RTCA, Inc. ,Washington, DC, 2011.

[15] RTCA DO - 254, *Design Assurance Guidance for Airborne Electronic Hardware*, RTCA, Inc. , Washington,DC, 2000.

[16] RTCA DO - 278A, *Software Integrity Assurance Considerations for Communication, Navigation, Surveillance and Air Traffic Management (CNS/ATM) Systems*, RTCA, Inc., Washington, DC, 2011.

[17] SAE ARP4754A, *Guidelines for Development of Civil Aircraft and Systems*, Society of Automotive Engineers, Warrendale, PA, 2010.

[18] SAE ARP4761, *Guidelines and Methods for Conducting the Safety Assessment Process on Civil Airborne Systems and Equipment*, Society of Automotive Engineers, Warrendale, PA, 1996.

11

RTCA DO-160 在航空电子设备认证过程中的作用

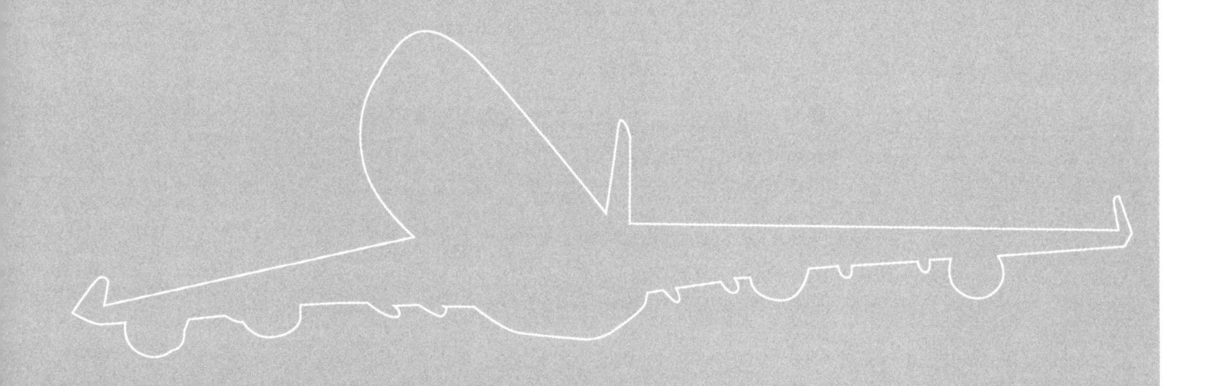

11.1 导言

RTCA SC-135是一个常设委员会。随着使用中新的环境问题出现,或者引入某种新技术时,RTCA SC-135就负责更新航空文档(RTCA DO-160)的要求和技术概念。DO-160标准由RTCA SC-135和欧洲民用航空设备组织(EUROCAE)工作组(WG)14协同完成。

需要注意的是,常用的DO-160有许多版本。在特定的应用中必须使用特定版本(由飞机的认证基础定义)。在2013年,很少对版本D进行测试,经常使用E、F和G。G是最新版本,最可能用于新系统。在某些情况下,一个版本与另一个版本会很不同,因此对最新版本的测试可能不符合产品的预期要求。可找到目前有效的最新版本为DO-160(见www.dlsemc.com/DO-160testing),可查询相关的改变警告、标准的勘误表和评论。

11.1.1 为何使用DO-160

对于航空电子系统中使用的各种部件,都需要进行RTCA DO-160环境测试,以根据如联邦航空管理局(FAA)等买方、制造商或政府机构规定的产品规格,确定其执行能力。航空规章有两个部分,一个用于验证预期用途,另一个用于在可行的范围内确保没有非预期功能。环境测试以下列方式检查设备的性能:

(1) 设备不得干扰附近的其他设备,例如射频发射能量(见DO-160第21.2节)。

(2) 当受到附近设备的环境影响时,设备必须按预期运行。这些影响包括DO-160第20节描述的射频敏感性(辐射和传导),DO-160第7节和DO-160第8节中描述的冲击和振动,DO-160第12节描述的沙尘,以及DO-160第7节描述的撞击和飞机失事等。

DO-160允许人们制订与设备运行实际环境相匹配的要求。这些要求的总体目标是尽可能在合理的可能范围内保证飞机安全。

11.1.2 测试目的

所要求的每个测试都有特定的目的。DO－160 定义了一系列最低标准环境测试条件(类别)和适用于机载设备的测试程序。这些测试的目的是为实验室提供机载设备在可能遇到的环境条件下确定其性能特性的方法。

本章包含的标准环境测试条件和测试程序可与适用的设备性能标准结合使用,作为在环境条件下的最低规范,确保在运行期间性能的充分可信度。

11.1.3 测试程序

在准备进行测试时,应生成一个测试程序,并且应由所有参与的机构同意,包括制造商/设计者到 FAA、最终批准组件或最终组件适航认证机构。

如果在最终提交之后才会批准测试,则很可能需要讨论要进行的一些或全部测试。任何重新测试都将会增加成本,更糟的情况是会导致整个项目的延期。

11.1.4 测试指南

DO－160 各章节的末尾都有用户指南,为对应章节正文中所述的相关测试程序和要求提供背景信息。其信息包括要求的理由、应用要求的指南、评论、可能的故障排除技术以及从以前的实验室中吸取的经验教训。用户指南遵循与该章节正文类似的格式,以便于交叉引用。段落编号对应于该部分和用户指南中的各段落。

11.1.5 测试顺序

通常,考虑测试顺序是非常重要的。为了不干扰或偏向下一测试的结果,且能利用先前测试的结果,在进行下一测试之前,可能需要对前面的测试进行排序。例如,真菌测试必须在盐雾、沙子和粉尘之前。特别是在可用于测试的设备数量有限的情况下,最好保存破坏性测试。如果允许在多个设备上进行测试，则测试的顺序可能就没那么重要了。通常，环境测试从辐射发射开始，然后是传导发射。如在采取缓解措施时发现问题，更可能需要进行其他测试。

11.1.6　信息共享

在前面章节陈述了DO-160标准的一些部分，这些部分可能涉及许多或所有章节。例如，许多章节提到，本节中包含的信息与DO-160其他章节中描述的所有测试过程相关。但是，这些信息可能不在其他章节中说明。例如，附录A提供了可能需要在其他章节中执行的环境测试。附录C提供了引导特定主题的RTCA特别委员会成员的名称。当发现问题或认识到这些主题需要改进时，应通知本附录中列出的具体人员，以便采取适当的方法解决并与业界分享信息。

11.2　DO-160G的目录

以下目录摘自最新标准(版本G)。

第1节：目的和适用性。

第2节：术语定义、概述。

第3节：测试条件。

第4节：温度和高度。

第5节：温度变化。

第6节：湿度。

第7节：操作冲击和碰撞安全。

第8节：振动。

第9节：防爆。

第10节：防水。

第 11 节：液体敏感性。

第 12 节：沙尘。

第 13 节：防霉性。

第 14 节：盐雾。

第 15 节：磁效应。

第 16 节：电源输入。

第 17 节：电压尖峰。

第 18 节：音频传导对电源输入的敏感性。

第 19 节：感应信号敏感性。

第 20 节：射频敏感性(辐射和传导)。

第 21 节：射频能量的辐射。

第 22 节：闪电感应瞬态敏感性。

第 23 节：闪电直接效应。

第 24 节：结冰。

第 25 节：静电放电。

第 26 节：燃烧和易燃性。

附录 A：环境测试鉴定。

附录 B：成员资格。

附录 C：更改协调员。

注：大多数章节都有详细的目录。

以下简要介绍 DO－160 的每一章节，旨在引入和概述标准，而不是替代官方标准。

第 1 节：目的和适用性

DO－160 定义了一系列环境测试条件(类别)的最低标准和用于机载设备的测试程序。这些测试的目的是为实验室提供机载设备在可能遇到的环境条件下确定性能特性的方法。

DO-160包含的标准环境测试条件和测试程序可与适用的设备性能标准结合使用,作为在环境条件下的最低规范,这可确保在操作期间性能的充分可信度。

注意:

在DO-160包含的每个测试程序中,会多次看到短语"确定遵守适用的设备性能标准"。

此处提到的"适用的设备性能标准"是指以下任一种:

(1) EUROCAE最低操作性能规范(MOPS),对应以前的要求为MOPR。

(2) RTCA最低性能标准(MPS)和/或RTCA最低操作性能标准(MOPS)。

(3) 制造商的设备规范(如适用)。

DO-160包含的一些环境条件和测试程序不一定适用于所有机载设备。性能标准的作者须负责为特定机载设备选择适当的和/或额外的环境条件和测试程序。

还有几个附加的环境条件(类别),特定的机载设备可能需要根据DO-160未包括的条件进行评估。这些条件包括但不限于冰雹、加速度和声学振动。性能标准的作者须负责为特定机载设备选择特定环境条件下机载设备测试程序,以与该特定类型的机载设备唯一相关。整个文档中通常采用国际单位制作为主要数据的单位。然而,在某些情况下,从英制单位推导主要数据的单位时,以英制单位用于主要数据。根据第3.2条的规定,允许使用多个测试样本。希望应用DO-160中包含的测试条件和程序的人员需要确定这些测试条件和适用于特定设备,并且这些测试条件和程序对于安装在特定或一般类别或类型飞机上的设备也是适用的。

申请人需要阅读DO-160的每一部分,并根据设备购买者及其满足应用条件限制的规范(飞机的运行环境)做出决策。应在开始测试之前编写测试程序并获得批准。为确定测试的类别,需要在测试开始前回答如下问题:① 将安装在飞机上面和/或内部的哪个位置？② 将安装在飞机的内部还是外部？如果在内部，应该在驾驶舱、航空电子设备舱还是主舱？③ 采用哪个方向安装？

为了适用于特定安装，飞机制造商有权改动、调整或添加 DO－160 的测试要求。只要不是标准规定了执行顺序，公司有权要求测试程序按照他们所希望的顺序执行。通常，当设备必须最少通过一组测试，并先进行环境测试以保证飞行安全，然后飞机才能进行飞行测试。当然，需要用最坏情况下的测试以保证安全性。

用于机载设备的 MOPS 由 RTCA 公司编制，包含了设备必须满足的要求，以确保实际航空设备的可靠运行。这些设备要求必须在周围和压力环境条件下进行验证。MOPS 通常包含周围条件的建议台架测试程序，参考适用于压力环境测试的 RTCA DO－160，以及机载设备的环境条件和测试程序。DO－160 中定义的测试类别旨在包括机载设备可能经历的从温和到非常恶劣的全部环境条件频谱。

DO－160 中定义的环境条件和测试程序仅用于确定机载设备在规定环境条件下的性能，而不是用于衡量经受这些测试的机载设备的使用寿命。

DO－160 的任何应用监管须由相应的政府（监管）机构全权负责。

历史备忘录和一般用户指南

自 1958 年以来，DO－160（或其前身 DO－138）已用作环境鉴定测试的标准。它在 MOPS 中作为特定设备设计的参考，并在 FAA 咨询通告中被用作技术标准规定（TSO）授权的一种环境鉴定手段。随着在航空业内新的要求的出现，改进的测试技术的涌现，以及对设备在实际环境条件下运行的理解越来越深入，已经对 DO－160 进行了连续的升级和修订。

环境压力可能是自然力量或人为影响的结果，可通过设备安装的细节缓解。随着时间的推移，已经形成的类别反映出对于一些方面的理解已经相当成熟，包括压力的严重性，在设备设计中可实现的缓解程度以及为了能使设备在合成压力下执行所考虑的设备的鲁棒性。为了充分利用好 DO－160，所安装设备的设计者以及主机安装的设计者应该在其程序中尽早考虑DO-160中定义的类别。事实已经证明,在每个环境测试程序中定义的类别是实际安装要求和所安装设备性能之间的一组实用边界条件。飞机和设备设计师之间的有效交流对于确保使用正确的类别至关重要。

DO-160用户指南

现在,DO-160中的各个章节包含用户指南材料,这些材料在相应章节的末尾。用户指南为DO-160正文中的相关测试程序和要求提供了背景信息,包括制定要求的理由、应用要求的指南、评论、可能的故障排除技术以及从以前的实验室中吸取的经验教训。这些信息旨在帮助用户了解要求背后的意图,并帮助用户根据DO-160中的一般测试程序开发详细的测试程序。用户指南仅提供参考目的,而不包含要求,只有每个章节正文中的程序适用于被测设备(EUT)。

用户指南与本节正文的格式相同,正文段落号在指南中重复。

第2节:术语定义、概述

本节包含DO-160中使用的一般术语的定义。在特定章节对特定术语的定义可在适当的章节中找到。下面只进一步解释那些对本章有用的定义。

测试的类别和声明

对于本章中提及的每种环境条件,设备供应商应从特定章节中定义的类别中选择最能代表其设备在使用寿命期间定期暴露的最恶劣环境的类别,该规则的一个例外是使用类别X。所选类别将根据附录A(标准末尾)中所列的指南在环境鉴定表中显示。从环境鉴定表中列出的任何类别可知,当暴露于可评估为不太严重的类别时,该设备也能够执行其预期功能。当设备供应商希望表明尚未在特定程序所述的环境条件下证明设备性能标准的符合性时,即可使用与DO-160的任何环境测试程序有关的X类环境鉴定表。如果环境鉴定表上列出的任何类别不足以满足特定的飞机认证,则可能需要进行额外的测试。

在测试程序结束时或期间发现"确定符合适用的设备性能标准"的声明时,

应当知道，性能符合性和验证是设备的认证要求，以证明该设备能在特定测试类别期间和/或之后执行其预期功能。

测试结果的适用性

使用这些程序进行测试的结果仅适用于在性能测试期间使用的测试配置（测试设置、外部配置和内部配置）。对此配置的外部或内部的任何更改（如PCB布局、装置内部的组件更改、安装布线）都必须进行测试，以确保测试结果仍然适用。如果评估不能表明结果仍然适用，则需要重新测试。

第3节：测试条件

本节介绍如何在测试期间配置设备和测量条件。这一部分介绍设备的连接和方向、测试顺序、多个测试项目、组合测试、测试室中的气温测量、环境条件、测试条件公差和敏感性测试的配置。这是环境测试中所要求的所有测试设置和测量。

除非另有说明，设备的电气和机械连接，包括所有冷却措施（见图11-1），都必须与其拟安装在实际飞机上的方式相同。

图11-1 测试期间的冷却设置（由D. L. S. Electronic Systems公司提供，Wheeling，IL）

如果没有特别规定,电源线应为1.0 m±10 cm,互连电缆应至少为3.3 m。通常与EUT相关的其他设备的任何输入或输出应连接或充分模拟。需要特别说明的是,如果可用,第19.3节和第20.3节所要求的互连电缆比这些最小值更长(见图11-2)。

图11-2　完成飞机线束(由D. L. S. S. Electronic Systems公司提供,Wheeling,IL)

某些部分可能会对长度有另外的要求。如果安装已知,请使用实际电缆长度进行测试。通常,用于最坏情况的测试设置选择的电缆长度应能避免对系统多次重复测试的需要。无论所销售的EUT产品是否配有屏蔽电缆,均须测试非屏蔽电缆。因为屏蔽电缆可能是最坏的情况,比较明智的做法是对这两种情况都进行测试。在某些情况下,测试设置是针对飞机的特定设置,例如直接闪电测试。

如果原始程序中规定的所有适用环境条件与组合程序的条件相同,甚至比组合程序包含的条件更多,开发替代程序来代替组合程序就是可接受的。如果使用替代程序，环境鉴定表应提供适当的信息(见 DO-160 附录 A)。

在测试执行中使用的所有激励设备和测量设备都应标明制造商、型号、序列号和校准过期日期和/或适当的有效校准周期。如果恰当，所有测试设备校准标准都应符合国内和/或国际标准。

如果要测试的设备由几个独立的单元组成，则可对这些单元分开测试，其前提是功能方面须符合相关设备规范。

在对每个 DO-160 进行电子电气设备的任何环境测试(如敏感性测试)期间，EUT 应当配置为在现场正常运行期间可能遇到的最敏感的功能模式，也就是说，测试应尽可能发现漏洞。当设备内嵌有基本和/或应用软件时，必须使用操作(或模拟)软件功能进行测试，以表现出对测试环境的最大敏感性。功能配置的描述和理由，包括软件(如果是不同于飞行配置和飞行软件)，应在测试报告中给出或提及。除非对可用的 MOPS 另有规定，否则只有当硬件和接口得到全面执行、根据合理的要求并且配置可控时产生了良好的测试覆盖率，专用测试固件/软件才是可接受的。专用测试固件/软件在使用时应能完全实现硬件功能。

从这一点来看，DO-160 的每节更详细地描述了特定的测试。

第 4 节：温度和高度

对设备进行分类是根据实际使用 EUT 的预期飞行配置实现的，以便覆盖大多数飞机类型和安装位置中已知存在的各种环境。应当认识到，并非所有可能的温度组合和高度限制都包括在这些设备类别中。这些配置文档和类别罗列于 DO-160 的表 4-1 中。实际温度和压力值罗列在 DO-160 的表 4-2 中。用户可以根据使用位置确定其类别。根据类别，使用表 4-2 获得实际测试条件。监控的运行时间从设备的设计和规范中获得。较高压力情况下要求增加安全措施，以防止损坏测试设备及伤害测试人员。在所有其他测试中，用户应注意输入数据和观察结果的单位及单位的转换。

第 5 节：温度变化

在测试过程中，让温度在最高和最低工作温度之间变化，从而确定设备的性能特征。该测试不用于验证设备在潮湿或结冰条件下的表现。在进行该测试时,测试室可控制或改变湿度,使冷凝最小化甚至不会发生。用户可使用DO-160的表4-1找到EUT的类别。不同温度变化率适用于不同类别。测试的持续时间取决于预计的温度变化或温度变化率。在测试期间,必须考虑EUT的运行/加电事件。

这些测试需要相当长的时间。通常,根据测试周期的长短,测试可在无人值守的情况下进行;可在周期之间维持环境条件和EUT操作要求,以便人员操作测试设备时能进行测试。2 min的非操作/非供电段是一个关键要求,应仔细注意测试设备的编程/操作。

第6节:湿度

该测试确定了设备承受自然或诱导潮湿大气的能力。预计主要不利影响是由于吸湿造成的腐蚀和设备特性的变化。例如,由于暴露于潮湿环境下,可能对机械(金属)性质、电气(导体和绝缘体)性质、化学(吸湿元件)性质和热(绝缘体)性质产生不利影响。

大多数测试在暴露期间并未加电,但在运转和有限的持续时间内,可在指定的时间进行抽检(供电和运行)。如果可能,建议使用适当的电缆/插头密封通电EUT的接口,使用黏土、硅胶塞、丁基橡胶胶带为喷嘴提供防风雨密封。该密封用于支撑设备,而不用于EUT。

第7节:操作冲击和碰撞安全

操作冲击测试证明,在正常飞机操作过程中遇到冲击后,该设备将继续在性能标准内运行。这些冲击可能发生在滑行、着陆期间或飞机在飞行中遇到突然阵风时。该测试适用于安装在固定翼飞机和直升机上的所有设备。对于固定翼飞机,完整的安装演示,即包括飞机加速负载(如飞行操纵、阵风和着陆)以及碰撞安全负载,可通过"持续"测试程序使用的"未知或随机"取向来完成。碰撞安全测试表明,某些设备不会从其装置分离或不会在紧急着陆期间以危险的方式分离。

类别和测试类型(冲击次数和严重性)的确定由标准规定,并且取决于EUT的使用位置。在施加冲击期间,运行冲击对EUT的功能有要求。在施加冲击时,碰撞安全冲击不需要操作。EUT的功能标准可在测试后进行评估。使用离心机在三个正交轴的正向和负向上持续施加冲击。

在碰撞安全冲击水平期间,一些EUT应用需要运行/加电。在离心机持续加速期间,EUT可操作并加电。在执行测试时,使用单个加速计控制。不需要在EUT上使用响应加速计,但如果在测试程序中调用,则可使用响应加速计。如果碰撞安全测试适用,则应进行冲击测试和持续测试程序。

第8节:振动

振动测试表明,在承受按照类别确定的适当安装规定的振动水平时,设备符合适用的设备性能标准(包括耐久性要求)。振动类型可以是正弦振动、随机振动和随机类别的正弦振动。正弦振动可识别频带上的设计特性。谐振频率定义的加速度为输入加速度的2倍。随机振动模拟每个应用的真实激励。随机正弦测试包含在直升机上经常看到的强激励特性。EUT在三个正交轴(如果适用)中进行测试。响应加速计连接到EUT,以验证测试期间施加的力。在测试期间可操作EUT并为其供电,以确保功能。

在测试期间,需要适当的固定装置来测量EUT的响应特性。固定装置应模仿EUT的安装应用,以模拟其使用特性。固定装置也可在产品筛选期间严格间隔EUT,以保证耐久性。平均控制可消除可能将瞬态力引入EUT的离轴串扰。

DO-160中描述的振动测试适用于安装在固定翼螺旋桨飞机、固定翼涡轮喷气飞机、涡轮扇飞机、螺旋桨飞机和直升机上的设备。

注:与某些特定发动机不平衡条件相关的振动水平的完整分析未根据这些限制进行评估。因此,在未进行额外的测试或分析时,该测试可能对某些应用是不够的。

第9节:爆炸性气体

本测试规定了可能接触易燃液体和蒸汽(如DO-160中所规定的)的飞机设备的要求和程序。其中,还提到了在飞行期间遭受或可能遭受易燃流体和蒸汽的区域中可能发生的正常和故障状况。在DO-160的这一部分中所指的易燃测试流体、蒸汽或气体模拟了经常用于常规飞机和需要使用氧气助燃(不包括含氧化剂的单燃料)的气体。这些测试也不涉及由于飞机上运载的物品(如行李或货物)的泄漏而发生的潜在环境危害。

测试取决于EUT的使用位置(类别)。控制室被设计成使得爆炸仅在其内部发生且仅有EUT受到影响。指定燃料混合物并控制点火源。混合物的爆炸性(浓度)能被测量。EUT操作可根据类别来点燃爆炸性气体或者可从外部来源被点燃。EUT可根据类别需要在点燃的爆炸性气体中存留下来并保持功能。

为使爆炸性混合物可以循环,可打开或改装EUT箱。在测试期间,EUT可被控制/加电,并能从外部监测EUT。控制室可配备观察镜或视频监控系统,以收集可视数据。

序注:爆炸性气体测试不应在任何其他DO-160/EUROCAE ED-14测试(易燃性测试除外)之前进行(见DO-160第3.2节,“测试顺序”)。

为了正确解释第9节中概述的程序和要求,附录9提供了用户指南。用户指南包括合理性,指南和背景信息,测试程序和要求,应用要求的指南以及从飞机和实验室中获得的经验教训。这些信息可帮助用户了解要求背后的意图,帮助定制(调整偏离标准的测试程序)特定应用所需的要求,并可帮助用户根据第9节提及的一般测试程序开发详细的测试程序。用户指南遵循第9节正文的类似格式,以便于交叉引用。第9节每个段落的编码包含在用户指南中。如果用户指南未提供附加信息,则提供段落标题,但下面的段落留空。

安装人员应确保测试结果符合建议安装的认证要求。本用户指南不包含要求，旨在提供改进成功测试结果可能性的背景信息和注意事项。

第10节：防水

这些测试确定设备是否能够承受喷射或落在设备上的液态水或冷凝效应的影响。这些测试不适用于验证密封设备的性能。因此，密封设备可认为满足所有防水要求，无须进一步测试。当为永久密封时，设备应视为密封。

与其他类型的测试一样，这些测试还取决于EUT的使用位置(类别)。程序包括如下几个方面。

(1) 冷凝防水测试，EUT操作，持续暴露10 min。

(2) 防滴测试，EUT在测试期间不工作。

(3) 防喷测试，EUT在测试期间工作。

(4) 连续流防水测试，EUT在测试期间不工作。

测试仪应在测试EUT之前校准流速/滴水量(收集的水分)，应确保使用校准设备验证测量结果。连续流防水测试需要采用温度受控的水源。安装的指定滴水盘提供流经EUT的均匀滴水速率。

第11节：液体敏感性

液体敏感性测试用于确定在设备构造中使用的材料能否承受飞机流体暴露的影响。由于许多污染物可能在测试温度范围内具有引爆点，应注意确保采取了足够的安全措施，以防发生火灾或爆炸。一些污染物本身或与其他污染物或与测试样品混合在一起是有毒的。在开始测试之前，应充分考虑这种可能性。根据EUT的类别，流体敏感性通过喷雾或浸泡来测试。EUT经受的流体测试须按规范操作。该测试用于确定EUT暴露于各种流体时可能发生的不利影响。

喷雾测试在流体应用和干燥期之间循环进行。每个流体类型循环24 h，共循环三次，一次循环包括8 h喷雾和16 h干燥(65℃)。在第三个喷雾周期的最后10 min，运行EUT。在第三次干燥循环后，EUT应运行30 min，但只在环境稳定后才能运行。对每种测试的流体重复该过程。

浸没测试要求EUT完全浸入特定流体中。将EUT浸入液体中24 h，在完全浸没24 h后运行10 min，再将EUT置于65℃的恒温下160 h。最后恢复到环境温度，让EUT运行2 h。对每种测试的流体重复上述过程。

DO-160涵盖7种一般类别的其他污染流体。此外，还有25种特定流体用于这类测试。DO-160的表11-1包含这些测试所需的流体类别、特定流体和温度。需要在测试程序和环境鉴定表中规定使用的流体、测试方法和暴露温度。

材料样本测试可用于代替设备测试。这些测试的结果应保证，材料以测试程序规定的方式暴露于相关流体后，设备不会受到有害影响。

第12节：沙尘

该测试用于确定当空气以中速运动吹动沙尘时，设备对于沙尘影响的抵抗力(见图11-3)。该测试可能产生的不利影响主要是以下几个方面：

(1) 渗透到裂缝、缝隙、轴承和接头中，导致运动部件、继电器、过滤器等结垢和/或堵塞。

(2) 形成导电桥。

(3) 作为收集水蒸气的核心，可能造成腐蚀的次要影响。

(4) 液体污染。

图11-3　沙尘(由D. L. S. Electronic Systems公司提供，Wheeling，IL)

测试取决于EUT的使用位置(类别)。

粉尘测试要求监控和控制测试室的温度和相对湿度，并且EUT沿着每个正交轴暴露1 h。

在进行沙尘测试时，沙浓度应根据EUT的预期用途和位置而变化，EUT应距离注沙点3 m，风速范围应在40～60 m/h之间，监测并控制测试室的温度和相对湿度。

EUT 可在测试期间进行操作/供电。应在每个轴之后目测验证 EUT。

序注：在确定应用本测试程序的环境测试顺序中，必须考虑以下因素，因为该测试过程会残余粉尘，再加上其他环境的协同效应，可能会腐蚀或导致测试设备上生长霉菌，从而对测试程序的结果造成不利影响。沙磨损也可能影响盐雾、真菌或湿度测试程序的结果。

适合测试室中使用的粉尘浓度应上升到 3.5～8.8 g/m^3 之间并保持在这个范围内，二氧化硅的浓度为 97%～99%，还需要详细说明粉尘的特性。

如果有最坏情况下现场环境的沙粒浓度数据，设备可望在该沙粒浓度水平正常运行。很可能使用的材料确定为接近直升机在未铺砌表面上运行时采用的材料。沙尘不得用于或暴露于运行飞机的附近，但可用于或存储在未受保护的车辆内。由此确定只经受自然条件的材料。

注：除非相关规范另有规定，否则在暴露期间无须操作设备。

在暴露时间结束时，应从测试室中取出设备，并冷却至室温。通过刷洗、擦拭或摇晃的方式小心取出为验证操作适当(如显示器、连接器、键盘、测试端口)在设备表面上积聚的沙子，以避免沙子进入设备。在任何情况下，都不得通过鼓风或真空清洁的方式来去除沙子。

第 13 节：防霉性

通过防霉测试可以确定在有利于真菌生长的条件(即高湿度、暖空气和存在无机盐)下，真菌对设备材料的影响。应当注意，在操作和维护期间暴露于流体，或者为降低材料的真菌营养性需要分解材料，或者暴露于太阳能光化效应时，真菌还可能产生继发效应。此外，这些测试必须遵循排序规则。

安装在暴露于严重真菌污染环境中的设备被标识为 F 类，并应进行防霉性测试。该测试不应在盐雾或沙尘测试之后进行。重盐浓度可能影响真菌的生长，沙尘可能有利于真菌的生长，因而损害本测试的有效性。材料可直接或间接地被真菌攻击。最易受攻击的材料是矿物材料。天然材料(碳基)、纤维素材料(木材、纸、纤维纺织品、纤维绳)、动物和植物黏合剂、油脂、油、烃和皮革易受攻击。合成材料、PVC、聚氨酯、塑料、油漆和清漆也可被真菌攻击。该测试可在非功能性装置或组件上进行。特定的真菌根据规范生长,并用于控制和测试项目。根据标准培养控制和测试项目。进而,评估真菌生长类型及其对试验项目的影响。

分析测试项目的真菌生长,以确定真菌的种类以及该真菌是生长在测试项目材料上还是在污染物上,还需检测测试项目材料的真菌生长程度。必须全面描述真菌在易感组件或材料上的生长程度。例如,生长对材料的物理特性的即时影响、生长可能对材料的长期影响以及支持生长的特定材料(营养物)。还应评估人为因素的影响(包括健康风险)。

第14节:盐雾

该测试确定长期暴露于盐环境下或在正常操作中遇到盐雾时对设备的影响。预期的主要不利影响包括以下几个方面:

(1) 金属腐蚀。

(2) 由于盐沉积导致运动部件堵塞或黏合。

(3) 绝缘故障。

(4) 损坏触点和无涂层布线。

测试时,将含有5%(按重量计)的碘化钠和蒸馏水或软化水混合的盐溶液在35℃下雾化。EUT位于测试室内部,使得没有重叠或测试装置会屏蔽或引起到EUT的径流。EUT的最上表面平行于雾发射喷嘴的顶部。收集容器(2个)放置在测试室内:一个放置在EUT的周边离喷嘴最近的位置,另一个放置在EUT的周边离喷嘴最远的位置。

第15节:磁效应测试

该测试用于确定设备的磁效应(见图11-4),旨在找到与磁源最近的距离,如为罗盘或罗盘传感器(磁通门)找到能不受干扰地运行的位置。

磁效应测试应在远离磁场的地方进行,以使测试不受影响。操作模式可能会影响 EUT 的磁发射。为了防止建立时间过长，应首先或最后进行磁效应测试。在该测试中，通过移动罗盘(而非 EUT)来找到罗盘偏转发生的距离。

图 11-4 正在执行的磁效应测试(由 D. L. S. Electronic Systems 公司提供，Wheeling，IL)

第 16 节：电源输入测试

该测试旨在模拟飞机内的设备在运行期间可能看到的有关现象，例如当飞机在终端定时地接收电信号时，外部电源断开会起动发动机从而造成电压骤降，飞机内另一个系统可能会产生感应冲击，在正常操作期间和着陆之后(包括紧急情况)投入工作的任何系统都可能会产生感应冲击(见图 11-5)。包括以下电源：

(1) 14 V 直流电、28 V 直流电和 270 V 直流电。

(2) 默认的 400 Hz 频率或包括 400 Hz 的可变频率范围内，115 V_{rms} 交流电和 230 V_{rms} 交流电。

这项测试可发现 EUT 在 EUT 供电安装中可能出现的电源质量问题。可根据观察及推测的现象来确定电源质量问题，包括辅助发电机、电池和电池组的正常、异常和紧急操作，这可能包括过电压、欠电压、电力中断和谐波含量。

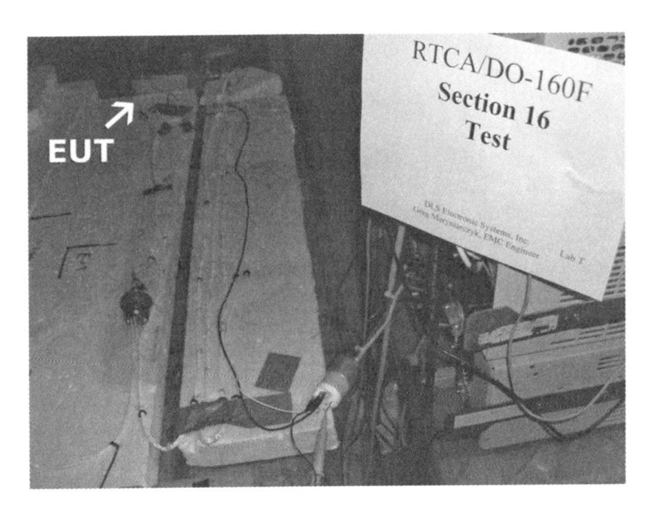

图11-5　电源输入测试(由D. L. S. Electronic Systems公司提供,Wheeling,IL)

可用示波器验证测试波形。然而,很难在示波器上有效显示交流电线路的暂态响应。可根据类别确定各种问题的严重程度。

需要注意确保可程控电源的正确布线,特别是直流电设备的反极性。问题的解决方案可能涉及感测和切断电路、过压钳位、电动机操作阀门(MOV)、保护二极管或钳位到轨电压的设备。不应使用消弧电路,因为它们会关闭电源。当存在电压降落时,可能需要与大电容器桥接来提供电压。

第17节:电压峰值测试

该测试确定设备能否承受到达该设备的电压峰值(交流或直流)对其电源线的影响(见图11-6)。预计的主要不利影响是以下几个方面:

(1) 永久性损坏、组件故障和绝缘击穿。

(2) 敏感性降低或设备性能变化。

使用两级电压峰值:600 V(A类)和双电压(B类)。为防止电压尖峰,应使用瞬态二极管、瞬态电压抑制(TVS)器件和MOV。在EUT断开时,瞬态波形被验证为DO-160所需的波形。如果在测试应用期间测量性能,则使用设备性能要求中包含的性能要求即可。

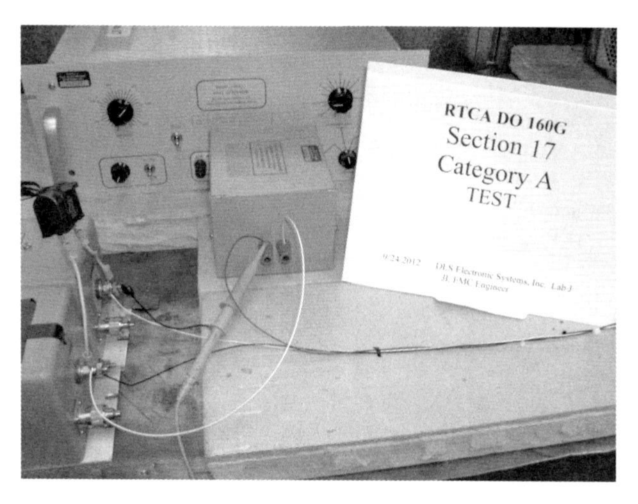

图 11-6 电压峰值测试(由 D. L. S. Electronic Systems 提供,Wheeling,IL)

第 18 节:音频传导敏感性(CS)测试

该测试旨在模拟输电干线的交直流电源总线的正常预期波动和谐波(见图 11-7 和图 11-8),以确定设备是否正常工作。这些频率分量通常与电源基频谐波相关。

图 11-7 音频 CS 测试 1(由 D. L. S. Electronic Systems 公司提供,Wheeling,IL)

图11-8　音频CS测试2(由D. L. S. Electronic Systems公司提供，Wheeling，IL)

直流测试从30 Hz开始，交流测试从二次谐波开始。对于每项测试，预计在每个频率停留1 min。因此，这项测试所需时间较长。

第19节：感应信号敏感性测试

该测试用于确定设备能否承受飞机中其他设备的故障可能引入的各种信号(见图11-9)。设备互连电路配置由安装环境引起的感应电压水平确定。

图11-9　感应信号敏感性测试(由D. L. S. Electronic Systems公司提供，Wheeling，IL)

本节特别涉及其他机载设备或系统产生并通过互连布线耦合到EUT内敏感电路的工频及其谐波、音频信号和电瞬变相关的干扰信号，不需要对电源线进行此项测试。

第20节：射频敏感性(辐射和传导)测试

该测试通过辐射射频(RF)场或通过注入探头感应到电源线和接口电路布线上，在EUT暴露于特定水平的射频调制功率期间检查EUT在性能规范内操作的能力(见图11-10)。在该测试中，EUT产生电场并暴露于电路、电缆和系统下。这些电场可由产生无用信号的导线拾取。这些无用信号可能导致设备、电路或系统故障。

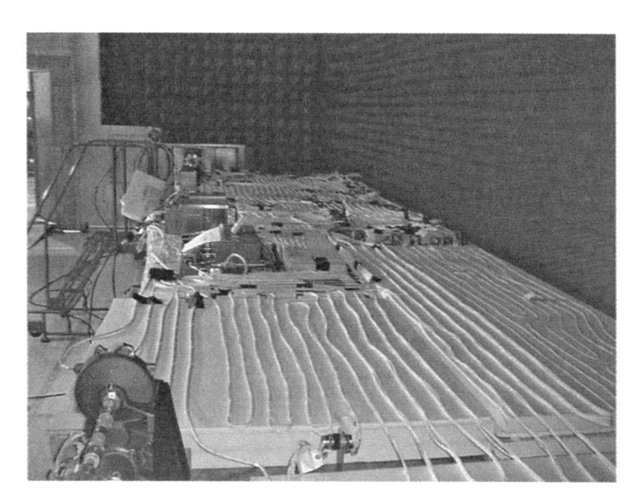

图11-10　准备测试的整个飞机线束(由D. L. S. Electronic Systems公司提供，Wheeling，IL)

通常，通过原始RF，调制与电路中的RF场相组合。通过器件中某处的二极管剥离进行调制，导致模拟电平漂移，从而产生故障。

用户指南讨论了混响室(RC)的使用(见图11-11)。这些混响室是产生高电平场的另一手段。

第21节：射频能量的发射测试

该测试用于确定EUT是否发射超过DO-160中规定电平的任何干扰RF

图 11-11　RC测试(由D. L. S. Electronic Systems公司提供,Wheeling,IL)

图 11-12　发射设置(由D. L. S. Electronic Systems公司提供,Wheeling,IL)

噪声,以保护飞机RF传感器的工作频率(见图11-12)。

许多电子设备产生经过处理的正常频率范围的谐波频率。这些谐波频率可比原始频率大几百倍。

第22节:闪电感应瞬态敏感性测试

闪电感应瞬态敏感性测试用于检查EUT承受选定测试瞬态的能力(见

图 11-13），这些测试瞬态用于表示闪电的感应效应。

图 11-13 感应闪电（由 D. L. S. Electronic Systems 公司提供，Wheeling，IL）

应在适用的设备测试程序中列出测试期间设备性能的波形、电平和合格/不合格标准。两组测试可用于设备鉴定。第一组是使用针注射执行的损伤容限测试。第二组是当互连电缆束发生瞬变时设备的功能失调容限测试。电缆束测试包括单冲程、多冲程和多突发响应测试，电缆束测试还可显示损坏容限。

注：这些测试可能不包括闪电感应的相互作用和对设备影响的所有方面。根据所执行的功能，可能需要额外的测试，例如对整个系统中的设备进行测试，以实现特定安装的认证。对于外部安装的设备，也可能需要进行直接影响测试（见第 23 节）。

每当飞机遇到高能量时，都会有一些能量注入飞机。该测试试图模拟这些效应，并确定 EUT 是否出现故障。只要这些高水平能量流动，就必须确保接地正确，并且代表飞机着陆。

该测试可能是破坏性的，因此需要在测试顺序以及多个装置的可用性方面加以考虑。

第23节：闪电直接效应测试

本节中描述的测试旨在确定外部安装的设备承受飞机主外壳外部遭受雷击的直接影响的能力，并且包括仅被电介质外壳覆盖的所有此类设备，或属于设备组成部分的整流罩(见图11-14)。本节还包括由设备制造商提供的连接电缆和相关终端设备(作为设备的一部分)。

图11-14　直接闪电(由D. L. S. Electronic Systems公司提供，Wheeling，IL)

这些都是非常高的能量。电流可达到200 000 A，电压可达几十万伏特，有可能引起玻璃的破裂、外壳的损坏，甚至金属的熔化。该测试涉及可能安装在飞机外部的有限多个设备。通常在测试期间向EUT供电。EUT必须具有飞机上使用的实际紧固件、垫圈等。该测试可能是破坏性的，应考虑测试的顺序和多个EUT的可用性。

第24节：结冰测试

这些测试确定了当遇到温度、高度和湿度快速变化而导致结冰时必须运行的设备的性能特点。

为形成冷凝和冷凝冰冻，在(冷)温度室和湿热室之间移动EUT需要两个相对靠近的测试室。监测 EUT 的表面温度对于确定在什么温度下准备循环回冷却室以再冷凝冰冻至关重要。结冰类别的选择取决于飞机内(或上)的设备位置。根据设计用于和安装在飞机上的设备的类别和预期结冰条件类型,指定了三个结冰测试程序。设备设计者在评估这些要求时必须考虑这些条件,这些要求由设备的最终应用和使用决定。这些测试通常适用于安装在飞机外表面或非温度控制区域中的设备,其温度、高度和湿度通常会快速变化。

第 25 节: 静电放电测试

静电放电(ESD)试验测量因人体接触造成的性能非永久降级的静电对 EUT 性能的影响(见图 11-15)。较低的相对湿度、温度以及可能存在于飞机内所有位置的低导电性(人造纤维)地毯、乙烯基座椅和塑料结构的使用,是导致静电产生的一些因素。该测试适用于在飞机正常操作和/或维护期间可接触的所有设备和表面。该测试不适用于连接器引脚。

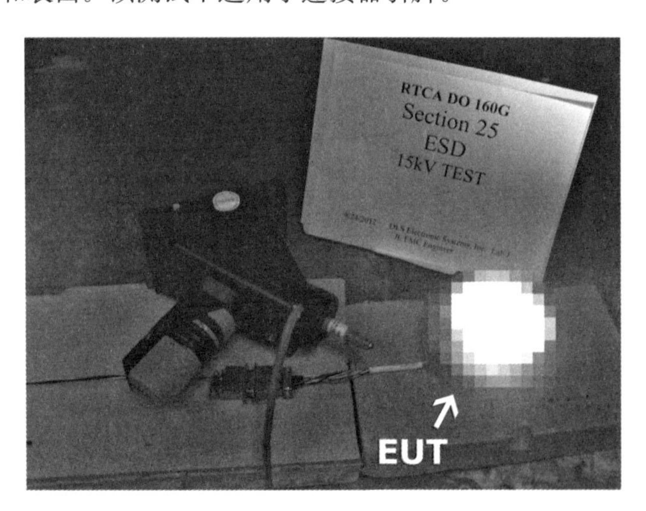

图 11-15 静电放电(由 D. L. S. Electronic Systems 公司提供,Wheeling,IL)

这是最后选择执行的测试之一,它可能是破坏性的。

第 26 节: 燃烧和易燃性测试

燃烧和易燃性测试是根据设备类别来测量功能和耐火性水平,耐火性水平有三个类别：防火、耐火和易燃性。易燃性和燃烧测试适用于安装在固定翼螺旋桨飞机、固定翼涡轮喷气飞机、涡轮扇飞机、螺旋桨飞机和直升机上的设备。这些测试适用于安装在加压区、防火区、非加压区和非防火区的设备。

如果以下情况适用，则不需要对容纳电子或非金属材料的外壳进行测试。

(1) 外壳由金属制成，所有的金属表面都不易燃，且无通风孔。

(2) 外壳的五个面由金属(不易燃的金属表面)制成，一个面由玻璃聚碳酸酯(显示器)制成，经过12 s垂直测试，且无通风孔。

小部件/材料由于尺寸小和数量少，不会明显促进火势蔓延，因此可免除该测试。小部件包括旋钮、把手、滚轮、紧固件、夹子、索环和滑轮。当多于一个的小部件与相同的或其他小部件(一个部件可点燃另一部件)靠近时，必须考虑进行该测试，因为合并燃料负载可能会促进火势蔓延。在这种情况下，上述小部件不适用免除测试。小部件免除测试不适用于电线和电缆。

附录A：环境测试鉴定

环境测试文档信息见DO-160的附录A。

环境测试文档用于事故调查、安装认证、维修等。环境鉴定表是环境测试的证明材料，须包括在技术标准规定(TSO)授权提交的设备数据包以及安装和维护说明中。制造商应确定用于追溯测试设备的环境测试类别的方法，包括所用测试程序的适用修订版本号(RTCA DO-160)，并且必须通过设备类型、型号或部件号来记录关联性。制造商可能希望在特定环境测试中将设备定义为多个类别。如果某一类别的所有要求明显最重要，则只需要识别最重要的类别信息。如使用或不使用防震架进行的振动测试、使用Jet A燃料进行的流体测试、防冻液类型以及与测试相关的其他参数应包括在表格中。任何其他细节应记录在与协调测试章节有关的测试日志内，并按时间顺序进行详细记录。

11.3 小结

RTCA DO - 160 是在航空电子设备认证过程中用于确保设备在其预期环境中的适航性的标准。申请人使用本文档来协助完成设备的要求定义、设计和构造以及测试，以便该装置能承受飞机可能暴露的最恶劣环境条件，并且确保达到所期望的安全水平。

12

机载系统和设备软件的合格审定事项

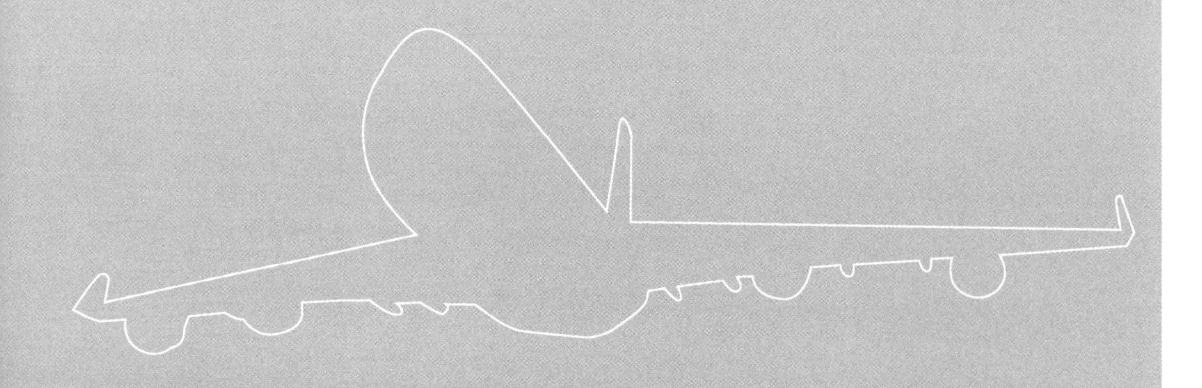

12.1　导言

本章概要介绍文件 RTCA DO－178B《机载系统和设备软件的合格审定事项》,并评注在理解和应用 DO－178B 过程中最常见的错误。RTCA 167 特别委员会和 EUROCAE[①] 第 12 工作组组成的联合委员会制定了 RTCA DO－178B[②](又称 EUROCAE ED－12B),随后由 RTCA 和 EUROCAE 于 1992 年 12 月相继出版。DO－178B 为机载系统和设备软件的生产提供指导,使之按照适航要求,使软件正确运行的置信度达到确定的水平。DO－178B 代表了工业界的一致观点,是保证软件安全的最佳途径。同时应注意到,虽然 DO－178B 并未讨论具体的开发方法或管理活动,但是有确实的证据表明,遵从严格的过程,可以在成本和进度方面得益。DO－178B 中规定的验证活动对开发过程中尽早发现软件问题有特殊的效用。

DO－178B 不详细讨论现场可加载软件、用户可修改软件、软件生命周期数据的重用等认证方面的问题细节及举例说明如何取证。诸如此类问题用其他认证方式,如 FAA 的指令和 EASA 认证备忘录来处理。如果某些技术上的问题对某个项目有特殊意义,则这个使用专门机构的媒介诸如“FAA 问题文件”或“EASA 审查条例”的项目将被要求减少这些问题。基于以上理由,DO－178B 也许不是唯一满足对飞机某一系统或设备的软件开发项目的符合性文件的要求,所有符合性文件应从规划目的出发做整体考虑。

12.2　DO－178B 与其他软件标准的比较

DO－178B 在过去 20 年中有过两个版本,即 DO－178 和 DO－178A,现在

---

① EUROCAE (European Organization for Civil Aviation Equipment),欧洲民用航空设备组织。

② DO－178B 和 ED－12B 分别是 RTCA 和 EUROCAE 的版权文件。为了叙述简练,本章中的 DO－178B 既指英文版,也指等同的各欧洲版本。

已是一个成熟的文件。它代表了业界专业人士和合格审定机构的集体智慧，是一份意见一致的文件。DO - 178B 自成体系，这意味着除了申请人为满足 DO - 178B 目标而提出的那些标准之外，DO - 178B 不引用任何其他的软件标准。DO - 178B 同其他的一些软件标准，例如，MIL - STD - 498、MIL - STD - 2167A、IEEE/EIA - 12207、IEC 61508，以及英国的防务标准 0 - 55 做过比较。所有这些标准涉及 DO - 178B 所涵盖的软件开发部分内容，但这些标准中尚无一个可以全面覆盖 DO - 178B 的内容。此外，其他的标准缺少客观的准则和系统级安全的关联分析。但是，对于使用其他软件标准具有经验的组织，常常有更便捷的途径来使用 DO - 178B。

美国联邦航空管理局的咨询通告 AC 20 - 115B 规定，在按技术标准规定(TSO)项目批准书、型号合格证(TC)或者补充型号合格证(STC)进行审定时，DO - 178B 是系统或设备的软件获得适航当局批准的一种可接受的方法，但不是唯一的方法。大部分申请者采用 DO - 178B，以避免为证明采取的其他方法与 DO - 178B 等同而要做的工作。尽管 DO - 178B 是作为指导性的文件来编写的，但它已经成为工业界的实践标准，特别是因为一直以来没有人们所期望的清晰明确的政策。

为了纠正这个问题，FAA 发布了 AC 20 - 171。任何建议的关于软件验收的可选方法都应该结合系统认证过程和 AC 20 - 171 以证明其达到相当的安全保障水平。DO - 178B 被国际标准化组织(ISO) 官方认可为事实上的国际标准。

12.3 文件概述

DO - 178B 由 12 个章节、2 个附件、4 个附录组成，如图 12 - 1 所示。

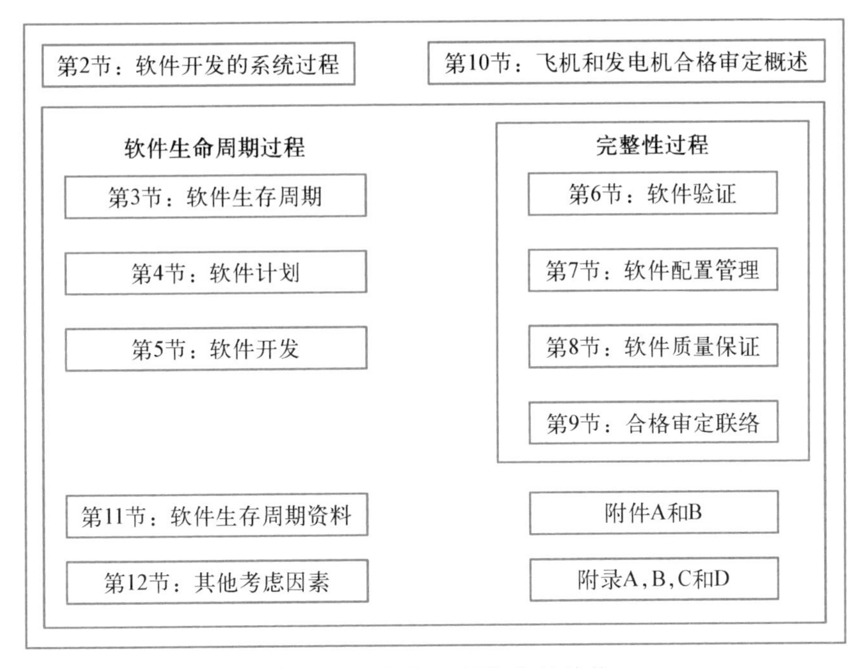

图 12-1　DO-178B 文件结构

第 2 节和第 10 节用于阐述 DO-178B 中所讨论的过程和产品与整个合格审定过程的关系，以及如何从合格审定过程获取指导并向合格审定过程提供反馈。第 6 节～第 9 节所详述的综合过程支持了第 3 节～第 5 节所阐述的软件生命周期。第 11 节提供了生命周期资料的详细内容，第 12 节给出一些附加的考虑因素导则。下文将更详细探讨附件 A，它规定了分级目标。附件 B 是本文件的术语汇编。为了准确定义这些术语，编写者做了大量细致的工作，因此值得仔细研究。附录 A、B、C、D 提供了一些附加的内容，分别包括了本文件简要的编制历史、索引、文件编写参与者的名单以及一个过程改进的表格。必须指出的是，除了附录和一些文件中的例子外，本文件的主要章节和附件都应被视为规范，也就是采用 DO-178B 所必需的内容。

DO-178B 的 12 个章节描述了最严格的软件级别的过程和活动。附件 A

用表格形式逐级给出了各个较低软件级别的目标[①]。表 12 - 1 是从附件 A 表格 A - 4(软件设计过程输出验证)中提取的真实例子。

表 12 - 1 附件 A 的目标实例

目标		软件级别的适用性				输出		软件级别的控制类别			
描述	条目	A	B	C	D	描述	条目	A	B	C	D
低级别要求遵照高级别要求	6. 3. 2a	●	●	○		软件验证结果	11. 14	②	②	②	②

除了软件目标的分级之外,附件 A 的表格用参考文献的方式作为支持正文的索引,并阐明了为实现目标,什么地方需要独立性、哪些数据项应有目标证据以及必须如何控制这些证据。附件 A 的各种表格内容在文件正文的相应过程部分有更多的说明。如果申请人为了合格审定而采用 DO - 178B,附件 A 可以被用作实现那些目标的核对清单。正如在 FAA 指令 8110. 49 和软件工作帮助中所描述的:FAA 的立场是,如果申请人出示证据表明实现了这些目标,那么他们的软件是符合 DO - 178B 的。因此,FAA 审查按 DO - 178B 开发软件的核对清单是基于附件 A 的各个表格。软件工作帮助清楚表明这些清单问题不是作为确定的清单使用,而是在审计中建立一个确定问题集的起点,此审计专门针对复审中特殊项目,目的是实现 DO - 178B 附件 A 目标的符合性。

在讨论各个章节前,看下附件 A 所包含的各个目标是很有帮助的。当 DO - 178 B 包含了整个软件开发生命周期的目标时,有一个清楚的关注点是软件验证,如图 12 - 2 所示。虽然一眼看去,A 级与 B 级之间只相差一个目标,但两者之间已经通过放松独立性要求而几乎相同。参加软件验证或质量保证活动的人员不应该是原来实施项目的人员,从而获得该活动的独立性。各种工具也要获得这种独立性。

① E 组软件不在 DO - 178B 的讨论范围内。

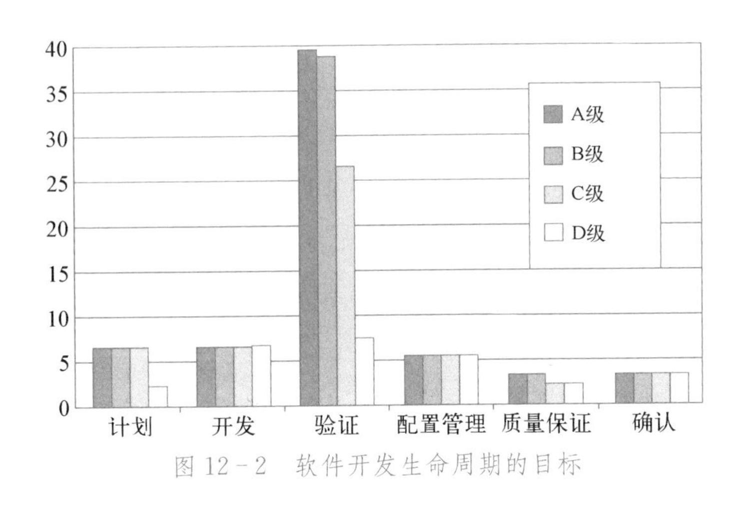

图 12-2　软件开发生命周期的目标

12.4　作为系统一部分的软件

DO-178B适合于已经建立或正在形成的行业应用的大型系统，以供系统开发和硬件开发。系统级标准是SAE ARP4754《高度综合或复杂飞机系统的合格审定要求》。系统、软件和硬件过程之间的关系如图12-3所示。

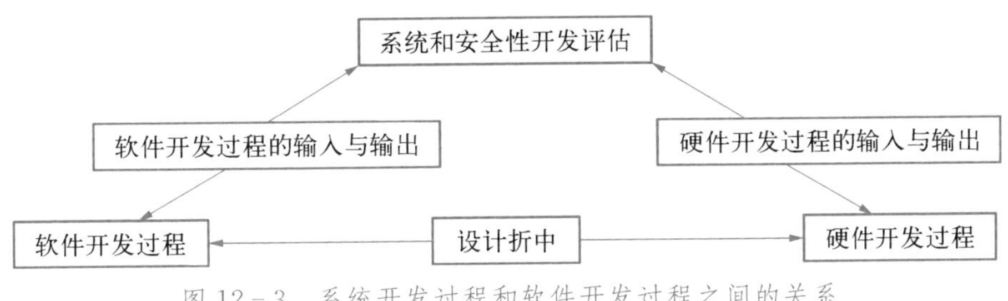

图 12-3　系统开发过程和软件开发过程之间的关系

当初编写DO-178B时，与系统开发过程的各接口没有很好地予以定义。1996年发布的ARP4754弥补了这一缺口。DO-178B规定了系统过程和软件过程之间的信息流。从系统过程到软件过程的信息流的重点是跟踪分配给软件的需求，特别是那些关系到系统安全性的需求。从软件过程到系统过程的信息流的关注点是确保软件需求发生变更时，包括那些引入的派生需求（即不能直接追踪到原始需求的那些需求），不会对系统安全性产生不利影响。对软件需求的变更可能发生在需求评审和测试的各个层级，在这些层级上可能会发现提出的要求需修改。DO－178B的撰写基于严格监控软件需求（无论是否是衍生的）、需求的变更和需求向可执行映像的转变。这严格支持了“正确实施需求”的保证，没有关于“是否实施正确的需求”的目标。后一个概念完全取决于系统工程和系统安全。

尽管系统安全性的概念超出了DO－178B的范畴，但它对理解如何应用DO－178B是至关重要的。管理机载系统和设备合格审定的规章性文件定义了五个级别的失效状态。最严重的级别是灾难级，这意味着失效将导致丧失继续安全飞行和着陆能力。最轻的级别是无影响级，也就是该级别所造成的失效不影响飞机的工作性能，也不会增加机组人员的工作量。介于两者之间的各个级别定义了丧失功能的各种级别，给出了相应的各个级别的工作负担和潜在的危及生命的可能性。这五个级别直接对应了DO－178B中的五个软件级别，如表12－2所示。

表12－2 软件级别

失效状态	DO－178B软件级别
灾难	A级
危险	B级
较重要影响	C级
次要影响	D级
无影响	E级

有必要指出的是，软件从来都不是作为独立的个体来进行合格审定的。它与硬件开发过程和硬件过程与系统过程之间的信息流并行存在。系统级上还要考虑软件过程和硬件过程之间的设计折中。在系统的其他地方使用保护性的软件或硬件机制，可降低软件的级别。这样的结构设计方法包括划分法、使

用硬件或软件监控器法,以及具有内在余度的结构法。

12.5　软件生命周期过程

如何定义在软件和系统开发过程之间的数据交换是DO-178B所讨论的软件生命周期过程的一部分内容。生命周期过程包括计划过程、软件开发过程(需求、设计、编码和综合)和完整性过程(验证、配置管理、软件质量保证和合格审定联络)。

DO-178B为每个过程定义了目标,并且概括了为实现这些目标的活动。DO-178B在一般意义上讨论了软件生命周期过程和生命周期过程之间的转换准则,而没有规定特定的生命周期模型。转换准则定义为"按软件计划过程所规定的,进入一个过程前必须满足的最低条件"。转换准则被视为DO-178B中讨论的所有过程之间的接口点。转换准则用来判定是否可以进入或者重新进入一个过程。这些转换准则是一种机制,用来了解一个过程中的所有任务是在什么时候完成,并可用来让一些过程并行地执行。由于不同的开发模型对于从一个步骤转向下一个步骤所需要满足的准则是不同的,因此DO-178B没有定义特定的转换准则。不过,描述一个定义清晰的转换准则需要满足的一组特性,因为转换准则是为了能成功地协助从一个生命周期过程进入到另一个生命周期过程,所以这些转换准则应当是可量化的、灵活的、很容易编成文档的,并且每个过程都是要有的。同样至关重要的是,这些过程的拥有者对他们各个过程间的转换准则意见应是一致的。当过程缺陷或过程违规的发生影响结果时,转换准则在不同的生命周期阶段有助于分析重复工作的程度。

12.6 软件计划过程

DO－178B为软件开发定义了五种类型的计划资料[①]：

（1）软件合格审定计划（PSAC）。

（2）软件开发计划。

（3）软件验证计划。

（4）软件配置管理计划。

（5）软件质量保证计划。

这些计划应当包含方法、编程语言、标准以及开发期间使用的工具要求。计划过程的评审应当足够的细致以保证这些计划、预期的开发环境和开发标准（需求、设计和代码）符合DO－178B的要求。

尽管DO－178B在第9节之前还没有讨论到合格审定的联络过程，本质用意是在项目计划阶段就应当开始合格审定联络过程。申请人要概要描述开发过程，并确定作为合格审定基础的证实符合性的资料。特别重要的是，申请人概述的软件或结构的具体特征可能影响合格审定的过程。

12.6.1 软件开发过程

软件开发的过程包括需求、设计、编码和综合等过程。DO－178B允许软件需求按不同级别详细列出系统功能。DO－178B将这些需求称为高级需求和低级需求。系统复杂性和应用于系统开发的设计方法主导着需求的分解过程。理解DO－178B需求定义方法的关键可以概括为“一方的需求是另一方的设计”。确切地说，需求定义在哪个方面、在哪个级别上不是很重要，重要的是

---

① DO－178B的作者在涉及满足DO－178B目标所必须产生的客观证据时，付出了很大的努力来避免使用“文件”这一术语。这样做是考虑到，只要申请方和合格审定机构之间达成一致意见，选择其他的资料表达方式和组合方式也是可以允许的。例如，可以将4项软件计划，即概述、开发、验证、质量保证、配置管理组合成一个单一的计划，就像PSAC可与系统合格审定计划组合在一起那样。

保证在最终设计和代码中,所有的需求都考虑到了,并且保持了可追踪性,以便于验证。

有一些需求可以从设计、结构或软硬件实施的细微差异中导出。应认识到的是,这样的需求对于高级需求而言,并不具有可追踪性。然而,这些需求必须加以验证,同样必须在系统安全评估过程中考虑它们对安全性的影响。

由于设计、编码和综合的过程用不同的开发方法会有很大差别,所以DO-178B仅对这些过程提供一个简单的描述。一个例外是,对每一个过程的输出的描述均要求比较详尽。设计过程产生低一级需求和软件结构。编码过程产生源代码,通常使用高级语言或汇编码作为编程语言。综合工作的结果是驻留于目标计算机中的可执行代码,还有众多的用于编译和链接成这个可执行文件的构造性文件。作为完整性过程的一部分,这些输出都将经历验证、质量保证和配置过程。

DO-178B把四个过程定义为完整性过程,这意味着它们要覆盖并贯穿整个软件生命周期。这四个过程是软件验证过程、软件配置管理过程、软件质量保证过程和合格审定联络过程。

12.6.2　软件验证

正如前面指出的,验证过程的目标远多于DO-178B中其他过程的目标,所占的比例超过了目标总数的2/3。DO-178B将验证定义为评审、分析和测试的组合。验证是对软件开发过程和软件验证过程这两者的结果做出一个技术评估。需求、设计、代码、综合以及验证过程本身都有特定的验证目标。每一个阶段的重点是保证从高级需求到最终产品配置的可追踪性。

评审为定性评估过程或产品。最为通用的评审类型有需求评审、设计评审和测试程序评审。DO-178B并没有规定这些评审应当如何进行,或者采用怎样的有效手段进行。软件工程的最佳实践表明,为了能让评审有效和一致,对每种类型的评审应编制和使用检查单。检查单提供了如下内容:

(1) 评审活动的客观证据。

(2) 对那些特别容易出错的部分做重点的评审。

(3) 应用经验教训的机制。

(4) 实际有效的可追踪方法,确保对不满意的条款采取纠正措施。

在一些项目之间,审核检查单可以是通用的,但必须检查审核检查单及其内容是否适用于某个特定项目。

分析提供了可反复验证的证据,性质上通常是算法和程序。常用的分析类型有定时、堆找、数据流和控制流分析。竞争状况和存储溢出作为定时和堆校分析的一部分应加以检查。数据和控制耦合分析是设置/使用最起码的基本检查,也可以扩展到对系统特性的全模型分析。很多类型的分析可能要用第三方的工具来完成。如果为此而使用这些工具,则必须遵循 DO-178B 规则对工具做合格鉴定。

验证测试的第三方工具应证明:① 软件产品执行了它所希望的功能;② 软件没有表现出任何不期望的行为。

以低成本的方式正确完成测试并满足 DO-178B 目标的关键在于保持对需求的持续关注。这种基于需求的测试方法是对文件早期版本最基本的改变之一。在测试用例的设计和实施阶段,需求覆盖分析用来评估是否所有的需求都做了测试。而结构覆盖分析的作用是判定基于需求的测试所执行的代码范围。通过这种方式,结构覆盖可以对是否完成了全面的测试做出评估。结构覆盖不全面可能是由于需求测试用例和测试程序的缺陷、不合适的软件需求、编译程序产生的代码以及不能到达的或不工作的代码。作为测试生成过程的一部分,测试程序应当包括正常范围和异常输入(鲁棒性)两方面。只要有可能,测试应在目标机环境中进行。取证可在系统级的测试下进行,在系统级测试下清楚地证明软件性能。

各个级别软件的结构覆盖和要做多少符合性测试,是易于误解的问题。D级软件的验证仅需做覆盖高级需求的测试,不需要做结构覆盖测试。C级软件需要做低级需求的测试。此外,还需要引入软件结构测试来证实合理的数据与控制耦合。这种覆盖涉及一个软件组件通过数据和控制对另一个软件组件的相依性覆盖。

B级软件要求做判定覆盖,A级软件则要求做修改条件判定覆盖(modified condition decision coverage,MCDC)。对于A级软件,源代码结构分析只做到这样的程度,即表明源代码已直接变换到目标代码。制定这一规则是因为有的编译程序会引入与源代码不同的代码或结构。引入MCDC覆盖准则是为了保持多重条件判定覆盖的优点,然而,随之而来的是所需测试用例数量的指数型增长。MCDC覆盖要求每个条件必须独立地影响判定结果,并且每当一项条件发生变化时,判定结果也要随之改变。有许多工具可以用来判定达到DO-178B要求的最少的测试用例集。通常满足MCDC覆盖的测试用例集不止一套。至于使用哪一套用例做符合性测试并没有硬性的规定。最好能和合格审定机构就所用的算法和工具达成一致意见。

12.6.3　软件配置管理

只有当清楚地定义了什么已被验证时,DO-178B中所涉及的各种输出的验证才是可信的。这样的定义或配置就是DO-178B配置管理的目标。这个领域中的六个目标是独特的,在这一点上所有的软件级别都必须达到。这包括验明配置项是什么,基线与可追踪性是怎样建立的,问题报告是如何处理的,软件如何存档和加载以及开发环境是怎样控制的。一些开发者可能使用开发配置管理库(与开发工件一起)及使用基于发布的配置管理库与其他相关项目或客户接口。无论是否使用一个或多个资源库,目的仍然是建立一个已被改变结果的清晰路线(因为过程或过程本身的证据)。

尽管配置管理在软件工程界(以及在整个航空工业界)是一个十分熟悉的概念,但DO-178B还是提出了一些被证明是有疑问的特有术语。有关控制类别的概念在某种程度上常被误解,即控制类将增加整个开发成本,有时被认为增加成本很大。DO－178B为整个开发过程中产生的资料项定义了两种控制类别(CC1和CC2)。

DO－178B的作者有意将控制类别分为两种，以控制、创建和维护各种资料项发生的总的成本。作为CC2的控制项，在问题报告、基线、变更控制和存储等方面要满足的需求较少。对上述内容最简单的理解方法就是举例说明，问题报告可视为是CC2的控制项。如果问题报告是CC1的控制项，且发现的问题是问题报告本身中的项，那么第二个问题报告只需要写出纠正第一个报告的问题。CC1通常是那些直接影响结果，没有问题报告不允许更改的控制项。

控制类别之间的第二个细微差异是，只要满足DO－178B的目标，DO－178B的用户就可以在他们自己的配置管理(CM)系统中来定义什么是CC1，什么是CC2。控制分类有什么样的好处的一个例子是两种级别资料规定的保存期不同。对于长生存期的机载系统，保存这些资料的费用是相当大的。另一个需要考虑的事项是保存资料所选择的档案系统，即该系统的档案媒介及检索工具技术上是要逐渐过时的问题。

12.6.4 软件质量保证

软件质量保证(SQA)目标为DO－178B的整个过程实施监督，而且要求任何软件级别的独立性。人们已认识到，独立的质量评估是极慎重的事情。SQA从开发过程一开始就要运行。SQA确保在开发过程中任何对计划和标准的偏离都将被检测、记录、评估、追踪和解决。对于A、B两个级别的软件，SQA要求在整个开发过程中严格遵循过程转换准则。

SQA与配置管理过程协同工作，以保证控制到位，并用于生命周期资料的控制。软件符合性评审是最后一项工作。SQA是负责保证实际交付的软件与实际构建的软件和实际验证的软件相符合。符合性评审在商用航空业界的通用术语是“首件检查”(first article inspection)。

12.7 合格审定联络过程

如前所述,合格审定联络过程旨在使合格审定过程成为一个整体,并且尽量在过程的早期发现问题。在DO-178B概述的符合性过程产生的20个不同资料项目中,其中3项是本过程特定的,并且必须提供给合格审定机构。

(1) 软件合格审定计划(PSAC)。

(2) 软件配置索引。

(3) 软件完成概要说明。

如有必要,合格审定机构也有可能要求提供其他的资料项。前面提到过,鼓励申请人尽可能在过程的早期与合格审定机构沟通,就实现DO-178B的方法达成共识。这种沟通对于航空电子中引入新技术和航空电子领域引入新人尤为重要。预先做出好的计划并纳入软件合格审定计划(PSAC),将使开发过程中后来可能出现的意外事情减到最少,从而降低成本。正如PSAC所述的"你打算做什么",在软件完成概要说明中要归纳"你做了些什么"。这些是用来衡量开发过程整体完成情况的,并用来表明所有DO-178B目标已被实现。最后,软件配置索引全面统计了最终产品的目录,以及重建该软件所需的运行环境。与类型设计有关的生命周期数据有其检索和批准的规则。这些数据列在DO-178B中。

需注意的是,为TSO设备开发的软件不一定需要一个认证联络,因为TSO符合性被认证机构理解为自我认证。计划和开发数据将由认证机构批准,但是如果这些数据只有在项目结束才进行评审,则对开发者有重新工作的风险。通过使用认证联络来审计,批准过程似乎能得到缓解,如此,DO-178B符合性得以证明,避免了重复工作。

在编写DO-178B的过程中,已认识到存在开发航空电子产品的新方法和新手段,包括结合以前开发的软件、利用工具来实现一个或多个的DO-178B目标、应用其他备选方法来满足某个目标,如形式化方法。此外还有少许其他种类的独特方法，如可外场加载的和用户可更改的软件。第 12 章以其他考虑事项为标题总结了这些事项。在应用 DO－178B 时，常会导致误解的两个事项是以前开发的软件（PDS）和工具合格鉴定。

12.8　以前开发的软件

以前开发的软件（PDS）是指下列任何一种软件：

（1）商用成品软件，如收缩包装软件（shrink-wrap）。

（2）其他标准，如 MIL－STD－498 开发的机载软件。

（3）早于 DO－178B 开发的机载软件，如初版 DO－178 或 DO－178A 开发的软件。

（4）先前按较低软件级别开发的软件。

开发过程中如果要使用一个或多个上述类型的软件，应当在 PSAC 中进行计划详细说明。在每一种情况下，必须进行某种形式的差异分析，以确定哪些场合没有达到特定的 DO－178B 目标。申请人有责任做有关的差异分析，并要向合格审定当局提出解决任何差异的方法。开发数据的备选源、运行历史、额外的测试、逆向工程和封闭性[①]都是确保在新项目中安全使用 PDS 的方法。

在任何情况下，使用 PDS 必须在安全性评估的过程中予以考虑。如果 PSAC 被批准后决定采用 PDS 组件，则要求重复进行安全性评估过程。采用 PDS 的一种特殊情况是，一个系统中的软件不是安装在原来为之设计的飞机上的。尽管功能可能是一样的，但与其他飞机系统的接口运行上可能是不同的。如前面所言，必须重复系统的安全性评估过程，以确保新安装软件的操作和运行符合要求。

---

① 封闭性是个通用术语，用来指那些间隔和过滤 PDS 输入输出的软件或硬件组件，其目的是为了保护系统免受 PDS 错误行为的影响。

如果PDS的有关运行历史能证实它是可安全使用的，那么必须评估运行历史的相关性和充分性。运行历史必须满足两个条件，一是PDS应用历史，必须被证明与新应用相似；二是提供有关数据，特别是问题报告，以显示该软件在信用查询期间的表现如何。DO-178B作者的意图是，任何PDS的应用都要满足与新开发代码要求有相同的目标。

在确认PDS为新系统的一部分之前，有必要谨慎地调研，并且真正了解证实PDS满足DO-178B目标所需的成本。有时，重新开发代码反而更容易，也更经济。

12.9　工具鉴定

当DO-178B规定的某些过程因使用软件工具而取消、减少或自动进行，且其输出并不能按照DO-178B得到验证时，就要求对工具进行合格鉴定。如果证实工具的输出仅限于生命周期的某个特定部分，那么这种合格鉴定也仅限于那个特定部分。只有确定性的工具才能予以合格审定。

工具分为开发工具和验证工具。开发工具产生的输出将成为机载系统的一部分，因此也可能引入错误。形成开发工具的规则是在生成代码的保证规则之后。一旦需要对开发工具做合格审定，那么就必须编写工具合格鉴定计划。计划的严格程度取决于工具的性质和使用该工具的软件级别。工具的实施概述用来表明符合工具合格鉴定计划。工具需要满足与它产生的软件的相同级别的目标，除非申请人能向合格审定机构证明降低软件级别是合理的。

验证工具不会引入错误，但可能会无法检测到错误或掩盖了错误的存在。验证工具的合格鉴定准则显示其在正常操作条件下的各项要求。通过在PSAC和软件实施概述中注明工具的鉴定来确定它是符合标准的。

12.10 附加指南

RTCA SC－190/EUROCAE WG－52 是在 1997 年形成的，用来解决从 1992 年 DO－178B 发布以来由工业界和合格审定机构在实施 DO－178B 期间所发现的问题。RTCA 委员会编制了两份文件。第一份文件是 DO－248B/ED－94B，该文件以勘误表、常见问题答疑和讨论的形式澄清和更正了 DO－178B 有关问题。DO－248B/ED－94B 的标题是《机载系统和设备合格审定中的软件考虑》。第二份文件是 DO－278/ED－109，该文件规定了地面和基于空间的系统保障目标，其标题是“通信、导航、监视和空中交通管理（CNS/ATM）系统软件完整性保障导则”。DO－278/ED－109 以 DO－178B 为基础，必须与 DO－178B 一起使用。DO－278/ED－109 引入了与现有基于地面的安全规章兼容的附加保障级别，提供了使用商用货架产品（COTS）软件和适配数据的指南。

RTCA SC－205/EUROCAE WG－71 形成于 2005 年，用于更新 DO－178B。此次更新的主要理由是由于工业界对包括形式方法和基于模型的开发的新技术的关注。要改进的 DO－178B 细节还包括工具的使用、面向对象的技术、软件和系统、可追溯性和参数数据。自从包含 DO－178C 和四个补充（文件）的文件集由 RTCA 发布后，FAA 发布了 AC 20－115C，正式承认 RTCA 文件。在撰写本书时，EASA 正在更新认证备忘录来容纳 DO－178C 及补充文件的使用。对 DO－178C 的解释 DO－248C/ED－94C 及关于地面和空间软件使用的 DO－278A/ED－109A 也已发布。

12.11 小结

DO－178B 规定了软件生命周期过程的目标，为实现这些目标的各项活动,以及证实这些目标已达到所需的客观证据。要求软件符合 DO－178B 的目的是为软件适用于机载系统提供充分的信心。因此,DO－178B 不应该视为编制文件的指南。符合性资料应看成是过程的一个结果,要求的符合性资料的复杂程度和范围取决于系统/软件的特征、相关的开发实践和对 DO－178B 的理解,特别是当 DO－178B 用于开发新技术设备和没有先例可参考时。

最后,要着重指出的是 DO－178B 的目标并没有直接去处理安全性问题。安全性是通过系统级的系统安全评估来处理的。DO－178B 的目标有助于验证从系统安全评估所引出的与安全性相关的需求是否得到正确的实施。与任何标准一样,DO－178B 有优点也有缺点(甚至是一些错误)。然而,细致地考虑它的内容,并结合整体的工程判断,将能获得更好和更安全的机载软件。

推荐阅读

The Federal Aviation Administration Web Page: www.faa.gov. Accessed on April 28, 2014.

The RTCA Web Page: www.rtca.org. Accessed on April 28, 2014.

Spitzer, C. R., *Digital Avionics Systems Principles and Practice*, 2nd edn., McGraw-Hill, Inc., New York, 1993.

Wichman, B. A., A review of a safety-critical software standard, National Physical Laboratory, Teddington, Middlesex, U.K., n.d.

参考文献

[1] RTCA DO－178B, Software Considerations in Airborne Systems and Equipment

Certification, RTCA Inc., Washington, DC, 1992; ED - 12B, Software Considerations in Airborne Systems and Equipment Certification, EUROCAE, Paris, France, 1992.

[2] SAE ARP4754, Certification Considerations for Highly-Integrated or Complex Aircraft Systems, SAE International, Warrendale, PA, November 1996.

[3] Chilenski, J. J. and Miller, P. S., Applicability of modified condition/decision coverage to software testing, Software Engineering Journal, 9(3), 193 - 200, September 1994.

13

RTCA DO－178C/EUROCAE ED－12C 和技术补充

13.1　导言

在前一章中，我们讨论了二十多年来的国际上主流软件设计保证指南DO-178B。2012年年底，RTCA发布了DO-178B的更新版本即DO-178C。美国联邦航空管理局(FAA)和欧洲航空安全局(EASA)也正式承认将这一更新版本用于未来的项目，但许多项目可能会在未来很长一段时间仍采用B版本。B和C版本之间没有太大的区别，这是由设计决定的，但并非没有争议。C版本的真正变化是同时创建了配套文档，这些文档包括以下几个方面。

(1) DO-330：软件工具鉴定注意事项。

(2) DO-331：对DO-178C和DO-278A的基于模型的开发和验证补充。

(3) DO-332：对DO-178C和DO-278A面向对象技术和相关技术的补充。

(4) DO-333：对DO-178C和DO-278A正式方法的补充。

所有这些文档都是对"核心"DO-178C的技术补充。对于工具鉴定文档，"补充"状态被删除，因为它实际是一个可与其他指南(如DO-254、ARP4754A)一起使用的独立指南。

本章旨在全面介绍DO-178核心文档以及技术补充文档中的修改。本章采用了DO-178B的基本知识，不熟悉DO-178的读者应阅读本章与前一章。

13.2　核心文档的更改

当第一次见到DO-178C时，人们可能会认为，委员会只是采用了一个不错的新封面。这一版本保留了DO-178B的总体结构，并未删除、添加章节或明显重新排序。委员会的工作主要集中在使文档在更广泛的设计保证框架内更好地发挥作用，并清理了原来文档中引发争议的内容。最多的技术添加集中于记录和验证现代航空电子设计中常见的配置数据。为了帮助快速理解所做的修改，接下来的几节将按照 DO－178C 的目录顺序进行介绍。其目的是提醒注意那些最可能影响公司应用文档的方式以及监管机构评估符合性的方式条款。

13.2.1 介绍性材料

有一些细微的改变值得注意。首先，本文档包括类似于 DO－254 中的措辞，尝试消除固件的灰色区域。必须声明数字设计和实现适用于软件或硬件，并应用适当的指南。包括关于 DO－178C 目标的流程适用于所有供应商(需要证实遵守指南)的明确声明。供应商更重视贯穿 DO－178C 许多章节的主题。为实现各种目标措辞的标准化，明确提到附件 A 并不是作为 DO－178C 符合性的独立“检查表”。该文档的用户应阅读、理解并应用 DO－178C 中包含的所有指南。最后增加了有关补充存在性的一般说明。该说明指出，补充可在 DO－178C 中针对特定开发技术“添加、删除或以其他方式修改目标、活动、说明文本和软件生命周期数据”。

13.2.2 系统/软件接口

虽然可能没有明显不同的意图，但与该文档的其他部分相比，DO－178C 第 2 节中的具体措辞有更多的变化，目的在于更好地协调和定义与系统开发过程的连接。这一点非常重要，因为从已经发生了的许多事故和事件分析发现，系统/软件接口中出现的问题是引发事故的一大诱因。

本节中的许多更新重点是确定和处理与安全相关的要求。这个术语在 DO－178B 中出现了许多次，但一直未得到很好的解释。还不清楚它们是否需要特殊处理，如专用标记(可追溯性)或更多的验证。DO－178C 表明这种要求来自系统安全评估过程，并且“可能包括功能、完整性和可靠性要求以及设计限制”。虽仍然没有明确规定这些要求必须与软件要求的其余部分分开，但文档中关于低级要求的创建和后续验证的讨论都表明这是一种不错的做法。

DO-178C第2节明确阐述了误差、缺陷和故障这些术语，后者与讨论飞机级潜在故障条件的更高级监管框架联系在一起。以这些术语为基础，定义了软件级别，并提供了关于架构缓解作用的扩展讨论，包括串行和并行路径处理以及各种形式的分区，这些都是现在大多数先进航空电子架构的共同要素。

第2节最大的补充也许是在DO-178C中首次引入参数数据项或PDI的概念。DO-178C中的词汇表将PDI定义为：以参数数据项文档形式存在的一组数据，在不修改可执行对象代码的情况下影响软件的行为，并作为单独的配置项进行管理。示例包括数据库和配置表。

PDI已经扩增为允许为不同类型的飞机以及为单架飞机上的不同设备组合配置软件的方式，在一个软件中提供功能的最大可配置性，不必创建单独且不同的软件部件号，每个软件在认证过程中都需要自我验证。简而言之，PDI使得在同一航空电子平台的不同实例中部署软件的方式具有很大的灵活性。需要记住关于PDI的两个关键问题：第一，对于被认为是真实PDI的配置数据，必须从可执行目标代码(EOC)分别加载，如果使用EOC编译，它应被视为EOC的一部分，并用EOC进行验证；第二，虽然可从EOC单独加载，但PDI是否需要用EOC测试取决于多个标准。第6节关于这一点的讨论有如下变化：一个或多个PDI通常被安排在PDI文档(PDIF)中，PDI文档是DO-178C中引入的两个新数据项之一。

13.2.3　软件的设计与开发

DO-178C第3节是关于软件生命周期的一般性介绍。本节没有任何更改。第4节讨论软件设计。本节继续强调供应商使用，并增加了PDI使用规划的要求。此外，在设计过程中增加了新的陷阱，以正式要求进行工具勘误分析，并确保稳健性被视为软件开发标准的一部分。最后，标准部分增加了一个注释，提醒设计人员，如果这些工作通过系统工程过程分配给软件，则可能需要检测和控制单个事件效应的标准。

虽然第5节中实际修改的文字数量很少，但添加和更改的内容都很重要。需要注意的第一个问题是新增了一个要求，以确保记录创建衍生要求的合理性。高级和低级要求都添加了这一内容。为确保为PDI的任何计划使用编写高级要求，新增了一项活动，包括PDI结构、各种数据属性以及数据允许值的定义。新增的活动是为了明确软件组件之间的接口的低级要求，以支持数据的执行，并控制耦合分析。新引入了一小节，用以确定在计划停用代码时要完成的具体活动。这些新指南将大大减少作者所见到的监管当局多年来对待这一主题所能进行的改动。编码小节首次正式确认使用自动代码生成器，并第13.4节将对此进行更详细的讨论。最后，引入了一个新的小节(§5.5)，在整个开发过程中首次将所有的可追溯性指南集中在一个地方。虽然不是新的内容，但要求系统要求和高级软件要求、高级和低级软件要求以及低级要求和代码之间实现“双向关联”，同时明确要求记录此信息，这属于第二个新数据项，即追踪数据，消除了需要以可追踪信息的方式记录产生的任何歧义。

13.2.4 验证

通过这里新增一个项目或者那里新增一个注释的这种改变大大加强了验证过程的许多工作。具体体现在以下几个方面：

(1) 更加注重稳健性以及稳健性行为与要求之间的明确联系。

(2) 要求证明替代测试环境的充分性和保真度。

(3) 要求进行审查和分析，以解决“缓存管理，未使用变量和由于任务或中断冲突导致的数据损坏”。

(4) 明确要求分析编译器警告。

此外，还对功能和结构覆盖活动进行了许多小的修改。验证者需要清楚地解决或证明任何覆盖缺口这一点现在非常明确。正如在规划中所做的，更多的时间和注意力投入已识别两个类别的非激活代码。类别1涵盖类似调试代码的内容,并要求证实失活机制,并且系统安全评估过程考虑这种代码的存在。类别2覆盖用于支持替代配置的代码(如给定飞机类型可能有不同发动机类型)。在这种情况下,需要完成对不同配置的全面验证。

最后,DO-178C新增了两小节。第一个小节是追踪数据要求的延续,现在明确地提出测试用例要求、测试过程的测试用例以及测试结果的测试过程的可追溯性。第二个小节涉及PDI的验证。如前所述,存在独立于EOC测试PDI的情况。满足这一要求的标准包括以下几个方面。

(1) EOC已经过测试,已阐述了根据其定义的要求组织的PDI中可能存在的全部值。

(2) EOC测试包括相对于定义的PDI所需的稳健性测试。

(3) 基于PDI内容的EOC行为是完全可验证的。

(4) PDI之间完全可独立管理。

如果这些标准中的任何一个未得到满足,PDI将与EOC一起测试。如果可进行单独的测试,那么识别两个追加的目标来控制这种独立验证。第一个目标需要确保PDI满足其所需的结构、具有所有必要的属性和正确的值,并且不包含无关的信息。第二个目标是覆盖目标,旨在确保能实际验证所有该类PDI。

13.2.5 配置管理

本节中很少有实质性更改或内容增加。但是,至少其中一个会对清除原始DO-178B的混淆内容方面会有很大帮助。DO-178C的表7-1已在DO-178C中重新改标题为"与CC1和CC2相关的SCM过程活动",而旧标题指的是目标。除了明显的事实外,表中的清单与前面的章节或相关的附录A表中给出的目标并非完全一致,因为前面的章节未能清楚指出该表格代表什么。随着活动的转变,其目的显然是在使用CC2数据时可真正减轻负担。例如,CC2

数据不需要问题报告(一个活动),这意味着更改可在修订信息中做出,或在登记项目配置管理系统时通过注释做出,而不需要明确的问题报告(PR)来作为更改推动因素。

13.2.6 SQA、CL 和认证过程

委员会让这三节几乎保持了不变。对于 SQA,最大的变化是稍微重排了一组目标的顺序。这里引入修改是为了解决在 DO-178B 中标准合规监督存在的长期矛盾。增加了对供应商监督的重视程度。

对于认证联络,只引入了很少的措辞改变,一个例外是将 PDI 作为类型设计数据的一部分。

13.2.7 软件生命周期数据

如前所述,新增了两个数据项:追踪数据和 PDI 文档。此外,对整个生命周期数据部分进行了许多小的改变,更加强调供应商监督和生命周期环境。应该特别注意新增的关于 PR 的两项内容。在 PR 内容中,增加了一个澄清句,要求"有足够细节,以便于评估问题的潜在安全或功能影响"。预计将与监管机构就未来几年"足够细节"进行一些讨论和协商。在软件完成总结(SAS)的软件状态部分的描述中,现在包括所有关于认证类型的任何公开 PR 所需的详细信息清单。这正式确定了通过其他监管指示强加的长远期望。增加的内容包括有关任何"功能限制、操作限制"以及"对安全的潜在不利影响"的描述。将这些信息集中在一起绝对需要系统工程团队以及通常负责创建这些数据的软件工程师的参与。

13.2.8 其他注意事项

本节的主要变化集中在工具鉴定和产品服务历史(PSH)。对于工具,以前关于开发和验证工具的定义已停用,以支持三种不同的工具标准。工具标准 1

可创建一部分飞行代码,因此可能在该代码中插入错误。这与以前定义为开发工具的工具同义。工具标准3可能无法检测到该工具处理的输入中的潜在错误。此类别与以前定义为验证工具的工具同义。这两个类别之间有一个新的类别,即标准2,可被认为是一个"超级"验证工具。此类工具不仅不能检测潜在错误,而且被进一步用于消除其他下游活动,因此可能增加无法检测错误或错误组的可能性。如预期所料,工具标准1的鉴定活动最严格,工具标准2次之,工具标准3最不严格。这在基于新定义的工具鉴定级别(TQL)建立的新的等效化方法中显示。DO-178C的表12-1显示了该等效化方法(见表13-1)。

表13-1　TQL测定(DO-178C的表12-1)

软件级别	标准		
	1	2	3
A	TQL-1	TQL-4	TQL-5
B	TQL-2	TQL-4	TQL-5
C	TQL-3	TQL-5	TQL-5
D	TQL-4	TQL-5	TQL-5

随着工具标准和TQL的建立,DO-178C的读者可参考DO-330,以了解每种工具类型和级别所使用鉴定过程的细节。DO-330内容将在本章后面讨论。

虽然大多数替代方法的小节保持不变,但重写和扩充了PSH的指南。还应认识到,许多公司拥有为其他领域(通常是军事)开发的软件,该软件可用于新的航空电子应用。如前所述,前期使用历史的相关性以及在较早操作期间遇到的问题的数量和性质是至关重要的。这也就需要分析这一问题历史的完整性和所遇到的每个问题的性质。本节虽然没有为具体的软件级别规定明确的持续时间,但提供了一个与监管机构进行有意义对话的框架。这将有助于具有有用且重要PSH的公司找到前进的方向,而不必对产品进行完全逆向工程。

13.3 DO-330：软件工具鉴定注意事项

对于DO-178B的用户来说，开发工具的授权是一大难题。常见问题源自工具部分与文档其他部分的规范性指南存在矛盾，所有这些都适用于该工具所在的软件级别。明确开发工具的授权这一主题是推动更新DO-178B的驱动原因之一。作为技术补充，DO-330首先作为一个独立文档，不仅与DO-178C一起使用，而且还与其他各种指南（包括DO-278A、DO-200A、DO-254和ARP4754A）一起使用。这些文档和指南阐述了DO-178C中提到的三种工具标准的所有工具授权级别。

为了创建DO-330，需要对DO-178B的每个部分进行审查、解释，必要时还需要利用编写工具而非机载软件重写。与DO-178C一样，重点放在正确且全面规划工具的授权工作。一般来说，TQL 5工具可像以前一样处理，即在项目PSAC中规划工程授权，在项目的SAS中总结。编写工具操作要求（TOR），随后完成这些要求的验证。在此TQL基础之上，需要专用的工具鉴定计划（TQP）以及相应数据项集，该数据项集在DO-331背面的一组特定工具附件A表中清楚地标明。

DO-331的一个非常重要的方面是对商用货架产品（COTS）工具的具体处理。在DO-331第11.3节中，为工具开发者和工具用户定义了不同的角色。在定义了这些角色后，介绍了两个表（见表11-1和表11-2），它们指出了每个角色要完成工具附件A的哪些目标。作为工作原理的一个例子，DO-331中表T-1的目标3和5分别涉及工具开发环境和工具开发标准的识别。完成这些目标是工具开发者的任务。对于COTS工具，用户只是获取工具，工具用户无须负责完成这两个目标。工具开发人员负责提供证据，证明他们已完成这些目标，该证据作为向工具用户提供的资格认证包的一部分，以支持其认证工作。这种基于角色的方法极大地促进了对航空电子开发中所使用的第三方工具的鉴定。

13.4　DO-331：基于模型的开发和验证补充

DO-331将模型定义为“用于分析、验证、模拟、代码生成或其任何组合的系统的一些给定特征的抽象表示”。现代软件开发通常是基于模型的，需充分认识到，模型为软件工程带来许多好处。基于模型的开发的主要关注点是系统到软件的分配、分配的验证、允许直接实施软件的系统模型的使用、适当的开发标准的使用、符号库的使用、验证和可追溯性。本补充提供了一种方法：通过解释DO-178C核心目标，特别是关于这些主要关注点的目标，确保开发和验证是基于模型的。使用模型的方法有许多；在补充材料中给出了一些例子。补充材料的应用和相关的目标取决于在特定项目上对模型的使用方式。

软件模型所需的建模标准包括：① 开发模型的方法和工具；② 建模语言；③ 样式指南和复杂性限制；④ 设计限制；⑤ 要求识别和可追溯性表示；⑥ 衍生的识别要求；⑦ 识别模型中非要求/非架构数据的机制。

建模标准需要考虑所采用的工具和方法，以便实施约束和规则，这样有助于避免已知问题、复杂性或验证起来很困难的结构。

DO-331通过规范模型和设计模型解决了模型表示和可追溯性方面的困难。单个模型不能既看作规范模型(高级要求)，又看作设计模型(低级要求)。双向可追溯性要求规定，高级要求可追溯到系统级要求，而低级要求可追溯到代码。应证明分配给软件的所有系统级要求都已用规范和设计模型表示，并且任何代码均无法追溯到模型。如果设计模型被开发为系统过程的输出，则可满足MB.A-3的目标1和目标6。

两个主要部分扩展了核心文档验证内容：模型覆盖分析和模拟。模型覆盖分析的目的是检测设计模型中的非预期功能，及评估模型验证活动的完整性。模拟可用于提供证明模型遵从模型衍生要求的可重复证据。新增目标涵盖模拟用例和程序以及模拟结果(表MB.A-3、MB.A-4、MB.A-6和MB.A-7)。

13.5 DO-332：面向对象技术和相关技术补充

DO-332提供了面向对象技术（OOT）和相关技术（RT）的使用指南。本补充中的OOT包括：① 类别和对象定义/处理；② 归类和类型安全性[包括Liskov替换原则（LSP）]；③ 分层封装；④ 多态性；⑤ 功能传递，关闭和调度。

本补充中的RT包括：① 继承；② 参数多态性；③ 类型转换；④ 方法级异常处理；⑤ 动态内存管理。

DO-332还包括附件OO.D中关于使用这些概念的缺陷（漏洞）的解释性文本。本附录中的技术信息来自FAA早期就此主题开展的合作。其目的是明确强调在使用特定OOT/RT方面可能出现的问题，并为补充中其他部分描述的活动提供支持信息。由于这些漏洞，在安全关键开发中使用OOT通常会使保证以及保证的说明复杂化。使用此补充的申请人应说明如何解决和讨论漏洞。OOT项目的规划应解决OOT的使用问题，包括漏洞分析。例如，使用继承时，可追溯性可能会很复杂。继承创建子类与父类要求之间的联系：效果乘以追溯链路个数。特定的OO语言有这样一些特性，例如构造函数、析构函数、内嵌、运行检查和隐式类型转换，都会使得源代码到目标代码的映射复杂化。在模型（如UML）中捕获的行为和结构创建了追溯到模型和模型内的需要，满足可追溯性目标的规划应明确处理这些项目。

需要解决代码中的任何OOT问题（如动态内存分配）。除了A和B级要求两个新的A-7目标，即验证本地类型一致性及动态内存管理使用的稳健性，验证目标只有适度的影响。动态内存分配的验证非常复杂，需要解决的问题包括：模糊性、碎片饥饿、再分配饥饿、内存耗尽、提前再分配、损失更新、陈旧引用和无界分配或再分配次数等。验证活动必须确保有足够的内存，以满足所需的最大存储。还必须验证为每个请求成功分配内存。内存计算应准确，无遗漏问题。

处理OOT的关键是了解如何使用OOT，使传统的DO-178C主题复杂化。

13.6　DO-333：形式方法的补充

DO-333 将形式方法(FM)定义为数学技术，适用于数字系统软件的规范、开发和验证等方面。FM 有助于以下几个方面：

(1) 明确描述软件系统的要求。

(2) 实现工程师之间的精确通信。

(3) 提供验证证据，例如正式指定的软件表示的一致性和准确度。

(4) 提供正式指定表示符合性的验证证据。

(5) 演示系统属性，例如无异常、无死锁、不同级别之间间隔、最坏情况执行时序(WCET)、堆栈使用和正确的同步/异步行为。

FM 的应用通常包括两个方面：建模和分析，其中建模和分析过程是由精确的数学基础推导或者定义的。不是所有模型都满足"形式化"要求，该补充具有关于何时将模型/分析视为 FM 的指南。该补充与基于模型的补充相关，可使用该补充作为一种保证方法，以确保模型开发。

FM 可用于完全分析模型的正确性，也可以通过其他验证(包括目标测试)的补充来分析模型的正确性。正规的分析方法可分为三类：

(1) 演绎方法-定理证明，通过使用严格的数学方法(通常使用自动化系统)构建证明。

(2) 模型检查，用于探索模型的所有属性，以发现有问题的属性。

(3) 抽象解释，这是一种理论方法，用于正式构造编程语言的语义的保守表示(即实施健全性)。

DO-333 不仅提供 FM 指南的使用场合，还提供了 DO-178C 核心文档中的这些指南的使用场合。附件 FM. A 表的设计目的是指出必须在核心文档目标背景下遵循的 FM 目标。核心文档中的核查目标和活动目的并未改变。但验证 FM 的过程不同，并且这些差异在已更改的段落中突出显示。形式分析可满足许多验证目标，在一些情况下完全满足，而在其他情况下部分满足。FM

可部分或完全用于对要求、设计和架构进行建模，在这种情况下，可合并使用 FM 指南和核心文档来验证。即使一些分析可增强 WCET、堆栈分析和状态转换分析的结果，目标兼容性也应通过在目标上运行测试用例来检查。用于 FM 验证的关键项目是要求验证分析方法和相关变换，并允许用正式验证正当性来代替其他形式的验证，包括评论和测试。附件 A 表 A－3、A－4 和 A－5 新增了四个目标。核心附件表 A－6 的解释有些改变，但未增加新的目标。A－7 受到的影响最严重。对于 FM，删除核心测试目标 1～目标 8。核心目标 9 使用 FM 指南来实现。

A－7 新增加了目标，FM1～FM9：① FM 案例和程序的正确性；② 结果的正确性和解释的差异性；③ HLR 的覆盖率；④ LLR 的覆盖率；⑤ 每个要求的完全覆盖性；⑥ 要求的完整性；⑦ 意外数据流的检测；⑧ 死码/无效码的检测；⑨ 正确定义、合理且适当的 FM。

一般来说，FM 补充允许用户利用明确的方式来表达形式模型，但前提是所有假设都是合理的。

13.7 应用 DO－178C

2013 年 7 月，FAA 通过咨询通告(AC)20－115C 正式认可了 DO－178C、DO－330 和三项技术补充。该 AC 本质上要求 DO－178C 用于全新的开发，同时提供一套标准，可据此评估先前批准的软件[称为遗留系统软件(LSS)]，以确定是否需要改变 DO－178C。AC 还就补充使用提供了少量说明，包括要求申请人阐述其 PSAC 中软件组件的具体补充适用性，以及如何证实符合多项补充(如果适用)。这最易通过一组详细的符合性矩阵来实现。最后，AC 20－115C 讨论了 DO－330 在以前合格或“传统”工具中的使用情形。

EASA 也已经起草了类似的 DO－178C，并且可能在本手册出版前发布。DO－178C 的符合性查找工作预计与 DO－178B 已经进行的工作类似。

14

RTCA DO-254/EUROCAE ED-80

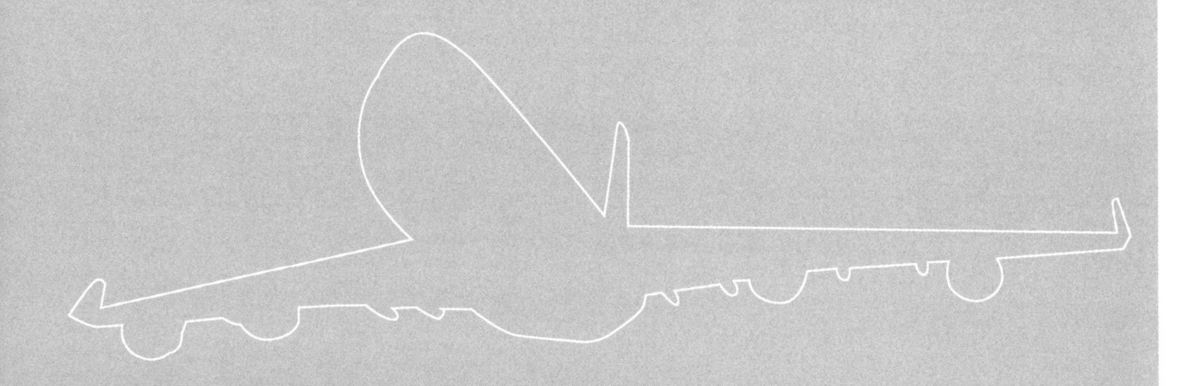

14.1　导言

本章概述了文档 RTCA DO-254——关于机载电子硬件的设计保证指南。航空无线电技术委员会(RTCA)特别委员会 180 和欧洲民用航空设备组织(EUROCAE)工作组 46 联合委员会编制了 RTCA DO-254(也称为 EUROCAE ED-80),该文档随后由 RTCA 和 EUROCAE 于 2000 年 4 月出版。DO-254 为生产机载系统和设备中使用的电子硬件设备提供了指南,以便有一个表明硬件按照适航要求正常运行的可信度指标。硬件包括线路可替换单元(LRU)、电路板组件,以及诸如现场可编程门阵列(FPGA)和专用集成电路(ASIC)的定制微编码设备。DO-254 代表行业共识,以最佳方式确保电子硬件执行其预期功能并遵守行业法规。DO-254 提出了在硬件开发生命周期中完成的典型工作。该文档还体现了行业对电子硬件开发的最佳工程实践的共识。DO-254 中规定的验证活动对于开发过程早期识别硬件问题特别有效。

在本章中,设计保证级别(DAL)及其简写——级别(如级别 A 和级别 B)可互换使用。

14.2　DO-254 的应用范围

随着飞机系统电子硬件的复杂度越来越高,DO-254 被设计用来解决飞机系统的认证和安全问题。设备级、电路级和板卡级的电子复杂度都在增加。随着硅芯片特征尺寸的减小,可编程逻辑器件(PLD)上的可用门的数量也在随之增加。集成电路和封装不断缩小,允许在同一电路板空间上实现更多功能。随着电阻器、电容器和平面磁性材料生产技术的不断进步,电路板制造工艺和器件封装技术也在不断发展,使得电路板上的电路密度不断增加。成立于 20

世纪 90 年代的行业工作组，经过 7 年时间才完成该指南的制订。

DO－254 是从系统/LRU 级开始，在电子硬件上采用自上而下的方式编写的。所讨论的指南、目标和活动包含在执行安全关键系统功能的所有复杂电子硬件中。虽然 DO－254 讨论了 ASIC 和 PLD 的一些问题，但这些是在系统和设备开发背景下考虑的。如果从最初的构想和目的出发进行考虑，DO－254 最易于理解。

解释电子系统指南并将其应用于系统内单个组件（ASIC 或 PLD）时，会出现一些问题。这些问题包括确定用 DO－254 程序所产生的生命周期数据范围，确定如何解释 DO－254 表 A－1 并将其应用到 PLD 的生命周期数据，整理哪些活动和属性适用于系统级与 PLD 组件级（如验收测试方面、环境测试或热分析），以及理解 DO－254 附录 B 中组件分析的意图。在考虑如何将指南和实践应用于复杂电路板上的单个组件或多个 PLD，并使整个电路板卡或系统执行其预期功能并满足安全性目标时，从哲学和/或知识的角度上来看可能会不一致。

DO－254 的应用使电子硬件得以认证。值得注意的是，电子硬件并未认证为独立实体。

14.3 一切都应该尽可能地简单，但不要太简单

一切都应该尽可能地简单，但不要太简单。

——阿尔伯特·爱因斯坦

DO－254 用于解决复杂电子硬件的设计保证问题，并将硬件区分为简单硬件或复杂硬件。将硬件归类为简单级，可减少 DO－254 中所描述的设计保证活动和文档。当硬件是完全可测试的，并且通过综合和确定性验证测试可以解决所有可预见的操作条件，则被归为简单硬件。简单硬件的验证需要证明硬件具有确定性行为，并且没有异议。如果硬件不能归类为简单硬件，则归类为

复杂硬件。

DO-254 建议申请人在计划早期就复杂硬件的设计保证方法与认证机构达成协议,以减少风险。这个明智的建议同样适用于简单硬件。申请人和认证机构需要就将硬件归类为简单硬件的方法和设计保证方法(与 DAL 相称)达成一致。

联邦航空管理局(FAA)指令 8110.105 的第 4 章和第 5 章包括简单电子硬件(PLD)的指南。指令 8110.105 号规定,在认证计划期间,应在计划早期对简单硬件进行分类。硬件合格审定计划(PHAC)需要说明硬件的分类,并解释将硬件分类为简单的方法。该指令还声明,申请人应对 DAL A 和 DAL B 硬件执行更全面、更严格的测试。该指令还提供了有关测试、分析、测试环境和文档的细节。

事实证明,在某些情况下所谓的简单并不是那么简单。

14.4　从 35 000 英尺的高度考虑

DO-254 适合自上而下的系统的开发和设计保证。在对复杂电子硬件进行设计保证之前,执行系统工程和系统安全活动可以使工作更加简化且有组织。牢记这些系统的方法,能够指导文档的使用、生命周期数据的组织和活动的管理。

首先考虑的系统方面如下:

(1) DO-254 适用于系统级的开发和认证。系统方面由 ARP4754A 阐述。系统或功能 DAL 由危险级别对飞机的影响来确定。

(2) 功能危险性评估按照 ARP4761 执行。每个系统功能的危险级别分类(灾难、危险、较重要影响和次要影响)是从系统角度分配的。功能故障路径和功能相关 DAL 首先在初步系统安全性评估中确定。

(3) 给硬件分配系统功能及其相应的 DAL。哪些方面的功能(离散、可编程、简单或复杂)在电子硬件中完成,由设计者选择。

(4) 给电子硬件分配系统功能的需求,包括功能、性能和安全这几个方面。

识别功能及其影响如下:

(1) 功能由需求表示。

(2) 每个功能都有一个关联的 DAL。

(3) 功能故障路径分析(FFPA)用于确定哪些硬件功能属于灾难或危险飞机功能。FFPA 用于识别与功能相关的电路。

(4) 以最优方式组织功能或对功能进行分组,由电路或电路元件来实现这些要求。

(5) 建立从要求到实现该功能的电路的可跟踪性。

定义和执行硬件设计保证方法如下:

(1) 确定实现 DAL A 和 DAL B 功能的硬件功能和相关电路。

(2) 根据要求进行验证。最严格的验证是对 DAL A 或灾难功能的验证。B 级次之,以此类推,再其次依次为 C 级和 D 级。

(3) 对于设备的功能故障路径,为 PLD 分配最高的 DAL。

(4) A 级和 B 级电子硬件需要其他的设计保证方法。

(5) 在硬件管理计划中纳入所选生命周期和设计保证方法的活动、数据和转换标准。根据这些计划执行程序。

(6) 为定义设计所需要满足的条件,创造硬件标准。该标准还定义了审查和验证电子硬件的条件。生成符合或超过标准的硬件、设计数据和验证数据。

14.5 电子硬件和系统开发

DO-254 的应用是系统开发和硬件的既定行业惯例的一部分。当发布 DO-254 时,系统级认证在 SAE ARP4754 的“高度集成或复杂飞机系统的认证注意事项”中有所描述。目前的 ARP4754 是于 2010 年发布的修订版 A。

在 1996 年发布的 ARP4754 定义了系统开发过程的接口。DO-254 指定了系统过程和硬件过程之间的信息流。从系统过程到硬件过程的信息流主要是跟踪分配给硬件的需求,特别是那些有助于系统安全或源自系统安全过程的需求。从硬件过程到系统过程的信息流重点是确保硬件需求的变化(包括衍生需求的引入)不会给系统安全带来不利影响。衍生需求是在设计过程或设计决策过程中产生的一些附加需求,并且可能不会直接追溯到更高层次的需求。系统过程确定系统功能的 DAL 和实现该功能的硬件项的 DAL。该信息流如图 14-1 所示。

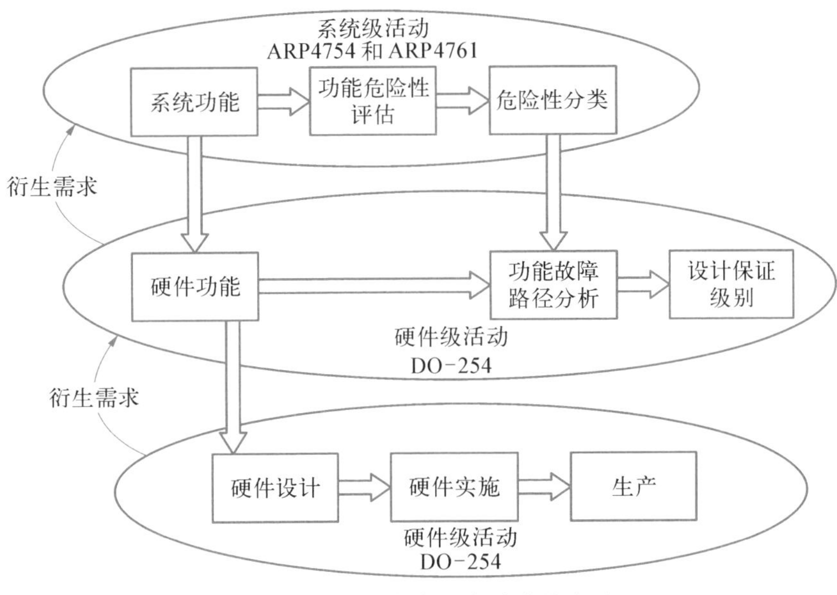

图 14-1　硬件过程的系统信息流

系统安全方法和分析虽然不在 DO-254 的范围内,但对于理解如何应用 DO-254 至关重要。控制机载系统和设备认证的监管材料定义了五类故障条件。其中,最严重的是灾难故障,这类故障将导致飞机无法继续安全飞行和着陆。最不严重的故障为无影响故障,即此类故障不会导致操作能力损失且不增加机组人员工作量。其他三种类型定义了不同程度的功能丧失,对应于相应的机组人员工作量增加和乘客死亡或伤害的潜在可能性。五个危险分类直接映射到 DO－254 中定义的硬件设计保证的五个级别。此映射如表 14－1 所示。

表 14－1　设计保证级别和危险分类

功能危险性评估的故障分类	危　险　说　明	硬件设计保证级别
灾难	● 妨碍继续安全飞行和着陆	A 级
危险	● 对少数乘客造成严重或致命的伤害 ● 降低飞机性能或机组处理不利操作条件的能力 ● 机组人员工作量较大 ● 安全裕度大幅减少	B 级
较重要影响	● 可能对乘客造成伤害 ● 降低飞机性能或机组处理不利操作条件的能力 ● 机组人员工作量增加 ● 安全裕度显著减少	C 级
次要影响	● 可能给乘客带来不便 ● 降低飞机性能或机组处理不利操作条件的能力 ● 机组人员工作量轻微增加 ● 安全裕度轻微减少	D 级
无影响	● 对操作能力无影响 ● 对机组工作量无影响	E 级

软件开发过程与软件过程和系统过程之间的信息流存在并行过程。还须在系统级考虑软件过程和硬件过程之间的设计平衡。可通过使用系统中的保护软件或硬件机制来降低硬件 DAL。这种架构方法包括分区、硬件或软件监视器的使用，以及具有内置差异和/或冗余的架构。

14.6　DO－254 的使用

如前所述，DO－254 项目从系统级的工作开始。系统级确定分配给电子硬件的功能(通过相关需求来表示)。初步的系统安全性评估确定每个系统功能的DAL,并将系统需求分配给或分解为电子硬件需求。根据相关的系统级功能和其DAL确定每个电子硬件功能的DAL。为了在系统级和硬件级之间完成需求的转换并在系统设计过程中做出设计决定,电子硬件的需求中增加了一些衍生需求,接下来就创建用于实现电子硬件需求的电路或电路元件,并在需求和实现需求的电路元件之间建立可跟踪性。注意,对于PLD,电路元件通常是硬件设计语言(HDL),特别是为寄存器传送级(RTL)设计抽象模型。

一旦进行了系统级的工作和安全分析,就可以根据DO-254附录B中描述的FFPA来确定执行DAL A或DAL B功能的电子硬件。然后,根据DO-254第2.3.4节的内容来选择A级和B级功能的设计保证策略。请注意,虽然不断变化的功能故障路径可能与PLD相关,但设备的设计保证与最严重的故障相关。再接下来,按照最高级DAL开发整个PLD。

在DO-254的附录B中包括了几种方法指南,可用于A级和B级电子硬件中的附加设计保证,通常会采用元素分析法。对于PLD,与功能模拟结合使用的代码覆盖率工具可用作元素分析方法,但前提是需求结构和设计抽象支持该方法。

DO-254附录A用于确定相应DAL的生命周期数据。附录A还显示了硬件配置管理和控制中的硬件控制级别或严格程度及相关数据。DO-254第10节简要描述了生命周期数据的内容。

规划阶段描述了每个开发阶段的活动、文档或生命周期数据和转换标准。认证联系过程应尽早开始,以使选定的设计保证方法获得审批。

按功能组织电子硬件需求可保证文档的逻辑结构、可跟踪性和可验证性。可使用满足最佳测试的所有需求和功能的测试用例进行验证,测试可通过使用跟踪数据来评估与需求相关设计的有效覆盖率来实现。测试和额外分析的结构化和调整依赖于DAL和相关工作。

14.7 指南的引用

虽然 DO－254 在 2000 年就出版了，但 FAA 在 5 年后才承认该指南，即咨询通告（AC）20－152 于 2005 年才发布。在 20 世纪 90 年代，随着 DO－254 的创建，机身制造商和其设备供应商开始为复杂的电子（特别是 ASIC 和定制可编程设备）制定自己的标准。飞机认证计划使用 FAA 的议题文件来解决复杂设备的认证权威问题。最初的标准和指南遵循 DO－178B，即机载系统和设备认证中的软件注意事项。其目的是鼓励行业将结构化方法用于复杂的硬件开发，强调需求管理、基于需求的验证、质量或过程保证和配置管理。给航空航天工业带来持续影响的是这样一些感觉：电子硬件以及特别是通过语言设计指定的设备，就像软件一样。软件编程语言和 HDL 具有类似的特征，例如构造、关键字和语法等。

咨询通告是为 ASIC 和 PLD 编写的，不包括商用微处理器和其他类型的电子电路。换句话说，该指南适用于 DO－254 的一部分。咨询通告 AC 20－152 承认 DO－254 是一种可接受的手段，用于确保根据技术标准规定（TSO）授权、类型证书（TC）、修订型证书（ATC）、修订补充型证书（ASTC）、补充型证书（STC）或零部件制造商批准书（PMA）认证的系统或设备中的 DAL A、DAL B 和 DAL C 定制微编码组件遵守适航性规定。DAL D 电子硬件可使用 DO－254 或可用的内部设计来保证实践。

虽然 FAA 允许采用其他合规手段，但大多数申请人使用 DO－254，避免证实其他手段实际上等同于 DO－254 的工作。

14.8 文档概述

DO－254 由 11 个小节和 4 个附录组成，如图 14－2 所示。DO－254 中讨

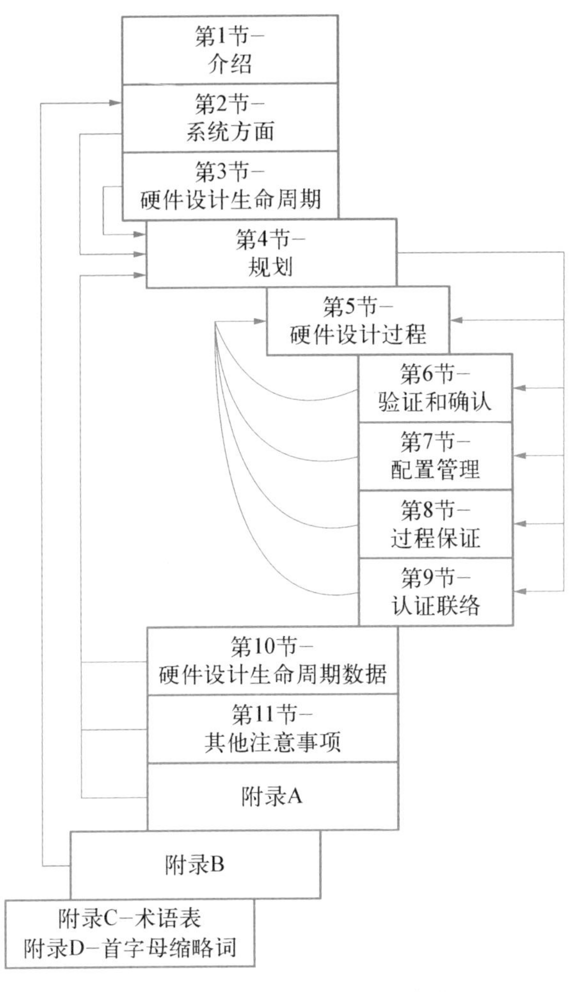

图 14-2　DO-254 文档结构

论的过程、工作、硬件和相关数据如何与整个系统认证过程相结合呢？在 DO-254 第 2 节提供了一些相关信息。第 6 节～第 9 节中描述的支持过程适用于第 3 节～第 5 节中描述的硬件生命周期过程和输出。第 10 节提供了硬件设计生命周期数据预期内容的细节。第 11 节提供了其他注意事项的指南，后面给出了创建 DO-254 的特别委员会 180(EUROCAE WG-46)成员和管理员的名单。末尾的附录 A 包括了表 A-1，还包括描述生命周期数据如何随 DAL

的变化而变化的指南。附录 A 还描述了如何实现 A 级和 B 级的独立性。表 A-1 指出了生命周期数据的硬件控制类别。附录 B 提供了 A 级和 B 级功能其他设计保证的注意事项。附录 C 提供了文档的术语表，附录 D 列出了首字母缩略词及其定义。通过在硬件设计保证条件下对术语进行精确定义，该术语表便于更统一地理解和应用 DO-254。

DO-254 中定义的每个生命周期过程的目标或目的都包含在相应章节中。总的来说，DO-254 有 34 个目标。表 A-1 提供了这些目标和相关的生命周期数据。以下清单显示了 DO-254 中定义的每组目标。

第 4.1 节：规划过程目标。

第 5.1 节：需求收集目标。

第 5.2 节：概念设计目标。

第 5.3 节：详细设计目标。

第 5.4.1 节：实施目标。

第 5.5.1 节：生产转型目标。

第 6.1 节：验证过程目标。

第 6.2 节：确认过程目标。

第 7.1 节：配置管理目标。

第 8.1 节：过程保证目标。

DO-254 第 2 节～第 10 节描述了开发 C 级和 D 级硬件的过程和工作。A 级和 B 级硬件需求具有独立性(如附录 A 所述)并满足附录 B 中的其他设计保证的一个或多个注意事项。

14.9 硬件生命周期过程

DO-254 第 2 节首先讨论了在系统开发的整体背景下，硬件和软件生命周期如何配合。信息从系统开发流向硬件开发,流向硬件的系统开发过程包括指派的需求、功能的DAL、故障概率、接口描述、设计和/或架构选择或约束以及系统生命周期过程的任何影响。系统开发的硬件开发流程包括实施数据、衍生需求、安全性和可靠性分析数据、支持系统过程或活动的数据以及问题报告。信息从硬件开发流到软件开发,该信息可能包括针对存储器映射、接口、硬件/软件集成、通信协议、用于协调验证的数据、功能不兼容性、限制或约束以及问题报告的衍生需求或设计限制。

硬件开发的生命周期过程包括规划、硬件设计、验证和确认、配置管理、过程保证和认证联络。硬件设计过程包括需求收集、概念设计、详细设计、实施和产品转换。验证和确认、配置管理、过程保证和认证联络统称为支持过程。DO-254定义了每个过程的目标,并提供了一套实现目标的典型活动。

DO-254讨论了一般意义下的硬件生命周期过程以及生命周期过程之间的转换标准,不需要或不支持任何特定的生命周期模型。转换标准用于定义开始和/或完成过程所需的数据和活动。转换标准促进了对设计过程的控制,可用于减少开发中的风险,并且还可以提供支持审核的证据。准确定义的转换标准支持设计和验证/确认活动之间的协调,以及数据的配置控制。在硬件管理计划中定义转换标准,并由过程保证进行审核。

14.9.1 硬件规划过程

DO-254定义了适用于硬件开发的六种规划数据。硬件管理计划可能是单独的,也可能是组合的。规划过程产生了如表14-2所示的数据,该表还列出了描述相应内容的DO-254章节、数据满足的相应目标以及关于数据是否提交给认证机构的指令。

这些计划应包括开发和验证期间使用的硬件设计方法、标准和工具。对规划过程的审查应足够详细,以确保计划、拟采用的开发环境和开发标准(需求、设计和代码)符合DO-254。

表 14-2　硬件管理计划

计　　划	DO-254 章节描述的内容	完 成 的 目 标	提交给认证机构
PHAC	10.1.1	4.1-#1-4	是
硬件设计计划	10.1.2	4.1-#1-4	
硬件验证计划	10.1.3	4.1-#1-4;6.1.1-#1	
硬件确认计划	10.1.4	4.1-#1-4;6.2.1-#1	是
硬件配置管理计划	10.1.5	4.1-#1-4;7.1-#3	
硬件过程保证计划	10.1.6	4.1-#1,2,4;8.1-#1-3	

尽管 DO-254 在第 9 节之前没有讨论认证联络过程，但其目的是在规划阶段开始与认证机构协调。申请人确定如何满足 DO-254 的目标，并识别用于证实符合项目认证依据的数据。应将 PHAC 及时提交给认证机构。

此外，电子元件管理计划(ECMP)用于解决电子元件的采购、替换和废弃。尽管 DO-254 未具体涉及 ECMP 的内容，但国际电工委员会(IEC)文档 IEC TS 62239“航空电子设备的过程管理——制定电子元件管理计划”提供了关于制定适用于航空航天设备 ECMP 的详细信息。

规划过程还制定了硬件开发的标准。DO-254 定义了四种类型的硬件开发标准，它们可单独使用，也可组合使用。规划过程产生的标准见表 14-3，该表还列出了描述这些内容的 DO-254 章节以及数据满足的相应目标。

表 14-3　硬件标准

标　　准	DO-254 章节描述的内容	完 成 的 目 标
需求标准	10.2.1	4.1-#2
硬件设计标准	10.2.2	4.1-#2
验证和确认标准	10.2.3	4.1-#2
硬件归档标准	10.2.4	4.1-#2;5.1-#1;7.1-#1,2

14.9.2　硬件设计过程

硬件设计过程包括需求收集、概念设计、详细设计、实施和产品转型，需求收集从系统开发过程分配给硬件的需求开始。系统设计者决定硬件所需实现的功能，并分配相应的需求集合。需求收集方法和格式通常在需求标准中描述。硬件设计和实施过程的各个阶段可能会对硬件补充一些需求。上层硬件的设计可对硬件增加补充的或衍生的需求。这些补充或衍生的需求又会反馈到需求收集过程。由于随后的评估过程会应用于衍生需求，所以明确所需考虑的需求会很有用。DO-254的假设已经在系统级上验证了硬件需求，因此，只需要验证补充的衍生需求。从系统和硬件设计过程中的一个抽象层到下一个抽象层，需求也可能改变形式或单位。需求的改变也可以认为是衍生的或改进的需求。

以下几个例子可以表明衍生需求的性质。首先，显示亮度在系统级可用英尺朗伯为单位表示，在硬件级可用伏特为单位表示。两级需求之间测量单位的转换被认为是对硬件的衍生需求，因此需要检查其正确性和完整性。第二个例子是电路卡的设计决策，使用由PLD(如FPGA)控制的数模变换器(DAC)的串行外围接口(SPI)。电路板级的设计决策在FPGA中需要增加衍生需求，以适应FPGA和DAC之间共享的信号。这些FPGA衍生的需求可追溯到电路板的设计或设计决策。某些类型的衍生需求可追溯到父级或更高级别的需求；其他衍生需求与父级或更高级设计相关。为了使这些需求通过较低的抽象层传播，也可将它们分解成两个或多个需求。验证也可应用于分解后的需求，以确保所有分解后的需求的综合能满足整体需求。

衍生需求的另一个重要方面是，需要在系统级评估由此带来的附加的、新的或不同的功能以确认对各个系统或飞机的影响。

一旦建立了需求，设计的第一步就是满足需求的概念设计。概念设计主要是高级设计描述，以实现对架构、拓扑、组件、软件包以及任何实施或生产限制的选择和评估。设计人员经常先使用概念设计，然后再修订并进一步细化。还要注意,本阶段中创建的数据受不太严格的配置控制目标(硬件控制类别 2)约束。概念设计方法和标准通常在硬件设计标准中进行描述。在概念设计过程中确定的附加衍生需求反馈到需求收集过程。

接下来就是根据需求和概念设计数据创建详细设计。初始设计或概念设计会获得完整描述设计需要添加的所有细节信息。具体的设计技术或方法不是由 DO-254 指定的,而是由执行设计的组织选择的。所使用的设计方法取决于正在设计的硬件的类型。系统和组件设计需要使用与设计电路卡或 PLD 不同的方法、工具、标准和技术。详细的设计方法和标准在硬件设计标准中介绍。在详细设计过程中确定的附加衍生需求反馈到需求收集过程。

紧接着是根据详细设计数据创建硬件。实施过程采用在生产期间所用的代表性制造技术。本阶段生产的硬件用于测试活动。在实施过程中确定的附加衍生需求又反馈到需求收集过程。

最后的设计过程收集了转换到生产所需的所有数据,包括制造部件所需的设计数据以及测试部件所需的数据。

DO-254 还包含硬件制造、维修或更改过程中使用的验收测试指南,其范围包括验收测试标准,但不包括实际验收测试。系统级别的验收测试通常是最严格的,然后是电路卡和子组件产品。验收测试可在完成 ASIC 制造和封装后用于 ASIC,或用于筛选预编程 FPGA。在大多数情况下,基于需求的测试用于如 FPGA 的组件,而验收测试用于硬件组件产品。

DO-254 硬件设计的最后一个方面是批量生产。DO-254 没有描述具体的目标或活动,该主题不在 DO-254 的范围之内。但 DO-254 的确包括一些注意事项,以确保生产过程或实际硬件设计的变化不会影响安全、认证以及需求或规定的符合性。

14.9.3 支持过程

DO-254 将 4 个过程定义为支持过程,覆盖并延伸到了整个硬件生命周期,包括验证和确认过程、配置管理、过程保证和认证联络过程。

14.9.3.1　验证和确认过程

验证和确认过程评估硬件设计过程的输出。验证衍生需求,并且验证衍生或分配的所有需求。

14.9.3.1.1　验证过程

电子硬件的开发假定所有需求都已在有ARP4754(A)应用的系统级经过验证。而在硬件设计过程中添加的衍生需求需要得到验证。验证表明衍生需求是正确并且完整的。衍生需求根据相关的系统需求进行评估——从该系统需求分配硬件需求。如果衍生需求源自设计决策,则根据相关设计决策来评估衍生需求。

衍生需求对安全的影响也经过了评估。最初的ARP4754(A)需求过程并未包括硬件设计过程中的衍生需求。因此,需要从系统和飞机的角度评估衍生需求,以确定它们是否引入任何安全问题。

DO-254包括模拟、样机、建模和其他几个分析过程,甚至还包括在验证活动中进行的测试。在大多数情况下,特别是在PLD情况下,审查衍生需求就足够了。所有需求(包括衍生需求)随后将通过测试进行验证。

需求审核清单应包括专门适用于衍生需求的标准。

14.9.3.1.2　确认过程

确认过程是表明所实施的硬件满足其需求的过程。验证硬件是否符合适航规章的核心,用于展示系统安装在飞机上时,能够在所有可预见的操作条件下执行系统的预期功能。确认方法包括审查、分析和测试。确认适用于所有硬件需求,包括衍生需求。

审核是对生命周期数据和硬件实施的定性评估。审核由一个或多个工程师合作执行,并使用一系列成文的标准来评估硬件和/或数据。审核应记录在案,并清楚地说明如何解决审核过程中发现的问题。DO-254包括第6.3.3.1节中的需求审核指南和第6.3.3.2节中的设计审核指南。审核针对以下几个方面。

(1) 硬件管理计划,包括 PHAC。

(2) 硬件设计标准。

(3) 硬件设计数据,包括需求、概念和详细设计、实施和生产数据。

(4) 验证数据,包括衍生需求的审查。

(5) 确认数据包括:①测试案例,过程和结果;② 分析案例,过程和结果。

(6) 硬件完成总结(HAS)。

分析是对生命周期数据和硬件实施的定量评估。请注意,分析还包括模拟,这在 PLD 确认中特别有用。模拟可用于评估在对设计和电路施加极端条件或限制条件时是否满足硬件需求,包括了最坏和最好情况的时限,例如低温/低压条件和高温/高压条件。PLD 的时限分析可能包括使用从后布局器件模型确定的延迟进行的动态分析,或者针对建立和保持时间的信号约束来评估设计工具输出的静态分析。极端条件或限制条件还包括组件值或压力分析,以显示当降级应用于组件时,电路按预期执行。热分析将评估电路或组件是否将在预期的温度范围内执行,并且包括热耗散和晶体管结温的计算。可靠性分析用于确定是否满足可靠性需求。确认覆盖率分析用于确保所有需求都已经过确认,并且确认是全面的。

PLD 模拟可用最小、额定和最大时限进行。这些模拟表明,在极端的时限条件下需求被确认,而采用硬件测试(如果可能)来确认是非常困难的。PLD 模拟工具还支持代码覆盖率指标的收集。覆盖率指标适用于全套确认准则。

通过测试确认是实际硬件满足其需求并执行其预期功能的最终证明。确认测试使用实际产品或实际产品的等效硬件,以确保测试是在飞机中使用的代表性硬件上执行的。在替代配置或环境中进行硬件测试需要有合适的理由。DO-254 鼓励尽可能在最高集成级别进行测试。测试策略允许更多地覆盖可能的错误源。虽然 PLD 可在独立设备中进行测试,但独立测试不会显示周围电路、电路板布局或者在使用时与处理器和软件集成的任何问题。此外,电路板可自行测试，但最终应使用连接到其他电路的电路板和在生产配置中使用的实际电源进行测试。DO-254基于需求的测试通常用标准生产部件在室温下进行。前面提到的分析表明，在温度、功率和时钟变化的情况下，在部件的允许精确度和公差范围内，需求仍然能得到满足。环境质量测试应根据DO-160的适用版本进行。通常，环境鉴定测试涵盖在ARP4754(A)和系统级认证计划之下。

DO-254多次引用了测试案例和测试程序，但表A-1和第10.4.2节和第10.4.4节不包括这些区别。当需求被结构化为包括特定信号或可测量事件时，确认可能更有效和高效。因此，为了完全地确认需求，可构建测试案例。测试案例包括测试案例的描述或目的、执行测试前的初始条件、所需的输入或激励、要监视或测量的输出以及合格/不合格标准。然后，从测试案例创建测试程序，并包括任何必要的改变以便在物理硬件测试和/或模拟环境中实施测试案例。成功确认的关键从需求的表达开始，并且取决于电路和电路设计，包括获取或注入测试信号的测试点。

确认结果包括进行所有审核、分析和测试的数据或证据。在理想情况下，应获取所有模拟和测试结果，并以详细或完整的格式作为原始数据。模拟结果包括日志文档和波形文档。应注意收集模拟结果，而不仅仅是对结果合格/不合格的解释。硬件测试结果可能包括手写数据、照片、来自示波器或逻辑分析仪的屏幕截图、来自电压/电阻测量仪的数据或来自定制测试装置的数据。

确认还包括从需求到实施以及从需求到测试案例(如果使用)的跟踪、测试过程和测试结果。对数据实施跟踪的需求可在设计过程中根据想象创建，然后在确认过程中通过审查来检查。

A级和B级项目经常使用DO-254附录B中的元素分析高级确认方法作为补充的设计保证活动。元素分析自下而上评估电路或设计元素的测试覆盖率。该分析评估涉及的那些部分由测试案例或确认相关需求的测试过程来确认。有了适当的需求结构、硬件设计摘要和PLD的可跟踪性，可使用代码覆盖率进行元素分析。对于模拟或用分立元件实现的电路,代码覆盖率显然不是进行元素分析的合适选择。DO－254 并未对通过元素分析实现覆盖率给出特定准则。这些准则记录在计划和标准中,并在规划早期与认证机构进行讨论。

14.9.3.2 配置管理

配置管理确保硬件和所有相关数据能独立标识,允许复制硬件或数据,允许对问题解决方案或更新进行改变,提供一种可控的方法来修改硬件或数据,并且在产品的生命周期将可检索格式的生命周期数据存档。配置管理使用基线或数据集来定义硬件和相关生命周期数据的修订本级别或版本级别。基线提供了一种有组织的方式来进行形式验证,并支持增量更改和相关验证。DO－254 定义了 11 种配置管理活动:① 配置识别;② 基线;③ 基线可跟踪性;④ 问题报告;⑤ 更改控制(完整性和识别);⑥ 更改控制(记录、批准和可跟踪性);⑦ 发布;⑧ 检索;⑨ 数据保留;⑩ 防止未经授权更改;⑪ 介质选择、刷新和复制。

虽然大多数硬件工程组织都有用于控制图纸的工具和程序,但典型的 DO－254 生命周期将增加一些文档和各种类型的数据文档,包括需求和设计文档、PLD 设计源代码、测试案例、测试脚本、测试结果、模拟文档。使用与软件开发项目中管理源代码和数据所用的文档管理工具类似(或相同)的文档管理工具是管理与 DO－254 生命周期相关的数据的一种有效方式。

问题报告和更改控制通常使用托管在数据库上的跟踪工具。DO－254 不需要电子工具;纸质的问题报告就足够了。如果使用这些工具,它们允许跨组织协调问题报告并自动执行操作。这些工具还提供状态和跟踪报告,以便一致地管理更改。一些问题报告系统还提供与文档管理工具的后端集成,以控制对系统内部所管理的文档和数据进行的更改。

DO－254 定义了与每个生命周期数据项相关的两个类别,即硬件控制类别 1(HC1)和硬件控制类别 2(HC2)。DO－254 表 A－1 给出了每个数据项的硬件控制类别。注意,硬件控制类别可根据 DAL 而变化。例如,HC1 硬件配置管理计划是针对A级和B级,HC2是针对C级和D级的。DO-254中的表7-1指出了HC1和HC2控制数据项需要11个配置管理过程活动中的哪几个。两者的根本区别是,HC1控制数据需要一个问题报告来更改数据,HC2控制数据不需要问题报告就可以更改数据。过程保证、配置管理和验证结果数据由HC2控制。而HC1适用于一些计划、需求、图纸和验证程序。

14.9.3.3　过程保证

过程保证的目标是确保项目计划、程序和标准中记录的整个DO-254过程是完整的。过程保证通常与质量保证同义。根据DO-254,过程保证检查的设计保证活动从开发生命周期一直延续到用于验证活动的首件产品。质量或过程保证与质量控制不同,后者延续到生产。

过程保证通过审查、检验和审核来检查开发生命周期中使用的过程是否符合批准的计划,由此产生的生命周期数据是否符合计划。通常会创建一组检查表和审核标准,以执行过程保证活动。过程保证还确保符合性审查中使用的硬件是根据图纸和生命周期数据构建的。对于DO-254的系统级应用,符合性能是一个正式的FAA过程。对于DO-254的PLD级应用,符合性可能是一次公司级的配置控制演示或审核过程。商用航空的符合性审查通常称为"首件检验"。

过程保证的另一个重要方面是检查所有配置管理活动和目标是否实现,包括对问题报告、更改控制、文档或数据发布、数据归档、基线和配置管理工具的审核或审查。

过程保证可通过详尽的审查或使用抽样方法来实现。样本规模应足够大,以涵盖所有数据类型、所有工具和流程、所有组织和关键参与者。当发现错误或此类趋势时,应触发抽样升级。

过程保证还跟踪和评估与项目计划和标准的任何偏差。偏差可使用问题报告系统和工具,或者可实施单独的系统来跟踪偏差。

过程保证通常独立进行,但DO-254对这种独立性没有具体需求。

14.9.3.4　认证联络过程

认证联络过程旨在确保认证过程中的利益相关者之间的协调。DO－254在表A－1中列出了按符合过程产生的27个不同数据项。其中四个数据项指定提交给认证机构。这四个数据项是：① PHAC；② 硬件验证计划；③ 高级图；④ HAS。

实际上，PHAC可包括验证过程的细节。在这种情况下，不提交硬件验证计划。如果认为必要，其他数据项目可根据认证机构的需求提供。鼓励申请人在该过程的早期就开始与认证机构对话，以实现对DO－254的符合方法和认证依据的共同理解。PHAC说明打算做什么，紧扣完成总结做了什么。HAS用于衡量开发过程的整体完整性，并确保实现DO－254的所有目标。在概念上，PHAC是项目特定的DO－254实例；HAS表明与项目特定的PHAC相符合。因此，该项目按照适用于该项目的方式遵守DO－254。

对于应用于PLD的DO－254，可使用硬件配置索引来代替高级图。硬件配置索引总体记录了最终产品的内容和任何开放式问题报告的状态，并且包括或引用重新创建所需的环境。

认证联络过程还包括协调委派个人[如委任的工程代表(DER)]或组织(如适航机构委任组织授权(ODA)计划)进行符合性调查。联络可能还包括在认证机构和/或在申请人或供应商的现场进行的会议、审查和审核。

14.10　其他注意事项

DO－254第11节讨论了可用于实现本文档前面章节中所定义目标的其他注意事项或方法。其他应当考虑的问题包括前期开发的硬件(PDH)、成熟的商业化(COTS)组件的使用、产品服务经验和工具鉴定。在使用时，这些注意事项应在硬件管理计划中阐明，并在规划阶段与认证机构相互协调。

14.10.1 前期开发的硬件

PDH是属于以下一个或多个类别的硬件:

(1) COTS硬件或组件。

(2) 根据其他标准(如军用或公司标准)开发的机载硬件。

(3) DO-254发布前的机载硬件。

(4) 以前按较低DAL开发的机载硬件。

(5) 以前为不同飞机应用开发的机载硬件。

(6) 之前和之后更改的机载硬件。

使用一种或多种此类硬件应在PHAC中计划和讨论。应进行差距分析,以确定DO-254的哪些具体目标未能实现。生命周期数据、服务历史、补充验证和逆向工程的备用来源是确保PDH的使用符合新应用的方法。

由于部件过时、错误纠正、功能变化或增强而修改了PDH,需要分析该修改对系统安全性评估产生的影响;需要对导致DAL增加的更改进行处理。应进行更改影响分析,并且应考虑从规划和标准、要求和设计、验证和确认以及发布到生产的生命周期的所有问题。

将在新型飞机或不同飞机上使用的PDH还需要重新进行系统安全性评估,这可能将影响DAL或合格审定基准中所需的所有其他工作。可能需综合考虑在新型飞机或不同飞机上使用PDH是否更改设计或DAL。使用差距分析来确定应重复验证哪些方面。如果硬件未更改,明显的最小测试将是新的/不同飞机中的硬件接口。

PDH可在新的设计环境中使用,或者与原始应用不同的硬件和/或软件相互集成。所有新工具都应在工具验证过程中进行评估(在随后的段落中介绍)。应通过分析确定哪些硬件和/或软件接口不同,并进行相应的验证。

硬件还可以用在需要升级DAL(如从C级到A级)的新应用和/或飞机中。来自原始开发的数据可以使用,并且可能仍然适用。以前开发的数据需要根据相关DO-254目标进行评估,应使用系统安全性评估过程来确定影响范围。可对数据进行反向工程，以填充升级后的 DAL 缺陷区域。如果存在足够的相关服务经验，则可评估服务体验数据(在随后的段落中介绍)。

任何 PDH 过程还需要阐述配置管理方面，包括从 PDH 基线到新基线的可跟踪性以及同时使用 PDH 和新应用中的硬件的问题报告或更改控制过程。

14.10.2 使用成熟的商业化组件(COTS)

电子硬件设计广泛依赖于商用部件。COTS 包括从电阻器、电容器和集成电路到完整的电源和处理器电路板。COTS 可能未经过加固或设计，因而不具备航空电子和安全关键应用所需的可靠性。FPGA 和其他类型的 PLD 通常作为 COTS 出售，并且在主电路板组件的制造期间执行编程。需要管理 COTS，以确保针对温度范围、封装、电源和电压、可靠性、性能和淘汰这样一些条件下正确选择部件。COTS 在航空电子应用中的使用通过这样一些方式得以保证，包括 COTS 制造商的质量程序、COTS 制造商或最终用户的测试、部件的恰当选择、部件可靠性和性能的监控、对已售 COTS 更改或修改的跟踪等。

DO-254 需要通过电子元件管理过程来管理 COTS。DO-254 不提供关于 COTS 问题的完整指南。关于 ECMP 制备的进一步信息，可参见 IEC 文档 IEC TS 62239，航空电子设备的过程管理——编制电子元件管理计划。

14.10.3 产品服务经验

服务经验可用于部分或全部实现 DO-254 对 COTS 和 PDH 的目标。服务经验需要收集数据，作为当前和/或先前使用硬件的证据。可从航天应用和非航天应用中收集数据。在电子工业中使用设计或验证工具可能是一个合适的非航天应用示例。

DO-254 为接收数据提供了一套标准，以支持服务经验。DO-254 的第 11.3.2 节讨论如何评估服务经验数据，第 11.3.3 节描述服务经验数据的内容。

应在计划的规划阶段在 PHAC 中讨论产品服务经验的使用,并与认证机构协调。

14.10.4 工具评估和鉴定

DO-254 需要对硬件设计和验证过程中使用的工具进行评估。工具评估从调查开始,收集相关设计和验证团队使用的所有工具的信息。然后根据 DO-254 的图 11-1 中提供的流程图评估每个工具。

工具分为设计工具和验证工具,设计工具产生硬件设计或硬件本身。设计工具中的错误可能会在硬件中引入错误。PLD 设计工具示例包括合成、布置和规划工具。电子设计工具示例包括用于印刷电路板设计的原理图设计输入工具和电路板布局软件。验证工具的错误可能无法检测硬件或硬件设计中的错误。PLD 验证工具示例包括模拟工具、逻辑分析仪和示波器,电子验证工具示例包括模拟和混合信号电路模拟器软件。DO-254 未提供鉴定设计工具符合性的规则。如果需要鉴定设计工具,申请人可遵循 DO-254 附录 B 中描述的策略,或者可使用 RTCA DO-178B 中提供的软件开发工具鉴定指南。建议就设计工具的符合性与认证机构进行协调。如果独立评估设计或验证工具的输出,则不需要进行工具鉴定。独立评估包括任何过程或甚至另一个工具,来验证该工具输出是正确的。独立评估可包括审核工具输出或使用单独但不相似的工具检查工具输出。测量元素分析完成性的验证工具不需要鉴定。

DO-254 背后的一般意图是,设计工具输出由包括检查、分析和测试在内的验证过程进行检查。如果评估或验证发现设计工具输出是正确的,则不需要鉴定。在大多数情况下,设计工具鉴定需要与工具设计师合作,并且还需要充足的计划和预算资源。航空航天应用中使用的大多数设计和验证工具在电子工业中很常见。DO-254 的重点在于对工具的输出或使用相关工具历史进行评估或验证。

如果未独立评估输出，则需要评估工具，并对工具进行分类，如表 14 - 4 所示。

表 14 - 4 工具评估和鉴定

工具类型	设计保证级别	相关工具历史	评估	鉴定
设计	A,B	是	不需要鉴定	
设计	A,B	否	需要鉴定	基本鉴定 设计工具鉴定
设计	C	是	不需要鉴定	
设计	C	否	需要鉴定	基本鉴定
设计	D,E			
验证	A,B	是	不需要鉴定	
验证	A,B	否	需要鉴定	基本鉴定
验证	C,D,E			
验证-元素分析	A,B			

注：蓝色阴影表示不适用。

为了鉴定设计工具，必须编写工具鉴定计划。计划的严格性由工具的性质和所用硬件的 DAL 决定。工具执行总结用于显示工具资格计划的符合性。

无相关历史记录的 A 级、B 级和 C 级设计工具以及 A 级和 B 级验证工具需要在配置管理和问题报告中使用工具基线来追踪工具的问题。这些工具还需要“基本的”工具鉴定，“基本的”工具鉴定包括确定工具为预期应用产生正确的输出。基本鉴定通过测试或分析，根据其要求的工具操作来执行。

应在 PHAC 中记录工具评估。应在计划的规划阶段在 PHAC 中讨论设计工具的相关工具历史数据和鉴定，并与认证机构协调。

工具评估和鉴定的一些实用建议包括以下几个方面：

(1) 认证计划中的文档工具使用。包括项目 DAL，如何使用工具，工具部件号和版本，工具托管的计算环境。

(2) 在大型组织的部门或项目中使用工具协调已知问题或错误。

(3) 确保工具问题报告涵盖各应用和群组。

(4) 联系工具供应商,以查找任何已知问题清单。

(5) 确保工具已正确安装和配置。

(6) 注意工具中的自动更新功能。

(7) 存档工具的副本和长期维护的许可证。

14.11　FAA 指令 8110-105

FAA 于 2008 年 7 月发布了指令 8110-105。指令 8110-105 的更正 1 随后于 2009 年 9 月发布。该指令记录了 FAA 政策,是为 FAA 飞机认证服务的管理人员和工作人员、FAA 管理员的指定人员以及与认证过程相关的组织编写的。该指令解释了 FAA 对用于简单和复杂电子硬件认证的 DO-254 的理解和应用。该指令专门用于 PLD。

指令中涵盖的主题如表 14-5 所示。

表 14-5　指令 8110-105 主题

指令 8110-105	主　题	评　论
1	介绍	
2	SEH/CEH 审核过程	为 PLD 开发引入 SOI 审核 与工作辅助手册《实施机载电子硬件审核》一起使用
3	确定 FAA 参与硬件项目	确定 FAA 参与水平或委派给计划的指定人员
4	声明适用于 SEH 和 CEH 的 RTCA DO-254 主题	声明并扩展简单和复杂 PLD 的批准指南
5	声明只适用于 SEH 的 RTCA DO-254 主题	声明并扩展简单 PLD 的批准指南

（续　表）

指令 8110－105	主　　题	评　　论
6	声明只适用于 CEH 的 RTCA DO－254 主题	声明并扩大复杂 PLD 的批准指南

虽然该指令是针对 FAA 人员及其指定人员，但申请人和 PLD 开发人员应熟悉指令的内容和意图。该指令声明了 FAA 感兴趣的特定内容，且可能超过 DO－254 的特定内容。虽然指令中未特别提及，但 FAA 及其指定人员使用工作辅助手册《实施机载电子硬件审核》来进行参与阶段（SOI）审核。与指令一样，申请人和 PLD 开发人员应熟悉工作辅助手册的内容。在正式审核之前，申请人和开发人员可使用工作辅助手册中的主题和问题来确保正式符合性审核准备就绪。

为确保计划符合 FAA 指南，应编写 PHAC 和硬件管理计划和标准，以满足指令中涵盖的主题。要阐述的示例包括用于 HDL 的设计标准、鲁棒性测试、商用知识产权（IP）核心的利用、支持工具服务历史声明的数据、DAL A 和 DAL B 简单设备所需的测试和分析，以及对在复杂设备的操作环境（即飞行硬件）中硬件要求的测试覆盖率的测量和记录的规定。

14.12　认证机构软件团队报告

认证机构软件团队（CAST）是由来自北美、南美、亚洲和欧洲的认证和监管机构代表组成的一个国际集团。成立 CAST 是为了促进协调软件和复杂电子硬件的安全层面的认证和监管。

CAST 以意见书的形式提供了他们的调查结果。CAST 意见书供教学和参考使用，并非官方政策或指南。应与相应的认证机构讨论认证计划是否可以使用 CAST 文档提供的信息。

CAST 意见书涵盖的主题如表 14－6 所示。

表 14-6 CAST 意见书

意见书编号	标　　题	日　期
27	关于使用 RTCA DO-254 和 EUROCAE ED-80(机载电子硬件设计保证指南)的澄清	2006 年 6 月
28	关于使用 RTCA DO-254 和 EUROCAE ED-80(机载电子硬件设计保证指南)的常见问题(FAQ)	2006 年 12 月
30	简单电子硬件和 RTCA DO-254 和 EUROCAE ED-80(机载电子硬件设计保证指南)	2007 年 8 月
31	为 RTCA DO-254、EUROCAE ED-80 确定的技术澄清	2012 年 12 月

14.13 下一步工作

欧洲航空安全局(EASA)已经制订了一份认证备忘录,要求系统内的所有复杂电子产品需使用 DO-254。该指南于 2011 年 8 月 11 日在 EASA/CM-SWCEH-001 中提供。CM-SWCEH-001 第 7 节规定,无论系统 DAL 或飞机功能如何,设计保证级别为 A、B、C 或 D 级的所有设备和电路板组件(CBA)应实现设备和 CBA 的 D 级目标。这是按其预期目的使用 DO-254 的第一个监管步骤。

展望未来,FAA 需要澄清如何授予 DO-254 的符合性。诸如 DER、授权代表(AR)或具有 PLD 符合性授权的单位成员(UM)的代表可具有或不具有为所有电子设备评估 DO-254 的背景或经验。

14.14 小结

DO-254 提供了硬件生命周期过程的目标和实现这些目标的活动,并概述了证明这些目标已实现的客观证据。遵守 DO - 254 的目的是实现与系统安全需求和功能危险性相称的设计保证,并提供硬件执行其预期功能的证据。DO - 254 提供了指南,但并未力图指定特定的生命周期。

使用 DO - 254 的计划需要具备获取和表达要求以及生成和组织大量数据的技能和能力。还需要测试、分析和审查设计数据、测试案例、程序和结果的技能和能力,以证明要求的验证范围。符合性数据是开发和验证过程的自然结果;它证实活动完成,过程符合政策和标准,以及生命周期转换标准得到遵守。

到目前为止,只有 PLD 需要 DO - 254。这一狭窄的范围要求调整 DO - 254 以适用于特定类型的组件。为了了解其意图和好处,需要更多关于 DO - 254 应用于所有复杂电子设备的计划和经验。

推荐阅读

CAST Position Papers web page: www. faa. gov/aircraft/air_cert/design_approvals/air_software/cast/cast_papers/.

EASA web page: www. easa. europa. eu.

FAA Regulatory and Guidance Library (RGL) web page: rgl. faa. gov.

The Federal Aviation Administration Web Page: www. faa. gov.

The RTCA web page: www. rtca. org.

The SAE web page: www. sae. org.

参考文献

[1] RTCA DO - 254, *Design assurance guidance for airborne electronic hardware*,

RTCA Inc., Washington, DC, 2000. Copies of DO-254 may be obtained from RTCA, Inc., 1828 L St., NW, Suite 805, Washington, D. C. 20036-4001 U. S. (202) 833-9339. This document is also known as ED 80, *Design assurance guidance for airborne electronic hardware*, EUROCAE, Paris, 2. Copies of ED-80 may be obtained from EUROCAE, 17, rue Hamelin, 75783 PARIS CEDEX France, (331) 4505-7188.

[2] FAA Order 8110. 105 CHG 1, *SIMPLE AND COMPLEX ELECTRONIC HARDWARE APPROVAL GUIDANCE*, dated September 23, 2009.

[3] SAE ARP4754A, *Guidelines for development of civil aircraft and systems*, SAE, Warrendale, PA, 2010.

[4] SAE ARP4761, *Guidelines and methods for conducting the safety assessment process on civil airborne systems and equipment*, SAE, Warrendale, PA, 1996.

[5] SAE ARP4754, *Certification considerations for highly-integrated or complex aircraft systems*, SAE, Warrendale, PA, 1996.

[6] FAA Advisory Circular Number 20-152, *RTCA, Inc., Document RTCA DO-254, Design assurance guidance for airborne electronic hardware*, Federal Aviation Administration, June 2005.

[7] RTCA DO-178B, *Software considerations in airborne systems and equipment certification*, RTCA Inc., Washington, DC, 1992. Copies of DO-178B may be obtained from RTCA, Inc., 1828 L St., NW, Suite 805, Washington, D. C. 20036-4001 U. S. (202) 833-9339. This document is also known as ED 12B, *Software considerations in airborne systems and equipment certification*, EUROCAE, Paris, 1992. Copies of ED-12B may be obtained from EUROCAE, 17, rue Hamelin, 75783 PARIS EDEX France, (331) 4505-7188.

[8] IEC TS 62239, *Process management for avionics — Preparation of an electronic components management plan*, International Electrotechnical Commission, Geneva, Switzerland, 2003.

[9] Job Aid — Conducting airborne electronic hardware reviews, Aircraft Certification Service, Rev. (-)dated February 28, 2008.

[10] EASA CM - SWCEH - 001 Issue No.: 01, *Development assurance of airborne electronic hardware*, dated August 11, 2001.

第 2 部分

航空电子功能：支撑技术与案例研究

本部分主要介绍不同航空电子设备的具体技术和用途，其中许多内容在前一部分已经做了大致的介绍。主要问题包括：

(1) 概述航空电子设备和人机界面的功能，其中一章主要讲述人为因素，其他章节介绍了特定人机界面技术。

(2) 航空电子技术的具体实例，有助于态势感知。其中两章是有关航空电子线路和电池技术的内容。

(3) 不同航空电子组件的具体例子，这些例子分别在本部分最后的一些章节中进行展示，并且都已经取得了新的技术进步。这些例子使用航空电子架构的案例研究进行展示。

15

人为因素及驾驶舱设计

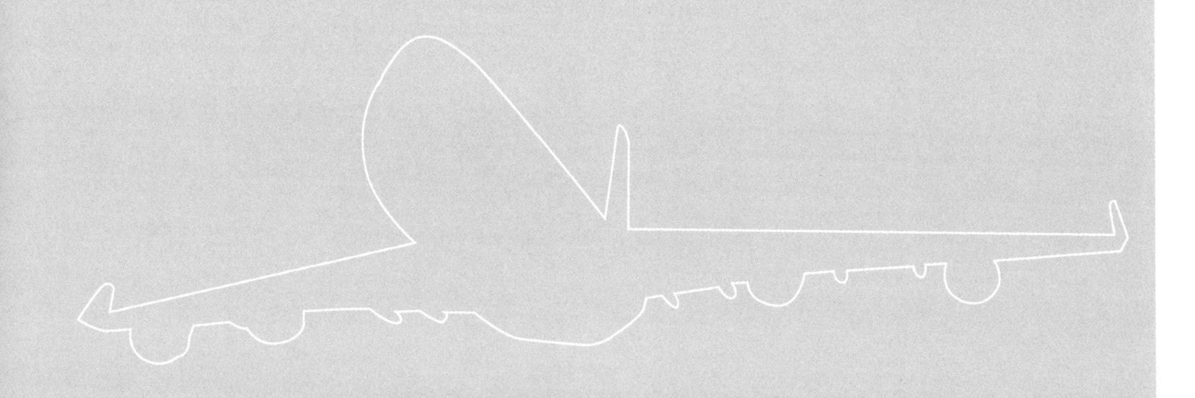

15.1 导言

本章简要说明人为因素(HFE)以及民用飞机驾驶舱设计的一些考虑因素。强调人为因素的动机是因为未来航空系统的操作仍将依赖于系统中的人,并实现有效、高效和安全的操作。现在和(可预见的)未来,飞行员、机械师、空中交通服务人员、设计者、调度员和其他许多人,他们都是获得成功操作的基础。大量的事实表明,在系统设计和系统操作中,如果没有充分地考虑人为因素,后果是轻则效率降低,重则危及安全。

随着技术的不断进步,强调人为因素这一点变得特别重要。过去,技术的发展已经为可操作性和安全性的改进提供了基础,未来这种情况还将继续。用于地形防撞和交通防撞的新告警系统、增强话音无线电话的数据链通信系统和基于所需导航性能的新导航系统,这些仅是驾驶舱中采用的几种新技术。

通常这种新技术的开发和应用旨在解决已知的问题或者提供某些操作上的便利与好处。虽然引入新技术可以解决某些问题,但经常会引发其他的问题。事实的确如此,例如采用先进的自动控制技术。因此,虽然新技术可以是解决方案的一部分,但重要的是,这些新技术会带来一些尚未能预见到的,并且必须在更大的范围内(设备设计、训练、对现有驾驶舱系统的综合、处理程序、操作等)加以考虑的问题。对于操作者而言,这些问题的解决显得特别重要。

本章的目的是在驾驶舱设计中通过恰当应用人为因素来避免因为新技术和新概念的引进而带来的一些不良影响。本章首先介绍人为因素的基本原理,然后讨论驾驶舱的设计过程,并提出设计过程中要注意的各种问题,其中重点强调了驾驶舱的设计和评价必须结合人为因素。最后,本章将提出其他一些须考虑的因素。

15.2 人为因素基本原理

本节概述了几个论题，这些论题是驾驶舱设计中应用人为因素的基础。本节从概述人为因素开始，然后讨论设计过程。讨论设计过程之后提出了应用人为因素很重要的几个论题：设计原理、飞行员和驾驶舱之间的接口与交互作用，以及人机系统的评价。

15.2.1 人为因素

本节的目的不是提供一份完整的有关人为因素方面的教材。人为因素研究领域是十分广泛的，它涉及人的行为和人的能力的科学及工程知识，并且这些知识在设备设计（这只是其中一个方面）中的应用比此处提及的可能要广泛得多。尽管如此，仍有必要对人为因素的某些方面进行简单的讨论，并作为本章讨论人为因素提供背景知识。

本章旨在论述人为因素及其工程设计方面的问题，它涉及人的能力和技术系统设计限制条件等知识的应用。人为因素还适用于训练、人员选择、操作程序以及其他论题，但这些论题将不在此展开。

人的能力和能力限制可以按许多方法分类，如 SHEL（软件、硬件、环境和使用人）模型。这些概念模型描述软件、硬件、环境及使用人员这些部件。SHEL 模型按参考文献[6]概述如下。

模型的中心是人或使用人（liveware），这是人为因素的核心，是系统最有价值和最灵活的部件。然而，人受许多限制条件的约束，一般而言，现在这些限制条件是可预测的。这个部件的“边界”不是简单的或直接的，可以说其他的部件必须仔细地与这个部件相匹配，以避免在系统中产生压力和次优的性能。为了达到这种匹配，重要的是理解这个部件的特性：

（1）身体的尺寸和形状——在大多数设备的设计中，身体的尺寸和运动情况是早期阶段考虑的重要因素。人与人之间有相当大的差别，必须定义要考虑的人群。人体测量学和生物力学可以提供在这方面做出设计决策的数据。

(2) 营养需求——人要正常地发挥作用就需要营养(如食物、水和氧气),供给不足会影响人的能力和健康。生物学和生理学可提供这类信息。

(3) 输入特性——人可以通过各种途径收集其周围外界的输入信息。光、声、气味、味道、热、运动和触摸是操作人员所感受到的不同形式的信息;为了在系统和操作人员之间进行有效的通信,必须理解这些信息,以便在设计中适当地予以考虑。生物学和生理学可提供这类信息。

(4) 信息处理——理解操作人员怎样处理所感知的信息是成功设计的另一个关键方面。不恰当的人机接口或系统设计因没有充分考虑人的信息处理系统的能力和能力限制,可能会严重地影响系统的有效性。人的短期和长期记忆力上的限制是认知处理和决策过程的影响要素。许多人为的错误可以追溯到这些方面。心理学,特别是认知心理学,是这一领域主要的数据源。

(5) 输出特性——信息一旦被感知并经过处理后,它就会发送到肌肉、反馈系统帮助控制其行动。关于可以施加的力的种类和可以接受的控制方向是设计决策中的重要信息。又如,在话音通信系统设计中,语音特征是重要的。生物力学和生理学可提供这类信息。

(6) 环境忍耐度——人和设备的设计一样,仅能在狭窄的环境条件范围(如温度、压力、噪声、湿度、昼间、光线和黑暗)内有效地工作。这些条件上的变化都可以反映在能力上。令人枯燥的或紧张的工作环境也会影响人的工作能力。生理学、生物学和心理学都能提供这些环境效应的有关信息。

必须记住,人在这些特性方面可以有相当大的差异。一旦确定了这些差异的影响,就可以在实践中通过选择、训练和标准化的操作程序对其中的某些差异进行控制。其他的差异可能超出实际的控制范围,而整个系统必须设计得能安全地包容这些差异。这里使用人是概念模型的核心。为实行成功而有效的设计,其余的部件必须适应和匹配这个核心。

要求与人的特性相匹配的第一个部件是硬件。该接口是在考虑人机系统时普遍想到的问题。例如,座椅要设计得符合人的坐姿特性。更复杂的例子是,显示器的设计要匹配人的信息处理特性。控制器也必须设计得匹配人的特性,否则可能会由于诸如不合适的运动或不当的位置而发生问题。用户经常未意识到这种使用人硬件接口上的不匹配。人适应这种失配的固有的特性掩盖了但并未消除这些存在的失配。因此,这种失配是设计者应对其引起警惕的一个潜在的危险。

人为因素关心的第二个接口是使用人-软件之间的接口。这包含了系统的非物理方面的问题,诸如操作程序、手册和检查表布置、字符以及计算机程序。与使用人硬件接口的情况相比,这种问题通常是无形的,并且更难以解决。

最早在飞行中认识到的接口之一是人与环境之间的接口。飞行员装备了头盔以抵御噪声,戴护目镜防止气流冲击,用氧气面罩抵御高空缺氧。随着航空业的成熟,环境变得更加适应于人(如经增压的飞机)。但其他方面变成了更为重要的问题。例如,因为要提高经济效益,飞机以及操作飞机的人一天要保持 24 小时飞行,但人的生物节奏和有关的睡眠被打乱了。现在和未来将变得越来越需要注意。空中交通的增长以及运营上所引起的复杂性及其他方面的环境问题。

SHEL 模型中描述的最后一个主要接口是人与人的接口。传统上,飞行中的性能问题集中在个人的能力上,但注意力正越来越转向团队或小组的能力。飞行员作为一个飞行机组成员负责飞行,飞行服务人员以一个小组工作,维修人员、调度员及其他人员以一个团队工作,因此团队的动态变化和影响因素是设计中要考虑的重要方面。

SHEL 模型是一个有用的概念模型,但其他的观点在设计中也是重要的。深入讨论人的基本的行为方式可参阅引用的参考文献,但是另有几个专题与本章特别有关联的,将在这里讨论,这些专题包括可用性、工作负荷和态势感知。

15.2.1.1 可用性

一个系统的可用性与用户对该系统的可接受性密切相关,因此是一个系统设计成功的一个关键因素。Nielsen 在参考文献[10]中定义的可用性有多个组成部分。

(1) 可学习性——系统应是容易学会的。

(2) 效率——系统的使用应是高效的。

(3) 可记忆性——系统应容易记忆。

(4) 错误——系统应设计得使用户在使用系统期间几乎不会出错，并且容易从他们犯的错误中恢复。

(5) 满意度——系统的使用应是舒适的，这样才能保证用户使用系统时主观上是满意的。

最后一项满意度取决于用户的主观意见和偏好。这对于可接受性来说至关重要，但是重要的是要理解主观偏好和人机系统的性能之间是有差异的。在某些情况下，用户所偏爱的设计并不是产生最好性能的设计。这说明来自有代表性的最终用户的主观意见和客观的性能评价这两者的重要性。

15.2.1.2　工作负荷

从民用驾驶舱的角度，工作负荷是个多维的概念，包括：① 飞行机组人员必须承担的责任、工作量或任务的数量；② 飞行机组人员对于在一个特定的时间段中必须履行的那些职责；③ 飞行机组人员在特定的任务环境中履行这些职责时的主观体验。工作负荷既可以是体力上的，也可以是脑力上的。

超负荷(即高负荷，会导致动作的遗漏或者执行得不正确或不完全)和欠负荷(即低负荷，会导致疏忽和自满情绪)在考虑人机性能的设计效果时都是应该注意的。

15.2.1.3　态势感知

态势感知是指部分飞行机组人员对驾驶舱内和外界环境相关信息的感知，了解这些信息对当前任务状态的影响，并预测这些信息对下一步任务及其影响的价值。

态势感知在许多事件和事故中作为一个问题被引证，被认为是与工作负荷同等重要的问题。作为设计过程的一部分,必须确定飞行员的信息需求,并且信息显示必须设计得能确保提供充分的态势感知。虽然驾驶舱中有可供使用的信息,但它可能不是飞行员直接可以使用的形式,因此没有什么价值。

另一个被逐渐认识到的重要方面是组织过程、策略和实践做法。显而易见,这些组织方面的影响是很大的,如果这种影响存在的话,将成为设计和操作上潜在的薄弱环节。

15.2.2 驾驶舱设计

民用驾驶舱的设计过程是复杂的、未成文的、可变的和非标准的。图 15-1 是一个描述民用驾驶舱设计过程的一种通用形式。这是一个以各种设计过程资料为基础的驾驶舱综合设计过程。该图并不是要精确地表示许多特定的组织或项目已经接受的设计过程,只是说明了普遍接受的设计实践(关于飞行员-系统综合和新系统综合到现有驾驶舱的设计过程的更详尽的讨论见参考文献[13]和[14])。

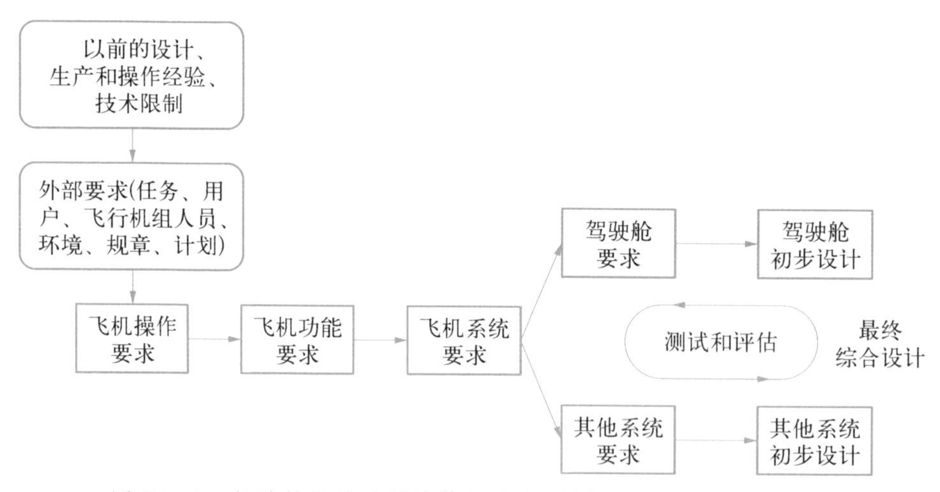

图 15-1 驾驶舱设计过程的简化说明(源自 NASA TM 109171)

图 15-1 有意地进行了过多的简化。例如,“最终综合设计”包含着大量的设计和评估任务,这些任务可能要花费几年时间完成。它可以扩展成各自独立

的子图,不仅包括驾驶舱各部件的概念和实际的综合,还包括分析、仿真、飞行试验、基于各种评估的认证和综合。

驾驶舱设计必定需要应用数门学科,并且经常要在这些学科之间进行折中。人为因素仅是其中的学科之一,但它是确保飞行机组人员的能力和限制条件得到考虑的一个关键部分。历史经验表明,这一过程十分依赖于参加每个项目的人员的知识和经验。

以人为中心的或以用户为中心的设计被引用为要求的目标,也就是设计应关注系统中的操作人员。这非常相似于以上所讨论的,即关注硬件、软件和环境与使用人的匹配。以人为中心的设计是设计的基本原则。

15.2.2.1　驾驶舱设计基本原则

驾驶舱设计基本原则如同在顶层原理说明、指导原则和设计指南中所体现的那样,提供了一组核心的概念,用于指导关于飞行机组人员与飞机系统之间交互作用的设计决策。从操作人员使用复杂的自动控制系统的角度,一般要处理诸如飞行机组人员和自动化系统之间的功能分配、自动控制水平、权限、责任、信息存取与格式化以及反馈等问题(以人使用复杂的自动化系统为背景)。

随着自动控制装置的数量及其能力的增加,飞行员操纵飞机的方法已经改变。自动控制装置既能完成以前各代飞机需完成的驾驶任务,还创建了新的任务和装置,飞行机组人员更多地使用并依赖于这种自动控制装置,有预测地实施自动控制。这一点极为重要。在某些情况下,飞行员已变成自动控制装置的监督者或管理者。

进一步来说,自动控制必须设计成能直接支持飞行机组人员完成其任务。如果没有满足这些以人为中心的设计目标,则飞行机组人员的正确控制或监控系统操作的能力将受到限制,导致控制混乱、自动控制出现意外和造成不希望有的飞机响应。

每个飞机生产厂商对于自动控制装置的实现和使用都有不同的原则。众所周知,空客公司和波音公司具有不同的驾驶舱设计原则。然而,有一点是一致的，即飞行机组人员现在及将来都要对其所操纵的飞机的安全负有最终的责任。

空客公司阐述其自动控制的原则如下：

（1）自动控制装置必须不降低飞机总的可靠性，而且应能增强飞机和系统的安全性、效率和经济性。

（2）自动控制装置必须不会导致飞机飞出安全的飞行包线，并使飞机保持在正常的飞行包线之内飞行。

（3）由于非寻常的环境，如果必需，自动控制应允许操作人员最大限度地使用安全飞行包线。

（4）在正常的飞行包线之内，除了安全是绝对必需的情况之外，自动控制务必不能阻止操作员的输入。

波音公司的自动控制原则如下：

（1）飞行员具有对于飞机操纵的最终权限。

（2）两个机组人员都负有执行安全飞行的最终责任。

（3）按优先级排序，飞行机组人员的任务是安全性、乘客舒适性和效率。

（4）机组人员操作设计是基于飞行员过去的训练和操作经验。

（5）系统设计应具有容错能力。

（6）选择设计方案的优先级是简单、冗余、自动。

（7）自动控制装置是辅助飞行员的一种工具，而不是代替飞行员。

（8）对于正常的操作和非正常的操作，都要考虑人的基本力量、能力限制和个体差异。

（9）仅在下列情况才使用新的技术和新的功能能力。

a. 这些新技术和新功能可以带来明显的不同的操作或效率优点。

b. 对人机接口不存在有害影响。

在这两个生产厂商的设计原则之间，一个重要的差别是在对飞行包线的防护方面。空客公司的原则是实现所谓的“硬”限制，飞行员可以给出所想要的任何控制输入,但飞机不能超出飞行包线。相反,波音公司用的是“软”限制,对于将使飞机超出正常飞行包线的控制输入,飞行员遇到的控制阻力将增大,但是如果飞行员选择这种控制输入,他们仍可以这样操作。无论是哪种情况,对飞行员来说,重要的是要理解所驾驶飞机的设计原则。

其他生产厂商可能有不同于空客公司和波音公司的设计原则。如果每种原则都能始终如一地用于设计、训练和操作,并都能支持飞行机组人员安全地操纵飞机飞行,那么各种不同的基本原则都是有效的。为确保这种有效性,关键是将基本设计原则明确地编成文件,提供给操纵飞机的飞行员、训练人员和操作程序开发人员。

15.2.2.2　飞行员/驾驶舱接口

在民用航空中,驾驶舱的布局及控制器、显示器和自动控制装置已有了极大的发展。包括B727、DC-10和早期B747在内的飞机驾驶舱,有时称为“传统的”驾驶舱,一般使用专用的显示器,在那里以页面形式或做成显示器形式的刻度盘显示信息。这类飞机的自动控制程度是比较低的。一种有代表性的“传统”驾驶舱如图15-2所示。此外,所有这类飞机的特点是自动驾驶仪相对简

图15-2　有代表性的“传统”驾驶舱(DC-10)

单，每个轴上只提供一个或几个简单的模式。一般来说，一个仪表只指示一个传感器的参数。还有一些个别情况，例如水平状态指示器，一个仪器指示多个传感器的“原始”输出值。不管怎样，一般由机组人员负责监视各种仪表并了解什么时候一个参数超出范围。这种驾驶舱有一个简单的告警系统，但它仅对最关键的系统故障发出警示与告警。

第一代“玻璃驾驶舱”驾驶舱，包括 B757/767、A310 及 MD－88 的飞机驾驶舱，由于使用阴极射线管(CRT)显示器而获得“玻璃驾驶舱”的绰号。有代表性的第一代“玻璃驾驶舱”驾驶舱如图 15－3 所示。这一代驾驶舱混合使用了 CRT 显示器和仪表，仪表用于显示诸如空速和高度等主飞行信息。在这种驾驶舱中，主要的革新是“地图显示器”以及与飞行管理系统(FMS)的交联。这使得机组人员能将飞行计划编程到计算机，并在地图显示器上看到沿着地面的计划航迹以及相关的航路点。随着地图显示器和 FMS 的引入，使自动驾驶仪更为复杂(增加了 FMS 模式和其他的要求)。这一代飞机还有一个特点是引进了综合的告警系统，并且通常在中央 CRT 显示器上显示发动机信息。这种

图 15－3　有代表性的第一代“玻璃驾驶舱”(B757 驾驶舱)

告警系统的主要特征是按照严格的层次划分报警优先级，即“告警”(要求机组人员立即采取行动)、“注意”(要求机组人员立即知道和要求的进一步行动)、“提示”(要求机组人员知道和可能采取的行动)。

第二代“玻璃驾驶舱”驾驶舱包括 B747－400、A320/330/340、F－70/100、MD－11 和 B777 等飞机的驾驶舱，其特点是在主仪表板上广泛采用 CRT 显示器(B777 中采用了 LCD 显示器)。有代表性的第二代“玻璃驾驶舱”驾驶舱如图 15－4 所示。

图 15－4　有代表性的第二代“玻璃驾驶舱”驾驶舱(A320)

所有的主飞行信息显示都使用 CRT/LCD 显示器，并综合显示在几个显示器上。这一代驾驶舱实现了 FMS 和自动驾驶仪的某种综合，即某些飞行员命令可以输入 FMS 或者自动驾驶仪，并自动传输至其他系统。

在这一代驾驶舱中，存在不同程度的飞机系统的自动控制。例如，MD－11 的燃油系统可以容忍某些故障，并采取纠正措施，它只有在机组人员必须采取某种行动，或者当故障影响飞机性能时才通知机组人员。在这一代驾驶舱中，告警系统有时同时以图表形式摘要显示来指示问题。其中某些飞机驾驶舱，如A320/330/340飞机使用了电传操纵系统。这种电传操纵能力使生产厂商可定制控制律，这样使这些大小不同的飞机对于飞行员而言有相似的飞行品质。B777飞机驾驶舱是这一代驾驶舱中最新的一种，其中某些显示器已结合了"光标控制"，允许飞行机组人员使用触板式鼠标与这些显示器上已编程的"软按键"交互操作。

需要注意的是，这种驾驶舱设计革新影响了飞行员访问和管理信息的方式。图15-2示出了采用专用仪表和刻度盘指示器的驾驶舱，一个指示器显示一个信息。相反，图15-4中所示的驾驶舱拥有更多的可供使用的信息，并且飞行员必须以完全不同的方式访问这些信息。一些信息是以飞行员更容易判读理解的方式综合起来(如活动地图显示器)，其他的信息必须通过菜单页面访问。这是驾驶舱信息管理的一个基本变化，这种改变不是通过刻意的设计，而是通过引进技术实现的，而且常常还有其他用途。

图15-5所示的例子是公务机"湾流"GV的驾驶舱，它说明了此处所讨论的先进技术并非局限于大型运输飞机。事实上，新技术很可能更迅速地应用到这些小型高级飞机上。

预计飞行机组人员与未来的驾驶舱接口将有重要的改变。虽然不能准确地知道未来的驾驶舱将包含什么，或者这些驾驶舱将怎样工作，但可能会包括这样一些元件和功能件：

(1) 侧杆控制截获器，该截获器是互连的，并具有定制的力/感觉，在自动驾驶仪接合期间最好是"反向驱动的"。

(2) 光标控制装置在军用飞机上已使用许多年，但民用飞机才开始使用(如在B777中)。

(3) 多功能显示器。

(4) 通过显示器和控制显示单元对分系统进行管理。

图 15-5　“湾流”GV 的驾驶舱

(5) 减少模式(mode-less)的飞行航路管理功能。

(6) 具有多个信号源(计算机生成的和视频)的大型高分辨率显示器。

(7) 用于管理某些驾驶舱系统的图形接口。

(8) 嵌入适当的驾驶舱系统中的高带宽双向数据链通信能力。

(9) “电子飞行包”代替纸张。

(10) 用于某些驾驶舱系统的话音接口。

这些改变将继续改变飞行员管理驾驶舱信息的方式，所以在驾驶舱设计过程中应明确地考虑这种变化所产生的影响。

15.2.2.3　飞行员/驾驶舱交互作用

虽然普遍都认为，驾驶舱设计中飞行员接口是唯一的或主要考虑的因素，但也必须考虑飞行员与驾驶舱之间的交互作用。在实现先进的自动控制装置中，有不少关于该论题重要性的例子和这方面实施不好的灾难性的后果。

先进的自动控制装置(先进自动驾驶仪、自动推力系统、飞行管理系统以及有关的显示器和控制器)已大大改进了飞行的安全性(如在关键阶段或远程飞行阶段减轻飞行员工作负荷)和效率(提高某些航路的飞行精度)。然而,在飞行机组人员与现代化系统之间的交互作用方面已经发现了一些薄弱环节。

例如,1994 年 4 月 26 日,一架由中华航空公司驾驶的 A300 - 600 飞机在日本名古屋坠毁,导致 264 名乘客和飞行机组人员伤亡。发生这次事故是由于飞行机组人员和自动驾驶仪采取了相互冲突的动作。在复杂的情况下,飞行机组人员试图通过命令升降舵压低机头来保持飞机在下滑道上。当时自动驾驶仪被接通,并且仍处于复飞模式,所以自动驾驶仪命令机头向上配平。配平状态失衡、过高发动机推力和襟翼离收回位置太远这些因素组合起来后,导致飞机失速。这次坠机提供了一个十分明显的例子,即飞行机组人员/自动控制装置交互作用上的失败可以怎样影响飞行的安全。虽然这个特定的事故涉及一架 A300 - 600 飞机,但其他的事故、事件和安全性指示表明,这个问题存在于任何一种飞机型号、飞机生产厂商、运营商或地区。

此处所得到的教训是,飞行员和系统之间的交互作用的设计必须考虑人的能力和局限。良好的人机接口是必需的,但可能不足以确保系统是可以使用的和有效的。飞行员和系统之间的交互作用以及系统本身的功能,必须仔细地进行"人为因素工程的设计"。

15.2.3 评估

表 15 - 1 给出了作为设计过程的一个整体部分的测试及评估方法(或者讨论的剩余部分仅仅是评估)。因为评估是(或应该是)设计中十分重要的部分,因此在这里有必要对此做比较详细的讨论(下面所述评估问题的更详细的讨论见参考文献[18])。

评估经常分为验证(演示系统的工作符合设计要求的过程)和确认(评定设计达到所关注的系统目标的程度的过程)。确认不仅仅是询问系统是否按照计划或规范来制造的,而且要确认实现系统目标的这些计划或规范是否正确。

表15-1　评估的方法

方　法	评估层次		
	兼容性	可理解性	有效性
书面评估：静态	有用且高效	有点儿用但低效	无用
书面评估：动态	有用且高效	有点儿用但低效	无用
部分任务仿真器："存储的"情景	有用但低效	有用且高效	一定程度上有用但高效
部分任务仿真器：模型驱动的	有用但低效	有用且高效	有点儿用且高效
全任务仿真器	有用但很低效	有用但低效	有用但有点儿低效
使用中的评估	有用但极低效	有用但很低效	有用但低效

术语"评估"普遍作为"演示"的同义词使用，评估包括了给系统加电，看系统是否像设计者预计的那样。然而，这并不能作为系统安全性、经济性、可靠性、维修性或者其他通常作为评估动机所关注的信息。

评估与演示概念相混淆并不少见，但它们却是不相同的。此外，为了便于理解，评估分为几个不同的类型和层面。例如，形式评估是在设计过程中实施的，是倾向于非正式的评估和主观的评价，并且其结果看成是假设的，不是确定性的。形式评估经常用于评估需求。相反，正式评估是在设计期间计划的，是在设计原型上进行的，以评估人机系统的性能。两种类型的评估都是需要的，但此处将主要讨论正式评估。

理解评估的类型的另一个重要的区别是绝对评估相对于比较评估之间的差别。绝对评估是相对于某种标准进行评估时使用的。例如，评估飞行员使用一个特定的系统时，响应时间是否小于某个预先规定的数值。比较评估是一个设计与另一个设计进行比较，一般是老的设计与新的设计进行比较。一个比较评估的例子是，用新的驾驶舱评定一个特定任务的工作负荷是否等于或小于较老的型号。这种类型的评估经常用于新驾驶舱的适航性认证，以表明其相对于较老的、已取证的驾驶舱的可接受性。这可能有利于开发者将绝对评估扩展成比较评估(通过新系统中的选项),以评估系统的感受性。

还有另一个重要的不同是客观评估和主观评估之间的差别。客观评估是度量满足客观标准(基于系统目标)的程度。主观评估注重用户的观点和偏好。主观的数据是重要的,但应该用于支持客观的结果,而不是代替客观评估。

评估计划应该与设计同步,而不是在设计大体完成之后才考虑。评估应该引导设计修改,并且以迭代的方式更有效地进行。

值得考虑的有三个基本问题或三个层次的评估。第一个问题是兼容性,即系统物理的表示方法必须与人的输入和输出特性兼容。飞行员必须能够判读显示器和触及控制器等。否则,无论系统设计得多么好,也将不好使用。

兼容性是重要的但不是充分的。第二个问题是可理解性。这是因为系统与人的输入-输出能力和限制兼容,并不一定意味着是可理解的。飞行员与机器间对话的结构、格式和内容必须形成有效的通信。飞行员必须能够解释所提供的信息,并且能够向系统"表达"他们所希望通信的内容。例如,如果飞行员可以读出选单,但其中可用的选项是没有意义的,则该项设计就不令人满意。

设计者必须确保设计既是兼容的,又是可理解的。只有在这个时候,才可以提出第三个评估层次,即有效性。一个系统达到的有效的程度是,它以一种方式支持飞行员或机组人员,使之获得改进的性能,使困难的任务变得容易,或者使得能完成原来不可能完成的任务。有效性评估依赖于根据设计目标确定的性能测量。如果不管这些测量,企图确保兼容性和可理解性得到满足之前评估有效性是没有意义的。

几种不同方法可用于评估,包括从静态的以书面为基础的评估到以动态使用中得到的经验评估。一种特定的评估方法的有用性和效率自然取决于所要评估的对象。表 15-1 示出了对于每个评估层面的几种评估方法的有用性和效率。从讨论中可以看到,评估是成功设计的一个重要的和完整的组成部分。

15.3　其他考虑因素

15.3.1　标准化

一般来说，在各个制造厂商中，现有的驾驶舱系统设计、训练和操作等方面有相当大的不同。因为飞行员经常在不同时间操纵不同型号的飞机，或者相似的飞机但装有不同的设备，所以避免或减少错误的另一个方法是设备、操作和其他方面的标准化。

现有的飞机实现完全的标准化的想法是不现实的(甚至并不是期望的)。然而，如以下所讨论的，应当为驾驶这些飞机的飞行机组人员着想，对新系统、新技术和新操作概念做适当的标准化。

通常期望对操作程序/操作、系统布局、显示器、色彩原则等方面进行适当的标准化，因为标准化有若干潜在的优点，包括如下几个方面：

(1) 减少从一架飞机学到的东西消极地转移到另一架飞机而造成机组操作过失和混淆的潜在可能性。

(2) 减少训练成本，因为仅需要训练一次。

(3) 减少设备成本，因为减少了部件数目和库存。

A320/330/340飞机在驾驶舱和操纵品质上的共同性，就是设计和操作标准化的一个明显的例子。这种设计优点是减少训练，并使飞行员容易驾驶一种以上型号的飞机。

既然标准化是如此地重要，为什么标准化没有更加普及呢？这是因为存在几种担心，即不适当的标准化、硬性的应用可能成为对革新、产品改进和产品差异化发展的障碍。在鼓励推进标准化的同时，应认识并解决已知的问题。

标准化方面应当避免的一个潜在的缺陷是在最低的共同水准上进行标准化。另一个问题是标准化应达到什么样的设计水平，以及何时达到？从人的能力的观点来看，一致性是一个关键因素。操作和设备不可能是完全相同的，但应该是一致的。使用工业开发的设计指南的告警系统的标准化，是成功应用标准化的一个例子。有几个生产厂商已在设计中执行了这个指南，这些设计在某些方面是非常不同的，但从飞行员的观点看，总体上是一致的。

标准化还有几个其他的问题。其中之一是关于怎样在现有的驾驶舱中引进新的系统。此处关心的是，新系统应当与要安装的驾驶舱有一致的设计/操作原则。这一点可以用在现代化的驾驶舱中最近引入的告警系统来说明。在引进这种新系统时，就产生了这样的问题。如果出现报警，显示器是否应自动显示出来(替代由飞行员选择的当前显示)。一个生产厂商的原则是当出现报警时让显示器自动显示出来；另一个生产厂商的原则是向飞行员发出告警，然后让飞行员在需要时选择显示。这些与驾驶舱的原则是一致的，即规定飞行员的控制要高于显示管理。在各个飞机型号(以及生产厂商)之间的折中处理，以及驾驶舱原则内部的一致性，是标准化要考虑的非常重要的方面，也许应该在逐个案例基础上加以解决。

标准化实施的时间，特别是引入新技术的有关时间，也是很重要的。人们希望尽早地使用新技术，因为某些问题只有在实际的操作环境中才会被发现。然而，如果标准化实施得太早，会存在设计标准化的风险，即没有考虑早期重要的使用经验。我们甚至可能无意间对引入错误的设计进行了标准化。然而，如果试图过于推迟标准化工作，就可能因为没有标准而对已存在的非常多的偏差不能取得一致。很明显，标准化工作必须仔细而且要考虑周到。

15.3.2 错误管理

人为错误，特别是飞行机组人员的误操作，是一个多次谈论的话题，并被引用为大多数航空事故的主要原因。人们越来越清醒地认识到，这个问题必须采取系统的方法来解决，否则要在操作和安全性改进方面取得进展是有困难的。然而，重要的是要认识到人为错误也是人的行为的正常副产品，并且航空中大多数的误操作都不会导致危及安全的后果。因此，重要的是航空界要认识到误操作不可能完全避免，焦点应当集中在错误的管理上。

在许多事故中，都提及人为错误，操作人员因犯错误受到责备；在一些国家，操作人员为此负刑事责任。在美国，甚至一些起诉人持相似的观点。虽然人对于其行为后果的责任问题是重要的，但弄清个人或机组人员为什么犯错也同样重要。在航空中几乎无例外，飞行机组人员（以及系统中的其他人）都不希望犯错误，特别是会造成安全性后果的错误。为了通过了解人为错误来提高安全性，研究事故的征兆可能比分析事故的原因更为有用。下面讨论对错误的理解及管理，然后提出一些可能的建设性的措施。

人为错误可以分为两个基本的类别：① 假定意图是正确的，但动作是不正确的那些错误（包括疏忽和失误）；② 本质上具有错误意图的错误（包括过错和违反）。

疏忽是执行了一个或多个不正确的动作，例如，在一个原来是正确的操作序列中代替或插入了不适当的动作。又如，飞行员知道正确的高度并打算输入这个高度值，但在模式选择面板上却设置了错误的高度值。

失误是遗漏了一个操作序列中一个或多个步骤，例如，在检查清单中遗漏了一个或多个已经被无线电呼叫中止的项目。

过错是这样一种错误，人做了想要做的动作，但所计划的动作是不正确的。通常，过错是因为操作人员对一个问题或故障的不正确的判断，未能准确理解当前状况的性质造成的。这样做出的行动方案可能包含非常不适当的行为，并且也可能未能完全纠正问题。例如，由于对一组征兆的不正确的判断，错关了发动机。

违反是指没有遵从已经建立的程序或者执行了通常被禁止的动作。虽然可能有争论认为一些违反案例是在无意中做的，但违反一般是故意的（并且经常是善意的）。有一个违反的例子是，做最终进近之前，气象条件已经不能满足最低进近条件，但仍然继续进行着陆。应当提及“违反”错误可能不一定是违犯一种规则或者其他法规要求。

理解各种错误类型的差别是有价值的，因为对不同类型错误的管理要求有不同的策略。例如，训练经常是作为一种防止错误的策略。然而，错误是人的行为的正常副产品。虽然训练可以帮助减少某些类型的错误，但不可能通过训练完全消除错误。因此，还应该用其他的方法来处理错误，并考虑其他的因素，例如，错误的后果或者错误的影响是否可以改变过来。通过设计来解决已知的潜在错误，例如驾驶舱中的某些开关上面设置保护，以防止无意中接通。

错误管理涉及错误避免、错误检测和错误恢复等各种任务。错误避免是重要的，因为肯定希望尽量多地防止错误。错误检测和恢复也是重要的，并且事实上最关键的是要使得错误所致的后果是安全的。

显而易见，有经验的飞行员具备处理错误管理任务的技巧。因此，如果我们对这些技巧和任务有更好的理解，就有可能使设计、训练和操作程序直接支持这些错误管理任务。但是，现在对这些技巧和任务的理解还差得很远。

处理错误应采取许多措施，其中有些措施是要在设计过程中采取的。处理错误包括停止责备。虽然要恰当地肯定个人和组织须承担安全性后果的责任，但责备会妨碍深入地解决人为错误。因为错误而责备飞行员所造成的问题会产生许多后果，对报告错误起到阻碍作用。

事故和事故分析中的错误评估。在许多事故分析中，犯错误的原因没有涉及，发生这种情况一般是因为得不到数据。然而，作为事故调查的一部分，应当在可用数据所允许的范围内，确定错误的类型和错误产生的原因。

更好地理解错误管理的任务和技巧。有了这种理解可以更好地支持完成这些任务，包括如下几个方面：

（1）通过设计、训练、操作程序、提高熟练程度和任何其他干预机制，尽可能地防止错误。

（2）认识到虽然尽可能地防止错误肯定是重要的，但不可能防止所有的错误。

（3）鉴于错误管理的需求，在设计、训练和操作程序诸方面应具有容错的目标。

系统设计以及有关的飞行机组人员接口可以并且应该支持错误避免、检测和恢复的任务。有一些方法可用来完成这些任务，这里提及了其中某些方法。这些方法之一是通过以用户为中心的设计过程，确保设计能支持人们所要完成的任务。常用的例子是，现代驾驶舱中的导航显示器将信息综合到显示器上，给出的信息可直接供飞行机组人员使用。还有一个系统的例子，它有助于使某些错误更容易被检测到，例如，显示一个不正确的航路点输入。另一种有助于防止错误有用的方法是使系统设计得不能以无意识的方式使用或操作。这方面的例子是，在电缆和计算机的连接器之间采用防差错设计，电缆连接器只能与计算机上正确位置的连接器连接，而不能适配计算机上的其他的连接器。

15.3.3　训练/资质和操作程序的综合

最后应该着重指出的是，驾驶舱不应被孤立地设计。通常驾驶舱设计与飞行机组人员资质(训练和新近的经验)、操作程序和各种考虑因素要分离开。驾驶舱设计时还对预定要操纵该飞机的飞行员的知识和技巧做了许多假设。这些假设应作为设计过程的一部分明确地加以确认，如同设计系统操纵程序所做的假设作为设计过程的一部分一样。驾驶舱设计应作为整个综合系统设计的一部分，以确保其安全、高效和有效的操作。

参考文献

[1] Billings, C. E., *Aviation Automation: The Search for a Human-Centered Approach*, Mahwah, NJ: Lawrence Erlbaum Associates, 1997.

[2] Federal Aviation Administration, The Human Factors Team report on the interfaces between flightcrews and modern flight deck systems, July 1996.

[3] Sanders, M. S. and McCormick, E. J., *Human Factors in Engineering and*

Design, 7th edn., New York: McGraw-Hill, 1993.

[4] Norman, D. A., *The Psychology of Everyday Things*, also published as *The Design of Everyday Things*, New York: Doubleday, 1988.

[5] Wickens, C. D., *Engineering Psychology and Human Performance*, 2nd edn., New York: Harper Collins College, 1991.

[6] Hawkins, F., *Human Factors in Flight*, 2nd edn., Aldershot, U.K.: Avebury Aviation, 1987.

[7] Bailey, R. W., *Human Performance Engineering: A Guide for System Designers*, Englewood Cliffs, NJ: Prentice-Hall, 1982.

[8] Chapanis, A., *Human Factors in Systems Engineering*, New York: John Wiley & Sons, 1996.

[9] Cardosi, K. and Murphy, E. (eds.), Human factors in the design and evaluation of air traffic control systems, DOT/FAA/RD-95/3, Cambridge, MA: Federal Aviation Administration, 1995.

[10] Nielsen, J., *Usability Engineering*, New York: Academic Press, 1993.

[11] Palmer, M. T., Roger, W. H., Press, H. N., Latorella, K. A., and Abbott, T. S., NASA Technical Memorandum, 109171, January 1995.

[12] Reason, J., *Managing the Risks of Organizational Accidents*, Burlington, VT: Ashgate Publishing, 1997.

[13] Society of Automotive Engineers, Pilot-system integration, Aerospace Recommended Practice (ARP) 4033, Warrendale, PA: SAE International, 1995.

[14] Society of Automotive Engineers, Integration procedures for the introduction of new systems to the cockpit, ARP4927, 1995.

[15] Sexton, G., Cockpit: Crew-cockpit design and integration, in Wiener, E. L. and Nagel, D. C. (eds.), *Human Factors in Aviation*, San Diego, CA: Academic Press, pp. 495-526, 1988.

[16] Arbuckle, P. D., Abbott, K. H., Abbott, T. S., and Schutte, P. C., Future

flight decks, *21st Congress of the International Council of the Aeronautical Sciences*, Melbourne, Victoria, Australia, Paper Number 98-6.9.3, September, 1998.

[17] Federal Aviation Administration, Aircraft Alerting Systems Standardization Study, Volume II: Aircraft Alerting Systems Design Guidelines, FAA Report No. DOT/FAA/RD/81-38, II, 1981.

[18] Computer-generated display system guidelines. Volume 2: Developing an evaluation plan, Electric Power Research Institute EPRI, Palo, Alto, CA. Report No EPRI NP-3701, V2, 1984, 108 pp.

[19] Abbott, K., Human error and aviation safety management, *Proceedings of the Flight Safety Foundations*, *52nd Annual International Air Safety Seminar*, Rio de Janeiro, Brazil, November 8-11, 1999.

[20] Boeing Commercial Airplane Group, Statistical summary of commercial jet aircraft accidents, World Wide Operations 1959-1995, April 1996.

[21] Reason, J. T., *Human Error*, New York: Cambridge University Press, 1990.

[22] Hudson, P. T. W. and Verschuur, W. L. G., Perceptions of procedures by operators and supervisors.

[23] *Paper SPE 46760 Proceedings of the 1998 International Conference on Health, Safety and Environment in Oil and Gas Exploration and Production*. Caracas. CD-ROM Society for Petroleum Engineers, Richardson, TX. p.4, 1998.

[24] Hudson, P. T. W., Bending the Rules. II. Why Do People Break Rules or Fail to Follow Procedures? and What Can You Do About It? *The Violation Manual*. P. T. W Hudson; R. Lawton; W. L. G. Verschuur, Leaden University, D. Parker, J. T. Reason, Manchester University.

[25] Wiener, E. L., Intervention strategies for the management of human error, *Flight Safety Digest*, 116 pp., February 1995.

16

头戴式显示器

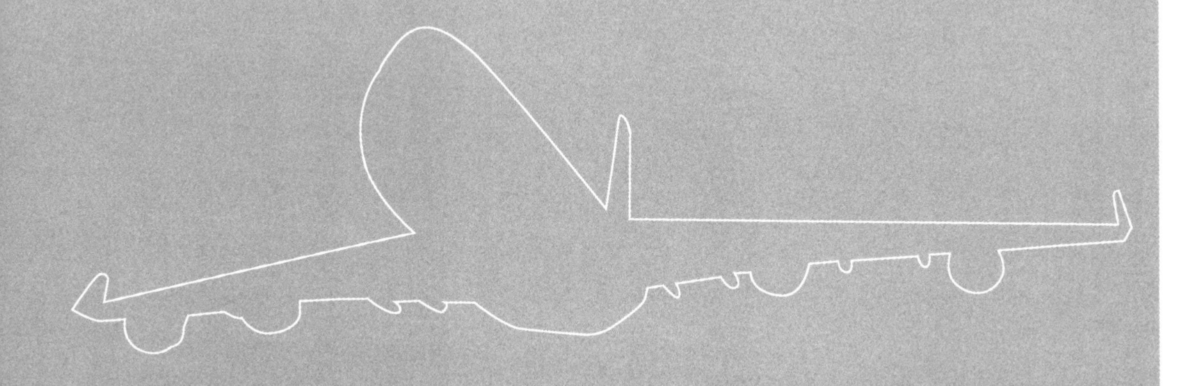

16.1 导言

头戴式显示器(HMD)[①]是一种个人信息显示设备,它能以其他显示器所没有的方式提供信息。该设备始终将信息投影到使用者的眼中,并对头部及身躯的活动做出反应,来复现人们观察、飞行和探测外部世界的情形。这种独特的能力使其适用于以下一些应用场合:

(1) 辅助外科手术的医学可视化。

(2) 军用运载工具的传感器图像显示。

(3) 用于机载工作站,相对传统的显示器可减小体积、重量与功耗。

(4)飞行模拟与训练。

(5) 地面士兵应用。

(6) 如本章要探讨的固定翼飞机及旋翼飞机的航空电子显示。

航空电子设备的目的是帮助飞行员实现态势感知(SA),Mica Endsley 用一个有效的环路描述,分为三个层次:层次 1——一个时间和空间中环境要素的感知;层次 2——含义的理解;层次 3——对未来发展趋势的预测。为实现SA,飞行员收集来自各种信息,包括驾驶舱显示器、窗外的视觉效果、无线电通信、甚至飞机的触觉(层次 1),创建一个"信息意味着什么"的心理模型(层次2),然后预测(动态的和累积的)此模型的含义,对未来飞机或任务的状态做估计(层次 3),估计的时间长度可为小时、分钟或秒。在整个飞行过程中不断重复这个循环。在许多情况下,操作员的处理都会受到限制(空中交通管制、战场管理、医疗、消防、气象预报或足球比赛),故及时了解动态情况是至关重要的。信息过载时,这个循环可被打破,进而可能导致飞行员错过重要的线索(即监视失效)。

---

① "头戴式显示器"一词在本章中被用作一种比头盔显示器更通用的术语,它通常指军用的硬件设备。其他诸如头戴式瞄准具(HMS,只提供简单的瞄准十字线)和头戴式显示器(HWD)有时也交替使用。

在有些应用中，如图 16－1 所示的医用及军用单兵显示器，HMD 仅用作一个无须手持的信息源，用来观察内窥镜视频、文本、地图或图形等。但是要将 HMD 应用到航空电子[见图 16－1(c)]，并真正发挥其作用，它必须是视觉耦合系统(VCS)的一部分，包括 HMD、头部位置与方位跟踪器。当飞行员转动其头部时，跟踪器把头部方位数据送给任务计算机，从而更新 HMD 的显示信息，飞行员即可获得大量与头部方位相关的实时数据。这使得飞行员可以访问与头部定向相关的大量实时数据。由于飞机任务计算机知道飞行员的头部方位，HMD 可以显示实时数据，即① 屏幕参考数据(如高度、空速或燃料状态)；②飞机参考数据(如飞机的前部形状)；③ 地球参照(或实际物体，如跑道或地平线，或虚拟物体，如空中安全通道、威胁/友好接触区位置、航路点和不利天气)，后者已被证明使飞行员的表现有显著改善。此外，HMD 可以通过将驾驶舱数据转换成有用的信息来减少飞行员的工作量，使飞行员集中注意力。模拟视觉的环境和采用焦点模式，并结合听觉和触觉等其他感觉模式的效用，从而使跨模态集成成为可能。

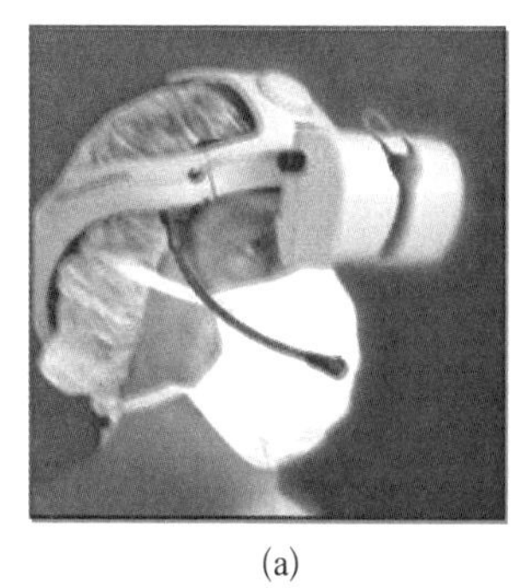
(a)

(b)

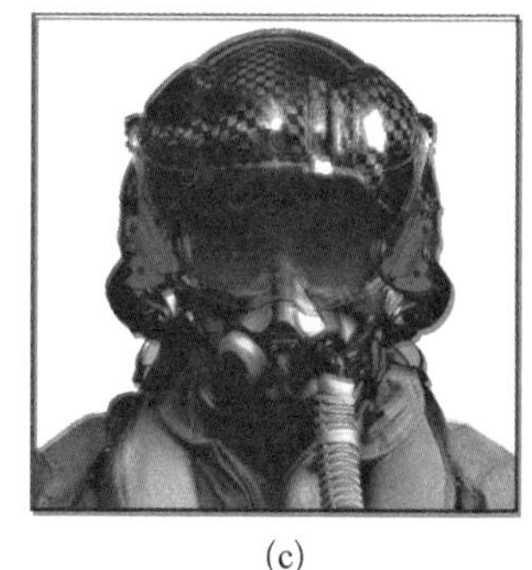
(c)

图 16－1　HMD 的三种不同应用

(a) 用于最小限度侵入心脏手术的心脏图像显示(Cardio View)　(b) 美国陆军的陆上勇士(Land Warrior)HMD 原型　(c) 用于航空模拟训练的模拟眼镜(SIM EYE) XLlOO

在固定翼战斗机中，导弹传感器跟随飞行员头部视线，这样飞行员可偏离飞机前向基准线指定目标。在直升机中，飞行员头部可控制前视红外(FLIR)

等传感器的指向,借此辅助在弱光下或不利天气下飞行。这样,HMD扩大了飞行员在飞机周围的全部空域,在驾驶舱内部解放了飞行员。这减少了飞行员在驾驶舱内低头的时间,减少了从驾驶舱到外界的感知切换时间,并且可以将飞行员引导至感兴趣的目标,并允许其跟踪移动目标。

早在20世纪70年代初期,美国军方就把HMD引入固定翼飞机中,用于空空导弹的瞄准。在1973—1979年间,数百套目视瞄准截获系统(VTAS)用在F-4"幻影"战斗机上。但由于HMD的性能与当时的导弹技术不匹配,这个计划最终被放弃了。1985年,一架拍摄到的苏联米格-29照片显示,该机采用了一个简单的头盔安装瞄准具用于Vympel R-73导弹(也称为AA-11 Archer)离轴瞄准,于是HMD重获新生。鉴于这次新的发现,以色列启动了一项快速计划,即在1993—1994年间,推广应用Elbit公司的DASH HMD,用于Rafael Python 4导弹的离轴瞄准。

美国开展的两项模拟研究Vista Sabre和Vista Sabre Ⅱ表明:导弹瞄准时,配备HMD的飞行员要比仅使用平视显示器(HUD)的飞行员有更明显的优势。受这些研究以及德国统一后对装备HMD的米格-29近距格斗能力的分析研究结果的鼓舞,美国军方启动了自己的离轴导弹瞄准计划。该计划的结果是研制出联合头戴式指示系统(JHMCS,由国际视觉系统公司研制),目前已用在美国海军的F/A-18、空军的F-15和F-22以及F-16战斗机上,国际上总共有18个国家在战斗机上使用JHMCS HMD。JHMCS将AIM-9X导弹离轴瞄准符号、飞机状况等信息显示给飞行员,为飞行员提供改进的飞机周围空域的态势感知。图16-2是美国空军和海军的JHMCS头戴式显示器,该显示器将用在美国军方几乎所有的固定翼战斗机上。

美国军方的最新飞机,联合攻击战斗机(JSF)目前正在超过最新版本的VSI HMD[见图16-1(c)]。Thales Visionics(以前是Gentex Visionics)为美国空军的一架A-10飞机提供了他们的Scorpion HMD(见图16-13)。其他公司如BAE(Striker HMD)和SAAB(Cobra HMD46)正为国际固定翼飞机提供HMD。

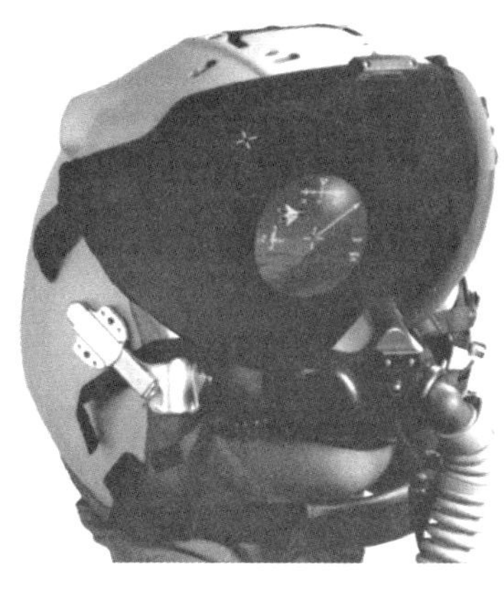

图16-2 美国空军和海军的联合头戴式指示系统的头戴式显示器

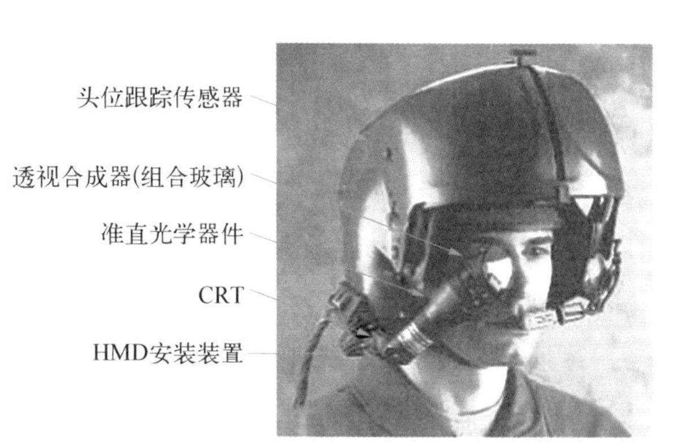

图16-3 IHADSS是一种单目、单色、基于CRT的头位跟踪穿透式头戴式显示器

20世纪70年代美国陆军采取了更有雄心的行动,从AH-IS"眼镜蛇"武装直升机开始,将HMD技术用到旋翼机上。通过安装在飞行员的HMD上的机械联动装置,使转塔式航炮随其头部方向转动。飞行员通过使HMD安装小十字线重叠到目标上进行武器瞄准。20世纪80年代,美国陆军在AH-64 Apache(阿帕奇)直升机上采用了综合HMD与显示瞄准系统(IHADSS)。这种单目镜HMD为飞行员提供了类似于"眼镜蛇"武装直升机的随头部转动瞄准武器的能力,如图16-3所示。IHADSS增加了用于夜间飞行的头位跟踪FLIR图像显示能力。霍尼韦尔公司(Honeywell)已向美国陆军交付了超过5 000套的这种基于阴极射线管(CRT)的单色系统,用于这个非常成功的计划。

美国陆军还在航空环境中广泛采用头盔安装夜视镜(NVG)。这些设备具有独特的性能、接口以及视觉效果。美国陆军正在采用一项非常有趣的组合技术,就是把飞机符号显示在夜视镜前物镜上。虽然没有头位跟踪功能,但它可使飞行员“放眼外视”时能看到飞机状态数据。飞行员夜视成像系统(ANVIS)平视显示器(HUD)是基于阴极射线管(CRT)的显示装置,已成功地用于许多陆军直升机。然而,这些ANVIS平视显示器将被ANVIS/HUD-® 24所取代,其小型平板图像源取代了CRT图像源,这样将减小头部支撑重量,使重心(CG)前移。类似的设备如图16-4所示。

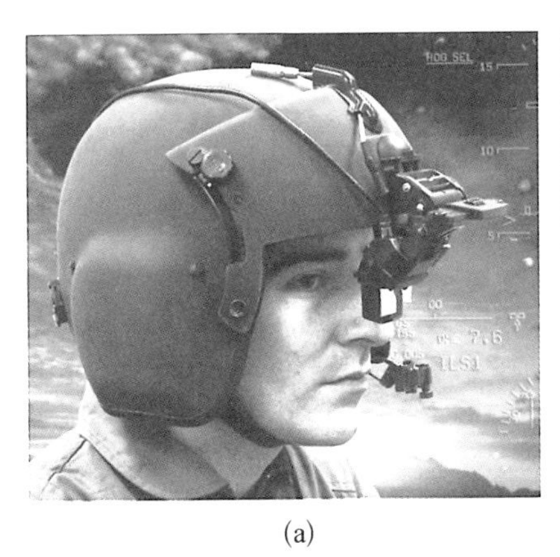

(a)

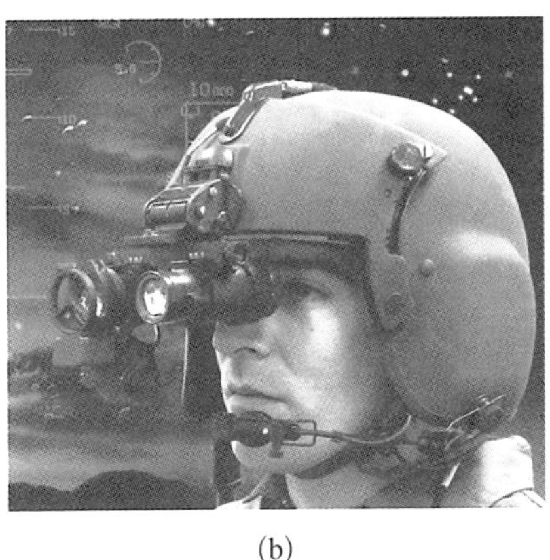

(b)

图16-4　组合HMD Eye HUD®和可夜视镜技术的单目镜HMD

(a) 直视型配置可以将图像射入NVG　(b) 飞行员右眼的目镜(照片由罗克韦尔柯林斯展示产品提供,波特兰,俄勒冈)

除了美国国内应用之外,基于HMD的驾驶系统正被国际航空界用在各种平台上,例如,欧洲的“虎式”直升机和南非的“隼式”直升机。NASA目前正在研究将HMD用于商业飞行,以便在仪表气象条件(IMC)期间提供“比视觉更好”的能力,作为NextGen计划的一部分。

16.2　什么是头戴式显示器(HMD)

简单来说,HMD是由一个或多个图像源、准直光学器件以及将其安装到飞行员头部的装置组成的。图16-3所示的IHADSS HMD的图像源是一个高亮度 CRT。单目镜光学器件产生并中继 CRT 的虚像，图像投影到透视组合镜，并进入飞行员的眼中。整个显示组件固定在带调节器的飞行员保护头盔右边，飞行员可以调节显示器位置，以便观察到整个图像。

早期的目视瞄准截获系统（VTAS）和“眼镜蛇”直升机的 HMD 采用简单的十字瞄准线来指引武器，如图 16－5(a)所示。JHMCS HMD 则具备了更为完善的瞄准功能，不仅包含了“朝向”目标与发射提示[见图 16－5(b)]，还包含了高度、空速、罗盘航向以及人工地平仪等数据。AH－64 阿帕奇直升机装备 IHADSS 之后，飞行员能看到叠加在头位跟踪 FLIR 图像上的类似符号集，其中，FLIR 安装在直升机的机头。

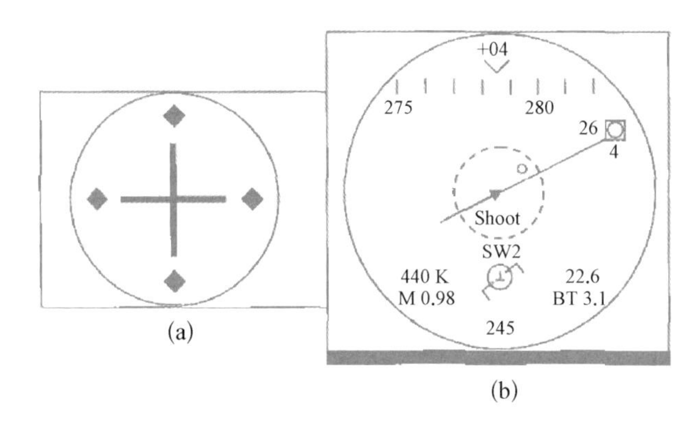

图 16－5 早期 HMD 的十字线图像(a)与性能更优的 HMD (如 JHMCS)符号集(b)的比较

这些组件的组合看似简单，但由于 HMD 是由人的感官系统来观察的，实质上存在着系统、硬件以及与视觉、人体测量、物理的和显示等问题的复杂的交互作用。在飞机的环境中，HMD 设计变得更加复杂，因为 HMD 现在是头盔安装的显示器，它为飞行员提供显示和生命支持这两项功能。HMD 设计时必须考虑亮度、对比度、校准及聚焦点等问题，还要不影响飞机驾驶或坠毁安全性。出于以上这些原因，HMD 的设计需要仔细权衡显示特性与物理特性两者的要求，使之达到最优。

16.3　HMD——视觉耦合系统的一部分

在航空电子系统中,不管是HMD还是头戴式瞄准具,都是由视觉耦合系统(VCS)的一部分,VCS由HMD、头位跟踪器和任务计算机组成的。当飞行员的头部转动时,新的头部方位数据传送给任务计算机,用此数据按需更新图像。随着飞行员头部转动,总是随时可观察到出现的信息。

早期的飞机驾驶舱显示器,如下视显示器,可为飞行员提供飞行器的状态信息,但需要飞行员不断地将注意力转向驾驶舱内,从而减少了飞行员可以用于观察飞机外部的时间。随着喷气式飞机的速度越来越快,留给飞行员的反应时间更短了。平视显示器(HUD)将经过准直后的虚像投影到飞行员视线前方,位于驾驶舱仪表板上方的组合玻璃上,改善了这种状况。采用HUD意味着飞行员可以不必使视线离开关键的前方空域,不需要重新聚焦眼睛以观察图像。因为显示的图像是经过准直了的,也就是说图像好像来自远处的某一点,并且能叠加在远处的物体上。这样就可以使飞行员获得实时的对地或对飞机稳定的信息,例如,罗盘航向、地平仪及传感器图像。

HMD进一步扩展了这种能力,将显示信息一直呈现在飞行员眼睛的前方,并且把这些信息与飞行员视线方位连接起来。然而HUD只能提供相对比较小的飞机前视区域信息,安装有头位跟踪器的HMD恰可以提供飞行员关心的整个区域的信息,即飞行员环绕飞机眼-头所及的区域。显示信息与飞行员的视线连接起来的能力增大了获取关键飞机信息的区域。这种新的能力可以实现如下功能:

(1) 用瞄准十字线标出传感器所定位的目标,提醒飞行员注意。

(2) 允许飞行员使用可转动传感器,例如,前视红外(FLIR)传感器,有利于夜间或者不利气象条件下的飞行。

(3) 飞行员可以将武器瞄准偏离飞机轴线的目标。

(4) 允许飞行员接收远程平台、僚机或者其他机组人员发来的目标信息,

或者向他们交接目标或本机信息。

(5) 为飞行员提供屏幕坐标系的、飞机坐标系的或地理坐标系的信息。

(6) 减少观察驾驶舱内部的时间,增加观察外部世界的时间。

一般来说,这种新的技术可以为飞行员提供环绕飞机整个空域的信息,获得态势感知。

美国陆军的 AH-64 阿帕奇武装直升机是一个很好的例子。该机配备了综合 HMD 与显示瞄准系统(IHADSS)和头位跟踪器(见图 16-6)。当飞行员抬头或转头时,跟踪器把头部的取向数据传送给伺服系统,以控制飞行员夜视系统(PNVS)的前视红外(FLIR)传感器。传感器跟随飞行员头部运动,为飞行员提供视点,看起来就如他的头部位于飞机的头部一样。这样,即使在夜间或者低能见度环境下,飞行员也能直观地了解飞行情况而无须用手操纵,并且还可以叠加如航向、高度、空速等一些关键的飞行数据,因此如同在白天飞行一样。

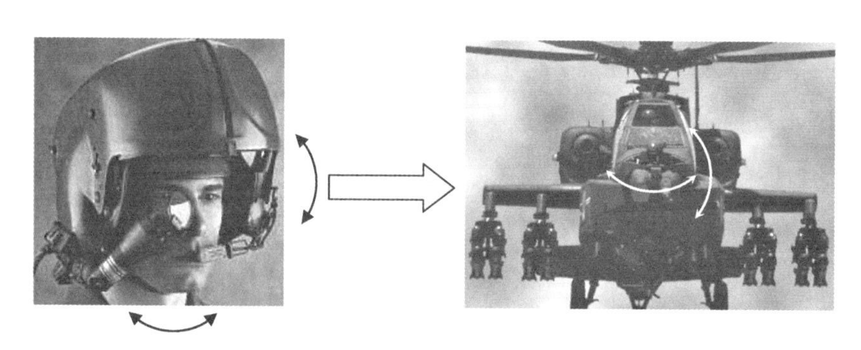

图 16-6 IHADSS 的头戴式显示器与 AH-64 阿帕奇武装直升机飞行员夜视系统(PNVS)之间相联动

为了在高性能飞机中充分发掘 HMD 的潜力,人们正在开展大量的研究。海军武器研发中心(NWC) 最近进行的一项仿真研究探索利用 HMD 产生"空中通路"图像,帮助飞行员规避威胁和恶劣气象。他们开展的另一项研究是关于飞行员在重力加速度诱发失去意识时,丧失对颜色和周围景象感官的补偿问题。在试验中，当飞行员开始出现“灰视”时，减少HMD显示的字符组，只将少量关键信息置于飞行员的视觉中央区。还有一项研究是为直升机飞行员提供叠加在地形和战场交战区上的参照大地的导航航路点。这些研究结果大大改善了飞机导航、着陆以及保持射击扇区的能力，而更重要的是全面减轻了飞行员的工作负荷。

16.4　HMD系统设计的考虑因素和折中处理

在导言中已经提到，一个良好的HMD设计依赖于对要求的次优化和对各种性能参数和要求的折中处理。下面各节就目镜、视场与分辨率、光学设计、透视组合器考虑因素以及高亮度环境下的亮度和对比度等进行讨论。

16.4.1　目镜问题

设计一个HMD首要考虑的问题是采用单目镜、伪双目镜还是双目镜。表16-1对这三种类型的HMD的优缺点进行了比较。

表16-1　单目镜、伪双目镜和双目镜HMD的优缺点

类　型		优　点	缺　点
单目镜(一只眼睛观察一个图像源)		重量最轻，准直最简单，价格最便宜	重心不对称，眼睛运动肌不稳定，以及有眼睛控制和聚焦问题
伪双目镜(两只眼睛观察一个图像源)		电气接口简单，重量较轻，价格中等	较单目准直复杂，封装较困难，难于透视
双目镜(两只眼睛观察两个图像源)		立体影像，部分双目重叠，重心对称	准直最为复杂，最重，价格最贵

单目镜——单眼观察的单一视频通道。这是三种类型目镜中重量最轻、成本最低、设计最简单的一种。因此，在目前大多数的 HMD 系统中采用单目镜，如埃比特公司（Elbit）的 DASH、国际视觉系统公司（Vision System International）的 JHMCS（见图 16-2）以及 EFW 公司的 IHADSS（见图 16-3）。单目镜的缺点是会造成横向系统重心不对称，以及带来眼聚焦、眼控制、双目竞争和眼睛运动肌不稳定等问题。还有单眼 HMD 如何与主导眼的互动问题，虽然有研究确定主导眼只是为了个人使用单眼瞄准任务。这是战士们穿着 AN/PVS-14 夜视或陆地勇士 HMD 的情况，那里的军人将 HMD 或 NVG 放在非主导眼的上方，使得他们的主导眼可以清楚地瞄准武器。

伪双目镜——双眼观察的单一视频通道。虽然伪双目镜为左右眼提供图像，消除了因单目显示造成的眼睛运动肌不稳定的问题，但其设计要比单目镜复杂。相对于使用单眼观察，双眼观察比较舒适、视觉感知比较好。但是，由于采用双眼观察的视觉系统，设计师们必须要考虑严格的光学准直、对焦、调节要求等因素。对于绝对水平对齐，在非透视 HMD 中，双目定位并不重要，只要它与焦点保持在±1/4 屈光度内。对于相对水平对齐，在透视 HMD 中，水平的双目对准必须在所期望光聚度距离的 5～10 分弧度内，焦点应符合±1/4 屈光度（虽然临时可以超过这个值）。对绝对垂直对齐，在非透视 HMD 中，双目定位必须在 10 分弧度内。而相对垂直对齐，在透视 HMD 中，双目定位必须在 3～6 分弧度内。伪双目设计的主要缺点是图像源位于前额区域，使封装起来比较困难。另外，一个图像源的光照亮度分配到了两个眼睛中，这样每个眼睛获得的亮度减半。

双目镜——每个眼观察独立的图像通道。这是三种类型目镜中设计最复杂、成本最高、重量最重的一种，但它不仅具有双眼视觉系统的所有优点，而且左右眼的观察视场可以部分重叠，扩大了水平视场（FOV），还可以获得立体图像，封装设计灵活性高。与伪双目镜一样，双目镜 HMD 需要充分考虑准直、聚焦与调节要求等因素，但可以将光学系统和图像源对称地从人的脸部移开，给设计带来极大方便。例如,综合 HMD 与显示瞄准系统(HIDSS;用于后来取消的美国陆军 RAH－66 科曼奇直升机)和 F－35 的 HMD。双目系统还可以利用扩展的水平视场不影响分辨率的一些技术(见 16.4.2 节表 16－1)。

16.4.2　视场与分辨率

用户对 HMD 最初的要求一般都会是大视场、高分辨率。这并不奇怪,因为在人类视觉系统中,视网膜中央凹区具有 200°(水平)×130°(垂直)的总视场以及 2′的圆弧光栅分辨能力,这也是 HMD 设计师们需要复现的技术要求。固定翼飞机执行昼间空对空任务时,可能并不一定需要很大的视场来显示图 16－5 中所显示的符号。这是因为研究表明,正常眼球运动的范围不超过 ±15°。在这个范围之外的持续运动有可能引起视觉疲劳,因为自然的趋势是个人保持眼睛朝向“向前”的方向,所以在 15°视场以外的任何东西都会引起头部运动。对于像 JHMCS 这样的 HMD,需要为飞行员提供飞机和武器等状态信息,20°的视场效果会比较好。如果 HMD 用于显示供夜间驾驶的传感器图像,例如 IHADSS(30°×40°的矩形 FOV),那么飞行员将用 HMD“描绘”出天空,建立其周围环境的心中呈现的地图。采用大视场的优点在于,提供周围大范围的提示信号,提升飞行员的自稳定感,减少填充心中呈现的地图所需的头部运动范围,从而降低飞行员的工作负荷。尽管飞行员都希望能获得更大的视场,但目前大多数的夜视镜,例如 ANVIS－6,只能提供 40°的环形视场,双目技术为每个眼睛提供两个图像传感器高达 100°的水平视场。

采用高分辨率可以提高整个显示图像的质量,这与性能存在着直接的关系。

根据约翰逊图像识别准则,像大多数与 HMD 相关的问题一样,所需的图像的分辨率应依据具体任务来确定。以一个坦克目标为例,提高分辨率可以使飞行员在一定的距离外能够发现(有东西在那儿)、识别(它是辆坦克)、直到分辨出坦克的型号(它是辆 172 坦克)。

尽管视场越大越好，分辨率越高越好，但在 HMD 设计时，视场（FOV）与分辨率之间存在如下关系：

$$H = F\tan\theta$$

式中：F 表示准直透镜的焦距。H 与 θ 之间关系如下:

（1）如果 H 表示图像源的大小，那么 θ 表示视场（FOV）或虚像在空间的视场尺寸。

（2）如果 H 表示像素的大小，那么 θ 表示分辨率，或表示像素在图像空间的视场尺寸。

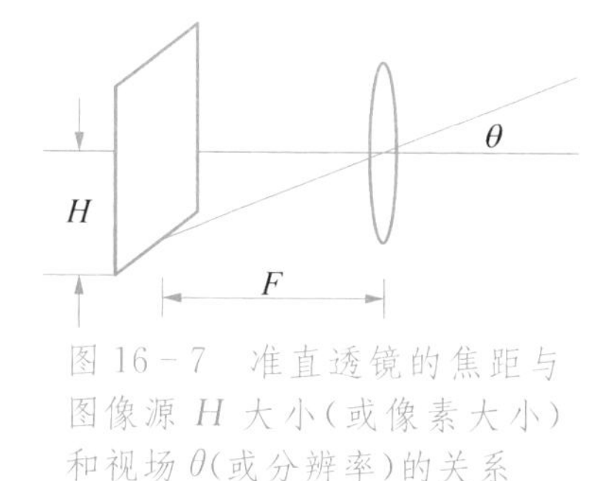

图 16－7　准直透镜的焦距与图像源 H 大小（或像素大小）和视场 θ（或分辨率）的关系

因此，准直透镜的焦距同时关系到 FOV（希望它很大）和分辨率（希望它很小，见图 16－7）。对单图像源的显示器，要么获得一个较大的视场，要么获得一个较高的图像分辨率，两者不可能兼得。

若 $F\tan\theta$ 不变，至少有四种方法可增大显示器的视场（FOV）而又保持分辨率不变：① 提高观察区域的分辨率；② 左右眼视场部分重叠；③ 瓦片式光学设计；④ 增大观察区域离眼的距离。其中，左右眼视场部分重叠的方式是在双目飞行系统应用中优先采用的，HMD 离眼成像技术、瓦片式光学设计可以扩大夜视镜的视场（FOV）（见图 16－8），但还在研究开发过程中。

采用双目部分重叠技术，在设计两个光学通道时，不管是向内倾斜（会聚的重叠）还是向外倾斜（分散的重叠），都会增加水平视场（FOV），同时保持与各个单目通道有相同的分辨率。双目部分重叠技术需要两个图像源和两个视频通道，通过适当调节光学系统和图像源，可以补偿小位移的光学偏差。所需的最小双目重叠度以及诸如双目竞争（称为 luning）等感知上的质像可能会对飞行员的操作造成不利的影响，这些都已受到人们的重视。虽然在开展

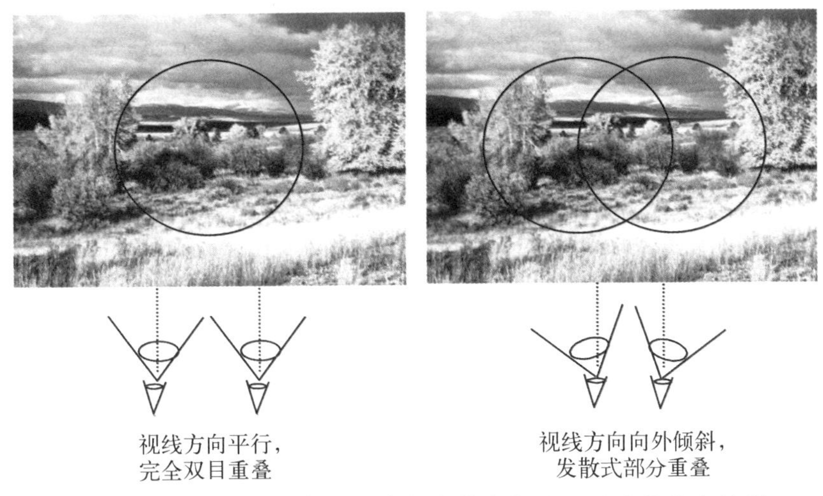

图 16-8　双目视线完全重叠与分散式部分双目重叠的比较图

图像分裂的研究中，在飞行员测试科目中施加了一定的工作负荷，但都是使用静态图像进行的。有几种技术在减轻竞争效应及其相关的感知图像方面是有效的。

16.4.3　光学设计

HMD 中的光学设计有三个目的：

(1) 图像源准直——形成一个虚像，看上去不是离人面部数英寸，而是远离人面部。

(2) 图像源放大——使图像看起来比图像源的实际尺寸更大。

(3) 图像源中继——在离开图像源和离开人面部前方的位置形成一幅虚像。

HMD 的光学设计通常有两种方法。

第一种是非光瞳成形设计方法，即采用一组简单的放大透镜，所以又称简单放大镜，如图 16-9 所示。其优点是设计简单、研制成本低、重量轻、体积小，缺点是图像源与虚像之间的投影距离较小，这样需要将整个组件安装在头部前端，靠近人眼。这种方法主要用在简单的观察应用上，例如，医学上的 HMD［见图 16－1(a)］以及陆上勇士 HMD［见图 16－1(b)和图 16－9］。

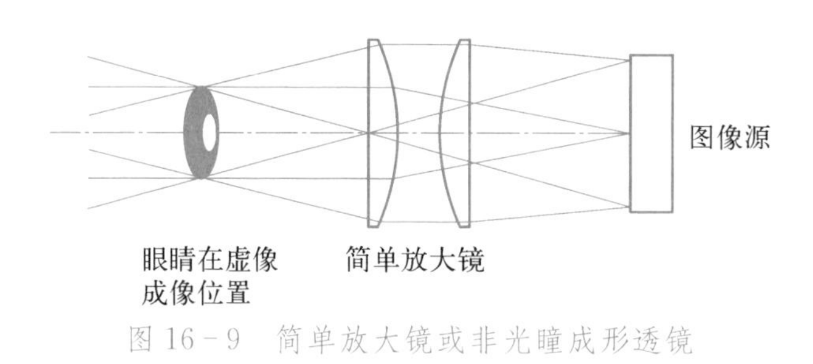

图 16－9　简单放大镜或非光瞳成形透镜

第二种是光瞳成形设计方法，这种方法较复杂一些，如图 16－7 所示。它就像是一个组合的显微镜或是一个潜水艇的潜望镜，第一组透镜形成一个图像源的中间图像，中间图像经第二组透镜中继形成一个光瞳或中间图像的实像(见图 16－10)。

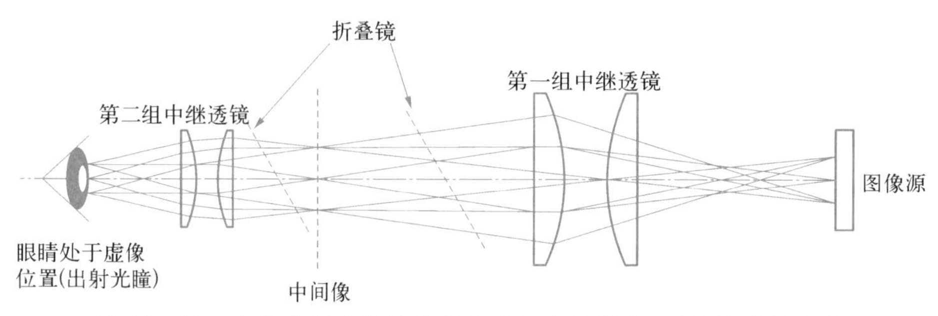

图 16－10　光瞳成形光学设计类似于组合显微镜、双目镜或潜望镜

这种设计方法的优点在于增大了图像面与眼之间的距离，设计者可根据需要，在光路中插入反射镜来调整光传播路径，使之离开人脸，这样就可灵活地改变整个系统的重量以及重心位置。其缺点在于增加了透镜，从而加大了 HMD 的重量和成本，而且在出射光瞳，即光阑之外没有图像显示。这种设计方法主要应用在结构尺寸较大的图像源情况(如 CRT)，或是需要将把重量远离人面部的情况，如图 16－1(c)、图 16－3 及表 16－2 所示。

不管是采用哪种光学设计方法，都必须能够准直、放大及中继图像，具有足够小的残余畸变，并且可以进行手动聚焦（如有需要）和适当地对准（在双目系统中）。此外，光学设计必须要有足够大的出射光瞳（使用者不会因 HMD 头部移动而丢失图像），并且需要在人眼的前方留出至少 25 mm 的眼间隙，以便于使用者佩戴眼镜。表 16－2 中概括了光瞳成形与非光瞳成形这两种设计方法的优缺点。

表 16－2　光瞳成形与非光瞳成形设计的优缺点

	非光瞳成形（简单放大镜）	光瞳成形（中继透镜设计）
优　点	光学设计简单、透镜数量少、重量轻，不会在眼箱外“擦除”图像，眼箱安装简单，机械设计简单和成本低	光路长，利于安装；可以远离人脸安装；采用多套透镜利于光学准直
缺　点	光路短，光学系统安装在人眼前面，安装设计自由度低	光学设计复杂，透镜数量多使重量加大，在光瞳外丢失图像，安装精密度高，需要更精细的调节

出射光瞳只用于瞳孔成形设计，如 JSF HMD[见图 16－1(c)]和 IDADSS（见图 16－3）。在图 16－1(a)和(b)的非瞳孔成形设计中，称为查看眼线盒（viewing eyebox）更准确一些，因为有一个有限非晕映的查看区。传统上，眼睛间隙定义为光轴从最后一个光学表面到出口瞳孔的距离。在结合角度的 HMD 中，眼睛间隙应该为从眼到最近成像点（所谓眼间隙距离）的距离，无论是否在光轴上。

以下方面的研究已有了新的进展，HMD 光学设计、光学自由曲面和波导光学，它们都能减少 HMD 的尺寸和重量。

离轴光学元件精密制造技术的改进，促进了紧凑光学装置（称为自由曲面棱镜）的发展。一个小的微型显示器的图像通过全内反射从第一个曲面到第二个带有反射涂层的反射曲面（一个非全透视应用的高反射和一个全透视应用的部分反射），然后反射到用户的眼睛。复杂的离轴光学表面使得设计的自由度很大。为了能够透视，第二个棱镜位于准直棱镜的外

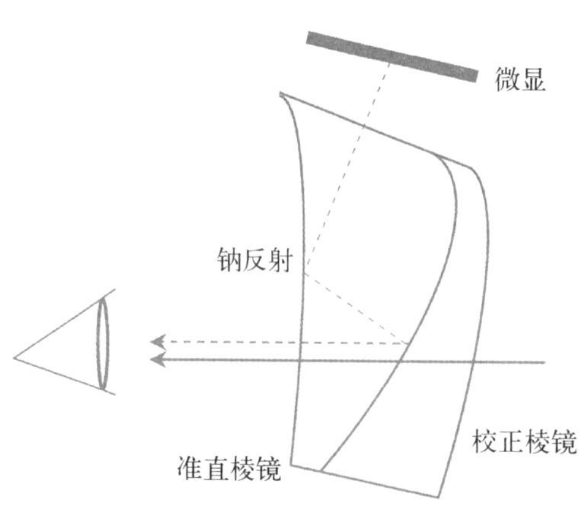

图 16－11　自由曲面透视图的原理图

部，如图 16－11 所示。

另一个打破经典 HMD 光学模式的创新光学设计形式，称为波导技术或基板导波光学。取代了传统的方法——眼睛前面安放大的透镜或合成器，波导光学只需要在眼睛前面放薄的平板。

目前，波导技术采用两种方法来实现，如图 16－12 所示。第一种方法是使用一组百叶窗式的输出耦合器，这是 Thales Visionics Scorpion HMD 的基础(使用导光光学元件，由 Lumus 制作，也有商业应用，见图 16－13)。

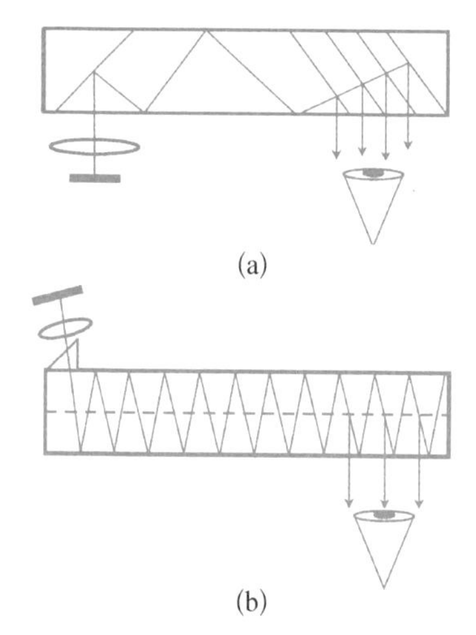

图 16－12　导波光学的两个版本：一个使用百叶窗式的输出耦合设计[(a)根据 Amitai, Y. 美国专利 6829095 B2，2004 年 12 月 7 日发布]和另一个采用全息光栅耦合器[(b) Cameron, A.，Proc. SPIE, Head- and Helmet-Mounted Displays XIV: Design and Applications, 7326, 73260H, 2009]。每个输出射线都是对小输入瞳孔的复制，产生出瞳到眼睛的矩阵

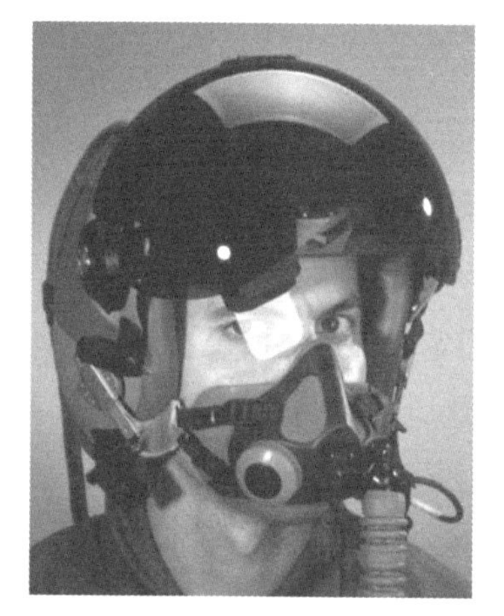
图 16－13　Thales Visionics 使用百叶窗波导光技术制作的 Scorpion HMD（原名 Gentex isionics）（此图由美国伊利诺伊州 Aurora 的 Thales Visionics 提供）

第二种方法是使用玻璃或全息光栅输出耦合器的全内反射，如图16－12(b)所示。BAE Q－Sight HMD就是基于这种方法的，这两种设计的关键在于，一个小的输入瞳孔被多次复制，这意味着可以使用较小的图像源，因此更轻和更紧凑。由于其小巧轻便的优点，这些设计也开始出现在小型商用HMDS。

16.4.4　透视组合器考虑因素

透视设计所需的航空应用，允许外界景象的叠加，使得地理或地球-参考信息得到充分的显示。但透视设计也会变得更困难，原因是组合器必须足够大，以提供足够的视野、出瞳和眼睛间隙，而不允许超重或对飞行员安全产生不利影响。

目前大多数航空HMD只使用单色绿光(555 nm)的影像，因为这是日光中视觉灵敏度较高的波长。一种提高看到反射和透射光的方法是利用高反射全息陷波滤波器和V-coats(V-coats指的是一种用于减少单一波长反射的抗反射边界层涂层)。这种方法的缺点是，虽然这些特殊的涂层反射显示了更多的特定的颜色，但它们传输的颜色较少，这使得世界看起来是粉红的。随着驾驶舱里的彩色显示器的使用，选择性地反射另一个颜色——绿色可能会误导飞行员。因此，大多数飞机HMD合成器涂有光谱中性反射涂料。

此外要考虑的问题是透视失真。飞行员通常不喜欢自己眼前的任何光学合成器，因为：① 会引起弹射/碰撞安全性问题；② 消除失真和其他视觉虚像。由于这些问题的存在，使得固定翼HMD设计中使用飞行员的防护面罩作为最终的光学准直元件(如在综合HMD和JSF的设计)。无论其配置怎样，对于HMD和通常采用军用标准的防护面罩组合，无失真透视都是至关重要的。

16.4.5　高亮度环境下的亮度和对比度

在太阳光照射的飞机驾驶舱高亮度环境下，显示器的可读性是一个关键的因素。头戴式显示器(HMD)的合成单元与平视显示器(HUD)的组合镜相似，都是将投射图像反射到飞行员眼中。飞行员透过组合玻璃观察叠加在外界景象上的图像，所以光线不可能是100%反射的，而飞行员总是希望有尽量多的透视。在高亮度背景下观看HMD图像，例如日光照射的云或雪，这种不太完美的反射效率意味着需要有更高亮度的图像源。主要的挑战是提供具有良好透射度的组合镜和高亮度图像。这里需要提到一些限制，即所有的图像源的最大亮度受到其器件物理结构的限制，以及辅助照明的大小、重量、功耗等条件的制约。此外，当设计所需的图像源亮度时，还要考虑如飞机驾驶舱罩和飞行员面罩的透光率等因素，如图16-14所示。

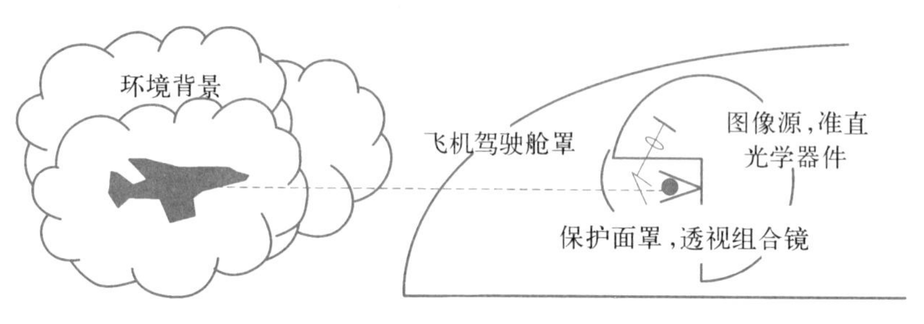

图16-14　决定飞机驾驶舱中HMD的图像源亮度要求的因素

图像源亮度(B_I)在进入人眼之前，经过校准光学系统透射率(T_O)和组合玻璃反射率(R_C)而受到衰减。飞行员在环境亮度趴下观察远距目标时，组合玻璃透射率为T_C或($1-R_C$)，保护面罩透射率为T_V，飞机驾驶舱罩透射率为T_A。若要求的对比度CR为1.3，那么用下列表达式可以计算图像源亮度。

$$CR=\frac{B_A+B_{显示器}}{B_A}$$

其中，已知显示器对眼睛的亮度为

$$B_{显示器}=B_I T_O R_C$$

飞行员观看时的环境亮度为

$$B_O = T_C T_V T_A B_A$$

整理后,可以得到

$$CR = \frac{1 + B_I T_O R_C}{T_C T_V T_A T_B}$$

根据表16-3给出一些特性参数的额定值,代入上述表达式,可计算出对比度的额定值为1∶2。

表16-3　四种不同HMD配置情况下,对显示器亮度计算的影响

		情况一 明亮面罩,50% 组合玻璃透射率	情况二 暗色面罩,50% 合成器透射率	情况三 明亮面罩,80% 合成器透射率	情况四 暗色面罩,80% 合成器透射率
光学系统透射率	T_O	85%	85%	85%	85%
组合玻璃反射率	R_C	50%	50%	20%	20%
组合玻璃透射率	T_C	50%	50%	80%	80%
保护面罩透射率	T_V	87%	12%	87%	12%
飞机驾驶舱罩透射率	T_A	80%	80%	80%	80%
环境亮度	B_O	10 000 fL	10 000 fL	10 000 fL	10 000 fL
图像源亮度	B_I	2 456 fL	3 390 fL	9 826 fL	1 355 fL

表16-3中前两种情况比较了飞行员佩戴一类和二类两种面罩时的情况。暗色面罩减少了环境背景亮度,从而改善了对明亮的云或者雪的HMD图像对比度。前两种情况相对简单,因为它们均假设组合玻璃透射率为50%和反射率为50%,并忽略其他的损失。由于飞行员总是希望更清楚的透视,这意味着要减小反射率。三类和四类认为由于这种更真实的组合镜同时配置了明亮和暗色面罩,所以导致其需要更明亮的图像源。

16.4.6　头部装置、舒适性、生物力学和安全性

虽然HMD的适配性或舒适度对于佩戴者来说是显而易见的,但很难对此

做出精确的度量。即使 HMD 的图像显示质量非常好，但如果佩戴起来并不是十分合适，使用者仍然会拒绝使用它。对于 HMD 来说，适配性和尺寸是非常关键的因素。除了舒适性之外，与飞行员的人眼相关的显示器必须提供精确的配合。

设计一个具有良好适配性的 HMD 主要需考虑以下事项：

(1) 使用者在整个任务中必须可以调节显示器(或者恰当调整)以观察图像。

(2) HMD 长时间佩戴必须是舒适的，不会产生“热点”(hot spots)。

(3) HMD 必须不会因出汗或过载、振动或颤振而滑动。

(4) 在坠毁和弹射时，HMD 必须保持完好。

(5) 头戴设备必须有最轻的重量。

(6) 惯性质量力矩必须最小。

(7) 头戴部件的质量应是分布型的，使重心接近头部本身的重心。

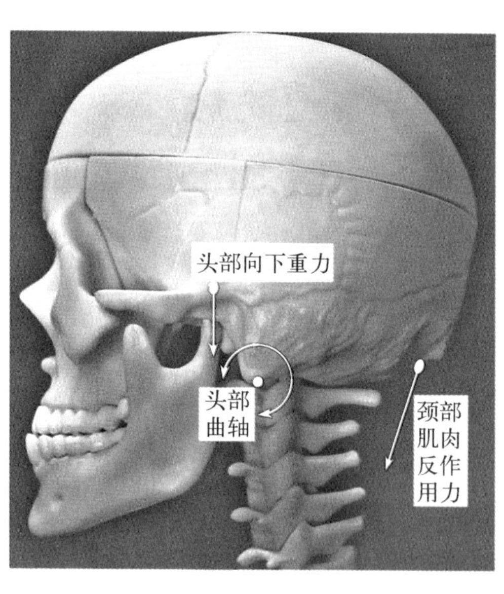

图 16－15　人类的头部和颈部(头部重心位于耳屏凹口附近，支撑点位于枕骨髁)

人体头部的重量大约是 9～10 lb，并且位于脊椎骨的上端。头颅底端的枕骨髁与第 1 颈椎(寰椎)的上关节面相咬合，脊椎骨两边的两个很小的椭圆形的啮合面是头部的支撑点(见图 16－15)。

人体头部的重心集中在耳屏凹口，即耳朵前方的小软骨片附近。由于这是头部和脊椎支撑点的前上方，如果没有拉向颈后部的肌肉的强有力的反向作用力，头部会有向下倾斜的趋势。因而，当人们睡着以后，头部是向下“耷拉”

的。佩戴 HMD 后，增加了头部重力，就会使得重心(现在是 HMD+头部)偏离这个理想的位置。强烈的振动或颤振、弹射、跳伞或坠机都会大大增加对这个额外重力和移位了的重心的影响，造成疲劳和颈部紧张，甚至造成严重的或致命的损伤。设计师为了减轻附加的头戴硬件的影响，首先考虑使 HMD 的重量达到最小，其次是优化头部安装部件重量的位置，使头部+HMD 位置恢复到只有头部时的位置。

对于固定翼 HMD，生物力学研究建立了头部支持的一个矩形区域的质量中心，该矩形区域位于人的头部和颈部的"Knox Box"内。以枕骨髁(C1 颈椎附近的头部曲轴——大约位于耳朵后面两乳突之间，见图 16-15)为原点，需注意如下问题：

(1) 头最多支持 5 lb 重(2.5 kg，包括 MBU-20/P 氧气面罩和 3 in (7.6 cm)的软管、头盔、护目镜和头戴式显示器)。

(2) 垂直方向范围(Z 方向)：枕骨髁以上+0.5 in(1.3 cm)和 1.5 in (3.8 cm)之间。

(3) 水平方向范围(X 方向)：枕骨髁后+0.5 in(1.3 cm)和−0.8 in (2 cm)之间。

(4) 目标水平方向范围(X 方向)：枕骨髁后+0.2 in(0.5 cm)和−0.8 in (2 cm)之间。

(5) 横向范围(Y 方向)：±0.15 in(0.4 cm)。

USAARL 给出的重量和重心曲线如图 16-16 和图 16-17 所示。

人体测量学即人体的测量，主要是汇编关于人体的一些测量数据，例如男性和女性的身高、人体头部的尺寸、人体双眼之间的距离等。合理地使用这些数据有助于 HMD 设计师使 HMD 很好地适配头部，但过分依赖这些数据也会带来一些问题。因为几乎所有这些尺寸测量数据都是单变(相互间没有关联)的，即这些数据与其他数据是完全不相关的，而设计师最常犯的一个错误就是认为各种各样的人体测量数据是相互关联的。例如，一个人的头部周长属于占

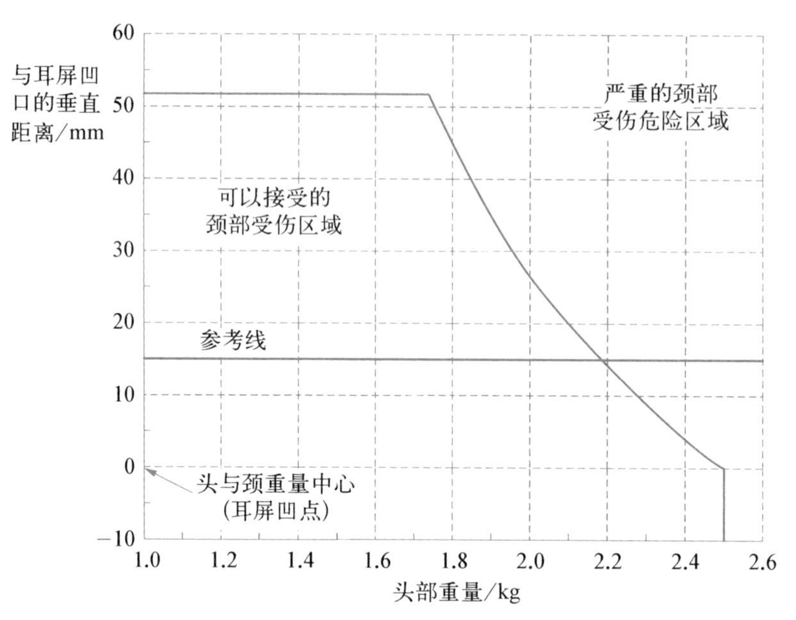

图 16－16　USAARL 给出重量和垂直重心曲线

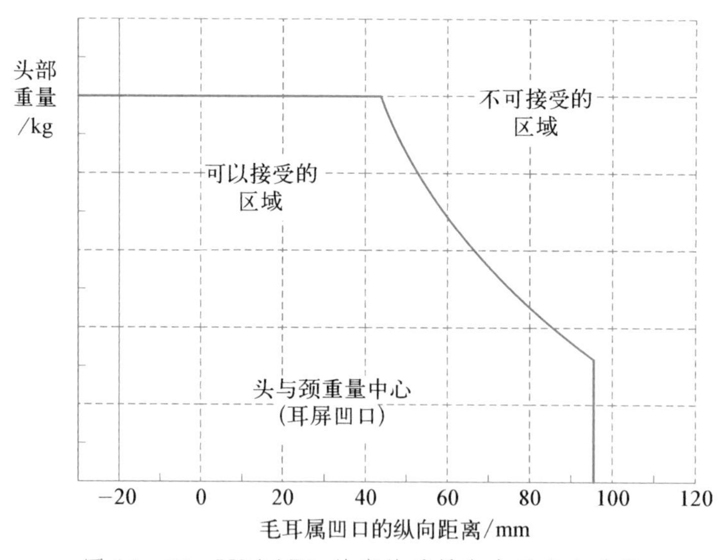

图 16－17　USAARL 给出的重量和水平重心曲线

95%的人群,但他的瞳孔间距就不一定属于占95%的人群。针对男性和女性飞行员的头部长度与宽度进行的一个双变量研究表明,数据具有相当大的离散性。表16-4表明人体关键头部特征的测量数据是单变的(相互间没有关联)。

表16-4　头部关键特征的单变量测量数据

关键的头部尺寸/cm	5%的女性	95%的男性
瞳孔间距(IPD)	5.66	7.10
头部长度①	17.63	20.85
头部宽度	13.66	16.08
头部周长	52.25	59.35
头部高度(下颚到头顶)	10.21	12.77

① 这些数据取决于头部的取向。

16.5　小结

与其他显示技术不同,HMD可以提供独一无二的个人化视觉体验。HMD为飞行员提供了与头部方位连接的显示信息,使其不用把注意力转向座舱内部,而以一种更加直觉和自然的方式引导和驾驶飞机。这是一种为飞行员提供飞机周围空域信息以及飞机状态信息的有效的设备。

然而,HMD想要具有这样的性能是需要付出代价的。人们需要仔细关注HMD硬件与人的感受和理解之间复杂的交互作用。同时由于HMD要在航空环境下提供生命支持,这使得HMD的设计变得更加复杂。只有充分理解飞行员的任务与环境,把所有的因素都考虑进去,并对各种要求成功地完成数次优化,才能达到HMD预期的设计目标。

推荐阅读

Barfield, W. and Furness, T. A. Virtual Environments and Advanced Interface Design. New York: Oxford University Press, 1995.

Boff, K. R. and Lincoln, J. E. Engineering Data Compendium, Human Perception and Performance. Wright-Patterson Air Force Base, OH: Human Engineering Division, Harry G. Armstrong Aerospace Medical Research Laboratory, 1988.

Kalawsky, R. A. The Science of Virtual Reality and Virtual Environments. New York: Addison-Wesley Publishing Company, 1993.

Karim, M. A. (Ed.) Electro-Optical Displays. New York: Marcel Dekker, Inc., 1992.

Lewandowski, R. J. Helmet- and Head-Mounted Displays, Selected SPIE Papers on CD - ROM. SPIE Press, Vol. 11, 2000, Bellingham, Washington.

Melzer, J. E. and Moffitt, K. W. (Eds.) Head-Mounted Displays: Designing for the User. Createspace Independent Publishing Platform, 2011.

Rash, C. E. (Ed.) Helmet-Mounted Displays: Design Issues for Rotary-Wing Aircraft. Washington, DC: U. S. Government Printing Office, 1999.

Rash, C. E., Russo, M. B., Letowski, T. R., and Schmeisser, E. T. (Eds.) Helmet-Mounted Displays: Sensation, Perception and Cognition Issues. Fort Rucker, AL: U. S. Army Aeromedical Research Laboratory, 2009. Available for download from: http://www.usaarl.army.mil/publications/HMD_Book09/index.htm

Velger, M. Helmet-Mounted Displays and Sights. Norwood, MA: Artech House, Inc., 1998.

参考文献

[1] Gibson, J. J. The Ecological Approach to Visual Perception. Hillsdale, NJ: Lawrence Erlbaum Associates, 1986.

[2] Kalawsky, R. S. The Science of Virtual Reality and Virtual Environments: A Technical, Scientific and Engineering Reference on Virtual Environments. Wokingham, England: Addison-Wesley, 1996.

[3] Schmidt, G. W. and Osborn, D. B. Head-mounted display system for surgical visualization. Proc. SPIE, Biomedical Optoelectronic Instrumentation, 2396, 345 - 350, 1995.

[4] Pankratov, M. M. New surgical three-dimensional visualization system. Proc. SPIE, Lasers in Surgery: Advanced Characterization, Therapeutics, and Systems, 2395, 143 - 144, 1995.

[5] Casey, C. J. Helmet-mounted displays on the modern battlefield. Proc. SPIE, Helmet- and Head-Mounted Displays IV, 3689, 270 - 277, 1999.

[6] Browne, M. P. Head-mounted workstation displays for airborne reconnaissance applications. Proc. SPIE, Cockpit Displays V: Displays for Defense Applications, 3363, 348 - 354, 1998.

[7] Lacroix, M. and Melzer, J. Helmet-mounted displays for flight simulators. Proceedings of the IMAGE VII Conference, Tucson, AZ, June 12 - 17, 1994.

[8] Casey, C. J. and Melzer, J. E. Part-task training with a helmet integrated display simulator system. Proc. SPIE, Large-Screen Projection, Avionic and Helmet-Mounted Displays, 1456, 175 - 179, 1991.

[9] Simons, R. and Melzer, J. E. HMD-based training for the U. S. Army's AVCATT—A collective aviation training simulator. Proc. SPIE, Large Screen Projection, Avionic and Helmet-Mounted Displays. 5079, 1 - 6, 2003.

[10] Melzer, J. E. Integrated headgear for the Future Force Warrior and beyond

(Invited Paper). Proc. SPIE, 5801, Cockpit and Future Displays for Defense and Security, 173 - 178, 2005.

[11] Schuyler, W. J. and Melzer, J. E. Integrated headgear for the Future Force Warrior: Results of first field evaluation. Proc. SPIE, Head and Helmet-Mounted Displays XII: Design and Applications, 6557,20, 2007.

[12] Foote, B. Design guidelines for advanced air-to-air helmet-mounted display systems. Proc. SPIE, Helmet- and Head-Mounted Displays III, 3362, 94 - 103, 1998.

[13] Belt, R. A., Kelley, K., and Lewandowski, R. Evolution of helmet-mounted display requirements and Honeywell HMD/HMS systems. Proc. SPIE, Helmet- and Head-Mounted Displays III, 3362, 373 - 385, 1998.

[14] Bayer, M. M., Rash, C. E., and Brindle, J. H. Introduction to helmet-mounted displays, Chapter 3, in: Rash, C. E., Russo, M. B., Letowski, T. R., and Schmeisser, E. T. (Eds.), Helmet-Mounted Displays: Sensation, Perception and Cognition Issues. Fort Rucker, AL: U. S. Army Aeromedical Research Laboratory, pp. 47 - 108, 2009.

[15] Melzer, J. E. and Rash, C. E. The potential of an interactive HMD, Chapter 19, in: Rash, C. E., Russo, M. B., Letowski, T. R., and Schmeisser, E. T. (Eds.), Helmet-Mounted Displays: Sensory, Perception and Cognition Issues. Fort Rucker, AL: U. S. Army Aeromedical Research Laboratory, pp. 887 - 898, 2009.

[16] Endsley, M. R. Toward a theory of situation awareness in dynamic systems. Human Factors, 37(1),32 - 64, 1995.

[17] Endsley, M. R. Theoretical underpinnings of situation awareness: A critical review, in: Endsley, M. R. and Garland, D. J. (Eds.), Situation Awareness Analysis and Measurement. Mahway, NJ: Lawrence Erlbaum Associates, pp. 3 - 32, 2000.

[18] Endsley, M. R. and Hoffman, R. R. The Sacagawea principal. Proceedings of the

IEEE: Intelligent Systems, 17(6), 80 - 85, November 2002.

[19] Uhlarik, J. and Comerford, D. A. A review of situation awareness literature relevant to pilot surveillance functions. Final Report: DOT/FAA/AM - 02/3. Washington, DC: Office of Aerospace Medicine, 2002.

[20] Endsley, M. R. Measurement of situation awareness in dynamic systems. Human Factors, 37(1), 65 - 84, 1995.

[21] Smith, D. J. Situation(al) awareness (SA) in effective command and control. Retrieved July 12, 2008, http://www. smithsrisca. demon. co. uk/situational-awareness. html, 2006.

[22] Kocian, D. F. Design considerations for virtual panoramic display (VPD) helmet systems. AGARD Conference Proceedings No. 425, the Man-Machine Interface in Tactical Aircraft Design and Combat Automation, 22 - 1, 1987.

[23] Rash, C. E. (Ed.) Helmet-Mounted Displays: Design Issues for Rotary-Wing Aircraft. Washington, DC: U. S. Government Printing Office, 1999.

[24] Rogers, S. P., Asbury, C. N., and Haworth, L. A. Evaluation of earth-fixed HMD symbols using the PRISMS helicopter flight simulator. Proc. SPIE: Helmet- and Head-Mounted Displays IV, 3689, 54 - 65, 1999.

[25] Rogers, S. P., Asbury, C. N., and Szoboszlay, Z. P. Enhanced flight symbology for wide field-of-view helmet-mounted displays. Proc. SPIE: Helmet- and Head-Mounted Displays VIII: Technologies and Applications, 5079, 321 - 332, 2003.

[26] Jenkins, J. C. Development of helmet-mounted display symbology for use as a primary flight reference. Proc. SPIE: Helmet- and Head-Mounted Displays VIII: Technologies and Applications, 5079, 333 - 345, 2003.

[27] Jenkins, J. C., Thurling, A. J., and Brown, B. D. Ownship status helmet-mounted display symbology for off-boresight tactical applications. Proc. SPIE: Helmet- and Head-Mounted Displays VIII: Technologies and Applications, 5079, 346 - 360, 2003.

[28] Jenkins, J. C., Sheesley, D. G., and Bivetto, F. C. Helmet-mounted display symbology for enhanced trend and attitude awareness. Proc. SPIE: Helmet- and Head-Mounted Displays IX: Technologies and Applications, 5442, 164 - 178, 2004.

[29] Albery, W. B. Multisensory cueing for enhancing orientation information during flight. Aviation Space and Environmental Medicine, 78, B186 - B190, 2007.

[30] Wickens, C. D. and McCarley, J. S. Applied Attention Theory. Boca Raton, FL: CRC Press/Taylor & Francis Group, 2008.

[31] Wickens, C. D. Multiple resources and performance prediction. Theoretical Issues in Ergonomics Science, 3, 159 - 177, 2002.

[32] Leibowitz, H. W., Shupert, C. L., and Post, R. B. Emergent techniques for assessment of visual performance. Retrieved from http://www.nap.edu/openbook/POD227/html, 1985.

[33] Wickens, C. D. Spatial awareness biases. Technical Report AHFD - 02 - 6/NASA - 02 - 4. Moffett Field, CA: NASA Ames Research Center, 2002.

[34] Uhlarik, J. and Comerford, D. A. A review of situation awareness literature relevant to pilot surveillance functions. Final Report: DOT/FAA/AM - 02/3. Washington, DC: Office of Aerospace Medicine, 2002.

[35] Spence, C. and Driver, J. Cross-modal links in attention between audition, vision and touch: Implications for interface design. International Journal of Cognitive Ergonomics, 1, 351 - 373, 1997.

[36] Driver, J. and Spence, C. Cross-modal links in spatial attention. Philosophical Transactions of the Royal Society of London B, 353, 1319 - 1331, 1998.

[37] Yeh, M., Wickens, C. D., and Seagull, F. J. Effects of frame of reference and viewing condition attentional issues with helmet-mounted displays. Technical Report ARL - 98 - 1/ARMY - FED - LAB1. Champaign, IL: Aviation Research Lab, Institute of Aviation, University of Illinois at Urbana-Champaign, 1998.

[38] Belt, R. A. , Kelley, K. , and Lewandowski, R. Evolution of helmet-mounted display requirements and Honeywell HMD/HMS systems. Proc. SPIE, Helmet- and Head-Mounted Displays III, 3362, 373, 1998.

[39] Dornheim, M. VTAS sight fielded, shelved in 1970s. Aviation Week & Space Technology, October 23,1995, p. 51.

[40] Dornheim, M. A. and Hughes, D. U. S. intensifies efforts to meet missile threats. Aviation Week & Space Technology, October 16, 1995, p. 36.

[41] Arbak, C. Utility evaluation of a helmet-mounted display and sight. Proc. SPIE, Helmet-Mounted Displays, 1116, 138, 1989.

[42] Merryman, R. F. K. Vista Sabre II: Integration of helmet-mounted tracker/display and high off-boresight missile seeker into F－15 aircraft. Proc. SPIE, Helmet- and Head-Mounted Displays and Symbology Design Requirements, 2218, 173－185, 1994.

[43] Lake, J. NATO's best fighter is made in Russia. The Daily Telegraph, August 26, 1991, p. 22.

[44] Goodman, G. W. , Jr. First look, first kill. Armed Forces Journal International, 32, July 2000.

[45] Atac, R. Applications of the Scorpion color helmet-mounted cueing system. Proc. SPIE Head- and Helmet-Mounted Displays XV: Design and Applications, 7688, 768－803, 2010.

[46] Larsson, J. and Blomqvist, T. The Cobra helmet mounted display system for Gripen. Proc. SPIE 6955, Head- and Helmet-Mounted Displays XIII: Design and Applications, 695505, 2008.

[47] Braybrook, R. Looks can kill. Armada International, 4, 44, 1998.

[48] Sheehy, J. B. and Wilkinson, M. Depth perception after prolonged usage of night vision goggles. Aviation, Space and Environmental Medicine, 60, 573, 1989.

[49] Donohue-Perry, M. M. , Task, H. L. , and Dixon, S. A. Visual acuity versus field

of view and light level for night vision goggles (NVGs). Proc. SPIE, Helmet- and Head-Mounted Displays and Symbology Design Requirements, 2218, 71 - 82, 1994.

[50] Crowley, J. S., Rash, C. E., and Stephens, R. L. Visual illusions and other effects with night vision devices. Proc. SPIE, Helmet-Mounted Displays III, 1695, 166, 1992.

[51] DeVilbiss, C. A., Ercoline, W. R., and Antonio, J. C. Visual performance with night vision goggles (NVGs) measured in U. S. Air Force aircrew members. Proc. spie Helmet- and Head-Mounted Displays and Symbology Design Requirements, 2218, 64 - 71, 1994.

[52] Yona, Z., Weiser, B., and Hamburger, O. Day/night ANVIS/HUD - 24 (day HUD) flight test and pilot evaluations. Proc. SPIE, Helmet- and Head-Mounted Displays IX: Technologies and Applications, 5442, 225 - 236, 2004.

[53] Mace, T. K., Van Zyl, P. H., and Cross, T. Integration, development, and qualification of the helmetmounted sight and display on the Rooivalk Attack Helicopter. Proc. SPIE, Helmet- and Head-Mounted Displays VI, 4361, 12 - 24, 2001.

[54] Arthur, J. J., Prinzel, L. J., Williams, S. P., Bailey, R. E., Shelton, K. J., and Norman, R. M. Enhanced/synthetic vision and head-worn display technologies for terminal maneuvering area NextGen operations. Proc. SPIE, Display Technologies and Applications for Defense, Security, and Avionics V, 8042, 80420T (16 pages), 2011.

[55] Bailey, R. E., Shelton, K. J., and Arthur, J. J. Head-worn displays for NextGen. Proc. SPIE, Head- and Helmet-Mounted Displays XVI: Design and Applications, 8041, 80410G (15 pages), 2011.

[56] Jenkins, J. C. Development of helmet-mounted display symbology for use as a primary flight reference. Proc. SPIE, Helmet- and Head-Mounted Displays VIII:

Technologies and Applications, 5079, 333 - 345, 2003.

[57] Jenkins, J. C., Thurling, A. J., and Brown, B. D. Ownship status helmet-mounted display symbology for off-boresight tactical applications. Proc. SPIE, Helmet- and Head-Mounted Displays VIII: Technologies and Applications, 5079, 346 - 360, 2003.

[58] Jenkins, J. C., Sheesley, D. G., and Bivetto, F. C. Helmet-mounted display symbology for enhanced trend and attitude awareness. Proc. SPIE, Helmet- and Head-Mounted Displays IX: Technologies and Applications, 5442, 164 - 178, 2004.

[59] Melzer, J. E. HMDs as enablers for situation awareness, the OODA loop and sensemaking. Proc. SPIE, Head- and Helmet-Mounted Displays XVII: And Display Technologies and Applications for Defense, Security, and Avionics VI, 8383, 83830M (9 pages), 2012.

[60] Procter, P. Helmet displays boost safety and lethality. Aviation Week & Space Technology, February 1, 1999, p. 81.

[61] Rash, C. E. and Verona, R. W. The human factor considerations of image intensification and thermal imaging systems, Chapter 16, in: Karim, M. A. (Ed.), Electro-Optical Displays. New York: Marcel Dekker, Inc., pp. 653 - 710, 1992.

[62] Moffitt, K. W. Ocular responses to monocular and binocular helmet-mounted display configurations. Proc. SPIE, Helmet-Mounted Displays, 1116, 142 - 149, 1989.

[63] Mapp, A. P., Ono, H., and Barbeito, R. What does the dominant eye dominate? A brief and somewhat contentious review. Perception and Psychophysics, 65, 310 - 317, 2003.

[64] Wang, B. and Ciuffreda, K. J. Depth-of-focus of the human eye: Theory and clinical implications. Survey of Ophthalmology, 51(1), 75 - 85, 2006.

[65] Boff, K. R. and Lincoln, J. E. Engineering Data Compendium, Human Perception and Performance. Wright-Patterson AFB, OH: Harry G. Armstrong Aerospace Medical Research Laboratory, 1988.

[66] Moffitt, K. W. Designing HMDs for viewing comfort, in: Melzer, J. E. and Moffitt, K. W. (Eds.), Head-Mounted Displays: Designing for the User. Createspace Independent Publishing Platform, pp. 117 - 146, 2011.

[67] Self, H. C. Critical tolerances for alignment and image differences for binocular helmet-mounted displays, Technical Report AAMRL - TR - 86 - 019. Wright-Patterson AFB, OH: Armstrong Aerospace Medical Research Laboratory, 1986.

[68] U. S. Department of Defense. MIL - HDBK - 141 Optical Design. 1962.

[69] Smith, G., and Atchison, D. A. The Eye and Visual Optical Instruments. New York: Cambridge University Press, 1997.

[70] Bahill, A. T., Adler, D., and Stark, L. Most naturally occurring human saccades have magnitudes of 15 degrees or less. Investigative Ophthalmology, 14, 468 - 469, 1975.

[71] Wells, M. J., Venturino, M., and Osgood, R. K. Effect of field of view size on performance at a simple simulated air-to-air mission. Proc. SPIE, Helmet-Mounted Displays, 1116, 126 - 138, 1989.

[72] Kasper, E. F., Haworth, L. A., Szoboszlay, Z. P., King, R. D., and Halmos, Z. L. Effects of in-flight fieldof-view restriction on rotorcraft pilot head movement. Proc. SPIE, Head-Mounted Displays II, 3058,34 - 46, 1997.

[73] Szoboszlay, Z. P., Haworth, L. A., Reynolds, T. L., Lee, A. G., and Halmos, Z. L. Effect of field-of-view restriction on rotorcraft pilot workload and performance: Preliminary results. Proc. SPIE, Helmetand Head-Mounted Displays and Symbology Design Requirements II, 2465, 142 - 154, 1995.

[74] Lloyd, J. M. Thermal Imaging Systems. New York: Plenum Press, 1975.

[75] Melzer, J. E. Overcoming the field of view: Resolution invariant in head-mounted

displays. Proc. SPIE, Helmet- and Head-Mounted Displays III, 3362, 284 – 293, 1998.

[76] Hoppe, M. J. and Melzer, J. E. Optical tiling for wide-field-of-view head-mounted displays. Proc. SPIE, Current Developments in Optical Design and Optical Engineering VIII, 3779, 146 – 154, 1999.

[77] Browne, M. P., Moffitt, K., Hopper, D. G., and Fath, B. Preliminary experimental results from a dichoptic vision system (DiVS). Proc. SPIE, Head- and Helmet-Mounted Displays XVI: Design and Applications, 8041, 804105, 2011.

[78] Jackson, T. W. and Craig, J. L. Design, development, fabrication, and safety-of-flight testing of a panoramic night vision goggle. Proc. SPIE, Head- and Helmet-Mounted Displays IV, 3689, 98, 1999.

[79] Klymenko, V., Verona, R. W., Beasley, H. H., and Martin, J. S. Convergent and divergent viewing affect luning, visual thresholds, and field-of-view fragmentation in partial binocular overlap helmet-mounted displays. Proc. SPIE, Helmet- and Head-Mounted Displays and Symbology Design Requirements, 2218, 2, 1994.

[80] Klymenko, V., Harding, T. H., Beasley, H. H., Martin, J. S., and Rash, C. E. Investigation of helmetmounted display configuration influences on target acquisition. Proc. SPIE, Head- and Helmet-Mounted Displays, 4021, 316, 2000.

[81] Melzer, J. E. and Moffitt, K. An ecological approach to partial binocular-overlap. Proc. SPIE, Large Screen, Projection and Helmet-Mounted Displays, 1456, 124, 1991.

[82] Task, H. L. HMD image sources, optics and visual interface, in: Melzer, J. E. and Moffitt, K. W. (Eds.), Head-Mounted Displays: Designing for the User. Createspace Independent Publishing Platform, pp. 55 – 82, 2011.

[83] Fischer, R. E. Fundamentals of HMD optics, in: Melzer, J. E. and Moffitt, K.

W. (Eds.), Head-Mounted Displays: Designing for the User. Createspace Independent Publishing Platform, pp. 83 - 116, 2011.

[84] Hua, H. Sunglass-like displays become a reality with free-form optical technology. SPIE Newsroom, doi: 10.1117/2.1201208.004375, 2012.

[85] Cheng, D., Wang, Y., Hua, H., and Talha, M. M. Design of an optical see-through head-mounted display with a low f-number and large field of view using a freeform prism. Applied Optics, 48, 2655 - 2668, 2009.

[86] Rolland, J. P., Kaya, I., Thompson, K. P., and Cakmakci, O. Invited paper: Head-worn displays — Lens design. SID Symposium Digest, 855 - 858, 2010.

[87] Amitai, Y. Substrate-guided optical beam expander. United States Patent 6,829,095 B2, issued December 7, 2004.

[88] DeJong, C. D. Full-color, see-through, daylight-readable, goggle-mounted display. Proc. SPIE, Headand Helmet-Mounted Displays XVI: Design and Applications, 8041, 80410E, 2011.

[89] Mukawa, H., Akutsu, K., Matsumura, I., Nakano, S., Yoshida, T., Kuwahara, M., Aiki, K., and Ogawa, M. Distinguished paper: A full color eyewear display using holographic planar waveguides, SID Symposium Digest, 39, 89 - 92, 2008.

[90] Cameron, A. The application of holographic optical waveguide technology to Q-Sight™ family of helmet mounted displays. Proc. SPIE, Head- and Helmet-Mounted Displays XIV: Design and Applications, 7326, 73260H, 2009.

[91] Cameron, A. A. Optical waveguide technology and its application in head-mounted displays. Proc. SPIE 8383, Head- and Helmet-Mounted Displays XVII; and Display Technologies and Applications for Defense, Security, and Avionics VI, 83830E, 2012.

[92] U. S. Department of Defense. MIL - V - 85374, Military specification, visors, shatter resistant. 1979.

[93] Perry, C. E. and Buhrman, J. R. HMD head and neck biomechanics, in: Melzer, J. E. and Moffitt, K. W. (Eds.), Head-Mounted Displays: Designing for the User. Createspace Independent Publishing Platform, pp. 147 - 174, 2011.

[94] Guill, F. C. and Herd, G. R. An evaluation of proposed causal mechanisms for "ejection associated" neck injuries. Aviation, Space and Environmental Medicine, 60, A26, July 1989.

[95] Knox, F. S., Buhrman, J. R., Perry, C. E, and Kaleps, I. Interim head/neck criteria. Consultation report. Wright-Patterson Air Force Base, OH: Armstrong Laboratories, Escape and Impact Protection Branch, 1991.

[96] Whitestone, J. J. and Robinette, K. M. Fitting to maximize performance of HMD systems, in: Melzer, J. E. and Moffitt, K. W. (Eds.), Head-Mounted Displays: Designing for the User. Createspace Independent Publishing Platform, pp. 175 - 206, 2011.

[97] Barnaba, J. M. Human factors issues in the development of helmet mounted displays for tactical, fixed-wing aircraft. Proc. SPIE, Head-Mounted Displays II, 3058, 2 - 14, 1997.

[98] Gordon, C. C., Churchill, T., Clauser, C. E., Bradtmiller, B., McConville, J. T., Tebbetts, I., and Walker, R. A. 1988 anthropometric survey of U. S. army personnel: Summary statistics interim report. Technical Report TR - 89/027. Natick, MA: U. S. Army Natick, 1989.

17

平视显示器

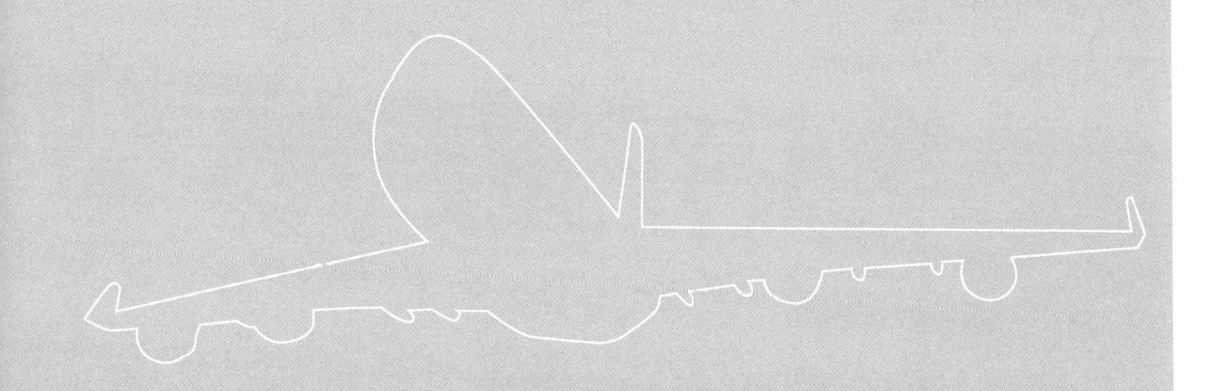

17.1 导言

在军用平视显示器(HUD)的发展初期,人们发现与传统飞行仪表系统相比,使用HUD可以大大提高飞行员操作的准确度和精准性。这一发现催生了第一套HUD系统,它用于辅助商用客机飞行员着陆操作。1975年,法国Sextant Avionique公司为达索公司"水星"号(Dassault Mercure)飞机安装了第一台HUD。20世纪70年代后期,Sundstrand和道格拉斯飞机公司在MD80系列飞机上也都安装了HUD(见图17-1)。

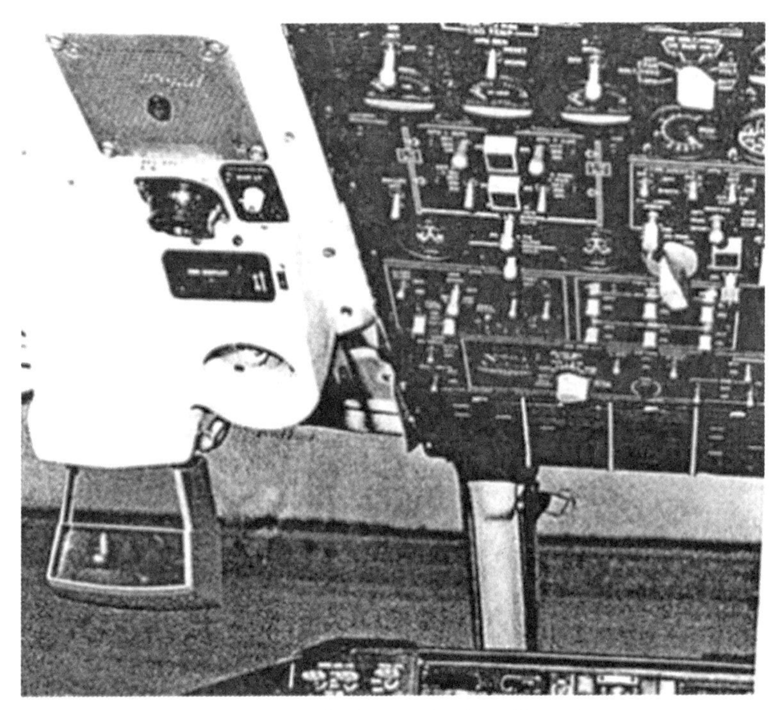

图17-1 早期商用平视显示器(HUD)

20世纪80年代初,飞行动态公司研发了一种全息光学系统,用来显示由惯导推算的和精确引导的飞机飞行轨迹。由此研制出第一套宽视场的平视引导系统。其后,阿拉斯加航空公司首先采用了该项技术,在B727-100/200飞机上安装了飞行动态公司的全息光学系统(见图 17 - 2),实现了机队常规手动Ⅲa 类飞行。采用 HUD 代替故障消极防护的自动着陆系统,在低能见度飞行条件下成功飞行演示后,区域航线客机开始采用该项技术,旨在当气象条件低于 E 类最低限值时,维持区域航线的时间计划表,并增强飞行员的态势感知。

图 17 - 2 安装在 B737 - 800 飞机上供手动Ⅲa 类飞行的商用 HUD

到 20 世纪末,很多商用客机都安装了平视引导系统,数千名飞行员接受了使用这种设备的培训。装备 HUD 的飞机累计飞行了超过 600 万飞行小时,其中低能见度条件下完成的操作超过 30 000 次。现在,HUD 已经确定为飞机驾驶舱的一个补充设备,为改善飞行员操作能力和增强态势感知提供保证,从而提高了飞机的安全性。在航空运输及区域性的和大型的商务飞机市场,如今制造商几乎为所有飞行驾驶舱提供 HUD。在各个飞行阶段,对飞行员来说,B787 梦想飞机是第一架用以验证标准的具有 HUD 的飞行驾驶舱的商用飞机。

2009 年,飞行安全基金会发布了一份关于在飞行驾驶舱加入安全影响的特别报告,并得出结论“整体上,HGST对38%的事故可能有积极的影响”,报告还总结道,HGST会防止或积极影响所分析的起飞和着陆事故的69%。世界各国的管理机构,包括中国民用航空管理局,都公布了这份特殊的报告,并已计划要求在中国领空飞行的飞机上安装HUD。

17.2　HUD基本原理

HUD系统由两个主要子系统组成:飞行员显示单元(PDU)和HUD计算机。PDU安装在飞机驾驶舱上,或者安装在遮光板上,或者安装在飞行员头部上方。PDU安装在精确对齐的支架上,作为附属于飞机结构的一部分,这样飞行员所看到的准直HUD图像就覆盖了外部场景。HUD需要一个非常明亮的图像源,通常是单绿色的。在早期的系统中,平视显示器是一个阴极射线管(CRT),以在CRT屏幕周围移动的一个亮点作为模拟信号来绘制一些符号,从而实现图像的显示。最新的数字HUD设计使用单色有源矩阵液晶显示器(AMLCD),其背景光非常明亮,由一系列绿色发光二极管(LED)组成。与HUD图像源相连的是一个光学系统,它将来自图像源的光线投射到飞行员眼前的HUD组合器上。这种组合玻璃有一种特殊的涂层,它只反射图像源发出的光的颜色,并允许真实世界中的所有其他颜色通过,使飞行员能够看到被准直的HUD图像覆盖的外部世界。PDU位于驾驶舱内,因此位于驾驶舱设计眼位(DEP)的飞行员可以精确地查看与外部世界一致的HUD信息。这使得,如当飞机在地面上时,计算机生成的零螺距线可以覆盖真实世界的地平线。

驾驶舱DEP规定了为满足FAR 25.773和FAR 25.775要求的最佳驾驶舱位置。从这个位置,飞行员可以方便地观察到所有相关的下视仪表和透过飞机风挡玻璃的外部景象,而且又能接近所有需要的驾驶舱控制器。HUD“眼箱”(eyebox)总是固定在相对驾驶舱设计眼位上,这样使飞行员可在与不装备

HUD 的飞机的相同的物理位置上驾驶飞机。

PDU 连接到安装在飞机电子舱的 HUD 计算机上。HUD 计算机可以是独立的 HUD 计算机单元，也可以作为综合模块化航空电子（IMA）机柜系统的一部分的 HUD 模块，例如 B787 上或庞巴迪全球快递上的 PRO 线融合系统的通用计算系统。在 IMA 体系结构中，HUD 软件功能与其他航空电子功能共享计算和接口资源。HUD 计算机接收来自飞机传感器和系统的飞行信息，计算机运行验证和格式化数据的算法，然后生成构成 HUD 图像的字符和符号。一些 HUD 计算机还能够产生高完整性的制导命令和提示，用于精确的低能见度起飞、进近、着陆（拉平）和滑跑。一些 HUD 计算机还可以在符号中添加视频覆盖。HUD 计算机和 PDU 之间的接口通常是基于航空无线电的数字视频光纤链路，包含在 ARINC 818 标准中。

17.2.1 光学构造

平视显示器系统的光学装置用来“准直”HUD 图像，以便将最重要的飞行参数、导航信息和引导信息叠加在外部景象上。每个 HUD 设计有一个垂直和水平视场角，这是平视显示器图像可见的角度区域。

四种不同的视场（FOV）特征参数用来描述飞行员可以观察到的 HUD 图像的视角区域，如图 17－3 所示。这四种视场概述如下。

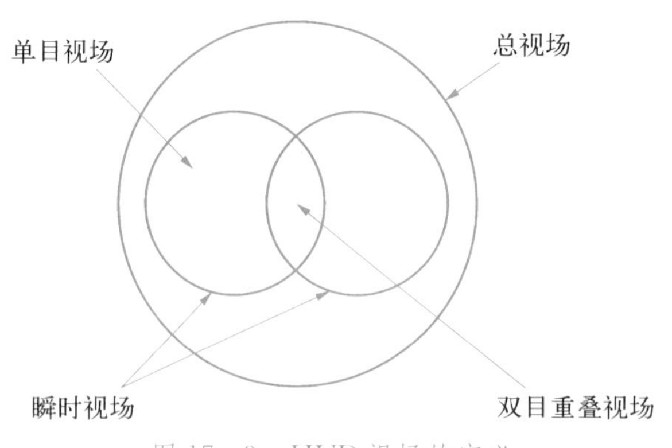

图 17－3 HUD 视场的定义

总视场(TFOV)——飞行员头部在HUD眼箱内作垂直和水平方向上移动时,其双眼可以观察到图像源字符的最大角度范围。

瞬时视场(IFOV)——从处于HUD眼箱内的一个固定头位,通过HUD光学部件的透明孔径,每只眼睛对着两个立体角的合成视角。也就是说,瞬时视场是从处于HUD眼箱内的一个固定头位飞行员左眼看到的加上右眼看到的图像源字符的视场之和。

双目重叠视场——从处于HUD眼箱内的一个固定头位,通过HUD光学部件的透明孔径,飞行员每只眼睛对着的两个立体视角的交叉部分。因此,双目重叠视场定义为左右眼睛同时可以观察到HUD显示的最大角度范围。

单目视场——从固定眼位,通过HUD光学部件的透明孔径,飞行员单眼对着的立体视角。须注意的是,单目视场的大小和形状随着眼位在HUD眼箱内位置的不同而改变。

根据预定的HUD功能要求,FOV是针对具体的飞机驾驶舱几何结构进行设计并加以优化的。例如,如果HUD是为了支持飞机的着陆,那么FOV将集中于飞行员在正常进场期间所观察的位置。在某些情况下,驾驶舱几何结构可能会影响到最大可用FOV。

近30年来,HUD光学设计取得的最重要的进步之一是从折射准直光学系统发展到反射准直光学系统,在一些情况下则采用衍射准直光学系统。采用更复杂(成本更高)的反射准直系统技术,可以获得更大的显示视场(FOV),从而扩展HUD作为全时间主飞行仪表的有用性。最近的一种光学设计基于基板导向光学,它使用特殊组合器内的内部反射,将准直的HUD图像以非常紧凑的封装方式传递给飞行员的眼睛。

17.2.1.1　折射式光学系统

折射式光学系统构造如图17-4所示。这种构造类似于20世纪50年代采用的HUD基本光学系统。在这种光学构造中,图像源由折射透镜元件的组合器准直,透镜元件是为了在适当的FOV显示器上提供高精度显示。需要注意的是，使用内部反射镜来缩小光学系统，减小 HUD 的封装外壳的物理尺寸。由图 17－4 可知，HUD 组合镜采用了一个部分透明的玻璃平板，可以反射约25％的 CRT 图像源的准直光，透射约 70％的外部景象的光线。

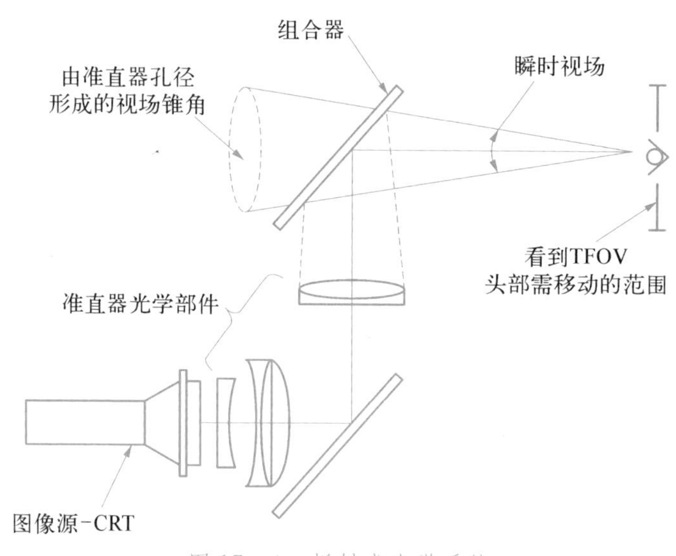

图 17－4　折射式光学系统

需要注意的是，增加与第一套组合镜平行的、在垂直方向上平移一个位置的第二套组合镜，可以扩大垂直方向的瞬时视场。

17.2.1.2　反射式光学系统

20 世纪 70 年代后期，HUD 光学系统的设计人员着眼于寻求一种能大幅度提高总视场和瞬时视场的方法。图 17－5 展示了第一套舱顶安装的反射式光学系统（采用全息技术制造的组合镜），是专门为商用飞机设计的。

反射光学器件可以看作是两个不同的光学子系统。第一组是中继光学透镜部件，用来对 HUD 图像源重新成像和预像差，形成中继航空图像，位于距离光学放大组合镜/准直器一个焦距的地方。如果需要，中继镜头可以包括一个棱镜元件，在飞行员的头上将光路“弯曲”。这种设计可允许在头顶空间受限的飞机上安装 HUD。

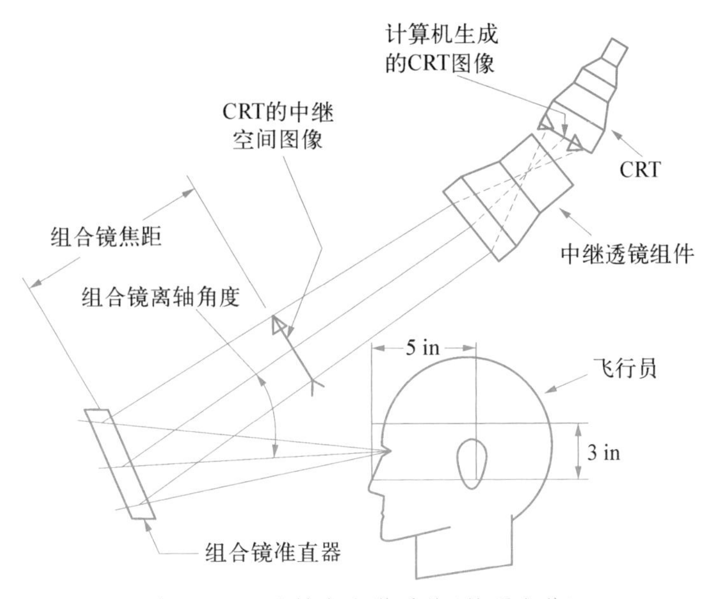

图 17－5　反射式光学系统(舱顶安装)

第二套光学子系统是组合镜/准直部件,对中继空间图像重新成像和准直后供飞行员观察。与折射光学系统一样,飞行员的眼睛聚焦于光学无穷远处,透过组合镜看到虚像。考虑到来自中继透镜的轴向主射线,该组合器离轴倾斜,将 HUD 图像反射到飞行员的眼睛中。为了防止飞行员头部挡住从中继透镜到组合镜的光线,组合镜相对中继透镜部件的主光线成一个离轴角度。虽然从图像观察角度,组合镜要求有一个离轴角度,但这大大增加了系统中的光学像差,此像差必须在中继透镜中进行补偿,以获得一个很好校正的准确虚拟显示。

图 17－6 表示一个典型的反射式 HUD 系统的光线轨迹,从中可以看出中继透镜部件的复杂性(这是已经过认证的第一套手动Ⅲa 类飞行的 HUD 光学系统)。

图 17－6 所示的中继透镜虽然复杂,但可以在相当大的眼箱内提供大的瞬时视场,同时还可以获得低的显示视差和高的显示精度。

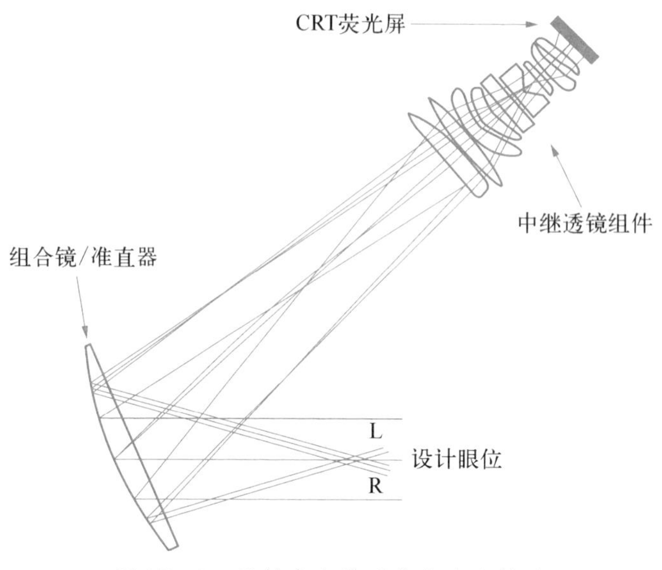

图 17-6　反射式光学系统的光线轨迹

反射光学系统可以获得等于总视场的瞬时双目叠加视场，飞行员无需转动头部，每一只眼睛都可以观察到 CRT 上显示的所有信息。

17.2.1.3　光学波导系统

20 世纪 90 年代，HUD 光学设计人员试图寻找方法来减少 HUD PDU 的尺寸和成本，这样在没有空间安装传统屈光或反射光学系统的小型飞机上的飞行员就可以享受到 HUD 的好处。

图 17-7 所示的光学系统使用位于飞行员前方的平板玻璃(组合镜)充当 HUD 图像源的波导。输入耦合将 LED 发光液晶微显示器的光“弯曲”到组合镜中，半透明输出耦合器将光在波导外重定向，将图像发送到飞行员的前视场。输出耦合器只反射图像源照明器产生的光的颜色，使得飞行员看到覆盖在外界场景之上的成像器的扩展和准直视图。

17.2.1.4　光学系统比较

表 17-1 总结了不同光学系统的典型 FOV 特性。

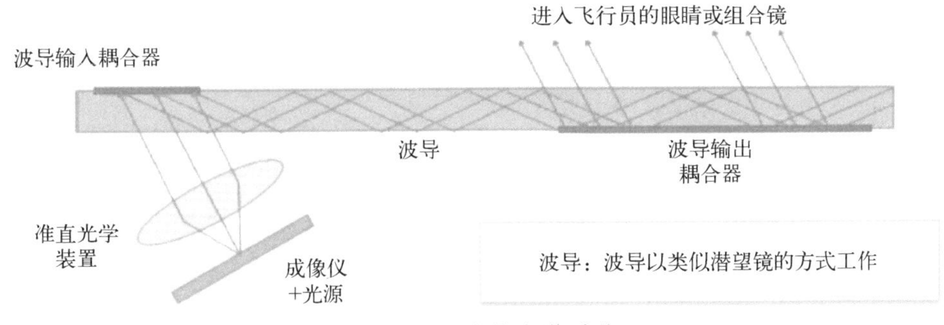

图 17-7　波导光学系统

由于具有优异的 FOV 显示特性，在当今航空运行中，所有商业上认证的 HUD 系统都使用反射式光学系统。折射式光学装置用在战斗机遮光板上安装的 HUD 之上，此处头部安装的光学装置是不实用的。波导光学装置用于飞行器的紧凑的 HUD 设计中，在该飞行器中没有足够的空间用于头部安装的光学装置，并且能够接受以较低的光学性能换取较低的成本。

表 17-1　典型的 HUD 视场

	折射式 HUD FOV 特性①		反射式 HUD FOV 特性
	单组合镜	双组合镜	
总视场	20°～25°直径	25°～30°直径	22°～28°(V)×28°～34°(H)
瞬时视场	12°(V)×17.8°(H)	16°(V)×17.8°(H)	22°～28°(V)×28°～34°(H)
双目重叠视场	11°(V)×6°(H)	16°(V)×6°(H)	22°～26°(V)×25°～30°(H)
单目视场	12°直径	16°(V)×12°(H)	22°～28°(V)×30°(H)

① 计算假设准直器出口孔径为 5.0 in，飞行员与 HUD 准直器出口孔径之间的距离为 24 in。

17.2.2　重要的光学特性

本节概括了与保形 HUD 系统相关的其他一些重要光学特性。很明显，HUD 视场、亮度和显示线宽度等特性必须满足基本的性能需求。然而，光学系统的复杂程度和成本受 HUD 眼箱大小、组合镜离轴角度、显示精度以及光学视差等因素的影响。一个没有很好准直的光学系统，不能将保形的字符很好地叠加在外部景象上，而且当飞行员的头部在 HUD 眼箱内移动时，不能保证字符相对于外部景象固定不变。

17.2.2.1 显示亮度及对比度

HUD 应该能够在所有可预见的环境照明条件下提供适用的显示，其中包括亮度为 10 000 fL(或者 34 000 cd/m^2)的阳光照射云层，以及夜间进近到稀疏照明的跑道。HUD 对比度是图像显示亮度相对于实际景象亮度的一种度量，其定义如下：

$$\text{HUD 对比度}=\frac{\text{显示亮度}+\text{实际景象亮度}}{\text{实际景象亮度}}$$

显示亮度是指到达飞行员眼睛，并经适光加权的 CRT 光输出强度。实际景象亮度是飞行员透过 HUD 组合镜所观察到的实际外部景象的亮度(按照惯例，计算景象亮度时不计飞机风挡玻璃的透射影响)。

通常认为，人眼观察比较适合的显示是对比度(CR)>1.2，但 CR>1.3 时的效果会更好一些。对于透光率为 80%的组合镜和 10 000 fL 的云层，1.3 的 HUD 对比度要求在飞行员眼睛上的显示亮度为 2 400 fL，这个亮度比大多数下视显示器的亮度高出 10 多倍。此亮度转换到 CRT 荧光屏的亮度约为 9 000 fL，这个亮度很容易满足新的高亮度的 LED 背光 AMLCD 的要求。

如果显示器显示视频叠加，将可能需要有一个 4 000 fL 亮度以支持一个或两个以上的视频灰度显示。

17.2.2.2 头部移动箱

HUD 头部移动箱或“眼箱”是围绕着驾驶舱设计眼位(DEP)的三维空间区域，在此箱中，飞行员至少有一只眼睛可以观察到 HUD。眼箱中心相对驾驶舱 DEP 前后或上下的位置是被显示出来的，以便更好地调整飞行员的实际座位。驾驶舱眼位参考点或 DEP 涉及许多与人机工程有关的问题，例如，下视显示器可视性、机头前方下视角度以及各种控制器如操纵杆、起落架手柄等的物理位置。

HUD眼箱应尽可能地大，使得头部有最大移动范围而不丢失显示信息。眼箱的尺寸由中继透镜出口孔径、中继透镜与组合镜之间的空间、组合镜与DEP的间距、组合镜的焦距等因素决定。现代HUD眼箱的尺寸一般是横向5.2 in、垂向3.0 in、纵向6.0 in。

在所有HUD中，随着横向或纵向眼位移增大，尤其是靠近眼箱边缘时，单目瞬时视场将随之减小(或变模糊)。从眼箱边缘起设置一个最小单目瞬时视场，这样即使飞行员头部偏离中心位置时，也可以确保飞行员的一只眼睛处于眼箱边缘，故仍可获得有用的显示FOV。一般用横向10°×纵向10°来定义单目视场眼箱的极限值。在反射式HUD中，较小的头部移动(横向大于1.5 in)将使得一只眼睛处于眼箱以外而看不到显示。在这种情况下，另一个眼睛将看到总视场，因此对飞行员来说并没有丢失信息。

17.2.2.3　HUD显示精度

显示精度是指从眼箱内任一眼睛位置，透过组合镜和驾驶舱风挡玻璃所看到的投影图像有多准确地叠加在实际外部景象上的一种度量。显示精度是采用单目来测量的，对于一个固定的显示位置，数值上等于HUD投影的字符单元与透过组合镜和驾驶舱风挡玻璃观察到的对应外部景象特征点之间的角度差。整个HUD系统显示精度误差包括光学误差、电子增益和补偿误差、与CRT和偏转线圈有关的误差、架空组合镜对准误差、风挡玻璃不均匀度、环境条件(包括温度)、组件容差和安装误差等。光学误差取决于头部位置和张角。

考虑上述所有误差源，商用HUD可以达到以下的显示精度：

视轴	±3.0 mrad
总显示精度	±7.0 mrad

视轴方向用作消除所有电子误差的校正方向。视轴误差包括HUD硬接点固定在飞机机身上的机械安装误差、因温度变化引起的电子漂移和定位组合镜单元的加工公差。配备综合组合镜的折射式光学系统(如F-16飞机所用的

HUD)能达到的显示精度约为上述误差的一半。

17.2.2.4 HUD视差

在双目叠加视场区域，左右眼观察到的是CRT荧光屏上同一个位置的图像。双眼所观察到的图像之间微小的角度误差就是双目视差或准直视差。总视场内一个固定视点的双目视差是由于水平上分开的瞳孔间距（假定为2.5 in），使得进入两只眼睛的光线存在角度差。如果在眼箱各位置，将投影显示虚像准直到光学无穷远处，那么射入双眼的光线方向将是一致的，这时双目视差为零。视差由横向和纵向两分量组成。

由于光学部件的轴对称特性，加上叠加的双目FOV比较小，所以折射式HUD的视差一般小于1.0 mrad。

17.2.2.5 显示线宽

HUD显示线宽是显示字符的角度尺度。显示图符点在50%毛亮度点，可接受的HUD显示线宽为0.7～1.2 mrad。显示线宽取决于光学系统的有效焦距和CRT荧光屏的物理线宽。具有5 in焦距的典型宽频反射式HUD光学系统将在图像源上提供约1.2 mrad（约3～4个像素）的抗锯齿显示线宽。HUD光学系统的像差对图像的显示线宽产生不利的影响。这些像差包括未校正的色差（色偏差）、残余的未补偿彗形像差和像散。在HUD中继透镜优化设计中尽量减小这些光学误差，将也有助于减小系统视差。

表17-2概括了商用宽视角反射式HUD光学系统的光学性能特性。

表17-2 光学系统概要(反射式HUD)

1. 组合镜设计	宽视场，波长选择，可收起，惯性移开（符合HIC①）
2. DEP到组合镜距离	9.5～13.5 in（取决于驾驶舱几何尺寸）
3. 显示器视场 总视场 瞬时视场 双目重叠视场	 24°～28°(V)×30°～34°(H) 24°～28°(V)×30°～34°(H) 22°～24°(V)×24°～32°(H)

(续　表)

4. 头移动箱或眼箱 水平 垂直 深度(前/后)	典型尺寸(取决于配置) 4.7～5.4 in 2.5～3.0 in 4.0～7.0 in
5. 观察 TFOV 所需的头部移动	无
6. 显示视差(典型) 会聚 发散 倾斜会聚	 95%的数据点小于 2.5 mrad 95%的数据点小于 1.0 mrad 93%的数据点小于 1.5 mrad
7. 显示黏度(2σ) 视轴 总视场	 小于 2.5～4.0 mrad 小于 5.0～9.0 mrad
8. 组合镜透射率和显色	78%～82%光亮(昼间适应的眼睛) 84%微光(夜间适应的眼睛) 小于 0.03 彩色偏移 $u'v'$坐标
9. 显示亮度和对比度 仅笔画 光栅 显示对比度	 1 600～2 400 fL 600～1 000 fL 1.2～1.3∶1(10 000 fL 环境背景)
10. 显示线宽	0.7～1.2 mrad
11. 次显示图像强度	小于来自眼箱主图像的 0.5%

① HIC—头部损伤准则。

17.2.3　HUD 上的视频显示

早期的 HUD 只能显示飞行符号体系的符号和文本,但客户现在还要求 HUD 显示来自新的态势感知工具[如增强视觉系统(EVS)和合成视觉系统(SVS)]的共形视频。在模拟 CRT HUD 上显示符号和视频是非常困难的,因为 CRT 使用波束转向“笔画写入”来依次绘制屏幕上的每个符号。为了绘制视频,光束必须在 CRT 上重复扫描以形成图像。绘制两种符号,然后视频限制最大亮度并增加投影组件中产生的热量。在 HUD 上,对视频叠加的市场需求加速了从 CRT 到高分辨率的数字图像源的转换,其中整个 HUD 图像的数字图像源每隔一帧刷新。

17.2.3.1 视频处理与对齐

视频处理用于优化接收到的视频图像以便在 HUD 上显示给飞行员，可以包括以下某个或全部：

(1) 从光栅扫描到数字图像的转换以消除过扫描和反扫。

(2) 将模拟视频转换为单色数字像素图像。

(3) 应用图像改进算法增强图像对比度和降低图像噪声。

(4) 从原始图像分辨率提升到 HUD 图像源的分辨率。

HUD 包括一个视频图像的对齐功能，它使用存储的设置将视频在 HUD 图像源上的位置移动，以确保视频中的信息与外部世界精确对齐。例如，机械师或飞行员可以在 HUD 上显示 EV 摄像机图像，并注意到当通过组合镜观察时，HUD 视频中显示的远处对象并不覆盖对象。操作员可以使用控制面板按钮来稍微移动图像，使它直接覆盖现实世界。然后可以保存这些补偿量以供飞行中使用。

17.2.3.2 显示视频灰度

当 HUD 正常使用时，飞行员将 HUD 符号的亮度调整到通过组合镜观察到的外部场景可见的舒适水平。然后一种自动亮度算法将基于前视光传感器调节亮度，以保持选定的对比度。飞行员通常选择一个低对比度，所以符号只是刚好可见的。符号和外部场景之间的这种低对比度使得飞行员能够更容易地在对外部视觉场景的关注和对飞行信息的视觉扫描之间保持平衡。HUD 上的图像总是在外部场景的背景下查看，这一事实限制了显示在 HUD 上的可由飞行员察觉到的亮度范围，下限是飞行员在背景下注意到的最小亮度。在低背景亮度条件下，高亮度是飞行员夜视灵敏度会受到影响的 HUD 亮度，在明亮的 HUD 图像后面，外部场景变得很难看到。高背景亮度条件下的高限是 HUD 图像源的最大亮度。这一有限的图像亮度范围还限制了可以在视频图像中显示的灰度阴影的数量，这些灰度阴影强烈依赖于环境亮度和最大 HUD

亮度能力。

当向 HUD 添加视频显示功能时,加以控制使飞行员得以调整视频的整体亮度,并调整视频对比度以增强图像中的显示细节。但是这可能使得飞行员通过不断调整控制来提高图像而分心,从而出现危险,一种建议是提供视频对比度一个自动算法控制,在选定的亮度水平上使灰度的数目最大化。

17.2.3.3　保持符号对比

HUD 的主要用途是显示飞行信息符号。如果视频掩盖或降低了符号的可读性,则来自 EVS 或 SVS 的在 HUD 上显示的视频可以干扰该主要用途。无论飞行员选择的亮度设置和视频图像的内容如何,HUD 设计者必须确保符号清晰可读。这一挑战特别困难,因为可用于显示视频的灰度范围有限,并且飞行员将通过提高视频亮度来进行补偿。当符号覆盖一个明亮的视频区域,并且符号和视频之间没有足够的对比时,就会出现模糊现象,这使得它很难读懂。

解决这一问题的办法包括以下几个方面:

(1) 人为限制视频的亮度保证它总是比符号暗。

(2) 当视频明亮时,使符号的亮度高于飞行员选择的亮度,使其比区域中的视频明亮,以保持对比度。这是 CRT HUDS 的一个自动特性,其中符号和视频分别“绘制”,因为荧光粉的面积被电子束击中两次,从而增加了该光斑的亮度。

(3) 在视频中添加符号掩码以确保符号周围的区域是清晰的。这种所谓的光晕的技术保持了符号和背景之间的对比,但实际上只适用于有数字图像源的 HUD(见图 17-8)。

17.2.3.4　视频接口标准

早期的 EVS 传感器使用 RS-170A 标准将视频传输到 HUD。该标准于 2009 年前在向数字电视过渡阶段时用于电视传输,在同轴电缆上传输模拟波形。在 2007 年,ARINC 公司发布了 ARINC 818“航空电子数字视频总线(APRIB)”,这是一种标准,定义了一个点对点的串行协议,用于使用光纤通道

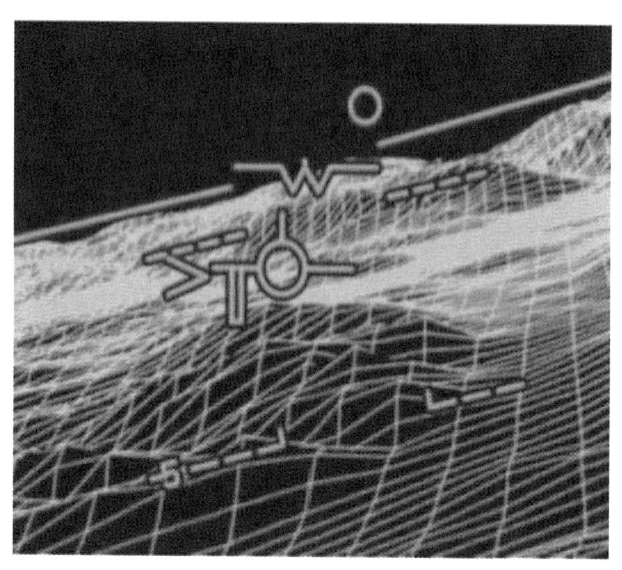

图 17-8 HUD 符号细节显示光晕

协议传输视频、音频和数据。视频通常通过光纤电缆传输，以确保 HUD 接收到高分辨率、低噪声的信号。

17.2.4 HUD 机械安装

HUD 的用途是将显示符号信息与外部景象叠加后供飞行员观察。为了达到这个目的，HUD 的飞行员显示单元(PDU)必须与飞机的俯仰、滚转、航向轴非常精确地对准。所以，HUD 的 PDU 相对驾驶舱坐标系的角度关系至关重要。用 HUD 的固定衬垫或硬接点将 HUD 安装在飞机上并进行对准的过程称为“视轴对准”，第一次在飞机上安装 HUD 时，就要做这项工作(虽然 HUD 硬接点的对准线有时要做检查，但是一旦安装好之后，硬接点是永久性的，几乎不需要调整)。

有些反射式 HUD 采用对接衬垫直接将 PDU 安装到飞机结构件上。一旦衬垫对准后，视轴与飞机轴线就一致，然后胶结环氧树脂将 PDU 永久固定住。对准 HUD 视轴的安装方法如图 17-9 所示。在这种情况下，飞机的纵向轴为视轴的参考方向。使用特殊工具,将舱顶安装部件和组合镜衬垫与靠近机身后部经精确定位的目标板对准。这种视轴对准方法不需要把飞机顶起来放平。

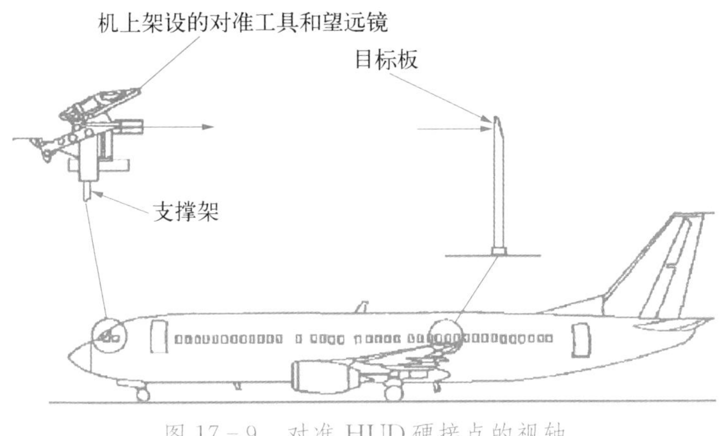

图 17-9　对准 HUD 硬接点的视轴

HUD 另外一些安装形式是设计一个固定在飞机结构上的托架,为 HUD 各个 LRU 提供一个安装接口。PDU 也必须采用托架安装,并使其视轴与飞机轴线对准。

17.2.5　HUD 系统硬件

典型的商用 HUD 系统包括 4 个主要外场可更换单元(LRU)(HUD 的各 LRU 可以在驾驶舱内更换而不需要做任何对准或校准)。驾驶舱内安装的 LRU 包括舱顶安装部件和组合镜、PDU 以及 HUD 控制面板。HUD 计算机置于电子设备舱内或是其他方便的位置。HUD 的互连图如图 17-10 所示。

17.2.5.1　HUD 舱顶安装部件

HUD 的舱顶安装部件(OHU)直接安装在飞行员头部上方,它与 HUD 计算机接口,接收模拟 X、Y 偏转信号和 Z 视频数据,或经串行接口接收串行数字显示清单和控制数据。OHU 电子部件将偏转和视频数据转换成高亮度 AMLCD 上的图像。视频中嵌入的控制数据用于控制 LED 背光的亮度。

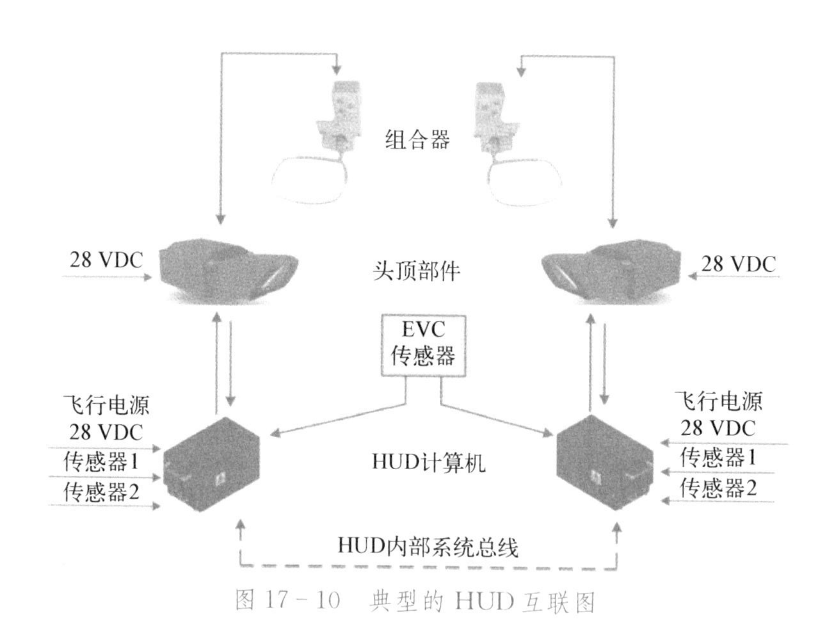

图 17-10 典型的 HUD 互联图

AMLCD 以光学方式耦联到中继透镜组件，使 CRT 在距组合镜单元一个焦距处形成中继空间图像，其光学简图如图 17-5 所示。组合镜在光学无限远处对中继图像重新成像，供飞行员观察。OHU 包括驱动 CRT 和监视该 LRU 机内自检(BIT)状态的各种电子部件，然后通过 ARINC 429 总线传输到 HUD 计算机。OHU 同时提供至组合镜的电子接口。

图 17-11 给出了一个典型的舱顶安装部件。这个 LRU 包括驱动高亮度 CRT 的所有电子电路以及与 BIT 相关的功能电路。OHU 主要子系统如下：

(1) 中继透镜组件。

(2) 去湿组件(防止中继透镜雾化)。

(3) 单色 AMLCD。

(4) 带散热器的 LED 背光照明。

(5) ARINC 818 接口。

(6) 背光控制和 AMLCD 驱动板。

(7) 低压电源和蓄电池。

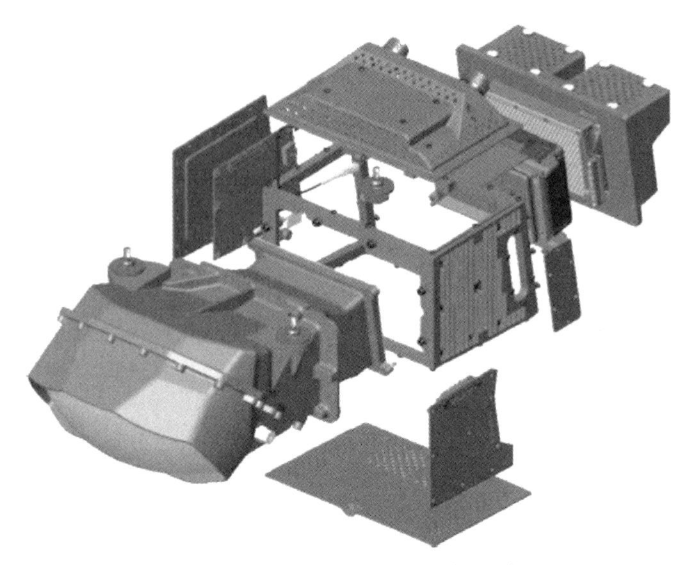

图 17-11　典型舱顶安装部件

(8) BIT 和监控电路。

(9) OHU 机架。

在一些 HUD 系统中,作为关键字符“环绕”监测特性的一部分,PDU 可以将偏转数据反馈给 HUD 计算机。HUD 作为主飞行显示器,实时监测一些关键的显示字符(如地平线),为 HUD 认证提供要求的高完整性。在 HUD 上被监测的其他关键数据包括仪表着陆系统(ILS)数据、空速、航迹矢量以及低能见度引导符。

17.2.5.2　HUD 组合镜

组合镜是一种光学机械外场可更换单元,包括一个精密支撑结构装置,用来承载对波长有选择性的组合镜单元以及一个组合镜收起和移开机械装置。组合镜 LRU 安装在永久与飞机结构固连的精密预校准交互接口上。组合镜玻璃的支撑结构装置确定组合镜相对驾驶舱 DEP 和舱顶组件的位置。当组合镜不用时,其机械装置允许把组合镜玻璃向上收起;在飞机快速减速时让其移开,以符合新近规定的驾驶舱头部损伤标准或 HIC。当组合镜锁定收起和在移开位置时，飞行员施力可将其返回到展开位置。许多 HUD 组合镜组件有一个自检对准检测器，可以实时监视组合镜玻璃的位置。图 17-12 所示为一个商用的 HUD PDU 和一个对波长有选择性的组合镜。组合镜通常包括 HUD 光学控制器(亮度和对比度)。

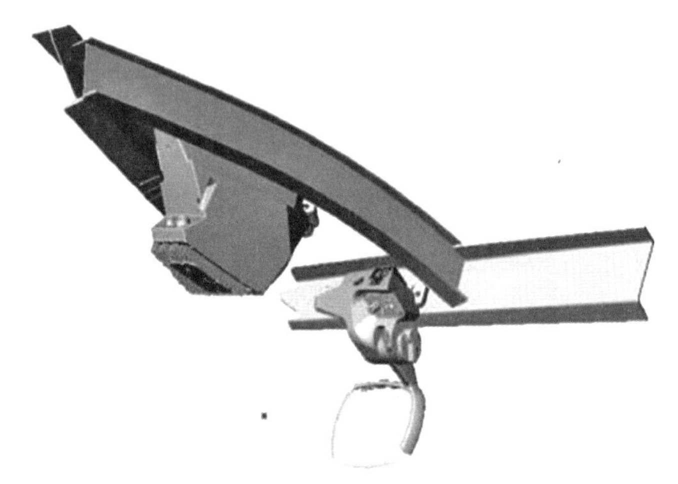

图 17-12　HUD 的飞行员显示单元

17.2.5.3　HUD 计算机

HUD 计算机与飞机传感器和其他系统交联，进行数据转换，验证数据，计算导引指令(按使用要求)，确定字符位置和格式，生成显示清单，并将显示清单转换成 X、Y、Z 波形，供 PDU 显示。在一些商用 HUD 系统中，HUD 计算机还完成与低能见度条件下起飞、进近、着陆、滑行引导以及安全性能和故障监控等有关的各种计算。由于这些功能对于飞行来说至关重要，所以显示的数据必须满足最高完整性要求。HUD 计算机结构和软件是专门设计的，以符合这些要求。

对于符合全飞行体制的 HUD 来说，安全性关键要求之一是绝不允许在 HUD 上出现未予通告和有危险的错误姿态字符显示，以及未予通告和有危险的错误低能见度引导字符显示。分析这些要求后的 HUD 计算机系统结构如图 17-13 所示。

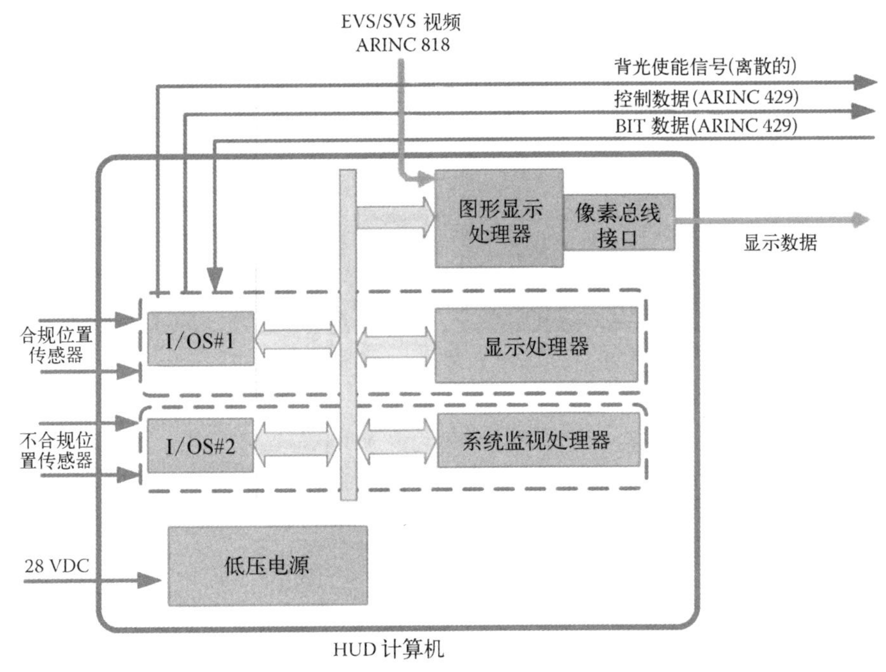

图 17-13　高完整性的 HUD 计算机结构

在这个体系结构中,从机上主要传感器和各系统来的数据通过两个独立的输入/输出(I/O)子系统进入 HUD 计算机。专用 HUD 计算机的航空电子接口取决于航空电子系统,可以是下列接口的任一种组合,即 ARINC 429、ARINC 629、ASCB、AFDX 或 MIL-STD-1553B。较老一些的飞机通常有各种模拟输入和一些同步器数据。I/O 子系统还包括架空单元和组合镜所需的接口,还常包括至飞行数据记录仪和中心维护计算机的输出接口。

图 17-14 所示为一幅典型的商用 HUD 显示字符组照片。生成这些字符显示所需的飞机传感器数据如表 17-3 所示。一般来说,需要两个关键数据来源来满足向飞行员显示姿态信息的安全性和完整性要求。

显示处理器(DP)验证数据的有效性,将来自冗余传感器的等效数据进行比较,计算显示符号位置,并生成符号显示列表。DP 还使用着陆系统数据计算引导提示的位置。

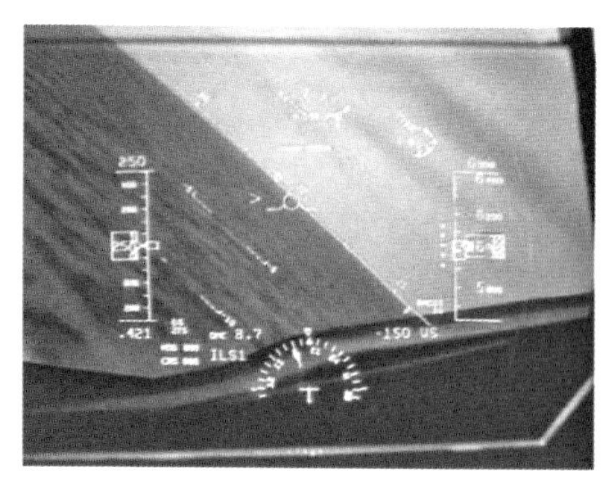

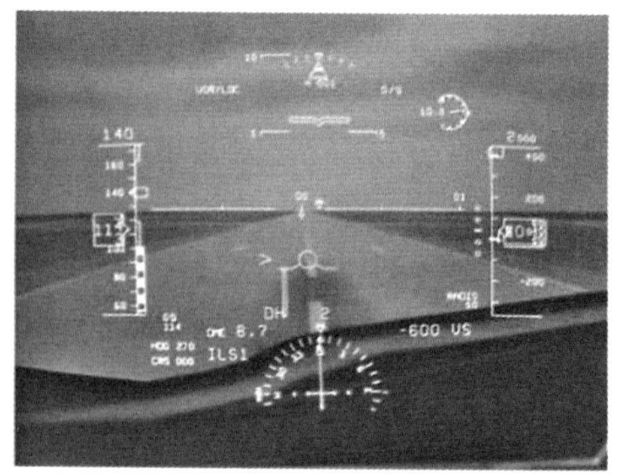

图 17-14　商用 HUD 的字符组

表 17-3　全飞行体制操作所需的传感器数据

输入数据	数据源
姿态	俯仰及滚转角——2 个独立数据源
空速	修正空速 低速感知速度(如 V_{stall}) 高速感知速度(如 V_{mo})
高度	气压高度(用高度表调定值校正的压力高度) 无线电高度
垂直速度	垂直速度(如果装有惯性传感器,则使用惯性数据,否则使用原始大气数据)
侧滑/外侧滑	横向加速度
航向	磁航向 真航向或其他航向(如果可选择) 航向源选择(如果除磁航向之外还有其他航向源)
导航	选择航路 VOR 方位/偏差 DME 距离 着陆航向信标偏差 下滑道偏差 指点信标 其他导航信号的方位/偏差/距离(ADF,TACAN,RNAV/FMS)
参考信息	选择空速 选择高度 选择航向 其他参考速度信息(如 V_1, V_R, V_{apch}) 其他参考高度信息(如着陆最小高度[决断高度(*DH*)/最低下降高度(*MDA*)],由高度表设定)

(续　表)

输入数据	数据源
飞行轨迹	俯仰角 滚转角 航向(磁航向或真航向,与航迹相同) 地速(惯性的或等同的) 航迹角(磁航迹或真航迹,与航向相同) 垂直速度(惯性或等同的垂直速度) 俯仰速率,偏航速率
轨迹加速度	纵向加速度 横向加速度 法向加速度 俯仰角 滚转角 航向(磁航向或真航向,与航迹相同) 地速(惯性的或等同的) 航迹角(磁航迹角或真航迹角,与航向相同) 垂直速度(惯性或等同的垂直速度)
自动飞行控制系统	飞行指引仪引导命令 自动驾驶仪/飞行指引仪模式 自动油门模式
其他	风速 风向(和合适的航向参考) 马赫数 风切变警告 近地警告 TCAS 咨询信息

图形显示处理器(GDP)处理视频输入,从显示列表生成 HUD 符号,将所述符号与视频背景相结合,并将其传输到 OHU。

系统监视处理器(SM)采用反函数算法,通过监测关键字符显示位置来检验显示通道,利用外侧(off-side)数据独立计算导引算法,与来自显示处理器的引导计算结果进行比较,并监控进近参数,以保证飞机安全着陆。关键字符监视器是一种环绕监视器,它根据 CRT 上的实际显示信息来计算飞机飞行状态。CRT 的显示状态与基于最新 I/O 数据的实际飞行状态进行比较。实际飞行状态和计算的飞行状态之间的差异将使系统监视器通过两个独立的数据通道让显示器无效,因为任何状态的差别都表明显示处理有故障。所有驻留在 HUD

计算机中的软件对系统的功能至关重要,通常要求按照 DO-178B 的 A 级开发。

图 17-15 是一个 HUD 计算机的照片,它能计算起飞引导、手动 CAT Ⅲa 类着陆引导、滑跑引导及进行图像处理。

图 17-15　高完整性 HUD 计算机

17.2.5.4　HUD 控制面板

低能见度条件下引导飞行的商用 HUD 系统常需要一些不能从飞机系统总线得到而由飞行员选择的数据,以及飞行员选择显示模式的手段。有些 HUD 操作者习惯采用现有的驾驶舱控制面板,例如多用途控制显示单元(MCDU),可供 HUD 数据输入和控制使用。另外一些 HUD 操作者更习惯采用分立式的控制面板,专用于 HUD 功能,其中一种分立式控制面板如图 17-16 所示。该控制面板已经取得认证,用在 CAT Ⅲa 类 HUD 系统中。

图 17-16　HUD 控制与数据输入面板

17.2.6　HUD 认证工作

HUD 系统的认证要求是根据 HUD 所完成的功能而定的。当 HUD 的功用从 CAT Ⅲa 类着陆仪表扩展到作为全飞行体制的主飞行仪表,即包括起飞和滑行引导功能时,HUD的认证要求就变得相当复杂。HUD作为主飞行仪表的各种认证问题和认证要求已超出本章的范围,但是HUD的基本认证要求与PFD下视显示器的认证要求并没有太大的差别。

美国联邦航空管理局(FAA)咨询通告AC 120-28“在CAT Ⅲ类最差气象条件下对于起飞、着陆及滑行的获准准则”中规定了在低能见度条件下对引导系统的要求。在波束跟踪和拉平的过程中,HUD引导系统是人在环路的主动控制系统,所以HUD导引系统的认证与自动着陆系统的认证有着很大的区别。手动Ⅲ类系统认证过程的特点概述如下:

(1) 控制律开发——引导控制律是基于飞行员的反应和响应能力来开发和优化的。控制律必须是以“飞行员为中心”,并专门按照飞行员的平均操作能力来开发。HUD引导系统必须设置监视器,协调并监测在预定要求的着陆点外侧的进近线,但监视器不应使复飞率大于4%。

(2) 动态模拟器上的验证活动——按照FAA/EASA取证的验证要求,曾要求至少由12名认证当局的飞行员,在认可的动态模拟器上做大约1 400次手动进场着陆操作。采用蒙特卡罗(Monte Carlo)测试实例集合,来验证在各种可预期的飞行条件下的系统性能,特别要对HUD系统在所有飞行环境(逆风、侧风、顺风、湍流等)和各种机场条件(斜坡式跑道、ILS波束偏移、波束弯曲等)下的性能进行检验。最后必须按照制造厂商所规定的性能容限,改变HUD所用传感器数据进行模拟,同时也要模拟系统故障情况。每一次进近、着陆和滑行的时间关系数据应按要求做归纳分析。除了其他特性之外,详细统计分析应包括飞机纵向、横向和垂向方向接地的预定着陆点。最后通过分析表明,未到达预定着陆点的概率应为百万分之一(10^{-6})。

(3) 飞行试验——在通过动态模拟器上的各项验证之后,HUD必须装机做实际飞行试验认证。与模拟器上所做的试验一样,必须按逆风、侧风、顺风、湍流等典型飞行条件进行认证检验测试。同时还必须在各种故障状态下演示验证系统的性能和功能。这种方法已经在不同机型上用来认证在起飞、着陆和

滑行过程中提供手动引导的平视显示系统。

17.3 应用及实例

本节介绍装在一种典型飞机上的 HUD 及其特定飞行阶段向飞行员显示的典型字符组。本节所使用的字符实例来自已装机使用的罗克韦尔·柯林斯飞行动态公司的平显引导系统(HGS)。

除字符外,作为 HGS 设计的一部分,本节将讨论飞行员在环路的优化引导算法。本节还将讨论显示视频图像的某些 HUD 的特点,在这种应用场合,HUD 仅仅作为显示仪表。

17.3.1 显示字符组和显示模式

为了最恰当地显示信息,HUD 采用了不同的字符组,提供该飞行阶段飞行员需要的信息。例如,当飞机在地面时,飞机的俯仰信息就不重要。这些字符组或者由飞行员根据模式选择来显示,或者当检测到某一状态时自动显示。

17.3.1.1 主显示模式

HGS 主显示模式(PRI)或全符号模式用于飞机从起飞到着陆的所有飞行阶段。这个模式支持在低能见度条件下起飞操作、飞行途中的所有操作,以及使用 FGS 飞行指引仪引导的 CAT Ⅰ类或 CAT Ⅱ类最低限度的进近着陆操作。

HGS 主显示模式与主飞行显示器(PFD)的显示非常相似,以适应飞行员从下视仪表观察转移到平视显示字符。一种典型的飞行中主显示模式如图 17-17 所示。

17.3.1.2 进近模式

图 17-18 所示的 HGS 进近模式或“简化”模式支持进场和着陆操作。显

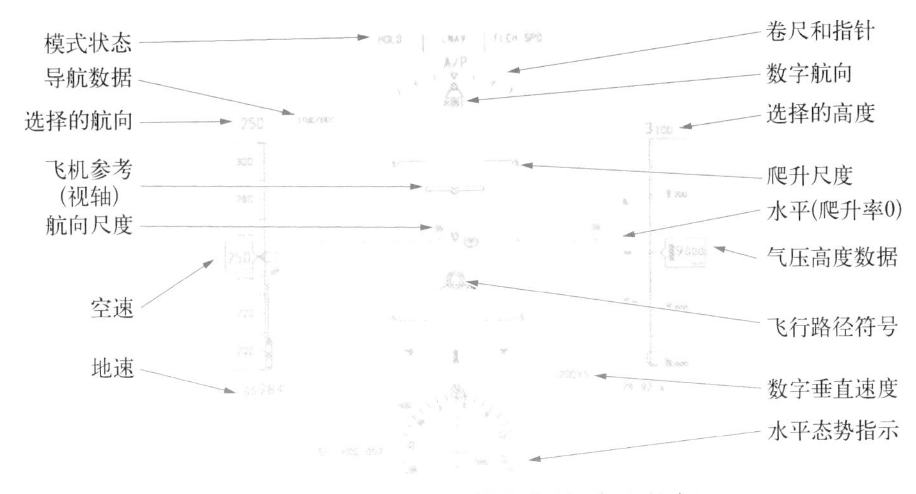

图 17－17　HGS 主要模式符号(在飞行中)

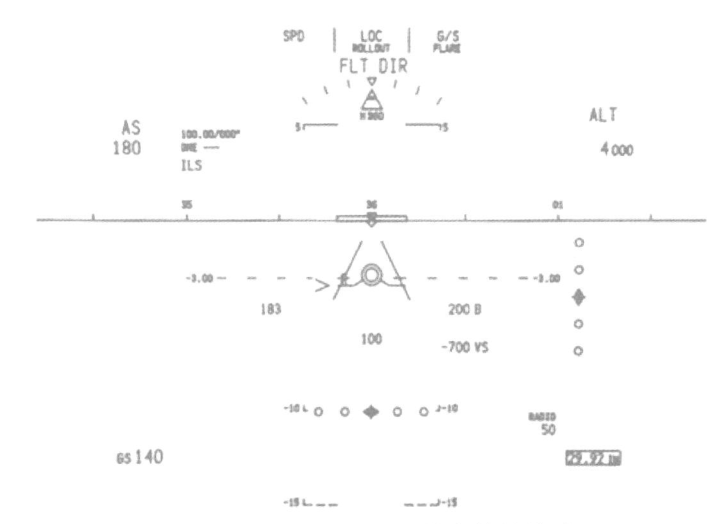

图 17－18　HGS 接近模式符号体系

示器消除高度和空速带数据以求简化,并用数值取代,以求最大限度地提高能见度。水平状态指示器(HSI)也被移除,ILS 原始数据(定位器和滑块偏差)显示在显示中心附近。

HUD 将飞行引导显示为一个称为引导提示的圆形符号。飞行员通过操纵飞机来跟踪制导,因此飞行路径符号覆盖导航提示,如图 17－19(a)所示。

在一些飞机上，HGS 计算制导提示的位置，以提供用于低能见度操作的飞行员在环引导(见 17.3 节)。

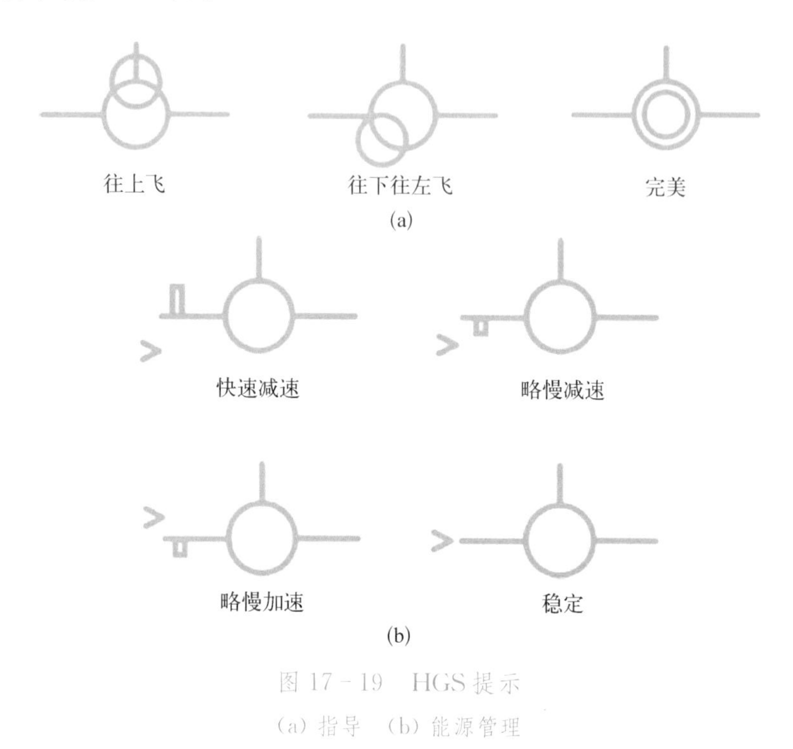

图 17-19 HGS 提示
(a) 指导 (b) 能源管理

速度误差带(飞行路径左机翼上的符号)显示所选空速和当前空速之间的差异。飞行路径加速度符号显示当前的加速状态，该状态的位置低于指示减速的飞行路径的左侧机翼。当没有显示速度误差且加速度符号与左机翼平齐时，飞行器达到给定速度并处于稳定状态。如果显示了速度误差，则飞行员调整推力(或俯仰)，当速度误差减小时继续调整推力，使符号在机翼的相对侧上具有相等的距离。图 17-19 所示为该能量管理特征的一些示例。

着陆后，显示改为接地符号模式，删除不必要的符号来协助着陆滑跑。当飞机减速退出跑道时，引导符号帮助飞行员保持在中心线。

17.3.1.3 异常姿态

HGS 异常姿态(UA)显示是为了辅助飞行员识别飞机异常姿态状况，并从

中恢复到正常状态。在出现异常飞行姿态后,UA 显示将取代当前工作模式的显示字符,而 HCP 继续显示当前所选的工作模式,一旦飞机回到正常飞行姿态,将恢复到当前的工作显示模式。当 UA 符号停用时,HGS 返回选定的操作模式显示符号。当激活时,UA 显示取代所选操作模式的符号。

UA 字符包括一个大的圆(UA 姿态显示轮廓线),其圆心位于组合镜中心,如图 17－20 所示。此圆用来显示 UA 姿态字符,其显示方式类似于垂直指引指示器(ADI)。UA 水平线表示零度俯仰姿态角,并与实际地平线平行。UA 水平线总是在轮廓线内,以提供充分的天/地指示,而且总是指示最靠近实际地平线的方向和滚转的方位。不管 UA 水平线与 UA 地面线何时重合,飞机参考字符总显示在这两条线区段的上方。

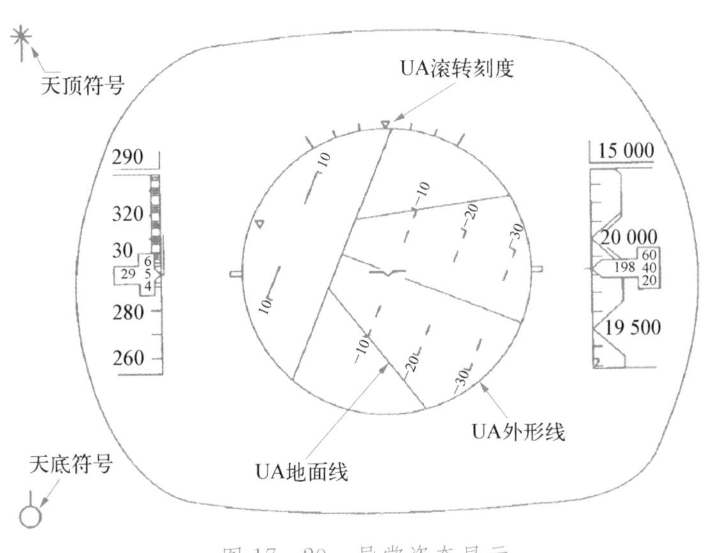

图 17－20　异常姿态显示

三条 UA 地面线表示 UA 水平线的地面一侧,相当于 ADI 球或 EFIS 姿态显示中的棕色部分,地面线随着地平线转动,并转成一个角度,以模拟一种透视图。

UA 俯仰角刻度范围为－90°～＋90°,在＋90°点显示一个天顶符号,在

−90°点显示一个天底符号。

UA 滚转角刻度沿着 UA 姿态轮廓线定位，在±90°范围内有亮度增强的倒三角标记。UA 滚转角的刻度线围绕 UA 飞机基准符号转动，并且总是直接指向大地系正上方。

17.3.2 模式选择和数据输入

HUD 要求的输入驾驶数据限于显示模式选择数据和跑道信息，供有效计算引导算法。HUD 数据输入可采用专用控制面板，或者采用 ARINC 739 所定义的多用途控制显示单元。

17.3.2.1 模式选择

在某些飞机上，飞行员有多种方法来配置 HUD，以便根据机场预期的能见度条件进行进近和着陆。在良好的气象条件下，云层高度很高，能见的跑道距离(RVR)很远，飞行员可以让 HUD 保持在主显示模式，或者选择着陆模式，例如，目视气象条件(VMC)模式，在此模式下，显示画面上去掉了一些字符组，只显示引导信息。如果能见度达到或接近于Ⅲ类极限条件时，飞行员将选择 HGS AⅢ类模式(如果有的话)。这就启动了内部 HGS 进近引导和监测。为了减轻飞行员的工作负荷，当符合一定条件时，例如，着陆系统偏差激活时，HUD 可以配置成自动选择合适的着陆模式。

HUD 还有一种仅用于地面的可选模式，即测试模式，飞行员或通常是维修人员在该模式下可以检测 HUD 以及连接到系统的各种传感器的健康状况。

17.3.2.2 数据输入

为了利用基于 HUD 的导引信息，飞行员必须输入以下信息：

(1) 跑道标高——跑道入口高度。

(2) 跑道长度——跑道的正式长度，单位是 ft 或 m。

(3) 参考下滑道——公布的对跑道的下滑角，如 3°。

有些飞机上这些数据可从 FMS 输出来，由飞行员予以确认。

17.3.3　HUD的引导命令

在有些飞机上,HUD可以提供飞行员在环路的低能见度着陆能力,较之自动着陆系统有更高的性价比。

HGS用ILS或全球导航卫星系统(GNSS)着陆系统(GLS)的偏差信号计算引导指令来着陆,让飞行员位于最佳着陆路径的中心。引导飞行员的方法是结合内部的引导算法在水平和垂直方向定位引导符号来驱动飞行指引仪符号,见17.3.1.2节。飞行员在环路的飞行引导提示符的移动速率应加以优化,其中包括以下几个方面:

(1) 提示符的移动速率限制在一般飞行员操纵飞机的数值上。

(2) 预先估计提示符号移动与飞行员飞机反应之间的自然延时。

(3) 滤除在湍流飞行条件下可能看到的短时间提示符移动信号。

进近引导除了保证飞机在ILS波束的中心线上之外,还应为进近的其他阶段提供导引,例如在飞机拉平着陆阶段。

在着地之前机头要做上仰机动。引导提示符必须模拟飞行员在目视进近中使用的正常回拉速率和幅度。在滑行阶段引导的目的是使飞机沿着跑道中心线滑行,向飞行员提供易于跟随的平滑的水平滑行命令。

上述所有这些算法必须保证在各种正常气流及湍流条件下能正常计算。由于准确跟随引导命令飞行对于飞机的安全来说至关重要,所以这些算法包括确保信息不产生错误引导的各种监控程序,以及确保飞行员执行这些命令的各种监控程序。如果系统发现飞行员明显地偏离了飞行通道或速度目标值,系统将会显示进近告警信息,要求飞行员放弃着陆。

飞行员也可以在起飞前选择AⅢ模式,HGS将提供对跑道中心线和初始升空的引导。

17.3.4　通报

通报是任何系统的一个重要部分,用以向飞行员通报或报警需要他们采取行动的各种问题。在一个具有良好管理功能的驾驶舱中，飞行员之间的角色是互为补充的。正驾驶员(PF)负责操纵飞机，副驾驶员(PNF)负责导航和通信，以及监视正驾驶员的操作。

为保证飞行安全，需要将所有的状态信息显示在 HGS 上，包括以下几个方面：

(1) 模式状态——HGS 引导模式或引导源模式。

(2) 注意——进近操作受到限制或一个传感器失效。

(3) 告警——关键传感器故障，需要立即采取行动。

(4) 系统故障——HGS 有故障，飞行员不应再使用这个系统。

由于 HUD 所采用的技术，副驾驶员不能直接监视这些通报信息。为了让副驾驶员能够监视这些报告，HGS 将这些报告的某些或所有信息输至驾驶舱的中央告警系统，或者显示在另一个驾驶员前面的专用通报面板上。

17.3.5 HUD 视觉系统

对于具有视频显示能力的 HUD，有几种可用的或正在出现的视觉系统提供飞机前方的视图的共形显示。该共形视图是对清晰的天气日光视图的增强或替换，并且给予飞行员等价的视觉飞行规则(VFR)条件。两种类型的 HUD 视觉系统已经通过了使用认证，它们具有各自不同的特征和优势。

17.3.5.1 视觉

美国联邦航空管理局描述了一个增强的飞行视觉系统，即来自 HUD 上 EVS 传感器的视频共形显示，用以显示飞行路径信息。EVS 传感器使用一个或多个红外和可见光探测器，以增强在飞机前面的飞行员自然视觉视图(见图 17-21)。FAA 允许能用一个 EFVS 看到跑道环境的飞行员下降至低于最低下降高度(MDA)，然后继续进近直到飞行员可以用自然视觉看到跑道，或者直到飞机下降到地形 100 ft 以上的决断高度。

EVS 显示在滑行过程中也是有帮助的，在起飞过程中提供了改善的态势

图 17-21　具有增强视觉视频叠加功能的 HUD 符号体系

感知。

EVS 传感器并不能看到所有的环境条件，也不可能总是能够在 HUD 上显示有用的图像。

EVS 传感器和显示器之间的接口可以是模拟视频格式(即 RS-170A)，或一些传感器可以采用 ARINC 818 标准提供数字视频。

作为可选的 EVS 传感器技术包括以下几个方面：

(1) 前视红外，冷却型(InSB)或非冷却型(InGaAs 或微辐射热计)。

(2) 毫米波雷达(机械或电子扫描)。

(3) 毫米波探测仪(被动式摄像机)。

(4) 紫外线传感器。

虽然传感器与 HUD 之间交联可获得额外的操作可信度，其原理也是直截了当的，但有许多技术上和认证上的问题必须加以解决，包括飞行员的工作负荷、带有光栅图像的组合镜的透视度、传感器视轴校准、传感器的完善性和潜在的失效模式。此外，传感器的位置在飞机上需要小心地选择，以尽量减少传感器图像和飞行员通过 HUD 组合器看到的真实世界之间的视差以及对飞机空气动力学特性的影响。

17.3.5.2 合成视景

合成视景是提高飞行员的情境感知能力的另一种方法。在这个 HUD 视觉系统中，星载系统使用基于全球导航卫星系统位置、航向和高度信息的地形数据库来生成外界景象的“似真实外景图”。3D 图形引擎使用阴影和高亮来生成地形视图，以使视图看起来更逼真。如图 17-22 所示，该视图覆盖了一个网格和一个随机纹理，以增强整个地形的运动感。SVS 还可以在纹理上添加地理定位特征，如障碍物和跑道，以帮助飞行员保持对环境的感知。

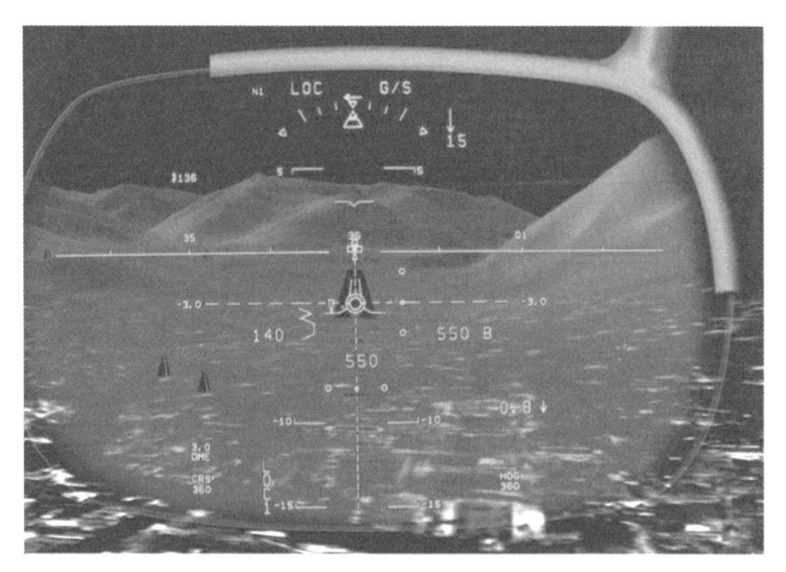

图 17-22 HUD 符号与视觉合成视频叠加

综合视觉视图的一个优点是，它适用于所有的天气条件；然而，该视图并不能显示真实世界，也不能用来确认跑道没有障碍物。

17.3.5.3 合成视觉

如果 EVS 和 SVS 视频都被路由到 HUD 计算机，那么可以使用复杂的视频处理将 EVS 合并到 SVS 图像，以便向飞行员提供一个组合的视觉视图。视频处理从EVS图像中提取真实世界的细节，并将它们添加到全天候的SVS图像中，以便在飞机前看到两全其美的视觉视图。

17.3.6　近来发展情况

HUD供应商继续为HUD开发新的特性，这将提高安全性，同时降低尺寸和成本，因此这一宝贵的安全工具可供更多的飞行员使用。下面将对其中一些内容进行描述。

17.3.6.1　计算机HUD

前面描述的波导光学系统设计了一种比反射式HUD小得多的“紧凑”HUD，紧凑的HUD可以安装在小型飞机上。在小型飞机上，有限的机头空间不允许安装一个头顶投影组件。紧凑的HUD显示一个准直的图像，并准确地安装，因此符号是共形的。紧凑的HUD光学系统不能满足典型反射式HUD的光学性能特点，在FOV、亮度和眼箱等方面有实际的限制，限制了小型飞机的使用。

17.3.6.2　表面制导符号

HUD使用的一个自然扩展是在飞机往返跑道、停车场或终点站大门时提供态势感知和指导。特殊符号的出现可以帮助飞行员在滑行时导航，有助于消除跑道入侵，即使在低能见度条件和夜间，仍可以保持交通安全运行。

外加一个EVS或SVS视频覆盖增加了安全余量。

17.3.6.3　彩色HUD

由于宽视场反射式HUD光学系统设计复杂，光学设计人员必须利用一切可用的方法来满足显示准确度和视差的要求。目前所有已经取证的反射式HUD都是单色的，通常采用窄带绿色发光荧光物质。在HUD中加入第二种色彩是HUD技术所希望的一种进步。而技术难题在于增加第二种(或第三种)显示颜色后，仍要保持单色显示器性能标准。一个解决方案是嵌入两个单独曲率的准直器，两个曲率镜上都有波长选择性的镀膜，一个曲率镜对绿色字符是最佳的，另一个对红色字符是最佳的。

与HUD彩色字符有关的一个基本的问题是，实际外部背景颜色“加到”显示器颜色（绿色）上之后，结果得到的不是预期要看到的显示颜色，如图17－23所示。

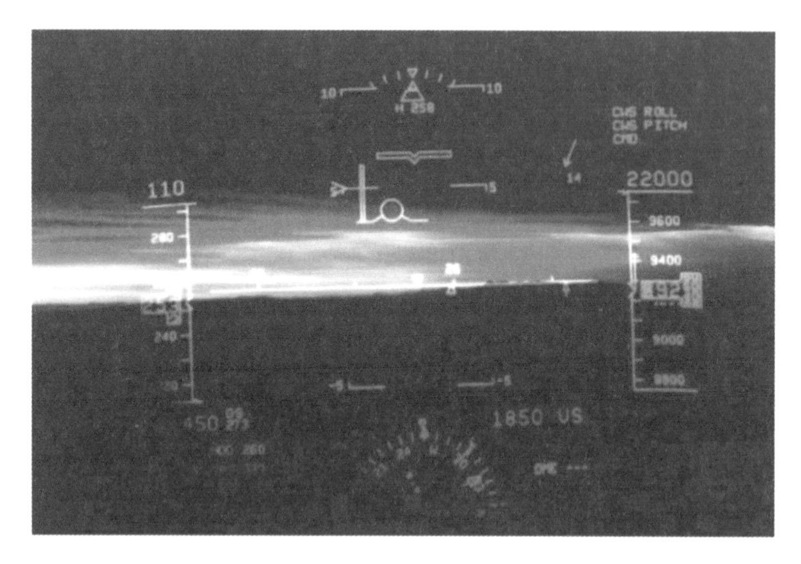

图17－23 HUD符号感知的颜色随背景颜色而变化

参考文献

［1］Naish，J.（1972）Michael，applications of the head-up display（HUD）to a commercial jet transport. *J. Aircraft*，9(8)，530－536.

［2］Naish，J. M.（1964）Combination of information in superimposed visual fields. *Nature*，202(4933)，641－646.

［3］Sundstrand Data Control，Inc.（1979）Head up display system.

［4］Part 25 — Airworthiness standards：Transport category airplanes，Subpart D-Design and Construction，Sec. 25.773 Pilot Compartment View.

［5］Part 25 — Airworthiness standards：Transport category airplanes，Subpart D-Design and Construction，Sec. 25.775 Windshield and Windows.

[6] Vallance, C. H. (1983) The approach to optical system design for aircraft head up display. *Proc. SPIE*, 399: 15-25.

[7] Hughes. (1976) Optical display systems utilizing holographic lenses, U.S. Patent 3,940,204.

[8] Marconi. (1981) Head up displays, U.S. Patent 4,261,647.

[9] Wood, R. B. and Hayford, M. J. (1988) Holographic and classical head up display technology for commercial and fighter aircraft, *Proc. SPIE 0883, Holographic Optics: Design and Applications*, 36(April 12, 1988); doi: 10.1117/12.944123; http://dx.doi.org/10.1117/12.944123.

[10] SAE. (1998) AS8055 minimum performance standard for airborne head up display (HUD). Warrendale, PA: Society of Automotive Engineers.

[11] Stone, G. (1987) The design eye reference point, *SAE 6th Aerospace Behavioral Engineering Technology Conference Proceedings, Human/Computer Technology: Who's in Charge?* pp. 51-57.

[12] Desmond, J. (1997) Method and apparatus for detecting control system data processing errors, U.S. Patent 4,698,785.

[13] Part 25 — Airworthiness standards: Transport category airplanes, Subpart C - Structure, Sec. 25.562 Emergency Landing Dynamic Conditions.

[14] Gohman, J. A., et al. (1988) Multi-color head-up display system, U.S. Patent 5,710,668.

[15] Flight Safety Foundation Special Report: Head-Up Guidance System Technology — A Clear Path to Increasing Flight Safety. November 2009. http://flightsafety.org/files/hgs_nov09.pdf.

[16] Howells, P. J. and Brown, R. (2007) Challenges with displaying enhanced and synthetic vision video on a head-up display. *Proceedings of the SPIE Enhanced and Synthetic Vision 2007*, Orlando, FL, April 27, 2007, Vol. 6559, 65590F; doi: 10.1117/12.720445.

18

视网膜扫描显示器

18.1　导言

本章介绍视网膜扫描显示器(RSD)的功能、安全性和使用特性。当用作头戴显示器安装人机接口时,RSD可以把平视显示器(HUD)和下视显示器(HDD)的各种应用功能结合起来。由于RSD部件技术发展非常迅速,为此RSD的定量分析和设计参考了为直升机开发的第一台高性能RSD系统,以便做较全面的介绍。

各种视觉显示器在怎样构建光线来形成图像的方式是大不一样的。图18-1所示的RSD是一种采用红、蓝、绿衍射有限激光源的新型光机电子设备。激光束的强度受视频信息调制,汇聚成单一的、全彩色像素束,然后由逐行光学扫描引擎(ROSE)按顺序点名的方式扫描出光栅图形。ROSE由微型振动反射镜构成,其功能非常类似于阴极射线管(CRT)偏转线圈,后者用电子束在荧光屏上书写图像。与CRT不同的是,RSD是在进行光束扫描之前把电子

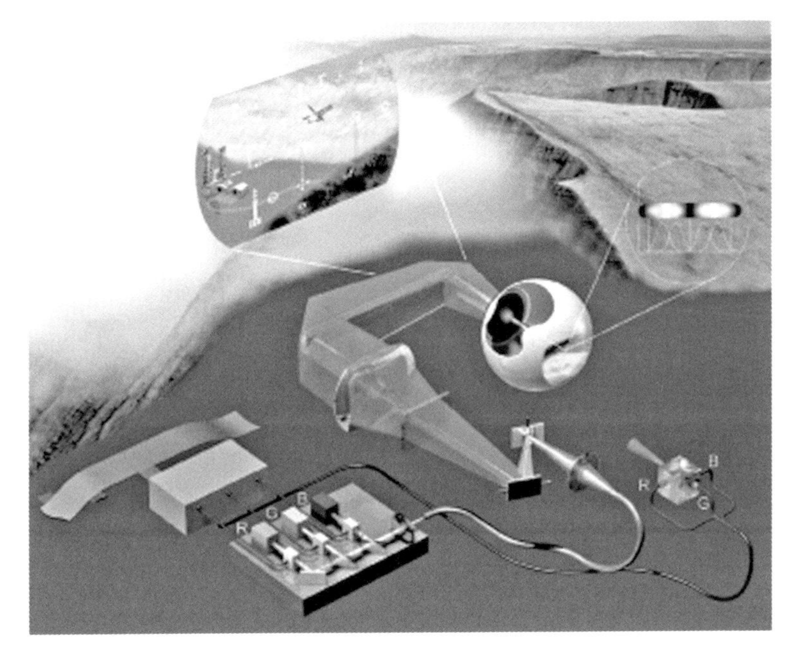

图18-1　RSD头戴式显示器(HMD)各个功能部件

转换为光子，从而取消了荧光屏，也不受包括再辐射、光晕、饱和度以及亮度和对比度等因素的限制。RSD没有平面的发射面或反射面，而是依靠ROSE直接形成一个光腔，所以RSD与现有的其他显示技术有本质上的不同。与CRT类似，RSD可以沿着每条水平扫描线在空间扫描出连续（非矩阵寻址）信息，而在垂直维度上，扫描线构成离散信息的瞬时信号。

18.2 航空电子用HMD面临的挑战

现在来研究图18-1所示的显示器的工程设计问题。沿地球轮廓线飞行的飞机将飞越山谷以及各种人造物（如塔，电力线，建筑和其他飞机）。在飞行中，飞行员会遇到地面雾气形式严重的视觉障碍，以及太阳的眩光引起的视觉昏暗。

飞行员驾驶飞机眼睛朝风挡玻璃向外飞行时，飞行员的态势感知和航行性能是最好的。因此要求观察本机姿态和状态信息的电子显示器也是同样“眼睛朝外”的。借助于全球定位系统的数据，把用地形数据库数据合成的障碍物图像（塔、地表等）投影到飞行员不断改变的凝视方向上，在能见度比较差的情况下会降低飞行的危险。问题是针对飞行员飞行时所面对的严酷外部状况，哪种技术可以提供足够的亮度、色彩和分辨率的显示图像呢？

在过去的30年，研究和设计人员已经改善了HMD的安全性和效能。与传统的“眼睛内视”的下视显示器（HDD）不同，在执行作战任务时“眼睛外视”的电子显示器可让飞行员获得关键性信息。美国陆军AH-64阿帕奇（Apache）直升机装备了这种HMD，通过视觉耦合的红外成像仪和数据计算机提供的视频，使飞行员能在夜间贴地飞行和执行作战任务。超过100万飞行小时的使用和“沙漠风暴”行动中所取得的巨大成功证明了HMD这种独特的人机接口的可靠性和效能。但是在典型的昼间飞行任务中，更不要说上面所述的更差的工作条件,显示器的亮度仍然不能满足最佳灰度显示要求。

夜间可读性所要求的低亮度和对比度对 HMD 来说是比较容易实现的,但要开发供白天使用且具有足够亮度和对比度的 HMD 则要困难得多。图像信息显示必须具有动态的清晰透明度,并且可以叠加显示外部世界的复杂地形、颜色和运动。为了在白昼亮度为 3 000 fL 的实际景象背景下显示一幅图像,飞行员观察到的图像显示亮度峰值应达到 1 500 fL 左右。根据所用的具体光学设备的效率,显示设备的光源亮度可能需要加大许多倍。HMD 的最佳解决方案也可能为 HUD 和 HDD 借鉴。

18.3　CRT 和 MFP

美国陆军航空兵率先采用了 HMD 系统。阿帕奇直升机的单绿色 CRT 头戴式显示单元(HDU),在 40°(H)×30°(V)单目视场(FOV)中提供导航前视红外(FLIR)图像和飞行符号的叠加显示。阿帕奇的头戴式显示单元是 20 世纪 70 年代末和 80 年代初开发的,采用了当时最先进的显示技术。RAH－66 科曼奇(Comanche)直升机项目提高了对显示性能的要求,包括单绿色显示器的日夜可操作性,52°(H)×30°(V)的双目镜视场以及至少具有 30°左/右的图像叠加显示能力。

科曼奇直升机早期操作能力的头戴式综合显示瞄准系统(EOC HIDSS)的原型机采用了双套微型 CRT。由于增加了第二套 CRT,头戴式系统使头部承受总重量高于陆军推荐的安全性极限值。虽然双 CRT 系统有好的图像质量,但是若不能妥善处理安全性问题,虽然头戴式系统本身的重量可以减轻,但是安全性降低了,这样的结果是不能接受的。

美国陆军机组人员综合系统(ACIS)办公室发起了一项计划,借以开发另一种显示器技术,用于已验证的飞行员综合头戴式系统(AIHS,又称 HGU－

56/P)。这种头戴式系统既能满足科曼奇的显示要求，也能满足陆军的安全性要求。

有源矩阵液晶显示器(AMLCD)、有源矩阵电致发光(AMEL)显示器、场发射显示器(FED)和有机发光二极管(OLED)是一些已经取得长足进步的显示器技术。这些只有邮票大小的微型平板(MFP)显示器的重量只有所要替代的小型CRT的几分之一。

如果AMLCD的亮度性能能够得到改善，那么它显然是CRT的继承者。未来显示器技术对其亮度的要求可能会更高；可显示的像素数目会更多，以提高有效显示范围的分辨率或FOV；同时要求改进彩色显示的易读性和增强信息编码的能力。AMLCD技术能否满足这些日益增长的需求目前尚不清楚。

18.4 激光的优点和视力安全

RSD技术相对其他显示技术具有独特的优势，这是因为RSD在高亮度条件下，可以保持图像的显示质量和色域仅受限于视力安全因素。衍射有限的激光束在会聚光线方向通常可以产生超过太阳日轮的亮度。严格的工程控制、可靠的安全保证以及仔细的认证对RSD来说是强制性的，以确保将损害操作员视力的风险降低到最小。当然，这种安全考虑不仅限于激光显示器，任何亮度极高的显示系统都要受到工程控制，有安全保证，并经过验证。

微视公司(Microvision)的产品根据公认的视力安全标准，即最大允许曝光量(MPE)进行例行测试和分类，以适合交付国的特定显示器要求。在美国，显示器视力安全由食品药品监督管理局(FDA)的仪器与放射安全中心(CDRH)管理。美国国家标准局的Z136.1标准《激光使用安全》规定了MPE标准和评估符合性的计算方法。欧洲的大多数国家则采用IEC 60825-1标准。

显示器对视网膜的曝光量要在整个范围做符合性评定，包括单像素、单扫描线、单视频帧、10 s以及更长时间持续视网膜照射等。对大多数扫描式激光显示器,最保守的使用极端曝光是加大持续时间的连续显示最大允许曝光量(MPE)。MPE有助于规定激光功率和扫描镜工作监测技术,以确保安全操作。监测技术的一些实例表明,如果从扫描器来的有源反馈信号中断时,就关闭激光器以及自动衰减预调制激光束,进行独立于显示对比度或灰度的亮度控制。

18.5　可用的光源和功率要求

对激光HMD产品制造商来说,另一个挑战在于获取高效、低成本的激光器或激光二极管,它们应具有合适的可聚集功率(1～100 mW)、适用的波长(430～470 nm、532～580 nm和607～660 nm)、低的视频频率噪声(<3%)和长的使用寿命(10 000 h)。激光二极管成本效率最高,因为它们可直接从黑色向白色调制,而激光器在外部可从最大光束功率向最小功率进行调制。

除了红色之外,二极管仍然面临相当大的发展障碍,蓝光激光器也一样。军用航空用的HMD目前只要求单绿色显示,即G显示器,用带有声光调制器(AOM)的523 nm二极管泵式固态激光器(DPSS)来制作。若有可用的AOM和光纤耦合效率,1 500 fL亮度的绿色RSD需要大约50 mW的激光束功率。未来的需求可能包括红色+绿色(RG)和全色彩(RGB)显示能力。

18.6　微视公司的激光扫描RSD的原理

微视公司为头戴式显示系统开发了一套灵活的部件,如图18-1所示。系统中RGB视频信号驱动声光调制器,经调制载入高斯激光束,光束组合起来形

成全彩色的图像像素，其亮度和色度由传统的色彩管理装置控制。安装在飞机上的光子模块用单模光纤连接到头戴式设备，载有图像信息的激光光束从空中传播到透镜，透镜被一对动扫描镜偏转（一个横向和一个纵向），并聚焦成光栅格式的中间图像。最后，图像经光学准直，并与观察者的视场组合，获取一幅空间稳定的虚像。

AIHS 计划要求显示系统产品按照直升机的一个分系统来安装和维护，指定为飞机保留单元（ARU），加上飞行员各自适配的保护头戴式设备或飞行员保留单元（PRU）。微视公司最初的 HMD 概念演示部件满足了这些要求，如图 18－2 所示。微视公司的显示器目前使用水平线速率扫描器，即机械谐振扫描器（MRS）和一个纵向更新检流计，采用双轴微机电系统（MEMS）扫描器的方法正在研发中。此外，随着小型绿色激光二极管的开始使用，微视公司希望将微型二极管模块嵌入头戴式扫描引擎中（见图 18－1），以进一步减小 ARU 的尺寸、重量和功耗，这也可以消除光纤连接的成本，并提高传输效率。

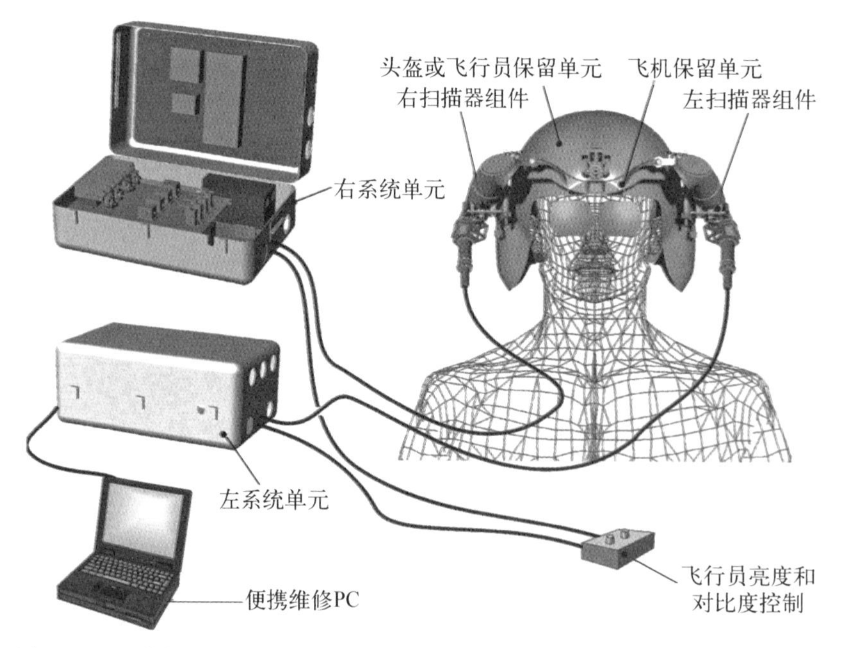

图 18－2　微视公司的 RSD 部件满足 AIHS HIDSS 项目对 HMD 的要求

在ACIS项目中,采用了四波束并行书写的结构,使得采用非定向水平书写模式的16 kHz机械谐振扫描器(MRS)的有效线扫描速率增大了4倍。纵向更新扫描器为60 Hz锯齿波驱动伺服型,用于渐进的线扫描。f/40的书写线形成了一个狭窄的光学出射障(见图18-3),经衍射放大形成15 mm圆形出射瞳矩阵。

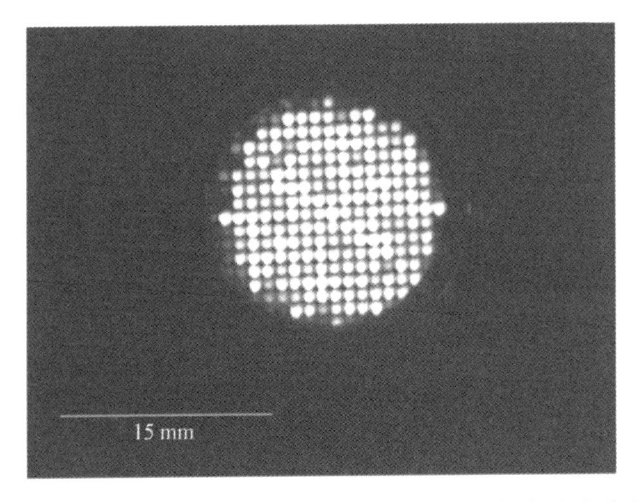

图18-3　点经放大(扩展)后的RSD OEP远场小波束结构(未扩大的1 mm出射瞳用单一中心点表示)

扫描式光波束显示器的显示分辨率受限于下列三个参数:① 光点大小和分布,这由级联的扫描镜孔径(D)决定;② 在横向或纵向光栅区域中的扫描镜总的偏转角(θ);③ 在正常工作条件下动态扫描镜平整度。

微视公司通常是按全宽度/二分之一最大高斯点叠加准则进行设计的,由此决定每个光栅线的点数。横向和纵向显示空间分辨率受$D\times\theta$限制,因此投影引擎必须有足够的动态扫描镜平整度,以便在其衍射限度内达到设计要求。超过这些参数时,图像质量将受到视频投影显示共用的所有部件的影响。电子装置、光子装置、光学装置和封装等的容差对扫描式光波束显示器来说是最重要的。

18.6.1 管理机构对 RSD HMD 基本原理的检验

根据 ACIS 计划，微视公司的原型机 RSD HMD 于 1999 年 2 月提交给美国陆军航空研究实验室（USAARL），并进行了测试评估。

正如所预料的，与 RAH－66 科曼奇的要求相比，在原理阶段，系统的性能有一些不足。但是，这些缺陷的数量很少，对于初始开发阶段来说，整体性能出人意料地好。原理机的出射瞳、眼睛间隙、对准、像差、亮度透射率、视场等方面的测量性能完全符合要求。左右通道输出的亮度虽然很高，其峰值分别为 808 fL 和 1 111 fL，但与周围环境亮度和保护面罩组合后，RSD HMD 还不能满足科曼奇直升机的对比度要求。调制传递函数（MTF）及类似的对比度传递函数（CTF）备受关注，这是因为在高空间频率时，这些函数的幅频特性下降过多，从而给出了一个“轮廓模糊”的显示图像。

18.6.2 改进 RSD 图像质量

AIHS 计划的第二阶段集中在改善图像质量上。微视公司（Microvision）已经认识到 USAARL 评估中发现的亮度、对比度和 MTF/CTF 等方面的缺陷。微视公司为此采取了一些直截了当的调整措施，如使用更好的光纤耦合、阻止杂散光、扫描镜边缘处理，来提高亮度和低频对比度，以满足技术规范的要求，但是在高频情况下，提高 MTFICTF 性能看起来是一个比较复杂的问题。

系统中的每个图像信号处理部件都会对系统 MTF 产生影响。虽然视频电子器件和 AOM 控制器频率响应不大合适，但是可以通过重新设计和选择元件加以弥补。固定在投射路径中的折叠镜安装不恰当会导致某些波长光波的波前误差累积，使图像模糊，但这个问题也是容易解决的。

在动态水平扫描状态下，对飞点（flying spot）所做的干涉仪分析表明，镜面约等于两个激光波长（$\approx 2\lambda$），峰-峰值机械变形会导致不规则点的增加，降低了 MTF/CTF 性能（见图 18－4）。

采用三次快速原型迭代设计，将镜面误差控制在 $\approx \lambda/4$ 范围内之后，光点

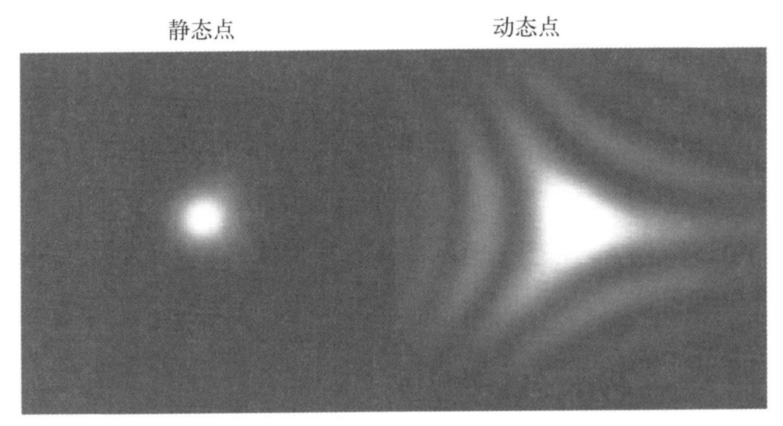

图 18-4　从左右点(像素)图像明显看出改进镜面设计的作用

在光栅边缘的轮廓是可以接受的。因此,改进以上所述部件的性能后,有望提高 MTF/CTF 的性能,可满足美国陆军规范的要求。

18.7　下一步发展工作

直升机激光 HMD 的下一步演进计划是引入日光下可读的彩色技术。微视公司在 1996 年首次演示了彩色 VGA 格式的 RSD HMD,接着在 1998 年演示了 SVGA 格式的 RSD HDM。ACIS 的虚拟驾驶舱优化计划(VCOP)使 1 280×1 024 彩色像素(SXGA)双目 HMD 项目的开发成为可能,2000 年 VCOP 开始用软件可重构的虚拟飞行仿真,2001 年着手进行飞行虚拟驾驶舱演示。在这些演示中,传统的飞机控制仪表板仅作紧急备份功能用。本章开头的图 18-1 表示了 VCOP RGB 的应用原理。

VCOP 仿真/工作 HMD 的一种构型被一致认为是蓝色部件特有的,可在白云或蓝天背景条件下产生有效的对比度。因为任何视觉耦合系统的头戴式设备跟踪器会“知道”飞行员何时“眼睛向外”,何时“头向下”。所以“眼睛向外”时,图形和传感器图像格式可采用白天可读的绿色编码,告警信息显示则可采用结合红色的如黄/红彩色编码，在“眼睛下视”的低亮度情况下，地图信息显示则切换到全彩色格式。

人类视觉系统的基本能力以及不断提高的成像传感器带宽和数字图像生成带宽要求 HMD 的空间分辨率大于 SXGA。为此，美国空军研究实验室与微视公司签订了合同，研制第一个称为高清电视（HDTV）头戴式显示器，即 HDTV HMD(1 920×1 080 像素，逐行 60 Hz 帧刷新频率的数字视频格式)。最初的系统是亮度为 100 fL 的单目单绿色 HMD，供战斗机飞行员训练使用，最终发展成日光下可读的双目彩色系统。

30 年的研究只涉及 HMD 这一人机接口设备潜力的极少一部分。可以预见，RSD 将为飞行员在环路的研究开辟一条新的途径，并使空地运用更加安全和有效。

致谢

本章部分基于美国陆军合同 No. DAAH23 - 99 - C - 0072(机组综合系统，项目经理 Redstone Arsenal)，本章作者也要对微视公司的设计开发团队、美国陆军航空界的指导和支持表示感谢，是他们的愿景和决心使得高性能引航 HMD 技术取得进步成为可能。

推荐阅读

微视公司，公司网站：www. microvision. com。2014 年 4 月 28 日访问。

参考文献

[1] Rash, C. E., Ed., Helmet-mounted displays: Design issues for rotary-wing aircraft, U. S. Army Medical Research and Materiel Command, Fort Detrick, MD, 1999.

[2] Kollin, J., A retinal display for virtual environment applications, *SID International Symposium*, *Digest of Technical Papers*, Vol. XXIV, pp. 827 - 828. Playa del Rey, CA: Society for Information Display, May 1993.

[3] de Wit, G. C., A virtual retinal display for virtual reality, Doctoral dissertation, Ponsen & Looijen BV, Wageningen, the Netherlands, 1997.

[4] Gross, A., Lorenson, C., and Golich, D., Eye-safety analysis of scanning-beam displays, Society for Information Display International Symposium Digest of Technical Papers, pp. 343 - 345, May 1999, Wiley Online Library.

[5] Urey, H., Nestorovic, N., Ng, B., and Gross, A., Optics designs and system MTF for laser scanning displays, Helmet and Head Mounted Displays IV, *Proc. SPIE*, 3689, 238 - 248, 1999.

[6] Rash, C. E., Harding, T. H., Martin, J. S., and Beasley, H. H., Concept phase evaluation of the Microvision, Inc., Aircrew Integrated Helmet System, HGU - 56/P, virtual retinal display, USAARL Report No. 99 - 18. Fort Rucker, AL: U. S. Army Aeromedical Research Laboratory, 1999.

19

视觉系统

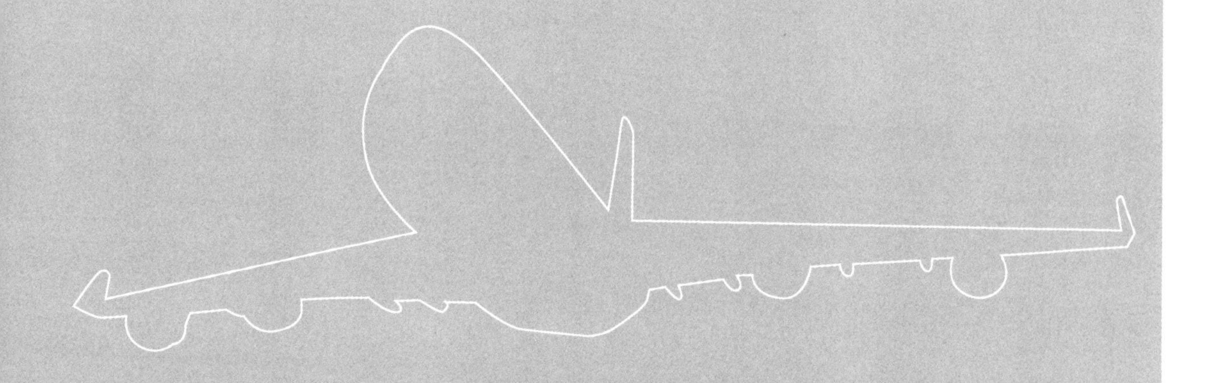

19.1　导言

1929年,“Jimmy” Doolittle通过第一次全盲起飞和着陆引领了一个新的航空时代,实现了飞行员主要或完全依靠仪表实现飞行的承诺。在Doolittle的带领下,引入了许多航空电子系统,以实现和改进基于仪表的飞行,例如姿态指示器、无线电导航系统和仪表着陆系统(ILS)。此外,还开发了一套过程和程序,称为仪表飞行规则(IFR),以确保安全使用这些系统。然而,今天有限的能见度仍然是影响航空飞行安全和飞行能力的关键因素。例如,在商业航班飞行中,可控飞行撞地(CFIT)、跑道侵入/偏移(RI/RE)和由于失去姿态感知造成的失去控制(LOC)是在外部能见度降低时经常发生的主要事故类别。在通用航空中,其他事故类别是意外飞入仪表气象条件(IMC)(即低能见度),例如具有很少IMC经验或IFR训练的飞行员飞入恶化的天气/能见度条件,并且由于缺乏外部参考而与意外地形碰撞或失去对飞机的控制。在空域容量方面,基于仪表的飞行(即IMC/IFR)显著限制了运行。低能见度(和垂直能见度)抑制了决断高度/决断高(DA/DH),增加了对最终进近和起飞的间隔和航迹间距的要求,增加了对专业机组人员训练的要求,增加了对机场基础设施(如照明系统)的要求,并规定了对飞机装备(如自动着陆系统)的要求。此外,低能见度可能导致意外的延迟(如由于较低的滑行速度和在机场地面发生错误转弯的较高可能性)。所有这些问题都促成了视觉系统的研究、开发和部署,这是一种为飞行员提供直观的视觉类飞行参考的电子手段,试图将基于仪表的飞行转换为等同于晴朗的白天操作或更好的操作。

采用视觉系统技术解决可见性问题最初选的是成像传感器,此传感器可“看穿”飞行路径沿线及前方的遮挡物。现在将这种系统称为视觉增强系统(EVS),通过向飞行员提供关于外部场景地形(如地形和垂直结构)和机场特征(如接近着陆时的跑道边灯)的传感器视频图像,以改善视觉。为此,已经开发了多种类型的传感器,例如前视红外(FLIR)、毫米波雷达(MMWR)和微光图像增强。特定系统采用的传感器类型在很大程度上决定了该系统在克服诸如黑暗、雾、霾、雨和雪等遮蔽物方面的视觉优势。当前大多数的 EVS 设计可在平视显示器(HUD)上显示传感器图像,以允许飞行员在飞机上通过各种能见度水平或大气条件时,结合任何可获得的或即将获得的外部视觉线索,来交叉检查图像。当前最常使用的传感器技术是 FLIR,主要是由于其具有相对小的安装占地面积和巨大的视觉优势,特别是在烟雾、霾和黑暗条件下,该传感器较为成熟(即性能在几个领域中得到了验证)。50 多年来,EVS 已经成为研究课题,主要用于军事领域,但商业航空领域对其衍生应用更感兴趣。EVS 的设计和安装最重要的特征是相机牢固地安装在飞机上,并且与导航或其他飞机系统独立操作,可提供关于飞机位置和姿态的信息。此外,该系统的质量、内容和相关显示器的视野主要取决于传感器和任何相关的图像处理技术。

相比之下,合成视觉系统(SVS)提供外部地形与基于飞机姿态和位置估计的人造特征而得到的计算机生成图像(CGI)以及一个或多个地理参考数据库或模型(如地形、障碍物和机场特征)。所需的数据库在飞行之前通过映射或调查技术创建,并根据需要更新,并考虑可能发生的变化。这些数据库产生的场景被认为与飞机的估计位置和姿态(来自机载导航和姿态/航向参考系统)有关。SVS 具有无限制视域,并且不受大气条件的影响。因此,在 EVS 传感器不能穿透的情况下其优势特别明显。对于一些设计,SVS 还可包括交通[如来自交通告警和防撞系统(TCAS)]、地形接近指示[如来自地形感知告警系统(TAWS)]和飞行路径描述(如空中快线或隧道)。SVS 不需要可以穿透天气的传感器,尽管它们可用于补充 CGI 和/或提供一定程度的完整性检查。可靠的全球定位系统(GPS)信息,绘制全球地形和机场特征并保存这些数据,这样一些举措的快速出现使得 SVS 具有可行性,并且其产品于 2006 年左右进入商用航空领域。

总之,视觉系统旨在改善飞行员在低能见度条件和夜间的场景下的空间感知。30 多年的研究表明,此类系统可帮助减轻若干事故前兆,包括以下几个方面。

(1) 相对于飞行路径失去垂直和水平空间感知。

(2) 终端区域操作期间失去地形和交通感知。

(3) 即使在发现问题后也不清楚逃生或复飞路径。

(4) 在没有可见地平线的情况下失去姿态感知。

(5) 失去与跑道操作有关的态势感知。

(6) 机场地面的路径引导不清晰。

除了这些安全方面的好处,研究还表明,视觉系统有助于效率的提升,如缩短滑行时间、缩短最短起飞和着陆时间。

19.2 操作理念和功能

目前已经有一些应用领域在使用视觉系统,包括进近和着陆、跑道操作、地面/滑行操作、出发/复飞操作,甚至一些低空航路操作(如通用航空)。除这些领域外,旋翼飞机操作员已经将这些系统用于避让低空障碍物和在灯光很暗的情况下着陆期间进行"透视"。不管所述领域如何,操作就是通过由电子装置提供缺失的窗口外线索来使得类可视飞行规则(VFR)过程能够在能见度降低的条件下使用。

为在上述领域实现这种操作理念,SVS 技术特别允许开发额外的飞行员决策支持功能。这些功能不一定需要启用类似 VFR 的操作,但它们可提供其他好处。已经开发并测试了一些这类功能,并且在某些情况下已经得到认证并批准用于飞机。例如,包括以下功能:

(1) 滑行路线显示和指南。

(2) 路线偏差检测和警告(在空中和地面)。

(3) 跑道入侵检测和警告。

(4) 跑道偏移预测。

(5) 滑行超速检测和警告。

(6) 地形接近警告(如 TAWS)。

(7) 障碍物接近警告。

(8) 防撞指南(交通、地形、障碍物)。

(9) 着陆滑离跑道并转入滑行道指南。

(10) 任务排练(如预览进近路径)。

(11) 关于航行通告(NOTAM)的检测和警告(如关闭跑道)。

(12) 关于违反空域约束或边界的检测和警告。

19.3 使能技术

大多数 EVS 包含的组件相对较少,通常包括成像传感器、处理器、显示器和飞行员控制器。在红外频带中工作的无源传感器是最常见的,并且已被证明在夜间条件下表现非常好。通常调整跨越多个带宽的 FLIR 传感器和处理技术,以捕获热辐射(如来自跑道表面)以及来自白炽照明(如机场灯和跑道灯)的辐射,以产生用于优化机场场面操作的增强图像。由 Kollsman 制造的 EVS Ⅱ系统示例图像如图 19-1 和图 19-2 所示。由于某些天气条件下的性能波动使得一些制造商和研究人员开始测试可替代的传感技术,最突出的是在毫米波段中工作的传感器。不管所使用的传感器如何,都会生成视频图像,以优化图像并去除伪像和噪声,然后传递给驾驶舱显示器。

EVS 图像可显示在俯视显示器上,但通常使用 HUD 来保持飞行员的“可见性”,而且视频图像更直观地覆盖了任何可用的机窗外线索。以这种方式在 HUD 上应用的 EVS 图像已促使多个商业产品的认证和操作批准,这些产品隶属于由 FAA 定义的美国监管术语“增强型飞行视觉系统(EFVS)”。根据该定

图 19-1　最终进近时遇到雾和云，EVS图像示例(右)与相应的窗口输出视图(左)的对比(由KS，Wichita(美国堪萨斯州威奇托市)的Kollsman公司提供)

图 19-2　进近着陆时遇到黑暗条件，EVS图像(左)与相应的窗口输出视图(右)的对比(由Kollsman公司提供，Wichita，KS)

义，EFVS提供了一种方法，通过该方法，飞行员可能遇到增强的飞行可见性要求，其中增强的飞行可见性定义为“距飞行中的飞机驾驶舱的平均前向水平距离，在该平均距离处，飞行员可以使用增强的飞行视觉系统在白天或夜晚清楚地区分和识别突出的地形物体”。EFVS的关键要素是EVS传感器性能特征以及使用符号体系显示这种共形“视觉类”EVS图像的方法。EFVS符号体系通常包括惯性飞行路径标记和飞行路径角参考提示，用于指示飞行路径追踪和预期着陆点的投影。这种“场景链路符号体系”的应用(即用来定位覆盖真实世界中的位置并且在飞行中转换的符号提示，仿佛它们是外部场景中的实际物体)促进了更有效的认知处理，并减轻了诸如注意通道和符号体系固定的问题。根据现行规定，经批准的EFVS可用于代替自然视觉，并且作为在某些条件下操纵飞机的主要参考，

只要求视觉参考对飞行员来说是连续的、明显可见且可识别的。典型的 EFVS 安装示例如图 19-3 所示。

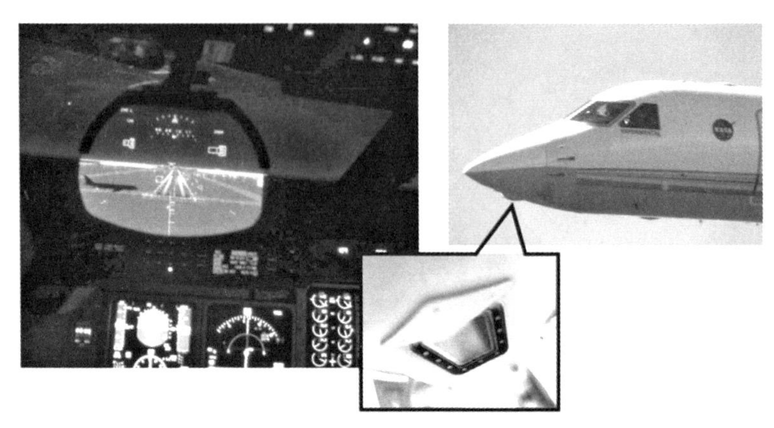

图 19-3　EVS 安装示例

相比之下，SVS 主要基于与定位和姿态/航向参考系统相结合的模型/数据库来呈现外部环境的视图，以提供虚拟视觉环境。因为不同设计者对 SVS 的内容和表现形式可能很不相同，因此，定义 SVS 预期功能(即描述系统的预期用途)时需要格外小心。例如，地形显示必须涉及颜色、纹理和阴影，是否需要网格化或其他属性来促进传播，是否应描述人造特征(如水体、主要地标和高速公路、靠近机场的建筑物)都是要考虑的问题。同样，当处理地表时，是否到达跑道/滑行道边缘线就足够了，或者是否应建模和显示中心线和标记？除了存储的信息之外，SVS 还可包括与外部环境有关的其他信息，但要安装和集成可提供该信息的系统或功能。

图 19-4 提供了 SVS 的典型通用架构。如图 19-4 所示，SVS 使能技术从鲁棒源的飞机状态信息开始，一般由集成了惯性导航系统(INS)(如果可用)的 GPS 提供，可通过使用广域增强系统(WAAS)和/或基于卫星的增强系统(SBAS)来提高 SVS 的性能。另外，还需要外部环境特征的精确模型，这些特征通常不会改变，例如地形、机场特征、障碍物和公布的轨迹或飞行路径。处理

资源使用报告的位置和姿态信息实时地提供这些模型的透视图或视图。SVS利用了地理空间建模、遥感和计算能力方面的先进技术，类似于汽车和个人电子设备工业中的GPS移动地图系统。

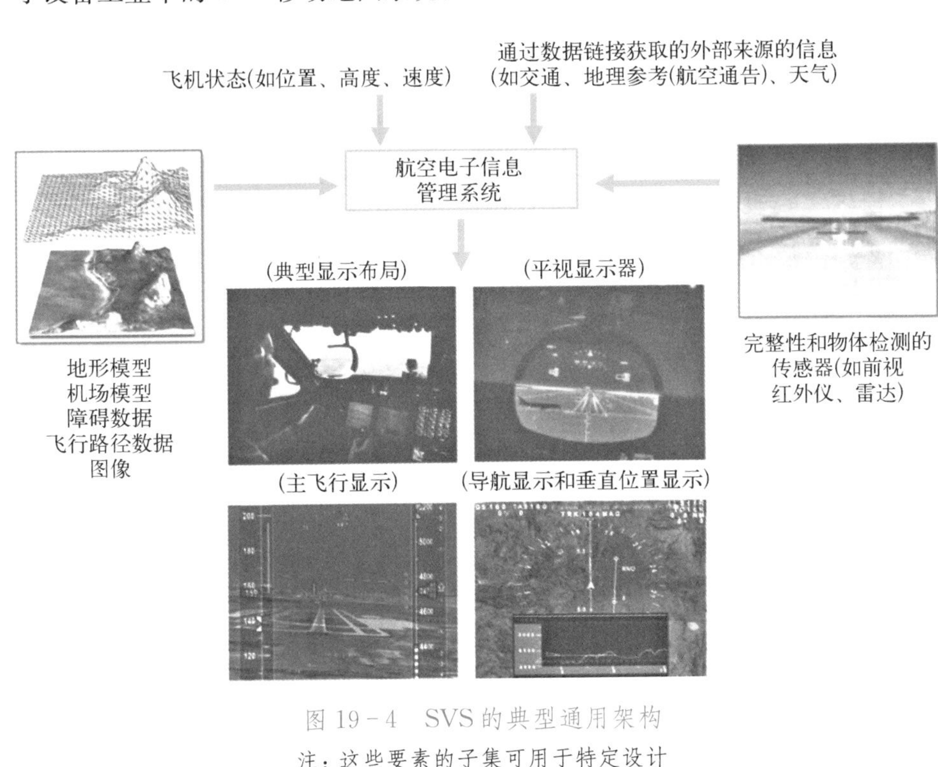

图19-4　SVS的典型通用架构

注：这些要素的子集可用于特定设计

对于一些设计，SVS还可表示交通(如来自TCAS)、地形接近(如来自TAWS)和飞行路径(如空中快线或隧道)。为了考虑可能比数据库/模型更新更频繁变化的特征，一些SVS架构还包括来自类EV传感器(如可能已经架设的可检测临时障碍物位置的传感器)的图像叠加或特征检测功能。还可采用额外的传感器来支持完整性保证(即在线检查数据库或定位系统错误)。

SVS可使用多种显示器，包括HUD\头戴式显示器、俯视主飞行和导航显示器。当考虑显示器的类型、大小和位置时，显示器的缩小对理解和认知的影响是主要因素。第二个考虑因素是视觉动量特征的潜在使用，以促进不同显示器之间的参考框架和信息理解。SVS 通常还与 TAWS 集成，以确保两个系统之间提供的警告或指南没有冲突，这两个系统利用类似的数据(如地形模型)。

19.4 实践状态

EVS/EFVS 和 SVS 等视觉系统已经以非常快的速度渗透到了市场，包括前面提到的 Kollsman EVS/EFVS(见图 19-1 和图 19-2)、Honeywell 的俯视主飞行 SVS(见图 19-5 和图 19-6)和 Rockwell Collins 的 HUD SVS(见图 19-7)。几乎所有著名的航空电子设备制造商都有经认证和批准操作的系统或正在开发的系统(如 Garmin、GE、Universal Avionics 和 Thales)。装备该系统最初主要是出于安全考虑(如提高对地形和机场环境的飞行感知)。随着早期使用者积累的操作经验不断增加，技术成熟度和对性能的信心也不断增长。因此，加强安全效益的商业案例正在兴起。例如，美国国家航空航天局(NASA)和其他机构的研究表明，视觉系统技术可显著改进飞行技术错误，以

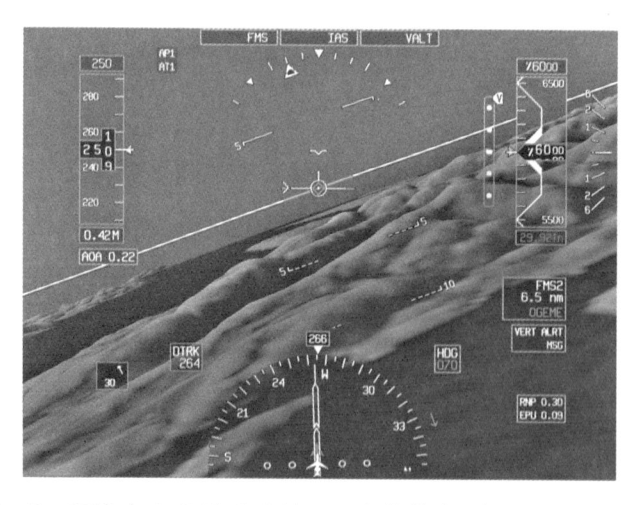

图 19-5　SVS 主飞行显示示例——高位转弯(由 Honeywell 提供，Morristown，NJ)

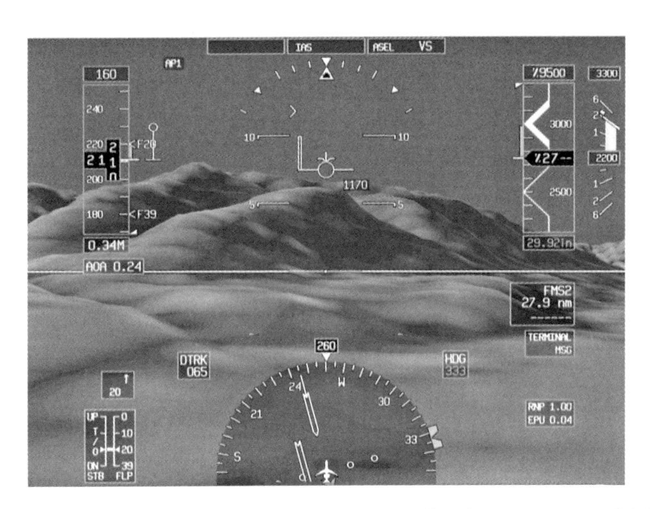

图 19-6　SVS主飞行显示示例——下降(由 Honeywell 提供，Morristown，NJ)

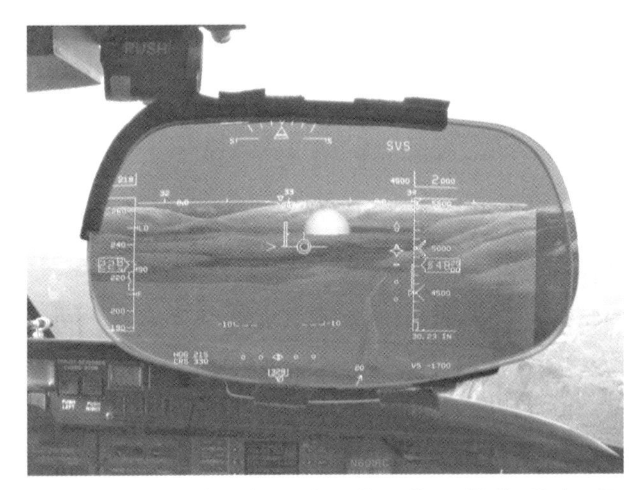

图 19-7　SVS HUD示例(由 Rockwell Collins 提供，Cedar Rapids，IA)

帮助满足所需导航性能(RNP)标准。

另一个更具体的示例是通过 EVS/EFVS 能力(即使用 HUD 和 FLIR 传感器)获得操作信任。2004 年，美国联邦法规(CFR)第 14 章第 91.175 条经过修正，使得实施直接仪表进近(Ⅱ类或Ⅲ类操作除外)的操作员在使用经过批准的 EFVS 时可在公布的 DA、DH 或最低下降高度(MDA)以下操作。

第91.175条修订的关键概念是，EFVS可用于代替从DA/DH/MDA到接地区域标高(TDZE)以上100 ft高度的所需自然视觉。最低航空系统性能标准(MASPS)现在也可用(RTCA DO-315)FAA咨询通告(AC 90-106)为EFVS的设计提供指南，并为EFVS的操作信任提供认证标准。DO-315还为SVS提供性能标准，且不需要隐含其他的操作信任。换句话说，安装SVS不会改变飞机的现有运行能力或认证依据，即使它改进了前面提到的态势感知和飞行技术错误。

关于SVS所需的数据库，从1998年到现在，由RTCA和欧洲民用航空设备组织(RTCA/EUROCAE)成立的一个联合委员会已经制定了航空系统使用的地形、障碍物和机场数据库的行业标准。使用这些标准的航空系统不仅包括视觉系统，而且包括需要这些数据的其他系统(如TAWS和仪表程序设计工具)。由于这些标准已经出版，业界一直将它们作为开发过程的一部分。此外，数据创建者(如基于卫星的和机载地形地图服务提供商)和数据整合者(如提供航空制图和地图绘制产品的组织)都进行了大量投资来收集、分发和维护满足这些标准的全球数据集。此外，国际民用航空组织(ICAO)已将大多数美国和欧洲标准作为全球都必须遵守的国际标准。表19-1和表19-2提供了针对地形和障碍物数据库规定的一些质量标准。ICAO要求成员国(即各国

表19-1　航空用地形数据库质量标准

属　　性	区域1(州)	区域2(终端)	区域3(地面)	区域4(Cat Ⅱ/Ⅲ)
后间距	3弧秒(～90 m)	1弧秒(～30 m)	0.6弧秒(～20 m)	0.3弧秒(～9 m)
垂直准确度/m	30	3	0.5	1
水平准确度/m	50	5	0.5	2.5
置信水平/%	90	90	90	90
完整性级别	10^{-3}	10^{-5}	10^{-5}	10^{-5}

来源：RTCA DO-276B/EUROCAE ED-98B，地形和障碍物数据的用户要求，RTCA公司，华盛顿特区，2012年9月；附件15，航空情报服务，第13版，国际民用航空组织(ICAO)，加拿大魁北克蒙特利尔，2010年7月。

表 19-2　航空用障碍物数据库质量标准

属　性	区域 1(州)	区域 2(终端)	区域 3(地面)	区域 4(Cat Ⅱ/Ⅲ)
垂直准确度/m	30	3	0.5	1
水平准确度/m	50	5	0.5	2.5
置信水平/%	90	90	90	90
完整性级别	10^{-3}	10^{-5}	10^{-5}	10^{-5}

来源：RTCA DO-276B/EUROCAE ED-98B,地形和障碍物数据的用户要求,RTCA公司,华盛顿特区,2012年9月;附件15,航空情报服务,第13版,国际民用航空组织(ICAO),加拿大魁北克蒙特利尔,2010年7月。

家)在不久的将来将通过航空情报服务(AIS)来达到该数据质量。目前,多个商业公司和政府组织已经收集并提供了满足或超过这些标准的数据库。对于机场特征数据库的标准,超过30个特征被定义为“应被获取”,包括跑道/滑行道边缘和中心线、着陆阈值点、门位置和建筑物位置。准确度要求范围为5~0.5 m,具体取决于特征的类型。

对于SVS而言,系统使用的数据(基础)质量作为决定是否批准基于SV的操作的标准。在这种情况下,质量可包括许多指标,但最相关的是准确度、完整性、及时性(如年限)和后距(对于地形模型)。在这些指标中,完整性是最难评估和确认的。完整性解决了两个问题:① 数据在收集后是否被破坏或改变;② 数据是否会提供误导信息。为了量化完整性,至少需要两次独立观察。在能见度良好的情况下,飞行员可独立观察,但随着能见度降低,飞行员的这种能力只能提供检查。一部分解决方案源于一个事实,即飞行次数越来越多,完整性也将不断得到改进(即每次晴朗天气的进近和着陆将确认该飞行路径的SV演示)。然而,这并不完全涵盖所有情况(如在新区域中或数据库更新之后飞行)。完整的解决方案需要在飞行中进行独立测量,研究表明,这可使用现有的机载雷达或其他传感器来完成。当然,每个传感器都存在范围、准确度和天气条件等限制。定位和姿态/航向参考系统的完整性也必须得到解决。然而,这些系统已有成熟的设计[如用于GPS的接收机自主完整性监视(RAIM)]。

此外，数据完整性是一个重要标准。SVS的完整最小数据集将包括飞机位置和姿态以及用于预期飞行操作的地形、障碍物和机场特征。SVS所需的数据还将包括飞行计划(如用于隧道显示)和交通位置。目前最关注的问题与障碍物数据的完整性有关。然而，如前所述，RTCA/EUROCAE和ICAO活动将这些问题简化为“数据库更新之间发生变化怎么办?”和“我们如何确保没有丢失数据?”通过使用机载雷达或其他传感器来检测数据库中没有的障碍物，并且通过添加成像传感器来增强合成场景，在某种程度上可减少对“我们如何确保没有丢失数据?”这一问题的关注，促成“组合视觉系统”(CVS)的研发(将在下一节讨论)。

19.5 下一步：操作注意事项

CFR第14章第91.175条的修订为EFVS使用者创造了操作信任，但在进近和着陆(低至100 ft)时也引入了潜在的干扰。根据规则，在着陆地区以上不低于100 ft处，所需的任一视觉着陆参考必须由飞行员明显可见并且识别，而且不依赖于视觉系统。为了减轻这个问题并避免这种潜在的注意力分散，发布了最低性能标准，通过单独使用经批准的EFVS(即代替自然视觉)在低至1 000 ft的能见的跑道距离(RVR)的可见度下，在整个进近过程中支持EFVS操作并着陆。简单地说，现在标准已经就绪，根据这些标准，可以通过使用“增强的飞行可见性”或自然视觉来实现进近的视觉段。这种变化设置的优先级对于视觉系统的未来使用可能是相当重要的。

随着这种能力框架的建立，在低至300 ft RVR区域安全操作EFVS的MASPS已经出版(RTCA DO-341)。该操作的基本原理与根据CFR第14章第91.175条建立的原理几乎相同：① EFVS提供了足以进行操作的增强的飞行可见性；② EFVS使用EVS图像和符号的保形显示，在HUD或等效显示器上组合显示惯性飞行路径标记和飞行路径角度参考提示;③ 操作所需的视觉参考是连续的;④ 飞行员使用EFVS操纵飞机,以安全地进行操作。无论是在1 000 ft RVR或300 ft RVR飞行,操作基本上是相同的。最显著的差异是,在300 ft RVR自然视觉不足,不能依靠自然视觉来减轻EFVS故障的影响。因此,EFVS的完整性和可用性要求大幅增加。EFVS传感器系统的性能必须足以渗透几乎所有大气条件,不受跑道类型、宽度和周围地面的影响,提供与Ⅲ类ILS系统水平相当的完整性和可用性。为了满足这些要求,使用冗余的设计可能是必不可少的,包括驾驶舱显示器。

迄今为止,EFVS正被用作替代视觉手段——代替或等同于自然视觉的能力,以满足操作视觉部分的要求。相反,由于其固有技术,SVS被视为改进仪表飞行部分要求的一种方式。因此,RTCA SC-213、EUROCAE WG79联合委员会发布了DO-315B,为SVS的可能操作信任建立了最低性能标准,利用了FAA指令8400.13(特殊授权Ⅰ类操作和所有Ⅱ类和Ⅲ类操作设施的评估和批准程序)。具体来说,DO-315B建立了SVS的性能标准,使得SVS能够低于标准Ⅰ类最小值或降低所需最小能见度。目前,SVS操作信任的性能标准不需要使用HUD。

EVS/EFVS和SVS技术的目标相互照应,因为它们都试图消除低能见度的条件(航空事故的偶然因素),无论实际的外部可见性如何,都能再现晴天飞行操作的效果。然而,实现这种能力的方法是明显不同但互为补充的。SV提供可由系统设计者定制的天气独立性、潜在无限能视域、导航和文化特征信息。相比之下,EVS操作基于实时传感器图像,其性能与传感器类型相关。在许多低能见度条件下,EVS可改进飞行员的自然视觉。最重要的是,EVS提供了飞机外部环境的直接视图。

CVS试图做到两全其美:利用SVS的优点,同时使用EVS来抵消其局限性,反之亦然。这些技术如何在驾驶舱上组合和使用,取决于预期的操作使用和环境。已经在SVS和EVS组合在同一显示器上对备用的设计进行了测试,

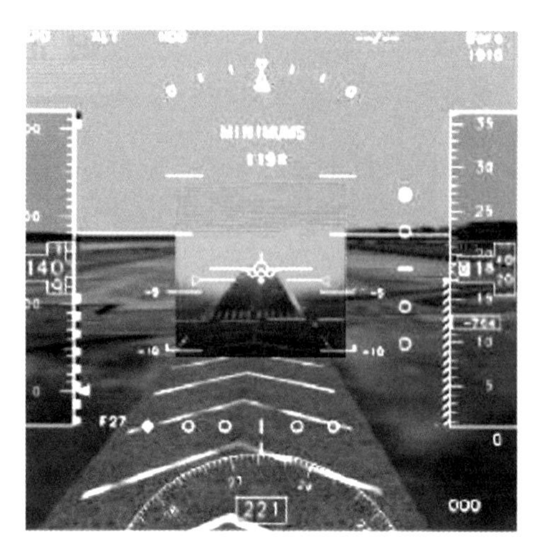

图 19-8　CVS主飞行显示示例

而其他设计使用可由飞行员交叉检查的独立显示器来进行测试。信息的空间和/或时间间隔也经过了评估。对于集成显示器，设计可融合来自两个源的信息，或者更常见地，在更大的能视域 SVS 部分内插入 EVS/EFVS 部分。这种集成确保飞行员可从图像中辨别信息的来源（SVS 或 EVS）。CVS 的示例如图 19-8 所示。

事实已证明，在 CVS 中 SV/EV 的空间分隔是有效的，但其工作量（认知整合和扫描）很大。然而，组合显示器的设计也可能有问题。例如，飞行员在着陆时可使用俯视 SV 进近，最后切换到平视 EV。通过应用“视觉动量”方法可以使这种转变更加方便，从而确保在两个源和视点之间切换时可以保持相关性。

19.6　未来发展：EVO 和 BTV

如目前设想的，EFVS、SVS 和 CVS 并不打算改变空中导航服务供应商（ANSP）在设置与他机的间距和间隔方面的作用和责任。视觉系统也没有改变机场服务供应商在对外来物体损害控制、野生动物控制或其他机场基础设施和服务功能方面的作用和责任。然而，这种系统的未来增长和使用可使飞行机组人员能够自主远离其他交通、地形和障碍物，或减少对机场基础设施的要求。

未来航空运输系统的目标之一是“等效视觉操作（EVO）”。EVO 有两种解释：① 等效交通流量和模式，使得容量不受可见性的影响；② 等效视觉提示，使得从 VFR 操作到 IFR 操作的突然改变减少。在视觉系统方面，第二种解释推动了更多的视觉系统的研发。视觉系统能否提供使用VFR类规则所需的要素,而不管实际能见度如何,不管交通流量和模式如何?

在一种EVO形式中,尽管飞行操作是由空中交通管理(ATM)监督的,但是间隔权力被授予飞行机组(受VFR监督)。视觉显示器将通过一种电子手段来提供足够的地形、障碍物、机场特征“可见性”(具有相同的准确度、完整性和可用性)和其他所需的飞行参考,以使飞行机组能够“看到并规避”“看到并跟随”和“自导航”。此外,类似于今天的视觉飞行,视觉系统应以直观的方式提供这种信息,能够最小化从VFR飞行操作转换成IFR飞行操作所产生的训练或转换影响。

美国CFR第91.113条提出了“看到并规避”原则的定义,在所有类别的空域中,“当天气条件允许时,无论是根据仪表飞行规则还是视觉飞行规则进行驾驶,驾驶飞机的每个人均应保持警惕,以便看到并规避其他飞机”。为了能够通过电子手段(即通过视觉系统)看到并规避,或更适当来讲是“感知并规避”,电子手段必须提供支持。除了无线数据链路通信(如TCAS和ADS-B)之外,可能还包括机载传感器,以感测其他飞机的存在,并提供足够的保真度,使飞行员(或系统)能够转向无障碍航线。这种能力与无人机(UAS)行业正在进行的“感知并规避”工作密切相关。

在前文中提到的,“自导航”是相对于视觉飞行参考(如相对于诸如道路、河流和大型人造结构的人文特征的导航)进行识别和安全飞行的能力,以及安全地进行“视觉”进近、着陆和起飞操作而不与地形或障碍物碰撞的能力。在EVO环境中,“看到并跟随”减轻了管制员为控制的飞机提供航向的责任。管制员不再负责确定间隔或间距,因此管制员的工作量显著下降。例如,当在最后进近期间确定了长机间距后,一旦飞行员获得交通感知信息,他/她就负责(如在VFR飞行中)维持飞机列队,并保持适当的间距。视觉系统技术必须提供足够的信息,以安全地执行此功能。机载合并和间距决策支持功能和/或指南可简化此操作,以优化间距和态势感知。这些功能并不意味着显示器必须复制外界参考。相反，这些功能旨在实现同等水平的性能和安全性，其中显示的信息模拟的是真实世界，并用符号或图像增强该模拟。

此外，我们知道，外部环境中存在许多非物理特征，无论可见性如何，飞行员都不能看到，但是它属于操作输入。这些特征包括4D飞行计划、尾流涡流、封闭跑道/滑行道、空域边界和冲突是可预测区域(如使用“冲突探测”)。然而，我们还知道，这些特征可测量、定义和/或数据链路，然后在显示器上的地理空间参考框架中表示出来。空中快线(aka 隧道)显示是最成熟的例子。在确认这种不可见的非物理特征有助于环境感知后，新的驾驶舱系统概念随之出现，称为优于视觉(BTV)系统。实现成熟和全面的BTV能力被看作是从今天的EVS/EFVS和SVS技术实现增量的一个过程。

BTV的第一个增量步骤是向EVO能力的转换。下一步是为机组人员提供看到并规避的能力或减轻飞行机组“不可见”的危害或特征的能力。最后，开发支持新的ATM操作概念的能力，例如基于轨迹的操作，特别是那些在驾驶舱上面临独特挑战的操作。

为此，需要克服五大技术难题才能完全实现BTV概念：① 不引人注意的轻型头戴式显示器，可提供无限能视域且易于改进；② 全面的高完整性信息处理技术，可为机组人员提供所需信息和与其使用相称的质量；③ 诸如先前描述的决策支持功能；④ 传统平视和俯视显示器的显示格式和符号体系的改进，可缓解信息量和操作复杂性增加的趋势；⑤ 未来规划的无处不在的“无线”通信基础设施的稳定通信接口。

参考文献

[1] Annex 15. (July 2010). *Aeronautical Information Services*, 13th edn. International Civil Aviation Organization (ICAO), Montreal, Quebec, Canada.

[2] RTCA DO-276B/EUROCAE ED-98B. (September 2012). User requirements for terrain and obstacle data. RTCA, Inc., Washington, DC.

[3] Alexander, A., Prinzel, L. J., Wickens, C. D., Kramer, L. J., Arthur, J. J., and Bailey, R. E. (April 2009). Evaluating the effects of dimensionality in advanced avionic display concepts for synthetic vision systems. International Journal of Aviation Psychology, 19(2), 105-130.

[4] Alexander, A. L., Wickens, C. D., and Hardy, T. J. (2005). Synthetic vision systems: The effects of guidance symbology, display size, and field of view. Human Factors: The Journal of the Human Factors and Ergonomics Society, 47 (4), 693-707.

[5] Annex 4. (July 2009). Aeronautical Charts, 11th edn. International Civil Aviation Organization (ICAO), Montreal, Quebec, Canada.

[6] Annex 14. (July 2013). Aerodromes. Vol. I — Aerodrome Design and Operations, 6th edn. and Vol. II — Heliports, 3rd edn. International Civil Aviation Organization (ICAO), Montreal, Quebec, Canada.

[7] Arthur, J. J., III, Prinzel, L. J., III, Kramer, L. J., Bailey, R. E., and Parrish, R. V. (2003). CFIT prevention using synthetic vision. Proceedings of SPIE, Enhanced and Synthetic Vision 2003, Orlando, FL, Vol. 5018, pp. 146-157.

[8] Arthur, J. J., III, Prinzel, L. J., III, Shelton, K. J., Kramer, L. J., Williams, S. P., Bailey, R. E., and Norman, R. M. (April 2009). Synthetic vision enhanced surface operations with head-worn display for commercial aircraft. International Journal of Aviation Psychology, 19(2), 158-181.

[9] Arthur, J. J., Williams, S. P., Prinzel, L. P., Kramer, L. J., and Bailey, R. E. (April 2004). Flight simulator evaluation of display media devices for synthetic vision concepts. In C. E. Rash and C. E. Reese (eds.), Proceedings of SPIE, Helmet- and Head-Mounted Displays IX: Technologies and Applications,

Orlando, FL, Vol. 5442, pp. 213 - 224. SPIE, Orlando, FL.

[10] Atkins, M. L., Foyle, D. C., Hooey, B. L., and McCann, R. S. (1999). Head-up display symbology for surface operations: Comparisons among scene-linked symbology sets for optimum turn navigation. In R. S. Jensen, B. Cox, J. D. Callister, and R. Lavis (eds.), Proceedings of the 10th International Symposium on Aviation Psychology, Columbus, OH, Vol. 2, pp. 784 - 790. Ohio State University, Columbus, OH.

[11] Bailey, R., Prinzel, L., and Young, S. (2011). Concept of operations for integrated intelligent flight deck displays and decision support. NASA technical memorandum TM - 2011 - 217 - 081. National Aeronautics and Space Administration, Washington, DC.

[12] Bailey, R. E., Kramer, L. J., and Williams, S. P. (2010). Enhanced vision for all-weather operations under NextGen. Proceedings of SPIE, Enhanced and Synthetic Vision Conference 2010, Orlando, FL, Vol. 7689, pp. 768903 - 1 - 768903 - 18.

[13] Campbell, J. L., Uijtde Haag, M., Vadlamani, A., and Young, S. (2003). The application of Lidar to synthetic vision system integrity. Proceedings of the 22st AIAA/IEEE Digital Avionics Systems Conference, Indianapolis, IN, October 14 - 16, pp. 9C2 - 1 - 9C2 - 7, 2003.

[14] Dohler, H. U. and Korn, B. (2006). EVS based approach procedures: IR-image analysis and image fusion to support pilots in low visibility. ICAS 2006 25th International Congress of the Aeronautical Sciences, Hamburg, Germany, September 3 - 8, pp. 1 - 10, 2006.

[15] FAA/AC 20 - 167. (June 2010). Airworthiness approval of enhanced vision system, synthetic vision system, combined vision system, and enhanced flight vision system equipment. Federal Aviation Administration, Washington, DC.

[16] FAA/AC 90 - 106. (June 2010). Enhanced flight vision systems. Washington,

DC: FAA.

[17] Foyle, D. C., Andre, A. D., McCann, R. S., Wenzel, E., Begault, D., and Battiste, V. (1996). Taxiway navigation and situation awareness (T-NASA) system: Problem, design philosophy and description of an integrated display suite for low-visibility airport surface operations. SAE Transactions: Journal of Aerospace, 105, 1411-1418.

[18] French, G. and Schnell, T. (2003). Terrain awareness and pathway guidance for head-up displays (TAPGUIDE): A simulator study of pilot performance. Proceedings of 22nd IEEE/AIAA Digital Avionics Systems Conference, Indianapolis, IN, Vol. 2, pp. 9.C.4-9.1-7.

[19] Jones, D. R., Prinzel, L. J., III, Otero, S. D., and Barker, G. D. (2009). Collision avoidance for airport traffic concept evaluation. Proceedings of the 28th AIAA/IEEE Digital Avionics Systems Conference, Orlando, FL, October 25-29, pp. 4C4-1-4C4-15, 2009.

[20] Korn, B., Biella, M., and Lenz, H. (2008). Operational landing credit with EVS head down display: Crew procedure and human factors evaluation. Proc. of SPIE. Enhanced and Synthetic Vision 2008, SPIE Defense and Security Symposium, Orlando, FL, Vol. 6957, March 16-20, pp. 695707-1-695707-11, 2008.

[21] Korn, B. and Dohler, H.-U. (2006). A system is more than the sum of its parts — Conclusions of DLRs EVS Project ADVISE-PRO. Proceedings of the 25th AIAA/IEEE Digital Avionics Systems Conference, Portland, OR, October 15-19, pp. 4B4-1-4B4-8, 2006.

[22] Korn, B. and Hecker, P. (2002). Enhanced and synthetic vision: Increasing pilot's situation awareness under adverse weather conditions. Air traffic management for commercial and military systems. Proceedings of the 21st AIAA/IEEE Digital Avionics Systems Conference, Irvine, CA, October 27-31, pp.

11C2 - 1 - 11C2 - 10, 2002, Omnipress, Madison, WI.

[23] Korn, B., Lorenz, B., Dohler, H.-U., Tobben, H., and Hecker, P. (2005). Passive "Radar-PAPI" landing aids for precision straight-in approach and landing in low visibility. International Journal of Applied Aviation Studies, 4(2), 13 - 38.

[24] Korn, B., Schmerwitz, S., Lorenz, B., and Dohler, H.-U. (2009). Combining enhanced and synthetic vision for autonomous all weather approach and landing. The International Journal of Aviation Psychology, 19(1), 49 - 75 (Taylor & Francis Group).

[25] Kramer, L. J., Arthur, J. J., III, Bailey, R. E., and Prinzel, L. J., III. (2005). Flight testing an integrated synthetic vision system. Proceedings of SPIE, Enhanced and Synthetic Vision 2005, Orlando, FL, Vol. 5802, pp. 1 - 12.

[26] Kramer, L. J., Bailey, R. E., and Prinzel, L. J. (April 2009). Commercial flight crew decision-making during low-visibility approach operations using fused synthetic/enhanced vision systems. International Journal of Aviation Psychology, 19(2), 131 - 157.

[27] Kramer, L. J., Prinzel, L. J., III, Bailey, R. E., and Arthur, J. J., III (2003). Synthetic vision enhances situation awareness and RNP capabilities for terrain-challenged approaches. Proceedings of the American Institute of Aeronautics and Astronautics Third Aviation Technology, Integration, and Operations Technical Forum, Denver, CO, Vol. 6814, pp. 1 - 11. AIAA, Reston VA.

[28] Kramer, L. J., Williams, S. P., and Bailey, R. E. (2008). Simulation evaluation of synthetic vision as an enabling technology for equivalent visual operations. Proceedings of SPIE, Enhanced and Synthetic Vision Conference 2008, Orlando, FL, Vol. 6957, pp. 1 - 15.

[29] Lemos, K. and Schnell, T. (2003). Synthetic vision systems: Human performance assessment of the influence of terrain density and texture.

Proceedings of 22nd IEEE/AIAA Digital Avionics Systems Conference, Indianapolis, IN, Vol. 2, pp. 9. E. 3 - 9. 1 - 10.

[30] Parrish, R. V., Kramer, L. J., Bailey, R. E., Jones, D. R., Young, S. D., Arthur, J. J., III, Prinzel, L. J., III, Harrah, S., and Glaab, L. J. (May 2008). Aspects of synthetic vision display systems and the best practices of the NASA's SVS Project. NASA TP - 215130. NASA, Washington, DC.

[31] Powell, J. D., Jennings, C., and Holforty, W. (2005). Use of ADS - B and perspective displays to enhance airport capacity. Paper presented at the 24th Digital Avionics Systems Conference, Washington, DC, October 30 - November 3, 2005, Vol. 1, pp. 4. D. 4 - 4. 1 - 9.

[32] RTCA DO - 272C/EUROCAE ED - 99C. (September 2011). User requirements for aerodrome mapping information. RTCA, Inc., Washington, DC.

[33] RTCA DO - 291B/EUROCAE ED - 119B. (September 2011). Interchange standards for terrain, obstacle, and aerodrome mapping data. RTCA, Inc., Washington, DC.

[34] RTCA DO - 315B. (March 2011). Minimum Aviation System Performance Standards (MASPS) for enhanced vision systems, synthetic vision systems, combined vision systems and enhanced flight vision systems. RTCA Inc., Washington, DC.

[35] RTCA DO - 341. (September 2012). Minimum Aviation System Performance Standards (MASPS) for an enhanced flight vision system to enable all-weather approach, landing and roll-out to a safe taxi speed. RTCA Inc., Washington, DC.

[36] Schiefele, J., Howland, D., Maris, J., Pschierer, C., Wipplinger, P., and Meuter, M. (2005). Human factors flight trial analysis for 3D SVS: Part II. Proceedings of SPIE, Enhanced and Synthetic Vision 2005, Orlando, FL, Vol. 5802, pp. 195 - 206.

[37] Schnell, T., Kwon, Y., Merchant, S., Etherington, T., and Vogl, T. (2004).

Improved flight technical performance in flight decks equipped with synthetic vision information system displays. International Journal of Aviation Psychology, 4, 79 - 102.

[38] Schnell, T., Theunissen, E., and Rademaker, R. (2005). Human factors test & evaluation of an integrated synthetic vision and sensor-based flight display system for commercial and military applications. Paper presented at the NATO Research and Technology Organization, Human Factors and Medicine panel workshop entitled Toward Recommended Methods for Testing and Evaluation of EV and E/SV - Based Visionic Devices, Williamsburg, VA, April 26 - 27, pp. 18 - 1 - 18 - 32, 2005.

[39] Suarez, B., Kirk, K., and Theunissen, E. (2012). Development, integration and testing of a stand-alone CDTI with conflict probing support. Proceedings of the Infotech @ Aerospace Conference, Garden Grove, CA. AIAA 2012 - 2487, Reston, VA, pp. 1005 - 1016.

[40] Tadema, J., Unmanned Aircraft Systems HMI and Automation — Tackling Control, Integrity, and Integration Issues. Shaker Publishing B. V., Maastricht, the Netherlands.

[41] Tadema, J. and Theunissen, E. (2007). A display concept for UAV autoland monitoring: Rationale, design and evaluation. Proceedings of the 26th AIAA/IEEE Digital Avionics Systems Conference, Dallas, TX, October 21 - 25, pp. 5B4 - 1 - 5B4 - 12.

[42] Theunissen, E. (1997). Integrated Design of a Man-Machine Interface for 4 - D Navigation. Delft University Press, Delft, the Netherlands.

[43] Theunissen, E. and Etherington, T. J. (2011). Reinventing the past: Avionics systems that didn't make it. Proceedings of the 30th AIAA/IEEE Digital Avionics Systems Conference, Seattle, WA, October 16 - 20, pp. 8B3 - 1 - 8B3 - 18.

[44] Theunissen, E., Roefs, F. D., and Etherington, T. J. (2009). Synthetic vision:

Application areas, rationale, implementation and results. International Journal of Aviation Psychology, 19(1), 1-24.

[45] Theunissen, E. and Uijt de Haag, M. (2011). Towards a seamless integration of awareness support and alerting systems: Why and how. Proceedings of the 30th AIAA/IEEE Digital Avionics Systems Conference, Seattle, WA, October 16-20, pp. 6E1-1-6E1-16.

[46] Uijt De Haag, M., Sayre, J., Campbell, J., Young, S., and Gray, R. (April 2005). Terrain database integrity monitoring for synthetic vision systems. IEEE Transactions on Aerospace and Electronic Systems, 41(2), 386-406 (Institute for Electronics and Electrical Engineers).

[47] Vadlamani, A. and Uijt de Haag, M. (2008). Runway obstacle detection using onboard sensors: Modeling and simulation analysis. Proceedings of the 27th IEEE/AIAA Digital Avionics Systems Conference (DASC), St. Paul, MN, October 26-30, pp. 5A4-1-5A4-12, 2008.

[48] Young, S. and Bailey, R. (2008). Equivalent visual flight deck technologies. ARMD technical seminar. National Aeronautics and Space Administration, Washington, DC, January 31, 2008.

[49] Young, S. and Jones, D. (2001). Runway incursion prevention: A technology solution. International Air Safety Seminar, Athens, Greece, November 5-9, pp. 1-22, 2001.

[50] Young, S. D., Kakarlapudi, S., and Uijt de Haag, M. (2005). A shadow detection and extraction algorithm using digital elevation models and x-band weather radar measurements. International Journal of Remote Sensing, 26(8), 1531-1549 (Taylor & Francis Group Publishing).

[51] Young, S. and Uijt de Haag, M. (August 2005). Detection of digital elevation model errors using x-band weather radar. AIAA Journal of Aerospace Computing, Information, and Communication, 2, 309-326.

20

语音识别与语音合成

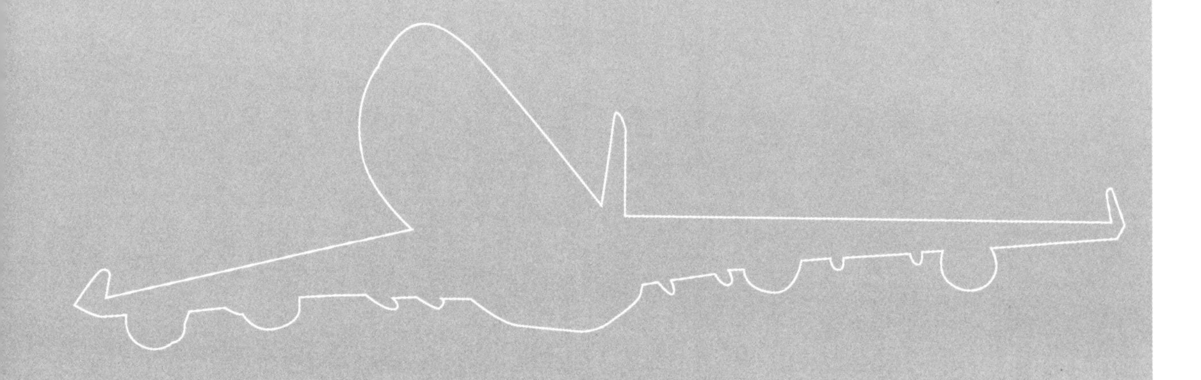

20.1　导言

语音识别(SR)在航空中的应用正在快速发展,也许它在未来驾驶舱中的使用将更为普遍。语音识别在航空中的应用并不是新的概念,语音识别和话音控制(VC)应用的研究已有20多年,所提出的许多优点已在各种应用中得到了验证。计算机硬件和软件方面不断取得的进展,使得话音控制在驾驶舱中的应用变得更加实用、灵活和可靠。毋庸置疑,人与计算机交互作用的最容易、最自然和最思想的方法是直接语音输入(DVI)。

虽然语音识别在过去的几年中已有所改进,但仍未达到人与人相互间交谈那样的能力和可靠性水平。在驾驶舱环境中使用SR和DVI,可能会使人联想起经典科幻小说《星际旅行》中星际飞船“企业”号上的计算机,或联想到电影《2001:宇宙冒险旅行》中的HAL9000计算机。预计未来的话音控制系统将像“企业”号上的计算机和HAL9000计算机那样,能在恶劣和紧张的环境中高度可靠地工作,易于为用户所理解,还能准确地领会用户意思而无须通过定制用户个人的语音和词汇来满足系统要求。虽然在过去的几年中,语音识别的能力和灵活性及其对语音控制的应用已有所提高,但当前的语音识别和话音控制系统还不能够达到这种预期的性能水平。语音识别系统究竟是否能够达到人与人相互间交流的那种水平,仍然要拭目以待。

当前语音识别的准确率至多达到90%,一些与说话人相关的语音识别系统在使用少量词汇时已达90%的准确率。虽然,听上去这种可靠性似乎很好,但若以90%的准确率计算的话,10个词中将有1个词无法正确地识别。还要考虑到的是,这个90%和更高的准确性数据可能是在理想的条件下得到的,并且在多数情况下,这种高准确率是在可操控的和清静的实验室环境中得到的。在实际的操作环境中,包括驾驶舱噪声、随机噪声、颠簸与振动、多人同时对话等,语音识别系统的准确率会大受影响。

目前,少量的军事应用计划使用了SR作为支持人机接口(MMI)的辅助方法，以减轻先进飞机飞行员的工作负担。欧洲战斗机“台风”具有 SR 的能力。世界上有许多航空工业公司都在进行探讨，研究怎样能够将适用的 SR 技术结合到民用及军用市场当前和未来设备的设计中。

20.2 语音识别的工作原理：简单述评

语音识别是以统计模式匹配为基础的。一种较常用的基于模式匹配的语音识别方法是使用隐式马可夫建模（HMM）方法，它由两种模式模型组成，即语音模型和语义模型。选用其中的哪个模型，以及在某些情况下是否需要使用两个模型，这都取决于应用的复杂性。复杂的语音识别应用，诸如那些连续的或连贯的语音识别的应用，将组合使用语音模型和语义模型。

在一个仅使用语音模型的简单的应用中，应用程序将发音的单词处理成为音素，音素是组成语音的基本部分。这些音素会转换成数字格式。然后，语音处理器从存储的单词模式数据库中搜寻一个匹配的单词，这种数字格式（或称模式）和存储的模式进行匹配的结果是可以识别音素和单词。

在更复杂的方法中，语音处理器以某种速率（通常为 16 kHz）对语音输入进行采样，将发出的声音转换成数字信号。声音信号处理可以使用几种技术来完成。通常使用的一些技术有线性预测编码（LPC）耳蜗建模、梅尔频率对数倒频系数（MFCC）等。对于这个例子，采样的数据通过使用快速傅里叶变换转换到频域。该变换是以 1/30～1/100 s(3.3～100 ms)为间隔，对存储的数据进行分析，并将该值转换到频域。转换后的数字输入信号所得出的结果与已知的语音库进行比较。根据比较结果，将确定一个称为特征数的值。

特征数将用于查阅使用该特征数的音素。从理论上来说，这就是为鉴别一个特定的音素所要做的全部工作，然而出于种种原因，这样做并不可行。由于存在背景噪声，并且用户不是每次都以相同方式说出一个词，以及一个音素的声音将依据周围的音素而有所变化，这些都可能使所处理的音素的异变增加。为了克服不同音素变异性的问题，给音素赋予了一个以上的特征数。这是由于语音输入以 1/30～1/100 s 的间隔进行分析，并且一个音素或声音能持续 500 ms～2 s，所以一个特定的声音可能指定多个特征数。通过对这些特征数的统计分析以及一个声音可能包含这些特征数的概率，可以确定这个声音就是某个特定音素的概率。

要能够识别单词和完整的发音，语音识别器还必须能够确定音素的开始和结束。确定开始和结束点的最普遍的方法是使用隐式马可夫建模(HMM)技术。HMM 是一种状态变换模型，它将使用特征数概率来确定从一个状态变换到另一个状态的似然性。每一个音素由一个 HMM 表示。英语是由 45～50 个音素组成。一个 HMM 序列将代表一个单词。对于词汇表中的每一个单词，该序列将会重复出现。虽然现在系统可以识别音素，但音素的发音却不会总是相同的，这取决于在该音素前面和后面的音素。为了解决这个问题，音素分成三个一组，称为三音素，并且作为搜索的辅助手段，发音相似的三音素分在一组。

根据从 HMM 状态变换获得的信息，识别器能够假定和确定所说出的可能是哪个音素，然后通过词汇库查阅该音素，识别器就能够确定那个所说的单词。

这是一种对于语音识别过程的极其简化的定义。还有许多 HMM 改进技术及其他建模技术。其中的几种技术是神经网络(NN)、动态时间偏移(DTW)以及各种技术的组合。

20.2.1　语音识别器的类型

语音识别器有两种类型，即说话人相关系统和说话人无关系统。

20.2.1.1　说话人相关系统

说话人相关系统准确地说是依赖于说话人。这种系统是为一个人设计的。

为了达到准确操作，该系统需要进行“训练”以适合用户个人的语音模式。有时把这种做法称为说话人在系统里“登记”。用户的语音模式将被记录并摹制，据此创建一个模板，供语音识别器使用。由于要求训练和存储特定的语音模板，说话人相关语音识别引擎的性能和准确性就将被限制于已登记的特定用户的语音模式。虽然说话人相关识别的局限性最大，但它却是最准确的，准确率在90%以上。为此，过去SR的研究及在驾驶舱中的应用都选择说话人相关识别。

这种系统的主要缺点是只能专用于一个用户，并且在其使用之前必须进行训练。许多应用允许语音模板在主机系统使用之前先在别处创建。这可以在使用目标系统之前，在独立的训练站上通过将已经创建的用户语音模板转移到目标系统。如果预计不只有一个用户，或者不希望进行系统的训练，那么说话人无关系统也许是一种选择。

20.2.1.2　说话人无关系统

说话人无关系统不依赖于用户。这种类型系统的目的是允许多个用户使用语音输入来访问系统。说话人无关系统的例子有词典辅助程序和航空公司预订系统，后者配有一个语言输入驱动的菜单系统。除了复杂性增加和难于实现以外，说话人无关系统的主要缺点是其总体准确率较低、系统管理费用较高和响应时间较慢。这些缺点带来的影响将随着处理器速度的增加、硬件的高速运行、数据存储能力的增加而不断减小。

说话人无关系统的一种变形是说话人自适应系统。说话人自适应系统将适应用户的语音模式、词汇和风格。经过一段时间，随着系统适应用户的语音特征，这种系统的错误率将降低，并且低于说话人无关系统的错误率。

20.2.2　语音识别词汇

词汇是对识别器有效的一个单词表。对一个给定的语音识别系统，词汇量的多少直接影响该系统的复杂性、处理要求和准确性。对于词汇量应该多大并没有既定的定义,但词汇量较少的系统可以获得更高的识别器准确性。按照一般的惯例,小词汇库最多可以包含100个单词,中等词汇库最多可以包含1 000个单词,大词汇库可达10 000个单词,超大词汇库则可达64 000个单词,超出这个数目则认为词汇是无限量的。再者,这是一个一般的惯例,对所有的情况可能不都是这样的。

词汇量的多少和内容将取决于应用的目的和预计的应用功能。一种特殊的应用可能仅要求有少量的词汇,这样使用一个小词汇库就可以了;若要提供口授或预订航空公司机票这类应用,则要求有很大的词汇库。

怎样来确定词汇量和内容呢?飞行员使用的词汇一般是相当专业的,要求小到中等的词汇库。词汇库中的单词可以由几种方法确定。一种方法是从飞行员将怎样执行所要求的功能或从任务的知识中提取。这可以通过问卷或某种类似的调查方法获取。

收集词汇库单词的另一种方法是建立一个实验室环境并使用"Wizard of Oz"(澳洲术士)技术。这种技术是让一个测试评估员位于布景后面,按照测试科目给出的命令行事。测试科目将有要完成的各种任务和情景。在测试科目执行任务的过程中,将科目所使用的单词和短语收集起来供评估。这一过程反复数次后,所说的单词和短语被记录下来,用来构成一个词汇表和通常称为语法规则的命令句法。在进一步的测试中,通过仅允许使用那些包含在词汇表中的有效的单词和短语,并且使测试科目再一次执行一组任务来对词汇进行改进。通过观察可以看出,测试科目使用规定的词汇和句法来完成任务能够达到的准确程度。基于这些测试及评估结果,按要求对词汇库进行修改。

评估过程可以以书面形式进行,即给飞行员一个任务清单,然后要求他们写出完成任务所用的命令。在完成这一数据的收集步骤以后,可以进行第二步测试,让飞行员从单词和命令的选择清单中选取完成任务可能会说的单词和命令。通常,飞行员倾向以一种可预定的方式操作,这有助于减少词汇量和简化结构语法。

20.2.3 语音识别器的操作方式

语音识别器有两种操作方式：连续识别和离散的(或单独的)单词识别。

20.2.3.1 连续语音识别

连续语音识别系统能够对输入的连续的语音流进行操作，其中各单词是连贯的。由于存在若干基本问题，例如，确定语音流的起始点和终止点，以及语音输入的速率，因此这种形式的识别是比较难实现的。

系统必须能够确定连续语音的语音流起始点和终止点。各个单词将具有不同的起始音素和终止音素，这取决于被称为“共同发音”(co-articulation)周围的音素。语速对识别系统的准确性有很大的影响，识别系统的准确性将随着语速的加快而下降。

20.2.3.2 单独的单词语音识别

离散的(或单独的)单词识别系统每次对一个单一的单词进行操作。系统要求在所说的每个词之间有一个停顿。停顿的长度将是变化的，在某些系统中停顿长度可以设置成确定的长度。这种类型的识别系统最易于执行，因为这种系统更容易定位终止点，并且一个词的发音不太可能影响到其他词的发音(减少共同发音影响)。该类系统的用户将以不连续的方式说话。这种系统是大多数人考虑使用的语音识别系统。

20.2.4 减少错误的方法

目前还没有实际的标准可用于测量和定义各种语音识别器的错误率。许多系统声称准确率已达到 90%以上的范围，但在实际使用时，在具有环境噪声的条件下，实际的准确率可能低很多。许多因素可以影响 SR 系统的准确性。其中的因素包括用户个人说话的特征、操作环境以及 SR 系统本身的设计。

一般有 4 种错误类型会影响 SR 系统的性能，这些错误类型是替换错误、插入错误、舍弃错误和操作员错误。

(1) 替换错误是当 SR 系统从词汇库中错误地确定一个单词时发生的。例如,飞行员呼叫“Tune COM one to one two four point seven (调谐通信 1 到 124.7)”,而 SR 系统不正确地识别为飞行员说“Tune NAV one to one two four point seven (调谐导航 1 到 124.7)”。SR 系统把在 COM(通信)位置上的词替换成 NAV(导航)。两个词可能在词汇库中都有定义且都有效,但系统选择了错误的单词。

(2) 插入错误可能发生在不是所说出的单词的某个声音源而被系统误认为是有效的语音。随机的驾驶舱噪声在某个时间可能会被识别为至 SR 系统的有效词汇。使用消噪话筒和按下按键通话(PTT)可以帮助减少这种类型的错误。

(3) 舍弃错误是在 SR 系统未能对用户的说话做出响应时发生的,即使该单词或短语是有效的。

(4) 操作员错误是当用户使用 SR 系统不能够识别的单词或短语时发生的。一个简单的例子是呼叫“Change the radio frequency one one eight point six(改变无线电频率到 118.6)”而不是词汇库所识别的“Tune COM one to one one eight point six(调谐通信 1 到 118.6)”。

设计语音识别应用时应记住几个设计目标:

(1) 硬件和软件的限制——记住该应用所使用的硬件和软件方面的限制。系统将需要连续地识别还是离散地识别单词?系统是否需要使用与说话人无关的识别,或使用与说话人无关的识别器时,降低准确性是否可以被接受?系统能否在可接受的时间周期内完成所要求的处理?系统是否允许在目标环境中操作?

(2) 安全性——SR 与一台设备交联使用是否会危及安全性?识别上的错误是否会对飞行的安全性产生严重的影响?如果 SR 系统故障,该应用是否有其他的控制方法?

(3) 在预定的使用环境中的训练系统——如以上所讨论的,在实验室中具有 99%准确性的 SR 系统在实际的驾驶舱条件下可能是无效的或不能使用的。

语音模板或 SR 系统的训练需要在实际的环境或尽可能相似的环境中进行试验。

(4) 不要试图对实际上不适合的任务使用 SR——对于一个新工具,例如一把新的锤子的问题是,每一样东西都可成为试用这把新锤子的钉子。某些任务是使用 SR 的自然候选对象,而许多任务则不是。如果不适合使用 SR,不要强行将 SR 用于该任务。这样做将会增加相当大的风险和责任。最适合应用 SR 的有无线电调谐功能、导航功能、飞行管理系统功能以及改变显示方式等。不适合应用 SR 的是可能影响飞行安全性的那些功能,简而言之是任何会造成伤亡事故的功能。

(5) 采用纠错机制——使系统使用语音合成或者通过视觉显示来重复它所理解的内容,并且允许飞行员接受或拒绝这个识别。系统应能够辨认出无效的识别。如果识别器认为它听到飞行员呼叫的是个无效的频率,它应辨别其为无效,并可能请求飞行员重复,或者说出或显示出该频率无效。

(6) 提供 SR 系统工作的反馈信息——允许用户与 SR 系统交互作用。利用语音合成使系统说出或显示它正在做什么。这样使用户可以接受或者拒绝识别器的判读。这也可以作为一种方法,提醒用户对可能遗漏的言辞给出更多的信息。“Tune COM 1 to ...(调谐通信 1 到……)”,经过一个延迟之后,系统可能请求用户提供频率“Please select frequency for COM 1.(请为通信 1 选择频率。)”如果用户选择某个重复的命令,则系统可重复问它在执行的命令“Tuning COM 1 to ...(正在调谐通信 1 到……)。”

20.2.4.1 减少词汇

显著提高 SR 系统准确性的一个方法是减少词汇库中单词的数量。除了减少单词的数量之外,应该对单词进行仔细的选择,去掉发音相似的单词。

使用触发短路来引起识别器的注意。触发短语可以简单到“Computer ...(计算机……)”后面跟有某个命令。在这个例子中,“Computer(计算机)”是触发短语,提醒识别器命令可能跟在后面。触发短语可以用于始终联机并在监听的系统。

使用消噪话筒可以减少语音识别的错误。驾驶舱不像实验室或工作台环境那样清静,存在许多的噪声和颤振,这可能干扰语音识别的操作。像人一样,在嘈杂的环境中,识别器理解命令可能会增加难度。除了使用消噪话筒以外,使用高质量的全向话筒会进一步减少识别错误。使用按下按键通话(PTT)将有助于减少插入错误以及识别错误。

20.2.4.2　语法

语法定义对于SR应用可能达到的准确程度起着重要的作用。语法不仅用于定义哪些单词对系统是有效的,而且用于定义命令句法是什么。经常用于语音识别的语法表示法是无上下文的语法(CFG)。例如,用CFG表达的一个有效命令是

<start>=tune (COM 1 NAV) radio

该定义可用于有效命令“tune COM radio(调谐通信无线电)”和“tune NAV radio(调谐导航无线电)”。词序是有要求的,并且单词不可省略。但是,语法可以定义,允许使用词序和省略单词。

20.3　语音识别的最新应用

在过去的20年中,一直设法把语音识别用于各种驾驶舱。尽管受硬件和软件能力的限制,但对语音识别用作驾驶舱的工具,并未有激烈的争论。前些时候有一些值得注意的语音识别应用,军用飞机驾驶舱中也出现了一些语音识别的最新应用,即使如此,要在民机市场上看到这种应用达到所需的可靠性水平,并使飞行员认同它们的适用性,可能还尚待时日。

20世纪90年代中期,NASA使用语音识别和话音控制在OV-10A飞机

上进行了试验，12 名飞行员参加了该项试验工作。用于此项研究的语音识别器是 ITT VRS-1290 说话人相关系统。在该研究中使用的词汇库很小，包括 54 个单词。SR 系统在三种独立的状态下进行试验：在地面，1g 加速度状态，3g 加速度状态。在三种状态之间并没有发现 SR 系统在性能上有显著差别。在这三种试验状态下的 SR 系统的准确率是：在地面状态下是 97.27%，在 1g 状态下是 97.72%，在 3g 状态下是 97.11%。

目前安装 SR 系统的是正在生产的一种军用飞机，即欧洲战斗机“台风”。这种飞机是以语音互动作为标准原设备制造商（OEM）配置的第一种生产型飞机，配有语音识别模块（SRM）。该语音识别器是与说话人相关类型，其完善程度足以识别连续语音。该机的语音识别系统的供应商是史密斯工业公司（Smiths Industries）。此外，该系统已普遍为飞行员所接受。由于该系统是与说话人相关系统，因此在使用之前飞行员必须以其独特的语音模式训练语音识别器。这种训练是在地面个人计算机（PC）支持站上进行的，因为特定的飞行员创建语音模板，所以创建的语音模板在飞行之前都需经数据加载器转移到飞机上。该识别器的技术指标是词汇库 250 个单词、响应时间 200 ms、连续语音识别、95%～98%的准确率。

20.4 语音识别在驾驶舱中的应用

语音识别是语音控制的关键技术，但不应该依赖语音识别作为控制或输入数据及命令的唯一手段。语音识别更准确的定义是一种辅助的控制手段，如果 SR 系统的操作和性能变得不再能够被接受，则应该有替换的控制手段。语音控制是否能进入主流的航空驾驶舱不是问题，问题是何时实现和进入到什么程度。随着 SR 技术的不断发展，必须切实注意 SR 不适合作为求解问题的解决方案，因为并不是在所有的情况下 SR 的应用都是适当的选择。在高工作负荷的环境中，诸如驾驶舱，SR的使用对于许多操作可以是一个合理的选择，它可以减轻飞行员的工作负荷和节省下视的时间。

当前的语音识别系统最好指派给那些对飞行安全不会有重大影响的任务。随着时间的推移，这种情况将随着技术的发展而得到改变。语音识别系统直接影响飞行安全的想法使得我们想起几年前发生在语音识别会议上的一个例子。当讨论语音识别接口对PC机的影响并在观众面前演示时，一个观众说出“format C: return (格式化C: 回车)”或者产生这样效果的某个输入，结果是计算机上的主驱动器被格式化，去除了它的内容。通常，此类事件不会影响任何人身安全，但是，如果允许此类未受限制的控制发生在飞机上，那将会产生严重的后果。

在驾驶舱中，可能出现的一些话音控制的应用是导航功能、通信功能(选择频率)、显示方式切换和检查表功能等。

20.4.1　导航功能

对于导航功能，SR可以用作输入航路点和输入FMS数据的方法。一般而言，对于要求使用键盘向FMS输入数据的大多数任务，都能充分利用SR系统的功能。在重复而费时的任务中，使用SR系统既省时又省力。使用SR的另一个优点是能够减少混淆并通过请求所需的数据来引导用户。军用和民用航空方面都在对SR用于FMS进行评估和研究。

20.4.2　通信功能

对于通信功能，话音控制可以用于通过呼叫所需的那个频率来调谐无线电频率，例如，“Tune COM 1 to one one eight point seven (调谐通信1到118.7)”。SR系统将判读这个语音，并且能把该频率置于准备状态。SR系统能够设计成可以通过语音合成器向飞行员重复所识别的频率，频率被置于准备状态之前，对该频率进行确认。然后，飞行员可以接受这个频率并将其激活，或者拒绝这个频率。频率激活可以通过按钮开关操作来完成。频率激活的另一个可能的方法是仅通过语音来完成。这会引起某种附加的风险，因为飞行员将不会再通过肢体来做这个选择，而是通过一个简单的“COM one Accept（通信1接受）”短语来接受该频率，但该频率留在预选频率上。拒绝这个频率是说“COM one Reject（通信1拒绝）”，而激活这个频率要说“COM one Activate（通信1激活）”。

SR的使用也允许飞行员询问系统，例如，询问当前频率设置“What is COM one?”（通信1是什么频率?）。然后，ASR系统可以用当前激活的频率来做出回应，并且使之成为预选频率。这个回应可以通过语音或显示来完成。其他可能的选择是命令频率自动改变到预选频率，使SR回应ATC（空中交通管制）命令。完成这一点后，飞行员仅需命令“Accept”（接受）、“Activate”（激活）或“Reject”（拒绝）即可。无线电系统决不会自己主动地将频率从准备状态转为激活模式。

当使用GPS位置参考数据库时，飞行员可以仅说出“Tune COM one Phoenix Sky Harbor Approach”（调谐通信1凤凰空港进近）。通过从数据库查阅当前飞机位置，SR系统可以查出适当的频率，并将该频率置入预选。系统可以用“COM one Phoenix Sky Harbor Approach at one two oh point seven”（通信1凤凰空港进近在120.7）做出回应，然后飞行员能够接受和激活该频率而不必知道准确的频率数值或者将该频率拨入无线电系统。显然这是省时的操作。这种做法存在的缺点是数据库中的无线电频率可能已经过时，或者无此频率清单。如果需要，这个问题可以通过呼叫特定的频率来解决，例如，“Tune COM one to one two oh point seven”（调谐通信1到120.7）。

20.4.3 检查表

SR几乎可以自如地运用于检查表的操作。飞行员能够命令系统“Configure for take-off”（起飞配置）。这可以引导系统给出一个合适的起飞配置检查表。语音系统可以在执行各项安排的任务时调出检查表项目，飞行员在完成和检查了该任务后，按下按钮表示接受和转移到下一个任务。相对于按钮选择，飞行员也可以口头检验任务，但是与按钮选择相比，可能会造成识别错误。

参考文献

[1] Anderson, T. R., Applications of speech-based control, in *Proceedings of the Alternative Control Technologies: Human Factors Issues*, Wright-Patterson AFB, Dayton, OH, October 14 - 15, 1998.

[2] Anderson, T. R., The technology of speech-based control, in *Proceedings of the Alternative Control Technologies: Human Factors Issues*, Wright-Patterson AFB, Dayton, OH, October 14 - 15, 1998.

[3] Bekker, M. M., A comparison of mouse and speech input control of a text-annotation system, *Behaviour & Information Technology*, 14(1), 1995.

[4] Eurofighter Typhoon Speech Recognition Module. Available: http://www.eurofighter. com/news-andevents/2008/05/direct-voice-input-technology. Accessed on May 15, 2014.

[5] Hart, S. G., Helicopter human factors, in *Human Factors in Aviation*, Wiener, E. L. and Nagel, D. C. (eds.), Academic Press, San Diego, CA, pp. 591 - 638, 1988.

[6] Hopkin, V. D., Air traffic control, in *Human Factors in Aviation*, Wiener, E. L. and Nagel, D. C. (eds.), Academic Press, San Diego, CA, 1988, Chapter 19.

[7] Jones, D. M., Frankish, C. R., and Hapeshi, K., Automatic speech recognition in practice, *Behaviour and Information Technology*, 2, 109 - 122, 1992.

[8] Leger, A., Synthesis and expected benefits analysis, in *Proceedings of the Alternative Control Technologies: Human Factors Issues*, Wright-Patterson AFB, Dayton, OH, October 14 – 15, 1998.

[9] Rood, G. M., Operational rationale and related issues for alternative control technologies, in *Proceedings of the Alternative Control Technologies: Human Factors Issues*, Wright-Patterson AFB, Dayton, OH, October 14 – 15, 1998.

[10] Rudnicky, A. I. and Hauptmann, A. G., Models for evaluating interaction protocols in speech recognition, School of Computer Science, Carnegie Mellon University, Pittsburgh, PA, 1991.

[11] Wickens, C. D. and Flach, J. M., Information processing, in *Human Factors in Aviation*, Wiener, E. L. and Nagel, D. C. (eds.), Academic Press, San Diego, CA, 1988, Chapter 5.

[12] Williamson, D. T., Barry, T. P., and Liggett, K. K., Flight test results of ITT VRS – 1290 in NASA OV10A.

[13] Pilot – Vehicle Interface Branch (WL/FIGP), WPAFB, Dayton, OH.

[14] Williges, R. C., Williges, B. H., and Fainter, R. G., Software interfaces for aviation systems, in *Human Factors in Aviation*, Wiener, E. L. and Nagel, D. C. (eds.), Academic Press, San Diego, CA, 1988, Chapter 14.

[15] Williamson, D. T., Barry, T. P., and Liggett, K. K., Flight test results of ITT VRS – 1290 in NASAOV10A. Pilot-Vehicle Interface Branch (WL/FIGP), WPAFB, Dayton, OH.

[16] The Eurofighter Typhoon Speech Recognition Module [online]. Available: http://www. eurofighter. com/news-and-events/2008/05/direct-voice-input-technology. Accessed on May 15, 2014.

21

地形感知系统

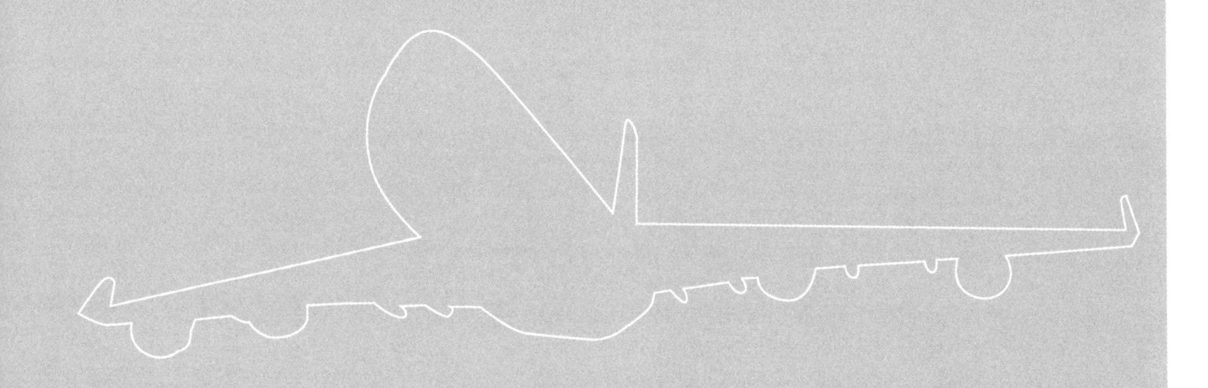

21.1　导言

增强型近地告警系统(EGPWS)[①]是一种最新的机载系统之一,正在成为所有军用和民用飞机的标准装备。它旨在提供对地形的态势感知和撞向地面飞行的预测告警。这种系统经历了漫长的研发过程,其拥有的多样化操作模式和告警/咨询功能反映出它的发展历程。

● 可控飞行撞地(CFIT)是一种操纵完好的飞机撞向地面、水面或人为障碍物的行为。据历史统计,CFIT是全球飞行操作中一种最常见的灾难事故类型。

● 根据飞行记录仪的数据、空中交通管制(ATC)的记录以及飞行员在受控飞行撞向地面事件的经历所提供的证据,通过分析事故的环境,确定该类型事故在即将发生前普遍存在的条件。

● 通过使用各种机载传感器测定飞机当前的飞行状态和动态,预测飞机近期的飞行状态,EGPWS可以对CFIT事故发生前的已知危险条件做出比较。一旦这种条件超出了安全飞行的界限,系统会向机组人员发出语音和/或视觉信号的告警/咨询,使其做出纠正动作。

21.2　地形防撞告警的基本原理

飞机的当前状态通过下述数据来表示,即飞机相对于地面和周围地形的位置、姿态、运动矢量、加速度矢量、飞机构型、当前导航数据和飞行阶段。根据所需的或要求的操作模式(见下一节)以及EGPWS模型和复杂程度,输入的数据

① 各国政府和工业部门对于上述设备的基本描述还使用了其他的同义词。尽管美国军方开始比较频繁地使用EGPWS这个术语,但是以往美国和他国的多个生产商都将GPWS和EGPWS称为地面防撞系统(GCAS)。美国联邦航空管理局(FAA)在其制定的有关EGPWS功能部件的最新规章中,已经采用了地形感知告警系统(TAWS)这一术语。

组可以是简单型的，例如全球定位系统（GPS）位置和气压高度；或者可以是大规模型的，它包括有高度表数据、大气数据、飞行管理数据、仪表导航数据、加速度表数据和惯性基准数据等，如图 21－1 所示。

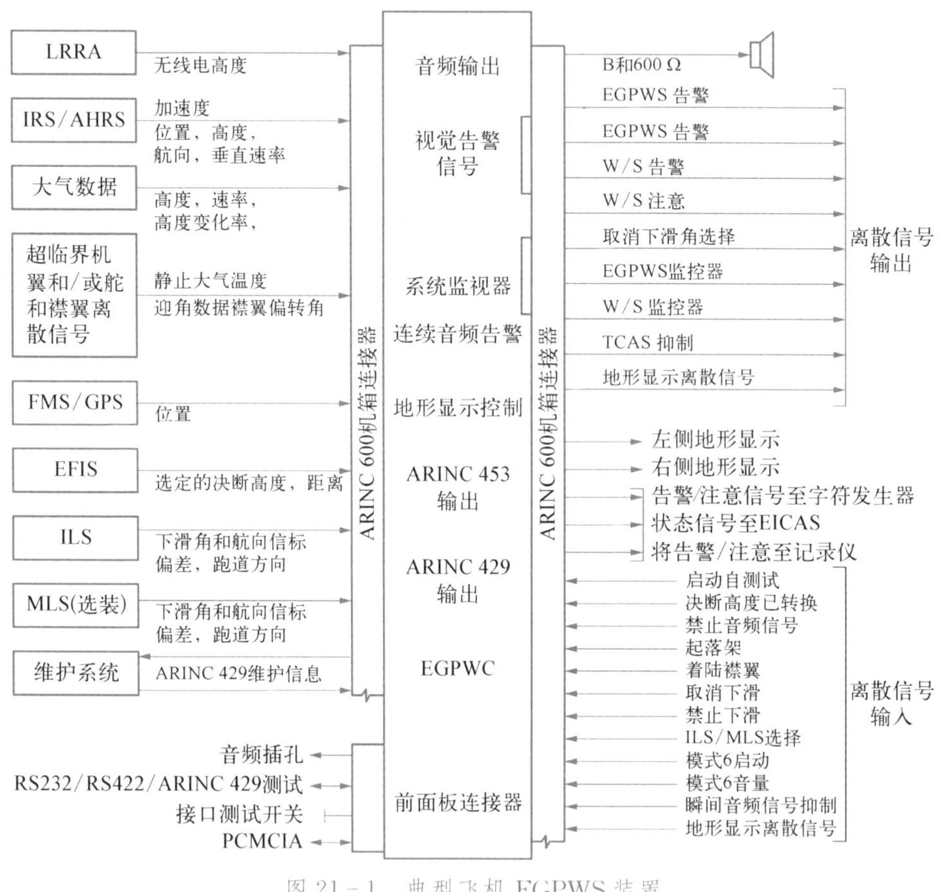

图 21－1　典型飞机 EGPWS 装置

“传统的”（非增强型）GPWS 中的主要输入是低高度无线电（或雷达）高度表（LRRA）数据，LRRA 可通过测量无线电或雷达波束射向地面并反射回飞机所经历的时间，计算出飞机的离地高度（AGL）。紧急撞地危险可以通过分析飞机其他性能数据相对于离地安全高度的关系来推断。当平飞接近地形（level flight toward terrain）时，使用这种类型的系统只能通过探测飞机下方上升的地形；当接近陡峭上升地形(flight towards steeply rising terrain)时，GPWS不能向机组人员提供足够的时间来采取纠正动作。EGPWS通过在其计算机存储器中的地面地形模型和人工目标(包括机场位置和跑道详情)模型来增强GPWS的各个模式。使用这种数字地形高程数据和机场数据库，计算机连续地对飞机状态矢量与实景的虚拟三维地图做出比较，可以在基于LRRA的GPWS算法给出结果之前的较早时间，预测正在逼近的危险情况。

通常EGPWS能提供彩色或单色的飞机下方安全的地形显示(按标准地形显示为绿色，水显示为蓝色)。当有潜在的危险情况出现时，EGPWS会向机组人员发出语音和/或视觉信号告警。提示(情报)态势感知信息可以简单地用一个语音语句，例如，当飞机的AGL高度从1 000 ft以上下降到1 000 ft以下时，语音播报为“One Thousand(一千英尺)”。注意报警将结合情报性的话音告警和视觉信号告警，例如，当未放下着陆襟翼，又飞得过低和过慢时，除了语音播报“Too Low Laps(太低，注意襟翼)”外，还伴有黄色的视觉信号告警。视觉注意报警信号可以是一个标有诸如“GPWS”(近地告警系统)或“TERRAIN”(地形)字样的专用灯光警示，也可以是一条显示在电子飞行仪表系统(EFIS)显示器上的黄色文本信息，或者是对装有周围地形显示的增强告警情况下，除了语音播报“Caution Terrain”(注意地形)或“Terrain Ahead”(注意前方地形)外，还伴有黄色警示灯以及显示器上用亮黄色显示的危险地形。

当与地形有碰撞的危险，必须要由机组人员立即采取果断的挽回行动才能避免发生灾难时，标准的语音告警发出大声的“Pull-Up”(拉起)命令，并伴有红色的视觉信号告警。未装地形显示器的旧型号飞机使用的是一个单一的红色“Pull-Up”告警灯；而对装有EFIS的现代飞机，告警语句“Pull-Up”以鲜红色显示在主飞行显示器(PFD)上。通常情况是将周围地形综合到EFIS水平状态指示器上，危险地形区域显示转变成鲜红色[①]。

① 注意本文EGPWS视觉指示信号的例子均符合FAR25.1322规定的要求。

21.3 操作模式

EGPWS监视并提供告警的各组危险状况通常称为模式①。以下各节将对这些模式做详细说明。前四种模式(模式1～4)是早期开发的传统GPWS的模式,它向飞行员提供相对地形不安全飞行轨迹的告警。最初的模拟计算机型告警系统对于所有模式都采用一种单一的红色灯光告警和一种连续警笛式的语音告警。飞机生产商的需求促成了原模式改进,对模式1～4添加了"Pull-Up"的语音告警,并新增了一种"下滑"模式5。在B757/767飞机引入首批数字计算机型告警系统时,增加了模式6。1985年前后,当要求探测风切变时,又增加了模式7②。

EGPWS的最新发展是增加了增强模式:近地显示、前视地形探测(terrain ahead detection)和离地净空高度(terrain clearance floor)。多年来,拥护GPWS的飞行员要求模式2应能增加进场地形显示。存储器密度的提高、成本的降低、计算能力的增强以及已有高分辨率地图和数字地形高程数据库(DTED)将推进这种增强模式的发展。一旦可用于显示的地形高程数据库在技术和经济上都不存在问题时,显然下一步的工作就是使用这些数据来预测飞机的飞行路径,以及在地形冲突发生前做出最好的预测,而不是坐等下视传感器的探测结果。

DTED与机场跑道位置、高度和航向数据库相结合,将彻底改进在未设跑道区域试图正常着陆发出的告警。

---

① 此处介绍的EGPWS模式是民用和军用运输机中最普遍的应用方式。本节末讨论更为专用的告警算法,这种算法与地形跟踪技术紧密相关,已用在高速低空飞行的军用飞机上。它们更多地涉及先进的地形数据库制导,这已超出了增强的态势感知功能研究的范围。

② 尽管还未考虑CFIT,但是对风切变相关事故进行分析,已导致开发反应式风切变探测算法。在波音公司的请求下,其专门的反应式风切变探测算法已放入标准民用GPWS中,与此同时,B737-3/4/500系列飞机相继研制成功。按惯例,风切变报警成为GPWS的模式7。尽管不是所有的飞机装置都会使用模式7,但是在民用飞机上且常见的商用EGPWS计算机都包含有模式7。模式7由波音公司和其他公司的反应式风切变探测算法组成。除此之外,也有"单独"的反应式风切变计算机,而有些飞机仅使用预测性风切变探测,这是一种气象雷达功能。

21.3.1　模式1——过大的下降率

第一种近地告警模式对以过快的气压高度下降率接近地面的情况发出告警,但未考虑地形剖面。最初的这种告警是以气压高度下降率4 000 ft/min为斜率的一条直线,在2 400 ft AGL(离地2 400 ft上空)开始起作用,在这个高度以下,标准民用无线电高度表进入跟踪(AGL为2 500 ft)。经过多年改进后,目前的标准模式1由两条曲线组成,一条外侧告警界线和一条更为严格的内侧告警界线。如果超过外侧曲线界限,将会出现“Sinkrate”(下降速率)这样的语音告警;如果超过内侧曲线界限,将会出现“Pull-Up”(拉起)这样的语音告警。

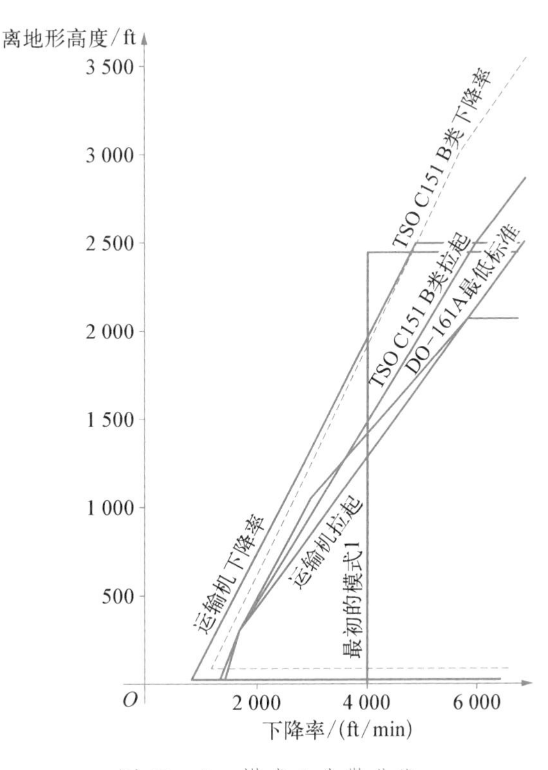

图21-2　模式1告警曲线

图21-2中列举了有关模式1的各种曲线,其中包括当前标准的运输机告警曲线、DO-161A最低告警要求曲线、最初的告警曲线以及用于6～9座客机和通用航空飞机的B类TSO C151曲线。应指出的是,B类曲线使用高出地形数据库的GPS高度而不是无线电高度,这种曲线将不会受到标准民用无线电高度表2 500 ft AGL测量范围的限制。

21.3.2　模式2——过大的接近地形速率

无线电高度的变化率称为接近速率,其正面意义是指飞机和地面在相互靠近。当接近地形速率开始超出模式2规定的告警界限时,系统会发出“Terrain,

Terrain”(注意地形,注意地形)的语音告警。如果这种告警条件持续不变,则语音告警转变为“Pull-Up”(拉起)。

接近地形速率检测曲线在经典 GPWS 算法中是最难设计的。在最后进近区域内的高楼、塔台、树木和岩石峭壁会使计算的接近地形速率中出现高峰值。而现代的模式 2 算法则对计算的接近地形速率采用了复杂的滤波方法,按不同的飞行阶段和飞机构型会有不同的动态响应。对于一些有特定的问题地区,模式 2 的检测算法会利用纬度、经度、航向和选定的跑道走向做出修正。该技术在 EGPWS 中称为包络调整。

以着陆构型接近地形速率告警的模式称为模式 2B,巡航和进近构型告警的模式称为模式 2A。图 21-3 列举了各种模式 2A 的曲线,其中包括最初的模式 2 曲线、现行标准的运输机模式 2A 的“Terrain - Terrain - Pull - Up”(注意地形—注意地形—拉起)告警曲线和 DO - 161A 标称模式 2A 的告警要求曲线。应指出的是,TSO C151 B 类 EGPWS 并不使用无线电高度表,因此它没

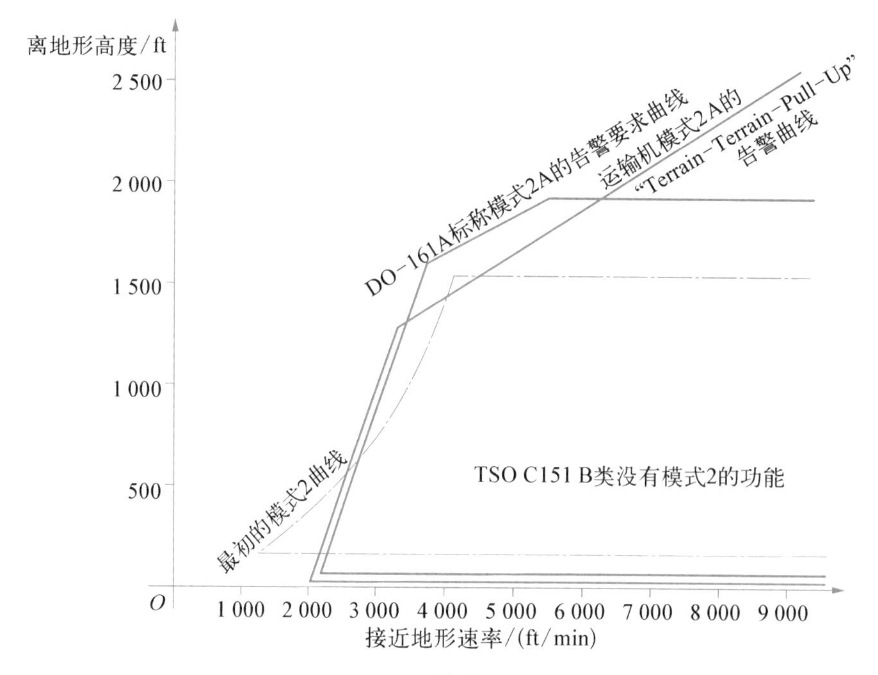

图 21-3 模式 2 曲线

有模式 2 的功能。

21.3.3　模式 3——起飞后掉高过大

模式 3 的作用范围是从飞机起飞至达到安全高度,如图 21-4 所示。这种模式对未能连续地获得高度发出告警。早期模式 3 仍列在 DO-161A 中,称为模式 3A,它能对飞机起飞后直至 700 ft 离地间隔的任何负的下降速率发出告警。这种模式后来已重新设计(在 DO-161A 中被指定为 3B),允许在起飞后有短暂的下降,但需要探测出爬升情况欠佳的趋势。模式 3 的语音告警为"Don't Sink"(不要下降)。这时,这种起飞模式一直可以作用到对时间积分得到的离地间隔超出限制值为止,从而在飞机转入平飞前允许为消除低高度噪声的机动飞行有较长的保护时间。

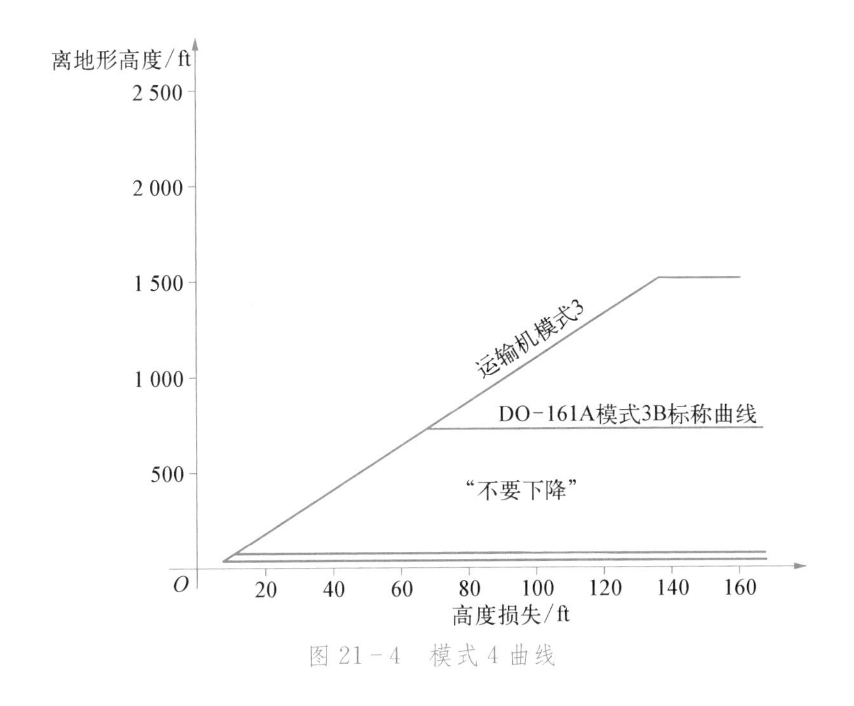

图 21-4　模式 4 曲线

通过采样并对平均海平面(MSL)高度求微分,也可以通过在高度损失期间对高度变化率积分来计算高度损失。由于高度损失是实测的,所以该高度可以是修正后的或未经修正的气压高度，也可以是惯性系统解算的高度或 GPS 高度。典型的模式 3 曲线是线性的，当 30 ft AGL 上有 8 ft 的高度损失，模式 3 便发出告警，当 AGL 为 1 500 ft 时，高度损失可增至 143 ft。

21.3.4 模式 4——基于飞机构型改变的不安全离地高度

最早的模式 4 是一种简单的告警模式。这种告警模式是针对降至 500 ft 以下高度和起落架未放下的情况而设计的。第二代模式 4 针对在低高度时襟翼没有处于着陆位置的情况增加了附加告警。当下降速率较快时，襟翼告警高度将上调至 500 ft。模式 4 中有三种类型的曲线，仍然被指定为 DO－161A 中备选的最低性能需求，如图 21－5 所示。现代的模式 4 曲线增强了对空速因素的考虑，而不只是考虑下降速率，对于高空速情况，模式 4 将在 1 000 ft AGL 上就发出告警。

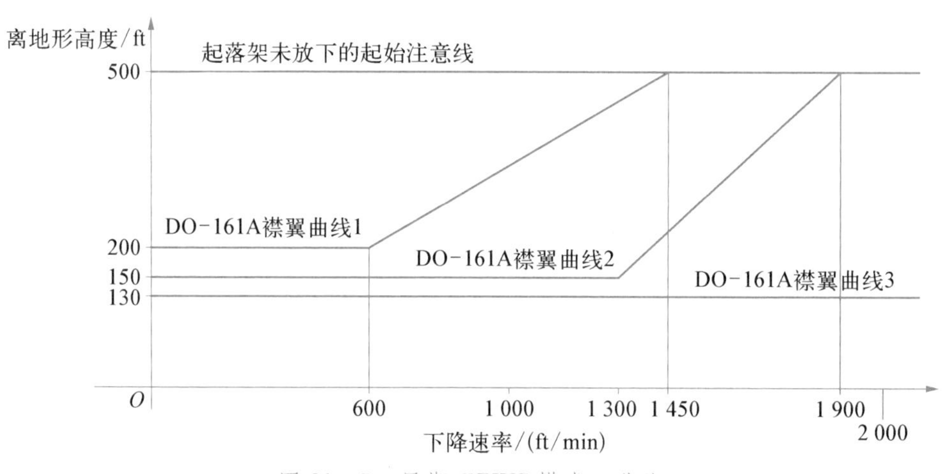

图 21－5 早期 GPWS 模式 4 曲线

目前，EGPWS 模式 4 有基于 AGL 高度、马赫数/空速和飞机构型改变的三种类型的告警，分别称为模式 4A、模式 4B 和模式 4C，如图 21－6 所示。其中，模式 4A 和模式 4B 这两种曲线在巡航过程直到完成完全着陆构型，下降接近地面期间一直起作用，对于运输机典型的模式 4 高度为 700 ft。模式 4C 和前面所述的模式 3 一起,其作用时段为起飞阶段。这三种告警模式都旨在对当前速率与飞机构型组合条件下"过于近地"的飞行发出告警。如果飞行速度较快,这种模式就会在较高的 AGL 上开始发出告警,并且语音告警总是提示为"Too Low Terrain"(太低,注意地形)。如果飞行速率较慢,则模式 4A 的告警提示为"Too Low Gear"(太低,放起落架),模式 4B 的告警提示为"Too Low Flaps"(太低,放襟翼)。

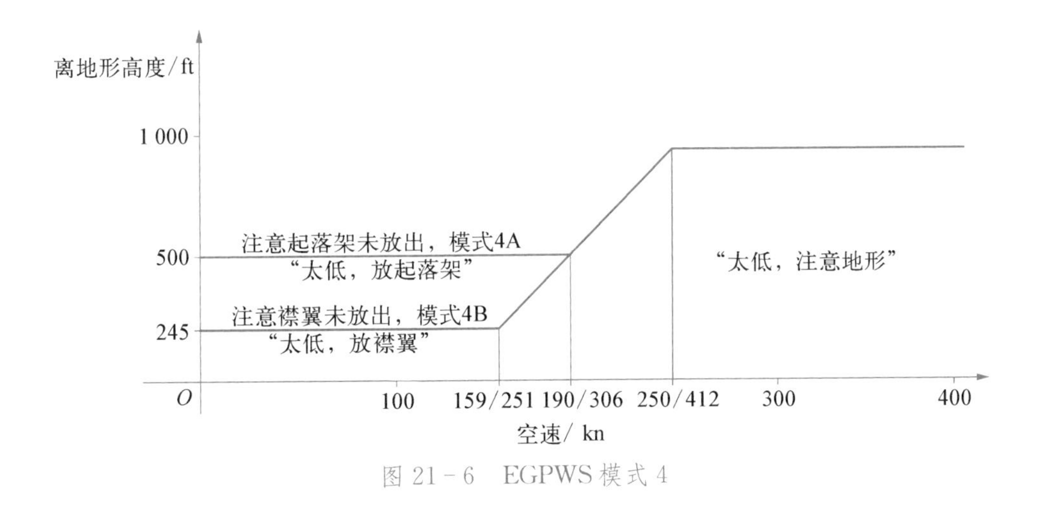

图 21-6　EGPWS 模式 4

模式 3 能对在爬升拉平的高度的绝对损失值发出告警,而模式 4C 弥补模式 3,要求不断地提升离地高度。如果飞机在上升,但下方地形也在升高,那么在起飞时如果在断开模式 3 前,飞机未达到足够的离地高度,模式 4C 将发出"Too Low Terrain"(太低,注意地形)的告警。

21.3.5　模式 5——低于 ILS 下滑道过多

这种模式将对进近时未能保持在仪表引导的下滑道上发出告警。典型的告警曲线是对低于下滑道波束 1.5～2.0 点(dots below the beam)的飞行状态发出警报,但高度较低时允许对下滑道波束有较宽的偏离。注意信号和告警信号只有在机组人员按照所选无线电频率和所确定的选择开关使用 ILS 引导进近时才能被启动。考虑到目视组合飞行或其他着陆设备飞行，或者故意偏离ILS下滑道飞行时，大多数GPWS设备还设置分开的启动开关和告警取消开关，供机组人员使用。尽管这种模式的作用高度一般是在30～1 000 ft的AGL上，但是在这种告警的设计中还必须允许截获下方的波束，并允许在500～1 000 ft之间做水平机动飞行而没有噪扰的告警音。

图21-7所示为典型喷气式运输机提供的告警模式5。当突破外侧曲线范围时，则采用低音量重复播报语音信息“Glidslope”(注意下滑角)。如果低于下滑道波束的偏差增大或高度降低，则语音播报的重复速率会加快。如果高度与偏差的组合值在内侧曲线范围内，则音量将提高至与告警信息音量相同，并且播报的重复速率达到最快。

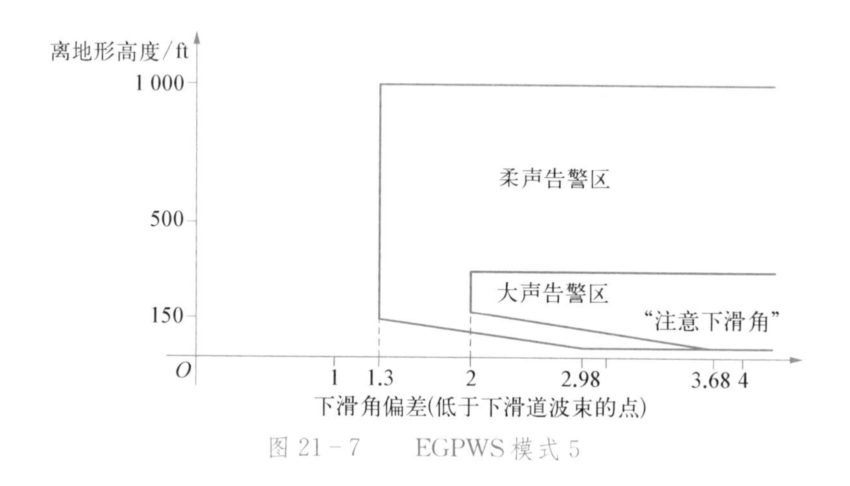

图21-7　EGPWS模式5

21.3.6　模式6——多种语音呼叫和提示报告

这种模式的第一次应用是在老式模拟无线电高度表上，在决断高度离散信号启动时增加了语音告警。该语音告警是指“最低高度”或“决断高度”，它在最后进近程序的着陆决断点加入了一种额外的感知级。传统上，这种呼叫是由副驾驶员(PNF)发出的。自动发出呼叫可使PNF不必去管这种小任务，使其在最后进近期间更顺当地去监视其他参数。

应航空运输机制造商和营运商的要求,该模式已经扩展成了一种可“捕捉所有”的语音呼叫,其中在正常情况下多是副驾的工作职责(见表21-1)。除了无线电高度的决断高度之外,现在在气压高度最小值上,接近决断高度的高度值上或气压高度的最小值上,或是在各种组合的特定高度值上,均可发出呼叫。现在也有“智能呼叫”,它仅对非精密进近(ILS未经调谐)的高度发出呼叫。波音飞机上所使用的EGPWS模型还会报告起飞时的V1,并发出“发动机熄火”的语音告警。最后,模式6一组呼叫中还有对过度的转弯倾侧(滚转过大)发出告警。

表21-1　EGPWS模式6呼叫例子

呼叫语音	说明
无线电高度表	当无线电高度表进入跟踪状态时,在2 500 ft高度上启动
二千五百	切换到无线电高度表
一千	在1 000 ft AGL上启动
五百(智能)	在500 ft AGL上启动,仅对非精密进场着陆
一百	在100 ft AGL上启动
五十	在50 ft AGL上启动
四十	在40 ft AGL上启动
三十	在30 ft AGL上启动
二十	在20 ft AGL上启动
十	在10 ft AGL上启动
进近的最低高度	在选定的决断高度以上100 ft处
最低高度	在飞行员选定的决断高度上,可以为AGL或气压高度
决断高度	(切换到最低高度)

21.3.7　模式7——风切变报警

风切变是风向和(或)风速在大气中相对短的距离范围内发生的急剧变化,它能对飞机性能造成有害的影响。在工程术语中,风切变量值精确定义为水平

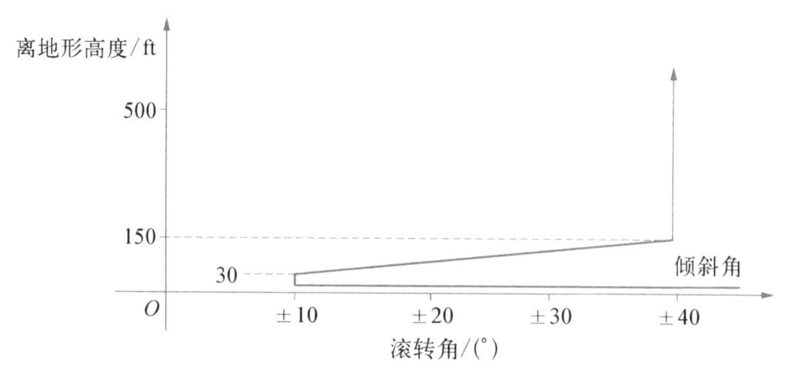

图 21-8　EGPWS 模式 6 过度倾侧(滚转过大)告警

风速的变化率加上垂直风速度除以飞机真空速所得数值之和：

$$F=-\left(\frac{W_{风}}{V_{A}}+\frac{\dot{u}_{风}}{g}\right)$$

式中：F 用 g 单位来表示，对增大能量的风切变为正数；$W_{风}$ 为垂直风速度(ft/s)，对下降气流为正数；$\dot{u}_{风}$ 为水平风速的变化率，$\dot{u}_{风}=\frac{\mathrm{d}u_{风}}{\mathrm{d}t}$；$V_{A}$ 为真空速(in/s)；g 为重力加速度，32.178 ft/s^2。

有多种技术可以根据机载传感器(大气数据、惯性加速度等)来计算风切变因素。当风切变因素超过 TSO C117a 要求的预定限值时，EGPWS 计算并且用语音“Windshear，Windshear，Windshear”(风切变，风切变，风切变)向机组人员发出告警。

21.3.8　包络调整

早期的 GPWS 设备会被虚假告警和吵扰的报警所困扰，以至于飞行员在出现真正危险时对该设备也不信任。许多进近剖面和雷达引导状况与优选的告警曲线设计相悖。即使对 GPWS 的算法进行了改进，却依然存在某些进近要求在着陆之前紧紧靠近地面。

现代的 GPWS 设备可以适应这个问题，它是通过将已知的问题位置存储在一个表内,当飞机在这些地区飞行时,提供特殊的告警包络变化。这种技术称为 GPWS 包络调整。

有这样一个例子,即向南进近苏格兰格拉斯哥的 23 号跑道的案例。当向该跑道进近时,标准的进近程序允许飞机在 3 000 ft 气压高度上飞越 1 700 ft 以上高度的山峰。在标称空速下,按周围地形高度上的差异所生成的接近地形速率完全处于图 21 - 3 中标称曲线之内。在具有包络调整情况下,GPWS 利用纬度、经度和航向指出:飞机正在飞越该特定地区,并临时性地把模式 2 的最大告警高度值从 2 450 ft 降低到最低 1 250 ft AGL。这种特性消除了扰乱性的告警,同时提供了要求的 DO - 161A 最低保护,避免在进近航迹上无意靠近山峰飞行。

21.3.9　增强模式

增强模式提供的地形和障碍物感知超出了通常由传感器导出的标准 GPWS 功能。标准 GPWS 的告警曲线在两个区域里是有缺陷的,即使设计得再好,也是如此。其中一个区域是紧邻机场的周边地区,它是 CFIT 事故的多发地。另一个区域是直接飞入陡峭地形,对于这种地形,模式 2 几乎没有时间发出告警。增强模式解决了以上这些问题,它使用了一个包括有地形、障碍物位置高度和机场跑道位置的数据库,这些数据置于用经度和纬度定址的格网坐标内。这种组合的地形/机场/障碍物数据库在计算机内形成了一个虚拟环境,给定了精确的 $x - y - z$ 位置和飞机速度向量后,增强模式就能跟踪真实环境中的飞机位置。

这种数据库技术在三个方面做了改进,即近地地形显示、前视地形告警和离地净空高度,从而克服了标准 GPWS 模式的缺点。

21.3.9.1　近地地形显示

近地地形显示是水平(俯视图)活动地图的一种特殊情况,用于增强垂直和水平状态感知。该基本显示技术是基于人的因素研究,建议采用最少的轮廓线和色彩。为节约现有设备的升级成本,这种显示器特意与现有的三色气象雷达显示器兼容。

远低于飞机航路的地形采用绿色表示,与飞机比较接近的地形采用浅绿色表示,远离飞机下方的地形采用稀疏的绿色转黑色的渐变色表示。有些地形显示中还采用蓝绿色(蓝色)来表示水域。靠近飞机航路,但不会立即造成危险(易飞越或绕过)的地形采用黄色表示。远高于飞机(通常在飞行高度的 2 000 ft 以上)的地形,采用红色表示,若继续向其飞行则是不安全的。

21.3.9.2 前视地形告警

地形(和/或障碍物)告警算法是连续地对飞机的飞行状态与虚拟环境进行比较,并在很可能发生撞击时提供视觉信号和/或语音告警。它提供两种级别的告警:注意告警和强告警。告警算法的设计原则是,对于稳定地接近危险地形的情况,注意告警要在远早于告警之前发出。典型的设计标准可以设法在问题发生前 60 s 先发出注意告警,再在 30 s 内发出告警。

注意告警的语音为"Caution, Terrain"(注意,地形)或"Terrain Ahead"(注意前方地形)。对于涡轮螺旋桨飞机和涡轮喷气飞机的告警,告警的语音为"Terrain Terrain Pullup"(注意地形,注意地形,拉起)或"Terrain Ahead Pullup"(注意前方地形,拉起),并且"拉起"这种语音告警将连续重复播报,直至飞机的航路发生改变,避开了该地形为止。

发出语音告警的同时,还点亮黄色和红色告警灯,这些灯与标准 GPWS 中的一样。通过地形感知显示,还可提供更加强制性的视觉信号告警。符合注意标准的那些区域在显示器上用亮黄色显示。如果出现"拉起"这种语音告警,那些立即有碰撞危险的地形区域将变成鲜红色显示。当飞机的航路发生改变避开了该地形时,语音告警停止,显示的地形恢复为正常的近地显示。

21.3.9.3 离地净空高度

当飞机进入着陆构型(襟翼放下和/或起落架放下)时,标准模式 2 和模式 4 的灵敏度将会降低,这样它无法对试图在没有机场的地方着陆发出告警。由于 EGPWS 数据库包括了所有可用机场跑道的精确位置,所以可以为所有未设跑道的地区规定一种附加的告警信号,即离地净空高度。当飞机下降到该高度值以下时,就会发出语音告警"Too Low Terrain"(太低,注意地形)。这种增强模式的告警又可称之为过早的下降预警。

21.4 EGPWS标准

ARINC 594——近地告警系统: 这是近地告警系统的第一个ARINC标准,定义了最初的模拟接口系统。它适用于具有模式1~5的早期型(Mk Ⅰ和Mk Ⅱ)GPWS。该系统由Sundstrand数据控制公司、Bendix公司、Collins公司、Litton公司和其他公司制造。本标准还适用于AlliedSignal公司、Honeywell公司的Mk Ⅶ型数字式GPWS,Mk Ⅶ系统的特点是拥有模式1~7,并有一个用于升级老型号系统的主模拟接口。

ARINC 743——近地告警系统: 本标准主要适用于数字式接口(ARINC 429)的近地告警系统,例如,Allied Signal公司、Honeywell公司研制的Mk Ⅴ系列产品。该系列产品是所有新型的波音飞机(包括从B757/767至B777)上使用的标准近地告警系统。

ARINC 762——地形避撞与告警系统: 本标准是ARINC 743的更新标准,主要适用于数字式接口(Mk Ⅴ)的增强型GPWS。

ARINC 562——地形防撞与告警系统: 这一建议的ARINC标准是ARINC 594的更新版,主要适用于模拟式接口(Mk Ⅶ)的增强型GPWS。

RTCA DO-161A——机载近地告警系统的最低性能标准: 这份1976年版的文件仍能为传统的模式1~5 GPWS提供最低性能标准。TSO C92c和新的TSO C151要求EGPWS(TAWS)使用本标准。

TSO C92c——近地告警,下滑角偏差告警设备: 本TSO包含了传统模式1~6的最低性能标准。它基本参照DO-161A,并定制和加入了一些传统

GPWS 的特点，包括有表示告诫/告警原因的语音呼叫、模式 6 的呼叫和转弯倾侧报警，这些特点都是继 DO－161A 之后新增加的。

CAA 规范 14（英国）——近地告警系统：这是英国民用航空管理局（CAA）针对模式 1～5 而出版的一份标准，其中对一些装置的要求也做出了规定。与美国的 TSO 标准一样，规范 14 也参照了 DO－161A，并定制和增加了一些传统 GPWS 的特点，并仍未获得 CAA 批准所需的要求。最需要提出的是，英国版的模式 5 缺乏严格性，并且取消了模式 5 的视觉指示。此外，规范 14 还要求，失速告警信号将抑制 GPWS 的语音呼叫，该特点只出现在由英国合格审定的设备中。

TSO C117a——用于运输机的机载风切变告警和逃逸制导系统：TSO C117a 定义了 EGPWS 中模式 7（即反应式低空风切变探测）的需求。

TSO C151a——地形感知告警系统（TAWS）：对于某些类别的飞机，TSO C151a 将替代 TSO C92c，并且要求系统能包括增强型模式。本标准还扩展适用于一些较小的飞机，包括无功能性要求的第 91 部小型活塞发动机飞机。本标准介绍了三类 TAWS 设备。A 类设备为标准 EGPWS，它包含了上文所述的所有模式，包括地形显示在内。B 类设备是针对中型涡轮发动机飞机，它要求含有增强型模式，但不要求旧版的、依赖于无线电高度表的 TSO C92c 各模式，新版 TSO 是用平均海平面（MSL）高度计算出离地形高度，且将地形显示规定为可选项。C 类设备与 B 类设备相似，但其“务必告警”和“不必告警”要求更适用于小型通用航空飞机的操作。C 类设备完全是自愿性的，但它要求垂直信息源有更高的精度（如 GPS 高度），这样，该装置就不需要在大型飞机上常规采用的大气数据计算机（如果有大气数据计算机，则也能使用）。

AC 23－18——第 23 部批准飞机上安装地形感知告警系统（TAWS）。

AC 25－23——第 25 部批准飞机上安装地形感知告警系统（TAWS）的适航性标准。

FAR 91.223——地形感知告警系统：它要求所有在美国注册的 6 座及以上的涡轮发动机飞机至少要安装 B 类设备。

FAR 121.354——地形感知告警系统(TAWS)：它要求安装A类设备，包括地形显示器(对于所有在美国国内使用的飞机)、标志和补充性操作。

FAR 135.154——地形感知告警系统(TAWS)：对于所有执行支线飞行和按需任务的飞机，要求安装A类设备，包括地形显示器(对于10座及以上的涡轮发动机飞机)，并且要求6～9座的所有涡轮发动机飞机至少安装B类设备。

RTCA DO-200A——航行数据处理标准：本标准是为适应TSO C151c的需要，用于处理TAWS地形数据库。

其他信息

(1) Controlled Flight Into Terrain, Education and Training Aid——由国际民用航空组织(ICAO)、飞行安全基金会和美国运输部/联邦航空管理局(DOT/FAA)联合出版，包括两本活页册和一份录像带，服务对象是航空运输行业。该出版物包括了管理、操作、机组人员培训等方面，以及GPWS的材料。需要者可与美国弗吉尼亚州亚历克桑德拉市的飞行安全基金会联系。

(2) DOT Volpe NTSC Reports on CFIT and GPWS——这些资料可从美国运输部获取，它包括对传统型和增强型GPWS告警模式中的事故的分析、统计和有效性研究。应美国运输安全委员会(NTSB)的要求，编撰了这方面的许多报告。其中有两份最新报告，特别是第二份，涉及了增强型GPWS：

a. Spiller, David——涉及FAR Part 135的多发动机固定翼飞机操作的可控飞行撞地(CFIT)事故研究和近地告警系统的潜在应用(马萨诸塞州剑桥市，美国运输部Volpe国家运输系统中心，1989年3月)。

b. Phillps, Robert O.——涉及FAR Part91飞行条例下的6座及以上涡轮发动机飞机的受控飞行撞向地面事故研究及近地告警系统的防撞潜能(马萨诸塞州剑桥市，美国运输部Volpe国家运输系统中心，1996年3月)。

推荐阅读

1. *Controlled Flight Into Terrain, Education and Training Aid* — This joint publication of ICAO, Flight Safety Foundation, and DOT/FAA consists of two loose-leaf volumes and an accompanying video tape. It is targeted toward the air transport industry, containing management, operations, and crew training information, including GPWS. Copies may be obtained by contacting the Flight Safety Foundation, Alexandria, Virginia.

2. *DOT Volpe NTSC Reports on CFIT and GPWS* — These may be obtained from the USDOT and contain accident analyses, statistics, and studies of the effectivity of both the classic and enhanced GPWS warning modes. There are a number of these reports which were developed in response to NTSB requests. Of the two most recent reports, the second one pertains to the Enhanced GPWS in particular:

a. Spiller, David — Investigation of Controlled Flight Into Terrain (CFIT) Accidents Involving Multi-engine Fixed-wing Aircraft Operating Under Part 135 and the Potential Application of a Ground Proximity Warning System (Cambridge, MA: U. S. Department of Transportation, Volpe National Transportation Systems Center) March 1989.

b. Phillips, Robert O. — Investigation of Controlled Flight Into Terrain Aircraft Accidents Involving Turbine Powered Aircraft with Six or More Passenger Seats Flying Under FAR Part 91 Flight Rules and the Potential for Their Prevention by Ground Proximity Warning Systems (Cambridge, MA: U. S. Department of Transportation, Volpe National Transportation Systems Center) March 1996.

22

交通告警和防撞系统Ⅱ(TCAS Ⅱ)

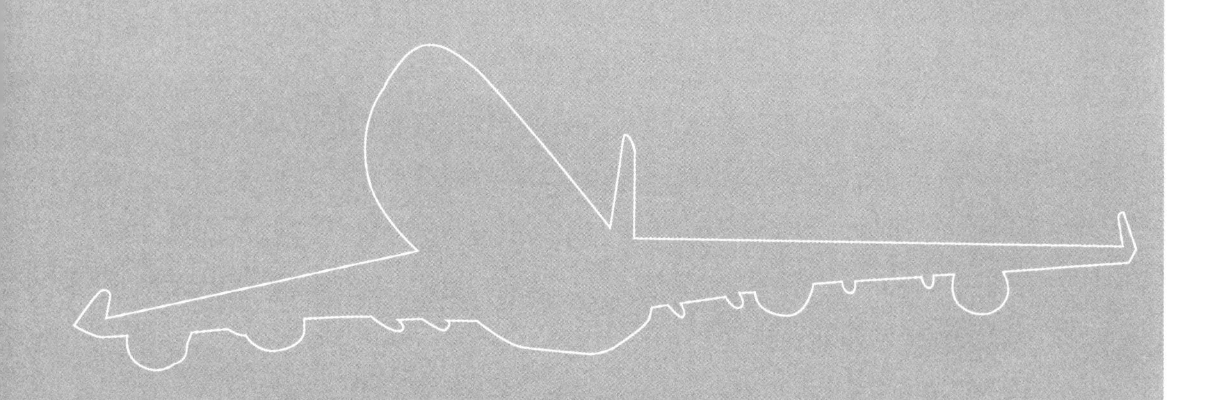

22.1 导言

交通告警和防撞系统(TCAS)为减少飞机之间空中碰撞的风险提供了解决方案。TCAS是一系列机载系统,它们独立于地面的空中交通管制(ATC)运行,以提供防撞保护。TCAS概念利用飞机携带的雷达信标应答机实现地面ATC的目的,但不为未搭载操作应答机的飞机提供保护。

TCAS Ⅰ仅提供水平方向临近告警,以帮助飞行员发现具有潜在危险的飞机。TCAS Ⅱ在垂直方向提供交通咨询(TA)和决策咨询(建议规避措施),以避免交通冲突。TCAS Ⅲ可在水平和垂直方向提供TA和决策咨询,但是为支持新兴系统而中断了研发工作。本章将重点介绍TCAS Ⅱ。

经美国国会授权(美国公法100-223),联邦航空管理局(FAA)于1989年2月9日颁布了一项规定,要求座位数超过30的飞机在1991年12月30日前必须装备TCAS Ⅱ。公法100-223后来经过修改(美国公法101-236),允许FAA将全机队安装TCAS Ⅱ的截止日期延长到1993年12月30日。1998年12月,FAA发布了一项技术标准规定(TSO),批准了变更7,促成了DO-185A TCAS Ⅱ要求。变更7集成了软件增强功能,以减少虚警率。基于自2000年以来对TCAS Ⅱ变更7性能所做的大量分析,确定了另外一些变化以改进决策咨询(RA)逻辑。欧洲和美国对这些逻辑变化进行了验证,使最低操作性能标准(MOPS)的变更7.1得以出版,即DO-185B。

22.2 TCAS Ⅱ的组件

TCAS Ⅱ由S模式/TCAS控制面板、S模式应答机、TCAS计算机、天线、交通和RA显示器以及听觉指示器组成。图22-1是TCAS Ⅱ的框图。来自S模式/TCAS控制面板的控制信息通过S模式应答机提供给TCAS计算机。

TCAS Ⅱ使用安装在飞机顶部的定向天线。除了接收飞机上方目标物的范围和高度数据之外，该定向天线在四个 908 方位段中的每一段中以变化的功率水平发送询问。全方向或定向发送和接收天线安装在飞机的底部，向 TCAS 提供来自飞机下方交通的范围和高度数据。TCAS Ⅱ在 1 030 MHz 发送应答机询问，并在 1 090 MHz 接收应答机的应答。

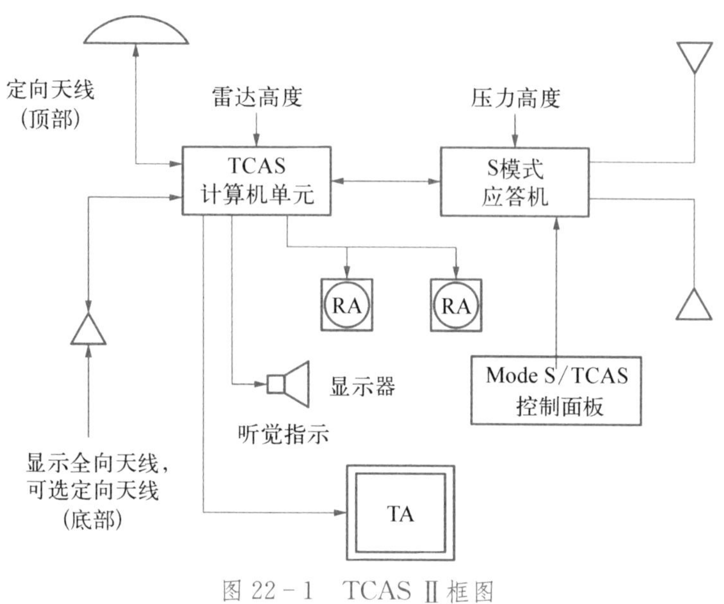

图 22-1　TCAS Ⅱ框图

TA 显示器描绘了其他飞机相对于 TCAS 飞机的位置，以帮助飞行员从视觉上获取存在潜在危险的飞机。RA 可显示在标准垂直速度指示器(VSI)上，经修改显示必须实现的垂直速率，以便与存在潜在危险的飞机保持安全间隔。当产生 RA 时，TCAS Ⅱ计算机点亮适当的显示段，并且通过飞行使 VSI 针在红色段之外，来实现对 RA 的遵从性。在较新的飞机上，RA 显示功能集成到主飞行显示器(PFD)中。显示的交通和决策咨询由 TCAS Ⅱ计算机生成的合成语音咨询补充。

22.3 监视

TCAS监听由S模式应答机产生的每秒一次的广播传输(断续振荡器),包含发送飞机的离散S模式地址。在接收到有效的断续振荡器消息时,发送飞机的标识添加到TCAS飞机将询问的飞机清单中。图22-2显示了TCAS系统之间的询问/应答通信。TCAS向S模式应答机发送询问,其中离散S模式地址包含在断续消息中。从应答信号中,TCAS可确定被询问飞机的范围和高度。

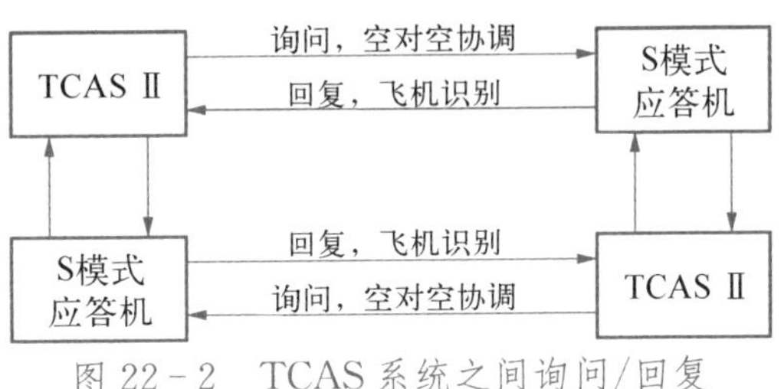

图22-2　TCAS系统之间询问/回复

A/C模式应答机没有选择性寻址能力,因此TCAS使用C模式全呼叫消息以大约1次每秒的速率询问该类型的A/C模式应答机。C模式应答机回复高度数据,而A模式应答机回复的信息中不含高度数据。所有的A/C模式应答机都将回复接收到的从TCAS发出的C模式全呼叫询问。由于回复的长度为21 μs,配备A/C模式的飞机在距离TCAS 1.7 n mile的范围内将产生彼此重叠的回复,如图22-3所示。这些重叠的A/C模式回复称为同步窜扰。

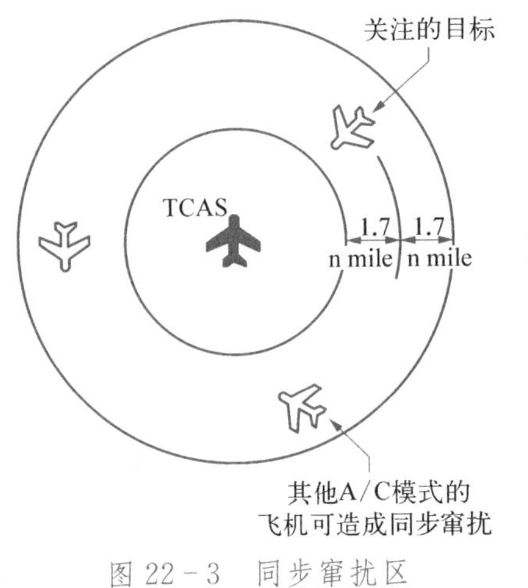

图22-3　同步窜扰区

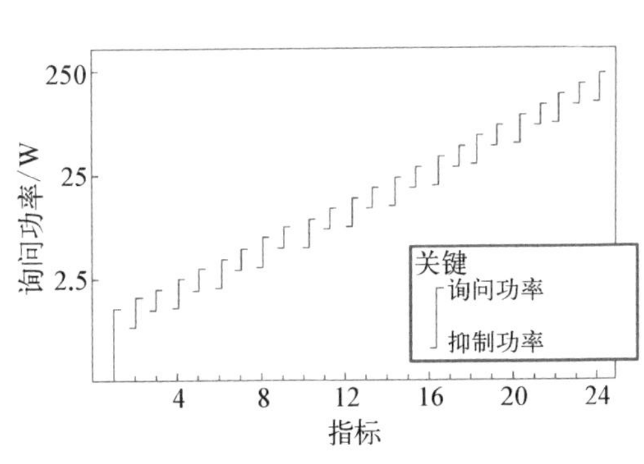

图22-4　耳语呼叫询问

硬件除扰器可以可靠地解码多达三个重叠的回复。耳语技术和定向传输可用于减少回复单个询问的应答机数量。低功率电平用于耳语呼叫顺序中的第一步询问。在第二步的耳语呼叫中，首先以略低于第一步询问的电平发送抑制脉冲，然后在 2 ms 之后，以略高于第一步询问的电平发送询问。耳语呼叫过程如图 22-4 所示，首先抑制已经对先前的询问回复过的大多数应答机，然后从新的一组并未对先前的询问回复过的应答机中抽取应答信号，来减少发生同步窜扰的可能性。定向询问传输可以进一步减少潜在的叠加回复数量。

22.4 受保护的空域

寻求有效防撞系统的最重要里程碑之一是距离/距离变化率（tau）的提出。这个概念是基于到最近进近点的航行时间，而不是距离。有效的防撞逻辑涉及在提供必要的保护与检测有效威胁之间进行折中，同时避免虚警。这种折中是通过控制敏感性水平来实现的，一旦确定了 tau，就可以进而确定配备了 TCAS 的每架飞机周围的受保护空域的范围。

飞行员可选择三种 TCAS 操作模式：待机、仅限 TA 和自动。这些模式由 TCAS 逻辑使用，以确定敏感性水平。当选择待机模式时，TCAS 设备不发送询问。通常，当飞机在地面上时使用待机模式。在仅限 TA 模式下，设备执行所有监视功能并提供 TA，但不提供 RA。当飞机在低高度和最后进场时，仅限 TA 模式可避免不必要的干扰。当飞行员选择自动模式时，TCAS 逻辑基于飞机的当前高度选择敏感性水平。表 22-1 显示了针对报告高度的飞机，TCAS 自动改变敏感度和相应的 tau 值所对应的高度阈值。

表 22-1　基于高度的敏感性水平选择

高度/ft	敏感性水平	tau 值/s	
		TA	RA
0～1 000 AGL	2	20	NA
1 000～2 350 AGL	3	25	15
2 350～5 000 MSL	4	30	20
5 000～10 000 MSL	5	40	25
10 000～20 000 MSL	6	45	30
20 000～42 000 MSL	7	48	35
>42 000 MSL	7	48	35

图 22-5 中所示的边界线显示了触发 TA(具有 40 s tau)和 RA(具有 25 s tau)的距离和距离变化率组合。这些 TA 和 RA 值对应于表 22-1 的敏感性水平。如图 22-5 所示,近距离处修改了边界线,以针对低速接近提供额外保护。

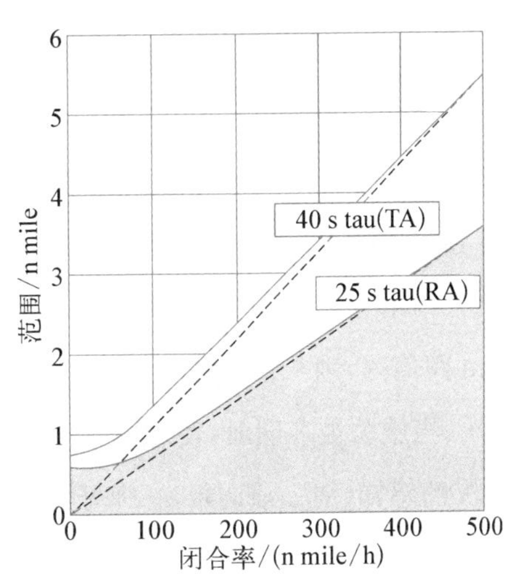

图 22-5　敏感度水平 5 的 TA/RA tau 值

22.5　防撞逻辑

防撞逻辑功能如图 22-6 所示。这种防撞逻辑描述意在提供一般概述。该描述中未涵盖与特定几何形状、阈值和设备配置有关的许多特殊条件。通过使用监视报告,防撞逻辑跟踪每个目标的倾斜范围和接近速度,以确定直到最近进近点的时间(以 s 为单位)。如果目标装备了高度编码应答机,那么防撞逻辑可以在最近接近点处投影目标的高度。

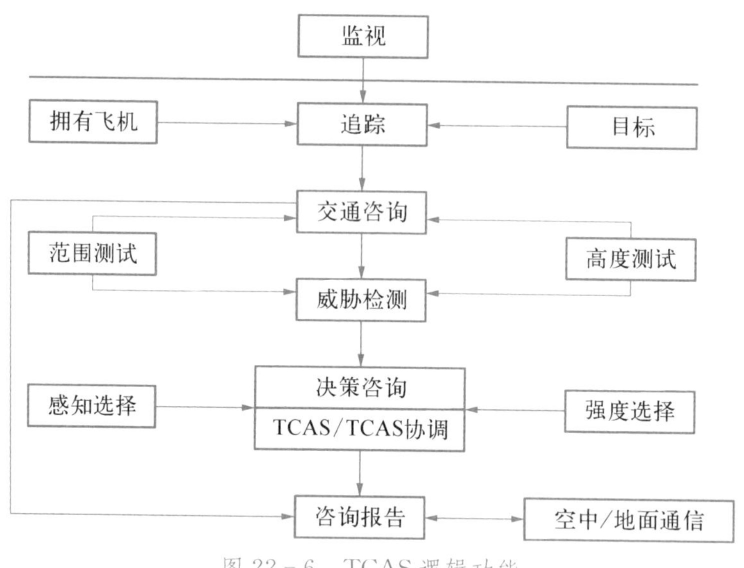

图 22-6 TCAS逻辑功能

对于报告高度的目标被声明为潜在威胁并生成 TA，必须满足范围测试，并且最近接近点处的垂直距离必须在 850 ft 内。范围测试在 RA tau 值的基础上大约增加了 15 s。若范围测试本身所计算的 tau 值在相应敏感性水平的 RA tau 阈值内，则未报告高度的目标被声明为潜在威胁。

当威胁被声明时，使用两个步骤来确定要选择的 RA 类型。第一步是选择 RA 的感知(向上或向下)。基于潜在威胁的范围和高度轨迹，防撞逻辑建立了潜在威胁到最近接近点的路径模型，并选择可以提供更大垂直间隔的 RA 感知。第二个 RA 步骤是选择 RA 的强度。选择可以实现安全间隔的垂直速率来改变最小的机动。可能的决策咨询如表 22-2 所示。

表 22-2 决策咨询

向上感知	类 型	向下感知
爬升增加到 2 500 ft/min	正	下降增加到 2 500 ft/min
反转爬升	正	反转下降
保持爬升	正	保持下降

(续　表)

向上感知	类　型	向下感知
交叉爬升	正	交叉下降
爬升	正	下降
不下降	负 vsl	不爬升
不下降>500 ft/min	负 vsl	不爬升>500 ft/min
不下降>1 000 ft/min	负 vsl	不爬升>1 000 ft/min
不下降>2 000 ft/min	负 vsl	不爬升>2 000 ft/min

注：可同时给出任何爬升和下降限制的组合(通常多架飞机遭遇)；vsl 为垂直速度限制。

在 TCAS/TCAS 相遇时，每架飞机将 S 模式协调询问发送到另一架飞机，以确保选择补充决策咨询。协调询问包含飞机预期垂直机动的信息。

22.6　驾驶舱介绍

TA 显示器可以是专用的 TCAS 显示器或天气雷达与交通共同使用的显示器。在一些飞机中，TA 显示器是在同一显示器上组合显示 TA 和 RA 信息的电子飞行仪表系统(EFIS)或平板显示器。TA 显示器关注的目标在图 22-7

本飞机：飞机符号。
白色或青色

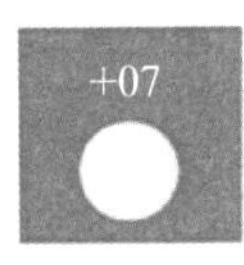

交通咨询(入侵机)
700 ft以上。水平
实心，琥珀色的圆形

非入侵交通
高度未知
空的菱形。白色或青色

决策咨询（威胁）
100 ft以下。爬升
实心，红色正方形

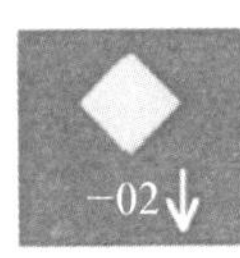

接近的交通
200 ft以下。下降
实心的菱形。白色或青色

图 22-7　TA 显示的标准符号

中以各种形状和颜色描绘。

飞行员使用RA显示器来决定是否需要调整飞机垂直速率，以符合TCAS给出的RA。该决定是根据VSI指针在颜色段中的位置做出的。如果指针处于红色段，飞行员应改变飞机垂直速率，直到指针落入绿色“飞行”段内。这种指示类型称为矫正性RA。预防性RA是指指针位于红色段之外，且飞行员应只保持当前的垂直速率。绿色段仅在纠正决策咨询时亮起。对应于典型冲突的RA显示指示如图22-8中所示。

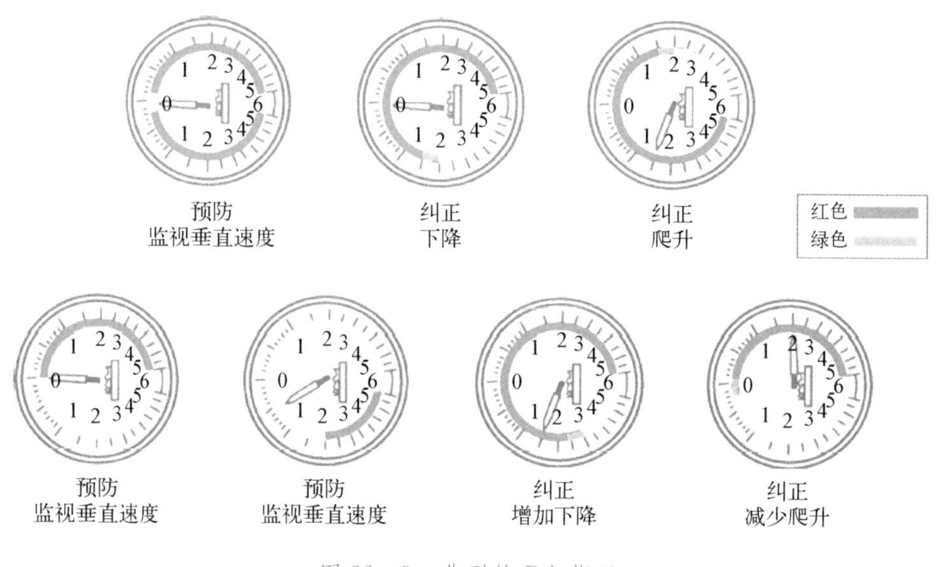

图22-8 典型的RA指示

图22-9所示是一个组合TA/RA显示器，显示TA(低于200 ft的潜在威胁)、RA(100 ft以上的威胁)和非威胁飞机(高于1 200 ft)。显示器中下部的飞机符号表示飞机相对于该飞机的位置。图22-10显示了一个带路径提示的流量显示的例子，该路径提示表明了由RA给出的路径约束。

图 22-9　组合 TA/RA 显示器

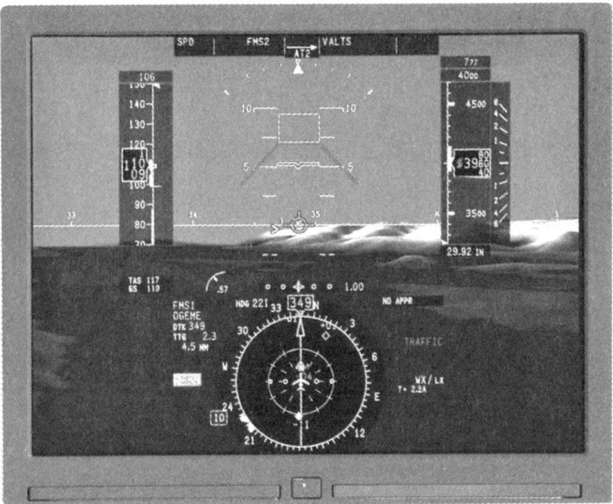

图 22-10　联合使用的气象雷达和交通显示器

22.7　混合式监视和机载防撞系统

混合式监视是一个新功能，包含在 TCAS Ⅱ的可选功能中。配备混合式监视的 TCAS Ⅱ装置可使用被动监视追踪来满足验证标准但未投影为近期碰撞威胁的入侵者。主动监视使用标准 TCAS 应答机询问，如 22.3 节所述，被动监视通常使用的是基于 GPS 的位置数据，该数据由入侵者的应答机广播。当接近碰撞威胁时，通过主动监视来追踪入侵者。混合式监视的目的是通过使用 ADS-B(在第 23 章中讨论)数据来减少所需的 TCAS 询问的数量，并未降低 TCAS 的安全性和有效性，并有助于减少频谱拥塞。适用于 TCAS Ⅱ混合式监视的 MOPS 于 2006 年 12 月 13 日获得批准。

关于下一代防撞系统的研究正在进行，这将在未来 NextGen 空域提供与 TCAS Ⅱ相同的作用。机载防撞系统(ACAS Ⅹ)是一系列飞机防撞系统，将利用优化的威胁逻辑和 ADS-B(以及传统的 TCAS 范围、方位和距离变化率测量值)，为当今的 TCAS Ⅱ系统提供功能及性能方面的改进。ACAS Ⅹ设计为支持 NextGen 的过程，这将使飞机可以安全地更加接近彼此，而现有的 TCAS

Ⅱ告警逻辑对其中的某些情况将提供 TA。为此，正在开发 ACAS Ⅹ告警和咨询逻辑，以适应比 TCAS Ⅱ告警和咨询逻辑更广泛的飞机垂直机动性能。这就意味着 ACAS Ⅹ将支持通用航空飞机、小型无人飞机和直升机以及航空运输固定翼飞机。

23

广播式自动相关监视系统

23.1　导言：什么是 ADS－B?

广播式自动相关监视系统(ADS－B)是一种新兴的空中交通监视技术，其可帮助以下人员追踪安装了相关设备的飞机和机场地面车辆：① 空中交通管制员(无须使用常规雷达)；② 安装有 ADS－B 接收设备的其他飞机的飞行员。可以预测，由飞机和机场地面车辆传送的 ADS－B 交通监视信息(称为 ADS－B OUT)将取代雷达，成为空中交通管制员控制全世界飞机所用的主要交通监视来源。同样重要的是，ADS－B 将支持广泛的机上应用(称为 ADS－B IN)，允许飞行员在缩短与其他飞机的距离的同时，更安全有效地操纵飞机。

为了支持增强型飞机运行而升级全球航空基础设施的计划中，ADS－B 是一个不可或缺的系统。例如在美国，ADS－B 是联邦航空管理局(FAA)国家空域航空运输系统大修计划(称为 NextGen，下一代的简称)的重要组成部分。通过使用整合了 ADS－B 和更好的导航、通信和信息管理系统的先进的操作程序，NextGen 被设计用来提高航空运输系统的安全性、效率、容量和环境友好性。作为向 NextGen 转变的一部分，FAA 计划将 ADS－B(而不是雷达)作为 2020 年后空中交通管制(ATC)监视的主要手段，并批准支持降低飞机间距和指定间隔的 ADS－B 机载应用。同样，在欧洲，ADS－B 被视为创建欧洲一体化空中交通管理研究(SESAR)不可缺少的系统，该研究旨在改善欧洲航空运输系统。

ADS－B 系统利用安装在飞机或车辆上的全球导航卫星系统(GNSS)接收机可以非常精确地确定本机的监视信息，比雷达准确度更高。通过更准确地了解飞机和与飞行操作相关的机场地面车辆的位置，航空运输系统可以更好地利用空域。ADS－B 是比雷达成本更低的监视技术，它可以使飞行员和空中交通管制员比以前更加“精确”地“看见”和控制地球上更大范围内的飞机。如图 23－1 所示，ADS－B 具有以下特征：

(1) 自动——“自动地”传送监视信息，无需询问。

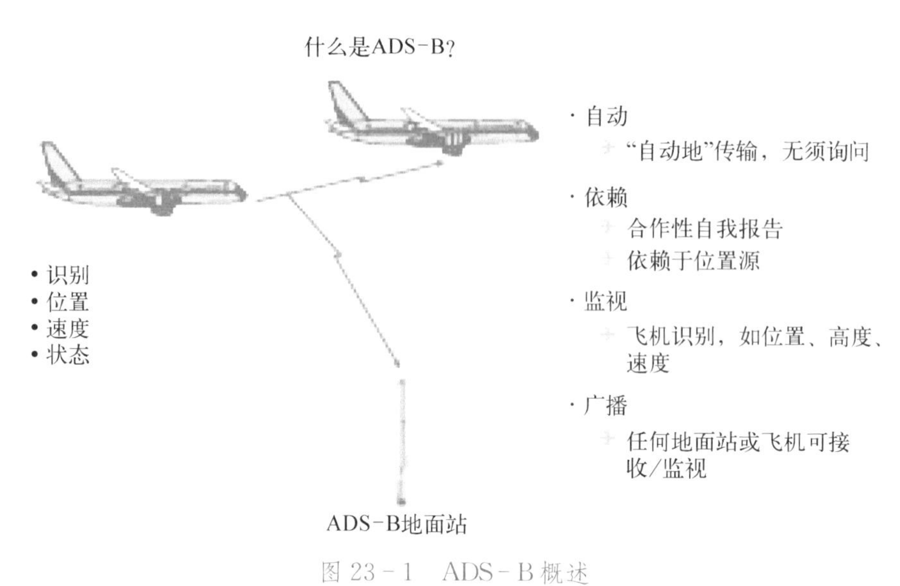

图 23-1　ADS-B 概述

ADS-B 是协作飞机和机场地面车辆之间自身监视信息的周期性传输。

(2) 依赖——依赖于装备齐全的飞机/车辆，通过利用适当的机载位置源(如 GNSS 接收机)，相互合作自我报告其监视信息。

(3) 监视——为 ATC 和其他用户提供准确的飞机/车辆跟踪的监视信息。

(4) 广播——将飞机/车辆的位置和其他数据广播给所有装备了 ADS-B 接收机的飞机和地面站。

23.2　ADS-B 操作概念

ADS-B 的核心是基于飞机和机场地面车辆合作来传输频繁更新的交通监控信息。ADS-B 监视信息通常显著优于当今的交通监视信息，因此能够实现一系列基于地面和飞机的应用，从而提高航空运输系统的安全性和运行效率。ADS-B 的概念在 20 世纪 90 年代初期开始出现，当时为了提供更灵活、更高效的空域业务，航空业提出了"自由飞行"的概念。ADS-B 操作的大部分早期重点和远景是使具有先进应用的飞机具备一系列能力，以实现“自由飞行”及 NextGen 和 SESAR。虽然 ADS-B 最初的重点是基于飞机的交通应用和技术，但 ADS-B 还可为空中交通服务供应商带来显著的好处，如降低监视系统成本，改进监视系统覆盖率，提升监控性能，以支持 ATC 服务。基于 ADS-B 向 ATC 和其他飞机广播的改进型监视信息，新的操作程序正在开发并开始部署，这将提高飞机操作的效率和安全性。

ADS-B 使用两个基本组件来支持其操作，其中之一是 GNSS，用以确定本机位置和速度以及广播通信链路，并与其他用户共享该监视信息。这与主监视雷达有很大的不同，主雷达通过从固定地面天线发射无线电波，然后根据反射信号确定飞机的距离和方位。它也不同于二次监视雷达(SSR)，SSR 取决于飞机高度报告以及从飞机应答机到 SSR 询问的积极回复，以测量每架飞机的距离和方位。与雷达不同，即使与雷达地面站的距离增加或目标高度增加，ADS-B 监视信息的准确度也不会显著降低。此外，ADS-B 监视信息的更新间隔不取决于雷达机械天线的旋转速度。相反，使用 ADS-B 的系统创建并监听来自飞机/车辆的定期监视报告，这些报告频繁更新(通常每秒更新一次)，并且相当准确，因为它们使用 GNSS 作为位置和速度的来源。ADS-B 监视数据的质量通常远优于雷达，因为 ADS-B 监视的位置通常更准确，更新速率更频繁，并且速度信息更好。对于雷达，检测飞机速度和方向的变化需要几个雷达扫描，这些扫描通常间隔几秒。

图 23-2 显示了 ADS-B 的操作概念，其支持所有飞行阶段的操作。配备 ADS-B 的飞机和机场地面车辆使用 GNSS 接收机获得精确的位置和速度状态信息，该信息与飞机/车辆的其他信息一起增强，并在所有操作阶段广播出去，包括海洋/远程、航路、终端和机场地面操作。此监视信息定期广播，以便 ADS-B 地面系统接收机可以将该信息用于 ATC 服务，安装在其他飞机和机场地面车辆上的 ADS-B 接收机可将其用于飞机/车辆上的交通应用。

通过使用 GNSS 接收机获得的水平位置、水平速度以及通过空中数据系

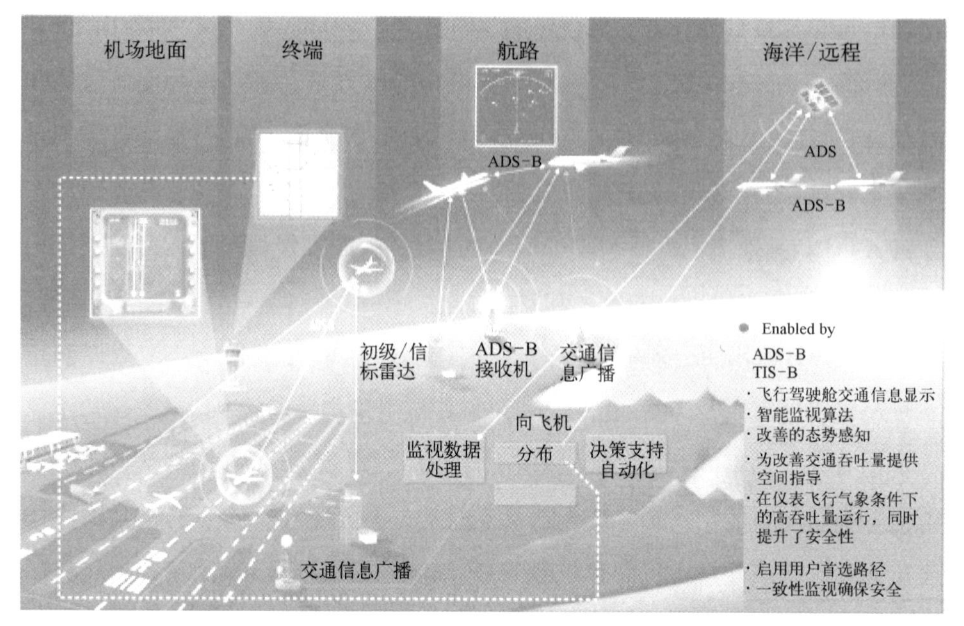

图 23-2 ADS-B支持所有飞行阶段的操作

统获得的高度和高度表速率，装备了 ADS-B 的飞机可以确定自身的状态信息，包括 3D 位置和速度。ADS-B 地面车辆也使用 GNSS 接收机获取自身的水平位置和速度，但是它们不需要高度信息，因为在它们的监视广播中显示它们是在地面上的。该状态信息与唯一的 24 位车辆识别码一起经由数据链路间隔发送（广播），这称为“ADS-B OUT”。

ADS-B 地面站接收广播，并将信息中继到 ATC，以精确追踪配备 ADS-B 的飞机和车辆。然后，ATC 可利用该信息来提供飞机间隔保证、交通流组织和管理以及其他 ATC 服务。利用比常规雷达更好的监视信息，ADS-B 监视能够实现基于性能的飞行，从而更有效地利用航空运输系统中的可用空域。

ADS-B 接收机还可安装在飞机和其他机场地面车辆上，用于接收由周围飞机/车辆和其他地面监视系统（包括重播式自动相关监视（ADS-R）和广播式交通信息服务（TIS-B），将在下文介绍）广播的交通监视信息，使得在处理信息时其可向飞机/车辆飞行员提供关于周围交通的信息。监视信息可以经过处理后用来提高飞机操作的安全性和效率。支持 ADS-B 的机载安全应用通常可以识别潜在的交通冲突，并向飞行员提供适当的指示和警报，如带警报的交通态势感知(TSAA)应用。一些支持 ADS-B 的安全应用还为解决交通冲突提供指南(如冲突检测和解决)。提高效率的应用通常可实现预测并降低飞机间距，包括驾驶舱间距管理(FIM)应用。使用 ADS-B 监视信息的这些飞机应用称为"ADS-B IN"应用。

ADS-B 监视信息可通过机场地面车辆传输来改善机场地面上的操作。一些操作概念仅要求一些在滑行道和跑道(不包括门、坡道、停车场和维护区)上运行的车辆上装备，包括除雪机、应急车辆、维护车辆和服务车辆等地面车辆。更广泛的操作概念则几乎要求在机场地面上运行的所有车辆都得装备，包括燃油卡车、餐饮车、行李运输车和割草机。

ADS-B 包括两个核心过程：① ADS-B OUT；② ADS-B IN，如前所述。下文将更详细地解释这两个核心过程。

23.3　ADS-B OUT

ADS-B OUT 是指发送本机 ADS-B 监视信息的周期性自我报告的飞机/车辆，如图 23-3 所示。装备了 ADS-B 的飞机和机场地面车辆通过民航当局批准的空域数据链路传输其车辆的状态向量(水平和垂直位置、水平和垂直速度)、状态质量(指示位置准确度和完整性及速度准确度)、身份和其他信息。未来，ADS-B 监视广播预计还将包括飞机意图信息，以便更好地预测飞机未来的位置。意图信息可包括编程到飞机的飞行管理系统中的当前和未来航点。

ADS-B OUT 交通监控信息用于支持包括 ATC 和 ADS-B IN 机载应用在内的众多应用。

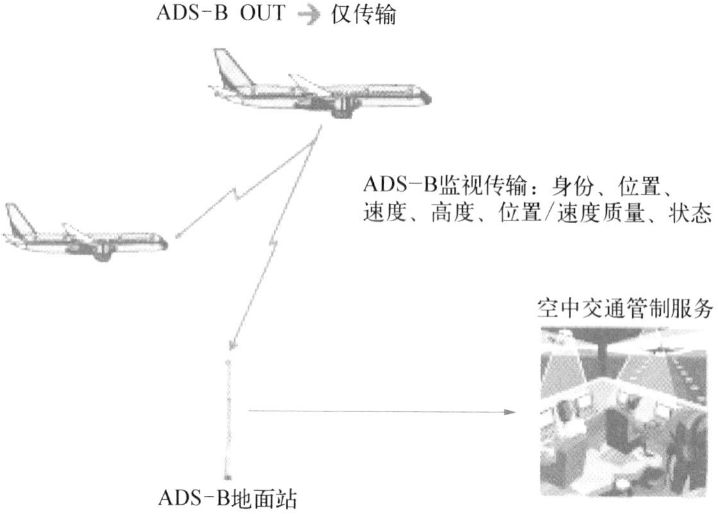

ADS-B OUT → 仅传输

ADS-B监视传输：身份、位置、速度、高度、位置/速度质量、状态

空中交通管制服务

ADS-B地面站

图 23-3　ADS-B OUT：自我报告飞机/车辆监视信息

ADS-B OUT 使空中交通管制(ATC)和其他飞机使用协作传输的 ADS-B 监视信息。

如表 23-1 所示，可通过三个数据链路来广播 ADS-B OUT 监视信息，包括以下几个方面。

(1) 1 090 MHz 超长电文(1090ES)。

(2) 978 MHz 通用接入收发器(UAT)。

(3) VHF 数据链路模式 4(VDL-M4)。

表 23-1　ADS-B OUT 数据链路

链　路	适用标准	描　述	适 用 性
ADS-B 1 090 MHz 超长电文(1090ES)	RTCA DO-260B	S 模式技术扩展，其中 1090ES 航空电子设备在 1 090 MHz 周期性广播 ADS-B 消息，提供其身份(24 位地址)、车辆状态(位置、速度)和其他飞机状态信息	1090ES 已经过国际协调，成为 ADS-B 的全球协调的可互操作数据链路，在世界大多数地区使用，包括美国、加拿大、中美洲、欧洲、亚洲和太平洋。美国允许使用 1090ES 或 UAT，1090ES 适用于在美国国家空域的任何地方飞行的飞机，包括 180 fL 以上的高空空域

(续　表)

链　路	适用标准	描　述	适　用　性
通用接入收发器(UAT)—978 MHz	RTCA DO-282B	ADS-B技术,其中UAT航空电子设备在978 MHz周期性传输消息,提供其身份、车辆状态和其他状态信息	适用于在180 fL以下的美国国家空域飞行的飞机(主要是通用航空飞机)
ADS-B VHF数据链路模式4(VDL-M4)	EUROCAE ED-108A	ADS-B技术,其中VDL-M4航空电子设备在VHF频带(117.975～137 MHz)中的ADS-B OUT 25 kHz通道中周期性发送消息,提供其身份、车辆状态和其他状态信息	ADS-B链路在全球一些区域使用,例如,北欧的斯堪的纳维亚

关于这三条ADS-B链路(包括广播消息和内容)的完整详细规范,请参考最新修订版本的适用于1090 ES的RTCA DO-260[5],适用于UAT的RTCA DO-282[6]和适用于VDL-M4的EUROCAE ED-108[3]。国际民用航空组织建议将1090 ES用于国际ADS-B,因此1090 ES是在世界大多数地区使用的ADS-B链路。在美国,除了1090 ES ADS-B链路之外,FAA还批准使用UAT,使飞行高度(fL)低于180 fL的飞机遵守国家有限空域的ADS-B OUT规则(在23.8节中描述)。在撰写本书时,UAT ADS-B链路仅在美国得到运行批准,并且主要适用于通用航空飞机,因为其所在空域符合FAA的ADS-B OUT规则。VDL-M4已在一些区域使用,例如,北欧的斯堪的纳维亚。

图23-4中显示了用于产生ADS-B OUT的典型机载功能信息源的描述。信息源包括位置/速度源。到目前为止,民航当局只批准将GNSS系统用于ADS-B OUT监视广播系统,但是将来其他位置源也可能满足ADS-B OUT的数据质量(如准确度和完整性)要求。为了确定飞机是在地面还是在空中,需要获取气压高度数据。飞行标识符信息(如与唯一的24位飞机标识符不同的AA-123)的来源可能是飞行员输入设备,也可能使用数据链路信息自动识别。大多数飞机需要航向源,但未配备电子航向传感器的小型飞机除外。

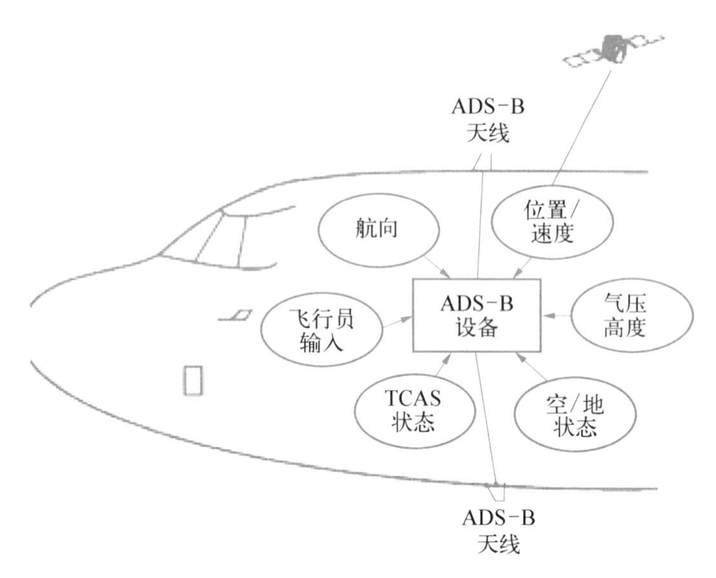

图 23-4 ADS-B OUT 飞机功能系统图 (摘自咨询通告 AC 20-165A,广播式自动相关监视(ADS-B)输出系统的适航审批,美国联邦航空管理局,华盛顿特区,2012 年 11 月 7 日)

配备 TCAS Ⅱ的飞机需要确定交通告警和防撞系统(TCAS)状态的来源。

23.4 ADS-B IN

ADS-B IN(见图 23-5)是指装备了相关设备的飞机能接收、处理和显示其他飞机/车辆通过 ADS-B OUT 传输的信息,以及能接收、处理和显示通过地面监视服务(稍后描述)提供的信息,包括 ADS-R、TIS-B 和飞行信息服务广播(FIS-B)。接收的监视信息将经过适当的处理,以便于飞行员参考,并且通常在称为驾驶舱交通信息显示器(CDTI)的显示器上显示。

23.4.1 ADS-B IN 驾驶舱显示器

CDTI 是显示器的通用名称,用于向飞行员提供关于其他飞机的监视信

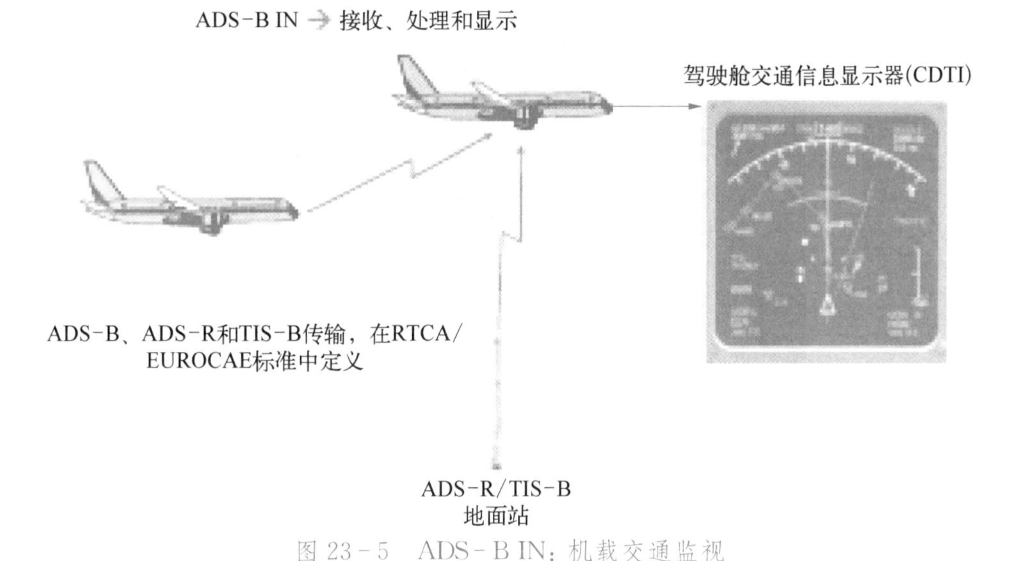

图 23-5　ADS-B IN：机载交通监视

ADS-B IN 使飞机能够使用通过 ADS-B 从其他飞机接收的信息，以提高运行效率的安全性。

息，包括该飞机与本机的相对位置，并且还可以包括特定应用信息，例如交通指示、警报和间距指南。在 CDTI 上显示的交通信息可能是从一个或多个交通信息源(包括 ADS-B、ADS-R、TIS-B 和 TCAS)获得的信息。除了交通监视信息和任何相关的特定应用信息之外，显示器还可以提供其他信息，包括导航航点、天气、地形、空域结构和限制、障碍物、机场地图和其他飞行相关信息。图 23-6 显示了 CDTI 示例，其中本机位置靠近底部中心，用大三角指示，其他飞机用其他更小的三角形或人字形表示。

23.4.2　ADS-B IN 应用

航空业已经设想开发一些应用 ADS-B IN 的交通应用，各应用正处于不同的发展阶段。一些交通应用已经过标准化、开发和现场使用，而其他交通应用目前正由包括 RTCA 和欧洲民用航空设备组织(EUROCAE)在内的航空标准组织开发并标准化。除已经标准化的，还提出了更多的 ADS-B IN 应用。

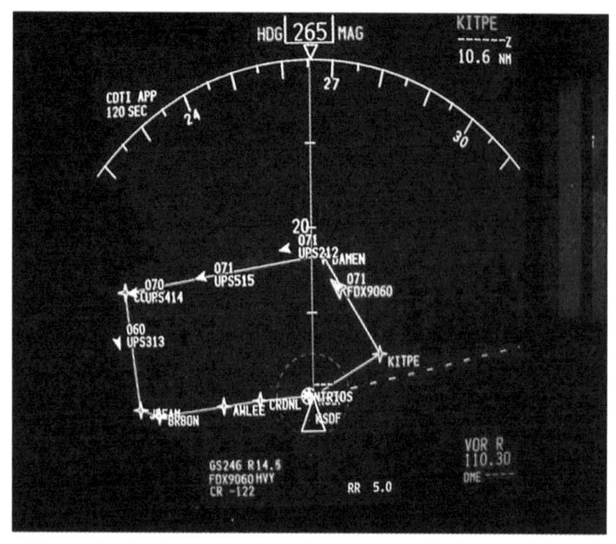

图 23-6　CDTI

ADS-B IN 应用分为五类，包括：① 态势感知；② 扩展态势感知；③ 间距；④ 指定间隔；⑤ 自主间隔。下面介绍这五个应用类别。

（1）态势感知应用旨在增强飞行员对空中以及机场地面上的周围交通的认识。改进态势感知可改进飞行员决策，使飞行更加安全、高效。这些应用并不会改变飞行员或管制员的责任。

（2）扩展态势感知应用向基本态势感知应用添加了内容，例如通过指示和警报为飞行员提示交通状况，或提供在操作程序期间可以用来降低飞机间隔标准的信息。

（3）间距应用要求飞行员按照 ATC 指令与指定飞机保持给定的纵向间距。虽然飞行员在执行与实施间距应用相关的新任务，但间隔责任仍由管制员承担。

（4）指定间隔应用是指管制员指定间隔责任并将相应的间隔任务转交给飞行员，确保满足适用的间隔要求。授予飞行员的间隔责任仅限于指定的飞机，其时间、空间和范围有限。除了特定的有限授权外，所有其他飞机的间隔责任仍由控制员承担。

（5）自主间隔应用要求飞行员根据适用的间隔要求和飞行规则将飞机与

所有周围交通间隔开。

表23－2列出了已经开发或拟开发的应用ADS－B IN的多个应用示例，包括来自五个应用类别中的应用。

表23－2　ADS－B IN机载应用

应用类别	名　称	首字母缩略词	系统要求	航空电子要求	应　用　描　述
态势感知	空中态势感知	AIRB	DO－319	DO－317	提供空中交通的态势感知
	机场地面态势感知	SURF	DO－322	DO－317	提供机场地面上的交通和跑道附近的空中交通的态势感知
扩展态势感知	进近目视间隔	VSA	DO－314	DO－317	协助飞行员在目视间隔过程中获取和保持与前方飞机的视觉接触
	海洋列队程序	ITP	DO－312	DO－317	协助飞行员确定海洋爬升或下降的启动标准是否得到满足
	机场地面态势感知与指示和警报	SURF IA	DO－323	待定	提供对机场地面的交通和跑道附近的空中交通的态势感知与指示和警报
	交通态势感知与警报	TSAA	DO－338	待定	空中交通态势感知与咨询和警报，以支持视觉获取和规避交通
间距	驾驶舱间距管理	FIM－S	DO－328	待定	驾驶舱间距管理，用于保持与一架或多架指定飞机的纵向间距
指定间隔	间隔紧密的独立平行进近	ICSPA	DO－289	待定	机载应用，支持在仪表气象条件下在间隔紧密的平行跑道上实现独立同步进近
	启用CDTI的指定间隔	CEDS	N/A	待定	机载应用，支持飞行员与指定飞机保持安全间隔

（续　表）

应用类别	名　称	首字母缩略词	系统要求	航空电子要求	应　用　描　述
自主间隔	空中冲突管理	ACM	DO-289	待定	防止间隔丢失的应用（冲突检测和解决），并为可能导致冲突的轨迹提供咨询信息（冲突预测）

23.5　地面信息服务

与 ADS-B 相关的地面信息服务有三个，包括：① ADS-R；② TIS-B；③ FIS-B。下面对这些服务分别进行介绍。

23.5.1　ADS-R

ADS-R 是地面的交通信息服务，其使用一种 ADS-B 链路技术（如 UAT）来中继由飞机或车辆发送的并由地面站接收的 ADS-B 信息，供使用另一种 ADS-B 链路技术（如 1090 ES）的飞机或车辆随后重播。如图 23-7 所示，ADS-R 系统通过配备 ADS-B 的飞机接收 ADS-B 传输，然后连续监测互相接近的并且使用了不同 ADS-B 链路飞机的存在。当这样的飞机彼此接近时，ADS-R 系统指示在两个飞机范围内的 ADS-B 地面站将在一个链路频率上接收的监视信息重播到另一链路频率上的飞机（如 UAT 到 1090 ES，反之亦然）。ADS-R 多链路网关服务是 TIS-B 服务（见 23.5.5 节中描述）的配套服务，为 ADS-B IN 飞机提供所有飞机的完整交通监控信息集。

23.5.2　TIS

并非所有飞机都将通过 ADS-B 广播其位置，因为有些飞机并未配备

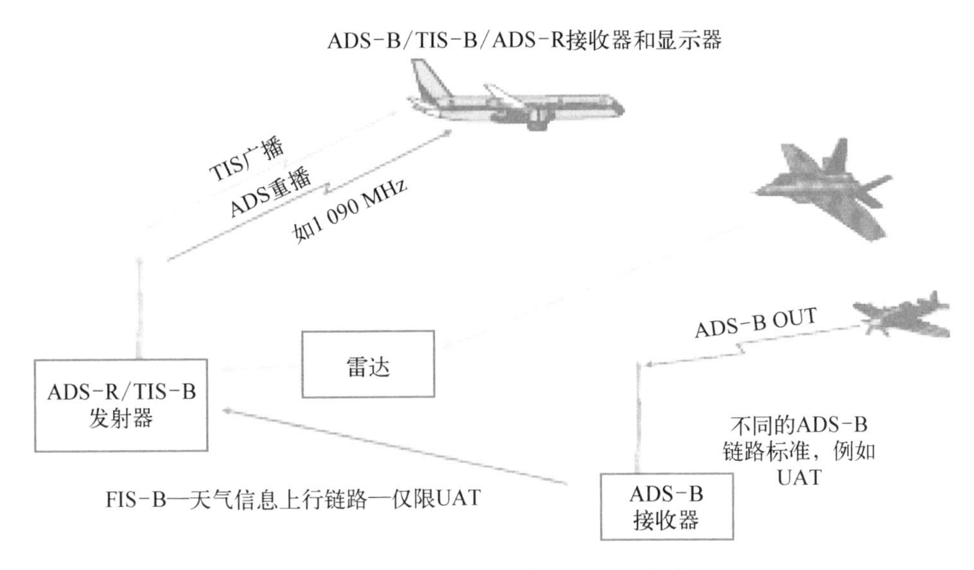

图 23-7　ADS-R 和 TIS-B 服务

ADS-R 将 ADS-B 信息从一个链路中继到第二数据链路；TIS-B 为不发射 ADS-B OUT 的飞机提供监视信息。

ADS-B 或安装了 ADS-B OUT 设备但不工作。TIS-B 是一种基于地面的交通信息服务，对于没有广播 ADS-B 监视信息但可获得地面监视信息的飞机/车辆，通过广播它们的交通监视信息来填补该交通监视信息的缺口，使得装备 ADS-B IN 的飞机有一套附近飞机的完整交通监视信息。

TIS-B 从可用的非 ADS-B 监视系统接收交通监视信息，包括雷达、机场地面探测设备-模型Ⅹ(ASDE-Ⅹ)和多边系统。该监视信息经过处理，并与通过 ADS-B 接收的交通监视信息相关。TIS-B 系统使用该信息将未装备 ADS-B 的飞机/车辆的交通监视信息传送给装备了 ADS-B IN 的用户。TIS-B 服务是对其他飞机提供的 ADS-R 服务和 ADS-B OUT 监视信息进行补充，以便允许 ADS-B IN 用户全面了解附近的交通情况，且无重复。截至本书撰写之日，TIS-B 正在由 FAA 实施。将来，TIS-B 系统可提供一个或多个其他操作模式，包括：① 全交通模式，将所有已知的交通广播给一个区域中的 TIS-B 系统；② 最佳可用交通监视模式，TIS-B 将在以下情况下发送已知的交通监视信息：ⓐ 给定交通车辆未直接广播 ADS－B OUT 信息；ⓑ 已知交通监视信息的质量高于交通车辆在 ADS－B OUT 上广播的信息质量。

23.5.3 FIS－B

FIS－B 是一种地面服务，为适当装备的飞机提供气象和航空数据。虽然未直接作为 ADS－B 的一部分，但 FAA 正在使用 UAT 数据链路（978 MHz）提供 FIS－B 服务，这是美国 ADS－B 通用航空飞机使用的链路。FIS－B 地面站从各种信息源接收天气和航空数据，并生成特定位置和感兴趣区域的信息集，用于广播给飞机用户。这些信息通过 UAT 链路广播，使得接收 FIS－B 的飞行员及时了解区域天气和国家空域系统（NAS）状态以及可能影响其飞行的任何变化。

目前的 FIS－B 产品包括：空军气象信息（AIRMET），重要气象信息（SIGMET），对流（SIGMET），气象航空常规天气报告（METAR），美国下一代天气雷达（CONUS NEXRAD），区域（NEXRAD），航行通告（NOTAM），飞行员报告（PIREP），专用空域（SUA）状态，终端机场预报（TAF），高空风力和温度以及 TIS－B 服务状态。

将来可能会提供其他 FIS－B 产品，包括回波顶、云顶、即时预报、一分钟观测（OMO）、防雷和数字自动终端信息系统（D－ATIS）。

23.6 ADS－B 地面接收网络

空中交通服务供应商正在部署 ADS－B 地面站网络和相关交通监视接收机来提供监视覆盖，以便在整个空域接收 ADS－B OUT 传输，进而支持 ATC 的需要。许多国家正在部署 ADS－B 地面站网络，以便在监视信息有限或为确保运行成本效益的情况下改进空域地区的交通监视覆盖(例如,用 ADS－B 地面站替换 SSR,以较低的成本获得更好的监视覆盖)。ADS－B 地面站提供的飞机监视信息,在应用 ATC 自动化系统和飞机控制服务时,准确度和更新速率通常优于 SSR,这样能安全地降低最小飞机间隔标准,实现更高效的飞行操作。

ADS－B 地面站接收和处理由飞机和机场地面车辆广播的 ADS－B OUT 监视,供空中 ATC 自动化系统使用,并向管制员显示。

作为 FAA 空域的改进举措和迈向 NextGen 的一部分,FAA 承担了 ADS－B 地面系统收发器网络的开发任务,该收发器可接收来自飞机/车辆的 ADS－B 广播,并为广播 ADS－R、TIS－B 和 FIS－B 信息提供服务。在美国部署的 ADS－B 地面网络预计在 2014 年全面运行,计划包含建设大约 800 个具有战略地位的地面站,以接收 NAS 中的飞机/车辆的 ADS－B OUT 传输。该 ADS－B 地面站网络的重要部分此时已经运行。这些地面站及其网络计算机处理 ADS－B 信息,并在指定的服务交付点向 FAA 提供这些信息。FAA 将利用这些信息来提供 ATC 服务。FAA 及其指定的服务供应商向地面网络提供天气信息,用于在 FIS－B 上传,并提供通过 SSR 和多点定位系统收集的交通信息,用于在 TIS－B 上传。图 23－8 显示了截至 2012 年 9 月 30 日部署的 ADS－B 地面网络站的位置。

23.7　ADS 空基卫星

一些空中交通服务供应商希望并需要接收准确且及时的飞机监视信息,以便在难以安装和维护 ADS－B 地面站网络的地区(包括海洋、偏远地区和极地地区)控制飞机。在这些地区,卫星可用于接收飞机监视信息并将其传送到 ATC。主要有两种技术可以利用卫星从 ADS－B 地面站网络覆盖区域外的飞

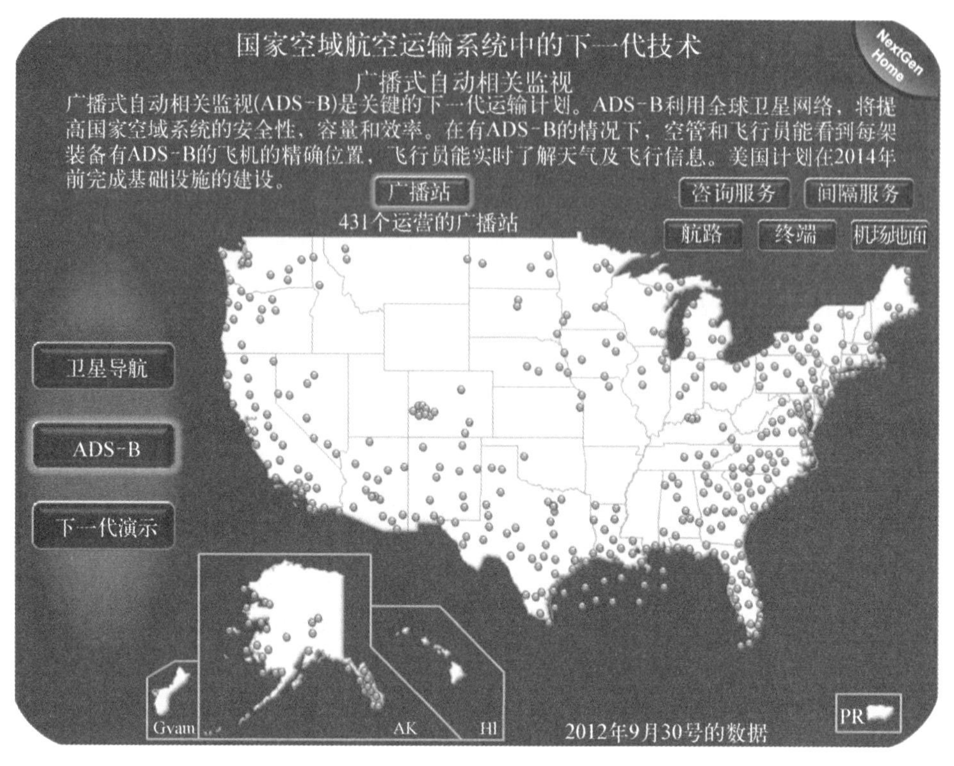

图 23-8 开发过程中的 ADS-B 地面站网络(美国交通部联邦航空管理局，http://www.faa.gov/nextgen/flashmap)

机上获得 ADS-B 监视信息：① 将模式-S 1090 ES 和 UAT ADS-B 接收机直接安装到卫星；② 在飞机上安装转换器，利用来自机载系统的 ADS-B OUT 监视信息，并适当转换监视信息，以传输到卫星。对于前一种技术，卫星系统在将信息传输到地面之前接收和合并 ADS-B 信号，而在后一种技术中，卫星将用作“弯管”，以重传从飞机上接收的监视信息，使得地面能接收到信息。利用这两种技术，卫星地面站将接收和合并由卫星发送的交通监视信息并将该信息提供给 ATC 和其他用户。具有 ADS 能力的卫星可用于增强 ADS-B 地面接收机网络，以提供全球监视覆盖。

在偏远地区接收交通监视信息的另一种方法称为合约式自动相关监视(ADS-C)(与 ADS-B 相对)，23.10 节将对此进行描述。

23.8　ADS-B OUT要求

要求装备ADS-B OUT是为了让飞机进入由全世界民航当局和空中交通服务供应商(包括澳大利亚、加拿大、欧洲、美国和其他国家)指定的空域。虽然本节不会详细介绍全世界范围内所有ADS-B的要求,由于此类信息可能会发生变化,但将FAA对ADA-B的要求作为撰写本节时空域要求的一个例子。

ADS-B是FAA计划的NextGen空域升级的重要组成部分,因此ADS-B可用作ATC飞机监视的主要手段。为了确保给所有飞机提供这种监视信息,FAA于2010年5月28日发布了最终规则,要求将ADS-B OUT设备安装在几乎所有的在指定空域(包括A,B,C和E)飞行的飞机上,如表23-3和图23-9所示。FAA规则将于2020年1月1日生效。在撰写本书时,FAA并无计划要求装备ADS-B IN;但FAA正在考虑鼓励装备ADS-B IN的各种方法,这可能会促使FAA在未来提出该要求。

表23-3　FAA ADS-B OUT规则要求装备ADS-B OUT的空域(2010年5月28日)

空域类别	空域说明(美国指定)	FAA ADS-B OUT要求 自2020年1月1日起生效
A类	从18 000 ft MSL到包括FL600在内的空域,包括覆盖48个毗邻州海岸和阿拉斯加的12 n mile范围内水域的空域	所有飞机都需要(除了无电气系统的飞机)
B类	国家最繁忙机场周围从地面到10 000 ft的空域。B类空域的配置是围绕每个机场定制的,由几层组成	所有飞机都需要。除B类空域之外,该规则还要求在FAA指定机场(国内最繁忙的机场)30 n mile以内运行的所有飞机都装备
C类	指定机场周围从地面到机场高程上方4 000 ft的空域	所有飞机都需要
D类	有操作控制塔台的机场周围从地面到机场高程2 500 ft以上的空域	不需要

（续　表）

空域类别	空域说明(美国指定)	FAA ADS-B OUT 要求 自 2020 年 1 月 1 日起生效
E 类	不属于 A、B、C 或 D 类的受控空域划分为 E 类。E 类空域从地面或指定高度向上延伸到上层或相邻的受控空域。除非另有规定，E 类空域在美国上方 14 500 ft MSL 开始计，包括覆盖 48 个毗连州海岸和阿拉斯加的 12 n mile 以内的空域。E 类空域不包括 18 000 ft MSL 到 FL600 的空域(因为这是 A 类空域)，但包括 FL600 以上的空域	在部分 E 类空域，所有飞机(除了无电气系统的飞机)都需要 ADS-B OUT： ● 在 48 个州和哥伦比亚特区超过 10 000 ft MSL 运行的飞机需要，不包括地面以上至 2 500 ft 以下的空域 ● 在美国墨西哥湾海岸线 12 n mile 以内 3 000 ft 及以上运行的飞机需要
G 类	不受控制的空域。G 类空域是未指定为 A、B、C、D 或 E 类的空域	不需要

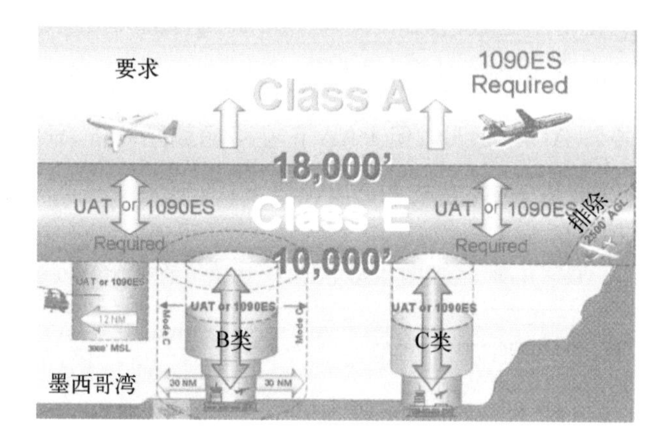

图 23-9　FAA ADS-B OUT 规则空域要求(摘自咨询通告 AC 90-114(更改 1)，广播式自动相关监视(ADS-B)运行，美国交通部联邦航空管理局，华盛顿特区，2012 年 9 月 21 日)

根据在撰写本书时有关 ADS-B OUT 的现行 FAA 规则，安装在飞机上的 ADS-B OUT 设备必须满足两组 FAA 标准中的一组：① 技术标准规定 TSO-166c，参考用于 1090 ES 的 RTCA DO-260B；② TSO-154c，参考用于 UAT 的 RTCA DO-282B。在 18 000 ft(A 类空域)及以上运行的所有飞机，需要 1090 ES，在 18 000 ft 以下(B 类、C 类空域以及 E 类空域的特定部分)运行的飞机,需要1 090 MHz或UAT。

注意,除了最初没有认证或将要认证的安装电气系统的飞机(如一些轻气球和滑翔机),几乎表中列出的所有在空域类别中飞行的飞机都需要配备ADS-B OUT。

23.9　ADS-B与TCAS的联系

ADS-B是一种交通监视技术,旨在向地面和飞机交通监视应用提供监视信息,以支持安全的飞行运行。在国际上称为机载防撞系统(ACAS)的TCAS是一种"最后采用的"安全系统,目的是在失去飞机间隔的情况下降低飞机之间发生空中碰撞的可能性。

ADS-B监视与TCAS监视的不同之处在于,ADS-B广播位置和速度信息,而TCAS通过询问-回复协议得出相对位置信息。ADS-B支持空对空接收的大工作范围(可能为90～120 n mile或更大),而TCAS仅提供约15 n mile的监视。ADS-B监测的准确度通常优于TCAS。ADS-B监视基于高度准确的GNSS位置测量;而TCAS以高准确度测量距离,由于可以精确地解析方位并且安装在飞机上的天线数量很少,成本较高,TCAS的方位测量准确度较差。

ADS-B被认为是一种有价值的技术,可通过"混合监视"的概念(已在第22章描述)来增强TCAS的操作。通过利用ADS-B IN监视信息,混合监视可通过以下方式改善TCAS。

(1) 减少TCAS所需的主动查询数量,从而减少频率拥塞,有效增加其在高密度交通空域的运行范围。

(2) 通过将更准确的ADS-B状态信息以及来自ADS-B的其他信息结合到TCAS监视处理过程中,可以减少不必要的TCAS咨询和警报。

(3) 将TCAS和ADS-B IN综合在交通显示中,从而用单个显示器为飞行员提供所有已知交通的最佳可用监视信息。

(4) 将防撞范围扩展到 1 000 ft 以下,以包括跑道入侵检测。

23.10 ADS-B 与 ADS-C 的联系

公认的飞机 ADS 有两种,包括:① ADS-B;② ADS-C,也称为 ADS 寻址(ADS-A)。

ADS-B 已在本章描述,它不同于 ADS-C。ADS-B 是旨在供所有人听到的广播,但 ADS-C 是基于提供自动相关监视(ADS)信息的飞机和需要接收 ADS 消息的地面设施之间的一对一对协商关系的技术。ADS-C 支持使用未来空中导航系统(FANS)的自由飞行。在无雷达覆盖的区域(如远洋和极地)飞行期间,ADS-C 报告由飞机定期发送到 ATC,并以飞机通信寻址与报告系统(ACARS)作为通信协议。

23.11 ADS-B 面临的挑战

虽然 ADS-B 正在部署,但有人对其实施表示担忧,包括:① 1 090 MHz 频率拥塞;② GNSS 不可用时如何应对;③ 飞机操作隐私;④ 恶意欺骗对航空运输系统的潜在破坏。下面简要介绍这些问题。

ADS-B 1090 ES 使用的 1 090 MHz 频率也被飞机应答机用于应答来自 TCAS 和 SSR 系统的询问。在三个系统共享一个频率的情况下,在交通密度非常高的空域,这可能会显著减少三个系统中的每一个系统的可用范围。监管机构正在探讨各种缓解措施,以解决这一频谱拥塞问题,包括下一代 TCAS 将利用 ADS-B 监视信息,以减少询问数量和后续回复,称为混合监视。

另一个问题是当用于确定本机位置和速度信息的GNSS源因为GNSS中断、干扰或故意干扰而不可用时,ADS-B如何应对。各种备用策略正在考虑中,包括以下内容:① 保留主要和次要监视雷达的备用监视系统,以便在ADS-B监视信息不可用的情况下维持ATC监视;② 使用从多边系统确定的监视,以在ADS-B监视信息不可用时追踪飞机位置;③ 为飞机配备可支持ADS-B OUT的一个或多个替代位置和速度信息源(后者通常称为替代位置、导航和定时或APNT)。

在隐私方面,人们可能采用非正式的方式跟踪飞机飞行状态并使用这些信息。这可能包括跟踪名流或企业高管等非常重要的人(VIP)的专机的飞行状态。通过使用匿名飞机标识符来减轻这种隐私问题的ADS-B标准已经开发出来。

人们通常关注通过恶意引入许多假的ADS-B交通目标来破坏空中交通系统的"欺骗"行为。人们正在采取各种缓解措施来确认ADS-B监视信息,包括使用空中交通监视的替代来源,包括多点定位和雷达。

23.12　小结

ADS-B是空中交通服务供应商策略的一个集成单元,用于升级航空基础设施以支持增强的空域运行,从而提高航空运输系统的安全性、效率、能力和环境友好性。ADS-B OUT主动报告本机监视信息,在世界上许多地区运行的飞机都要装备它。ADS-B和相关技术提供了更好的交通监视信息,供飞机和地面使用。有了ADS-B IN,以前不可能实现的许多飞机应用已开始启用,在撰写本书时,ADS-B IN并非强制要求装备的;但这在未来可能会改变。随着ADS-B OUT设备的普及,对ADS-B IN设备的需求也更加迫切,因为它可启用许多飞机应用,能够提高飞机运行效率和安全性。ADS-B预计将成为全

世界 ATC 的主要监视手段。

参考文献

[1] Advisory Circular (AC) 20 - 165A, Airworthiness approval of automatic dependent surveillance — Broadcast (ADS - B) out systems, U. S. Department of Transportation, Federal Aviation Administration, Washington, DC, dated November 7, 2012.

[2] Advisory Circular (AC) 90 - 114 (Change 1), Automatic dependent surveillance-broadcast (ADS - B) operations, U. S. Department of Transportation, Federal Aviation Administration, Washington, DC, dated September 21, 2012.

[3] Minimum operational performance standard for VDL Mode 4 aircraft transceiver, ED - 108A, EUROCAE, September 2005.

[4] FAA ADS - B OUT Rule, Automatic dependent surveillance-broadcast (ADS - B) out performance requirements to support air traffic control (ATC) service; Final Rule, U. S. Department of Transportation, Federal Aviation Administration, Washington, DC, published in the *Federal Register*, 75(103), pp. 30160 - 30195, dated May 28, 2010.

[5] Minimum operational performance standards for 1,090 MHz extended squitter automatic dependent surveillance — Broadcast (ADS - B) and traffic information services — Broadcast (TIS - B) [including changes], DO - 260B, RTCA, December 2, 2009.

[6] Minimum operational performance standards for universal access transceiver (UAT) automatic dependent surveillance — Broadcast (ADS - B) [including changes], DO - 282B, RTCA, December 2, 2009.

[7] Technical Standard Order 154c, Universal access transceiver (UAT) automatic

dependent surveillance — Broadcast (ADS - B) equipment operating on the frequency of 978 MHz, U. S. Department of Transportation, Federal Aviation Administration, Washington, DC, effective date December 2,2009.

[8] Technical Standard Order 166b, Extended squitter automatic dependent surveillance — Broadcast(ADS - B) and traffic information service — Broadcast (TIS - B) equipment operating on the radio frequency of 1,090 megahertz (MHz), U. S. Department of Transportation, Federal Aviation Administration, Washington, DC, effective date December 2, 2009.

[9] U. S. Department of Transportation, Federal Aviation Administration, http://www.faa.gov/nextgen/flashmap.

24

飞行管理系统

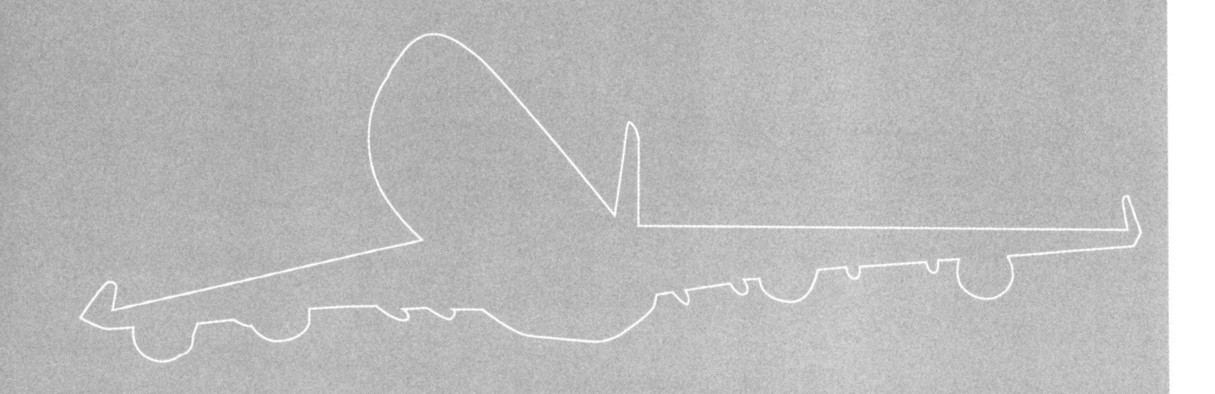

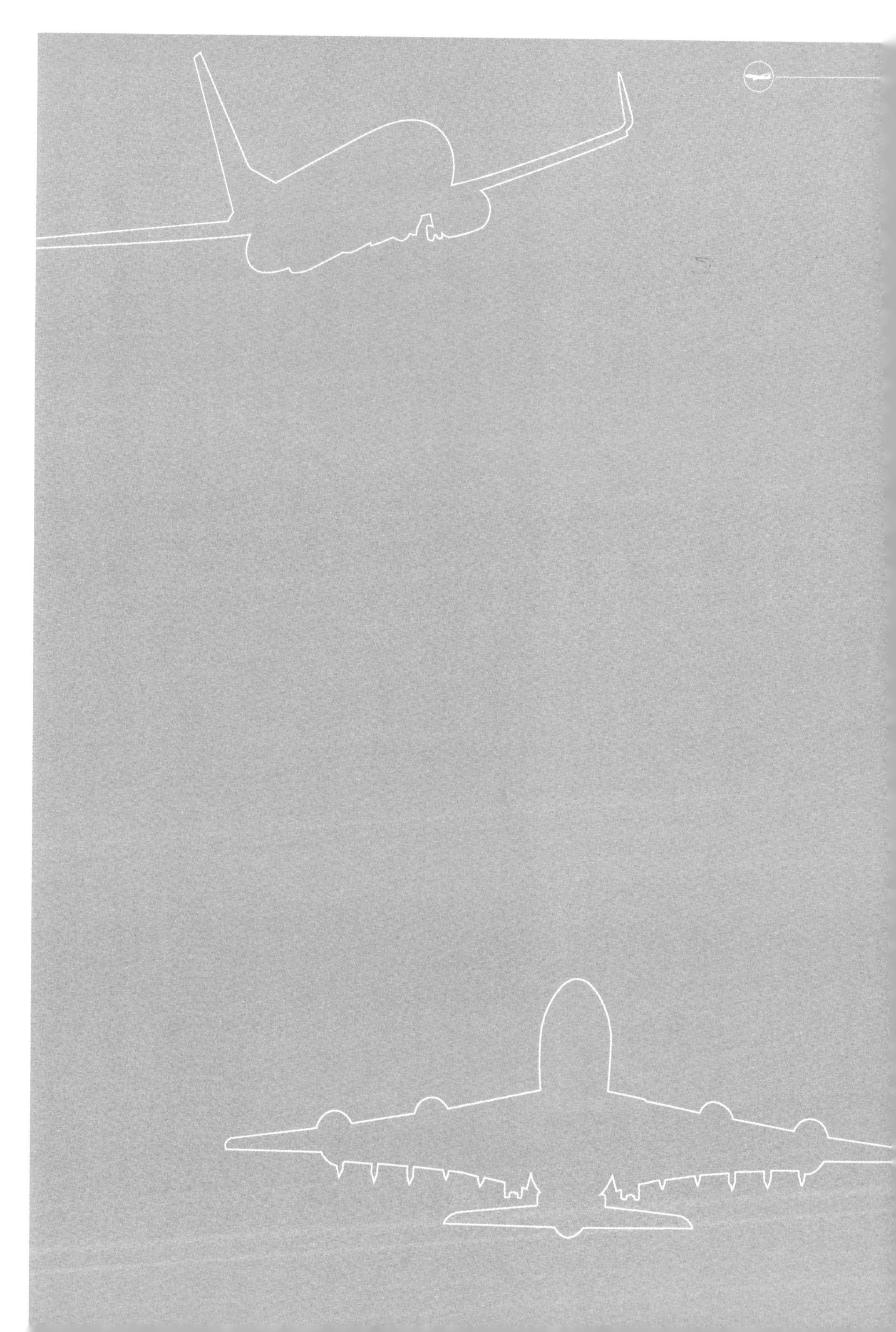

24.1　导言

飞行管理系统(FMS)一般由两个单元组成,即一个计算机单元和一个控制显示单元。计算机单元可以是一个分立式单元,提供计算平台和与其他航空电子设备交联的各种接口;它也可以作为一个功能元件综合到一个硬件平台,例如综合模块化航空电子(IMA)机柜。控制显示单元(CDU)或者多用途控制显示单元(MCDU)为数据输入和显示提供基本的人机接口。由于飞行管理系统的硬件和接口的实现各不相同,所以本章主要讨论飞行管理系统的功能。

飞行管理系统为飞机提供主导航、制订飞行计划、确定优化航线和飞行制导,一般包括这样一些相关功能导航、飞行计划、航迹预测、性能计算和制导。

为了实现这些功能,飞行管理系统必须和其他航空电子设备交联。如上所述,这些交联设备的接口可以是各种各样的,这与机上设备制造的年代有关。机上设备通常可以大致分为以下几类:

(1) 导航传感器和无线电设备。

(a) 惯性/姿态参考系统。

(b) 无线电导航设备。

(c) 大气数据系统。

(2) 显示器。

(a) 主飞行显示器和导航显示器。

(b) 多功能显示器。

(c) 发动机显示器。

(3) 飞行控制系统。

(4) 发动机和燃油系统。

(5) 数据链系统。

(6) 监视系统。

一个典型的飞行管理系统接口框图如图 24-1 所示。

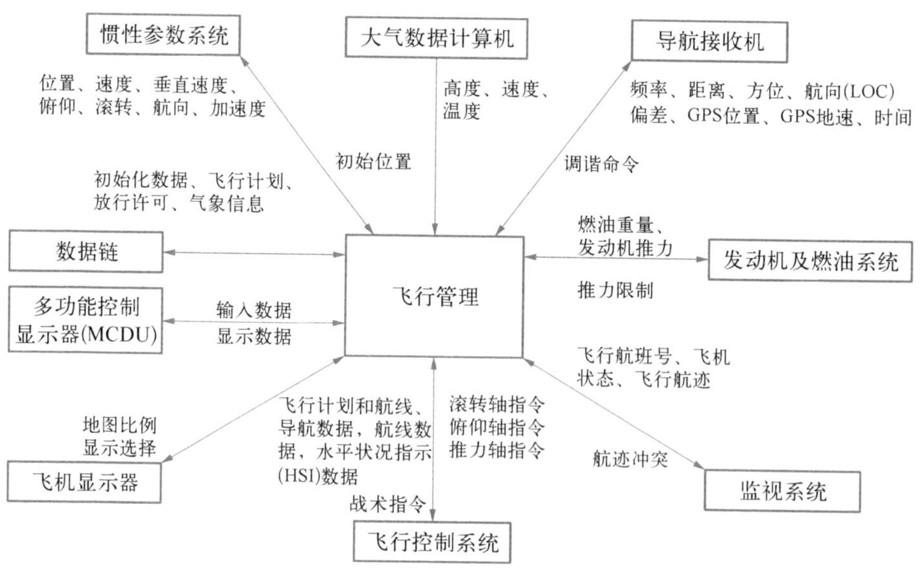

图 24-1 飞行管理系统典型的接口框图

因为服务的航空市场不同，如今各种飞行管理系统所具有的能力也各不相同，从简单的点到点的水平导航仪，到比较复杂的多传感器导航与优化的四维飞行计划/制导系统。随着减小飞行间隔标准的实施，对更精确地控制飞机的飞行航迹能力提出了更高要求，因此简单的飞行管理系统将逐渐减少。但是即使如此，只具备水平导航功能的飞行管理系统在休闲性的通用航空中仍占有一席之地。鉴于飞行管理系统在当前飞机中所起的作用，它在现在和未来的通信、导航、监视和空中交通管理(CNS/ATM)环境中将起到主导作用。先进的飞行管理系统将实现所需导航性能(RNP)空域中的导航、用数据链传输放行许可和气象信息、基于飞机航迹的交通管理、供飞机流量控制的时间导航，以及低能见度无缝进近制导等功能。

24.2　基本原理

FMS功能的核心是构建飞行计划，以及根据规定的飞行计划航段、各种限制条件和飞机性能构建四维飞机航迹。飞行计划和航迹预测结合起来计算四维航迹，并把所有有关航迹的信息组织后放入飞行计划/剖面缓冲存储器。导航功能件向其他功能件提供动态的当前飞机状态。垂直操纵、水平操纵和性能咨询功能利用来自导航功能的当前飞机状态和飞行计划/剖面缓冲存储器中的信息，提供以下与确定的航迹和飞机状态相关的制导、参考和咨询信息：

(1) 导航功能——确定飞机当前状态的最佳估计值。

(2) 飞行计划功能——允许机组人员为飞机建立一条特定的航线。

(3) 航迹预测功能——计算沿着整个规定航路预测的飞机飞行剖面。

(4) 性能功能——向机组成员提供飞机独特的性能数据，例如起飞速度、高度性能和剖面优化咨询。

(5) 制导功能——产生飞机沿着水平和垂直计算剖面飞行的制导指令。

辅助输入/输出、机内自检设备(BITE)和控制显示功能也可以包括在飞行管理功能内，这取决于特定的实现方案。因为这些辅助功能可以很不同，所以本章的讨论将重点集中在飞行管理的核心功能上。

一般有两个可加载的数据库用来支持飞行管理的核心功能。它们是每28天一个周期必须更新的导航数据库和只有在飞机性能特性有改变时才会更新的性能数据库(如发动机性能变化或者影响飞机阻力系数的结构变化)。

导航数据库包含公布的有关数据，例如机场、导航台、命名的航路点、航线和含有相应空域规定RNP值的终端区程序。导航数据库的目的有两个。一个是它向导航功能提供各种陆基无线电导航系统的位置、频率、海拔高度和级别信息。这些信息是选择导航台、自动调谐以及处理从无线电导航设备来的数据(距离、方位或航路偏离)，是确定飞机位置所必需的。另一个是它还向飞行计划功能提供机场、到达指定机场、离场和进近程序(预定的一系列终端区航路点的连线)、空中航线(预定的航行途中的航路点连线)以及命名的航路点等信息,用来快速构建航路。导航数据库的实际内容和格式在 ARINC 424 中有详细描述。

性能数据库包含飞机/发动机的模型数据,即阻力、推力、燃油流量、速度/高度包线、推力限制值以及飞机独有的各种优化的和策略性的速度计划表。图 24-2 显示了核心功能和数据库之间的相互关系。

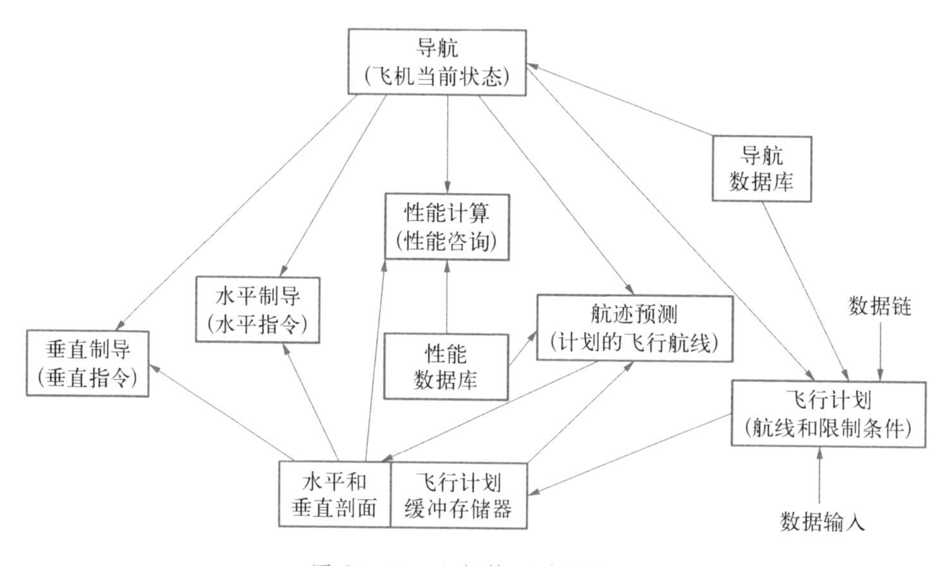

图 24-2 飞行管理功能框图

24.2.1 导航

FMS 的导航功能根据多传感器的位置和速度数据的统计融合,来计算飞机当前的状态(通常用 WGS-84 大地测量学坐标)。飞机当前状态数据通常包括:① 三维位置(经度、纬度、高度);② 速度矢量;③ 高度变化率;④ 航迹角、航向和偏流角;⑤ 风矢量;⑥ 估计位置的不确定性(EPU);⑦ 时间。

导航功能用自主式传感器和导航接收机的各种不同组合来完成。来自导航接收机的位置更新数据用来校正自主式传感器的位置和速度数据,实际上是为自主式传感器提供了一种误差模型。这个误差模型可用于基于自主式传感器的惯性导航,同时保持 EPU 有非常缓慢的增加。如果从导航辅助设备,例如，距离测量设备(DME)、甚高频全向无线电信标(VOR)或全球定位系统(GPS)来的更新数据暂时中断时，仍可以保持合理的导航精度，保证不间断地工作。这种能力对操作使用非常重要，例如，一旦着手进近时，失去了如GPS那样的主要更新源，利用区域导航(RNAV)进近制导，沿下滑通道飞行的能力仍可完成进近。典型的互补导航传感器由下面这些设备组成。

(1) 自主式传感器：① 惯性参考系统；② 大气数据系统。

(2) 导航接收机：① DME接收机；② 甚高频全向信标系统/航向信标(VOR/LOC)接收机；③ GPS接收机。

使用多种导航数据源可以交叉检查原始导航数据，确保FMS位置解算的完整性。

24.2.1.1　导航性能

符合DO-236的RNP空域要求的导航功能必须计算估计位置的不确定性(EPU)，它代表导航解算结果的95%精度性能。根据所用的那些特定传感器的误差特性和各个单个传感器相对于其他传感器的位置偏差计算出EPU。空域的RNP定义为在那个空域里工作所要求的最低导航精度。对于选择的飞行航段，从导航数据库中可以得到按飞行阶段规定的RNP值，或者机组人员根据ATC确定的使用空域，输入默认RNP值。如果EPU增加到大于在该空域操作所要求的RNP值，就会向机组发出告警。表24-1列出了各种类型空域当前的默认RNP值。

表24-1　默认RNP值

空　域　定　义	默认RNP值/n mile
越洋——在200 n mile内没有VHF辅助导航设备	12.0
巡航——在15 000 ft以上	2.0
终端	1.0
进近	0.5

解算VOR/VOR位置时计算EPU的一个图形化描述如图24-3所示。

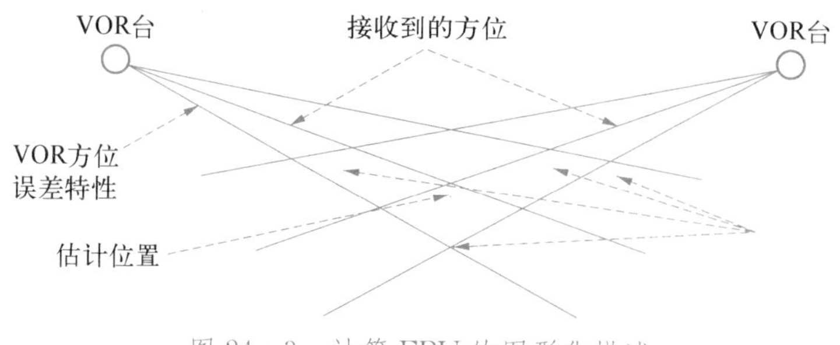

图 24-3 计算 EPU 的图形化描述

对于其他传感器的 EPU 计算，也可以类似地用图形表示。

从图中可以看出，EPU 与所用的特定导航系统的误差特性和导航台的地理位置有关。其他导航传感器，例如惯性参考系统，其误差特性与时间有关。关于 EPU 的更多信息和各种不同导航系统的误差特性可参阅 RTCA DO-236。

24.2.1.2 导航接收机管理

各种导航接收机需要不同级别的 FMS 管理，以获得一个位置更新解。

GPS 接收机是自我管理的，FMS 接收 GPS 位置、速度和时间信息，而不需要任何特别的 FMS 指令或特别的处理。通常，FMS 将会提供一个初始位置接口，以减少接收机获取卫星数据的时间。有些 FMS 提供至最终进近定位航路点的预计到达时间，以支持 GPS 的自主预测接收机完整性监视器(PRAIM)功能。关于 GPS 接口和功能，可参阅 ARINC 743 获得更多的信息。

VHF 辅助导航设备(DME/VOR/ILS)，即 DME/VOR/ILS 接收机，必须调谐到适当的台来接收数据。机组人员可以手动调谐这些接收机，但是 FMS 导航功能可以从它存储的导航数据库中选出合适的导航台清单，把调谐指令发给接收机，进行自动调谐。调谐到哪个导航台的选择原则有如下几个方面：

(1) 指定的导航台在选取的飞行计划程序里，而且该程序是正在执行的。

(2) 飞机在合适的高度级上时,调到距离飞机当前位置最近并且在其作用范围内(典型的 200 n mile)的 DME 台上。

(3) 在合理范围内(一般 25 n mile) 布设的 DME/VOR 台。

(4) 如果飞行计划中选择了仪表着陆系统(ILS)或着陆航向信标(LOC)进近方式,而且此方式是激活的,则用 ILS 设备。

因为 DME 接收距离数据,VOR 接收来自固定台位置的方位数据,所以要确定飞机位置需要成对的导航台,如图 24-4 所示。

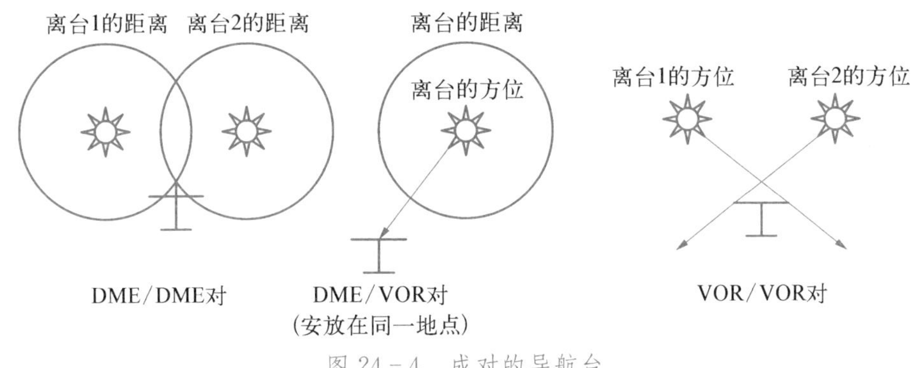

图 24-4　成对的导航台

用成对的导航台来确定一个位置是基于最有利的几何条件原理,以减少位置的不确定性(由几何精确度减小(GDOP)引起的部分 EPU)。从图 24-3 可看出,FMS 导航必须处理来自 DME 的距离数据和来自 VOR 的方位数据,以计算估计的飞机位置。同时,DME 接收的是从导航台到飞机的斜距,所以 FMS 必须要先根据导航台海拔高度和飞机的高度校正斜距,计算出在地面上的投影距离,然后确定飞机位置。导航台位置、海拔高度、磁偏角和类别都储存在 FMS 导航数据库中。DME 接收机对导航台的调谐能力是不同的。标准的 DME 每次只能接收一个调谐指令,具有捷变能力的 DME 一次能接收 2 个调谐指令,采用扫描方式的 DME 一次可接收 5 个调谐指令。VOR 接收机一次只能接收 1 个调谐指令。

ILS 或 LOC 接收机的工作有所不同。它接收飞机相对通向地面台的一条已知航道的航迹偏差信息。这些设备用于辅助着陆，因此安装在跑道附近。FMS导航功能处理偏航信息，更新它的估计位置的偏航分量。更多关于DME/VOR/ILS的信息可分别参阅ARINC 709、ARINC 711和ARINC 710。

24.2.2 飞行计划

FMS的飞行剖面的基准是飞机从起飞机场到达目的地机场的航线。FMS飞行计划功能用来汇编、修改并启用称为飞行计划的航线数据。航线数据通常从FMC的导航数据库中提取，包括起飞机场与跑道、标准仪表离场（SID）程序、途中航路点与航线、标准到达（STAR）程序以及包含一个有指定目的地跑道的进近程序。一般直到联系上目的地终端区的空管为止，才会选择到达目的地（或进近过渡）和进近程序。一旦机组人员选定了航线，包括任何航线限制和性能选择，飞行计划汇编进入“缓冲存储器”主要供航迹预测计算使用，即计算从起飞机场到目的地机场飞机预期飞行的水平和垂直剖面。

机组人员可以通过MCDU或者导航显示器的菜单来选择飞行计划数据，或者由航空公司操作控制中心通过数据链来选择飞行计划数据。FMS还配有各种程序，机组人员可利用一个补充导航数据库来确定附加的导航/航线数据。下面列出了机组人员建立新的定位点（航路点）的一些方法。

方位/距离（PBD）航路点——距已命名的现有航路点、导航台或机场的方位/距离来确定航路点。

方位/方位（PB/PB）——航路点到两个已定义的航路点的方位交叉点来确定航路点。

沿航迹偏置（ATO）航路点——从已有的飞行计划的一个航路点，沿航迹设置一个偏置量来确定一个航路点。ATO航路点是在当前飞行计划航路上，离开作为定位点的航路点的距离为输入距离，输入正向距离得到的航路点在飞行计划定位点之后，而负向距离得到的航路点在定位点之前。

纬度/经度（Lat/Lon）航路点——输入要求的航路点的纬度/经度坐标来

确定航路点。

越过 Lat 或 Lon 定航路点——规定一个纬度或经度来建立航路点。现行飞行计划在越过该纬度或经度线的地方建立一个航路点。纬度或经度增量可以是已规定的,在这种情况下,在飞行计划越过规定的纬度或经度增量的地方可以建立若干个航路点。

航路交叉点定航路点——通过规定的两条航线来建立航路点,航路点在两条航线的第一个交叉点上。

定位航路点——通过规定一个"定位"点参考来建立各个航路点。参考信息包括建立各个正侧方航路点以及建立距"定位点"一个规定半径或者距离,并与当前飞行计划航线相交的各个航路点。

跑道延长航路点——规定距给定跑道某距离建立航路点。新的航路点在跑道方向,距跑道入口规定距离的地方。

正侧方航路点——执行直飞时,选择正侧方各个点的结果将在直飞航线的正侧位置建立起各个航路点。与原来航路点有关的任何一个航路点信息均转变为新产生的航路点。

FIR/SUA 交会航路点——当前飞行计划在导航数据库中存储的飞行信息区(FIR)边界和专用空域(SUA)相交的地方建立航路点。

当构建了飞行计划并按计划飞行时,显示系统的前向视场将显示所选择的飞行计划的各个航段。

机组人员可以随时修改飞行计划。飞行计划可以根据机组人员的选择来修改,或者根据策略态势,由航空公司运行通信中心或空中交通管制中心通过数据链来修改。对飞行计划的编辑产生一个飞行计划的修改(或临时)版本,它是现行飞行计划的拷贝加上增加的变化部分。对每一个版本或周期更新版本做修改后的飞行计划,FMS 要完成航迹预测计划,这样机组人员在接受修改的飞行计划之前,可评估飞行计划改变产生的影响。若要求的更改令机组人员满意,那么机组人员就可启用修改后的飞行计划。

24.2.2.1 飞行计划的构建

在正常情况下，通过组合导航数据库中储存的数据来构建飞行计划。数据可以是下列各项的任何组合：

(1) 标准仪表离场(SID)/标准到达(STAR)/进近程序。

(2) 航线。

(3) 预存的航空公司航线。

(4) 各个定位点(途中航路点、导航台、全向信标、终端航路点、机场参考点和跑道入口)。

(5) 机组定义的定位点(如上面所述参考点)。

通过菜单选取导航数据库数据，使用特定的编辑操作或者数据链，用许可的语言将这些选择组合起来。

终端区程序(SID，STAR 和进近)由各种专门的程序航段和航路点组成。程序航段通常用航段航向、航向角或者航迹以及航段终止类型来定义，如表 24-2 所示。终止类型有许多种，例如高度、距离或截获另一个航段的终止点。关于这些航段类型和航段终止点的航线构建的更多细节将在航迹预测部分讨论。关于导航数据库(NDB)中表示这些航段类型和航段终止点的数据及格式的详细信息可参阅 ARINC 424。

表 24-2 航段及说明

航段	说明
AF	至一个定位点的 DME 圆弧
CA	至一个给定高度的航向角
CD	至一个 DME 距离的航向角
CF①	至一个定位点的航向角
CI	至一个截获点的航向角
CR	截获一条径向线的航向角
DF①	直接至一个定位点

(续　表)

航　段	说　明
FA[①]	从定位点至一个给定高度的航向角
FC	从定位点至一个给定距离的航向角
FD	从定位点至DME距离的航向角
FM	从定位点至人工终止点的航向角
HA[①]	高度保持
HF[①]	高度保持,盘旋一圈后在定位点终止
HM[①]	高度保持,人工终止
IF[①]	初始定位点
PI	程序转弯
RF[①]	至一个定位点的常值半径
TF[①]	至定位点的航迹
VA	至一个给定高度的飞机航向
VD	至DME距离的飞机航向
VI	截获下一航段的飞机航向
VM	至人工终止点的飞机航向
VR	截获径向线的飞机航向

① 在DO-236中推荐了这些航段类型,这组航段与地面的轨迹一致,也是RNP空域中仅供使用的航段类型。

由于飞机上设备和仪器的进步,上述大部分航段类型和终止点看起来已不适用,因为不能由此生成可重复的确定的地面轨迹。例如,以给定航向到达给定高度的地面轨迹将不只取决于当前风的情况,也与每架飞机的爬升性能有关。显而易见,如果不用FMS来飞这种航段,机组人员可利用罗盘按指定的航向飞行,直到飞机的高度表指示到达了指定的高度。可惜的是,每架飞机飞行的地面轨迹都不同,而且在有些情形下不能够做合理的机动截获下一个航段。对FMS来说,航段的终止点是“浮动”的,终止点的纬度/经度必须是计算出来的。这些非确定性类型的航段给RNP空域的空中交通分隔带来了问题,由于这个原因,RTCA DO-236 不推荐在终端区域上空使用这些类型的航段,虽然现今它们还时常被使用。这些类型的航段还增加了构建 FMS 航路算法的复杂性,因为航线计算变成了飞机性能的一个函数。总之,随着 FMS 和区域导航(RNAV)系统的出现,完全不需要非确定性航段,因此与此相关的问题和复杂性也就不复存在。

航路点也可规定为“飞越(flyover)”航路点和“非飞越(flyby)”航路点。“飞越”航路点指在转入下一个航段前必须飞越该航路点的经纬度,而“非飞越”航路点在开始转入下一个航段前不需要飞越该点。

24.2.2.2 水平飞行计划管理

为了满足当今空域策略性和全局性飞行计划的制订要求,飞行计划功能提供了各种不同的方法,任由机组人员修改飞行计划。

直飞 机组人员可执行直飞任何一个定位点的操作。如果选择的定位点是飞行计划的下一个航路点,那么将此前各个飞行计划定位点从飞行计划中删除掉。如果选取的定位点不是飞行计划的下一个航路点,那么在此定位点之后插入非连续点,并保留原有的飞行计划数据。

直飞/截获 直飞/截获便于机组人员选择任意固定的航路点作为当前航路点,并选择一个到此航路点要求的航向。这个功能除了由机组人员规定至指定定位点的飞机航向之外,与直飞等同。飞机航向可以通过输入一个航向角来选择;如果指定的定位点是飞行计划的定位点,那么机组人员也可以选择前面飞行计划规定的至该定位点的航向。

保持方式 保持方式可以在任何定位点或当前位置上建立。保持方式所有的参数都是可以编辑的,包括进入航向和航段时间/长度等。

定位点 各定位点可以根据要求插入或删除。如果在导航数据库中出现了一次以上定位点的标识符,则将自动地显示复制航路点的页面。这些复制的定位点按飞行计划中最靠近的航路点到先前的航路点的次序排列。

程序 各个程序(SID、STAR、进近程序和中断进近程序)可以根据要求插入或替换。如果选择一个程序替换飞行计划中的另一个程序，那么随着新的选择，现有的程序将被删除，并被新选取的程序所取代。

航线的航段　根据要求可以插入空中航线的航段。

中断进近程序　飞行计划功能也允许在飞行计划中包含中断进近程序。这些中断进近程序既可以来自导航数据库，为公布的程序的一部分，并自动地进入飞行计划，也可以通过 MCDU 输入，手动建立中断进近程序。无论哪种情况，一旦中断进近程序被启动，就执行自动制导。

水平偏置　机组人员可以通过指定方向(航线左边或右边)和距离(最远 99 n mile)建立一个平行的飞行计划，并可任意选择偏置飞行计划的开始航路点和结束航路点。飞行计划制订功能可用来构建偏置飞行计划，该计划包括进入和离开偏置航线的过渡航段。

24.2.2.3　垂直飞行计划

航路点可以关联到速度、高度和时间的限制条件。航路点速度限制解释为一个“不能超过”的速度限制值，若是在爬升阶段，则适用于该点及该点之前的所有航路点；若是在下降阶段，则适用于该点及该点之后的所有航路点。航路点的高度限制有四种类型：“在”“在或在上面”“在或在下面”“之间”。航路点时间限制有三种类型：“在”“之后”“之前”。“之后”“之前”类型的时间限制用于途中航路偏航，“在”类型的时间限制用于终端区域流量控制。

垂直飞行计划包括选择在各个航路点的速度、高度、时间限制(如果有要求或希望有)、巡航高度、飞机重量、预报的风值、温度、目的地气压以及预计的飞机防冰高度带。垂直飞行计划中通常有不同飞行阶段的不同最佳速度表，还可以提供一些与飞机性能有关的、由机组人员选择的参数。所有这些选择会对飞机航迹预测和制导产生影响。

24.2.2.4　大气模型

飞行计划制订过程的部分工作是确定飞行期间会遇到的预报的温度和风的情况。这些预报数据有助于改进 FMS 航迹预测精确度，以便更加准确地确定估计到达时间(ETA)、燃油消耗、爬升/下降率和过渡航段的构建。

爬升航段的风模型通常基于输入的规定高度上的风速和风向。规定高度与地面零高度之间任何高度上的风值是通过插值计算,并结合当前探测到的风值得到的。在巡航航段使用的风模型通常考虑输入航途各航路点多个高度上的风值(大小及方向)。未来航途上的风可以通过数据链获得,该数据链传输的是在地面维护的当前地理风网络数据库的数据。各航路点之间风的计算方法是通过输入之间插值计算,或者传送一个输入值,直到下一个航路点有风值输入。预报的风和从传感器数据获得的当前风用一种方法结合起来,即给予靠近飞机测得的风以较大的加权,并且会聚到传感器测量的风上,之所以这样做是因为对应航路点的预报风是按定序给出的。下降航段的风模型使用了一组高度以及输入的不同高度的风矢量。在任何高度上的风值是这些不同高度风值的插值,然后融合传感器测得的当前风值。

外推温度剖面所用的温度预报值是按国际标准大气(ISA)加上飞行员输入的偏差值(ISA 偏差)或按实际测得的温度(单位为℃)。

预报温度=15+ISA 偏差−0.001 983×高度　　　高度<36 089 ft

预报温度=−56.5　　　高度>36 089 ft

气压还用于校正空速、马赫数和真空速之间的速度转换。气压比 δ 为

δ(气压比)=$(1-0.000\,006\,875\,3\times$高度$)^{5.256\,1}$　　　高度<36 089 ft

δ(气压比)=$0.223\,36\times e^{(48\,063.(36\,089-\text{高度})/100\,000)}$　　　高度>36 089 ft

24.2.3 航迹预测

给定了飞行计划之后,航迹预测功能是在飞行计划约束条件和飞机性能限制范围内,计算预测的飞机四维飞行剖面(水平和垂直),而飞机性能限制是基于输入的大气数据和机组人员选择的操作模式。飞行计划(航路点以及插入的垂直转折点,例如,速度改变、渡越、拉平、上升顶点(T/C)、下降顶点(T/D)等中的每一个点都有水平航路和预测的燃油、时间、距离、高度和速度等数据。飞

行剖面连续地被更新,以考虑未预报到的条件和从规定飞行计划策略转移的这种情况。

为了简化讨论,把飞行航路航迹分成两个部分:水平剖面(从上往下看的飞行剖面)和垂直剖面(从侧面看的飞行剖面)。但是,水平航迹和垂直航迹通过地速参数耦合而相互关联。因为在上升段和下降段,飞行速度计划表的修正空速/马赫数通常为常量,所以真空速(或地速)因校正空速为常量而随高度增加,同时真空速因马赫数(Ma)部分为常量而随高度缓慢减少,如下式所示。

$$Ma = \sqrt{[(1/\delta[1+0.2(CAS/661.5)^2]^{3.5}-1\}+1)^{0.286}-1]}$$

$$TAS = 661.5Ma\sqrt{\theta}$$

式中:CAS 为校正空速,kn;TAS 为真空速,kn;δ 为大气压力比(真实的压力/海平面标准压力);θ 为大气温度比(真实的温度/海平面标准温度)。

空速随高度变化的重要性体现在下一节上升段和下降段水平与垂直剖面的构建。进一步来说,因为用于垂直剖面计算的基本能量平衡方程使用了真空速,所以这些速度变换公式用来将选取的速度计划表值转换成真空速值。

24.2.3.1　水平剖面

水平飞行剖面基本上是由指定的航线(由程序航段、航路点、保持方式等组成)加上 FMS 按照飞机应该怎样飞行所计算的各种转弯点和航段终止点组成。整个水平航线按直线段和转弯段来定义各个航段,其起始点和终止点是固定的或者是非固定的地理点。计算这些段是困难的,因为转弯过渡距离和某一航段的终止点是飞机预测速度(见下面方程)、风和高度的函数,而高度又取决于要爬升或下降的距离。例如,当用不同的速度计算时,在一个航路点的转弯过渡需要不同的转弯半径,因此需要不同的距离。在一个航路点可获得的高度(以及飞机的速度)取决于上升或者下降可用的距离。因此,速度和航段距离之间的互相依赖关系在用公式表示一组确定的计算航迹算法时出现了一个特别的问题。这种影响在航向变化大于 45°时变得更为显著,要求做 180°转弯机动的程序转弯时对航段的影响最大。

构建水平转弯是基于所需的航向变化和转弯期间飞机的预测地速。如果在所需的航向变化过程中，飞机可获得的最大地速是已知的，那么一个水平转弯公式为

$$转弯半径(ft)=(GS)^2/(g\tan\psi)$$

$$转弯弧长度(ft)=航向变化\times转弯半径$$

式中：GS 为转弯时的最大飞机地速；g 为重力加速度；ψ 为用于计算转弯的标称倾侧角。

对于指定位点的转弯半径为常数，且为规定值的那些航段，要用不同形式的公式来计算完成机动飞行所必需的标称倾侧角

$$\psi=\arctan[(GS)^2/(转弯半径\times g)]$$

为了确定转弯时飞机的最大地速，FMC 必须先计算转弯的高度，然后根据选取的速度计划表和该高度上可供使用的风值，计算出飞机的计划速度。转弯要求的倾侧角应在乘客舒适度和执行水平机动所需空间之间折中确定。

构建水平剖面的基础是飞行计划一节中提到的航段类型和终止类型。通用的航段类型有四种。

(1) 真航向(V)——飞机航向。

(2) 航向角(C)——固定的磁航印。

(3) 航迹(T)——计算的大圆航迹(缓慢变化的航向)。

(4) 弧(A 或 R)——由一个中心(定位点)和一个半径定义的一段圆弧。

航段终止点类型有六种。

(1) 固定点(F)——在一个地理位置上终止。

(2) 高度(A)——在一个给定的高度上终止。

(3) 截获下一个航段(I)——一个航段在截获下一个航段的地方终止。

(4) 截获径向线(R)——在截获给定的 VOR 径向线的地方终止。

(5) 截获距离(D 或 C)——在截获给定的DME距离或距一个定位点一段距离的地方终止。

(6) 人工(M)——机组人员操作终止航段。

不是所有的终止点类型都能被所有的航段类型使用。举例来说,一个航迹航段只能被一个定位点终止,因为航迹的定义是两个地理位置(定位点)之间的大圆弧航线。同样,圆弧航段只能被一个定位点终止。一般意义上,真航向和航向角航段可以用相同的图解方式描述,计算差别在于偏流角(或飞机的偏航角)。

图24-5描述了各种不同的航段和终止点的图解形式,基本构图是直截了当的。复杂性发生在可能的航段组合和用公式表示航段之间合适的曲线过渡航路上。例如,如果一个 TF 航段后面跟随一个 CF 航段,而至定位点的航线并不经过前面 TF 航段的终止点,那么就必须建立一个过渡航路,在航段之间完成一条连续的航路。

总之,由FMC计算的水平飞行航线包含的数据比直线连接的固定航路点的航线多得多。这是在FMS控制下飞机飞行的实际水平航线的一个完整的预测。构建水平航线很关键,因为FMC将会根据检测的偏航距和航迹误差角,向自动驾驶仪发出合适的倾侧指令,实际控制飞机沿着水平航线飞行。

24.2.3.2　垂直剖面

航迹预测的基础是飞机能量平衡方程的数值积分,包括可变的重量、速度和高度。一些能量平衡方程适用于无限制条件的上升/下降、固定的梯度上升/下降、速度改变和平飞。积分的步长受飞行计划的高度限制、速度限制以及飞机性能限制,例如速度、振动限度、最大高度和推力限制。驱动能量平衡方程的数据来自与机体/发动机相关联的推力、燃油流量、阻力和性能数据库中存储的速度计划表模型。对于某些航段类型,例如高度终止航段,由于终止点是一个不定的位置,会遇到一些特殊的结构问题。这个位置取决于航迹积分计算的航段终止点在哪里,也决定了下一个航段的起始点。

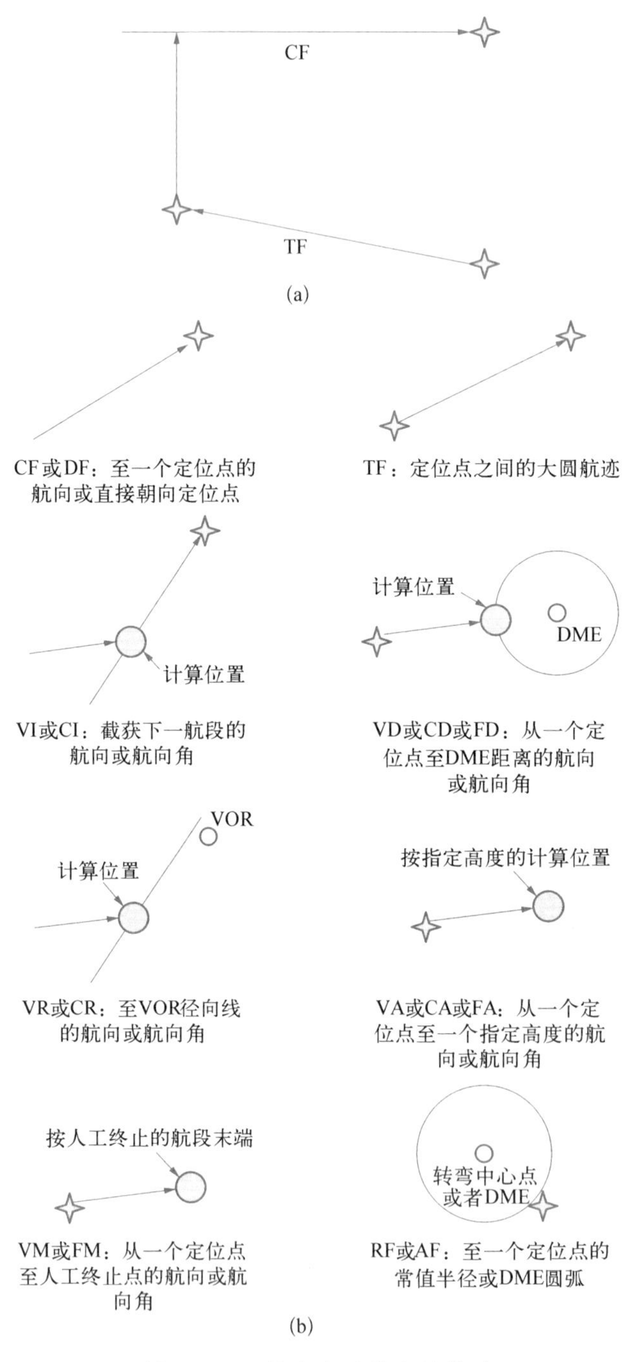

图 24-5　基本水平航段的构建

航迹的预测基于剖面的积分步长,步长越小,计算的航迹越精确。飞机垂直速度、水平速度、飞行距离、飞行时间、高度变化和燃油消耗的每一积分步长都是根据预计的飞机目标速度、风、阻力和机动所需的发动机推力来确定的。每一步结束时计算得到的飞机垂直状态是下一步的初始值。当受到高度或速度限制,飞行阶段变化或遇到特殊情况的航段,例如,需要更细积分步长的转弯过渡,必须使用新的一种机动时,就需终止一种积分步长。垂直剖面包含以下机动类型:无限制条件的上升和下降段、有限制条件的上升和下降段、平飞段、速度变化段。能量平衡方程有若干种形式,使用哪一种形式取决于垂直剖面给定段的机动类型。采用的推力参数与机动类型和飞行阶段有关。

24.2.3.3　机动类型

无限制条件的上升段和下降段一般用下列方程计算固定高度步长($\mathrm{d}h$ 是设置的积分步长)的平均垂直速度。使用固定高度步长的这一类型的区段,允许按高度限制条件终止确定的步长。对于爬升飞行,飞行推力通常设定为起飞、复飞或爬升的推力限制值。对于下降飞行,飞行推力通常设定为慢车飞行或略高一点的推力。

$$V/S = \frac{\dfrac{(T-D)V_{\mathrm{av}}}{GW}}{\dfrac{T_{\mathrm{act}}}{T_{\mathrm{std}}} + \dfrac{V_{\mathrm{av}}}{g}\dfrac{\mathrm{d}V_{\mathrm{tru}}}{\mathrm{d}h}}$$

式中:T 为平均推力,lbf;D 为平均阻力,lbf;GW 为飞机总重量,lbf;T_{act} 为环境温度,K;T_{std} 为标准白天温度,K;V_{av} 为平均真空速,ft/s; $g=32.174\ \mathrm{ft/s^2}$;$\mathrm{d}V_{\mathrm{tru}}$ 为真空速增量,ft/s;$\mathrm{d}h$ 为要求的高度步长,ft。

预计的飞机真空速是根据飞行员选择的速度计划表和任何可供使用的机场或相关航路点的速度限制推算出来的。阻力是飞机构型、速度和倾侧角的函数,并据此计算阻力。燃油流量以及由此产生的重量变化是发动机推力的函数。一旦计算出该步长的垂直速度,其他的预测参数也可以计算出来。

$dt = \frac{dh}{V/S}$，其中 dt 为步长的时间增量。

$ds = dt\ (V_{tru}$ + 该航段沿航迹的平均风速)，其中 ds 为步长的距离增量。

$dw = dt \times$ 燃油流量(T)，其中 dw 为步长的重量增量。

有限制条件的上升段和下降段 下面的公式一般用于计算固定高度步长的平均推力(dh 和 V/S 是预先确定的)。对这种类型的航段使用固定高度步长，允许按高度限制来终止确定的步长。平均垂直速度是规定的，或者按照固定的飞行航迹角(FPA)计算出来的。

$$V/S_{av} = GS_{av} \tan FPA \text{，其中 } GS_{av} \text{ 为航段的地速，ft/s。}$$

固定的 FPA 同样可以根据高度限制确定的点到点的垂直飞行航路来计算，这条航路是一条几何路径。在规定的 V/S 或者 FPA 航段情况下，飞行这个剖面所需的推力就可以按下式计算。

$$T = \frac{WV/S_{av}}{V_{av}} - \left(1 + \frac{V_{av}}{g}\frac{dV_{tru}}{dh}\right) + D$$

其他预计参数的计算与无限制条件上升段和下降段的计算方法一样。

平飞段 恒定速度平飞段是上面公式的一个特殊情况。因为 dV_{tru} 和 V/S_{av}，在平飞段定义为0，所以上述公式简化为 $T = D$。平飞段一般按固定的时间步长或者距离步长积分，所以其他预计参数可按下式计算：

$$dt = \text{设置的积分步长}$$

和

$ds = dt\ (V_{tru}$ + 该航段沿航迹的平均风速)　　ds = 步长的距离增量

或者

$$ds = \text{设置的积分步长}$$

和

$dt = ds/(V_{tru}+$该航段沿航迹的平均风速$)$　　$dt=$步长的时间增量

$dw = dt \times$燃油流量(T)　　$dw=$步长的重量增量

速度变化航段　下面的公式一般用于速度变化航段,用来计算固定步长 dV_{tru} 的平均时间。式中 V/S_{av},是根据上升、下降或者平飞状态以及飞行控制操作特性预先确定的,或者按要求的 FPA 计算。采用的推力分别为：在下降飞行时为慢车推力,在上升飞行时为起飞或者爬升的推力限制值,在平飞时为巡航推力限制值。

$$dt = dV_{tru}/g\left\{\frac{(T-D)}{GW}-\left(\frac{T_{act}}{T_{std}}\frac{V/S_{av}}{V_{av}}\right)\right\}$$

$$dh = V/S_{av}dt$$

如果在转弯过渡期间执行机动,那么对于所有的机动类型,高度变化率、速度变化或推力必须进行倾侧角影响校正。沿着水平航路 FMC 计算的垂直飞行剖面分为三个飞行阶段：上升、巡航和下降。

上升段　计算的沿着水平航路的上升段垂直航路一般由若干区段组成,如图 24-6 所示。除了这些上升段外,还有由于上升航路点的高度限制而产生的高度平飞段,以及由于上升航路点的速率限制而产生的目标速度加速段。

巡航阶段　计算沿着水平航路的巡航阶段垂直航路是很简单的,如图 24-7 所示。它一般由从上升速度到巡航速度的加速段,或者后面跟着向 FMC 计算的下降顶点飞行的减速段组成。通常飞过若干距离或者经过若干个基于时间的积分步长后,巡航阶段预期就在巡航高度上。与上升段、下降段不一样,最佳巡航速度随着燃油消耗引起的飞机重量的变化而缓慢改变。如果在巡航阶段需要分段上升或下降,这些分段可按无限制条件上升飞行和以固定 VIS 或 FPA 下降。在每一阶段,FMC 根据预计的飞机目标速率、风、阻力和发动机推力,计算飞机沿着航路的速度、飞过的距离和消耗的燃油。预计的飞机真空速是根据飞行员选择的速度计划表和所用机场相关的速度限制值推算出

速度变到巡航马赫数
按爬升马赫数做不受限制爬升
按爬升速率做不受限制爬升
速率变化到爬升速率
高度/速率
按机场速率做不受限制爬升
由高度限制造成的平飞段
速率变到机场速度限制值
推力修正高度
按航路点的速率限制做不受限制爬升
速率变到航路点限制速率，爬升推力
速率变到净形起飞推力
按起飞速率、推力及襟翼构型不受限制爬升
高度
O
距离

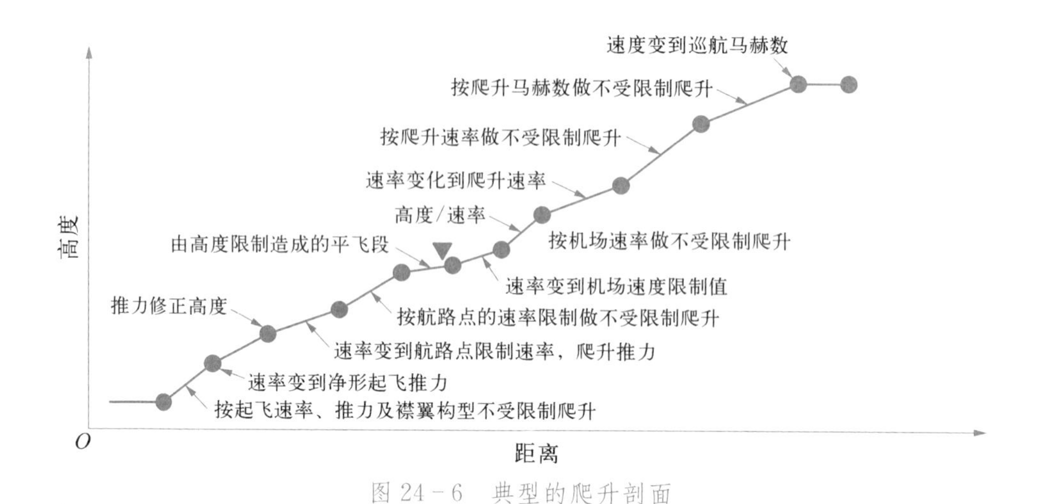

图 24-6　典型的爬升剖面

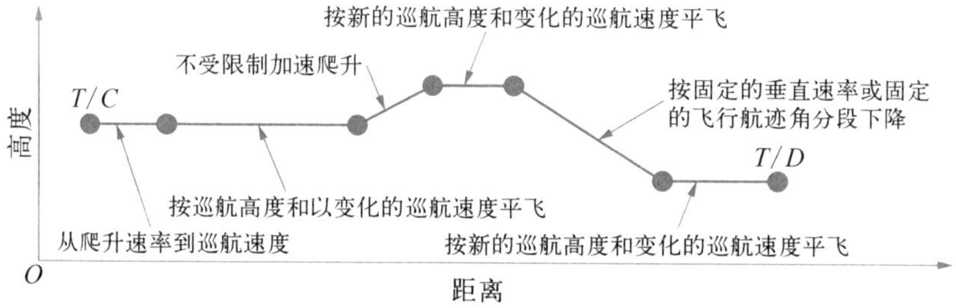

按新的巡航高度和变化的巡航速度平飞
不受限制加速爬升
T/C
按固定的垂直速率或固定
的飞行航迹角分段下降
T/D
高度
按巡航高度和以变化的巡航速度平飞
从爬升速率到巡航速度
按新的巡航高度和变化的巡航速度平飞
O
距离

图 24-7　典型的巡航剖面

注：T/C—上升顶点；T/D—下降顶点

来的。阻力可以根据飞机空速和倾侧角的函数关系来计算。平飞段阻力和推力必须相等。如果给出了所需的推力，那么就可以计算发动机功率设置值，这是计算燃油消耗和调整控制制导的基础。

下降段计算得到的沿着水平航路的下降段垂直航路由若干垂直航段类型组成，如图 24-8 所示。

除了这些下降段之外，还有由于下降航路点的高度限制而产生的高度平飞航段，下降航路点的速率限制而产生的目标速度减速航段，以及减加速至所选襟翼构型的着陆速度航段。

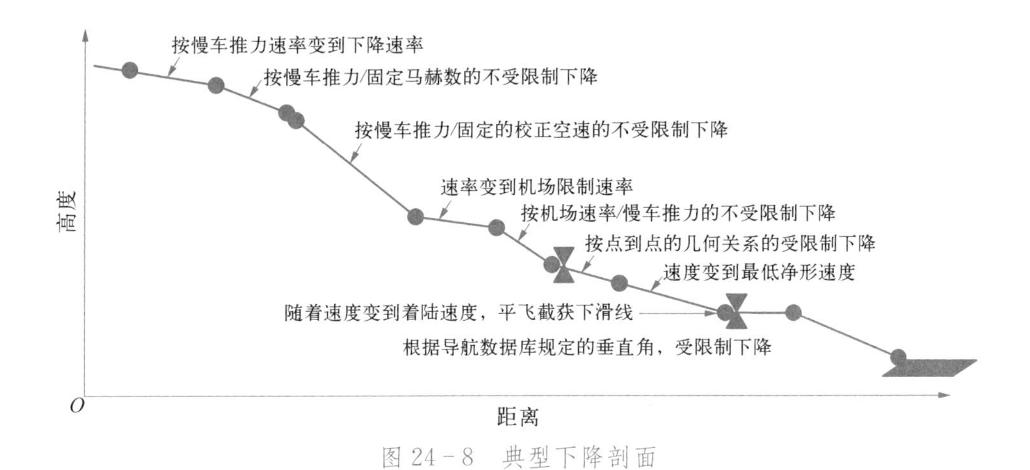

图 24-8　典型下降剖面

24.2.3.4　导航数据库(NDB)垂直角

含有垂直角数据航点的这些航段类型通常用于进近。确保避开障碍物所要求的进近下滑角是进近航路点数据的一部分，储存在导航数据库(NDB)中。下滑角度用来计算同此角度有关的航路点与下列最先遇到的航路点(向后看)之间的下降路径：

(1) NDB中含有垂直角数据的下一个水平航路点。

(2) 下一个"受"限制的航路点。

(3) 第一个进近航路点。

对于任何一个航路点可以规定一个新的NDB下降坡度。这样需要时可以灵活地规定供进近的多个FPA。这个航段的合成基础是，假定推力大小与所选的速度计划表保持协调并采用NDB角度规定的下降速度。由于各种限制条件(规则和飞机两者)，沿这些航段发生的减速度是通过采用慢车推力和NDB角规定的垂直速度来实现的。如果在襟翼预期使用的区域内，那么减速模型要根据襟翼构型的性能模型来建立。

默认的进近垂直角度　通常这一航段用来代替规定的NDB角度，在下滑截获高度(一般在跑道上空1 500 ft)和选择的跑道之间构建一个稳定的标称下滑道。这个航段的合成基础与 NDB 角度一样。

直飞垂直角度 这一个航段类型提供垂直的“直飞”能力，用于策略应用场合。所构建的航路根据飞机当前三维位置和下一个适当的参考点(通常是下一个高度限制)来确定垂直角。对于行进中的垂直“直飞”指向角是周期更新的，原因是飞机在运动。在确定指向角时，应外推飞机的三维位置，估算所需的时间，以计算用于垂直导航(VNAV)制导的航迹，避免得到航迹时飞机已超越航路。这一航段的合成基础是假定推力的大小保持与所选择的速度计划表相协调，并采用直飞坡度所规定的下降速率。由于受各种条件限制(规则和飞机两者)，沿着这些航段发生的减速度是按预期的襟翼起落架构型，采用慢车推力来实现的。

计算的垂直角度 这个航段类型提供了恒定垂直角航路，并且在垂直飞行计划的诸限制值之内。这些几何路径为终端区低高度上提供可重复的、稳定的、使用部分推力的下降航路。适合构建这些航路的一般原则如下：

(1) 垂直机动应减到最少。这意味着使用满足一系列高度限制的单一角度是优选航路。当飞行计划中包含“在或在上面”和“在或在下面”的高度限制条件时，就会出现单一垂直角度。

(2) 如果一条无限制条件的慢车推力航路满足系列“在或在上面”和/或“在或在下面”高度限制条件，那么这是优选的航路。

(3) 计算的梯度航路的可飞行性(比慢车陡峭)应加以检查。如果在计算的梯度航段中包含一个这样的航路，计算慢车航路(对于预计和带阻尼装置的慢车)则要考虑最小减速速率。

这一航段的合成基础是假定推力的大小保持与所选择的速度计划表相协调，并采用计算的垂直角度所规定的下降速率。由于受各种条件限制(规则和机身两者)，沿着这些下降航段发生的减加速率是采用限制慢车推力来实现的，以便有最大的减速速率。

恒定 *V/S* 如果需要的话，这种航段类型可提供一个全局的、比慢车推力小的初始下降航路。这类航路的构建取决于垂直速度和要求的截获高度。这一航段合成的基础是假定推力的大小保持与所选择的速度计划表相协调,并采用 V/S 命令规定的下降速率。由于受各种条件限制(规则或机身),沿着这些航段产生的减速度是采用限制慢车推力来实现的,以便有最大的减速速率。

无限制条件的下降 如果没有受高度条件限制,那么无限制条件的下降将使用性能数据来构建能量平衡的慢车下降航路。这一航段的合成基础是假定用慢车推力来保持所选择的速度计划表。这就导致改变垂直速度剖面。由于受各种条件限制(规则和机身两者),沿着这些下降航段产生的减速度是采用最小垂直速率和限制慢车动力来实现的,以便有最大减速速率。最小垂直速度可以从基于能量共享模型或预测计算模型得到。慢车推力因素允许操作者在慢车航路构建中建立某种范围(缓慢的或更陡)的下降航路。

24.2.4 性能计算

性能的功能体向机组人员提供帮助优化飞行的信息,或者提供那些必须从飞机性能手册查明的性能信息。FMS 提供多种减轻工作负担的特性,这里只讨论最常用的功能。

24.2.4.1 速度计划表计算

垂直飞行计划制订过程的一部分工作是按照具体的任务要求,为每一个飞行阶段提供机组人员选择的性能模式。这些性能模式提供了优化的飞行剖面,这是通过计算与飞行阶段有关的最佳速度计划表得到的。这些速度计划表是航迹预测、生成制导目标速度,以及提供其他性能咨询的基础。

为每一飞行阶段选择的特定性能模式将得到一个最佳的速度表,即常量 *CAS* 和常量马赫数对,它们成为每个飞行阶段计划的速度剖面。*CAS* 和马赫数相等的那个高度称为交叉高度。在交叉高度以下,速度计划表的 *CAS* 航段是控制速度参数,在交叉高度以上,速度计划表的马赫数航段是控制速度。优化的性能参数对每一种选择的性能模式是不同的。

爬升：

(1) 经济性(基于成本指数)——使总的运行费用最佳的速度(最低成本)。

(2) 最大爬升角——相对于距离产生最大爬升率的速度。

(3) 最大爬升率——相对于时间产生最大爬升率的速度。

(4) 要求到达时间(RTA)——使总的运行费用最优，同时仍在要求的时间里到达指定航路点的速度。

巡航：

(1) 经济性(基于成本指数)——使总的运行费用最佳的速度(最低成本)。

(2) 最大续航时间——具有最低燃油消耗率的速度，从而获得最大续航时间。

(3) 远程巡航——具有最好的燃油里程的速度，从而获得最远的航程。

(4) 要求到达时间(RTA)——总的运行费用最佳的速度，同时仍能在要求的时间里到达指定航路点。

下降：

(1) 经济性(基于成本指数)——使总的运行费用最佳的速度(最低成本)。

(2) 最大下降率——相对于时间产生最大下降速率的速度。

(3) 要求到达时间(RTA)——总的运行费用最优，同时仍能在要求的时间里到达指定航路点的速度。

所有的飞行阶段还允许手动输入 *CAS*/马赫数。

值得注意的是，所有的飞行阶段共有的两个性能模式是“经济”速度模式，该模式对于给定的一次飞行，使飞行运行的总成本最低。这种性能模式使用一个成本指数，它是与时间相关的成本(机组人员工资、维护费用等)和燃油费用之比，是速度计划表计算时的一个独立变量，即

$$\text{成本指数}(CI)=\text{与飞行相关的成本} / \text{燃油费用}$$

使用成本指数使得航空公司可根据每天的运行情况来衡量时间和燃油费用。

24.2.4.2　最大高度和最佳高度

对飞行机组人员来说，一个重要的参数是相应于飞机/发动机类型、重量、大气条件、引气调节和其他垂直飞行计划参数的最佳和最大的高度。

最佳高度算法完全根据飞机性能和预报的环境条件来计算最具成本效益的运用高度。从根本上来说，该算法旨在搜寻能够提供最佳燃油里程的高度。

获得最大比值的高度：地速/燃油消耗率

最大高度算法完全按照飞机性能和预报的环境条件计算可达到的最大高度，而允许在爬升范围内以各个规定速度爬升。

满足等式的高度：最小爬升率＝*TAS*×(推力－阻力)/重量

最佳高度总是受到最大高度的限制。这些参数的算法考虑了获得高度过程中燃油消耗引起的重量减少，假设的速度是所选的性能模式。

短程高度　另外一个重要的计算是为一条指定的航线推荐一个称为短程高度的巡航高度，机组人员可申请一个许可高度来优化其飞行。对于短程飞行，这个高度可能不等同于最佳高度，因为短程的距离可能无法获得最佳高度。这个算法旨在寻找一个满足爬升和下降，同时保持最小巡航时间的高度。

备降机场　为了减少转移飞行期间机组人员的工作负荷，FMS一般提供备降机场的信息。这种计算向机组人员提供至所选择的备降机场的距离、所需燃油和估计到达时间(ETA)。FMS也可以计算最好的短程巡航高度。计算的航路是从当前位置直飞备降机场，或者继续飞向当前目的地，在目的地执行中断进近，然后直飞备降机场。FMS计算出为飞向备用机场在当前位置的空中等待时间、当前燃油状况和至备用机场所需燃油。为方便机组人员，通常在CDU/MCDU上可检索离飞机最近的合适机场。

分段爬升/下降　对于长航程飞行，出于飞机重量的原因，开始时获得的巡航高度常常低于最佳高度。随着燃油的消耗和飞机重量的减小，分段爬升到一个更高的高度可获得更大的运行效率。FMS 通常预测开始分段爬升/下降机动的最佳点，以提供更好的效益费用运行。这个算法考虑所有垂直飞行计划的参数，特别是飞机顺气流的重量和输入的风数据，至指定分段高度的最佳分段点的时间和距离显示给机组人员，显示的数据还有分段爬升/下降与当前飞行计划对比的节省/代价百分比。对于越洋飞行的飞机，航迹预测功能通常认为这些分段爬升/下降是按照垂直剖面执行的，这样预测的燃油量与飞机飞行所需的燃油量更为一致。

推力极限数据　为避免发动机未到期的维护和过早出现故障，并持续确认发动机制造商的担保，重要的是不要过度使用飞机发动机。发动机制造商规定了在各个飞行阶段发动机可靠工作的推力限制值。这些发动机限制值允许在需要时(起飞、复飞、单发停车)有较高的推力，但在非紧急的连续工作(爬升和巡航)时用较低的限制值。起飞、爬升、巡航、复飞和连续工作模式下的推力限制的计算基于当前的温度、高度、速度、发动机/飞机类型以及发动机引气调节。推力限制数据通常用发动机转速 N_l(r/min)或发动机压力比(EPR)“曲线组”来表示，这与显示实际发动机推力所选用的发动机仪表有关。典型的“曲线组”有一条与温度相关的曲线和一条与高度相关的曲线以及在各种不同的发动机引气调节条件下的各个修正曲线。各个发动机制造商计算推力限制的算法是各不相同的。

起飞参考数据　对于选定的襟翼调节位置、跑道、大气和重量/重心，性能的功能元件规定了计算的或输入的 V_1、V_R 和 V_2 起飞速度。这些速度显示在飞行仪表上，供机组人员选择。此外，起飞组合速度通常是计算出来的。起飞速度和组合速度作为数据组或支持数据组存储在性能数据库中。

进近参考数据　通常为特定飞机操作的每一种进近组合提供着陆组合选择。机组人员可以选择要求的进近组合，此种选择的状态也可以被其他系统使用。根据手动输入的目的地跑道的风修正，选择一种组合也就计算一个着陆速度。此外，进近组合速度作为参考和选择数据加以计算，并显示在飞行仪表上。

进近和着陆速度作为数据组储存在性能数据库中。

发动机停车性能　性能功能通常提供至少一台发动机停车的性能预测。这些预测性能一般包括：① 发动机停车爬升速率；② 发动机停车巡航速度；③ 发动机停车最大下漂高度；④ 最大连续推力。

发动机停车速度计划表可从性能数据库中检索到，并根据剩余发动机的可用推力、发动机风转产生的增大的飞机阻力以及由不对称推力造成的飞机偏航，可以计算出预测航迹。

24.2.5　制导

FMS通常计算滚转轴、俯仰轴和推力轴的指令，制导飞机沿着计算得到的水平和垂直剖面飞行，在航迹预测一节对此已讨论过。这些指令形式会有所不同，这取决于给定飞机所用的特有飞行控制设备。其他制导信息，例如水平和垂直航路信息、航路偏差、目标速率、推力限制值和目标值以及指令模式信息，都显示在前视场显示器上。

24.2.5.1　水平制导

水平制导功能按照航迹预测一节描述的方法预计水平剖面，计算动态制导数据。这些数据包括典型的水平状态信息：① 到现行水平航路点的待飞距离(*DTG*)；② 要求航迹(*DTRK*)；③ 航迹误差角(*TRKERR*)；④ 偏航距(*XTRK*)；⑤ 偏流角(*DA*)；⑥ 至下一个航路点的方位(*BRG*)；⑦ 水平航迹变化告警(LNAV告警)。

计算上述数据的一种通用数学方法是使用下列的关系式，将水平航线的纬度(*Lat*)/经度(*Lon*)点的表达式和飞机当前位置转成以地球为中心的单位矢量。$\boldsymbol{P}$ 为以地球为中心的单位位置矢量，其分量为 x、y、z。

$$x = \cos(Lat)\cos(Lon)$$

$$y = \cos(Lat)\sin(Lon)$$

$$z = \sin(Lat)$$

下面的矢量表达式中×是矢量叉积，·是矢量点积，* 是乘号(此 处叉积、点积、乘号符号仅限于本节)。定义一个水平航段的任意两个位置矢量为

$$\boldsymbol{N}=\boldsymbol{P}_{\mathrm{st}}\times\boldsymbol{P}_{\mathrm{gt}}$$

$$\boldsymbol{P}_{\mathrm{ap}}=\boldsymbol{N}\times(\boldsymbol{P}_{\mathrm{pos}}\times\boldsymbol{N})$$

$$DTG_{\mathrm{ap}}=\text{地球半径} * \arccos(\boldsymbol{P}_{\mathrm{gt}}\cdot\boldsymbol{P}_{\mathrm{ap}})$$

$$DTG_{\mathrm{pos}}=\text{地球半径} * \arccos(\boldsymbol{P}_{\mathrm{gt}}\cdot\boldsymbol{P}_{\mathrm{pos}})$$

$$XTRK=-\text{地球半径} * \arccos(\boldsymbol{P}_{\mathrm{gt}}\cdot\boldsymbol{P}_{\mathrm{pos}}) \qquad \text{(完整表达式)}$$

$$XTRK=-\text{地球半径} * \boldsymbol{N}\cdot\boldsymbol{P}_{\mathrm{pos}} \qquad \text{(准确的近似式)}$$

式中：$\boldsymbol{N}$ 为垂直于$\boldsymbol{P}_{\mathrm{st}}$和$\boldsymbol{P}_{\mathrm{gt}}$的单位矢量；$\boldsymbol{P}_{\mathrm{gt}}$为飞向点单位位置矢量；$\boldsymbol{P}_{\mathrm{st}}$为起始点单位位置矢量；$\boldsymbol{P}_{\mathrm{ap}}$为沿航路位置单位矢量；$\boldsymbol{P}_{\mathrm{pos}}$为当前位置单位矢量。

$$\boldsymbol{E}_{\mathrm{st}}=\boldsymbol{z}\times\boldsymbol{P}$$

$$\boldsymbol{N}_{\mathrm{th}}=\boldsymbol{P}\times\boldsymbol{E}_{\mathrm{st}}$$

式中：$\boldsymbol{E}_{\mathrm{st}}$为东向当地水平单位矢量；$\boldsymbol{N}_{\mathrm{th}}$为北向当地水平单位矢量；$\boldsymbol{z}$ 为 z 轴单位矢量。

$$DTRK=\arctan[(-\boldsymbol{N}\cdot\boldsymbol{N}_{\mathrm{thap}})/(-\boldsymbol{N}\cdot\boldsymbol{E}_{\mathrm{stap}})]$$

$$BRG=\arctan[(-\boldsymbol{N}\cdot\boldsymbol{N}_{\mathrm{thpos}})/(-\boldsymbol{N}\cdot\boldsymbol{E}_{\mathrm{stpos}})]$$

$$TRKERR=DTRK-\text{当前航迹}$$

$$DA=\text{当前航迹角}-\text{当前航向}$$

从开始转弯起，若 DTG/地速值比小于 10 s，则发出水平导航(LNAV)告警。

以上表达式也可以用来计算航路点之间的距离和航向信息。航向信息通常显示为磁航向，并作为飞行计划图向机组人员显示。这是因为许多年来，磁罗盘是基本的航向传感器，所以所有出版的导航数据都是基于磁航向的。这一历史标准要求在FMS中安装世界范围的磁差模型，因为内部的大多数计算是按照真航向参考系来进行的，只是要向机组人员显示信息才能转换成磁航向。

水平功能还为导航显示器显示水平航路图形提供数据。如果飞机安装了导航显示器，则整个水平航路可以显示以飞机为中心的参考格式或者以选择的航路点为中心的参考格式。这种显示的数据格式通常是带有标识符的经纬度点和带有连接这些点的直线和曲线矢量数据的经纬度点。详细的格式可参阅ARINC 702A。未来FMS可能构建一幅水平航路的地图图像，传送给导航显示器，代替上述显示格式。

水平航段转换和航路点排序　从水平剖面一节可以看出，水平航路由若干航段组成。大多数的水平航向变化是“非飞越”过渡实现的。因此需要预测起动的下一个水平航段，使飞机平滑地截获那个航段，而不会产生航路超调。转弯起动准则基于航向变化范围、转弯机动计划的倾侧角以及飞机地速。

$$\text{转弯半径} = \text{地速}^2 / [g\tan(\phi_{\text{nominal}})]$$

$$\text{转弯起始距离} = \text{转弯半径} / \tan(\text{航向变化} / 2) + \text{进入滚转距离}$$

式中：ϕ_{nominal} 为计划的标称倾侧角。

进入滚转距离的选择取决于飞机响应副翼位置变化的快慢。考虑到空域因素，从旁飞越但需要大的航向变化(>135°)的过渡，通常按计划的超调量来构建。转弯起动和航路点排序用相同的算法，只是上述方程中所有的航向变化比实际航向变化要小，以延缓航段过渡，并产生超调。减少航向变化量是通过权衡完成整个机动所用空域来确定的。对于“非飞越”过渡，在“过点”航路点被排定的时刻才起动下一个航段。

对于从旁飞越过渡，转弯过渡的起始点和航路点的实际序列点是不相同的。该航路点通常是过渡航段转弯二等线上的航路点。

滚转控制　根据由导航功能提供的飞机当前状态和由航迹预测功能提供的储存的水平剖面，水平制导产生一个与飞行控制系统交联的滚转操纵指令。这一个指令的大小和比率与飞机限制条件、乘客舒适度以及空域因素有关。计算的滚转指令用来跟踪水平剖面的直线和曲线航路的航段。滚转控制通常是一个简单的控制律，受前面节讨论过的水平偏航距、航迹误差以及计划的转弯过渡滚转角驱动。直线段的标称滚转角是零，但是为了跟随曲线航段，标称滚转角将对应于计算水平过渡所使用的计划滚转角。

$$\text{滚转角} = XTRK\ \text{增益} \times XTRK + \text{trk 增益} \times \text{trk 误差} + \phi_{\text{nominal}}$$

式中：ϕ_{nominal} 为标称的计划滚转角。

这个控制回路中使用的增益值是由给定的飞机机体和飞行控制系统特性确定的。

水平截获航路构建　当飞行控制系统与 LNAV 交联时，通常就会构建一条截获航路，以引导飞机到达现行的水平航段。如果飞机航迹与现行水平航段交会，那么通常根据飞机当前位置和飞机的航迹，就可以构建出这条截获航路。如果现在的飞机航迹不与现行水平航段交会，那么在完全接通飞行控制系统、自动操纵飞机之前，LNAV 通常处于准备状态，等待机组人员操纵飞机进入截获几何状态。截获现行制导航段通常要预先采取措施，以防止水平航路产生超调。

24.2.5.2　垂直制导

垂直制导功能提供俯仰、俯仰变化率和推力控制指令，以改变目标速度、目标推力、目标高度和目标垂直速度（一些 FMS 只提供目标值，这与特定飞机的飞行管理/飞行控制结构有关）。与水平制导功能非常相像，垂直制导功能提供现行垂直航段的动态制导参数，向机组人员提供垂直状态感知。与水平制导不一样的是，垂直制导参数在某种程度上与飞行阶段相关，如表 24－3 所示。

表 24-3　各飞行阶段的垂直制导数据

飞行阶段	垂直制导数据
起　飞	起飞速率 V_1, V_2, V_R 起飞推力限制值
爬　升	目标速度基于选择的爬升速率表,飞行计划速度限制和机体限制条件 目标高度差距 高度限制违反信息 至爬升顶点的距离 爬升推力限制值
巡　航	目标速度基于选择的巡航速度计划表,飞行计划速度限制和机体限制条件 最大和最佳的高度 至下一段爬升顶点的距离 至下降顶点的距离 巡航推力限制值 巡航推力目标值
下　降	目标速度基于选择的巡航速度计划表,飞行计划速度限制和机体限制条件 目标高度差距 垂直偏差 要求的 V/S 能量泄放信息
进　近	基于动态襟翼构型的目标速度 垂直偏差 要求的 V/S
中断进近	目标速度基于选择的爬升速度计划表,飞行计划速度限制和机体限制条件 目标高度差距 高度限制违反信息 至爬升顶点的距离 复飞推力限制

垂直制导是基于前面一节所述的,由航迹预测功能计算得到的垂直剖面,以及由性能数据库数据驱动的性能算法。

给出垂直剖面的数学表达式有关的类型标识符、垂直和水平各点之间的距离以及在该点的速度、高度和时间,给定了这些信息之后,沿着计算垂直剖面的任何位置的数据都可以计算出来。

$$航路梯度 =(起始高度 - 终点高度)/ 两点间的距离$$

因此，任何给定点的航路参考高度和要求的 V/S 可由下列公式给出：

$$航路高度 = 起始高度 + 航路梯度 \times DTGap$$

$$垂直偏差 = 当前高度 - 航路高度$$

$$要求的 V/S = 航路梯度 \times 当前地速$$

同样地，至任何点或高度的时间和距离数据也可以计算出来。因为目标速度数据只有在航路上的飞行条件下才有效，所以通常它不从预测的垂直剖面内推算出来，而是根据当前的飞行阶段、飞机高度、相对于飞行计划速度限制的相对位置、襟翼构型和飞机速度包线极限值等计算出来的。这也适用于推力的限制值计算。

在自动飞行阶段过渡飞行中，垂直制导功能根据特定的准则控制飞行阶段的转换。现行的飞行阶段成为选择控制参数的基础，以制导飞机沿着垂直剖面飞行。选择的高度作为一个限制器，垂直制导将不允许飞机飞过该高度(进近操作除外，若需要，在此场合可为中断进近预先设置一个选择高度)。在地面初始化飞行计划和性能参数时，飞行阶段设置在起飞阶段。升空达到推力修正高度后，飞行阶段将转换到爬升阶段。当飞机达到目标高度截获带范围内时，爬升阶段转入巡航(水平飞行)阶段。

$$| 巡航高度当前高度 | < 截获增益 \times 当前垂直速度$$

根据飞机的性能特性和乘客的舒适度选择截获增益。从巡航到下降阶段的转换有各种不同的方式。如果机组人员已将预选的高度降低至巡航高度以下并做好了进入下降阶段的准备，那么在计算的 T/D 之前的合适距离处，下降阶段会自动开始，允许有足够的时间使发动机转速降低，降低推力，这样飞机速度可以与初始俯仰机动相协调。如果机组人员没有做好设置选择高度到较低高度的准备，那么飞机将继续巡航飞行越过 T/D 点，直到把选择高度降下来才开始下降。通常要为机组人员提供手段,使之在计算的 T/D 点之前,根据 ATC 指令,起动下降。

垂直航段转换　如垂直剖面一节中所述,垂直航路由若干个航段组成。与水平航段转换一样,要求预先处理下一个垂直航段的起动,使之平滑地截获那个航段,而不产生超调。因此必须要有起动垂直航段合适的准则。这个准则通常用包含航路高度差和航路高度率差的不等式表示。

$$|\text{航路高度}(n)-\text{航路高度}(n+1)|\times\text{截获增益}$$
$$<|\text{要求的}V/S(n)-\text{要求的}V/S(n+1)|$$

截获增益取决于飞机机体性能和乘客的舒适度。

俯仰轴和推力轴控制　根据飞行阶段和态势,由垂直制导产生的俯仰指令建立在对速度目标和 FMS 航路的跟踪或者获取和保持目标高度的基础上,如表 24-4 所示。如果垂直导航(VNAV)与飞行控制系统是接合的,那么控制俯仰的参数通常显示在机组人员的前方视场上。

表 24-4　各飞行阶段的推力控制

飞行阶段	俯仰轴控制	推力轴控制	俯仰/推力模式通告
起飞	安全离地后控制,然后与爬升一样控制	起飞推力限制	起飞速度(V_{spd}/TO)限制值
爬升和巡航爬升	截获和跟踪速度目标	爬升推力限制	爬升速率(V_{spd}/CLB)限制值
平飞	截获和保持高度	保持速度目标	巡航高度上速度(V_{alt}/CRZ)限制值
无限制下降	截获和跟踪垂直航路	设置到慢车飞行	巡航航路速度(V_{path}/CRZ)限制值
有限制的下降和进近	截获和跟踪垂直航路	设置到要求的计算推力,然后保持速度	巡航航路速度(V_{path}/CRZ)限制值
自下截获下降航路和巡航下降	截获和跟踪固定的垂直速度 V/S,截获航路	设置到要求的计算推力,然后保持速度	旋回航路速度(V_{path}/CRZ)限制值

(续　表)

飞行阶段	俯仰轴控制	推力轴控制	俯仰/推力模式通告
自上截获下降航路	截获和跟踪上限速度	设置到慢车飞行	巡航速度(V_{spd}/CRZ)限制值
中断进近	截获和跟踪速度目标	复飞(GA)推力限制	复飞速度(V_{spd}/GA)限制值

控制策略可能因 FMS 的具体实现的不同而不同。根据表 24-4 中的逻辑,下列外回路控制算法通常用来计算要求的控制参数。

俯仰轴控制　下面的控制算法是控制回路等式的表达式,可供使用但绝不是唯一可用的算法,还有比这些等式更简单和更复杂的多种算法可供使用。

$\boldsymbol{V_{spd}}$

截获

俯仰增量=速率增益×(空速率－截获速率)

跟踪

俯仰增量=(空速增益×空速误差＋速率增益×空速率)/V_{tru}

$\boldsymbol{V_{path}}$

截获

V/S 误差=固定的截获 V/S－当前 V/S

俯仰增量=航路截获增益×arcsin(V/S 误差 /V_{tru})

跟踪

俯仰增量=(V/S 增益×V/S 误差＋高度误差增益×高度误差)/V_{tru}

$\boldsymbol{V_{alt}}$

截获

截获 V/S=高度截获增益×高度误差

V/S 误差=截获 V/S－当前 V/S

$$俯仰增量 = V/S\ 增益 \times \arcsin(V/S\ 误差 / V_{tru})$$

跟踪

$$俯仰增量 = (V/S = 增益 \times 当前\ V/S + 高度误差增益 \times 高度误差)/V_{tru}$$

最后形成俯仰指令之前通常要使用适当的飞机俯仰率和极限值。再一次要说明的是,各种不同的增益值要根据飞机性能和乘客的舒适度来选取。

推力轴控制　下面的算法可用来决定推力设置。用于保持速度的推力设置值经常只用于初始的油门设置,其后的速度误差用来控制油门。

推力限制值

推力限制值$=f$(温度,高度,速度,发动机引气),可作为数据组储存在性能数据库中。

慢车飞行

慢车推力$=f$(温度,高度,速率,发动机引气),可作为数据组储存在性能数据库中。

需要的推力

$$T = \frac{WV/S_{av}}{V_{av}}\left(1 + \frac{V_{av}}{g}\frac{dV_{tru}}{dh}\right) + D$$

RTA(要求到达时间)　通常把要求到达时间或时间导航当作选择与飞行阶段相关的动态速度表来处理(参阅性能一节)。从这点来看,唯一独特的制导需求是,根据到达指定点的时间误差决定何时重新计算与飞行阶段有关的速度表,或许要决定计算到指定点的最早和最迟到达时间。

采用 VNAV 制导的 RNAV 进近　进近开始时,唯一的独特制导要求是增大垂直偏离显示比例。进近垂直剖面按航迹预测的垂直航路一部分来构建,终结于至选取的着陆速度的减速段(参见性能一节)。

24.3 小结

本章介绍了构成飞行管理系统的各个功能，侧重于基本功能和相互关系，这些有助于理解飞行管理系统及其在飞机操作中的作用。显然，实现每个功能有许许多多复杂的问题，但这已超出了本书的范围。

飞行管理系统未来发展的侧重点不只是这里描述的核心功能，而且还要关注机内和地面对当前飞行管理系统产生的信息的利用。机内和地面使用 FMS 飞机状态和航迹信息旨在提供对冲突的感知，是更好地管理空域的重要一步。跟用户交流关于优化航迹的建议将使得飞机的操作更加有效。充分使用基于 RNP 的导航将增加空域容量。与机组人员交流 FMS 信息和构建飞行计划的创新方法，将使飞机管理系统的使用如期望的那样容易。显然，在推动向未来 CNS 空域概念发展方面，FMS 是一个关键的系统。

25

电气布线互连系统

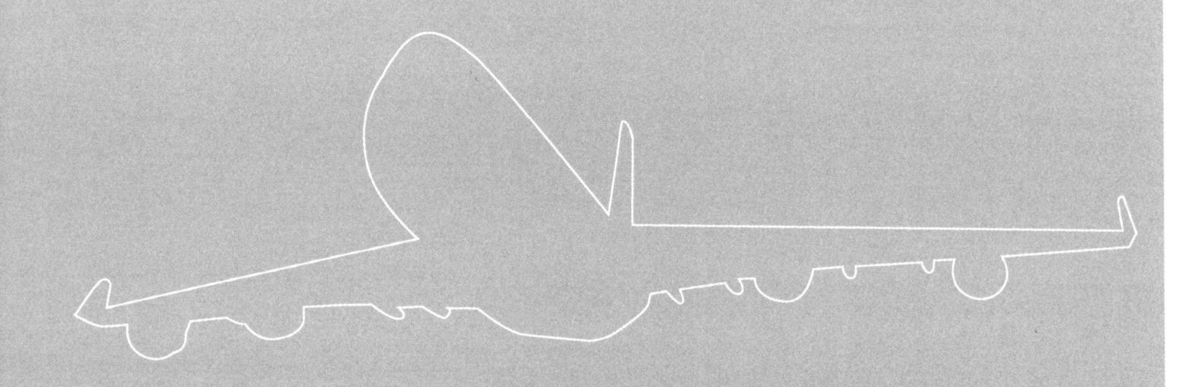

25.1　导言

本章将概括介绍与电气布线互连系统(EWIS)相关的EWIS设计注意事项、法规要求和趋势。尽管在航空航天设计和维护方面的系统级考虑EWIS相对较新,但在过去15年中,业内在设计、评估和维护方面取得了重大进展。

25.1.1　何谓EWIS?

所有飞机维持适航的能力依赖于整机范围内可靠的信息和电能传输。影响飞机可用性的主要因素是单个系统以及使数据和电能流向这些飞机系统的设备的完整性。经良好设计和维护的EWIS可与飞机子系统互联,并使飞机可靠运行。

历史上,在飞机构造和维护中,布线系统经常被视为"安装即忘记"的系统。通常,到最后才维护布线系统,并且几乎没有结构化的电线检查程序。直到近30年,因为受到重大飞机事故的影响,布线检查才得到了逐渐发展。从20世纪80年代中期开始,当发现一个重大危险(电弧追踪)与广泛使用的电线绝缘体相关时,布线技术才引起了人们的注意。到了20世纪90年代末,工业部门才开始考虑将寻址线和电力输送部件作为一个系统。

20世纪90年代发生了两起大型商业客机坠毁事故,其中电线故障被确定为根本原因,EWIS由此出现了转折。故障调查之后,美国联邦航空管理局(FAA)与航空航天工业部门合作制定了EWIS的新规则。FAA计划之一是建立认定布线系统组件老化的条件,并验证最近退役的运输飞机外观检查的充分性。FAA的运输系统老化规则制定咨询委员会(ATSRAC)的任务是描述商业EWIS的完整性,并提供评估EWIS航空适航性的建议。ATSRAC发现了表明布线老化、材料降级、安装不足以及缺乏维护实践的证据。ATSRAC建议的实施是FAA增强型飞机系统适航程序(EAPAS)的主要内容(FAA老化非结构系统研究,Christopher D. Smith,FAA老化非结构系统研究,William

J. Hughes 技术中心)。

25.1.2 EWIS 组件

EWIS 包括以下组件:① 电线和电缆;② 线束保护套;③ 连接器;④ 断路器;⑤ 继电器;⑥ 线束夹;⑦ 绑带/系带;⑧ 终端;⑨ 电源总线;⑩ 接头。

通常,在 LRU 级别不再考虑 EWIS 和独立系统,而允许单独评估各个组件。

FAA 定义的 EWIS 不包含光纤电缆,然而美国军方定义的 EWIS 却包含了光纤电缆。

25.2 管理监管要求/命令(军用/民用)

本节内容涵盖民用和军用飞机的监管指南。

25.2.1 FAA 条例

FAA 有许多与 EWIS 有关的规则和条例,其中许多规则是基于 ATSRAC 提出的建议。这些条例涵盖了与 EWIS 相关的各种主题:

第 25.1703 条——功能和安装。

第 25.1705 条——系统和功能。

第 25.1707 条——系统分离。

第 25.1709 条——系统安全。

第 25.1711 条——组件识别。

第 25.1713 条——防火。

第 25.1715 条——电气接合和防静电保护。

第 25.1717 条——电路保护装置。

第 25.1717 条——无障碍设施。

第25.1721条——EWIS的保护。

第25.1723条——易燃液体防火。

第25.1725条——动力装置。

第25.1727条——易燃液体关闭装置。

第25.1729条——持续适航指令。

第25.1731条——动力装置和APU火灾探测器系统。

第25.1733条——一般火灾探测器系统。

SFAR 88——油箱系统容错评估要求。

其中,第25.1709条可能对EWIS系统设计和认证要求的影响最大。

每个EWIS的设计和安装必须满足以下条件。

1) 每个灾难性故障条件

(1) 是极不可能存在的。

(2) 不是单一故障造成的。

2) 每个危险性故障条件极少见

该规则作为FAA EWIS安全举措的一部分,要求以与其他飞机系统相同的方式对该EWIS故障条件进行调查(措辞是,它将遵循25.1309进行系统安全评估)。在新平台上评估布线系统的主要指南是咨询通告AC 25.1701。该通告对所考虑电线故障的功能影响以及物理损坏都给出了建议。AC 25.1701规定“无论概率如何,都应假定任何承流电线的任意单个电弧故障都会发生。”

必须考虑线束内和线束间电弧放电损坏。对于线束间电弧损坏,如果存在从一个电路到另一个电路的非指令性电能传递,应考虑该电线对线束中的其他电线的损坏及其影响。为此,如果对电路施加开路、短路或非指令性的电能应用,则必须知道电路线束的组成以及故障造成的影响。

对于线束间损坏,评估应包括对附近系统和组件的直接和间接损坏的估计。如图25-1所示,即使在物理上是分离的也可能对附近系统造成损坏。最近的研究还表明,当电弧小到 0.2 s 时,可以在 0.1 in 的间隔距离破坏加压液压管线(Traskos 等,2011)。

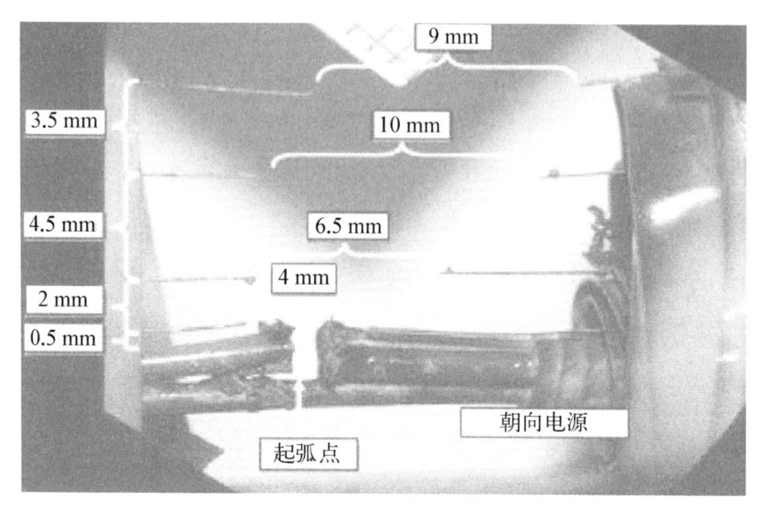

图 25-1 电弧上的悬挂铜线的电弧损坏示例(上面的铜线距离电弧引发点 0.5 in)(由 Lectromec 提供,Chantilly,VA)

电弧损坏的主要原因包括下面几个方面。

(1) 故障电流:故障电流(最大可用电流)是电弧损坏水平的最大影响因素,这可能受到与电源的距离和/或电路中电阻的影响。

(2) 电路保护:根据断路器类型和故障电流水平,在断开(对于热断路器)或在几个电弧循环内断开(对于电弧故障电路断路器)之前几秒,断路器可能被激活。电路保护不影响故障电流,仅影响电弧事件的持续时间。

(3) 电线类型:一些电线类型比其他类型更容易产生更大的电弧损坏,但没有一种可完全消除电弧的风险。

(4) 分离或分隔:若不可能增加线束和部件之间的分离距离,则必须考虑分隔,可通过添加限制有效线束电弧范围的物理屏障来实现。

遗憾的是,物理、电气和环境条件使得每种配置都很独特,因此没有一种通用的安全分离距离经验法则。

25.2.1.1　SFAR 88

SFAR 88代表特殊联邦航空规章第88号。该规章通过要求分析布线和其他电气部件(泵、燃料量指示器等)来解决燃料系统安全问题,包括与干燥室相邻的油箱内外的电路和设备。自2004年12月起,运营商的检查和维护计划中必须包括FAA批准的条款,以确保其飞机燃料系统的安全。

载客能力不低于30名乘客或有效负载能力不低于7 500 lb的所有涡轮动力飞机都要遵守该规定。SFAR 88对制造商(型号证书或TC持有人)、持有补充型号合格证(STC)的公司(涉及影响燃料系统的修改和安装,多数是制造商)、运营商、维修站和FAA检查员都有影响。

下面选择性地列出了按照SFAR 88需要解决的问题。

(1) 燃油泵:所有油箱的接地故障断路器(GFI)替换现有的泵功率继电器,在低燃料水平下可能需要GFI自动关断设备。

(2) 燃油量指示系统(FQIS):由于115 V交流电可能会使FQIS信号布线短路,所有CWT可能需要屏障设备保护。

(3) 防雷保护:需要改进紧固件、固定装置和连接到油箱结构(或其内)的管道的黏合。

(4) 故障电流保护:K型紧固件的焊接不可靠,一些飞机可能必须安装油箱内的搭接线。

25.2.1.2　增强型区域感知程序

2005年,航空业引入了增强型区域感知程序(EZAP),涵盖了对新型飞机和现有飞机评估的要求(最终规则于2007年颁布)。该程序要求制定EWIS定期评估和检查计划。

除了这项规定,FAA还发布了AC 25－27,题为“使用增强型区域分析程序开发运输类飞机电气布线互连系统持续适航指令”。该AC提供了“使用增强型区域分析程序开发EWIS维护和检查指令的指南”。此外,该AC还描述了持续适航所需的检查类型和间隔。EZAP的过程概述如图25－2所示。

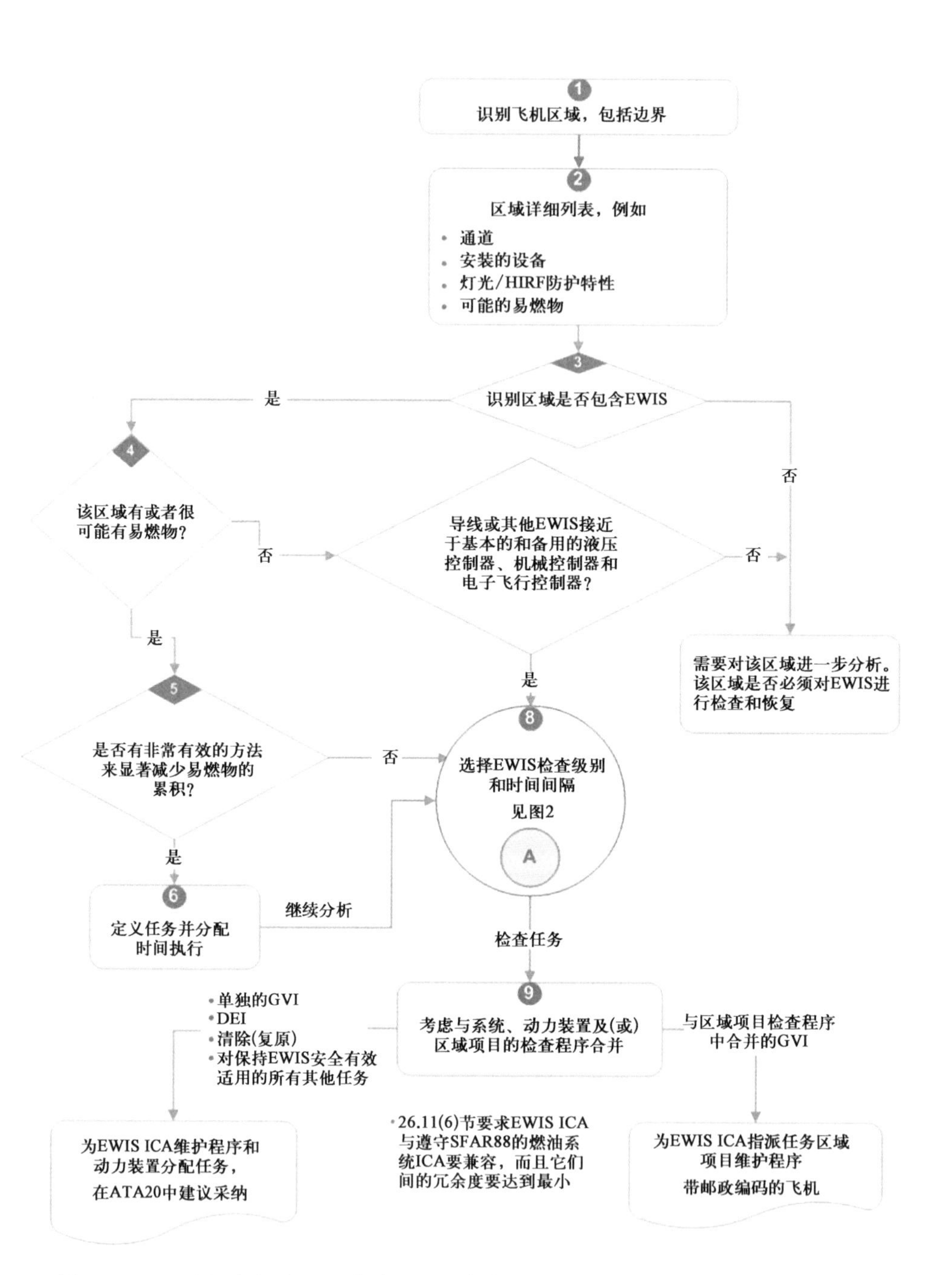

图 25-2 FAA 高级流程图指南，用于生成 EWIS EZAP 持续适航指令（摘自 AC 25-27A，使用增强型区域感知程序开发运输类飞机电气布线互连系统持续适航指令，美国交通运输部联邦航空管理局，2010 年 5 月 4 日）

完全开发的EZAP必须涵盖每个区域的检查间隔和具体的清洁任务，以尽量减少易燃材料。AC规定了两种目视检查级别：一般目视检查(GVI)和详细目视检查(DET)。GVI是在区域内线/线束的可触摸距离内进行的有限检查。目标是确定EWIS组件是否有任何明显异常的情况。GVI通常在限制进入并且处于良性环境中的区域进行。DET是密集线束检查，可能要使用镜子、放大镜或其他工具来辅助进行物理的EWIS检查。

选择要使用的特定检查是基于线束可能经受的物理、环境和机械压力。AC提供了一个稳健的过程，可用来确定要使用的检查的频率和类型。

25.2.2 军用EWIS指南

与FAA一样，美国军方一直在开发评估新型和现有飞机EWIS的过程和方法。通常，每个平台都有自己的技术规定(TO)，指导该平台成为可接受的准则，EWIS安装和维护包含在内。如果没有指南，则咨询相应的工程办公室，并可考虑采用其他平台的做法。如果没有找到指南，建议采用国际自动机工程师学会(SAE)标准AS50881中的指南。

25.2.2.1 设计和安装

主要军用飞机EWIS的设计和安装文档是SAE AS50881。该文档定期更新，并具有军事和行业EWIS主题专家确定的最新和最佳实践。根据AS50881具体系统可按合约执行或用作军用方案办公室和OEM的指南标准。由于该文档是业界认可的指南，因此只有在工程分析后才可以脱离本文档。AS50881的最新版本包括最新的安全和设计实践改进，鼓励将其应用于EWIS设计和安装，但也还得考虑实施成本。有关安装和维护EWIS组件的详细指南可参见ARP4404。

25.2.2.2 系统维护

EWIS组件维护的常用参考指南是 MIL - HDBK - 522。本手册提供了EWIS问题的检查指南。该指南对定期进行 EWIS 检查或故障排除时发现的常见差异进行了良好的描述并提供了图像。MIL - HDBK - 522 涵盖了有关连接器、布线、电线压接、屏蔽等方面的信息和指南。

25.2.2.3 EWIS 服务寿命延长计划

2012 年,美国空军着手编制了一本手册,为武器系统方案办公室提供一个系统过程,用于评估飞机 EWIS,包括整体状况、使用寿命延长和持续适航性。该文档旨在与机械设备和子系统完整性计划(MECSIP)保持一致,并广泛吸取与 EWIS 相关的军事行业、工业和 FAA AC 在维护飞机适航性时取得的经验教训。它包含一个数据驱动过程的框架,以实现和保持 EWIS 的物理和功能完整性,特别是对于实施延长使用寿命计划(SLEP)的飞机。该文档于 2013 年 7 月作为 MIL - HDBK - 525 发布。

该文档采用七个步骤对飞机进行全面评估,包括下面几个方面。

任务 1:记录飞机 EWIS 并识别关键电路和功能。

任务 2:分析 EWIS 故障和维护数据。

任务 3:进行飞机物理和电气检查,并记录飞机 EWIS 的整体情况。

任务 4:对从飞机上拆下的布线和电气部件进行全面的材料/老化分析。

任务 5:分析并提供飞机电气系统的总体风险和寿命评估。

任务 6:制定行动计划。

任务 7:制定后续计划,重新评估 EWIS 以实现预期成果。

EWIS SLEP 风险评估的流程如图 25 - 3 所示。

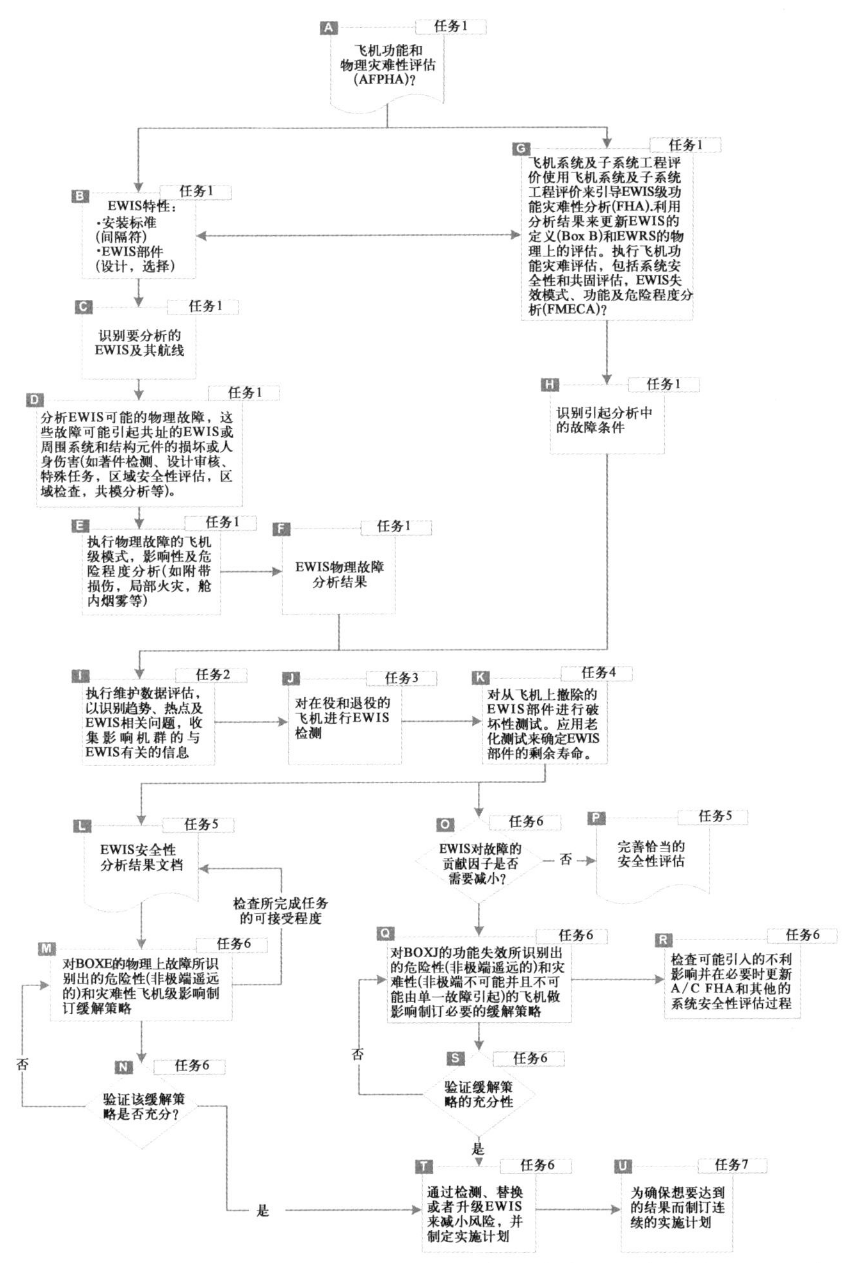

图25-3　美国军用计划流程图,用于逐步评估老化平台上的EWIS,并确定延长使用寿命的措施(摘自MIL-HDBK-525,http://quicksearch.dla.mil/basic_profile.cfm?ident_number=279725&method=basic,2014年5月27日)

25.3 EWIS设计技术

设计 EWIS 时必须考虑许多因素。本节讨论 EWIS 设计所面临的几个特别挑战。

25.3.1 设计技术

EWIS 设计分两个层次：物理层和功能层。功能层的设计通过开发支持非 EWIS 系统的电路设计来解决，可利用任何现代电路设计软件来实现。EWIS 的物理布线是使用 3D CAD/CAE 软件设计的。

一些高级系统设计包提供的工具允许集成系统组件的电路设计和物理布线。这可用作补充工具，以确保物理布线匹配电路设计，并突出有冲突的区域。

25.3.2 布线

整机范围内的 EWIS 布线是一项艰巨的任务，因为它影响着大多数的飞机设计结构。这是一个包含系统设计、空间管理和安全部分的迭代过程。布线设计应使重量最小化，并确保有足够的弯曲半径，使得不会对电线产生压力，并且与系统部件、冗余系统和液压/燃料管线保持充分的间隔。

EWIS 布线还必须考虑维护和环境条件。在具有较高环境温度的区域，可能需要其他的热屏蔽或使用较粗的电线，以限制电阻丝发热。

此外，高度弯曲区域(如门)的布线应当足够松弛，这样才不会产生应变或引起擦伤。

布线指南可参见 AS50881。

25.3.3 电线降额

与电线选择相关的降额有四种类型，包括：① 高度降额；② 环境温度降额；③ 线束结构降额；④ 电压降额。

操作高度影响电流沿着电线流动时所产生的热量的散发。如果有多个飞行或操作阶段待评估，建议选择最高的高度(高度越高，线束降额越大)。

飞机区域的环境温度影响热量向周围环境的散发。环境温度越低，电线可承载的电流负载越大，且温度不会超过额定温度。线束的配置也会对此有影响；电线越多，散热越少。线束降额指南可参见 SAE AS50881。

计算电压降额的指南可参见 AS50881。

考虑所有降额因素后，如电线仍不能满足电路负载要求，应重新考虑电线直径(和可能的电线类型)。

25.3.4 电磁干扰

线束可能需要额外的电磁干扰(EMI)屏蔽。对 EMI 敏感的设备、布线设计应使线束与产生 EMI 的设备之间的距离最大化。有关安装 EMI 屏蔽电线的其他指南请参见 AIR4465。

25.4 EWIS 维持

随着时间的推移，飞机 EWIS 的性能会降低。为了解决这个问题，FAA 要求新型和现有的飞机 25 部具有增强型区域感知程序(EZAP)，该程序指定了布线的维护活动和间隔。

25.4.1 EZAP

如本章前面部分所述，隶属于 EZAP 的分析是检查商用飞机的 EWIS 部件规定的典型方法。

这里确定的检查间隔可从每几个飞行小时检查一次到每隔几天进行一次检查。影响检查频率的确定性因素是环境的抵制性和意外损坏的可能性。状况越差，检查越频繁；状况越好，检查越不频繁。

专业团队成员到维护现场与维护团队一起进行实际检查是美国海军保持EWIS可靠性的一部分。专业团队通常在飞机维修之后检查飞机，识别和记录与EWIS相关的所有差异，然后与维护团队一起检查问题，并找出解决差异的适当方法。

25.4.2 组件降级

这里要注意的是，EZAP过程不能识别特定部件的寿命或使用寿命。如果MTTF提供了其他数据或有其他可靠性度量标准，这些数据应与维护和检查计划整合。

由于EWIS分布在飞机各处，因此部件的降级速率各不相同。与暴露在较好环境条件下的EWIS相比，那些暴露在不受控环境条件下的EWIS的降级无疑更严重，故障率也更高。诸如轮舱和机翼前/后缘等区域的降级极快。降级可能会由于暴露于化学品（如除冰剂）而加剧。由于一些商用除冰器的电导率大于盐水，这可能会导致短路或电弧发生。

25.5 EWIS组件的故障

由于EWIS涉及多种系统组件、技术和材料，因此存在与其相关的许多故障/降级模式。下面简要概述在检查EWIS时应考虑的许多故障/降级模式。

25.5.1 电线

电线可能是最关键的，也是最易在各种机械、电气和化学压力下损坏的组件。大多数飞机的电线绝缘材料是薄壁聚合物结构（在一些标准结构下，20 AWG电线可能薄至5 mil（密尔），1密尔即千分之一英寸）。虽然航空级电线在安装到飞机上之前经过了严格测试,但随着时间的推移,由于降级或安装不良,电线也可能失效。

(1) 电线的主绝缘和电缆护套可能会损坏或降级,可能出现以下一个或多个情况(一些是由于降级,一些是由于维护操作)。

a. 擦伤,磨损,切割,开裂,热损坏,软化,冷流,解开/层分离,凹陷,变薄和其他形式的绝缘层变形/分离/破裂。

b. 因压力暴露、老化或过热引起的着色/碳化。

c. 电介质或绝缘电阻损失。

(2) 初级导体和/或屏蔽编织物可能出现以下一种或多种情况。

a. 破裂或损坏的绞线。

b. 腐蚀。

c. 红疫(红斑)腐蚀。

d. 内外高温暴露引起的褪色。

e. 屏蔽和初级导体之间短路。

如本章前面所述,在易受恶劣天气和潮湿环境(SWAMP)影响的区域或具有高振动(如发动机附近)、高温(如发动机附近)、高湿度(如轮舱)、流体污染(如客舱下)或高维护(如货物区域)的区域,故障和降级的概率将增大。如果发现布线降级或故障,应将其拆下并进行分析,以确定故障原因。在评估后,可采取适当的维护措施。

25.5.2　接头

接头连接两个或多个导体或电缆,并提供良好的机械强度以及良好的连接性。最常见的接头故障模式是由接头盒和电线之间的互连问题引起的高阻性。这种高阻性可能是由于不当压接、腐蚀或老化引起的过热所致。环保型密封接头应根据标准布线实践或 SAE AS81824/1 或等效规范使用,特别是在非加压和 SWAMP 区域。应始终考虑任何安装中的流体污染可能性。有关指南可参见 AS50881。

25.5.3 电缆

电缆是将两个或多个绝缘导体包含在共用覆盖物(如屏蔽和模制护套)中。电缆的故障模式与电线相同,另外还有屏蔽和初级导体之间的短路。应对受控阻抗电缆(如双绞线和同轴电缆)的阻抗特性进行评估,例如阻抗、传播速度和电压驻波比。

25.5.4 连接器

与电线一样,连接器也容易由于各种形式的暴露而引起损坏。连接器易受以下因素影响:

(1) 腐蚀和机械压力造成的外部损坏(维护操作期间反复对接)。

(2) 维修造成的内部损坏,经常发现在维修活动频繁的区域。

(3) 磨损的插头和插座腐蚀。

(4) 暴露于石油性流体、水分、盐水、清洁剂和除冰剂中。

(5) 在高温区,如发动机和辅助动力装置舱。SWAMP 区域的故障概率会增加。

连接器故障通常与间歇性故障或"不能重复的"问题相关。这些故障可能很难排除,并可能为了找到问题的根本原因而进行重复维护活动。连接器的评估和检查指南,可参见 MIL - HDBK - 522。

25.5.5 断路器

断路器对于保护 EWIS 组件免受过流条件影响至关重要。传统飞机上使用的大多数断路器是校准的机械装置,当电流超过跳闸曲线特性时断路器被激活。断路器容易因重复使用而磨损。像其他 EWIS 组件一样,断路器的寿命是有限的。这种"磨损"可能是由各种形式的暴露以及"循环磨损"造成的损坏。

断路器容易受电弧损坏、跳闸机构磨损或者各种流体和热暴露造成的降级和腐蚀影响。可通过测量断路器的接触电阻来评估断路器的整体状况。同样地，SWAMP区域的断路器故障概率会增加。断路器评估和检查指南可参见MIL-HDBK-522,需要特别注意的是手册中的循环指南。

电弧故障断路器(AFCB)是在多个平台上建立的技术。AFCB装置代替热断路器,并且可降低电弧损坏电线的风险。该装置检测电弧的电流和电压特征,并快速断开断路器。在某些型号中,在检测到电弧故障时会有视觉指示。

25.6　未来趋势

在新兴的EWIS技术中,对系统设计具有最大影响的两个因素是分布式电源应用和高压系统。

25.6.1　分布式电源应用

常见的飞机电力系统的布线设计是从发动机,通过机身到驾驶舱附近的电力总线,再到断路器,然后穿过飞机返回到目的地。对于大型飞机,"重叠"电线可能达几百英尺。在分布式电力系统中,所产生的电力被传送到整架飞机的节点。然后,这些节点根据飞行机组或系统命令来打开/关闭组件的电源。

分布式电源对重量的减轻取决于具体应用。如果改装到现有平台,重量可能减轻得很少或根本没有减轻。对于将分布式电源集成到系统设计中的新平台,重量将会减轻很多。此外,这减少了电线的数量,从而减少了可能产生故障的位置。

在系统设计中,分布式电源的其他优势是允许限制暂时不使用的电路上的电势(即如果终端设备需要电力,则只有电力电路上通电)。通过减少通电电路的数量,就可以在电火或电弧情况下减少可用能量。

最后，根据所使用的系统，可进行数据记录和电路监控。此信息可用于故障排除或由系统使用而断开并产生故障的电路。

25.6.2 高压应用

长期以来，飞机通常在小于 115 V 交流相位的电压下运行。最近的飞机设计集中在使用高压发电机，原因在于使用高压对布线系统会产生许多影响。

(1) 通过在高压下运行，需要较少的电流来输送相同的功率。这意味着可使用直径较小的电线，从而减少电线和电缆的重量。

(2) 必须进一步检查使用的绝缘材料和电线规范。2011 年，SAE 电线电缆组(8D)从许多电线规范中删除了 600 V 的额定值，因为规定的任何测试规范均未将电线限定在此级别。这在过去没有引起太大的关注，因为大多数系统的运行电压不超过 115 V/208 V。但当系统开始在整架飞机中分配高压并开始推动提升电线的额定值时，这才会引起更多关注。这就可能需要增加绝缘材料的厚度，以提供足够的介电强度，并通过可接受的损坏容限要求。

(3) 根据所使用的电压，可能需要增加连接处(连接器、端子板等)的间隔距离。然而，在可用空间有限的系统中，尺寸可能很难增加。

参考文献

[1] Traskos, M. G., Linzey, W. G., and Traskos, S. R. Examination of EWIS and pressurized hydraulic lines, *Proceedings 2nd Aircraft Airworthiness, and Sustainment Conference 2011*, San Diego, CA, April2011, http://quicksearch.dla.mil/, accessed on May 27, 2014.

26

蓄电池

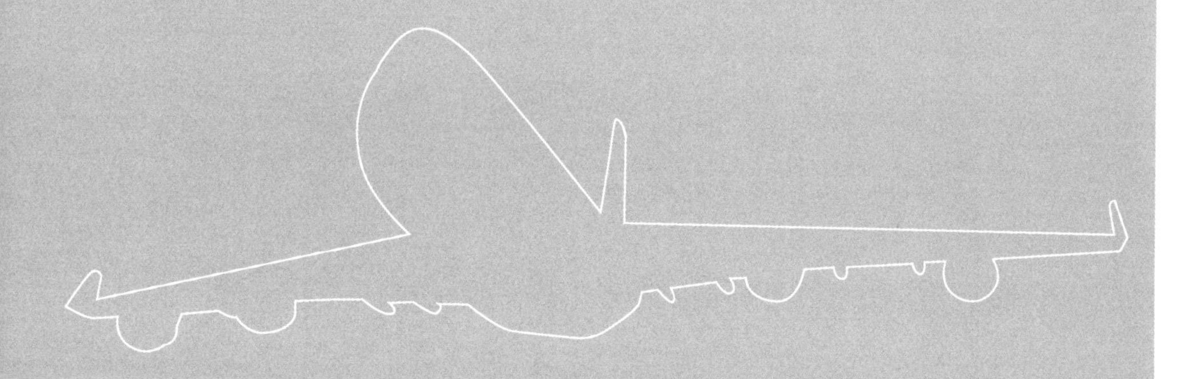

26.1 导言

蓄电池是几乎所有飞机电气系统中一个必不可少的部件。它能够用于发动机和辅助电源设备(APU)的起动,也能够为重要的航空电子设备提供应急备用电源,同时还可以确保导航设备和电传操纵计算机供电不中断以及为飞机维护和起飞前的检查提供地面电源。上述功能中的大部分都是完成飞行任务的关键,因而飞机蓄电池的性能和可靠性显得尤为重要。另外,还有一些其他要求,诸如蓄电池环境耐受强度、工作温度范围宽度、维护简易程度、快速再充电能力以及对不正当使用的耐受能力。

根据历史统计,仅有少数类型的蓄电池被证实是适用于飞机设备的。直到20世纪50年代,排气型铅酸(VLA)蓄电池(Earwicker,1956)得到了特定的应用。在50年代后期,军用飞机开始使用排气型镍镉(VNC)蓄电池,主要是由于该类蓄电池在低温下仍然保持优越的性能。随后,这种VNC蓄电池在军用飞机和民用飞机上都得到了广泛的应用(Fleischer,1956;Falk和Salki,1969)。此外,在这段时期唯一使用的另外一种蓄电池是排气型银锌蓄电池,它能够提供高于VLA和VNC蓄电池约3倍的能量密度(Miller和Schiffer,1971)。这种蓄电池用于20世纪50年代和60年代的各种型号的美国空军战斗机(F-84、F-105和F-106)和美国海军直升机(H-2,H-13和H-43)上。尽管这种飞机用银锌蓄电池具有重量轻和体积小的优势,但由于可靠性差、使用成本高,这种蓄电池早已停用。20世纪60年代后期和70年代初期,美国空军和Gulton工业公司开展了广泛的研发计划,以审定封闭型镍镉(SNC)蓄电池是否适用于军用和民用飞机(McWhorter和Bishop,1972)。这种蓄电池技术在波音KC-135飞机、B727飞机和UH-1F直升机上都得到了成功的验证。然而,该技术在转入生产之前,SAFT公司接管了Gulton工业公司,并做出了终止该项计划的决定。

20世纪70年代后期和80年代初期,美国海军率先研发出了可应用于飞机上的封闭型铅酸(SLA)蓄电池(Senderak 和 Goodman,1981)。这种 SLA 蓄电池最初应用于 AV-8B 和 F/A-18 飞机,使用结果表明,该类蓄电池的可靠性和维修性(R&M)大大高于 VLA 和 VNC 蓄电池。之后,海军的 C-130、H-46 和 P-3 飞机上也改用了这种 SLA 蓄电池。美国空军紧随其后,在大量的飞机上改用了 SLA 蓄电池,这些机型包括 A-7、B-IB、C-5、C-130、C-141、KC-135、F-4 和 F-117 飞机(Vutetakis,1994)。这种称为高可靠性免维护蓄电池(HRMFB)突出了封闭型飞机蓄电池的高可靠性和维修性。很快,HRMFB 的使用就转入商业领域,现在大量的商用和通用航空飞机上都改装了 SLA 蓄电池。

20 世纪 80 年代中期,HRMFB 技术需求日益增长,对 SNC 蓄电池的研究兴趣重新复燃。美国空军启动了一个项目来开发先进的 SNC 蓄电池,并由 Eagle-Picher 工业公司承包了该项研究工作(Flake,1988;Johnson 等,1994)。B-52 轰炸机是唯一改装这项技术的飞机,但后来 Eagle-Picher 公司中断了对 SNC 蓄电池的研发。ACME 空间公司也开展了对 SNC 蓄电池的研发工作,以期将其应用于包括 F-16 战斗机、阿帕奇 AH-64 直升机、MD-90 和 B777 在内的各类飞机(Anderman,1994)。目前仅有阿帕奇 AH-64 直升机和 B777 飞机仍在继续使用 ACME 公司的 SNC 蓄电池。

20 世纪 90 年代,“低维护”或“超低维护”的镍镉蓄电池(Scardaville 和 Newman,1993)作为封闭技术的替代品诞生了,该类蓄电池旨在直接替换传统的 VNC 蓄电池,以免除替换或更改充电系统的需要。尽管如此,仍然需要对这种蓄电池电解液灌注做定期维护,但是这样可以大幅度降低蓄电池的维护频度。这种类型的蓄电池最初是由 SAFT 公司研发的,而近期则由 Marathon 公司研发。美国海军在 H-1 直升机上成功地完成了对这种蓄电池的飞行测试,海军所使用的大部分 VNC 蓄电池已改换成这种采用低维护频度技术的蓄电池,该项技术已应用于各种民用飞机上。

最近,锂离子技术已经能用于飞机的电池(Vutetakis 和 Timmons,2008)。

锂离子电池比铅酸或镍镉电池轻得多,这使得它们在飞机上的应用显得非常有吸引力。然而,重量的节省必然与更高的成本和增加的安全问题相呼应。到目前为止,锂离子电池仅用在几个军机(如 B-2 和 F-35)和商业(如 B787)飞机上。

为一个特定机型确定最恰当的蓄电池类型和容量,这需要详细了解其应用需求(负荷曲线、占空比、环境因素和物理限制)和可用蓄电池的特性(性能、充电需求、期望寿命和使用成本)。由于目前可利用的蓄电池类型繁多,所以需要专门考虑的是为特定的飞机选用最佳类型和容量的蓄电池。本章所包含的信息将为最初的设备设计以及更新现有飞机蓄电池提供通用的指导原则。更多详情可参阅本章所列的参考文献。

26.2　蓄电池一般工作原理

26.2.1　蓄电池原理

蓄电池的工作原理是通过电化学放电反应,将化学能转化为电能。蓄电池由一个或多个单体电池组成,每个单体电池都包含正极、负极、隔板和电解质。电池可分为两个主要的类别:一次型和二次型。一次型电池不能再充电,一旦反应物耗尽,它就必须更换。二次型电池可反复充电,它需要有一个直流充电电源促使反应物恢复到完全充电状态。一次型电池有碳锌(干电池)、碱锰、汞锌、银锌电池以及锂电池(如锂二氧化锰、锂二氧化硫和锂亚硫酰硫化物)等,二次型电池有二氧化铅(铅酸)、镍镉、镍铁、镍氢、镍金属氢化物、银锌、银镉电池以及锂离子电池等。二次型电池是飞机应用中最为重要的电池,但一次型电池有时也用于为关键的航空电子设备供电(如飞行数据记录仪)。

蓄电池是根据其标称电压和安时(安培小时,Ah)容量来标定的。其中,额定电压是基于串联的单体电池数量和各单体电池的标称电压而确定的(铅酸电池为 2.0 V,镍镉电池为 1.2 V,锂离子电池为 3.2～3.7 V)。最常用的飞机蓄电池额定电压为 24 V。24 V 的铅酸蓄电池包含有 12 个单体电池,而 24 V 的镍镉蓄电池则包含有 19 个或 20 个单体电池(美国军方规定的 24 V 蓄电池是由 19 个单体电池组成)。22.8 V、25.2 V 和 26.4 V 是镍镉蓄电池常用的额定电压,分别由 19、20 或 22 个单体电池组成。12 V 的铅酸蓄电池由 6 个单体电池串联组成,用于许多通用航空飞机中。锂离子电池通常由 7 或 8 个电池串联成 24 V 电池。

一个完全充电的蓄电池可用的安时容量取决于工作温度、放电速率和已经使用的时间。通常是在 25℃室温、C-放电率(1 h 放电率)和刚开始使用的条件下规定飞机蓄电池的额定值。然而,军用电池通常是根据寿命期结束时的容量(即在蓄电池被认为报废前的最低容量)来标定的。飞机蓄电池的额定容量范围很大,一般情况下在 3～65 Ah 范围之间。

蓄电池最大的可用功率取决于其内部结构。例如,高速率单体电池根据起动涡轮发动机和辅助电源设备(APU)的需要,专门为之设计高放电率电池,其内部阻抗极低。对于铅酸蓄电池,峰值功率一般根据冷启动安培(CCA)额定值来定义。而对于镍镉蓄电池,额定峰值功率一般是根据最大功率下的电流或 Imp(注解见本章末术语定义)额定值来定义。由于这些额定值依据的温度不同(CCA 为−18℃,Imp 为 23℃),这就使得很难对不同类型的蓄电池进行比较。此外,这两种额定值都不能充分表现蓄电池初始的峰值电流量,而该数值对于发动机的起动尤为重要。最近在国际电工委员会标准 IEC 60952-1 (2004)、RTCA DO-293 (2004)和 RTCA DO-311 (2008)中公布了一种定义飞机蓄电池峰值功率量值的标准方法。该标准定义了三种不同的温度(23℃、−18℃和−30℃)下的两个额定峰值功率,即 Ipp 和 Ipr。Ipp 额定值是指当在 1/2 标称电压下放电时间为 0.3 s 的电流,Ipr 额定值是指当在 1/2 标称电压下放电时间为 15 s 的电流,其他的峰值功率规范已收录到一些军用标准中。例如,MIL-B-8565/15 规定了初始的峰值电流、15 s后的电流以及在两种不同的温度(24℃和−26℃)下,在14 V恒压放电过程中60 s后的容量(Vutetakis和Viswanathan,1996)。

蓄电池的充电状态是可用电量占总电量的百分比。根据此定义,一个充满电的蓄电池具有100%的充电状态,电量减少20%的蓄电池则只具有80%的充电状态。蓄电池的健康状态是其充满电时的可用电量值占其额定容量值的百分比。例如,若一个蓄电池的额定容量定为30 Ah,但它在充满电时只能供电24 Ah,则它的健康状态将是24/30×100%=80%。因此,这种健康状态应考虑因蓄电池使用年限所导致的容量损失。

26.2.2　铅酸蓄电池

26.2.2.1　工作原理

铅酸蓄电池上发生的化学反应可用下列反应式表示。

$$\text{正极:} PbO_2 + H_2SO_4 + 2H^+ + 2e^- \underset{\text{放电}}{\overset{\text{充电}}{\rightleftharpoons}} PbSO_4 + 2H_2O \tag{26-1}$$

$$\text{负极:} Pb + H_2SO_4 \underset{\text{放电}}{\overset{\text{充电}}{\rightleftharpoons}} PbSO_4 + 2H^+ + 2e^- \tag{26-2}$$

$$\text{总反应:} PbO_2 + Pb + 2H_2SO_4 \underset{\text{放电}}{\overset{\text{充电}}{\rightleftharpoons}} 2PbSO_4 + 2H_2O \tag{26-3}$$

当单体电池被充电时,硫酸(H_2SO_4)的浓度增大,充满电时浓度最高。同样,当单体电池放电时,硫酸浓度降低,全部放完电时浓度最稀。通常,酸的浓度用比重(SG)来表示,它等于自电解液重量(weight)与等体积纯水重量之比。单体电池的比重可通过以下方程式,从其开路电压(OCV)中估算出。

$$SG = OCV - 0.84 \tag{26-4}$$

有两类基本的单体电池:排气型和再化合型。排气型电池采用淹没式电解液,当充电时产生的氢气和氧气会从单体电池容器中排出。再化合型电池采用非淹没式或胶体式电解液,当充电时正极产生的氧气扩散至负极并在负极上通过以下反应再次结合形成水。

$$Pb + H_2SO_4 + 1/2O_2 \longrightarrow PbSO_4 + H_2O \tag{26-5}$$

由于再化合型反应抑制了负极上氢气的释放，因此可以把电池封闭起来。实际上，再化合型反应的效率达不到 100%，而采用了阀门控制的封闭将内部压力调节在一个相对低的数值上，一般是表压 5 lbf/in^2 以下。为此，通常将封闭型铅酸单体电池（SLA 电池）称为阀控式铅酸（VRLA）单体电池。

26.2.2.2 单体电池结构

铅酸单体电池由相互交隔的正负极板组成，正负极板之间有单个或多个隔板的夹衬。单体电池极板是通过在铅或铅合金的栅格结构上涂覆活性物质而制成。电解液是硫酸和水的混合液。在含有淹没式电解液的单体电池中，采用的隔板为海绵橡胶、纤维素纤维或微孔塑料。在含有非淹没式电解液的再化合型单体电池中，采用的隔板是玻璃纤维栅网，有时还添加了一层微孔聚丙烯材料。胶体式单体电池是另外一种类型的再化合型电池技术，它通过在电解液中加入粉状硅土从而在电极和隔板周围形成凝胶的方式构成。

26.2.2.3 蓄电池结构

飞机用铅酸蓄电池是采用注模式塑料整体槽构成的，其中包含有一组串联的单体电池组。通常这种塑料整体槽由聚丙烯材料制成，但是偶尔也有厂商选用 ABS 塑料。在一般情况下，这种塑料整体槽就用作蓄电池箱，类似于普通的汽车蓄电池。在高耐用性的设计中，将塑料整体槽组装到另外一个外容器中，这种容器采用钢、铝或玻璃纤维增强的环氧树脂（即玻璃钢）制成。通常在蓄电池外壳上装有电气插座，可以用快速插拔的插头与外部电路连接。常用的有两种形式的插座：Elcon 式和 Cannon 式。Elcon 式等同于 MS3509 军用型插座。Cannon 式没有与之对等的军用型号，由 Cannon 公司及其他连接器厂商生产。有时还在蓄电池上装上恒温控制的加热器以提高低温性能。这种加热器由飞机交流或直流母线供电。图 26-1 为一种典型的飞机采用铅酸蓄电池的装配

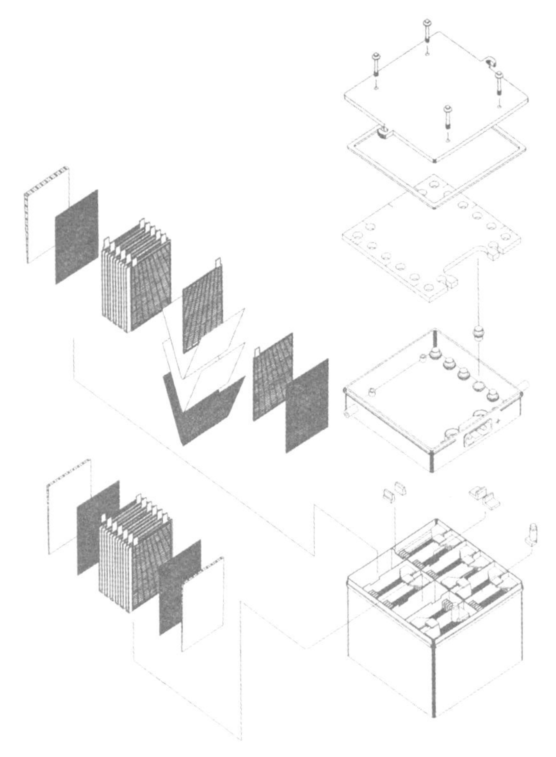

图 26-1　飞机用铅酸蓄电池装配图

图，该特定的例子未包含加热器。

26.2.2.4　放电性能

通常，蓄电池的性能特性可以用从充满电状态下的起始电压、电流或功率相对放电时间的关系曲线来描述。SLA 飞机蓄电池的典型放电性能数据如图 26-2 和图 26-3 所示。图 26-4 给出了以 C 放电率放电时温度对蓄电池容量的影响。从制造商那里可以得到当前一些具体蓄电池型号的数据。

26.2.2.5　充电方法

对单体电池而言，2.3～2.4 V 的飞机铅酸蓄电池最好用恒压充电。对于一个由 12 单体电池组成的蓄电池，该充电电压为 27.6～28.8 V，一般与飞机 28 V 直流母线提供的电压是一致的。这样的话，在正常情况下，铅酸飞机蓄电池可以直接连接到直流母线上充电，而不必使用专用蓄电池充电器。如果对直

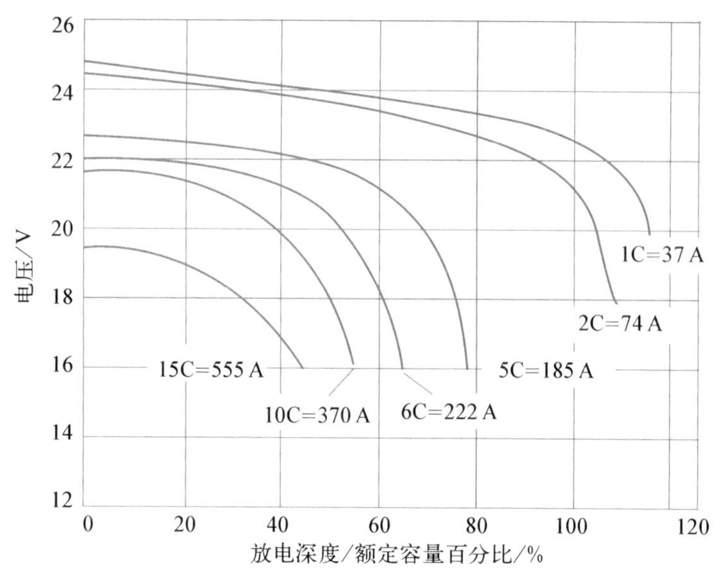

图 26-2 24 V/37 Ah 飞机铅酸蓄电池在 25℃时的放电曲线

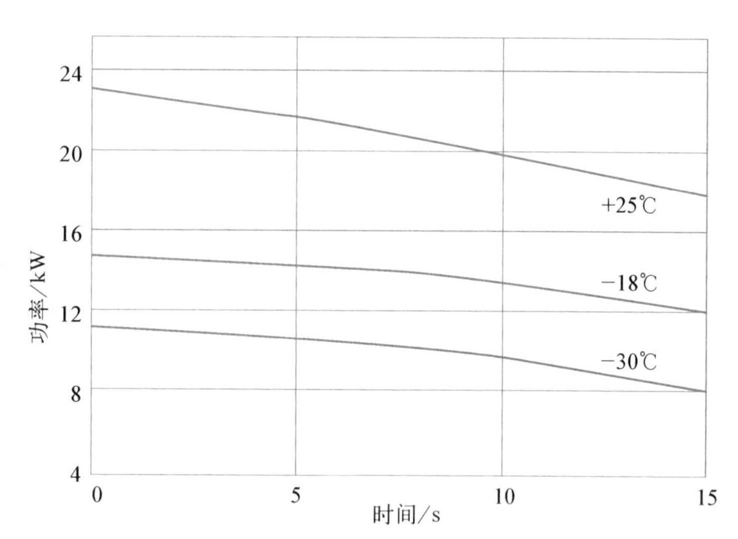

图 26-3 24 V/37 Ah 铅酸蓄电池的最大功率曲线(12 V 放电)

流母线的电压调整率不能很好地控制，则蓄电池将会因过度充电或充电不足而导致过早失效。对于这种情况，必须采用一个稳压电源充电，以获得可以接受的蓄电池寿命。有些飞机使用了稳压器，它通过人工或自动地在低温时提高电

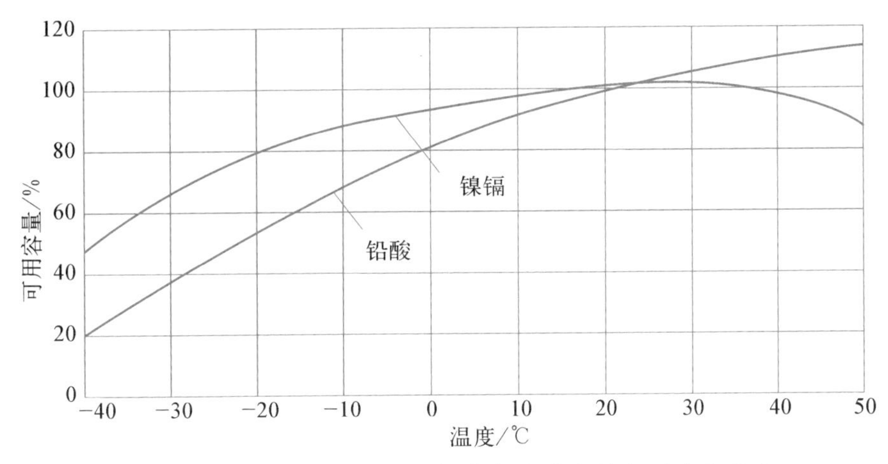

图 26-4　在C放电率下飞机蓄电池的容量与温度的关系

压而在高温时降低电压的方式来补偿蓄电池温度。采用这种方式调节充电电压,有利于延长高温下蓄电池的使用寿命,实现在低温下较快地再充电。

26.2.2.6　温度影响和限制

在一般情况下,铅酸蓄电池是在25℃(77℉)温度下规定其额定值,在该温度附近工作状态最佳。若遭遇环境温度过低则会导致性能降低,反之,若遭遇环境温度过高则会导致寿命缩短。

电解液的凝固点决定了低温界限。电解液的凝固点随着酸浓度的改变而变化,如表26-1所示。最低的凝固点是70℃(—95℉),比重为1.300。由于充满电的蓄电池的电解液比重范围为1.28～1.33,所以即便是在极端寒冷的情况下,它们对凝固一般也并不敏感。然而,当蓄电池放电时,电解液的比重下降,凝固点上升。在低比重下,随着温度的下降,电解液开始转变成糊状。原因是电解液中的水分会先凝固起来,这样剩余液体的比重就逐渐升高,从而使电解液保持在不凝固状态。在放电的蓄电池中,电解液凝固成固体的温度必须远低于胶状的温度,通常所规定的实际低温界限为30℃。凝固将会永久性地损伤蓄电池(即单体电池的容器破裂),所以要注意,当蓄电池暴露在—30℃以下的温度时,应该保持其在已经充电或加热的状态。

表 26-1 硫酸和水混合液的凝固点

15℃时的比重	单体电池 OCV/V	蓄电池 OCV/V	凝固点	
			/℃	/℉
1.000	1.84	22.08	0	+32
1.050	1.89	22.68	−3	+26
1.100	1.94	23.28	−8	+18
1.150	1.99	23.88	−15	+5
1.200	2.04	24.48	−27	−17
1.250	2.09	25.08	−52	−62
1.300	2.14	25.68	−70	−95
1.350	2.19	26.28	−49	−56
1.400	2.24	26.88	−36	−33

在一般情况下，温度上限在60～70℃的范围内。当超过该温度范围充电时，由于蓄电池剧烈地出气以及栅格腐蚀的加速，会导致容量的急剧下降。当蓄电池被冷冻之后，容量的下降一般是不可恢复的。

26.2.2.7 使用寿命

飞机铅酸蓄电池的使用寿命取决于其使用情况（如放电率、放电频度和深度）、环境条件（如温度和振动）、充电方法及其维护管理。根据蓄电池的应用情况，其使用寿命可在1～10年的范围。表26-2给出了一种作为深度放电函数的典型寿命周期数据。对于具体的蓄电池参数，可咨询制造厂商。

表 26-2 SLA飞机蓄电池寿命周期数据

放电深度(额定容量的百分比)/%	至寿命终结的周期数
10	2 000
30	670
50	400

(续 表)

放电深度(额定容量的百分比)/%	至寿命终结的周期数
80	250
100	200

资料来源：Hawker能源产品公司技术手册。

26.2.2.8 储存特性

飞机铅酸蓄电池应该在充满电的状态下存放。若蓄电池长期在已经放电后的状态下存放，则它会受到硫化作用而损坏。在硫酸铅形成大而硬的结晶体时，就会发生硫化作用，结晶体将堵塞活性物质的微孔。硫化作用会造成高阻抗状态从而使蓄电池难以接受再次充电。硫化作用有可能会逆转，也可能不可逆转，这取决于放电条件和具体的单体电池的设计。近年来，通过加入诸如硫酸钠之类的电解液添加剂，已经提高了深度放电的恢复能力。

通常交货时的VLA蓄电池是处于干(即无电解液)的、充电状态，这使得它几乎能够长时期存放(即5年或更久)。一旦电解液被激活，就需要定期充电，以克服放电带来的影响以及防止硫化作用。所需的充电频度取决于存储温度。在25℃的室温下，一般推荐每隔30天充电一次。温度较高时，要求增加充电频度(如35℃时，每隔15天充电一次)，而在低温下则需要减少充电的频度(如10℃时，每隔120天充电一次)。

SLA蓄电池供电只能在激活的状态(即含有电解液)下，因而较干的、已充电的蓄电池，其储存规定更为苛刻。如同已被激活的VLA蓄电池一样。SLA蓄电池需要定期充电，以克服自放电带来的影响以及防止硫化作用。SLA蓄电池自放电率因厂家不同而差异很大，故所需的充电频度也大有差异。例如，推荐的充电频度范围可以为3～12个月。

26.2.2.9 维护要求

飞机用铅酸蓄电池需要日常维护，以确保其适航性和最大的使用寿命。对于排气型蓄电池，必须定期充注电解液来补充充电期间所发生的水分损失。维护时间间隔一般为 2～4 个月。容量测试或负荷测试通常是维护的一个内容。对于封闭型蓄电池，显然不必补充水分，但在一般情况下，还是推荐定期测量容量。容量检查的时间间隔可以根据日历时间（如第一年以后每隔 6～12 个月）或使用的小时数（如在第一次使用 1 000 h 后每隔 500 h）而定。对于具体的蓄电池，可参考制造厂商的维护说明书。

26.2.2.10 失效模式和故障检测

铅酸电池的主要失效模式概括如下：

(1) 由于正极栅格板增长、活性物质脱落或生苔或者板栅凸出的机械性缺陷造成的短路，表现为蓄电池无能力保持充电（开路电压骤降）。

(2) 由于活性物质脱落、栅格板过度腐蚀、硫化或钝化造成电极容量损失，表现为蓄电池容量降低和/或不能在有负载的情况下保持电压。

(3) 由于密封不严、单体蓄电池反复地反接或过度过充（这种模式出现于未正确维护的封闭型单体电池或排气式单体电池），造成水分损失而导致单体蓄电池容量枯竭，表现为蓄电池容量降低和/或不能在有负载的情况下保持电压。

如果能从飞机上拆卸下蓄电池，则对这些失效模式的检测是直截了当的，因为可直接量得蓄电池的容量和负载能力，并且可通过检查开路电压随时间的变化来推断充电保持能力。然而，如果蓄电池处于使用状态，则对这些失效模式的检测难度将加大。蓄电池对于飞机的安全性越是关键，正确检测蓄电池故障就变得越为重要。对于关键性的应用，许多在飞机上进行的检测方案已经成形，尤其是军用飞机（Vutetakis 和 Viswanathan，1995）。

26.2.2.11 铅酸蓄电池的废弃处理

铅是铅酸蓄电池的主要组成成分，它是一种有毒的化学物质。铅只要能保留在蓄电池容器内，则不存在健康危害，然而，如果对报废的蓄电池处理不恰当的话，会导致铅外泄。美国及其他国家的环境法规禁止通过垃圾掩埋或焚毁的方式来处理铅酸蓄电池。所幸的是，现存的一种基础设备能从铅酸蓄电池中回收铅。汽车蓄电池和飞机蓄电池都采用了同样的回收处理方法。在美国，正确的蓄电池废弃处理程序应当遵循联邦、州及地方的法规。

26.2.3　镍镉蓄电池

26.2.3.1　工作原理

镍镉蓄电池中发生的化学反应可用下列反应式表示。

正极：$2NiOOH + 2H_2O + 2e^- \underset{充电}{\overset{放电}{\rightleftharpoons}} 2Ni(OH)_2 + 2(OH)^-$　(26-6)

负极：$Cd + 2(OH)^- \underset{充电}{\overset{放电}{\rightleftharpoons}} Cd(OH)_2 + 2e^-$　(26-7)

总反应：$2NiOOH + Cd + 2H_2O \underset{充电}{\overset{放电}{\rightleftharpoons}} 2Ni(OH)_2 + Cd(OH)_2$　(26-8)

基本的单体电池类型有两种：排气型和再化合型。排气型电池选用淹没式电解液，充电时产生的氢气和氧气会从单体电池容器中排出。再化合型电池采用非淹没式电解液，充电时正极上产生的氧气扩散至负极并在负极上通过以下反应再次化合形成氢氧化镉。

$$Cd + H_2O + 1/2O_2 \longrightarrow Cd(OH)_2 \quad (26-9)$$

由于再化合型反应抑制了负极上氢气的释放，因此它可以将单体电池封闭起来。与 VRLA 蓄电池不同的是，再化合型镍镉单体电池是封闭的，它具有一个高压孔，这个高压孔只有在不合理使用的情况下才会释放气体。因此在正常的充电条件下，这些单体电池保持密闭状态。但是，由于可能会周期性地遭遇异常条件(如在充电器故障情况下造成过电流状态)，所以在设计蓄电池时仍必须要有放气措施。

26.2.3.2　单体电池结构

由于生产厂商不同，各种镍镉单体电池的结构差异很大。一般而言，单体电池具有相互交替的正负极板以及在它们之间交织的间隔板层、约31%浓度(按重量计)的氢氧化钾(KOH)电解液(比重为1.300)和一个棱柱形的单体电池容器，并有伸出容器盖的接线柱。正极板用氢氧化镍浸渍，而负极板用氢氧化镉浸渍。由于各生产厂商采用了不同的基板类型、板材类型、浸渍工艺、成形工艺和端接技术，因此电池极板也各不相同。最常见的极板结构是将镍粉烧结在多孔镍箔或编织的镍网衬底上制成的。至少有一家生产商(ACME公司)采用镍涂层的聚合物纤维来构成极板结构。典型的单体电池的容器由尼龙、聚酰胺或钢制成。排气型单体电池与封闭型(再化合型)单体电池之间的主要区别在于隔板的类型。排气型单体电池采用气体阻挡层来阻止气体在相邻极板之间的扩散，而再化合型单体电池则具有多孔隔板，以便气体在极板之间扩散。

26.2.3.3 蓄电池结构

飞机用镍镉蓄电池通常有一个钢制箱体，内部有多个相同的单体电池相互串联在一起。单体电池的数量取决于具体用途，但通常使用19或20个单体电池。串联单体电池组的首末两个端口与位于箱体外部的蓄电池插座相连接。该插座通常是双插针快速插卸型，常用的是Cannon式和Elcon式两种形式的插座。蓄电池箱通过通风管或排气口排气，可排出过充电过程中产生的气体。有些蓄电池的设计具有强制通风冷却装置，尤其是用于发动机起动的应用场合时。有时还在蓄电池箱内部或外部装上恒温控制加热片以提高低温性能。这种加热器通常由飞机的交流或直流母线供电。蓄电池箱内通常还装有温度传感器，以便调节充电电压。除此之外，许多蓄电池还装有热敏开关，防止在发生故障时或蓄电池暴露在极端高温下而引起的蓄电池过热。典型飞机蓄电池的装配图如图26－5所示。

26.2.3.4 放电性能

飞机用排气型镍镉(VNC)蓄电池的典型放电性能数据如图26－6和图26－7所示。封闭型镍镉(SNC)蓄电池的放电特性与VNC蓄电池相似。图26－4所示为当以放电率C放电时，温度对放电容量的影响。与铅酸蓄电池相比，镍镉蓄电池在低温下往往拥有更多的可用容量，但在高温下可用容量较少。对于特定蓄电池，可参考制造厂商提供的现行数据。

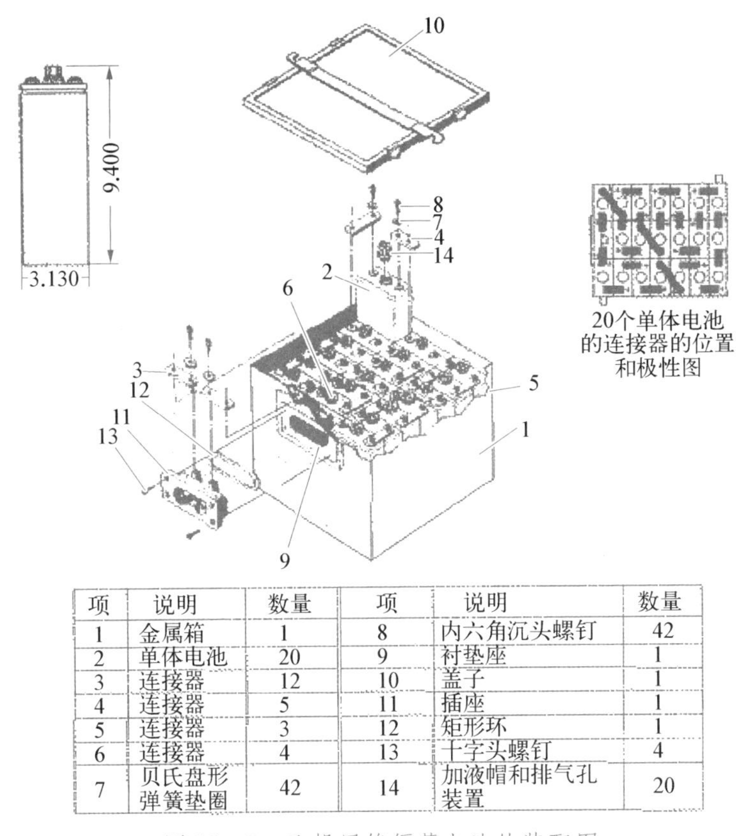

项	说明	数量	项	说明	数量
1	金属箱	1	8	内六角沉头螺钉	42
2	单体电池	20	9	衬垫座	1
3	连接器	12	10	盖子	1
4	连接器	5	11	插座	1
5	连接器	3	12	矩形环	1
6	连接器	4	13	十字头螺钉	4
7	贝氏盘形弹簧垫圈	42	14	加液帽和排气孔装置	20

图 26-5　飞机用镍镉蓄电池的装配图

26.2.3.5　充电方法

飞机选用的镍镉蓄电池可以采用多种充电方法。关键的要求是在规定时限内达到满充的同时，要在过充电和充电不足之间取得最佳平衡。蓄电池过充电会导致水分过度损失(排气型单体电池)或过热(封闭型单体电池)，充电不足会导致蓄电池容量的衰退。可是，某些过充电还是必要的，用来克服与电化学反应有关的电荷量不足的问题。在实际中，飞机上的再充电的百分率在105%～120%之间。

对于排气型蓄电池，常用的充电方法包括恒压、恒流或脉冲电流方法。恒压充电是一种最老的充电方法，它通常是将 19 单体电池的蓄电池接在 28 V 直

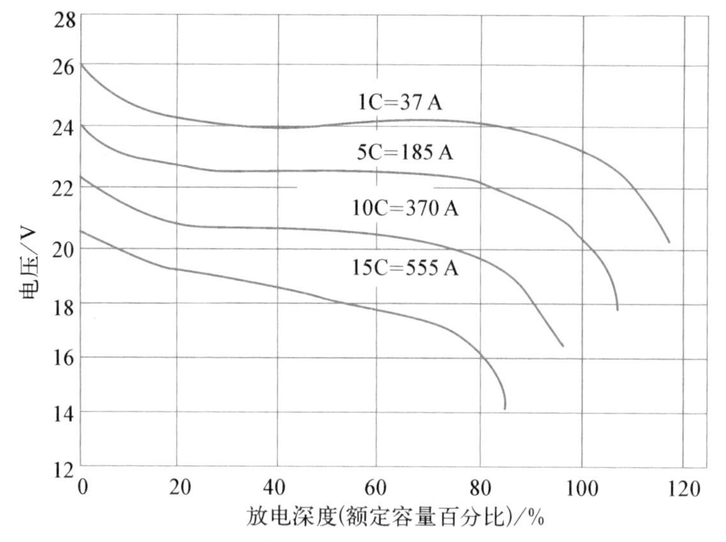

图 26-6　24 V/37 Ah 飞机镍镉(VNC)蓄电池在 25℃时的放电曲线

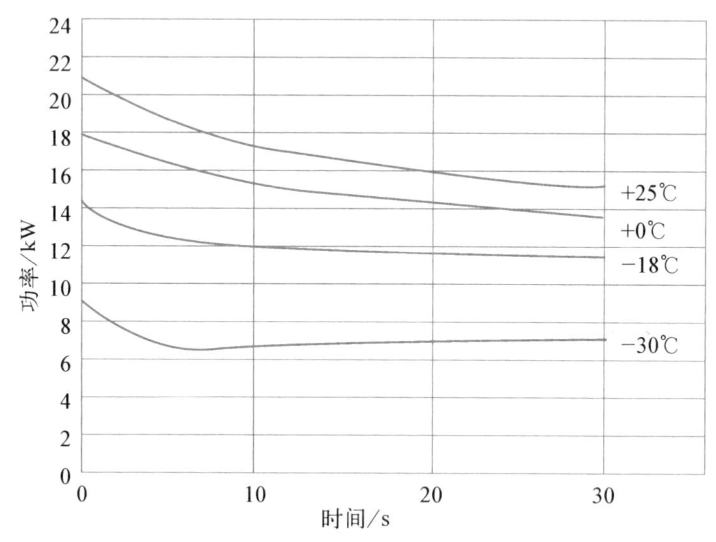

图 26-7　24 V/37 Ah VNC 飞机蓄电池的最大功率曲线(12 V 放电)

流母线上进行浮充。恒流充电方法要求有专用的充电器，采用 C 放电率上的充电电流的典型值是 0.5～1.5 A。充电的终止是通过使用温度补偿的截止电压值(VCO)来切断。典型的 VCO 温度系数为−4 mV/℃。在某些情况下，使用两个恒流步骤，第一步是用较高的充电率(如 C 放电率值)，第二步是用较低的充电率(如1/3～1/5C放电率值)。这种方法较为复杂,但它在过充时所导致的排气和电解液溢出较少。脉冲电流充电的方法除了其充电电流不是恒流而是脉冲电流以外,该方法与恒流充电方法相似。

对于封闭型蓄电池,只能用恒流或脉冲电流充电的方法。恒压充电方法会引起过热而导致温度失控。由于当蓄电池充满时电压曲线较平直,所以对封闭型蓄电池所采用的充电终止技术应予以特别重视。例如,必须要利用蓄电池的升温而不是电压的升高来作为充电终止信号。

26.2.3.6　温度影响和限制

与铅酸蓄电池相似,镍镉蓄电池通常也是在25℃室温下规定额定值,它在该温度附近工作状态最佳。这种蓄电池暴露在低温环境下会导致其性能降低,而暴露在高温环境下会导致其寿命缩短。电解液的凝固点决定了低温界限。单体电池大多灌注31%浓度的KOH电解液,它的凝固点为−66℃。电解液浓度下降,电解液的凝固温度就会升高,如表26-3所示。由于电解液的溢出或(与大气中CO_2反应)碳化的缘故,KOH浓度会随着时间而变稀,所以使用中的蓄电池凝固点可能没有期望的那样低。正如前述酸性电解液变稀的例子一样,镍镉蓄电池的KOH电解液在其温度远高于凝固点之前就会成为糊状。为了达到实用的目的,工作温度的下限在−40℃,温度上限一般在50～60℃范围内,若蓄电池在超出此范围的温度下工作(即反复充电/放电过程),则会造成其容量显著降低。不过,当使蓄电池冷却到室温并经历若干个深度放电周期后,蓄电池的容量常常可以恢复。

表26-3　KOH和水混合液的凝固点

浓度(重量的百分比)/%	15℃时的比重	凝固点	
		/℃	/℉
0	1.000	0	+32
5	1.045	−3	+27
10	1.092	−8	+18

(续　表)

浓度（重量的百分比）/%	15℃时的比重	凝固点	
		/℃	/℉
15	1.140	−15	+5
20	1.188	−24	−11
25	1.239	−38	−36
30	1.290	−59	−74
31	1.300	−66	−87
35	1.344	−50	−58

资料来源：Hawker 能源产品公司技术手册。

26.2.3.7　使用寿命

飞机用镍镉蓄电池的使用寿命取决于许多因素，包括它所经受的使用情况（如放电率、放电频度和深度）、环境条件（如温度和震动）、充电方法以及维护和修复管理的重视程度，故很难总结出其理想的使用寿命。如果所有使用条件都相同，那么镍镉蓄电池的使用寿命在本质上要比铅酸蓄电池的使用寿命长。

26.2.3.8　储存特性

镍镉蓄电池可以在任意充电状态下，在很宽的温度范围（即−65～60℃）内储存。然而，为获得最长的存储寿命，蓄电池的最佳存放温度是 0～30℃。排气型蓄电池在储存时，通常是将它们的接线端子短路连接在一起的。不过对于封闭型蓄电池，则不推荐在储存时将其短路，这是因为蓄电池短路可能会造成单体电池排气、单体电池反极（极性改变），或两者同时发生。

当非使用状态的镍镉蓄电池处于开路状态时，它会以较快的速率自放电。按经验，在 20℃情况下，封闭型电池的自放电速度约为每天 1%（以 30 天计算平均数），并且温度每上升 10℃，自放电速度提高 1%（如 30℃时每天为 2%，40℃时每天为 3%等）。排气型电池的自放电速度要略低些。在正常充电情况下，因自放电而造成的容量损失一般是可以恢复的。

26.2.3.9　维护要求

为确保飞机用镍镉蓄电池的适航性和使用寿命最长，需要对其做日常维护。军用飞机排气型蓄电池的维护时间间隔一般为60～120天，而民用飞机的维护时间间隔可以低至100 Fh，也可以高达1 000 Fh，这取决于其工作条件。维护程序包括检查容量、均衡单体电池（在电池深度放电后单体电池接线柱短路8 h以上）、将故障的单体电池间隔并更换（仅在允许时可予实施，通常不建议使用这种做法）、清除腐蚀和附着的碳酸盐以及调整电解液。对于封闭型蓄电池，维护要求则低得多，不必调整其电解液，电池的腐蚀程度也很低。但是，确保适航性的一些措施仍然是必不可少的，如定期的容量测量。针对具体的蓄电池，应遵循制造厂商的建议。

26.2.3.10　失效模式和故障检测

单体镍镉电池的主要失效模式概括如下：

(1) 由于镉离子游离出隔板、正电极生成物增长、隔板退化或电极凸出的机械性缺陷，表现为蓄电池无能力保持充电（软短路）或单体电池失效（硬短路）。

(2) 由于密封不严、单体电池反复反极或过度过充电（这种模式出现于封闭型单体电池或维护不当的排气型单体电池），造成水分损失和电池枯竭，表现为容量降低、不能在有负载时保持电压，或两者兼有。

(3) 由于钝化或活性材料退化，造成负（镉）极容量损失，表现为容量降低、不能在有负载时保持电压，或两者兼有。它通常是可逆的，可以通过深度放电后将单体电池的接线柱短路或通过反射式充电（进行脉冲充电，而在脉冲之间进行瞬间放电）来实现。

(4) 由于正电极生成物增长或活性材料退化，正（镍）极容量损失，它表现为容量降低且不可恢复。

正如在铅酸电池以下所讨论的，如果能从飞机上拆卸下蓄电池，则对这些失效模式的检测是直截了当的。例如，蓄电池的容量和负载能力可以直接测量，并且可参照标准进行比较(合格与否)。软短路故障(即相邻极板之间的高阻抗短路)较难检测，但它通常可通过监控各个单体电池充电结束时的电压来确定。如果要在蓄电池处于使用状态下检测这些故障模式，则难度将加大。与铅酸蓄电池的情况相似，这些方法已经在关键性的应用场合，实现了许多在飞机上进行检测的方案(Vutetakis 和 Viswanathan，1995)。蓄电池对于飞机的安全性越关键，精确地测量蓄电池故障就变得越重要。

26.2.3.11 镍镉蓄电池废弃处理

由于镉是一种致癌的化学物质，所以对镍镉蓄电池的正确处理至关重要。美国及其他国家都将报废的镍镉蓄电池视为危险废弃物，对其处理有严格的规定。他们对于回收和循环利用镍镉蓄电池中的镍和镉，已开发出了许多冶金处理工艺。这些处理工艺既可用于排气型电池，也可用于封闭型电池。在美国，正确的处理程序应遵循联邦、州及地方的法规。

26.2.4 锂离子电池

26.2.4.1 反应理论

在锂离子电池中发生的化学反应用下列方程表示。

阳极：
$$Li_{1-x}FePO_4 + xLi + xe^- \underset{充电}{\overset{放电}{\rightleftharpoons}} LiFePO_4 \tag{26-10}$$

阴极：
$$Li_xC \underset{充电}{\overset{放电}{\rightleftharpoons}} C + xLi + xe^- \tag{26-11}$$

整个反应：
$$Li_xC + Li_{1-x}FePO_4 \underset{充电}{\overset{放电}{\rightleftharpoons}} LiFePO_4 + C \tag{26-12}$$

这些方程假定正极材料为磷酸亚铁锂，类似的方程可以写成基于其他正极材料 $LiCoO_2$、$LiNiO_2$ 和 $LiMn_2O_4$。放电时，锂离子从负极的碳层中除去，并在正极中积聚。充电时，锂离子离开正极并夹在碳层中。与铅酸和镍镉电池不同，电解液不参与电化学反应。

26.2.4.2　单电池结构

锂离子电池有三种基本设计：圆柱形、棱柱形和袋状。圆柱形设计由两个复合电极的螺旋缠绕线圈组成，两个电极通过微孔膜隔开，安装在圆柱形金属外壳中。棱柱形设计由扁平电极和微孔分离器组成，安装在棱柱形金属外壳中。袋状设计也有平板电极和分离器，但把它们安装到真空封闭聚合物袋中。通常，棱柱形和袋状设计的成本更高，但组装成电池有更好的包装效率，因而也有更高的能量密度。

锂离子电池中使用的电解质是一种易燃的有机溶剂，存在固有的安全隐患。在所有设计中，电池都是封闭的，以防止电解液的逸出。为防止内部压力高得异常，圆柱形和棱柱形设计一般有一个不可重复封闭的排气机构，使其能够安全放出气体。

锂离子电池还有一些其他的安全功能，包括分离器关闭(如电池太热，分离器为高电阻)、内部的保险丝、电流中断装置(当电池膨胀时，从内部断开电池终端)。

26.2.4.3　电池结构

锂离子飞机电池的设计和制造有两种基本方法。一种方法是将相当数量的小圆柱形电池并联成一个电池组，然后将这些电池组串联起来制成24 V电池。这种方法的包装效率不是最好的，需要将许多电池连接，但确实利用了低成本的圆柱形电池可大批量生产的优势(如18650和26650电池)。另一种方法是不需要将电池并联，而是将大容量的电池串联在一起构成24 V电池。这种方法减少了电池连接的数量，提高了封装效率，并通过减少坏电池的可能性而提高了电池的可靠性。

锂离子飞机电池通常包括某种形式的电池管理系统(BMS)。BMS可能包括电池平衡电路、充电控制电路、温度监视和/或一个断开开关。在将电池与飞机电气系统集成时需要很仔细，以确保最佳的可靠性和安全性。电池设计的其他特点，如容器、盖子和插座，与铅酸蓄电池和镍镉电池类似。

26.2.4.4　充电方法

恒压充电是锂离子电池充电的首选方法。根据阴极化学性质，充电电压的范围可从每电池 3.6 V 到每电池 4.2 V。对于大多数锂离子电池，需要控制励磁涌流，所以在 28 V 直流母线上进行浮充电池是不可行的。因此，通常需要一个专用的电池充电器。充电器还需要监视单个电池或并联电池组，以确保它们不会与其余电池失去均衡。过高的电压会给电池增加压力，产生可燃气体，引起燃烧甚至爆炸。为了防止电池失去平衡，通常电池内采用电子平衡电路。

26.2.4.5　温度的影响和局限性

大多数的锂离子电池相比酸铅和镍镉电池有一个较窄的温度范围。其较低的工作温度的范围下限通常是−10～−20℃，上限通常是 45～60℃，这取决于电池的类型。在较低的温度下，内部的阻力大幅度增加，因此，高速率放电能力普遍较差。在较高的温度下，电池的寿命缩短是因为充电过程中迅速降解活性物质。目前正在进行的研究试图延长锂离子技术的操作温度范围。

26.2.4.6　存储特性

锂离子电池的自放电速率远低于铅酸和镍镉电池。在运输和储存时，电池通常处于 50％的充电状态，当环境温度在 25℃或以下时，电池可以储存长达 2 年之久。电池不允许自放电至开路电压等于或低于约每电池 2.5 V（八电池组电池为 20 V），否则可能发生不可逆的容量损失。

26.2.4.7　维护要求

由于锂离子电池最近才改装为飞机应用，其维护要求尚未确定。由于电池是封闭的，显然没有必要维持电解质水平。类似于 SLA 和 SNC 电池，为了确保适航性，锂离子电池容量测试的频率需要确定，以获得操作经验。

26.2.4.8　使用寿命

锂电池具有很长的循环寿命，相当于镍镉电池（如每周期放电深度为 80％，则有 1 000～2 000 个周期），有 5～10 年的使用寿命。然而，与镍镉电池不同的是，锂离子电池不能耐受长时间处于深度放电状态下，例如在通宵或长周末时，电源开关无意中接通，这种情况会导致铜阳极快速腐蚀，进而造成不可逆的容量损失。为了防止这种情况发生，最好有一种将电池从负载中断开的方法，如飞机关闭电源时的定时电路。否则，锂离子电池的使用寿命可能很短。锂电池在长时间保持在100%充电状态时也会承受不可逆的容量损失，因此保持完全充电状态的电池(如应急电池)的使用寿命也会受到限制。

26.2.4.9　废弃处理

锂离子电池归类为非危险废物，因此不受管制。然而，这些电池确实含有可回收的材料，当电池的使用寿命结束时，应考虑回收。

26.3　应用

为新型飞机或飞机改装的应用而设计蓄电池时，要求有周密的系统工程方法。为了充分发挥蓄电池功能，必须精心地设计蓄电池与飞机电气系统的连接。蓄电池的可靠性和维修性在很大程度上取决于与之相连的充电系统的类型，蓄电池充电不足与过度充电之间存在着明确的界线。许多飞机制造商都已经认识到，最合理的方法是制定“蓄电池系统规范”，而不是为蓄电池和充电器分别制定规范。这种方法确保充电曲线能正确地调整到蓄电池的特定性能和飞机的操作要求上。

26.3.1　民用飞机

一般而言，飞机蓄电池必须具有规定容量，使其能在主供电系统发生故障时提供充足的应急备用电源，以支持飞行所需的基本负载。美国联邦航空管理局(FAA)条例强制规定了所有民用飞机应急电源必须满足最短30 min的供电要求，由于在航线上经常会出现恶劣气候或其他原因，一些航空公司还规定了更长的应急备用电源时间，例如40或60 min。虽然有应急备用电源60 min

的限制，但对飞越海域做双发延长航程飞行(ETOPS)的情况，规定要求应急备用电源供电的时间达整整 90 min。规定的紧急应急电源需求可以由蓄电池或其他备用电源来满足，诸如冲压空气涡轮机之类。要是使用冲压空气涡轮发动机，还是需要有蓄电池的，以便用来填补瞬时的空隙。关于飞机蓄电池的具体需求可参见联邦航空条例(FAR)25.1309，25.1333，25.1351 和 25.1353 项。FAA 第 25.1333－1 号咨询通报规定了遵从适用的 FAR 条例的具体方法。在国际应用中，对于一些附加的需求，应参照英国民用航空管理局(CAA)和欧洲联合航空局(JAA)的条例。

当蓄电池用来启动辅助电源设备(APU)或发动机时，蓄电池必须足够大而且能发送出短暂的高功率脉冲，这正好和紧急、负载所要求的低放电率相反。大型民用飞机上的 APU 启动要求十分苛刻，如 B757 和 B767 飞机上使用的 APU 就要求 1 200 A的峰值电流(Gross，1991)。在启动时，蓄电池上的启动输出负载很大，以向电动机输入冲击电流，随着发动机产生反电势，蓄电池负载迅速下降。在 30～60 s 内，随着 APU 点火并且到达了启动器的断开点时，蓄电池就无负载。最恶劣的情况是在高空进行启动，那时 APU 和蓄电池都处于低温，通常设计的低温下限是－18℃。M. Evjen 和 L. D. MiIler 于 1971 年共同研发出优化飞机启动器蓄电池的严格的设计方法。

当使用镍镉蓄电池启动 APU 或发动机时，FAA 条例要求蓄电池有过热保护。镍镉蓄电池必须有适当的装置感知蓄电池的温度，当蓄电池过热时，断开蓄电池与充电电源的连接。根据大量的蓄电池热失控的事例，产生了这种热保护需求：这种热失控通常是在 19 个单体电池的蓄电池从 28VDC 母线上充电时发生的。大多数热失控的事例都是由玻璃纸做的气体阻挡层的退化所造成的，其退化导致在充电过程中，气体会再化合和单体电池的发热。热量失控是镍镉蓄电池的一种故障模式，现代的隔板材料已经能在很大程度上降低这种故障的发生，但是如果不能正确保持电解液的液面，仍然可能会出现这种故障。

在商用飞机上应用锂离子电池应非常谨慎。即使相比于 SLA 或 VNC 电池，它具有重量优势，由于其具有更高的能量密度，并采用易燃和有毒电解质，因而存在额外的安全隐患。目前已有锂离子电池在飞机上起火的案例，这迫使FAA发布相应的紧急适航指令(如对B787, Cessna CJ4 Model 525C)。锂离子电池的未来将取决于他们是否可以达到与SLA或VNC电池同等的安全水平。

通常，民用飞机蓄电池的容量范围在12 V/1 Ah～24 V/65 Ah。一般情况下，产品销售公司网站上会列出他们销售的飞机蓄电池的详细规范(参见本章后面的清单列表)。

26.3.2　军用飞机

表26-4列出了常用的军用飞机蓄电池。然而，该列表仅包括了那些根据已批准的军用规范，编有军用部件号的蓄电池，不包括非标准蓄电池。详细的特性和性能可参见适用的军用规范。由于某些飞机具有独特的外形、安装和功能要求，所以在军用领域内，许多非标准蓄电池的设计快速增长。在通常情况下，这些蓄电池规范只能从飞机生产商那里获取。Vutetakis(1994)介绍了当今军用飞机使用的蓄电池系统的具体例子。

表26-4　军用飞机电池

军用部件号	类型	额定值* /Ah	最大重量 /lb	应　用	备　注
MIL-B-8565系列					
D8565/1-1	SNC	2.0 (26 V)	8.6	AV-8A/C, CH-53D/E, MH-53E	被D8565/1-2替代
D8565/1-2	SLA	1.5	6.8	同D8565/1-1	含整体充电器
D8565/2-1	VNC	30	88.0	OV-10D	被M81757/12-1替代
D8565/3-3	SLA	15	47.4	V-22(EMD)	MS3509连接器
D8565/4-1	SLA	7.5	26.0	F/A-18A/B/C/D, CH-46D/E, HH-46A, UH-46A/D, F-117A	MS27466T17B6S连接器

(续　表)

军用部件号	类型	额定值*/Ah	最大重量/lb	应　　用	备　　注
D8565/5-1		30	80.2	C-1A,SP-2H,A-3B,KA-3B,RA-3B,ERA-3B,NRA-3B,UA-3B,P-3A/B/C,EP-3A/B/E,RP-3A,VP-3A,AC-130A/H/U,C-130A/B/E/F/H,DC-130A,EC-130E/H/G/O,HC-130H/N/P,KC-130F/R/T,LC-130F/H/R,MC-130E/H,MC-130A/B/H,WC-130E/H,C-18A/B,EC-18B/D,C-137B/C,EC-137D,E-8A,TS-2A,US-2A/B,T-28B/C,QT-33A,MH-53J,MH-60G	除使用 MS3509 连接器外,其他等同于 D8565/5-2
8565/5-2	SLA	30	80.2	同 D8565/5-1(用于装备有 Cannon 式对接连接器的飞机)	除使用 Cannon 连接器外,其他等同于 D8565/5-1
D8565/6-1	SLA	1.5	6.4	V-22A,CV-22A,CH-47E,E-2C,S-3B	MS27466715B-5S 连接器
D8565/7-1	SLA	24	63.9	AV-8B,TAV-8B,VH-60A,V-22A,CV-22A,MV-22B	MS3509 连接器
D8565/7-2	SLA	24	63.9	同 D8565/7-1	替代 D8565/7-1,具有更高的放电率性能
D8565/8-1	SLA	15	43.0	T-45A	Cannon 式连接器
D8565/9-1	SLA	24	63.0	T-34B/C,U-6A	MS3509 连接器
D8565/9-2	SLA	24	63.0	不明	Cannon 式连接器
D8565/10-1	VNC	35	85.0	AH-1W	装有温度传感器的 MS3509 连接器

(续 表)

军用部件号	类型	额定值*/Ah	最大重量/lb	应用	备注
D8565/11-1	SLA	10	34.8	F-4D/E/G, C-141B, MH-60E, NC-141A, YF-22A	除使用MS3509连接器外,其他等同于D8565/11-2
D8565/11-2	SLA	10	34.8	不明	除使用Cannon式连接器外,其他等同于D8565/11-1
D8565/12-1	SLA	35	90.0	为P-7开发(已取消)	MS3509连接器,包括加热电路
D8565/13-1	SLA	10	31.0	Carousel Ⅳ, LTN-72惯性导航系统(INS)	ARINC ATR型机箱
D8565/14-1	SLA	15	45.2	F/A-18E/F	D38999/24YG11SN连接器
D8565/15-1	SLA	35	90.0	C/KC-135系列	MS3509连接器
D8565/16-1	SLA	5	14.6	H-60	—
D8565/17-1	SLA	0.33	3.5	EA-6B	—
MIL-B-8565特殊					
MS3319-1	VNC	0.75	3.5	HH-2D, SH-2D/F	MS3106-12S-3P连接器
MS3337-2	SNC	0.40	4.0	F-4S	废弃
MS3346-1	VNC	2.5	10.0	A-7D/E, TA-7C	废弃
MS3487-1	VNC	18	50.0	AH-1G	等同于BB-649A/A
MS17334-2	SNC	0.33	3.5	E-1B, EA-6B, US-2D	MS3106R-14S-7P连接器
MIL-B-83769系列					
M83769/1-1	VLA	31	80.0	同D8565/5-1(对于用Cannon式连接器对接装备的飞机)	替代AN3150;等同于BB-638/U;可与D8565/5-2(Cannon式连接器)互换

（续　表）

军用部件号	类型	额定值*/Ah	最大重量/lb	应　　用	备　　注
M83769/2-1	VLA	18	56.0	AC-130H/U,NU-1B,U-6A	替代AN3151;等同于BB-639/U;可与D8565/9-2(Cannon式连接器)互换
M83769/3-1	VLA	8.4	34.0	C-141B,NC-141A	替代AN3154;等同于BB-640/U;可与D8565/11-2(Cannon式连接器)互换
M83769/4-1	VLA	18	55.0	T-34B/C	替代MS18045-41;可与D8565/9-1(MS3509连接器)互换
M83769/5-1	VLA	31	80.0	同D8565/5-1	替代MS18045-42;可与D8565/5-1(MS3509连接器)互换
M83769/6-1	VLA	31	80.0	同D8565/5-1(对于用Cannon式连接器对接装备的飞机)	仅地面使用;当用航空的陷入式排风孔塞子替换灌注器盖时,等同于M83769/1-1;装备有Cannon式连接器
M83769/7-1	VLA	54(12 V)	80.0	C-117D,C-118B,VC-118B,C-131F,NC-131H,T-33B	替代MS90379-1;装备有螺纹接头
MIL-B-81757系列(美国三军)					
M81757/7-2	VNC	10	34.0	CH-46A/D/E/F,HH-46A,UH-46A/D,U-8D/F,F-5E/F	可更换单体电池;替代MS24496-1和MS24496-2
M81757/7-3	VNC	10	34.0	同M81757/7-2	不可更换单体电池;替代MS18045-44、MS18045-48和MS90221-66W

(续　表)

军用部件号	类型	额定值* /Ah	最大重量 /lb	应　　用	备　　注
M81757/8-4	VNC	20	55.0	C-2A, T-2C, T-39A/B/D, OV-10A	不可更换单体电池;替代 MS24497-3、MS24497-5和M81575/8-2
M81757/8-5	VNC	20	55.0	同M81757/8-4	不可更换单体电池;替代 MS90365-1, MS90365-2, MS90321-68W, MS90321-77, MS90321-78W, MS18045-45, MS18048-49和M81757/8-3
M81757/9-2	VNC	30	80.0	CT-39A/E/G, NT-39A, TC-4C, HH-1K, TH-1L, UH-1E/H/L/N, AH-1J/T, LC-130F/R, OV-1B/C/D	可更换单体电池;替代 MS24498-1和MS24498-2
M81757/9-3	VNC	30	80.0	同M81757/9-2	不可更换单体电池;替代 MS18045-46, MS18045-50, MS90321-75W, MS90321-69W
M81757/10-1	VNC	6(23 V)	24.0	A-6E, EA-6A, KA-6D	不可更换单体电池;替代 MS90447-2, MS90321-84W
M81757/11-3	VNC	20	55.0	HH-2D, SH-2D/F/G, HH-3A/E, SH-3D/G/H, UH-3A/H, VH-3A/D	不可更换单体电池;替代 MS90377-1, MS90321-79W和M81757/11-1

(续　表)

军用部件号	类型	额定值*/Ah	最大重量/lb	应　　用	备　　注
M81757/11-4	VNC	20	55.0	不明	不可更换单体电池,带有温度传感器;替代MS90377-1,MS90321-79W和M81757/11-2
M81757/12-1	VNC	30	88.0	OV-10D	不可更换单体电池,空气冷却;替代D8565/2-1
M81757/12-2	VNC	30	88.0	C-2A(REPRO),OV-10D	不可更换单体电池,空气冷却,带有温度传感器
M81757/13-1	VNC	30	80.0	EA-3B,ERA-3B,UA-3B	不可更换单体电池;替代MS18045-75
M81757/14-1	VNC	5.5	17.5	SH-60	低维护
M81757/15-1	VNC	25	53.5	H-2,H-3	低维护
M81757/15-2	VNC	25	52.0	T-2	低维护
M81757/16-1	VNC	35	78.0	A-10,UH-1N	低维护
MIL-B-26220系列(美国空军)					
MS24496-1	VNC	11(C/2)	34.0	F-111A/D/E/F/G,EF-111A,FB-111A	被M81757/7-2替代
MS24496-2	VNC	11(C/2)	34.0	F-4D/E/G,NF-4C/D/E,NRF-4C,RF-4C,YF-4E	被M81757/7-2替代
MS24497-3	VNC	22(C/2)	55.0	不明	被M81757/8-2替代
MS24497-4	VNC	22(C/2)	60.0	B-52H	包含整体加热器

(续　表)

军用部件号	类型	额定值*/Ah	最大重量/lb	应　　用	备　　注
MS24497 - 5	VNC	22(C/2)	55.0	B - 52G, C - 135, EC - 135, KC - 135, NC - 135, NKC - 135, RC - 135, TC - 135, WC - 135, E - 4B, CH - 3E, NA - 37B, OA - 37B, OV - 10A	被 M81757/8 - 2 替代
MS24498 - 1	VNC	34(C/2)	80.0	A - 10A, C - 20A, C - 137A/B, BC - 137D, OA - 10A, T - 37B, T - 41A/B/C/D, HH - 1H, UH - 1N, CH - 53A, MH - 53J, NH - 53A, TH - 53A	被 M81757/9 - 2 替代
MS24498 - 2	VNC	34(C/2)	80.0	不明	被 M81757/7 - 2 替代
MS27546	VNC	5	16.0	T - 38A	被 Marathon P/N30030 替代
BB-系列(美国陆军)					
BB - 432A/A	VNC	10	34.0	CH - 47A/B/C, U - 8F	等同于 M81757/7 - 2
BB - 432B/A	VNC	10	34.0	CH - 47D	等同于 BB - 432A/A,除了包括温度传感器
BB - 433A/A	VNC	30	80.0	C - 12C/D/F/L, OV - 1D, EH - 1H/X, UH - 1H/V, RU - 21A/B/C/H	等同于 M81757/9 - 2
BB - 434/A	VNC	20	55.0	CH - 54	等同于 M81757/8 - 4
BB - 476/A	VNC	13	27.6	OH - 58A/B/C	—
BB - 558/A	VNC	17	38.5	OH - 58D	—
BB - 564/A	VNC	13	25.0	AH - 64A	被 BB - 664/A 替代
BB - 638/U	VLA	31	80.0	不明	等同于 M83769/1 - 1

(续　表)

军用部件号	类型	额定值* /Ah	最大重量 /lb	应　　用	备　注
BB-638A/U	VLA	31	80.0	不明	等同于 M83769/6-1
BB-639/U	VLA	18	56.0	不明	等同于 M83769/2-1
BB-640/U	VLA	8.4	34.0	不明	等同于 M83769/3-1
BB-649A/A	VNC	18	50.0	AH-1E/F/P/S	等同于 MS3487-1
BB-664/A	VNC	13	27.0	AH-64A	
BB-678A/A	VNC	13	24.8	OH-6A	
BB-693A/U	VNC	30	83.0	Vulcan	
BB-708/U	VNC	5.5	15.0	OV-1D(使命更换设备)	
BB-716/A	VNC	5.5	17.5	EH-60A,HH-60H/J,MH-60S,SH-60B/F,UH-60A	

* 除非另有说明,额定容量是基于 1 h 放电率,除非另有说明,电压额定值为 24 V。

推荐阅读

以下参考资料包含关于飞机电池设计、操作、测试、维护和处置的各个方面的进一步信息:

IEC 60952-1, 2nd edn. 2004. Aircraft batteries — Part 1: General test requirements and performance levels.

IEC 60952-2, 2nd edn. 2004. Aircraft batteries — Part 2: Design and construction requirements.

IEC 60952-3, 2nd edn. 2004. Aircraft batteries — Part 3: Product specification and declaration of design and performance (DDP).

NAVAIR 17－15BAD－1，Naval Aircraft and Naval Aircraft Support Equipment Storage Batteries. Request for this document should be referred to Commanding Officer，Naval Air Technical Services Facility，700 Robbins Avenue，Philadelphia，PA 19111.

Rand，D. A. J.，Moseley，P. T.，Garche，J.，and Parker，C. D. (eds.). 2004. *Valve-Regulated Lead-Acid Batteries*. Elsevier，Amsterdam，the Netherlands.

Reddy，T. B. (ed.). 2011. *Linden's Handbook of Batteries*，4th edn. McGraw-Hill，New York.

RTCA DO－293. 2004. Minimum operational performance standards for nickel-cadmium and lead-acid batteries.

RTCA DO－311. 2008. Minimum operational performance standards for rechargeable lithium battery systems.

SAE Aerospace Standard AS8033. 1981. Nickel-cadmium vented rechargeable aircraft batteries (Nonsealed，maintainable type).

下列公司制造飞机电池，并可联系技术援助和定价信息：

镍镉电池：

Acme Electric Corporation
Aerospace Division
528 W. 21st Street
Tempe，Arizona 85282
Phone (480) 894－6864
www. acmeelec. com

MarathonNorco Aerospace，Inc.
8301 Imperial Drive

Lithium-Ion Batteries

Concorde Battery Corporation
2009 San Bernardino Road
West Covina，California 91790
Phone (800) 757－0303
www. concordebattery. com

Waco, Texas 76712

Phone (817) 776 - 0650

www. mptc. com

SAFT America Inc.

711 Industrial Boulevard

Valdosta, Georgia 31601

Phone (912) 247 - 2331

www. saftbatteries. com

West Covina, California 91790

Phone (800) 757 - 0303

www. concordebattery. com

Enersys Energy Products Inc.

(Hawker Batteries)

617 N. Ridgeview Drive

Warrensburg, MO 64093

SAFT America Inc.

711 Industrial boulevard

Valdosta, Georgia 31601

Phone (912) 247 - 2331

www. saftbatteries. com

Lead-Acid Batteries

Concorde Battery Corporation

2009 San Bernardino Road

Phone (800) 964 - 2837

www. enersysinc. com

Teledyne Battery Products

840 West Brockton Avenue

Redlands, California 92375

Phone (800) 456 - 0070

www. gillbatteries. com

参考文献

[1] Anderman, M. 1994. Ni-Cd Battery for aircraft; battery design and charging options. *Proceedings of the Ninth Annual Battery Conference on Applications and Advances*, California State University, Long Beach, CA, pp. 12 - 19.

[2] Earwicker, G. A. 1956. Aircraft batteries and their behavior on constant-potential

charge. In *Aircraft Electrical Engineering*, G. G. Wakefield (ed.), pp. 196 - 224. Regel Aeronautical Society, London, U. K.

[3] Evjen, J. M. and Miller, L. D., Jr. 1971. Optimizing the design of the battery-starter/generator system. SAE Paper 710392.

[4] Falk, S. U. and Salkind, A. J. 1969. *Alkaline Storage Batteries*, pp. 466 - 472. John Wiley & Sons, New York.

[5] Flake, R. A. 1988. Overview on the evolution of aircraft battery systems used in air force aircraft. SAE Paper 881411.

[6] Fleischer, A. 1956. Nickel-Cadmium batteries. *Proceedings of the 10th Annual Battery Research and Development Conference*, Power Sources Division, U. S. Signal Corps Engineering Laboratories, Fort Monmouth, NJ, pp. 37 - 41.

[7] Gross, S. 1991. Requirements for rechargeable airplane batteries. *Proceedings of the Sixth Annual Battery Conference on Applications and Advances*, California State University, Long Beach, CA.

[8] Johnson, Z., Roberts, J., and Scoles, D. 1994. Electrical characterization of the negative electrode of the USAF 20-year-life maintenance-free sealed nickel-cadmium aircraft battery over the temperature range −40℃ to +70℃. *Proceedings of the 36th Power Sources Conference*, Cherry Hill, NJ, pp. 292 - 295.

[9] McWhorter, T. A. and Bishop, W. S. 1972. Sealed aircraft battery with integral power conditioner. *Proceedings of the 25th Power Sources Symposium*, Cherry Hill, NJ, pp. 89 - 91.

[10] Miller, G. H. and Schiffer, S. F. 1971. Aircraft zinc-silver oxide batteries. In *Zinc-Silver Oxide Batteries*, A. Fleischer (ed.), pp. 375 - 391. John Wiley & Sons, New York.

[11] Scardaville, P. A. and Newman, B. C. 1993. High power vented nickel-cadmium cells designed for ultra low maintenance. *Proceedings of the Eigth Annual*

Battery Conference on Applications and Advances, California State University, Long Beach, CA.

[12] Senderak, K. L. and Goodman, A. W. 1981. Sealed lead-acid batteries for aircraft applications. *Proceedings of the 16th IECEC*, Atlanta, GA, pp. 117-122.

[13] Vutetakis, D. G. 1994. Current status of aircraft batteries in the U. S. Air Force. *Proceedings of the Ninth Annual Battery Conference on Applications and Advances*, California State University, Long Beach, CA, pp. 1-6.

[14] Vutetakis, D. G. and Timmons, J. B. 2008. A comparison of lithium-ion and lead-acid aircraft batteries. *Proceedings of the 2008 SAE Power Sources Conference*, Paper No. 2008-01-2875, Society of Automotive Engineers, New York.

[15] Vutetakis, D. G. and Viswanathan, V. V. 1995. Determining the state-of-health of maintenance-free aircraft batteries. *Proceedings of the 10th Annual Battery Conference on Applications and Advances*, California State University, Long Beach, CA, pp. 13-18.

[16] Vutetakis, D. G. and Viswanathan, V. V. 1996. Qualification of a 24-Volt, 35-Ah sealed lead-acid aircraft battery. *Proceedings of the 11th Annual Battery Conference on Applications and Advances*, California State University, Long Beach, CA, pp. 33-38.

27

通用组网元件：B787 IMA 架构及拓展

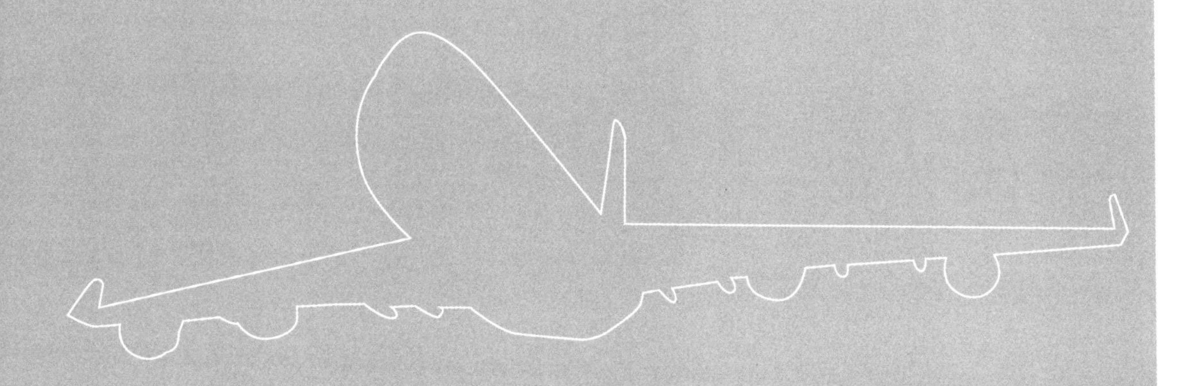

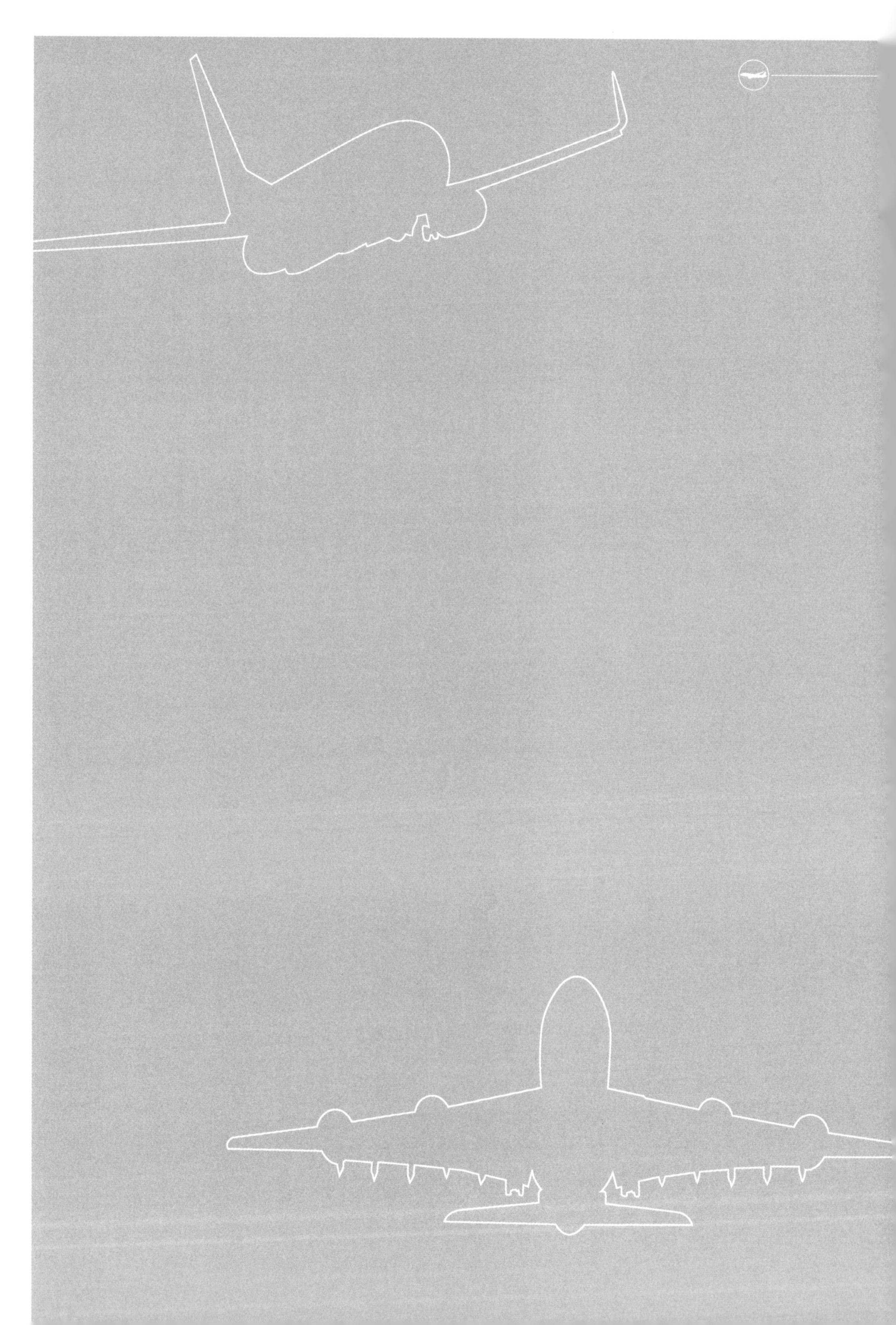

27.1 GENESIS平台概念

当航电综合化趋势越来越明显，航电架构也在不断地进化。在传统的航电架构中，飞机级功能被分配到一个功能全部在LRU中实现的外场可更换单元中。各个LRU间的功能有清晰的定义而相互独立，而这些相互独立的功能由单一的LRU提供支撑。现代航空电子架构利用了综合航空电子设备平台，为飞机节省了成本、减轻了重量，并提供了新的综合能力。为了实现这个目标，飞机级的功能分配到多个LRU中，可选择性地由分隔开的系统来提供。由于一个飞机级的功能界限现在被分成多个界限，由单系统组织提供的飞机级的功能是不完整的。系统综合的角色逐渐变为通过系统和LRU来拥有并管理飞机级的所有功能。B787是一个很好的综合模块化航电架构(IMA)的例子。GENESIS平台代表一种基本航电架构并被B787和其他飞行器使用，具体内容将在本章中进行描述。

GENESIS平台是一种软硬件综合平台，它为实时嵌入式系统提供计算、通信和I/O服务，被称为宿主功能件(HF)。多个系统可以在分区的平台资源上构建和叠加，形成一个高度综合的系统，其独特的性能使每一个单独的系统可以是完全分隔和独立的。GENESIS平台为高度综合的实时系统的航电综合建立了基础，因此才给它取名Generic Networked Element for Synthesis of Integrated Systems。这些平台元件可用来构建一个驻留关键系统功能所必需的和高度完整的容错环境。

GENESIS平台是新的一类综合计算平台，这一类平台包括IMA系统以及其他实时计算平台，旨在支持各种高度关键的应用，但也可按比例适当减小规模，支持较低级别的应用完整性。GENESIS平台具有下列重要的应用特点和结构上的优点。

典型特征：

(1) 综合的系统架构。

(2) 计算、通信和 I/O 服务。

(3) 以网络为中心的通信。

(4) 可组合的和可扩展的架构。

(5) 鲁棒分区。

(6) 实时性确定系统。

(7) 高完整性平台。

(8) 故障封闭。

(9) 故障被动防护设计。

(10) 组件的异步定时。

(11) 更改的封闭性。

(12) 开放的系统环境。

(13) 与传统 LRU 的兼容性。

架构优点：

(1) 减少系统尺寸。

(2) 减轻系统重量。

(3) 减少系统功率。

(4) 降低系统成本。

(5) 减少部件数量。

(6) 互联线减到最少限度。

(7) 支持传感器和操纵器的布局。

(8) 自然冷却的导线长度减至最小，改善电信号的品质。

(9) 各个生命周期关键应用的宿主能力。

GENESIS 平台是一个航空电子综合的基础组件，其自身并没有能力来提供飞机级的功能。飞机功能[如机载数据系统、起落架系统、飞行管理系统(FMS)]可以驻留在 GENESIS 平台内，因此被称为“宿主功能(HF)”。各宿主功能被分配到各个平台资源，形成对每一个系统特定的“功能”结构，以满足每个功能的可用性、可操作性、安全性以及拓扑要求，各HF可以“拥有”特有的传感器、设备以及成为系统功能结构一部分的非平台LRU。多个宿主的功能在一个由划分机制实现的虚拟系统环境内共享平台资源，而划分机制是平台设计的一部分。虚拟系统的分区环境确保各HF互相间隔，不管故障是发生在HF内部还是在平台资源内部，它们不可能由于故障而互相干扰。平台设计确保每一个宿主功能有其分配到的那部分计算、网络和I/O资源。这些资源的分配是预先确定的，并通过可以加载的配置文件来通知各个平台组件，这些配置文件成为运行时保证HF资源的信息源。配置文件还定义数据发布者和订阅者在上下文中系统之间的数据流。在数据维护时可以仅通过加载一个更新(和飞机的批准)的配置文件来添加或重新测量共享主干中的数据信号，从而减少更改物理布线的需要。因此，配置文件成为整个系统综合工作的重要组件。

GENESIS平台是一种规模可变的平台，允许综合系统架构为每个平台单元重新定义其规模。计算单元、I/O元件和通信链路的数目也是可变更的，以满足具体执行过程的需求。这种能力连同由I/O元件提供的各种类型的接口，使得GENESIS平台可以适应任何需要的系统综合化程度，而不需要重新设计平台。

GENESIS平台能实现高度综合化的系统架构，显著减少系统重量、部件数量和设备成本，同时还保持了联合式航电架构那样较低的更换成本，这对航空工业及其他工业是非常有利的。

27.1.1 与传统联合式航电架构的比较

GENESIS架构是相对于传统联合式航电架构提出来的。联合式架构为每一个系统提供下列服务：① 分离的处理；② 分离的基础结构；③ 分离的I/O；④ 内部系统总线。

另外，在联合式航电架构中，I/O在传感器/操纵器和系统之间进行点到点的传输。联合式航电架构的框图如图27-1所示。

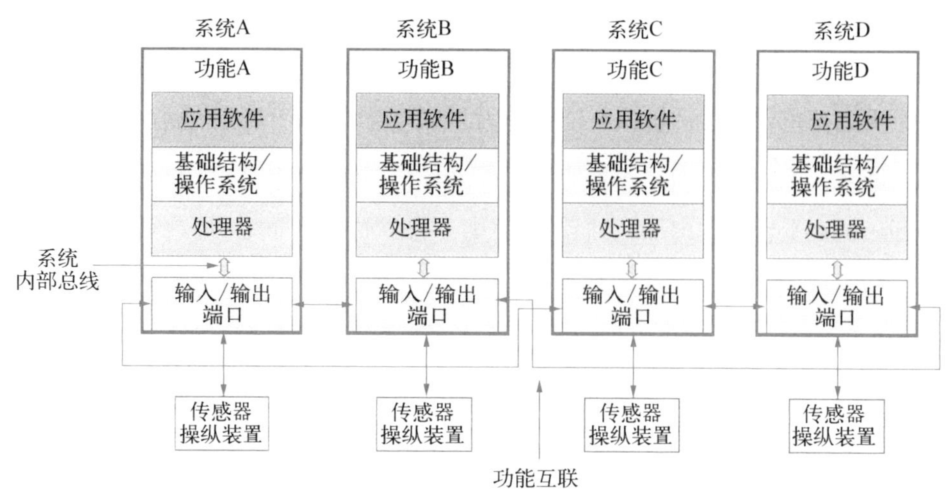

图 27-1 联合式航电架构

与联合式航电架构相对应，GENESIS 平台能为汇集的一组系统提供下列服务：

（1）公共的基础结构，规范了飞机的开发环境。

（2）通过共享通用处理器模块（GPMS）的公共处理，具有鲁棒划分的应用软件。

（3）使用共享远程接口单元（RIU）的特定的 I/O，也称为远程数据集中器（RDC）。

（4）分布式系统总线（航空电子全双工（ARINC 664-P7）网络）。

GENESIS 架构使用以网络为中心的通信方式。I/O 利用 ARINC 664-P7 总线，在 GPM（通用处理器模块）、LRU、RIU 传感器/操纵器和非 ARINC 664-P7 总线（ARINC 429、控制器局域网（CAN）（ISO 11898）之间构成通路。GENESIS 架构框图如图 27-2 所示。

图 27-2 所示的 GENESIS 结构提出了一种“虚拟系统”的概念，以代替联合式航电架构中组装的“物理系统”。图 27-2 画出 4 个“虚拟系统”，它们等效于图 27-1 中所示的 4 个物理系统。“虚拟系统”包括了与“物理系统”一样的

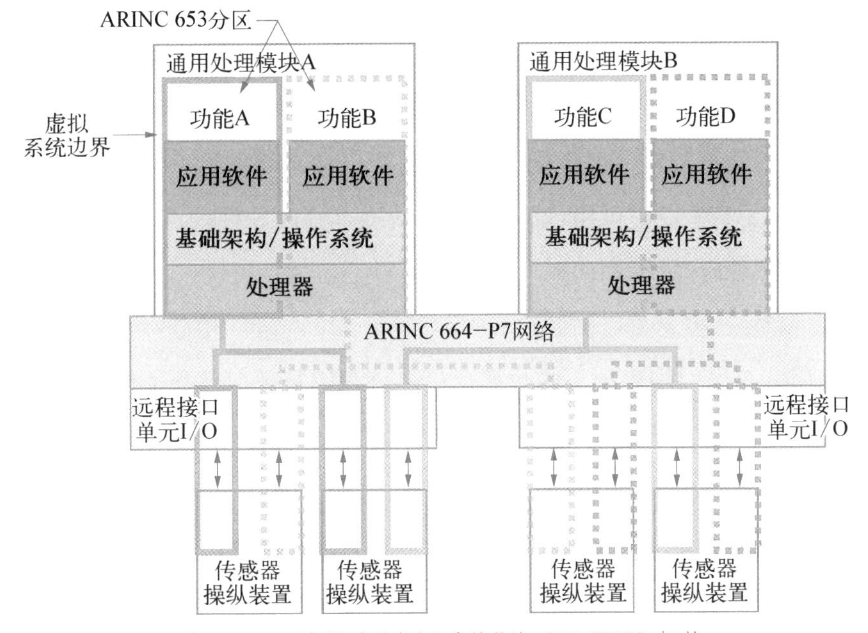

图 27-2　被视为"虚拟系统"的GENESIS架构

组件逻辑分组：① 应用软件；② 基础结构/操作系统(OS)；③ 处理器；④ 系统总线；⑤ 输入/输出端口(I/O)。

因此，GENESIS架构和联合式架构之间的主要区别在于逻辑系统的定义。联合式架构中，逻辑系统就是物理系统，而在GENESIS架构中，逻辑系统不同于物理系统，而称为"虚拟系统"。

在联合式架构中，典型情况是目标计算机和应用软件组装成一个"物理系统"。这种应用通常与OS和板级支持包(BSP)连接在一起，所产生的可执行软件作为单个软件配置项来验证。这种应用通常使用自己的系统总线及其专用的I/O接口。多个"物理系统"综合在一起，执行一组特定的飞机功能。

与联合式系统架构不同，GENESIS架构的主要组件(GPM、ARINC 664-P7网、RIU)提供了一个"虚拟系统"环境。该平台将应用软件置于一个GPM中，GPM是许多应用软件共享的一个计算资源。GPM的硬件和平台软件，连同由系统综合者开发配置的数据，形成一个满足RTCA DO-178B目的的目标计算机的等价物。当应用软件和目标计算机综合在一起时，就形成一个“虚拟系统”。多个“虚拟系统”可以只用单个GPM构成(见图27-2)。在GPM中的“虚拟系统”和联合式架构中的应用系统之间的区别在于，GPM中的“虚拟系统”是一个无硬件的软件配置项。通过软件更新使系统更易于更新或升级。如果有足够的GPM资源可用，就不需要更新或者修改硬件功能。每一个GPM均可与一个“物理系统”相比拟。

“虚拟系统”概念可以扩展到ARINC 664-P7网络。联合式架构的内部数据总线用一个以网络为中心的数据通信环境来表征。但是在GENESIS架构中“虚拟系统”共享ARINC 664-P7网络，并作为一种数据传输手段。虚拟链路(VL)为应用数据消息提供网络传输划分。每一个VL都能分配到足够的网络带宽(数据量和速率)、网络传输的最大等待时间和起伏。

“虚拟系统”概念还扩展到RIU，它被配置成为多个“虚拟系统”，提供I/O服务。RIU通过预定的读/写操作，使用时间划分机制，允许包含在多个独立故障区(IFZ)中的I/O之间的物理分隔，以便间隔由系统综合者确定的功能信号。IFZ的边界保证了RIU的故障不影响出错的IFZ以外的I/O接口。

27.1.2 平台架构

平台由下列主要组件构成：

(1) GPM，支持功能处理要求。

(2) 支持系统模拟和串行数据接口(工作设备)的RIU。

(3) 航空电子系统全双工(ARINC 664-P7)以太交换网，用于各个平台元件之间的通信。

这些元件，包括每一种元件的数量，可以用各种各样的方法进行组合，以形成特定平台的物理实现。这些元件可以组装成LRU，或模块形式，或电路板形式。模块和电路板可以组合在机柜中或综合的LRU内，可共享诸如电源和冷却等公共资源。

需要注意，如果为了实现一个不需要共享处理单元的综合，而采用一个没有GPM的联合式LRU也是可以的。例如，针对一个已经明确开发过程的驾驶舱需要升级或重新构架时，基于GENESIS的共享数据I/O及通信功能仍就可以沿用。对比点对点数据传输，基于GENESIS的数据共享功能提供了一个十分重要的有线传输数据备份。另外，在不同草案/版式中，采用GENESIS的I/O接口可以使综合更为容易，还可减少对信号转变单元盒的需求。

Smith宇航公司(Smiths Aerospace)为B787梦幻飞机开发的共用核心系统是GENESIS平台的一种具体实现，其将该系统若干GPM和ARINC 664-P7网络交换机组合在一个机柜内。CCS将RIU做成远程数据集中器(RDC)，并将其余的ARINC 664-P7网络交换机做成LRU形式，遍布在飞机各处，使之易于分隔，并使连接到子系统、传感器和操纵器的连线最少。

该平台使用一种“开放式系统”环境，使各个独立供应商能在这种平台上按照工业标准接口，在平台的所有层面构建和实现他们的系统。所用的主要开放式标准为ARINC 653、ARINC 664、ARINC 429、ARINC 665以及ISO 11898(CAN总线)。

GENESIS平台是一个异步系统，这就意味着组件的调度是相互独立的。每一个部件内部控制产生数据的时间不控制平台级部件之间的运行。这就消除了在网络接口处各元件的相互影响，有助于防止单个部件的运行状态通过系统传播出去，干扰其他部件的运行。这种部件级的独立性仿效了联合式架构的环境，生成了同样的系统级的特性。各种应用必须在其设计时就考虑这种环境，避免应用的实施依赖于同步数据行为。非同步性使整个系统消除了对同步机制的依赖，因而更具鲁棒性。

GENESIS平台是一个可配置的资源平台。各项功能分配给其要求的资源，以便执行任务时具有充足的处理时间和存储能力、网络I/O通信，以及模拟信号和其他数字总线类型用的接口资源。这些资源的分配，在平台内部是通过加载到每一个平台部件的特定配置表来实现的。这些配置表代表了保证每一功能完成其任务的资源分配。这些资源保证，连同平台的系统划分特性，一起形成了宿主系统独立性的基础，并因此形成了系统内更改的封闭性。这些特性允许各个功能变化不会间接影响到其他功能。这种平台特性成为递增式更改合格审定的基础，使部件能在各个功能级上进行合格审定验收，而不是在整个综合系统级上(平台上驻留着所有的功能)进行验收。“增量验收”的认证概念是 RTCA DO-297 所编写的“综合模块化航空电子(IMA)发展指导和认证的注意事项”。这一指导文件描述了 GENESIS 架构认证的一种方式。

图 27-3 所示的 GENESIS 架构描绘了积木式方法，即可改变平台规模，以适合特定的实现。主要的积木块有计算元件、网络元件和 I/O 元件。这种平台是规模可变的，根据给定的一组系统的宿主功能的特定需求，可以增加或减少每一个资源的积木块。使用这种规模可变特性并不改变平台的功能结构

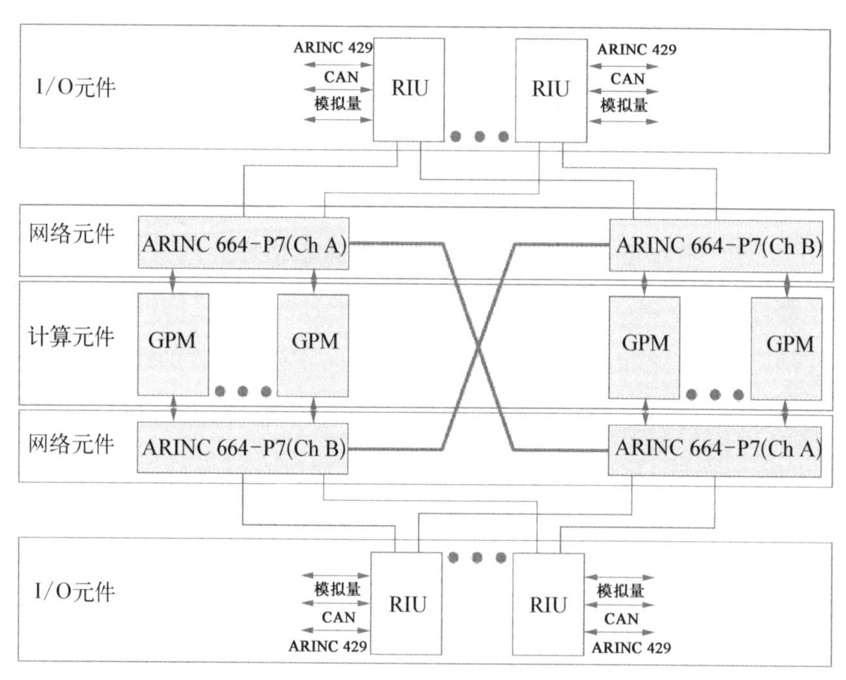

图 27-3 平台积木块

GPM—通用处理器模块；RIV—远程接口单元。

或操作，只要与功能相关的资源分配保证原封不动，同时也不影响现有的各宿主功能即可。

图27-4给出了完整的综合系统通用架构，图27-5是B787飞机CCS的架构实现。这两个架构实现之间的主要区别在于，B787飞机CCS将网络交换机之间的互联线减到最少。从全局的角度来看，系统综合在提供网络通信通路的灵活性和余度水平上，必须权衡交换机互联的成本。

通过提供网络接口和ARINC 429总线与CAN总线串行数字接口，GENESIS平台很容易将其他特殊的或传统的LRU综合到整个系统中。这种架构的灵活性可以综合要求独特硬件的“专用”功能。

各平台组件的安放位置应便于系统余度单元、网络和I/O拓扑结构的物理分隔，以便减少互联线。传感器和操纵器可以安放在它们运行最合适或最需要的地方。RIU是一个用“螺栓固定”的远程LRU，并按自然冷却设计。这就使得信号转换和信号汇集在靠近信息源的地方进入平台通信介质，因此不需要长的信号线连接到中心部位去。这不仅减少了模拟装置互联的安装重量，而且改善了信号品质。

27.1.3　GENESIS平台组件的主要特性

GENESIS平台的每个主要组件都要求有一定的特性，以便使系统具有独立性，并提供一个简化实现所有宿主功能的环境。这些特性要求每一个组件具有完整性、可用性、分区划分性以及故障封闭性。该平台必须支持“功能随遇”（“function neutral”），使之采用最小的更改成本，并维持系统的灵活性。这种概念推动了关于GENESIS如何完成其平台任务的某些系统架构的决策。

27.1.3.1　GPM的特性

通过使用跨系统和资源的通用开发程序，GPM有助于使计算环境标准化并且利用一个通用的（中央）数据加载程序，GPM可以使系统功能随着软件的更新而更新或升级。这也可以减轻对增加/修改硬件的需要。

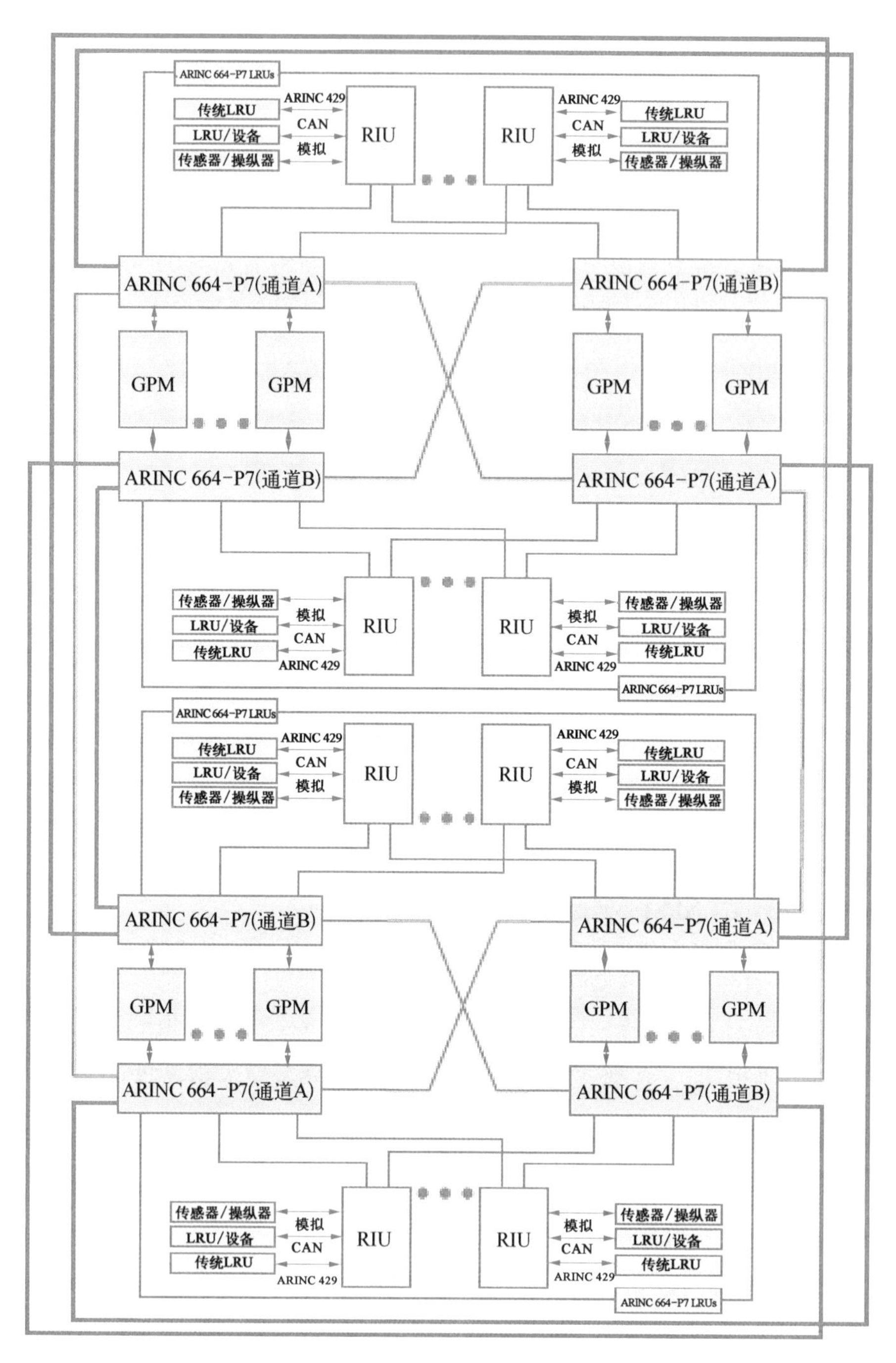

图 27-4　综合化系统架构

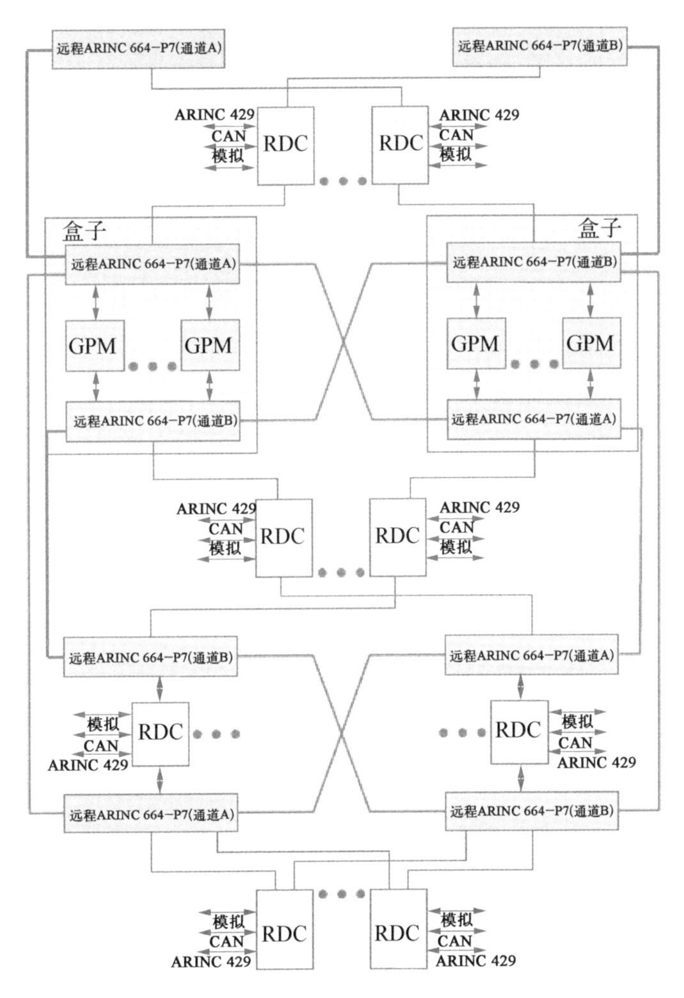

图 27-5　B787 CCS平台的实施方案

GPM是一个独立的计算平台，其上驻留着核心软件，并向驻留的应用提供鲁棒划分的环境和基础性服务，这些服务包括I/O、健康监测和基于ARINC 653标准的非易失文件的存储和检索。执行时间窗口、循环周期、存储需求以及过程和分区级故障的补救性恢复动作分配给每一个应用，并通过每一个GPM专用的配置文件，传送到核心软件。所有这些分配由设计进核心软件和硬件的划分机制来实现。同样，每一个应用采用消息的形式，并规定了其输入和输出的数据需求，这些消息形成了一个或多个参数的逻辑数据组。这些分组代表了 ARINC 653 的数据接口，形成了与每一个应用直接通信的连接。

应用的通信可以是内部通信(ARINC 653 到 ARINC 653)，或者是外部通信（ARINC 653 到网络)。ARINC 653 到 ARINC 653 的内部通信是存储器到存储器的数据传输。它是 GPM 专用的应用程序接口(API)设备，并且必须满足驻留于同一个 GPM 内的多个分区应用的等待时间要求。当一个应用请求访问指定的映射到网络的 ARINC 653 端口时，核心软件执行网络终端系统接口驱动程序，从网络终端系统消息缓冲区读取请求的消息或者将请求的消息写到该缓冲区。这些网络消息缓冲区称为网络通信接口(comport)。

一个 ARINC 653 端口和一个特定的通信接口(见图 27-6)之间有一种直接的对应关系。核心软件根据配置文件特定的应用部分知道 ARINC 653 与 ARINC 653 以及 ARINC 653 与网络通信接口的映射。ARINC 653 与网络通信接口均可以是正在采样或者正在排队。采样可用最新的数据覆盖老数据。采样接口的内容被读取后仍然不变，因此可无限制读取此端口。如果一个周期数据源停止提供更新的数据，则采样接口最后接收到的数据仍然保留，任其变为“陈旧”。队列接口在队列缓冲区聚集消息，直到被主机读取为止。如果队列缓冲区在被读取前已填满，则随后进入的消息就会丢失。一旦宿主机读取队列，则缓冲区清空，直到下一条消息到达为止。访问通信接口所需的时间是分配给那个应用的执行时间的一部分。这些网络的大部分通信接口实际上是用户数据报文协议(UDP)端口。从协议的观点来看，是与因特网协议一起使用的。但是，各个应用不必知道底层网络协议。这种平台确实提供了普通文件传输协议(TFTP)的库功能，这种库功能可以包含在任何分区中。

单个应用的一个或多个通信接口被指定一个 VL，为应用数据消息提供网络传送划分。数据写入一个通信接口时，如果此时 VL 适合发送，数据就在网络上发送出去。适合性按带宽规则的通信机制加以管理，称为带宽分配间隙(BAG)。如果 BAG 合适，或者发送队列长度为零，则数据消息立即发送。如

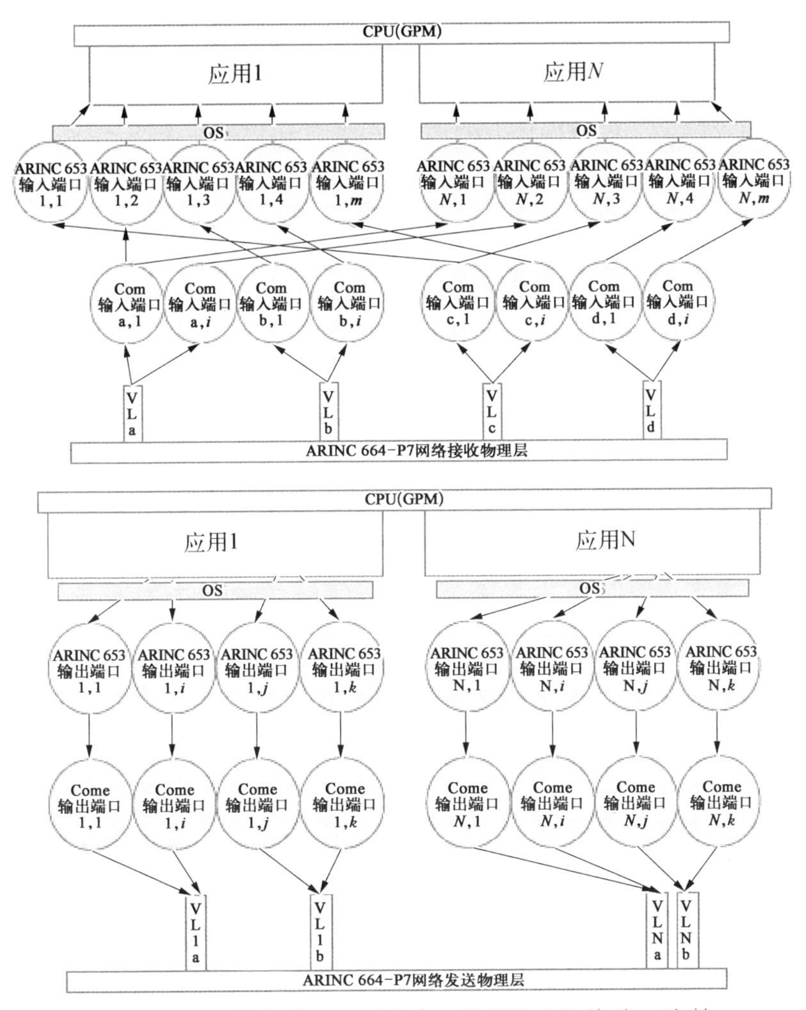

图 27-6　ARINC 664-P7 与 ARINC 653 的端口映射

果 BAG 不合适，且发送队列长度不为零，发送就会延迟。通信接口数据消息由逻辑数据分组中的消息源应用来定义，而逻辑数据分组按其相关的 ARINC 653 端口定义。COM 端口到 VL 的分配，由基于识别目标用户和一般用户的特定数据流的积分器以及传输性能约束来完成。

GPM 的硬件设计成故障被动防护，这意味着不存在单个故障可以引起错误的动作，同时更不可能出现一系列未检测出的故障导致错误动作的情况(与关键功能类需求一致)。也就是说,每一个 GPM 具有自主完整性,允许关键功能的实现不需要采用在冗余的计算元件之间交叉通道的联合(表决)方案。利用 ARINC 664 - P7 网络提供的通信链路,选择余度应用来同步其功能状态。计算领域的余度应用仅仅是为了达到功能可用性要求。如果 GPM 发生了一个故障,该 GPM 将“静止不动”,停止网络通信。源自 GPM 的应用数据将在网上迅速“过时”,并将这个应用故障通知该数据的任一用户。同样,各专用应用系统源中,使输出变为无效的故障将使该应用无数据传送。通过核心软件的健康监视机制可以实现这一点。故障静默是系统余度管理和容错系统特性的基础。一个容错的 GPM 将复位并设法恢复,只有成功地恢复到正常工作状态时,数据传送才会重新开始。

27.1.3.2 ARINC 664 - P7 网络特性

平台的通信骨架是 ARINC 664 PART7 网络 (ARINC 664 - P7),由驻留在连接每一个端节点的网络终端系统和多个网络交换机组成。该网络按双通道交换星形拓扑结构配置,拓扑结构的每一个端节点有一个备份节点,与两个独立的通信路径(通道 A 和通道 B)进行全双工的点到点连接。如果这些终端系统满足可用性要求,那么可以通过单个交换机单独连接到网络。双通道 A/B 的连接允许数据通过两个独立的网络通路进行有备份的发送和接收,确保不可能失去通信。通道余度管理在每一个端节点宿主机的终端系统中进行,因此该终端系统只向目标宿主机提供单个数据流,并且只向源宿主机要求单个数据流。如果失去了一个余度数据通道,则终端系统继续在另一个通道传输数据。这种丢失现象对数据发送者和预订用户来说实质上是一种透明事件。但是,存在单独的备份通道丢失指示会提供给虚拟系统,虚拟系统的功能可用性取决于网络余度。

如果网络单元包含多个 ES 或者有多个余下的网络单元,那么通过转换网有超过两个独立的途径。在这种情况下,每个 ES 可以进行配置,为通过 ARINC 664 交换机物理分区方式实现通信。另外,在 ES 中,冗余的通道会被关闭，因此A和/或B通道被用来进行独立的数据传输。如果系统数据传输冗余性不能满足系统要求，或者在比较/选择目标通道时，高度完整性的系统将优于独立的数据线路方式，这种可重构数据传输的系统架构就体现了优势。

图27-7给出了ARINC 664-P7网络交换机互联拓扑结构。该结构有两个分开的冗余通信通道(通道A和通道B)。一个通道上的每一个交换机直接连接到那个通道上的其他所有交换机。这种交换机的互联拓扑结构可将网络余度通道的能力最大化，并将失去一个交换机时的影响减到最小。这种拓扑结构使系统综合在初始安装期间有最佳的网络通信通道，并且将网络通信通道的瓶颈减到最少，为今后虚拟系统功能的增长提供最大的灵活性。

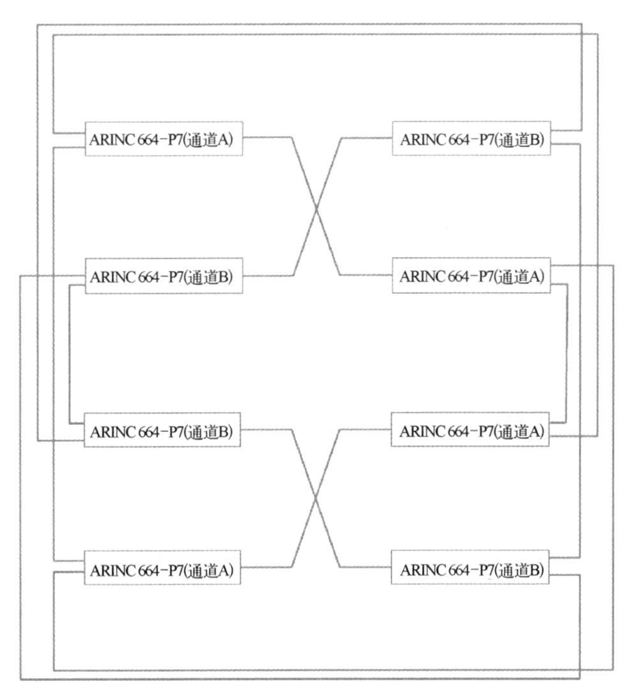

图27-7　ARINC 664-P7网络交换机互联拓扑结构

每一个网络通道的设计均可以包括在发射和接收UDP端口之间可能发生的所有故障。这意味着，没有单个故障可以引起错误动作，同时更不可能出现一系列未被检测出的故障导致的错误动作(与关键的功能类要求一致)。这种故障封闭特性是利用一种在网络终端系统中运行的终端系统到终端系统的完整性算法来实现的，这就使余度通道有较高的可用性，确保功能的完整性不受网络的影响，因此不需要为了获得通信完整性而采用多通信通道的交叉比较。为了实现完全的故障被动防护行为，可以使用同步模式的双终端系统。

如图 27-8 所示，各 VL 可以实现网络数据的划分。这种 VL 是网络数据包从一个数据发送者到一个或多个预订用户的传输"管道"，类似于一点到多点的 ARINC 429 总线。VL 保证了分配的网络带宽(数据量和速率)以及网络传输的最大等待时间和抖动，可以保持数据包在虚拟链路内从数据发送者到预订用户的次序。网络交换机规定了从一个配置的物理输入口到另一个配置的物理输出口的 VL 通道。在此过程中，交换机要检查 VL，以确保每一个 VL 的数据量和传输速率不超过其分配值。如果超过了这些限制，消息就会丢失，从而抑制了任何数据流的不当行为，实现网络的划分可靠性。通过网络配置文件，交换机便知道所分配的 VL 的特性。

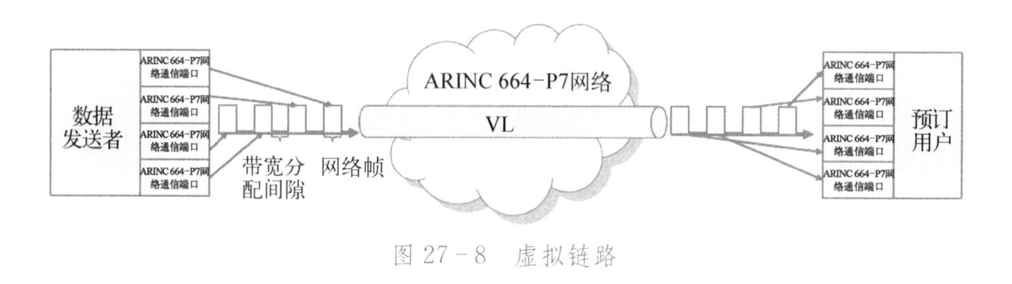

图 27-8 虚拟链路

如图 27-9 所示，VL 最多可以由四个子 VL 组成，它们从其相关的通信接口缓冲区传送消息。使用子 VL 是为了通过子 VL 分组，给 VL 消息排定优先级，以调整 VL 内的数据流。在每一个 VL 内，子 VL 是以转轮方式传送的。通信口缓冲区中有来自单个源的一个或多个参数的消息。通信接口是基本的数据元件且为静态配置，以不同的速率或非周期地更新数据。只有当通信接口源发送者写入的并且分配的 VL 是合适的 BAG 时，消息才能传送出去。BAG 表示了指定给一个 VL 的一组通信接口的预定的发送区间。如果一个消息量大于一个网络帧的最大有效负荷值，则该消息将被分成多个网络帧来传送。一个缓冲的网络帧的大小是有限制的，规定为VL定义的最大帧长度，同时在每一个BAG区间，只有一个网络帧可以传送。BAG是调整通过网络数据流的主要手段，并保护网络免受多路干扰源的影响。

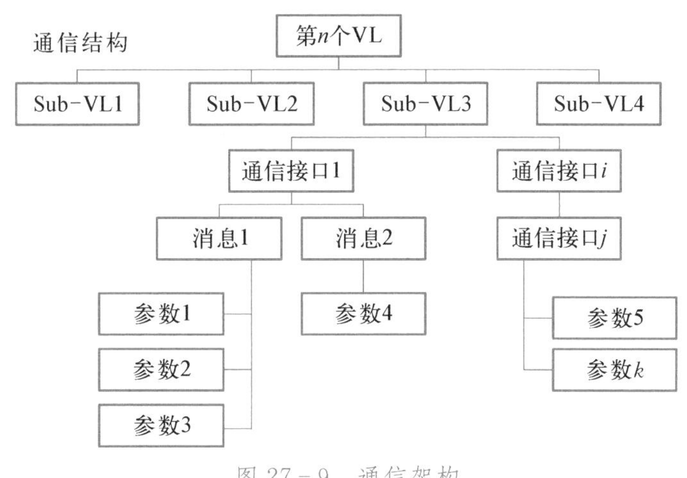

图27-9　通信架构

VL优先级可以按交换机通信接口来配置，以提高性能——关键消息的性能。在这种配置下，优先级较高的消息将先于优先级较低的消息通过交换机的通信接口。消息传送性能在VL优先级之间是可以交换的，从而减小了较高优先级VL消息要保证的传输时间，同时增加了较低优先级VL消息要保证的传输时间。系统配置工具包括通信量分析工具，用来确保高优先级的VL不会因占用太多交换机通信接口带宽而使低优先级的VL带宽不足。

ARINC 664-P7网络的终端系统可以配置成各种各样的运行方式，这取决于宿主机的特定需求。它支持双通道通信(称为网络通道A和通道B)，由VL配置成双余度操作(在两个通道上传输相同的数据)、独立操作(在两个通道上传输不同的数据)或者单通道操作(只用一个通道)。对于双余度操作，终端系统可由VL来配置，在双通道之间进行余度管理，允许宿主机向终端系统发出指令，在两个冗余消息之间选择一个，并将单个消息指示提供给该宿主机。

在这种配置下，两个网络通道中任意一个通道上的出错对该宿主机都是透明的。

独立来看，高度完整性的操作(多余的全部关闭)，一对 ES 可以连接起来，这样一个 ES 可以连接一个网络(由通道 A 连到通道 B)。一对可描述的 ES 接收两条复制的消息，因此下游的数据比较器可以修改信号完整性。ES 中单个出错就会导致不能进行比较。这种双通道结构减小了信号可用性，因为任何一个通道的丢失都会导致信号的丢失。然而，这增加了信号完整性，因为通过后续的比较操作可以检测到通道上的错误数据。在这个网络中，如果一个完整的计算程序不被使用，会要求后续的比较操作来实现信号完整的要求。

最后，为了进行独立操作，网络通道可以设定用来支持无关紧要的功能。在这种情况下，只有通道 A/B 中的一个可用来发送一组数据，或者两个渠道用来发送两个独立的数据。这种配置不仅减少了线路，还能够满足信号可用性和完整性最小化的要求，仅供无关紧要的数据使用。

27.1.3.3 RIU 的特性

RIU 在工业上有时也称为 RDC。RIU 是 ARINC 664 - P7 网络、模拟装置、传统 ARINC 429 总线和线性 CAN 子网之间的网关。RIU 可提供下列服务：模/数和数/模转换、网络格式化、范围检查、比例调整、设置偏移量、线性化、确定阈值以及对每一种信号特定的滤波。压力传感器、阀门、电动机或同步机等模拟装置的接口可以由一个或多个模拟信号组成。有的设备，如传感器，可能要求由 RIU 激励。RIU 提供模拟信号电平(称为原始电量)的转换，但作为一个接口将对信号进行适当的分组。通过配置文件，RIU 知道指定至特定接口的原始电量(经引脚)以及所选定的其他各种服务。

RIU 为 ARINC 429 总线和 CAN 线性子网提供一种数字到数字的网关。基本上，RIU 累积各缓冲区中各个总线来的数据，并将这些数据映射到 ARINC 664 - P7 网络终端系统中的特定的 ARINC 664 - P7 网络通信接口。

发送情况也类似,RIU从ARINC 664-P7网络终端系统的特定通信接口取回数据,并将其映射到每一个连接总线的发射缓冲区。RIU通过配置文件了解ARINC 664-P7网络通信接口以及连接的总线映射。

RIU整组I/O的划分方法主要是使用物理分隔法,用来隔开由系统综合确定的功能信号,提供多路I/O IFZ。为此,每一个RIU包含若干独立的I/O IFZ,它们共享一个高度完整的ARINC 664-P7网络终端系统。ARINC 664-P7网络终端系统接口以这种方式来设计,能防止共享接口的各个IFZ之间出现交叉错误,并允许系统综合者对同一个IFZ中的特殊功能信号进行分组,以确保I/O功能信号之间的间隔。网关操作(模拟的和数字的)按照配置文件中规定的重复周期表来进行。每一个接口和每一条连接的数据总线都规定了分配的时间表(或更新速率)。这种系统结构规定任何网关服务有一个最大的速率。接口时间表由包含若干个小帧的主帧构成。主帧和小帧的时段是一个可配置的固定周期。每一个小帧由提供I/O处理的许多时间片(SB)组成,这就意味着,所有的时间片和相关的I/O将有一个运行保证周期。每一个小帧是这样安排的,在结束前有一个自由时间片(循环等待到给定的时间)安排在小帧的最后,如图27-10所示。这样安排有两个好处,第一,它确保这些时间片不会超时运行进入下一个小帧;第二,根据已分配量的空闲时间量,该自由时间片为日后提供一定的扩展余量。

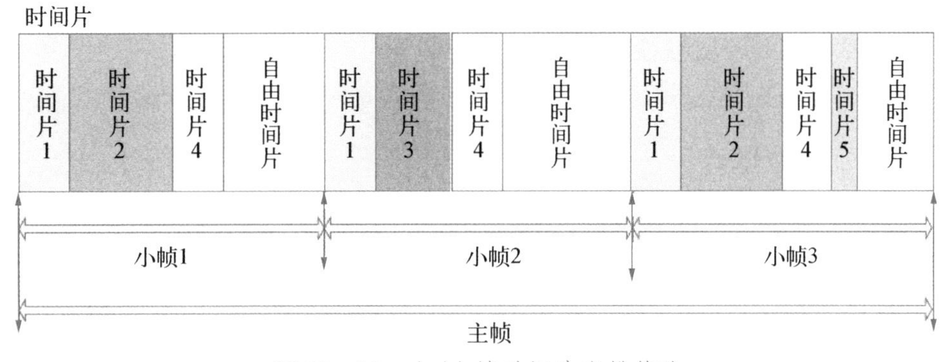

图27-10　主/小帧时间片安排策略

RIU 在各个接口和 ARINC 664－P7 网络通信接口之间进行映射。这种映射的量化度或粒度分配到各通信接口或通信接口中的各个参数，参数的情况取决于具体的接口。模拟信号在参数层面上总是可以映射的。ARINC 429 接口在通信接口层面上也总是可以映射的，CAN 总线接口可以在这两个层面的任一层面上映射。RIU 通过加载在每一个 RIU 中的配置文件了解这种映射。

RIU 的架构由两个不同的完整性区域构成，其中一个区域是所有资源用户共享的；另一个区域是可提供个别用户使用的独立资源。共享区域设计成这样，即不可能出现单个故障或者未检测出的一系列故障引起错误动作的情况；独立资源区域设计成这样，即不可能出现未检测出错误动作的情况。这种架构的重要性在于，它可以使公共资源内的故障不会引起独立资源和使用这些资源的功能同时不正常。这种架构放宽了与 RIU 组件的资源分配和功能件的交叉出错有关的安全性要求。当输出接口出现故障或者没有得到有效命令时，每一个 RIU 的输出将被强制处于一种安全状态。同样，任一模拟的或网关的输入接口检测到的故障将被打上标记，同时将网络发送包中的数据视为无效数据。RIU 的服务保证是通过一个独立的安全性监控器实施的，该监控器使用从处理器来的单独的时间基准。这种安全性监控器必须向来自处理器的一个关键词在时间窗内“启动”，否则该输出将被一种硬件机制置于安全状态。

27.1.4 平台完整性和故障封闭

平台的完整性由下列特性来表征：① 冗余度；② 故障间隔机制；③“虚拟系统”划分；④ FCZ。

作为 GENESIS 架构的一部分，系统的所有物理组件都有余度，以便满足功能系统的容错目标。故障间隔方法是把故障封闭在 GENESIS“虚拟系统”的边界内，以便使冗余元件继续不间断地传输数据流。“虚拟系统”的概念描述了这样的架构特点，即一个功能包含在一个大物理系统内。多个“虚拟系统”可以驻留在一个物理系统中。这种“虚拟系统”通过时间和空间划分机制被隔开，这与物理划分机制不同，后者定义了一个物理系统的边界。“虚拟系统”的一个综合特性是，故障必须封闭在“虚拟系统”规定的边界内。

GPM被设计成故障被动防护运行。单一故障不显露错误动作，出现未检测出的一系列故障的情况是极不可能的。计算资源FCZ是分区级定义的“虚拟系统”，并由GPM的物理边界限定。影响整个分区的模块级故障封闭在一个GPM内，如图27-11所示。

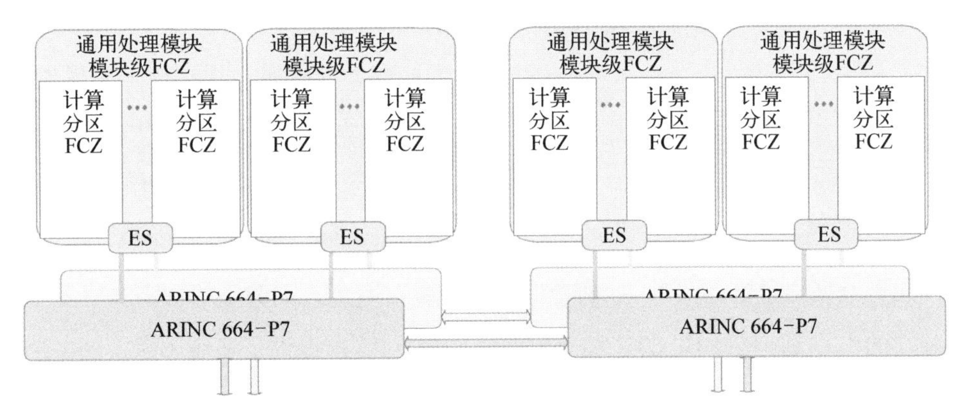

图27-11　计算分区FCZ

由于每一个网络通道(通道A和B)均设计成可以检测出并封闭掉所有故障的形式，因此网络FCZ在每一个通道的收发终端系统中，均建立起了ARINC 664-P7 UDP端口边界。VL传送的大部分故障在交换机的边界处被间隔，并且所有的故障在ARINC 664-P7网络终端系统接收通信接口级边界处被间隔。这就防止了网络传输过程中出错数据传播到宿主机，如图27-12所示。为了实现这个目标，ES管理通道A和通道B网络渠道之间的冗余度，而且仅代表一个单片数据。

然而，如果ARINC 664-P7网络提供的网络容错检查水平无法满足信号完整性的要求(完整程序在ES中不能进行)，那么“冗余度管理”将会被关闭，一对ES将会被用来独立接收信号。这种形式的信号完整性(目的地的完整

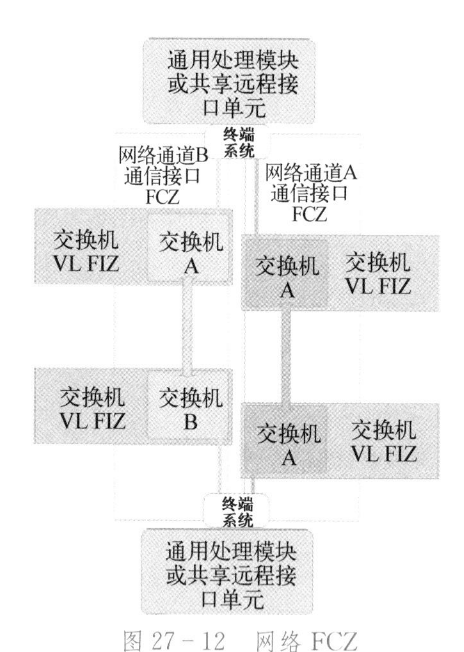

图 27-12　网络 FCZ

性)降低了信号可用性,因为任一个网络渠道丢失数据将会导致最终比较器的失败。因此,只有在没有实现 ARINC 664-P7 网络容错检查以完全支持信号完整性(源代码的完整性)要求时,才能使用目标的完整性。在任意系统中,架构必须与完整性和可用性相关联,因为它们可以用来阻止最终信号。

RIU 的 I/O 区域呈现这样一个现实,即传感器/操纵器和 ARINC 429 总线一般不是有高度完整性的装置,因此要求下游联合(downstream consolidation,DC)起来,以达到高度完整性。为此,任何重要的系统或对安全关键的系统均需要有多个独立的 I/O 通道。RIU 的这种架构在每一个 RIU 内提供了多个 IFZ。每一个 IFZ 提供了内部失效的故障检测,RIU 通常比连接到系统的传感器/操纵器故障检测能力高出一个数量级。即使如此,RIU 内共享资源的设计也要防止故障通过多个 IFZ 传播。与联合式系统架构中的一样,所有 I/O 的故障封闭,仍要依赖通过 IFZ 在物理上分开的信号。还应指出的是,即使在一个 RIU 内有多个 IFZS,信号可能需要连接到物理上分开的 RIU 来支持飞机的多安全带冗余。如架构师可能需要防范同时破坏单个共享远程接口单元(RIU)和其所有独立故障区(IFZ)事件的发生,诸如桨叶或飞鸟撞击的情形。这就使得用到 I/O 数据的各个应用可以利用 DC 方法来检测 I/O 故障,包括一小部分归因于 RIU 的故障,如图 27-13 所示。

这种故障封闭方案对于那些 HF(重要系统)来说,意味着不要求多通道 I/O。这些重要系统要求在 I/O 级之间进行充分的系统间隔,以便消除由于单个 RIU 中出现一个未检测出的故障而导致多个重要系统的误动作。为此,

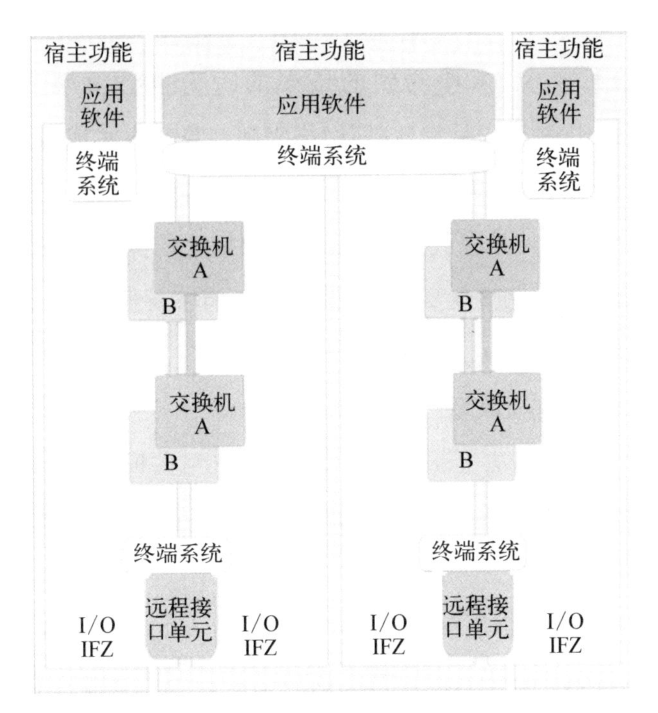

图 27-13　I/O FCZ1

IFZ—独立故障区。

RIU 组件提供了独立故障区，以便分隔重要系统的 I/O。

那么，HF 怎样识别系统故障呢？各平台的 FCZ 形成了将平台故障传送给 HF 的基础。计算、网络和 I/O 的故障通过平台组件的“故障静默”属性直接被 HF 所“看到”。如果发生了一个平台故障，ARINC 664-P7 网络通信接口将停止更新发布的数据，或者数据组的功能状态将给出一个数据组特有的故障指示。每一个 HF 只能识别适用于其预定数据的异常，这就使得每一个 HF 可确定其自身对数据异常的响应。ARINC 664-P7 网络终端系统可将网络的 A、B 通道状态直接报告给 HF，其形式为与每一个通信接口相关的标头信息。对于 HF 的操纵器输出，RIU 会返回一个输出状态信息，其中包括该输出命令的监控输出值和网络的余度状态，这就使 HF 可以监控其模拟输出接口并观测其通信余度。

对于通过宿主功能需要避免由 SAE ARP4761 定义的危险或灾难性故障条件的关键信号来说，未检测到的错误的行为也必须得到解决。如果 GENESIS 平台内的故障未被发现(即网络完整性算法未实现)，那么订阅系统就不能依赖违规组件的故障静默行为。相反，系统需要通过 GENESIS 平台建立多个独立的数据路径并完成订阅 LRU 中数据比较操作的终端完整性。例如，可能引发这种信号完整性要求的危险包括所有主要显示器上空中数据的错误显示或飞行指令的错误控制。当这些关键的宿主功能被分配到 GENESIS 平台时，就必须处理共模故障。在硬件体系架构中引入差异是解决共模故障的最常用方法。另一种方法是证明每个 GENESIS 组件根据异步调度处理不同的信号集，因此一个共同的故障不能同时影响所有单元(类似于在普通硬件上托管不同软件的方法)。

大多数宿主功能应该能够依赖故障诊断平台失败的静默属性来进行故障检测。图 27－14 列举的平台故障情况描述了被各 HF 所用的平台故障指示，以确定当一个 GPM 失效时，其功能的健康状况。这些故障反映在下列数据中：

(1) GPM 故障静默(停止发射)期间由各分区发出的所有数据。

(2) 当 ARINC 664－P7 网络的数据接收端口行将失效时，预订的数据用户可以看到这一情形，时效是根据终端系统的接收时间与终端系统的当前时间的差异来判定的。

(3) 每一个数据用户确定在宣布数据过时前要等待多长时间。

(4) 包含在 ARINC 664－P7 网络每一个接收通信接口标头中的终端系统时间。

27.1.5 平台容错

平台容错由下列特性表示：

(1) 余度。

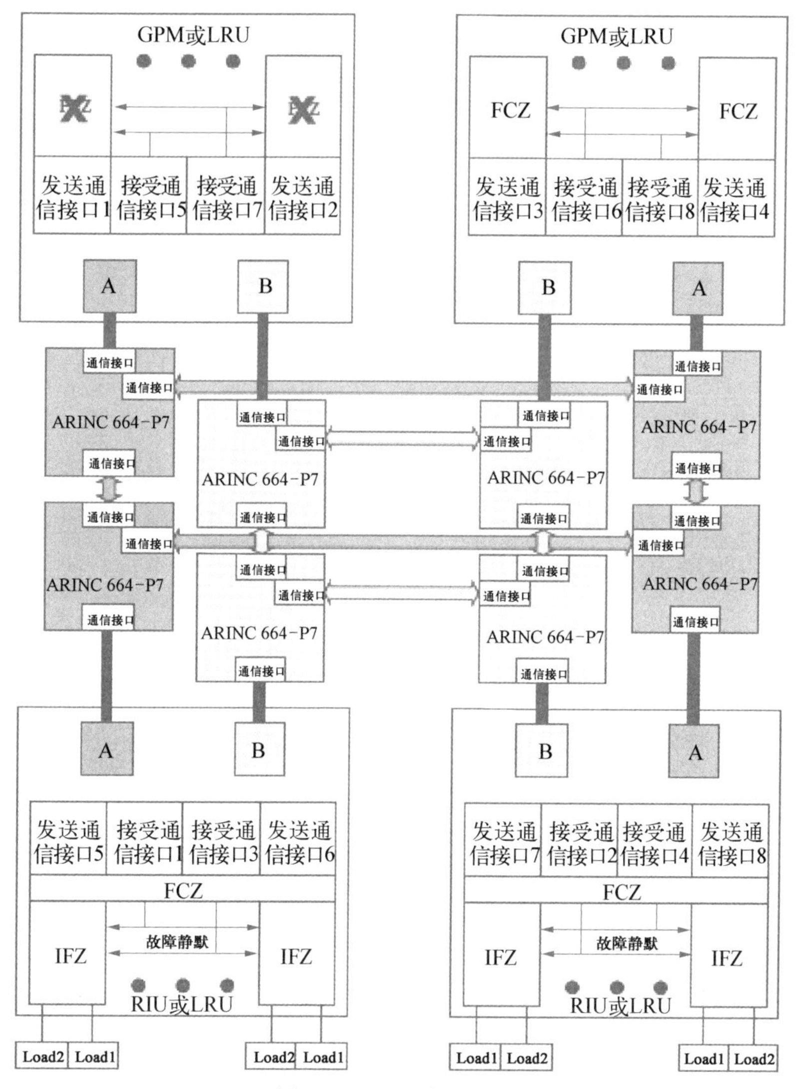

图 27-14　I/O FCZ2

(2) 故障静默行为。

(3) 数据联合(在 ARINC 664-P7 网络终端系统和宿主功能件中)。

功能容错是通过在“虚拟系统”中分配足够的冗余功能件来构建的，以支持所要求的功能可用性。这可以通过拷贝多个处理元件和 I/O 元件的多个“虚拟”通道来构建。来自多个独立源的备份拷贝输入数据提供给各个使用功能。

如前所述，平台使用的故障检测和故障封闭方法是让发送源停止发送有效数据，以应对不可纠正的软硬件故障。这种特性成为一种给特定数据用户的有效性嵌入式数据的指示，因为接收端口停止接收“新”数据。消息端口的接收时间标记使用户可测定数据刷新，并且可判断何时一个数据源变成“无效”，允许该使用功能根据观测到的接收数据去选择一个数据源或其他的数据源。

27.1.5.1　ARINC 664 - P7 的网络容错

互联的平台网络采用由网络终端系统管理的双通道架构。典型配置的网络消息在每个独立网络上传输。在标准配置中，接收终端系统实际上只使用一个余度信息提供给基于一种冗余算法的各种应用，丢弃冗余拷贝信息。如果一个 ARINC 664 交换机检测到一个内部错误，然后它会停止转发消息并对失败的通道数据的冗余拷贝静默。订阅应用程序或宿主功能将继续接收工作通道上的数据，并且由于网络的可用性，可以继续运行。这样由于软故障或硬故障引起的一个消息的传输错误可以有效地从功能系统中屏蔽掉。从系统的观点来看，数据用户看到的是连续的“好”数据流，直到整个余度都用尽为止。对于各个余度源，各种应用也可以实行数据联合方案，以便增强没有足够单独完整性的源数据的完整性。图 27 - 15 所示的简图描述了该架构支持的宿主功能余度。

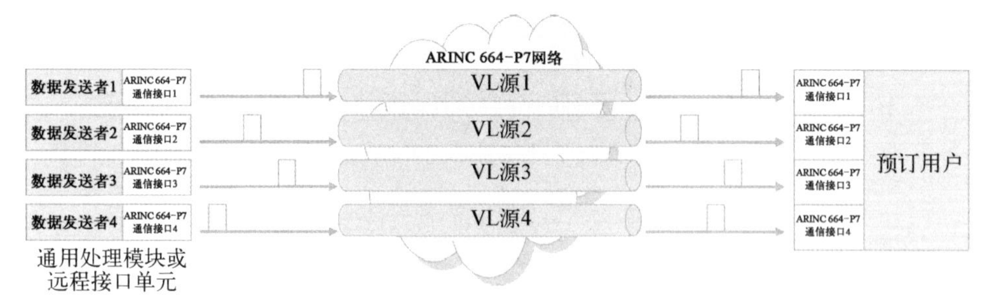

图 27 - 15　通用余度架构

27.1.5.2　GPM 的容错

ARINC 653 接口驻留的读取服务是 GPM 操作系统的一部分，它使用

ARINC 664－P7 的打时间标记功能，用来设置与 ARINC 653 采样接口相关的 ARINC 653 有效标志。ARINC 653 排队通信接口也具有类似的机制，以反映“自上次读取以来接收到的新数据”。这就成为各个宿主应用的数据源失效的一种直接指示。对于 GPM 来说，如果所在分区和相关的平台硬件处于健康状态，那么基础软件只是将应用所请求的数据(通过调用 ARINC 653 的接口服务程序)写入指定的 ARINC 664－P7 通信接口。这种特性支持驻留在 GPM 中，支持数据源作用的各种应用的故障静默行为。

27.1.5.3　RIU 故障容错

相同的数据源余度管理方法可用作由 RIU 表示的信号传输源。但是，由于一串 I/O 硬件(包括传感器)未必有确实的失效漏检率，所以较高完整性功能的耗尽型方案通常是从所有有效的冗余 I/O 源接收数据。这是不容置疑的有效的应用方法，即采用下游联合方案(如表决)来增强完整性。如果检测到 RIU 一个内部故障，而且影响到一个通信接口内的所有数据，那么该 RIU 便停止在网络上发送数据。类似地，如果检测出与某个特定数据有关的一个故障，RIU 就将该数据标记为无效。

RIU 可在余度数据之中选择数据源，以便根据预定的余度源使用次序驱动特定的输出。余度源数据表示为一组通信接口，由 RIU 按规定的优先级次序读取和使用这一组通信接口。耗尽型方案使用带有有效数据的第一个通信接口，用来驱动特定的输出。

27.1.6　平台健康管理和故障间隔

平台健康管理程序提供下列服务：

(1) 提供平台的故障间隔。

(2) 监控所有平台和非平台上 LRU 的连通性。

(3) 将配置状态传送给较高级别的健康管理程序。

(4) 控制返回服务测试。

(5) 确定 CCS LRM 和 LRU 何时可加载数据。

GENESIS 平台具有机内健康管理功能，借以收集和报告平台及其组件的健康状况，如图 27-16 所示。每一个平台的 LRU 利用其内部的测试设备 BITE，周期地向平台的健康管理程序报告其健康状况。平台的健康管理程序还利用简单的请求与响应协议，监控与网络接口的所有 LRU 的连通性。健康管理程序控制返回到平台各单元的服务测试(启动 BITE)和数据加载，以确保综合系统在维护期间仍然能够正常运行。平台健康数据由 GENESIS 的健康管理程序进行关联，以便为平台提供确定性的故障间隔，支持生产和运行维护。健康管理程序还根据平台整套部件预订的最少设备清单，给出平台资源的遣派就绪状态，指出妨碍安全遣派的任一平台的故障。

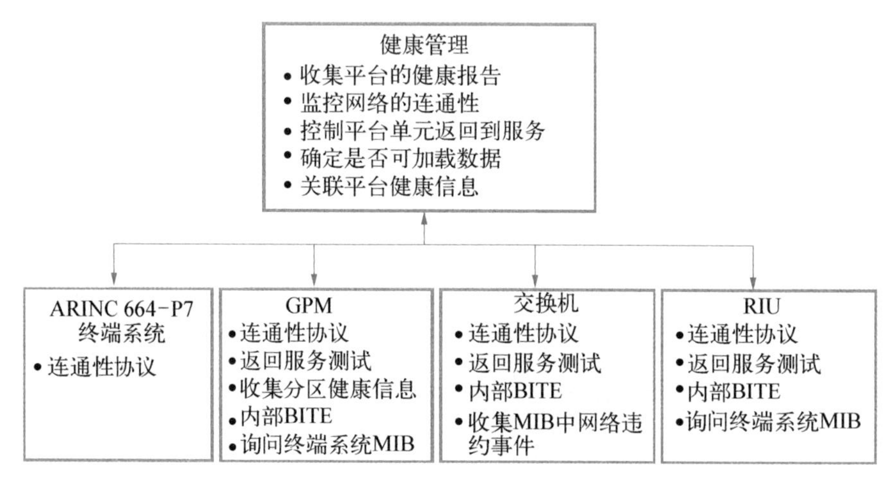

图 27-16　GENESIS 平台健康管理

27.1.7　平台配置管理

平台配置管理功能提供下列服务：

(1) 确认软硬件的兼容性。

(2) 检查宿主功能软件的一致性。

(3) 将配置状态传送到一个较高级别的配置管理程序。

(4) 为维护人员生成部件号报告。

GENESIS平台有一个内装的配置管理程序作为GPM上的ARINC 653应用，它确保已安装的与要安装的平台部件级硬件和软件的一致性，而且相互之间是兼容的。配置管理器验证的兼容性级别是部件级和系统级的兼容性，并与宿主功能软件一致。配置管理程序还把配置状态传送到一个较高级别的配置管理程序，作为一种手段指示“全部运行”或者识别特殊的配置问题供维护校正。

平台部件内部部件级的兼容性是通过比较部件的特定硬件和软件版本号来实现的。版本号反映的并不是特定部件号而是各组兼容的元件。这就使该平台内部的兼容部件号可以互换使用，因此正常的工作部件的改进并不迫使平台元件做大量的更新改进。

用来确认平台配置的主要方法是平台详细清单，即整套设备预订的软件号列表。与硬件安装程序引脚核对正确后，平台清单被加载到配置管理程序，并向每一个部件分发。利用该清单内的可加载的软件部件(LSP)号，各部件将证实其与组成该平台的其他部件是兼容的，并且整套设备工作是正常的。这就确保该套特定设备的接口和通信是兼容的。

配置管理程序还对加载在每一个GPM中的宿主功能软件进行相容性检查，确保在整个平台中，每一个余度版本是一致的。相容性检查是通过编制各GPM文件，报告GPM包含的每一个宿主功能应用的LSP说明和相关的LSP号来实现的。然后，配置管理程序有相同的LSP说明的LSP号。

平台的所有部件周期性地报告所有的硬件和LSP号。配置管理程序去掉冗余的LSP号，并将剩余的LSP号整合成一个LSP号，用于维护显示。这个报告可以传送出存在的任一配置故障，使得维护人员容易纠正配置问题。

27.2 功能系统在平台上的实现

27.2.1 用 GENESIS 平台构建系统

用 GENESIS 平台构建系统的过程如下：

(1) 定义组成该系统的功能。

(2) 定义实现每一个功能所需要的系统元件。

(3) 定义每一个系统元件的资源使用要求。

(4) 定义各系统元件与各个功能件之间的数据交换。

(5) 优化平台的逻辑架构。

(6) 分配系统元件到平台，定义系统物理架构。

集成一个基于平台的综合系统的第一步是定义组成该系统的功能部件。根据功能列表，系统元件以处理应用、I/O 需求和特殊设备(非平台元件)的形式出现。然后定义每一个系统元件的特性，例如可用性、完整性和性能需求。根据这些属性，就可形成一个“逻辑”系统架构，用来规划平台的规模，以便确定构成该综合系统所需的平台元件的数量。下一步规定各系统元件与其他系统之间的数据交换。功能通信定义形成基本的逻辑通信架构，实际的网络消息和数据组就在此架构内被组织起来。逻辑通信链路定义平台网络的 VL 构架(见图 27-17)。这种构架与功能系统元件相关，当这些元件被分配物理资源时，相关的通信链路架构跟随功能分配，形成物理系统架构。这种通信链路架构必须由接口功能来定义，因为这些接口功能最清楚它们所在的系统如何与其他系统以及该系统的传感器和操纵器进行数据交换。网络资源的优化与这一架构的定义密切相关，因此要保持系统专用的有目标的通信与更为通用的多用户数据相互间隔。构造通信构架是一个从上到下的过程，这个过程要确定数据发送者与预订用户之间交换的主要数据、要求的数据内容，以及使这种构架建得最好的通信接口结构(见图 27-18)。

从系统观点来看，网络配置过程始于通信链路架构的定义，这很像定义联

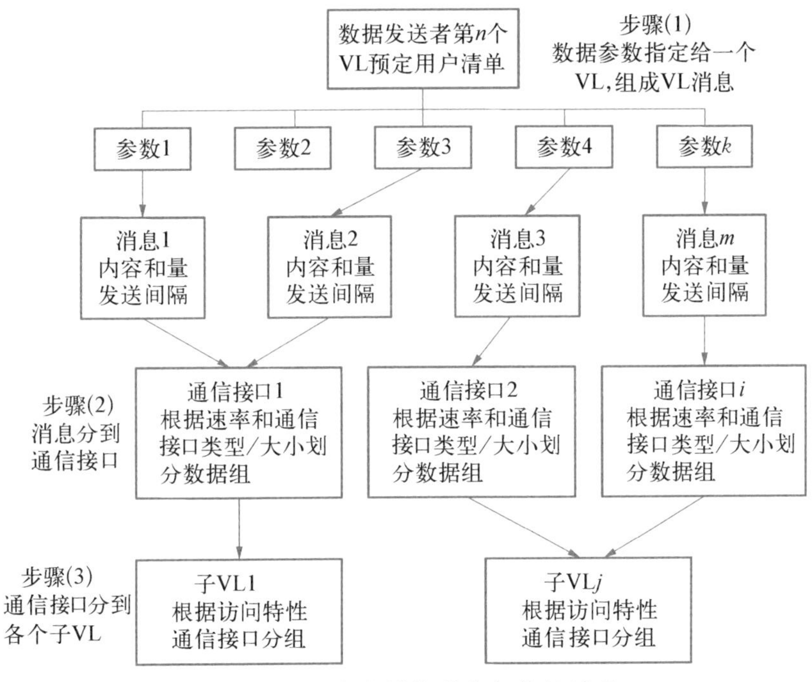

图 27-17　定义网络通信架构的过程

合系统中各LRU之间的ARINC 429连接。从用户及其所需数据角度来看，每一个系统必须确定其相关的发送通信链路架构。综合系统的构造从确定目标用户链路、多用户链路、网关输入链路和网关输出链路开始。每个系统链路设计应当从这四类链路着手，根据系统需要，增加其中一类的链路，或者去掉其他类型的链路。最长的等待时间要求必须确定，并与每个链路关联起来。

对于通信架构中定义的每个通信链路，消息元素需要在一个高层次上加以确定。如将飞机的FMS连接到一个显示单元的VL可能包含一些周期参数，例如位置、速度、时间、风向量以及如ARINC 661导航显示文件之类的周期文件。作为这种高层次定义的一部分，数据更新率和估计的数据量必须要明确。

实际的通信接口及其特性可以根据消息架构来定义。为了最佳地使用带宽，系统架构将周期数据按采样和排队更新率分组，只有当要求的带宽较小时，才可将若干组消息组合在一起。这种分析要比较通信接口的开销代价，即把较

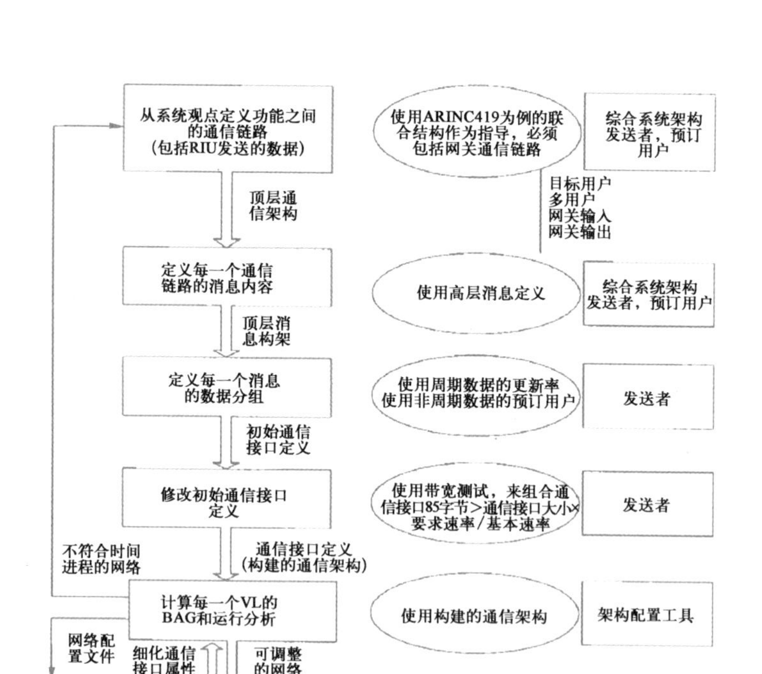

图 27-18　网络配置过程

低速率参数加到较高速率的通信接口带来的附加带宽。一般来说，文件传输和ARINC 429 设置为排队通信接口，参数数据设置成采样通信接口。这一过程将形成一组由每一个 VL 架构定义的排队通信接口和采样通信接口。

27.2.2　利用 GENESIS 平台集成联合系统

不使用 GPM，也可实施 GENESIS 平台。如果一个飞行器被专门处理过的联合系统架构化，那么就不需要 GPM。在这种情况下，共享数据传输和 ARINC 664 提供的连接网关功能仍然是一个拥有不同连接的集成联合系统 LRU 的完整平台。共享网络将会替代传统的联合系统使用的点—点线路。共享数据网关减少了飞行器的线路，也因此减少了线路重量，降低了安装复杂性。在这种方式下，GENESIS 仍然是与飞行器驾驶舱升级程序，或者使用传统 LRU

代替在一个GPM中将程序转向ARINC 653环境的新飞行器程序有关的。

不包括GPM的GENESIS架构中使用的程序也是相同的。功能将不会分配到GPM应用当中，但还是会描述数据级的完整性。由于GENESIS平台健康管理和构造管理被分配到GPM中，就需要在没有GPM时提供一个可选择的方案。无论以何种方式选择健康和构造管理，GENESIS组件仍然作为一个成员系统。

27.2.3　结构配置工具集

GENESIS平台是一组可配置的资源。一个未经配置的平台提供不了什么功能，平台的每一个组件将是闲置的，没有什么资源可以利用。平台配置是一种“胶水”，它将系统胶合在一起。这种配置不仅负责定义系统接口，而且还使系统性能协调地发挥作用。系统综合的资源分配保证是根据平台配置建立的。优化系统资源的任务和保证所生成的配置文件的正确性是系统综合者的责任，不应当被低估。GENESIS架构在很大程度上依赖于DO－178B/C中选用合适的工具来执行配置和相关的系统分析过程。综合航空电子环境的配置和分析庞大而复杂。如果一套合格的工具集不支持这个过程，那么将需要广泛的手动验证检查和手动分析来完成初始配置和随后的更改。

一旦定义了一个综合系统的逻辑架构，该逻辑架构就被分配到规模确定的平台架构，形成综合系统的物理架构。为了支持这种系统分配，采用一套架构配置工具(ACT)以图形的形式来表示待构建的架构资源(见图27－19)。系统综合者使用系统积木元件，用图示方法构建架构的物理设备，并以各种应用及其相关的通信架构的形式，将这些资源分配到各个特定的系统元件中。因为这样可以组合大量数据，这个工具集也可以连接到ICD档案图表中，用来大量输入数据，为后续绘制连接服务。绘制数据视图对数据有效性和故障排除有很大帮助。

宿主功能的定义和将平台资源分配到宿主功能是成功综合宿主功能所必需的，同时可确保有效使用可用资源。设计架构配置工具旨在支持综合系统的

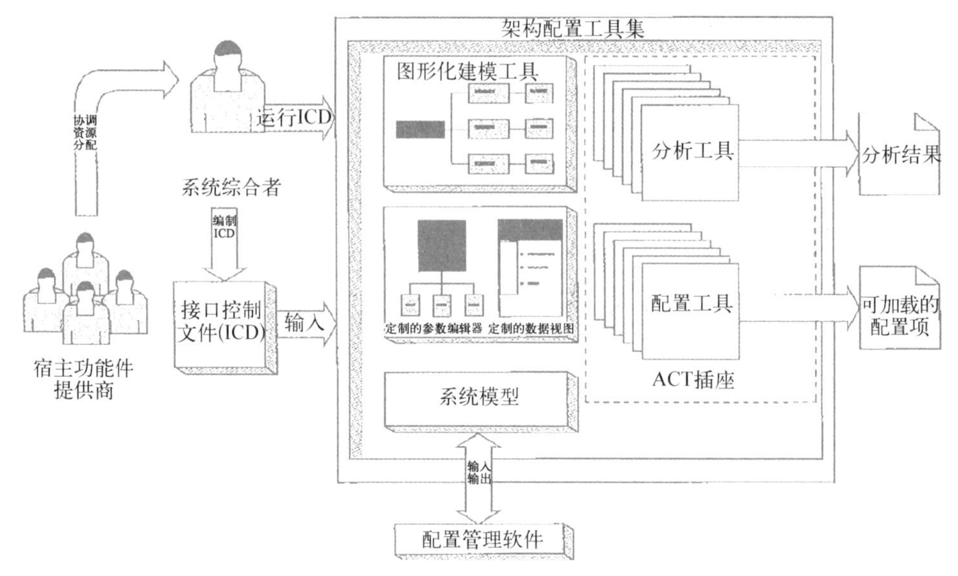

图 27-19　系统配置工具集

定义、配置、建模和分析。宿主功能资源分配模型的各个设计元件,利用工具集加以更新,以反映当前状态并理解宿主功能,同时确保系统模型是完整的和更新了的,以综合分配平台的资源。根据这个系统模型,可以生成合适的实现该综合系统的平台元件配置文件。

架构配置工具箱的基本功能包括以下几个方面。

(1) 确定物理架构。用户可以用图示方法构建物理架构,包括平台元件和系统独有的元件,并且将逻辑架构覆盖到特定资源。

(2) 确定 I/O 消息。用户可以定义和组织 I/O 消息,对于该消息,用子系统单元与其他系统之间的数据通信。

(3) 分析 GENESIS 平台的性能。根据每一个 HF 估计系统性能,包括与端到端的响应时间要求和由系统综合者配置的输入与输出信号等待时间要求等相关的性能。

(4) 生成综合系统模型。利用分析工具评估物理架构定义并生成综合系统模型,该模型满足所有宿主系统的资源定义(资源品质和性能)。

(5) 定义GENESIS配置。工具集允许由用户生成所有平台组件的配置文件。这些平台组件有GPM、网络交换机、终端系统以及RIU。GPM的配置文件定义其各软件分区和通信接口。网络配置文件定义网络数据流如何被控制和带宽如何分配。RIU配置文件定义了RIU对I/O信号的变换操作以及与串行数据总线(ARINC 429、CAN)网关的互联。

(6) 管理配置。工具集具有管理配置能力,用于存储、分类与保护系统配置版本、I/O消息和相关的分析与需求数据。

(7) 帮助用户对GENESIS做递增式的更改。系统配置的变更是意料之中的事情,这种变更不仅发生在进入服务之后,甚至在一个项目初始的综合和测试阶段也存在。许多变更范围是受限制的,即只是对一个或少数几个宿主功能根据需要做相对小的变更。本工具集在设计上可帮助用户对GENESIS进行递增式的更改,并且能归纳所有配置文件的"差异"并做出更改影响评估,从而对新配置做出有充分根据的有限度验证。

27.2.4　基于协议的模块化系统综合方法

GENESIS平台是使用"开放式"环境的一种模块化架构,允许各独立的供应商在该平台上实现他们的系统。这种开发的独立性和责任划分为系统的综合者、平台的提供者以及HF的供应商提供了一种有效的项目组织形式,他们可以单独地完成设计、综合、验证和合格审定。虽然开发具有独立性,但是存在的相关性仍然必须认真加以考虑,并进行相应的管理。

宿主功能使用这种平台架构时,其功能最终取决于该平台提供的资源。这一点可以通过宿主功能与平台综合的基于协议的方法来实现。

平台和HF供应商之间的"协议"形成了一种正式的通信模式,说明何种资源或者服务可以保证宿主功能。协议的目标有两个：第一,它将平台参数传送给HF的开发者,协议提供了平台参数的正式记录,开发者根据协议和系统或架构决定何时开发系统;提供协议需要文档的平台,如平台组件的可用性和完整性的安全性(在SAE ARP4761兼容的FHA和PSSA/SSA形式可能);协议还需要记录资源分配担保(可能是ICD的形式)。第二,协议是一张认证的证据,由于宿主功能被分配到平台资源,形成了一种“功能”架构,每一个宿主功能必须证实其安全性以及提交合格审定机构的合格审定案例符合具体的要求。例如,可以通过在单个系统安全性分析中引用平台安全性分析并通过系统要求追溯到GENESIS平台ICD来实现这一点。关键是必须在供应商组织之间共享某些文档,以便在证书交付物中进行适当的引用。这种证书的“共享”是集成航空电子体系架构中非常必要的,它可能影响文档的架构,以便在组织间不必要地共享专有数据。

多系统综合方法并不是一个新概念,但是由于GENESIS体系架构有更高的综合程度,所以系统提供者之间形成正式的详细沟通比传统的联合式系统的综合工作更为重要。

27.2.4.1 协议的任务和责任

协议的基本任务和责任在系统综合者、平台提供者和HF供应商之间是分开的。系统综合者编制平台资源分配保证文件,包括处理器时间分配、存储器分配、通信带宽和I/O分配。这些分配形成了对HF供应商的保证文件。平台提供者将未分配的平台保证(无论具体ICD配置)编入平台供应者的协议(SAE ARP4761兼容的FHA和PSSA/SSA)。平台提供者在协议形成平台安全保证文件的安全文件,负责验证他们的安全保证和合格的平台工具(ACT),用于验证平台ICD中系统综合者定义的资源分配保证。平台提供者负责证实其保证的要求,并向合格审定机构提交证据文件(不必交给HF供应商)。HF供应商接受列出保证要求的协议,并将其作为一个正式记录,平台的各种假设和合格审定论证就是依据这个记录。为了提供与平台有关的证据,HF供应商可以在证书和安全性参数中引用平台协议数据。HF供应商只需根据其功能需求来验证其HF的功能和性能。系统综合者负责为集成系统提供证据,包括独立验证的所有HF,含顶级安全文件(SAE ARP4761兼容的FHA和PSSA/

SSA)，以累计每个GENESIS平台组件上的多个HF的功能损失(和未被发现的错误行为)。即使单个HF安全分析表明其功能丧失仅是一个大的安全事件，但是与其他搭载在一起的HF的功能损失的组合在一起可能会导致如危险或灾难性的安全事件。例如，考虑飞机的主显示和备用显示是否由GENESIS平台托管。两种系统的单独损失都比单个平台失效导致两个平台同时失效的安全效应(这将是灾难性的)要小。需要通过适当的平台分配来减轻这种灾难性的情况，并且需要在顶层安全性分析中记录证据，包括平台上的所有HF。虽然系统综合者在技术上拥有平台ICD，但每个宿主功能提供商都负责验证其宿主功能是否满足平台ICD中的所有需求。单个宿主功能的验证证据是有效的，因为平台提供程序提供独立的证据来支持分区机制，防止系统受到其他HF的非故意影响。除了高级安全性分析所体现的以外，系统综合者可能不负责对ICD进行任何形式验证。一些“感觉良好”的集成测试很可能由系统综合者来执行，但这些测试不会作为取证证据提交。完全综合的系统级的全面测试是不可行的，因为所有HF系统同时进行大量输入和输出可能会引起测试用例的组合爆炸，也就是说，这一职责应该与取证机构协商并明确定义。

27.2.4.2　利用协议保证做出安全性和合格审定论证

为使综合系统的更改成本最小，重要的是对每一个宿主功能分别做出安全性和合格审定论证。这并不会减少综合个别有争议的系统的顶层论证的需要，但是减少了顶层论证的复杂性。如果对综合系统所做的安全性和合格审定论证没有在各个宿主功能系统的层次上进行，那么全系统范围的论证将是非常复杂的，并且对任何宿主功能的变更都会要求重新评估和确认。

GENESIS体系架构的一个重要方面是，其提供的平台独立于最终将使用该平台的宿主功能。因此，平台安全性和合格审定论据独立于任何特定的功能，这一功能是在宿主功能与平台综合时形成的。虽然平台可以独立开发，但HF供应商也必须考虑宿主功能与平台的相关性。剩下的事情是，系统综合者去讨论所有这些宿主功能在该平台上应该如何综合在一起。

可以证明，将安全性和认证证据分割成单独证据来源的方法，在整个考虑时会产生完整的证据参数。用来做出这些安全性和合格审定论证的逻辑主要基于合成推理方法，称为“假设-保证”或“信赖-保证”推理，这种推理常用在计算机科学领域的模块化系统中。这种推理的形象化表示如图 27-20 所示。图中 X 表示要与平台 Y 综合的宿主功能系统。

系统 Y（平台）必须保证其资源和服务，而系统 X（宿主功能）必须假设被保证的资源和服务为真。由于系统 X 依赖于系统 Y，当 Y 保证的特性为真时，系统 X 才能为真。但是，逆向是不成立的，因为系统 Y 并不依赖于系统 X。

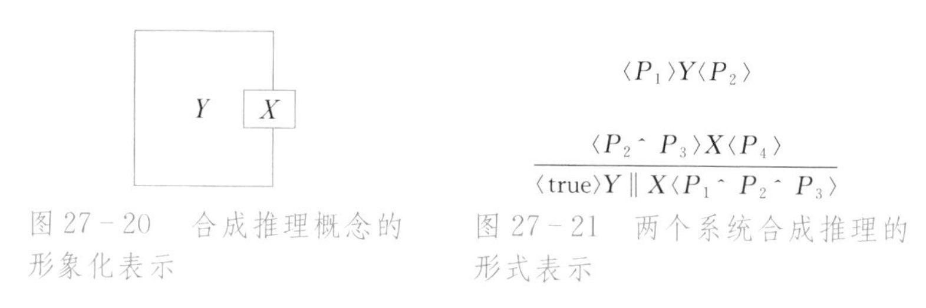

图 27-20 合成推理概念的形象化表示

图 27-21 两个系统合成推理的形式表示

这种推理的形式化表示如图 27-21 所示。这种推理表示为逻辑$\langle P\rangle X\langle Q\rangle$，如果 X 是一个系统，其中 P 为真，则完全可以断言该系统必然满足 Q。这种符号表示法可应用到本例子中，如果假定特性 P_1，则 Y 保证 P_2。类似地，通过假定特性 P_2 和附加特性 P_3，则 X 保证 P_4。这种推理形式使得系统提供者可以分别推断其系统 Y 和 X。然后系统综合者就能够推断出 Y 和 X 合成的特性，记为 $Y \| X$。给出特性$\langle P_1 \wedge P_2 \wedge P_3\rangle$。特性 P_1、P_2 和 P_3 表示系统提供者之间必须做出的保证，这样支持综合系统的安全性和合格审定论证才可以说是完全的。

27.3 合格审定

27.3.1 合格审定方法

与传统的合格审定方法相比，GENESIS 架构的合格审定方法有一些差别。

第一个差别是，综合系统组织成为模块（包括平台模块和宿主功能模块），根据RTCA DO-297中定义的指导，逐步接受认证。每个模块都需要有自己的一套设计保证、安全和认证数据。功能和平台模块交付合格审定机构验收先于系统级和飞机级的验收。一旦所有模块都已交付验收，根据系统级的认证论据，可以寻求综合系统的合格审定，而系统级的合格审定论据则是基于模块验收的单独的论据。递增式验收的合格审定过程可以用6个不同的阶段来表征。

阶段1：平台验收。

阶段2：HF验收。

阶段3：综合系统验收。

阶段4：采用GENESIS系统的飞机综合和合格审定。

阶段5：平台或宿主功能的递增式更改。

阶段6：平台或HF的再利用。

第二个差别是，HF的合格审定按照逻辑架构而不是物理架构。该方法的技术价值是通过由平台提供的基于协议的综合机制来证明的。支持合格验收的宿主功能的论证是建立在由各平台元件提供的一套资源保证的基础上的。这些保证描述了提供给宿主功能的逻辑架构。物理架构可以在不妨碍合格审定案例的情况下加以操作，只要证明改进的物理架构满足为HF所做的平台保证。例如，应用程序可以从一个GPM移动到另一个GPM，而不一定影响该宿主应用程序的现有认证项目。系统集成商需要更新其认证项目以记录新的系统集成解决方案。这将包括仍然满足新的系统定义的功能性能保证（即数据传输等待时间）的安全性分析和确认的更新。但是，单独的宿主功能级别的认证项目可能保持不变。

27.3.2　最小的更改成本

更改成本（时间、工作量和费用）是HF或平台组件更改时发生的。更改成本的理念在GENESIS体系架构中，由于系统之间的高度综合而显得特别重要。如果没有合适的系统设计和合格审定方法，宿主功能的更改可能使共享平台资源 HF 供应商、系统综合者、终端用户，甚至更改的 HF 承担极大且不必要的费用。类似地，由于工艺技术的更新或者过时，平台组件（硬件或软件）的更新可能会对宿主功能产生重大的成本影响。如果在架构实施中没有合适地进行更改管理，那么实现 GENESIS 体系架构带来的好处便由于更改的高成本而丧失。

下列是降低更改成本的目标：

（1）更改时，消除与各未受影响的 HF 有关的成本（降低更改成本的主要目标）。

（2）限制与规模变更、扩展和更新平台相关的成本。

（3）技术更新时，限制对未受影响的平台元件的影响。

（4）递增式验收平台或 HF 组件的合格审定。

在设计方面，平台实施必须支持在 GPM 内进行计算强大的分区，从 GPM 内的计算硬件抽象软件应用程序、网络分区、I/O 更新速率分段以及认证的配置机制和工具。

就合格审定而言，平台合格审定的论证必须支持递增式验收和逻辑架构。如果合格审定论证是基于物理架构的，则对物理架构的任何更改（甚至那些不破坏逻辑架构的更改）也要求进行合格审定论证，以获得重新的确认。考虑在 GPM 之间移动应用程序的例子。在这种情况下，变更成本本质上将限于合格的 ACT 报告，提供所有资源保证的证据，以及在系统集成商级进行更新的安全分析，记录应用程序在不同的物理 GPM 的宿主，以及如果该 GPM 失败并且所有已安装的应用程序都丢失对飞机的相关影响。

27.3.3 平台审定验收

除 HF 之外，平台的合格审定验收是独立进行的。因为各宿主功能的合格审定验收证据依赖于平台，所以平台的证据是分开来做的。为了遵从合格审定的递增式方法，平台可以分解成可以进行递增式验收的模块。平台的开发者根据该项目分配的任务和责任，合适地分解模块。平台模块通常分解为可以单独合格审定验收的(GPM)，OS(GPM)，基础设施应用，网络元件(ARINC 664 P7)和I/O元件(RIU)。

一整套模块验收资料连同每一个模块须提交给合格审定机构，其中验收资料要给出模块的物理特性、功能特性、性能特性以及接口(物理的、电气的和所用的软件的接口)。为了达到最大的再利用，需要说明模块的使用范围，包括使用限制和使用指南(DO-297中描述的使用域)。与其他合格审定方法一样，模块的确认和验证的证据资料必须提供给合格审定机构。HF供应商在拟制其自身的证据资料时至少要有平台的部分证据资料。作为一个与平台相关的系统。HF供应商在申请递增式验收时需要引用平台的证据资料。

27.3.4　递增式更改和模块再利用

递增式验收合格审定证据的模块结构有一个很大的好处是，这种方式在平台或HF做递增式更改期间，具有最低的更改成本。传统的审定方法需要包含所有合格审定细节的复杂证据。一方面，依照GENESIS方法，并不要对整个复杂的证据重新做确认，而只需重新确认小范围的、单一的、已做修改的证据。例如，如果模块的合格审定论据由于递增式系统的更改而更改，则依赖于修改证据的任何证据也需要重新确认。另一方面，如果改进后的系统仍能继续满足合格审定论据，即证据保持不变，则依赖于该证据的其他证据就不需要重新确认。

递增认可参数的模块化架构的一大优点是，该组织有助于在平台或托管功能的增量更改期间提供最小的更改成本。传统认证技术需要一个包含所有认证细节的单一复杂论证。根据GENESIS方法，而不是重新验证整个复杂参数，只有较小的、较不复杂的修改后的参数模块以及顶级集成系统参数模块才能被重新验证。例如，如果GPM宿主的应用程序已经更改，则其认证模块将与集成系统级模块一起更新，但GPM硬件和OS模块将保持不变。如果其任何保证被改变（即数据延迟、完整性、冗余），依赖修改的应用程序模块的其他模块也将需要重新验证。如果模块保证保持不变，则依赖于它的其他模块不需要再验证或重新验证。

模块化再利用也由GENESIS体系架构方法实现。基于类似递增式更改基本原理的平台架构，GENESIS平台可提供递增式验收的模块，并可以以最低的成本在其他平台上再利用。“最低成本”基于这样一种假设，即模块合格审定验收的原始证据可以满足新平台要求。不同平台的系统级的证据仍然需要给出，但是在原来合格审定工作中支持模块验收的大部分底层逻辑是可以再利用的。例如，如果对于认证模块可以使用同样的保证，就在其他飞机认证中重复使用一个飞机的认证GPM，并使其对现有模块认证工件（需求、验证、验证）的影响达到最小。这将需要在GPM采用相同的功能和安全要求并且现有输入数据延迟的最大值必须满足GPM基础架构信息。大多数模块的数据不会改变，并且工作会最小化到一个新的需求跟踪分析，这表明GPM依赖于相同的输入保证并且满足相同的输出保证。

27.3.5 规章指导文件

当GENESIS系统架构处于设想阶段时，复杂的飞机系统合格审定的通用规章文件还没有专门涉及合格审定递增的方法，也没有按照逻辑架构（传统指导文件是针对物理结构）去审定一个系统的方法。由于这些不足，最低的更改成本并没有得到下列传统规章指导文件的支持：

(1) RTCA DO-178B《机载系统和设备合格审定的软件要求》。

(2) RTCA DO-254《机载电子硬件的设计质量保证导则》。

(3) SAE ARP4754《高度综合或者复杂飞机系统的合格审定要求》。

幸运的是，最近的发展已经产生了新的指导，更适当地解决了IMA平台的独特性质。新的指导可能会随着GENESIS平台的架构继续增长而增加。在本出版物发行时，提供了以下指导：

(1) RTCA DO-178C，机载系统和设备认证中的软件注意事项。

(2) SAE ARP4754A，民用航空器和系统开发指南。

(3) SAE ARP4761，民用航空系统安全评估流程指南与方法。

(4) FAA AC 20-174，民用飞机和系统的开发。

(5) FAA AC 20-171，RTCA DO-178B 替代机载系统和设备中的软件。

(6) FAA AC 20-115C，机载软件保证。

(7) FAA AC 20-152，RTCA DO-254，机载电子硬件的设计保证指导。

(8) FAA TSO-C153，集成模块化航空电子硬件元件。

a. 解决硬件元素(但不是软件)的认证信用的可重用性。

b. 典型解释仍然集中于集成系统，不允许独立架构元素。

(9) FAA AC20-145，实施 TSO-C153 综合模块化航空电子(IMA)指南授权硬件要素。

(10) TSO-C153 的补充，不提供增量验收的额外指导或重用。

(11) RTCA DO-297，综合模块化航空电子(IMA)开发指导和认证注意事项。

支持 GENESIS 平台的大部分认证方法。

(12) FAA AC 20-170，使用 RTCA DO-297 和 TSO-C153 进行集成模块化航空电子开发、验证、集成和批准。

为使用 IMA 系统的飞机和发动机提供可接受的合规手段，DO-297 和 TSO-C153 的补充指导。

(13) FAA AC 20-148，可重复使用的软件组件。

支持软件组件的增量认证。

27.4 小结

本章介绍了一种航空电子设计，展示了航空电子设备如何发展成为高度集成的环境，描述了架构的技术细节以及整合和审定过程的角色和职责。让读者理解高度集成的航空电子环境有关的好处和复杂性。

概括来说，GENESIS平台是一种为实时嵌入式系统提供计算、通信和I/O服务的软/硬件平台。这种系统架构与传统的联合式系统架构相比，前者使用共享资源去容纳多个“虚拟系统”，这些虚拟系统是一些分立的“物理系统”。GENESIS平台为计算、I/O和通信诸元件提供了以网络为中心的环境，以及与其他非平台系统(通过ARINC 664-P7、ARINC 429、CAN或者数字I/O)的连接。GENESIS平台使用了鲁棒划分机制，因而具有故障封闭能力，保证了“虚拟系统”的高度完整性。

与传统的认证策略相比较，这里提出的合格审定方法的主要区别包括递增式验收过程和用逻辑系统而非物理系统的合格审定。本章还提出了基于合同的综合模块系统的方法和支持这些合格审定的方法。

GENESIS是一种可组合并可扩展的架构，其目标是支持各种高度关键的应用，但也可以缩小规模，以便适当地支持较低级别的应用完整性。与联合式系统的架构相比，GENESIS架构具有减小系统尺寸，降低重量、功率和成本等诸多优势。该平台向系统综合者提供了使他们快速和有效地建立一个综合系统的基础，这个综合系统可利用公共的开发工作(开放式环境)、公共资源(资源浪费少)和公共的综合目标(增进系统供应商之间的协调性)。

B787等飞机选择了利用GENESIS架构来实现IMA解决方案。预计将航空电子整合在一起的趋势还将继续，因此本章中提到的GENESIS概念只是新一代航空电子系统架构的起点。

28

B777 飞机航空电子架构

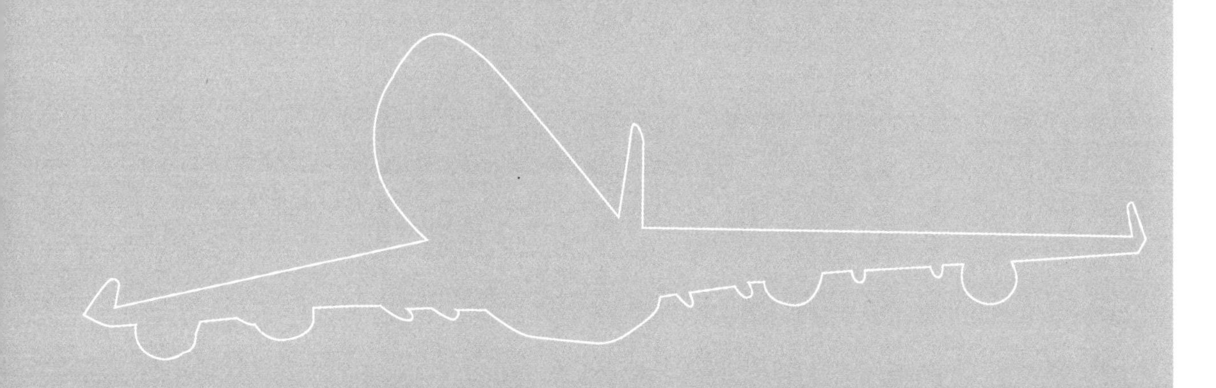

28.1　导言

长期以来,航空工业界已经认识到,将大规模的综合计算架构应用于机载航空电子系统可获得相当大的成本效益。机身、航空电子和半导体生产厂商所取得的技术成就已经能够实现这种综合的航空电子系统架构,从而产生显著的全寿命成本效益。B777飞机的AIMS是综合计算架构在民用运输机上的第一次应用。

28.2　背景

从1988年开始,航空电子工业界进行了大量的工作用以制定下一代综合航空电子架构的需求和目标。这些工作体现在ARINC 651中。IMA架构的顶层目标是通过减少备件要求来减少总持有成本(包括减少外场可更换模块(LRM)备件的成本和所需的LRM的数目)、减少设备拆卸率和航空电子设备及布线的重量与体积。此外,IMA还旨在满足航空公司所要求的更高的MTBUR/MTBF,改进系统性能(响应时间)、增加机载功能、更好的故障间隔与测试以及更长时间的无维修放飞。

从微处理器和存储器技术发展趋势来看,如果航空电子工业要满足IMA目标,那么就要演变机载计算架构。利用微处理器和存储器工业的这些发展,可以实现以前技术上不可行或成本较高的高度综合的架构。这些功能上综合的架构通过减少重复的硬件和软件单元而使寿命期成本达到最小(见图28-1)。

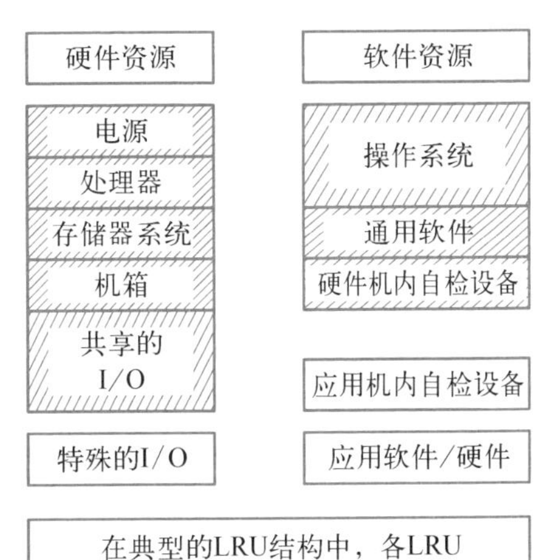

图28-1　典型LRU的部件

高水平的功能综合使得对可用性和完整性的要求远远超过联合式架构。资源可用性要求就是在概率上足以排除使用共享资源的多个功能同时丧失的可能性。可用性意味着要求使用容错技术。虽然容错是为了满足 IMA 的完整性和可用性,但也与航空公司延缓维修这一目标是完全一致的。而且,由于容错技术要求高完整性监视,因此与航空公司改进故障间隔、更好地维修诊断和减少 MTBUR 的要求也是一致的。当前的 IMA 实现方案在故障不确切的设备更换方面比基于 LRU 的典型联合式架构改进 6 倍以上。

高度的功能综合还意味着要求对使用任何共享资源的软件保持功能的独立性。严格的 CPU 间隔不足以确保各功能之间不会产生不利的影响。共享的 I/O 资源需要背板总线架构具有极高的完整性,并在所有用户之间实施严格的分区。共享的处理器资源需要有一个鲁棒的软件划分系统,其中所有的分区保护单元都受到监视,以确保间隔的完整性。

鲁棒的分区保护必须作为架构的一个完整部分来实施,间隔必须具有独立于应用软件的完整性。在这种环境下,鲁棒的分区结构应作为一个分立的元件来认证,使功能软件能独立于共享相同计算或 I/O 资源的其他功能进行更新和认证。由于预测机载功能将会继续增加,并且大多仅通过更改软件来实现,因此这种分区环境将提供更大的灵活性,来适应日益发展的系统需求(如 CNS/ATM)。

28.3 B777 飞机的 AIMS

现在正在实施的第二代航空电子系统中,B777 飞机的 AIMS 实现了 IMA 架构概念,用来支持高度综合的功能,并将重复资源减到最少。在这种架构中,一般单一功能的各个传统的 LRU 被双综合机柜所取代，后者提供完成以下功能所需的处理及 I/O 硬件和软件（见图 28－2）。

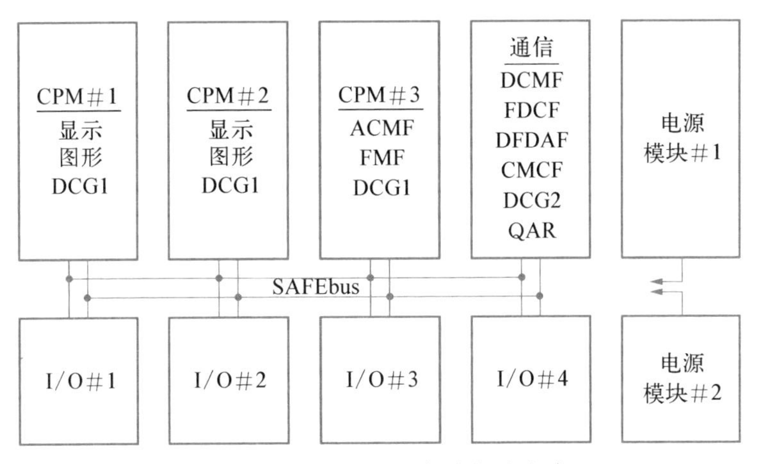

图 28－2　AIMS 基本功能的分布

注：ACMF—飞机状况监控功能；FMF—飞机管理功能；DCMF—数字通信管理功能；FDCF—飞行数字计算机功能；DFDAF—数字飞行数据采集功能；CMCF—中央维护计算机功能；QAR—快速存取记录仪。

(1) 飞行管理。

(2) 显示。

(3) 中央维护。

(4) 飞行状态监视。

(5) 通信管理(包括驾驶舱通信)。

(6) 数据转换网关(ARINC 429/629 轮换)。

综合机柜通过组合的 ARINC 429，ARINC 629 总线及离散 I/O 通道连接到飞机接口(见图 28－3，为了清楚起见，图中未表示出 ARINC 429 总线和离散通道)。

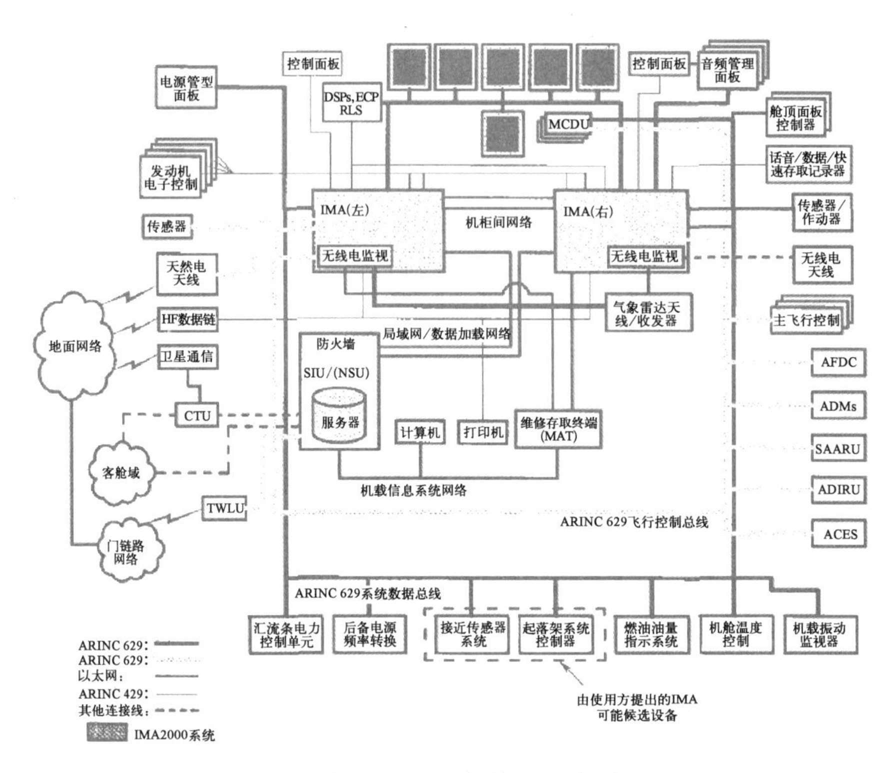

图 28-3 飞机接口示意图

注：AFDC—自动驾驶仪飞行指引计算机；ADM—大气数据模块；SAARU—辅助高度大气数据与惯性参考单元；ADIRU—大气数据与惯性参考单元；ACES—作动器控制电子系统；MCDU—多用途控制显示单元；DSP—显示选择板；ECP—EICAS 控制；RLS—外部光传感器；SIU—卫星接口单元；TWLU—双向链路单元。

28.4 机柜结构概述

AIMS 系统的核心部分是安装在电子设备舱的双机柜，每个机柜包括 4 个核心处理器模块(CPM)、4 个 IO(I/O)模块(IOM)和 2 个电源模块。机柜中另外的空间留作安装今后功能扩展所需的 CPM 和 IOM(见图 28-4)。AIMS 提供的共享平台资源如下：

(1) 共用处理器及机械安装盒。

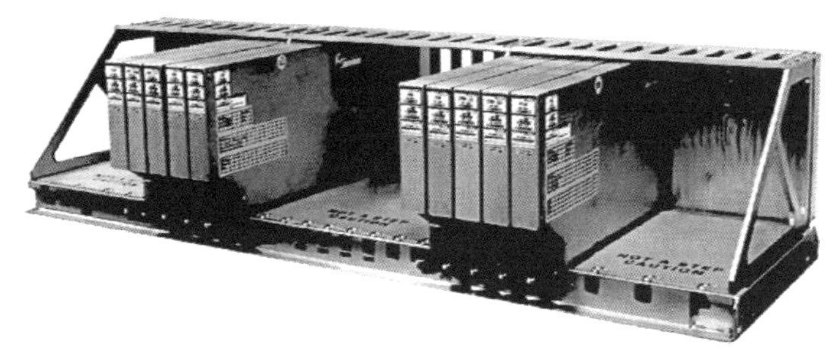

图 28-4　AIMS 机柜

(2) 共用输入/输出端口、飞机级电源调节及机械安装盒。

(3) 共用背板总线(如 SAFEbus),在 CPM 之间和 CPM 与 IOM 之间传输数据。

(4) 共用操作系统、BIT 和通用软件。

各个应用软件综合在共用 CPM 中,而不是驻留在分开的 LRU 中。IOM 将数据从 CPM 传输到机上的其他系统,并接收从这些系统来的数据,供 CPM 应用软件使用。被称为 SAFEbus 的高速背板总线为机柜内任何 CPM 和 IOM 之间通信提供 60 Mb/s 的数据传输通道。AIMS 机柜之间的通信是通过 4 条 ARINC 629 串行总线完成的。

系统架构提供的鲁棒分区允许各个应用软件使用共用资源而不产生任何不利的相互作用。这是通过将存储器管理与确定性的应用软件执行的调度计划相结合来实现的。在系统运行之前就要对存储器进行分配,仅有一个应用分区获得对存储器的任何给定页面的写作存取权。对于每个应用的处理器调度也是在运行之前,由加载到机柜的每个 CPM 和 IOM 的一组表格控制来进行的。这一组表格同步操作控制 CPM 中的应用调度以及通过 SAFEbus 在各模块之间转移数据。

硬件故障检测和间隔是通过 CPM、IOM 和 SAFEbus 的锁步设计来实现的。CPM 和 IOM 上的每个机器周期由两个分离的处理通道按锁步方式实现,并且比较硬件输出,确保每个通道有相同的执行结果。如果比较有误,则在调用操作系统的故障处理和记录软件之前尝试系统重试。SAFEbus 具有 4 个余度数据通道，并实时进行比较，以检测和间隔总线故障。驻留在 AIMS 中的应用软件列举如下，其中括号数值为每一组软件的每种应用软件的余度副本数：

- 显示(4)。
- 飞行管理/推力管理(2)。
- 中央维护(2)。
- 数据通信管理(2)。
- 驾驶舱通信(2)。
- 飞机状态监视(1)。
- 数字飞行数据采集(2)。
- 数据转换网关(4)。

两个 AIMS 机柜中的所有 IOM 都是相同的。CPM 的处理器、存储器、电源和 SAFEbus 接口具有共用硬件，但是可以包括一个定制 I/O 卡，以便为“客户”提供专用的硬件。AIMS 中的客户硬件包括：显示器图形发生器、至数字记录仪的数字飞行数据采集接口、飞机通信寻址与报告系统(ACARS)调制解调器接口以及飞机状态监视存储器。以下是组成 AIMS 系统的其他驾驶舱硬件单元：

(1) 6 个平板显示器单元。

(2) 3 个控制显示器单元。

(3) 2 个电子飞行仪表系统(EFIS)显示器控制面板。

(4) 显示器选择面板。

(5) 光标控制设备。

(6) 显示器外部光传感器。

28.5　背板总线

如上所述,机柜中各LRM经称为SAFEbus的双高速串行总线互连(见图28-5),是各综合功能件的处理单元和I/O单元之间的唯一通信机构。因此,总线必须有极高的可用性和完整性,以排除同时丧失多个功能的可能性,并保持I/O资源的鲁棒分区。此外,要求SAFEbus本身能提供并实现这种关键共享资源的完整性。CPM的任何软/硬件故障都必须保证绝对的数据完整性。在这种环境下,SAFEbus起到支持高层次I/O综合的通用和虚拟资源的作用。

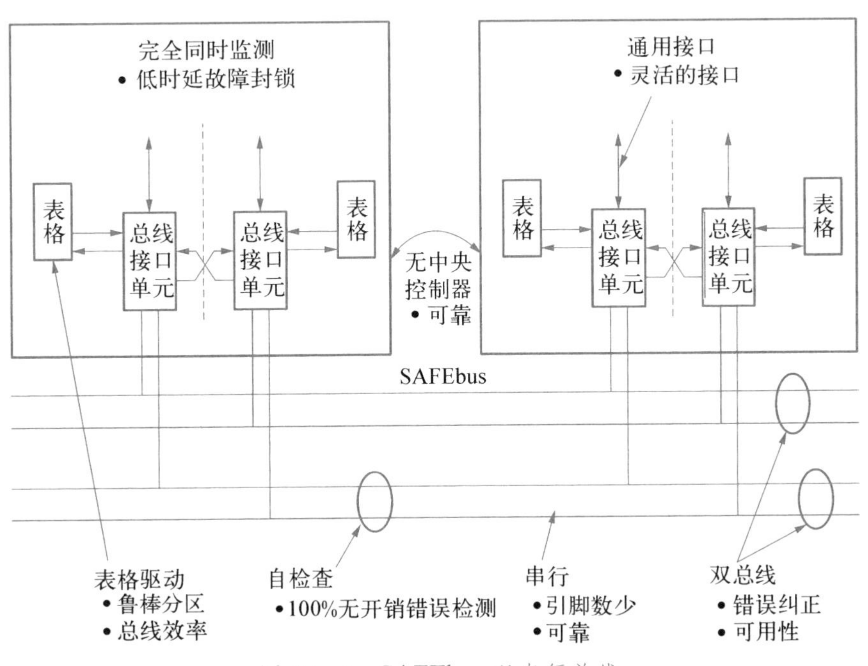

图28-5　SAFEbus双串行总线

SAFEbus协议是由存储在每个BIU的内部表格存储器中的一个命令序列驱动的。每个命令相当于单一的消息传输。所有的BIU都是同步的,所以在任何给定的时间点,所有BIU都"知道"总线的状态,并且处于其表格的等价点上。因为缓冲器地址是存储在表格中的，不需要通过总线传送，并且由于所有的事务处理都是按确定性计划安排的，因此也不需要对总线进行判断。这可以获得极高的总线效率（94%），而不需要专用于地址控制的数位，数据控制所需要的数位也最少。关于SAFEbus操作的更详细描述可见ARINC 659以及参考文献。

28.6 维护

容错要求可以增加设计灵活性和延长维修能力。利用容错设计管理的高完整性监视硬件，AIMS机柜能够立即完成故障检测和限制。这种增加的故障可见性使得机柜在对驾驶舱产生影响之前，就能消除大多数故障。这是减少设备平均拆卸间隔时间（MTBR）的一个重要的措施。此外，容错还可以延缓维修，使之实现定期（按计划）维修。根据某一特定航空公司愿承受“容错带故障放飞”的概率，AIMS第一次出现任何故障后，飞机无须维修可继续放飞的时间达10～30天。

28.7 扩展

扩展机柜功能有两个途径：① 作为AIMS基线的一部分，利用计算和背板资源余量，加装设备；② 每个机柜提供备份LRM的插槽。备份的计算和背板资源可以满足增加吞吐量或I/O的任何功能（新的或现有的）的需要。现有的备份I/O硬件，例如629终端、429终端和离散I/O，也可用于综合机柜的任何功能。备份LRM插槽可以用于附加的处理硬件、I/O硬件，或者专用的硬件，后者为特殊功能所需。附加的处理模块可以按需要增加而不改变现有的机柜硬件。如果需要新的飞机接口,增加I/O可能需要更改布线。

推荐阅读

本章实质上是下面原材料的再版:

Morgan, M. J., Honeywell, Inc., Integrated modular avionics for next generation airplanes, IEEE Aerospace and Electronic Systems Magazine, 6: 9-12, August 1991.

Witwer, R., Honeywell, Inc., Developing the 777 airplane information management system (AIMS): A view from program start to one year of service, IEEE Transactions on Aerospace and Electronic System, 33: 637-641, August 1996.

参考文献

[1] ARINC. Design guidance for integrated modular avionics, ARINC 651-1, Aeronautical Radio Inc., 1999.

[2] Hoyme, K., Driscoll, K., Herrlin J., and Radke, K., Honeywell, Inc., ARINC 629 and SAFEbus®: Data buses for commercial aircraft, Scientific Honeyweller, Fall, 57-70, 1991.

29

B777 的电传飞行控制

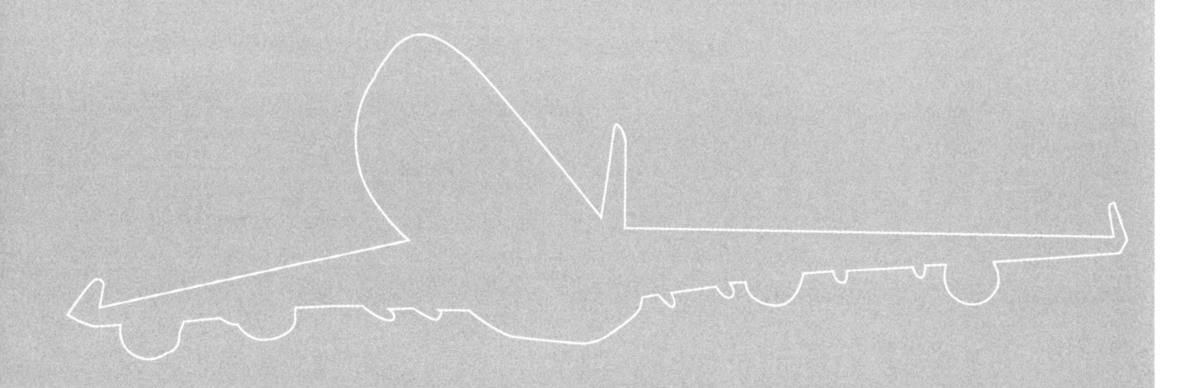

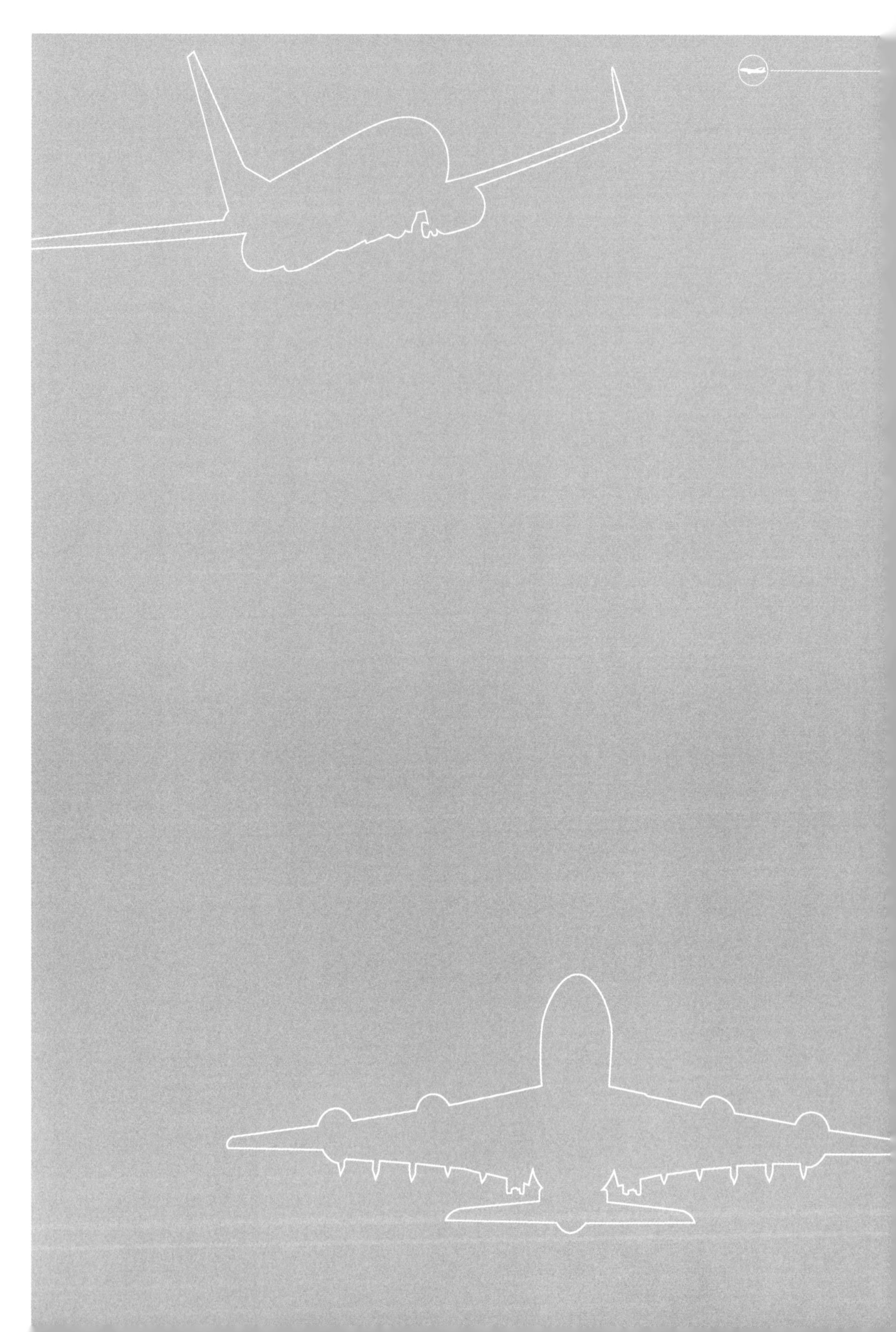

29.1 导言

电传操纵(fly-by-wire,FBW)主飞行控制在军事上(如在战斗机上)的应用已有许多年。现在已经逐渐发展到用于商用运输机。B777 飞机是波音公司制造的第一架使用 FBW 主飞行控制系统的商用运输机。本章将以 B777 飞机所用系统为例(见图 29-1),研究 FBW 主飞行控制系统。阅读本章时必须明白,这只是民用航空中使用这种系统的一个例子,其他制造商制造的一些商用飞机使用了有别于 B777 飞机的不同的 FBW 飞控系统结构。

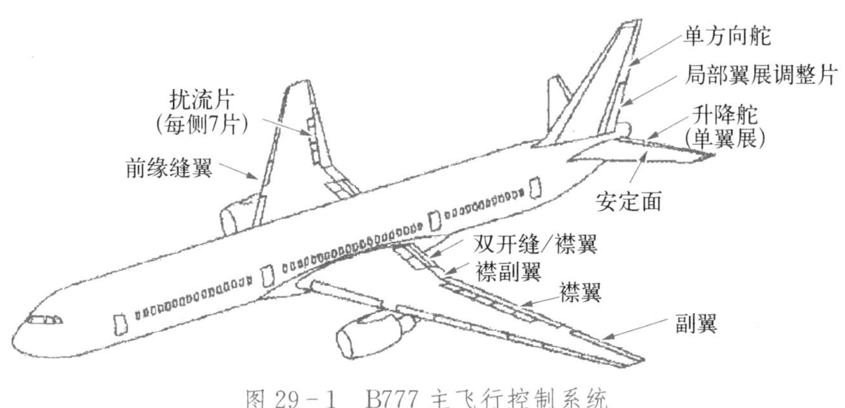

图 29-1　B777 主飞行控制系统

FBW 飞控系统相对机械系统有很多优点,包括以下几个方面:

(1) 全面减小机身重量。

(2) 把若干联合式的系统综合成单一系统。

(3) 优良的飞机操纵特性。

(4) 易于维护。

(5) 易于生产。

(6) 在初始设计和生产后具有增加新功能或者更改功能的更大的灵活性。

29.2 系统概述

传统的主飞行控制系统使用液压传动器和由驾驶控制器通过钢索操作的控制阀门。这些钢索从驾驶舱到被控操纵面，一直延伸到整个机体。这种系统虽然可以对飞机的整个飞行状态提供充分的控制，但是确实存在一些明显的缺陷。由于需要布设很长的钢索、滑轮、支架和支撑物，钢索控制系统需要付出重量代价。由于钢索不时地被拉伸，该系统需要定期维护，例如润滑和调整。此外，向飞行操纵面提供增强控制力的那些系统，如偏航阻尼器，都需要专用的传动、配线和电子控制装置，这就增大了系统的总重量，并且增加了系统部件的数目。

在电传飞控系统中，不采用主飞控操纵面的钢索控制，各作动器都采用电气控制。FBW 系统的核心是电子计算机。连接到飞行员控制器的位置传感器发出的电信号被计算机转换成指令，然后传送到各个作动器。由于对系统做了这些改变，使得实现下面这些设计特性成为可能。

(1) 利用先进控制律进行全时操作面控制。B777 飞机的空气动力面按一定尺寸制造，能够在临界飞行条件下提供所需的飞机响应。控制律的反应时间比机敏的飞行员的反应时间要短得多。因此飞行操纵面可以做得比传统的飞机操纵面小。这样就全面减小了系统的重量。

(2) 保留传统控制系统中合乎需要的飞行控制特性，去掉不需要的特性。这方面的内容在控制律和系统功能一节中将进一步讨论。

(3) 综合功能，例如，偏航阻尼器综合到基本的翼面控制。这样就可以去掉通常用于这些功能的分离部件。

(4) 提高了系统可靠性和维修性。

29.3 设计方法

B777飞机主飞行控制系统设计使用的方法是保持与飞行员过去训练和经验一致的操作系统。这就意味着尽管实际的系统架构和先前波音飞机不同，但呈现在飞行员面前的是与传统的机械控制系统一样的操作。B777飞机保留了常规的驾驶杆、驾驶盘和方向舵脚蹬，它们的操作和其他波音运输机使用的控制器是一样的。B777飞机驾驶舱的控制器和B747－400飞机的非常相似，B747－400飞机使用传统的机械控制主飞行控制系统。

因为系统是由电子控制的，就有可能把系统控制增稳和包线保护特性合在一起，而传统的机械系统是难以做到的。B777主飞行控制系统充分利用了这种架构的能力，使之具有以下特性：① 倾侧角保护；② 转弯补偿；③ 失速和过失速保护；④ 俯仰操纵和增稳；⑤ 推力不平衡补偿。

这些特性稍后会做更详细的介绍。但是，应当注意的是，这些特性都不会限制飞行员的动作。B777飞机主飞行控制设计对其所有功能使用了包线保护(envelope protection)而不是包线限制(envelope limiting)。包线保护是阻止飞行员输入超过规定的预定限制值，但是不禁止它。包线限制则是阻止飞行员向飞机发出超出设定限制的命令。例如，当试图使飞机滚转超过预定的滚转角时，B777飞机的滚转保护特性将使飞行员操纵驾驶盘的力度大大增加。这一作用提醒飞行员飞机正在逼近滚转角的极限值。然而，如果飞行员认为必须这样做，那么他可以操控这种保护，但对驾驶盘要施加比反向推动作动器更大的力量。这种设计的意图是告知飞行员，他正在给出的指令会使飞机超出正常的运行包线，但不排除飞行员会这么做。这种概念是B777飞机主飞行控制系统设计方法的中心思想。

29.4 系统结构

29.4.1 驾驶舱控制

正如前面所介绍的，B777 飞机驾驶舱使用标准驾驶舱控制器：驾驶杆、驾驶盘和方向舵脚蹬。这些使机长和副驾的控制在机械上连接起来。这样就消除了机长和副架之间任何相冲突的输入进入主飞行控制系统。这些操纵装置被连接到电传感器，电传感器将机械位移转换为电信号，替代了传统系统中推动操纵杆和钢索的驾驶控制器。

梯度控制作动器连接到两个驾驶杆感力组件。在加速机动期间，这些组件提供了驾驶杆的感力，其值与飞行员施加的增力成比例。这与飞行员操作传统商务喷气运输机的感受一样。

另外，驾驶舱控制配备称为“反向驱动作动器”的设备。正如其名所指的，在自动驾驶仪工作期间，这些作动器反向驱动驾驶舱的控制器。这一特点也与传统方式控制的飞机中飞行员习惯的操作是一致的，并且使飞行员通过易于识别的驾驶控制器的直接目视反馈来监视自动驾驶仪的工作。

29.4.2 系统的电子设备

B777 飞机主飞行控制系统有两种类型的电子计算机：主要使用模拟器件的作动器控制电子设备（ACE）和使用数字技术的主飞行计算机（PFC）。该系统使用 4 个 ACE 和 3 个 PFC。ACE 的功能是与飞行员控制传感器连接，并且控制配有模拟伺服环路的主飞行控制系统的传动。PFC 的任务是计算控制律，把驾驶操纵位置转换为传动指令，然后将传动指令发送给 ACE。PFC 也包含一些辅助功能，例如系统监测、机组通告和主飞控系统的机上所有维护功能。

系统使用 4 个相同的 ACE，标号为 L1、L2、C 和 R。这些指定的标号大致对应于飞机上的左、中、右液压系统。在4个ACE中分配飞行控制功能。用于驾驶舱控制和主翼面传动的传感器发来的信号由ACE译码。ACE将传感器位置转换为数字量,然后通过ARINC 629数据总线将数字量发送出去,供PFC使用。系统中有3个PFC,标号分别为L、C和R。PFC使用这些驾驶控制和操纵面位置数据来计算所需的操纵面指令。此时自动功能指令,例如偏航阻尼方向舵指令,与驾驶舱控制指令相加,然后经由同一根ARINC 629数据总线返回给ACE。ACE将这些指令转换成至每一个单独作动器的模拟指令。

29.4.3　ARINC 629数据总线

ACE和PFC之间,以及与机上其他系统之间,通过称为左、中、右三重,双向ARINC 629飞行控制数据总线相互通信。这些电子单元至每一根数据总线通过短截线电缆与ARINC 629耦合器相连。去掉和更换每一个耦合器都不会影响数据总线本身的完整性。

29.4.4　与飞机上其他系统的接口

主飞控系统通过两条不同的路径发送和接收来自机上其他系统的数据。大气数据与惯性参考单元(ADIRU)、备用姿态与大气数据参考单元(SAARU)以及自动驾驶仪飞行指引计算机(AFDC)通过ARINC 629飞控数据总线发送和接收数据,该总线与主飞行计算机直接接口。其他系统,例如襟翼与前缘缝翼电子单元(FSEU)、接近转换电子单元(PSEU)和发动机数据接口单元(EDIU)通过ARINC 629系统数据总线发送和接收各自数据。PFC通过飞机信息管理系统(AIMS)的数据转换网关(DCG)功能元件接收上述系统发来的数据。DCG将来自系统数据总线的数据提供给飞行控制数据总线。两组主ARINC 629数据总线之间的网关将关键的飞控总线和基本系统总线之间隔开,但仍能允许数据双向传送(见图29-2)。

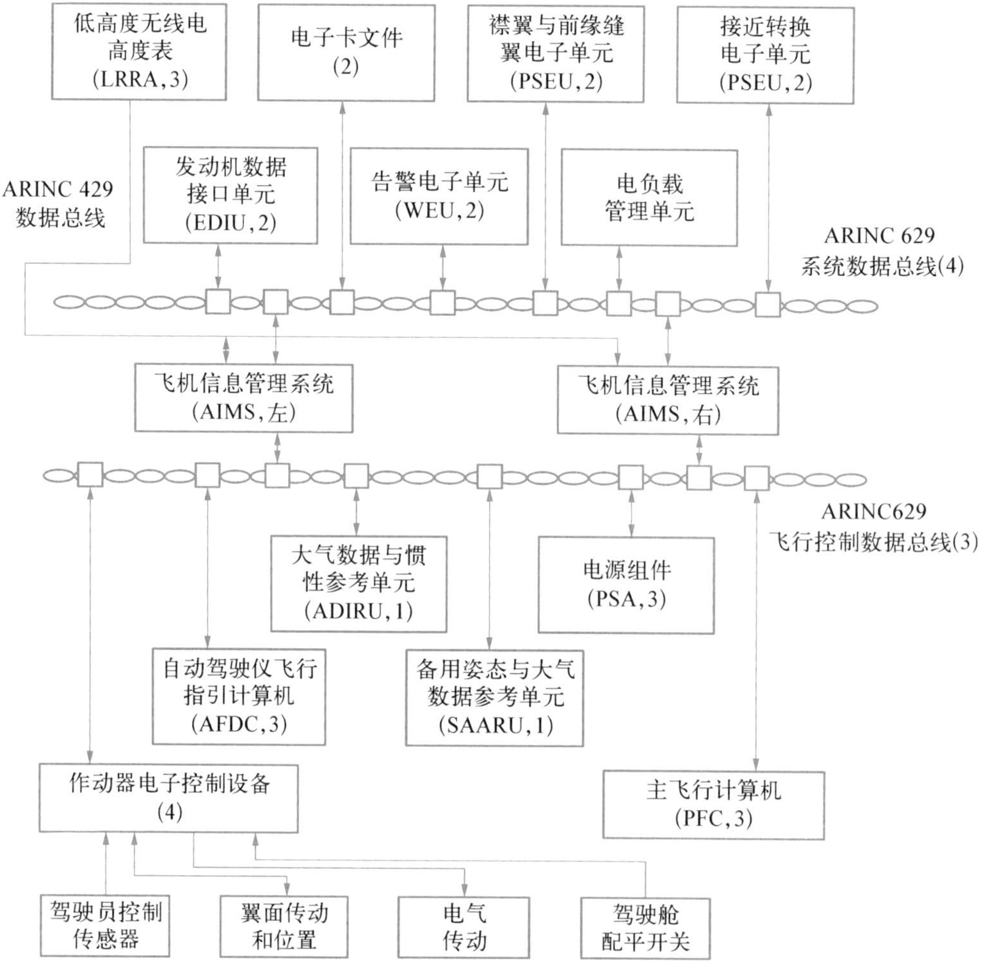

图 29-2 B777 飞机主飞行控制系统的电子组件以及与机上其他系统接口框图

29.4.5 电源

三个独立的电源系统专门用于主飞行控制系统，这三个电源系统统称为飞控直流(FCDC)电源系统。FCDC 电源组件(PSA)向三个电源系统的每一个供电。每个发动机上的两个专用永磁发电机(PMG)产生的交流电供给 FCDC 电源系统。每一个 PSA 将永磁发电机的交流电转换为 28 V 直流电，供主飞行控制系统中的电子模块使用。电源组件的交流电源包括飞机冲压空气涡轮(RAT)、28 V 直流飞机主汇流条、飞机蓄电池热汇流条，以及专用的 5 Ah FCDC 蓄电池。在飞行期间电源组件从 PMG 获取电力。在地面发动机停车或者飞行中永磁发电机有故障时，电源组件可以从任一可用的电源获得电力，如图 29-3 所示。

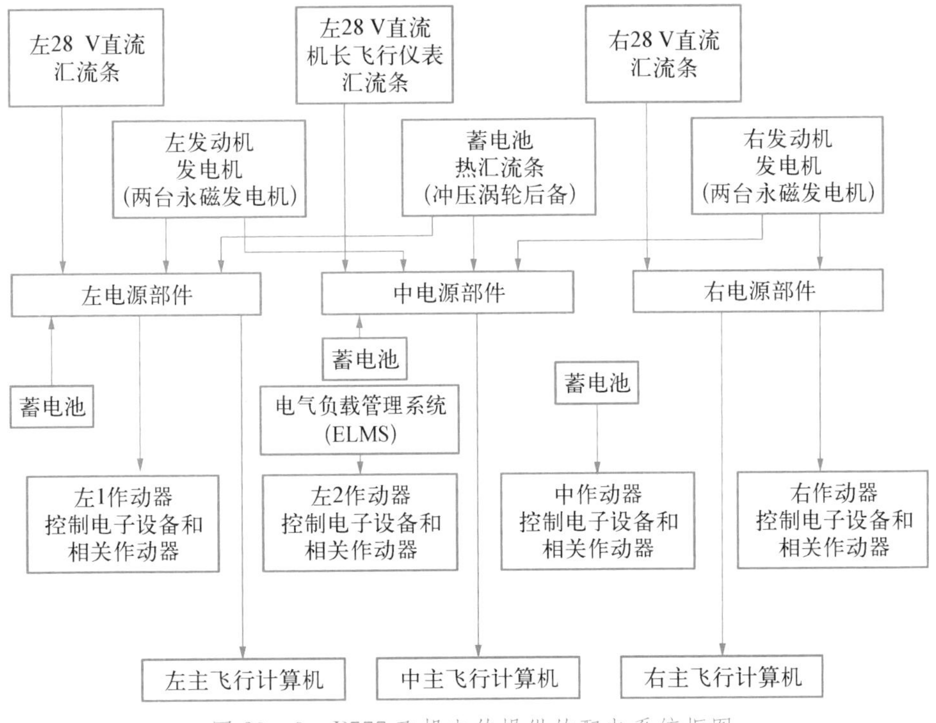

图 29-3　B777 飞机电传操纵的配电系统框图

29.5　操纵面传动控制

29.5.1　电传操作的传动

B777 飞机机翼和尾翼上的操纵面受液压和电信号驱动的作动器控制。升降舵、副翼和襟翼的每个操纵面由两个作动器控制，方向舵则由三个作动器控制。每个扰流板都由单个作动器驱动。水平安定面的位置由两个并行的液压电动机控制，用来驱动水平安定面的作动筒螺杆。

驱动升降舵、副翼、襟翼和方向舵的传动有几种运行模式。这些模式以及每一种模式传动适用的翼面定义如下：

主动模式——升降舵、副翼、襟翼和方向舵上所有的作动器通常接受各自ACE发来的指令并确定相应翼面的位置。作动器会保持在主动模式，直到ACE命令作动器转换到另一种模式。

分路模式——作动器在这种模式下不响应来自ACE的指令。作动器可以自由地运动，所以一个给定操纵面上的余度作动器可以确定操纵面的位置而不会失去任何权限，即主动模式下的作动器不必压服分路作动器。副翼、襟副翼和方向舵的作动器具有这种工作模式。

阻尼模式——作动器在这种模式下不会响应来自ACE的指令。作动器能够运动，但是以受限制的速率运动，对该操纵面提供颤振阻尼。这一模式允许操纵面上的其他作动器继续以足够控制飞机的速率转动操纵面。这种模式出现在升降舵和方向舵作动器中。

封锁模式——作动器在这种模式下不会响应ACE的指令，也不允许运动。当一个翼面上(由两个作动器控制)的两个作动器都失效时，它们都会进入"封锁"模式。该模式用液压锁定操纵面。这种模式出现在升降舵和副翼作动器中。

以升降舵操纵面为例来说明如何使用这些模式。如果升降舵操纵面内侧的作动器失效，控制那个作动器的ACE就会将作动器置于阻尼模式。在这种情况下，在仍然工作的外侧作动器的控制下，允许操纵面以受限的速率运动。与此同时，ACE也使同一操纵面上的外侧作动器做好进入封锁模式的准备。如果接下来又发生了一个故障，ACE将使外侧作动器置于阻尼模式，那么两个作动器都将工作在阻尼模式下，并且使它们的封锁模式处于预备状态。在这种组态下升降舵作动器进入封锁模式，由液压锁定操纵面位置，进行颤振保护。

29.5.2 机械控制

扰流板 4 和 11 以及备用安定面俯仰配平系统是机械控制而不是电气控制。驾驶盘的偏转通过控制钢索直接驱动扰流板 4 和 11。使用驾驶舱中央操纵台上的俯仰配平操纵杆完成备用水平安定面的控制。由备用配平操纵杆启动的电气开关允许 PFC 决定何时发出备用配平指令,从而可以向俯仰控制律发出合适的指令。

在空中和地面,扰流板 4 和 11 也可当作减速板使用。这一对扰流板的减速运转只有两个位置:收起位置和完全展开位置。扰流板 4 和 11 的减速指令实质上是电动的,由 ACE 发出展开或收回指令给每个作动器的电磁阀。一旦那一对扰流板已经执行减速指令而展开,就没有驾驶盘减速混合控制指令,虽然所有其他电传操纵扰流板翼面仍然存在混合控制(见图 29-4)。

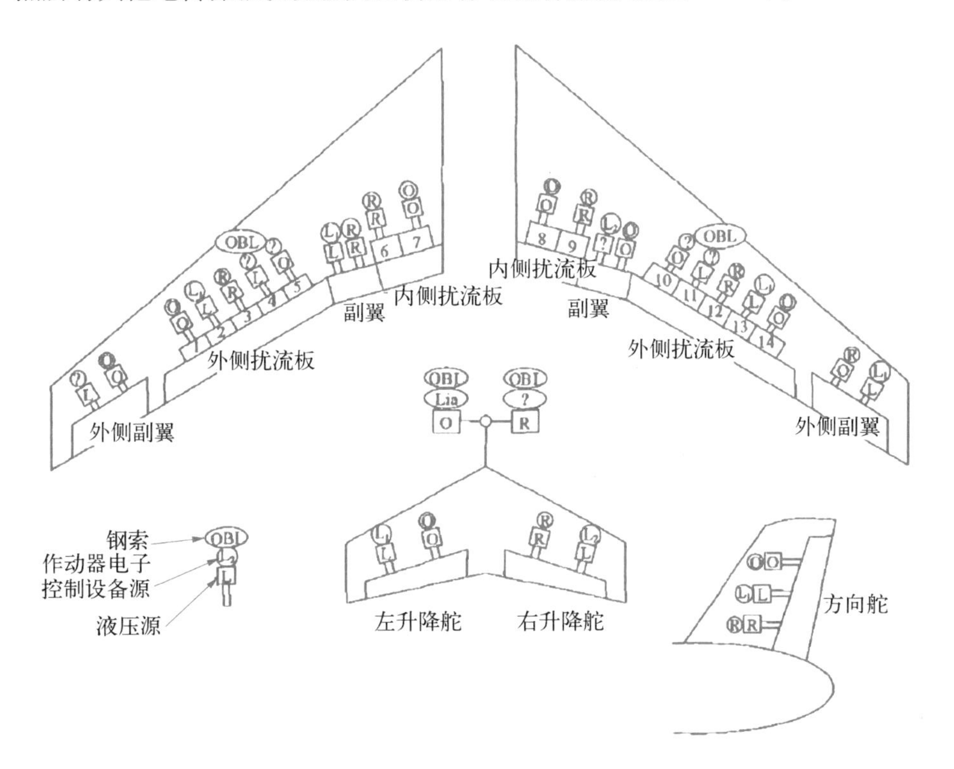

图 29-4　B777 飞机主飞行控制系统液压动力和电子控制功能分布示意图

注:扰流板 4 和 11 由驾驶盘通过钢索控制和由减速操纵杆通过 ACE 控制。安定面仅通过中央操纵台操纵杆经钢索控制,其他情况通过 ACE 控制。

29.6 容错

“容错”是一个术语，用来表征任何一个系统经受得住单一或者多个故障的能力，这种容错的能力使系统或不丧失功能，或已知丧失功能，或降低了冗余度水平但仍能维持所需要的安全级别。但是，“容错”并不定义为此目的使用的任何特定方法。任一系统设计都必须处理两类主要的故障。

一类故障是一些特定的组件完全不能工作。这类故障的一个例子是，某些电子组件失去电源，使之不能再执行预定的功能。

另一类故障是虽然一些特定的组件仍然能运行，但其功能有错误。这种故障的一个例子是，低高度雷达高度表输出指示飞机离地高度为 500 ft，而实际上飞机离地高度为 200 ft。

处理第一类故障的一个方法是使用余度组件。例如，B777 飞机主飞行控制系统有 3 个 PFC，而每个 PFC 内有 3 条同样的计算“通道”。这样总共有 9 条计算通道。3 个 PFC 中任何一个都会由于掉电或某种其他故障而完全失效，这样就影响到所有 3 个计算通道，但主飞行控制系统没有丧失功能。所有 4 个 ACE 继续能从余下的 PFC 接收其操纵面位置指令。受到影响的所有通道都有可用冗余度。类似地，PFC 内任一计算通道可以失效，但 PFC 本身将会继续运行且不丧失功能。唯一受影响的是系统的冗余度数。按照最少设备清单(MEL)，总共 9 个计算通道中的两个计算通道(只要不是在同一 PFC 通道内)不工作的情况下，B777 飞机仍可运营飞行达 10 天，而当一个 PFC 的所有通道都不能工作时，则可以飞行一整天。

类似地，ACE 结构中也能容错。飞控功能在 4 个 ACE 中这样进行分配，使得单一 ACE 完全失效时也能使系统的主要功能不受损害。由于这种失效，在几个主操纵面上的单个作动器也许不能工作，从而将会失去一定对数的对称扰流板的控制，即便如此，出现这种故障时，驾驶飞机的飞行员几乎感觉不到操纵性方面有什么不同。一个ACE这种性质的故障对主飞行控制系统的影响就同一个液压系统故障对主飞行控制系统的影响一样。

第二类故障是系统的特定组件错误地运行。处理这类故障的一般设计惯例是使用多个部件执行同一任务,其输出用某种方式进行表决或者比较。有时把这种做法称为“表决面”(voting plane)。即B777飞机电传主飞行控制系统的所有关键接口都使用多重输入,通过表决面对这些输入进行比较。对于第一个故障出现后仍可维持工作的接口,必须至少使用3个输入,例如,PFC使用3个独立的低高度无线电高度表(LR-RA)的输入。PFC对3个输入进行比较,从中计算出选自3个值中的中间值,用于需要无线电的高度计算中。用这种方式将排除导致错误值的LRRA的任何单一故障。如果后面发生的故障导致余下的两个LRRA信号偏差达到一个预定值,PFC将舍弃这两个值,并且在使用这些数据的功能部件中采取适当的措施。

此外,PFC本身也使用表决法设计方案。通常,PFC通道内的单个计算通道称为“主”通道,它负责在数据总线上发送所有数据,供ACE和机上其他系统使用。但是,这3条通道同时计算同样的控制律。在单个PFC通道内的所有3条计算通道的输出互相做比较。引发错误输出的一个通道的任何故障将被其他两条通道判定为该通道“失效”。

类似地,所有3个PFC通道的输出也将加以比较。每个PFC关注它本身计算得到而给特定作动器的输入,并与其他两个PFC通道计算得到的同一指令进行比较。然后每个PFC通道选取3个指令的中间值(不管是自己计算出来的,还是其他PFC通道计算出来的),作为独立的作动器指令输给ACE。这种方式确保每一个ACE从每一个PFC通道接受同样的指令。

使用上述那些方法确保了B777飞机主飞行控制系统能够经受一个或多个故障,并且保证系统安全和不因故障采取不适当动作,并且能够容忍那些故障。

29.7 系统运行模式

B777 飞机电传操纵主飞行控制系统具有三种运行模式：标准模式、次级模式和直接模式。这些模式定义如下：

标准模式——在标准模式下，PFC 向 ACE 提供作动器位置指令，ACE 将这些指令转换为模拟伺服指令。在标准模式下提供了全部功能，包括所有增强性能、包线保护和飞行品质特性。

次级模式——在次级模式下，PFC 像标准模式一样向 ACE 提供作动器位置指令，但是系统的功能减少了。例如，在次级模式下包线保护功能不起作用。当系统或交联系统出现足够多的故障，不再支持标准模式时，PFC 会自动从标准模式进入次级模式。由于一系列故障导致系统自动进入次级模式，其中一个例子是完全丢失来自大气数据与惯性参考单元(ADIRU)、备用姿态与大气数据参考单元(SAARU)的飞机大气数据。在次级模式下飞机完全能够飞行很长一段时间。但是，在这种状况下飞机不能够起飞离场。

直接模式——在直接模式下，ACE 不处理来自 PFC 的指令，代之由每个 ACE 直接对来自驾驶控制器的传感器的驾驶指令译码，并用它们对作动器进行闭环伺服控制。如果 3 个 PFC 完全失效、ACE 内部故障、失去飞控 ARINC 629 数据总线或这些失效的组合，则飞控系统将自动进入该模式。可以通过驾驶舱顶板的 PFC 切断开关，也可以手动选择。该模式下的飞机操纵特性和次级模式的操纵特性相当接近。

29.8 控制律及系统功能能力

B777 飞机主飞行控制系统控制律开发所使用的设计方法强调飞机的操作与飞行员过去的培训和经验相一致。系统的电子控制和这种设计方法的结合给予飞行员操纵传统飞机的感觉，并且改善了操纵特性，减少了飞行员的工作负荷。

29.8.1　俯仰控制

俯仰控制是通过称为“机动指令”的控制律，也被称为C*U的控制律来完成的。C*(发音为“C-Star”)是一种术语，用来描述飞机俯仰速率和载荷因子(机动过程中飞机员所感受到的加速度量)的混合。低空速时，俯仰速率是操纵因子，即飞行员推或拉驾驶杆一个具体的量，飞机就会有某一给定的俯仰速率。飞行员对驾驶杆推或拉的作用力越大，飞机上仰或低头的速度越快。在高空速时，载荷因子起主要作用。这就意味着，在高空速时，飞行员推或者拉驾驶杆具体的一个量，就会产生某一给定的载荷因子。

C*U中的“U”是指控制律的特性。如果空速偏离了参考配平速度，该特性会使俯仰发生变化，使飞机回到参考空速上。如果空速加快，控制律将命令飞机上仰，这将减慢飞机速度。如果空速降低，控制律会命令飞机低头使空速增大，这就将一种速度稳定元素引入飞机的俯仰控制中。虽然飞机配置发生改变，例如改变飞机后缘襟翼装置，放下或收起起落架，但是不会引起飞机俯仰变化，不然就需要飞行员将飞机重新调整到新的配置。因此，这种类型控制律的主要优点在于，在传统机械控制的飞机控制系统中存在的操纵麻烦和飞行员工作负荷大的不利操纵特性减弱或者被消除，而所需的操纵特性保留了下来。

飞行中机长和副驾驾驶盘上的俯仰配平开关并不像传统控制方式的飞机那样，直接操纵水平安定面。当飞行中使用配平开关时，飞行员实际上是在请求一个新的参考配平速度。飞机将利用升降舵操纵面做上下俯仰，以响应这一参考空速的变化，来达到新的空速。必要时安定面将自动配平给升降舵操纵面卸载，并且当飞机已处于配平状况时，让操纵面回到中立位置。当飞机在地面时，俯仰配平开关直接配平水平安定面。当另外的配平杆(前面介绍过)直接移动安定面时，即使在飞行中，也会改变C*U参考配平速度，最终的效果与使用了驾驶盘上的俯仰配平开关所获得的效果相同。与传统飞机一样，需要配平来减小飞行员把握驾驶杆的力。

俯仰控制律包含有若干附加的特性。其中一个称为着陆拉平补偿。该功能在拉平和着陆机动期间，提供了和传统飞机一样的操纵特性，否则这种特性将会被 C＊U 控制律显著地改变。俯仰控制律也包含失速和过速保护。这些功能不允许设置的参考配平速度低于飞机预定的最小值或超过最大的飞行速度。如果飞机超过或者低于这些速度飞行，这些功能会显著地增加飞行员操纵驾驶杆的力。在俯仰控制律中的另一个特性是转弯补偿，这使飞行员做倾侧转弯时能用最小的驾驶杆输入将飞机保持在恒定的高度上。

B777 飞机独有的，用俯仰控制律实现机动指令和速度稳定性意味着以下特点：

(1) 除非飞行员通过控制驾驶杆输入改变航路，或者改变空速和启用速度稳定功能，否则已确定的飞行航路保持不变。

(2) 只有在空速改变时需要调整，而飞机配置改变后不需要调整。

29.8.2 偏航控制

偏航控制律含有其他波音喷气飞机常用的功能元件，例如偏航阻尼器和方向舵传动比转换器(该转换器用来补偿作为空速函数的方向舵指令)。但是，B777 飞机电传方向舵控制系统并没有为这些功能元件配备独立的作动器、联动装置和配线，而在以前的飞机型号中则一直使用这些独立装置。这些功能指令在 PFC 中计算，并包含在至主方向舵作动器的正常方向舵指令中。这样一来就减少了系统的重量、复杂性、维护以及所需要的仓储备件。

偏航控制律也含有若干附加的特性。阵风(又称突风)抑制系统用以下办法来减少飞机附属物的摇摆：通过安装在垂直尾翼面上的压力传感器检测阵风，并施加方向舵指令，来抵消阵风产生的运动。另一特性是驾驶盘-方向舵交叉系杆功能，在倾侧转弯过程中用少量方向舵来减小侧滑。

偏航控制中一个重要的特性是推力非对称补偿,简称TAC。当两台发动机之间的不对称推力超过额定推力的大约10%时,该功能就会自动施加一个方向舵输入。TAC的目的是消除一台发动机发生故障后产生的偏航力矩。当空速在80 kn以上时,TAC都会工作,甚至在地面起飞滚转时也会工作。但当使用发动机反推力装置时,TAC就不工作。

29.8.3 侧滚控制

B777飞机主飞控系统使用的滚转控制律是相当传统的。当空速超过一个取决于空速和高度的数值时,外侧的副翼与扰流板被锁定在整流位置。它大致上相当于飞机"襟翼向上"的机动速度。与前面介绍的偏航阻尼器功能一样,该功能元件没有独立的作动器,但它是正常的副翼和扰流板指令的组成部分。滚转控制律中的倾侧角保护特性在前面已讨论过。

29.8.4 B757飞机测试平台

在全尺寸设计和开发B777飞机主飞行控制系统之前,此处讨论的控制律和特性被结合到一架经改装的B757飞机上,该飞机在1992年夏天进行了飞行。机长的控制器仍然连接到B757飞机使用的标准机械系统上。B777飞机控制律通过副驾驶控制器来飞行。来自波音公司、客户和管理机构的飞行员试飞了这个飞行测试平台,借此平台来确认B777飞机电传操纵系统的飞行特性。当B777飞机进入试飞程序时,其操纵特性极其接近B757飞机飞行测试平台上演示的操纵特性。

29.8.5 消除作动器加力飞行

B777飞机上使用的电传飞行控制系统的一个独特方面是任何时候在任何给定操纵面上的作动器都是加力的。两个全时作动器驱动每一个升降舵、副翼和襟翼翼面,正如方向舵上有3个全时作动器一样。这种特殊实现方案的好处是，在整个飞行范围内，与每个操纵面都由单一作动器驱动的情况相比，这里所用的作动器的尺寸要小一些。此外，不需要任何主动/备份传动系统的余度管理。但是，这会引起关注另一领域的问题：这就是在单个飞行操纵面上的多个作动器之间可能存在作动器加力飞行(force-flight)的情况。

由于没有两个作动器、位置传感器或者控制伺服回路电子设备是完全一样的，这就会引发作动器的加力飞行。此外，当多个作动器被安装在飞机上时，总会有一些安装差异。这些差异会导致一个作动器确定的飞行操纵面位置与邻近的作动器确定的位置稍有不同。若不加以处理，两个作动器互相把操纵面置于不同位置，从而导致对操纵面施加扭转力矩。为了去掉飞行操纵面上这种不需要的应力，主飞行计算机的控制律包含能将这些力从操纵面消除的这样一种特性。

B777 飞机主飞行控制系统的每个作动器都装有被称为 ΔP 的压力传感器。这些传感器的读数经过 ACE 发送到 PFC，用于各个操纵面控制律，以消除每一个操纵面上的加力飞行条件。PFC 将一个额外的正或负的分量加到每一个升降舵作动器指令上，使得两个 ΔP 传感器之间的差值变为零。这样就消除了单一操纵面上的多个作动器之间存在任何带力飞行的条件。因此，操纵面本身无须设计成经得起这些应力，不然的话将会明显增加飞机的重量。

29.9 主飞行控制系统显示及通告

B777 飞机主飞行控制系统的主显示器是驾驶舱的发动机指示与机组告警系统(EICAS)显示器和多功能显示器(MFD)。这些显示器以英文信息的形式将需要机组人员知道或做出反应的任何故障信息显示出来。根据故障的严重程度，这些信息有不同的级别。

告警(红色并伴有语音告警)：指异常的运行状况或异常的飞机系统状况，

需要机组立即知道并要求飞行员立刻做出纠正补偿行动。

注意(琥珀色并伴有语音告警)：指异常的运行状况或异常的飞机系统状况，需要机组立即知道可能需采取纠正补偿行动。

提示(琥珀色，没有语音告警)：指异常的运行状态或飞机系统状况，需要机组知道可能需要采取纠正补偿行动。

状况(白色)：指不放飞或要求放飞前机组人员知道相关产品的最少设备清单(MEL)。

指示各个飞行操纵翼面位置的概要页面也可显示在MFD上，但飞行中通常不在MFD上显示。

29.10　系统维护

B777飞机主飞行控制系统设计上已使外场维护达到最小量，但当需要维护时，作业是直截了当且简单易懂的。

29.10.1　中央维护计算机

外场机务人员和主飞行控制系统的主要接口是AIMS的中央维护计算机(CMC)。CMC利用维护访问终端(MAT)作为其主显示和控制器。CMC在维护主飞行控制系统中的任务是识别系统中出现的故障并辅助维修。由CMC来完成这些作业的两个功能是给出维护信息和进行地面维护测试。维护信息用简洁明了的英文向机务人员描述系统中出现什么故障和可能失效的组件。地面维护测试将运行系统测试现有的和潜在的故障，并确信已完成了所要做的修理工作。当EICAS信息和维护信息由于失效而被锁住时，这些测试还用来解锁这些信息。

PFC能够通过MAT上的数据加载器加载新的软件。这使得PFC能够更新到新的软件配置而不需要退出运行。

29.10.2 外场可更换单元

系统所有的主要组件是外场可更换单元(LRU)。这些包括所有的电子模块、ARINC 629 数据总线耦合器、液压和电气作动器以及所有的位置、作用力和压力传感器。每个 LRU 的安装设计使机务人员有足够的空间进行部件的拆卸或者更换,以及任何所需工具的使用。

每一个 LRU 被更换后都必须加以测试,以确保安装正确。系统主要的 LRU(传感器、作动器和电子模块)更换后都要进行测试,这些测试可以通过 MAT 的下拉菜单来选择,并由 PFC 运行。用户可方便地进行这些测试,并且只需很少的时间即可完成。在 LRU 更换测试中发现的任何故障都会产生一条维护信息,并详细描述存在的各种故障。

29.10.3 组件调整

B777 飞机主翼面作动器的更换方式和传统飞机的更换方式一样,不同之处是如何调整它们。每一个升降舵、副翼、襟翼和方向舵的作动器都有一个零位调整传感器,外场机务人员不断地转动它,直到作动器处于正确位置为止。例如,当更换一个方向舵作动器时,除了为被更换的作动器供给动力的那个液压系统以外,其他所有的液压系统都减压。然后调节零位调整传感器,直到方向舵翼面与尾翼翼面上的标记对齐为止,这就表明该作动器已经将方向舵正确地调整到中心位置。

驾驶控制器所用的传感器大多数是单独的 LRU。但是有的传感器是成组的,例如减速板操纵杆位置传感器和驾驶杆作用力传感器,在一个组件包中有多个传感器。当更换一个传感器时,使用主飞控 EICAS 的维护页面将传感器调整到系统安装点的某一值。中央维护计算机启动的 LRU 更换测试将检查组件是否已经正确安装,并且所有的电气连接是否已经正确完成。

29.11　小结

B777飞机电传主飞行控制系统使用的新技术相对于传统的系统有显著进步,包括减小了飞机的总重量、优良的操纵特性以及系统维护性改善。同时,飞机操纵使用的是传统的驾驶舱控制器,因此,从驾驶比较传统的商业喷气飞机转过来的飞行员不需要任何特殊的训练就能驾驶B777飞机。B777飞机主飞行控制系统使用的技术已经为此技术在飞机上的应用开辟了道路,但这绝不是为技术而技术。

30

A330/A340的新型航空电子系统

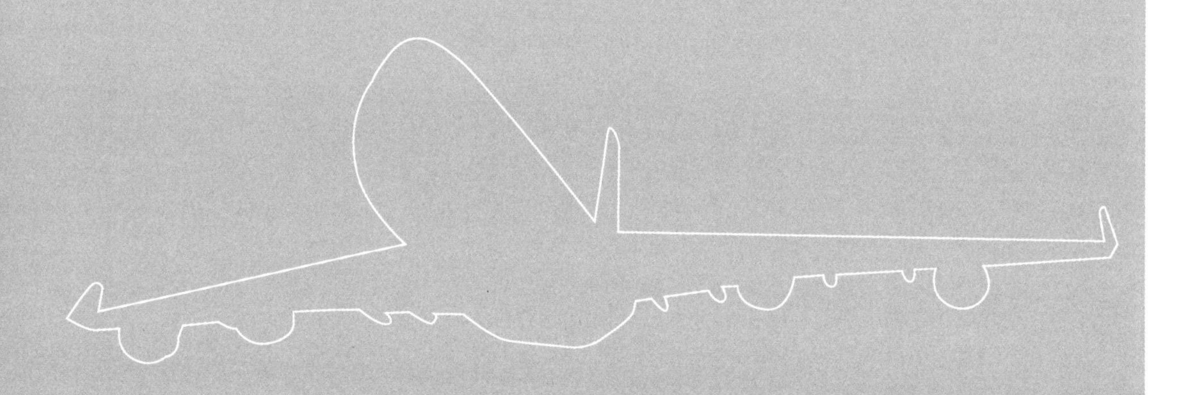

30.1　导言

A330/340飞机项目是一个孪生计划,这是首次从一开始就设计为既可装4台发动机又可装2台发动机的飞机项目。两个型号的飞机基本上具有相同的载客和货运能力。4台发动机的A340飞机不仅执行远程任务是最优的,而且在较短航程上也具有较高的效率。双发的A330飞机不像A340飞机那样执行航程很远的飞行任务,但具有更好的运营经济性。

在两种产品之间获得基本共同性的关键是使两种飞机的绝大多数功能件在设计上是相同的,无须另付出代价。这种方法已为航空运营商、机身制造商以及设备供应商带来了重要的好处。事实上,该项目从一开始就是按姐妹型飞机来设计的,设计需求是共用的,即两种飞机的任何一种,在设计时要增加另外的功能件时,对飞机价格、重量、可靠性、维修性或燃油消耗等方面几乎不增加额外成本。结果是,两种飞机可使用相同的部件(发动机有关的部件除外)、相同的机组人员、相同的机场和维修环境,成本与开发单种飞机几乎相同,而且这两种飞机都具有极高的效率。

A340飞机提供了两种配置,允许营运商按要求规定其能力和性能。更大的A340-300与A330飞机具有相同的机身长度,可乘300～350位乘客,其座公里成本接近于最新的B747飞机,这使其在交通密度较低的远程航线上成为航空公司较经济的选择方案。

A340-200飞机可乘250～300位乘客,是现有民用客机中航程能力最远的。其低廉的运营成本,加之4发动机的操作灵活性,使其成为双发动机飞机在远程运行变得不经济时的理想替代飞机。

如果说A340飞机是服务于远程航线的话,那么A330飞机更适合于高增长、高密度的区域航线。同时,它具有经济地营运延伸航程的国际航线能力。典型的A330飞机有两类舱位,共335座位,载有全定额乘客和行李时的航程为4 500 n mile,最大载荷时航程为3 200 n mile,这就使其成为成本更高的三发动机飞机的理想替代飞机，以及较早期的双发动机飞机的理想升级飞机。

30.2 制造中突出之处

A330/340 飞机的制造建立在先前两条互补的产品线的技术基础之上。A300/310 系列飞机是世界上建造得最好的双发动机、双通道飞机，技术上拥有大量先进的功能件，可转移到更大的、航程更远的飞机上。A319/320/321 系列飞机是世界上最先进的单通道飞机，配备了更大的飞机才使用的功能件。

在两种飞机的整个开发过程中，空客公司坚持保证最大限度的共同性，而且不损失效率，这些共同性可能要用另一个飞机计划才能获得。空客公司通过使用选取的生产线设施，并按需要加以改进，生产出了全新的 A330/340 飞机，充分解决了开始阶段的临时困难，同时还为同种级别的飞机提供了新的基准。作为额外的收益，A330/340 的技术设施在许多情况下可以用来改进已建立的较老的产品生产线。

30.3 系统

A330/340 飞机在投入服务之前，在世界上各种类别的飞机中，技术最先进的客机是 A320 飞机，其设计技术是 A330/340 飞机系统的研发基础。

30.4 驾驶舱

从机组人员的角度看，A330/340 飞机驾驶舱设计与 A320 飞机驾驶舱设计相同,不同的是飞机的尺寸以及远程任务的其他需求,例如,提高遣派率、极地航行能力,当然还有发动机有关的性能。这种设计的结果是,从130座的短/中程A319飞机直到340座以上的远程A340飞机,都具有最先进的驾驶舱,并且同一机组人员可通过增加很少量的训练就能飞行这些飞机中的任何一种。

30.5　用户的介入

A330/340飞机驾驶舱的设计方法是从成功地用在第一架A300飞机上的相同方法上发展而来的。驾驶舱(及系统)最初的设计基于3个功能件:

(1) 以前的飞机(此例中是A320飞机)的已有驾驶舱。

(2) A330/340飞机机头部分的几何尺寸(基于A300、A310和A300-600飞机的几何尺寸)。

(3) 从A320飞机设计以来可应用的研究与开发的新成果。

最初的设计经过个特别工作小组的评审。工作组成员来自发起研制A330/340飞机的各家航空公司的飞行员和工程师,他们根据使用A320飞机的经验,或者根据其他飞机在A330/340将要飞行的航线上的使用经验做出评审。

特别工作小组在一年多时间里举行了多次会议,在每一个阶段,A330/340飞机的设计都得到了改进,某些特性还做成模型,用于下一次的迭代评审。飞机系统和驾驶舱的最终设计基本上是使用最后一段时间里航空公司特别工作组在模拟器上试验和“飞行”的方案。

30.6　航空电子

A330/340飞机的航空电子已经实现了高度综合,使之最适合机组人员使

用和维修。与1981年A300FF飞机诞生以来所有新的和派生的飞机一样，主数据总线标准是ARINC 429，部件标准为ARINC 600。在ARINC 429不适用的特殊应用场合采用了其他的工业总线标准。

30.7 仪表

主仪表板上的6个阴极射线管(CRT)显示器向飞行员提供飞行和系统信息。这种布局使所有CRT显示器都有极好的可视性。飞行信息是由EFIS提供的，该系统由每个飞行员前面的PFD和导航显示器(ND)组成。电子中央飞机监视器(ECAM)由发动机/告警显示器和飞机系统显示器(SD)组成，上下安置，提供系统信息。分布在飞机各处的传感器连续地监视系统的工作，如果参数超出正常范围，则自动向飞行员发出告警。

在正常飞行期间，ECAM按照飞行阶段提供的系统状况显示，给出飞行员关心的系统状况信息，例如辅助发动机的某些数据、增压数值和机舱温度。飞行员通过手动选择可以随时询问任何系统。假如有另一个系统需要关注，ECAM将自动将其状况向飞行机组人员展示，以便采取行动。假如一个系统发生的故障引发了一连串其他系统的故障，ECAM将识别故障源，并给出运行检查表，无须机组人员采取任何动作。当前使用的信息显示格式使飞行员能更容易地掌握飞机的运行情况。

在维护方面也有很大的优势，整个电子仪表系统(EIS)仅有3种LRU，使之有可能显著地提高遣派率和备件储存可用性。实际上，所有的飞行信息(包括备用信息)都呈现在仅有的6种类型的11个仪表上。在A330/340和A320系列飞机上已安装了使用液晶显示器的新EIS，这改善了显示性能，也降低了客户的成本。

30.8　导航

双套FMS(该系统综合了飞行制导和飞行包线计算功能)组合了包括GPS在内的飞机导航传感器数据,每个飞行员的多用途控制显示单元(MCDU)都包含了备份导航设施,这样允许飞机在FMS不工作时也可以派遣出去。

FMS允许机组人员使用航空公司的导航数据库为其航路选择最佳的飞行计划,使飞机从起飞直到机组人员选择精确进近和自动着陆,均能通过自动驾驶仪或飞行指引仪自动地飞行。“封装”的飞行计划集合了机组人员起飞前输入的飞行计划书规定的飞行所需数据,以及飞行条件变化时的航线,也集合了当前许多有关气象和航路选择的信息。经成本及性能改进后的新型FMS已安装在2000年年中交付的飞机上。相同的新型FMS也已用在了A320系列飞机上。

30.9　飞行控制

A330/340飞机的飞行控制系统基本上与A320相同,均采用两种不同类型的5台计算机,使飞行员能在俯仰、滚转和偏航上控制飞机。飞行员控制器的布局大体上与A320系列飞机相同,操纵品质和技术特性基本上也是相同的,广泛使用了非相似硬件和软件,以及分隔的液压源、电源和信号传送通道。与A320系列飞机一样,机械传动装置作方向舵和水平安定面配平的备份控制。

考虑到A340飞机任务时间比较长,设计人员对飞控系统的细节做了改进,减少了飞行员曾必须使用的各种后备子模式,使飞机更加易于驾驶。

和A320系列飞机一样,A330/340飞机是传统的自然稳定客机。电子飞行控制为飞行员提供了很多便利。飞行控制系统中人工操作的机械部件大幅减少，因此更容易排故，也不需要成套的工具。由于减轻了操纵负荷，飞行员可以更好地使用控制面，让人感觉更加舒适，也更容易在湍流中精确飞行，乘客和机组人员均因此获益。同时，在极端情况下，飞行包线和结构保护特性使机组人员能立即使用飞机的全部能力。

30.10 中央维护系统

A320飞机的中央故障显示系统（CFDS）首创了中央维护系统（CMS）的工业标准。这种工业标准已经用在研制A330/340的CMS中。CMS能从驾驶舱以高置信度快速寻找故障并返回到服务测试。许多CMS信息也可经由ACARS进行远程访问，使飞机一到达就能得到维修技术人员的及时处理，此时维修人员已经对故障的准确性质有了很好的了解，并且很可能已从库存里找到排故所需的合适备件。

与前一代CMS（如A320飞机CFDS）相比，A330/340飞机CMS在许多方面已得到改进，允许同时对一个以上的系统进行排故，并且拥有排故可用的更清晰的数据，置信度方面也有了相当大的提高。系统设计者和设备供应商对维修性标准给予了极大的关注，并且把维修信息筛选程序也综合进CMS，从而可以使技师知道被CMS排除的错误消息。这样一来，技师不再是“一处故障，处处怀疑”。

30.11 通信

机组人员与地面通信的方式正在进行着一场平静的革命。这种革命以两种方式进行。A330/340飞机使用与A320系列飞机相同的全能标准化飞行机组人员声频及频率选择系统,该系统也广泛应用于当前其他派生型飞机上。这一系统突破了传统的需要定制的低性能系统。

另一个通信方式的革命有着更加深远的影响:话音通信正在让路给数据通信,后者的优点是错误率更低、服务更及时、成本更低。它起始于一种为航空公司通信服务的完全专用的ACARS,工作在VHF频段。A330/340装备了标准化的ACARS系统,可以供任何用户使用,使用户能很容易地加入自己的设备,以满足客户的需要。

这些初期的ACARS利用国际海事卫星(Inmarsat)设施和高频数据链,将覆盖面扩展至全球,甚至包括海洋中部和人口稀少的地区,而且服务领域不仅限于公司通信,还包括从起飞前开始到进入海洋空域的ATC服务。在1998年以后交付的飞机上,ACARS单元已被空中交通服务单元(ATSU)所取代,ATSU利用航空电信网(ATN)也能提供与安全性相关的ATC功能,实现大部分ATC服务和现在还使用话音的其他通信服务,尤为重要的是有利于ACARS向ATN转移。ATSU是首个驻留多种不同供应商软件的单元。同样的,ATSU也用在A320系列飞机上。ATN正在实施升级,在相应的通信和ATC服务付诸使用时,就可以使用升级的ATN。

30.12　灵活性及服务更新

第一代广泛采用数字系统的飞机,例如A300FF、A310和B767飞机与其前身模拟系统相同,其航空电子技术没有被设计成适应非计划的变化。一旦软件进行了设计更改,就必须把设备从飞机上拆下来,程序存储器必须在航空电子车间重新加载(有时实际上是替换部件),然后将设备重新装上飞机。在某些时候,机身制造商常被卷入对这一更改的认证。在航空电子车间进行更改有其优点,因为重新加载程序和重新测试比安装一套新的电子部件更快和更便宜,而飞机上进行更改的主要成本保持不变。

A330/340 的数字系统对于那些已经确定的，需要服务中更改的数字 LRU，采用在飞机原位置上配备的装置来实施低成本更改，在很大程度上克服了上述软件更改的缺点。根据 LRU 的重要性和实际可操作性，有两种技术可供使用。

(1) 机上可更换的存储器模块（OBRM）位于 LRU 前面板上，并符合工业标准尺寸，其成本比 LRU 本身少很多，可以“重复使用”许多次。OBRM 上可看到 LRU 的软件部件号。OBRM 符合严格的关键性准则，能对 LRU 实施传统的配置控制，并且更改不需要工具。自 1988 年起 OBRM 已在 A320 飞机上使用。

(2) 使用 3.5 in 软盘和其他介质在机上进行数据加载，这种加载方式速度略慢一些。虽然这比用 OBRM 成本更低，但需要一个数据加载器带上飞机来加载数据，或安装在机上，并符合传统的技术设备配置控制要求，同样的数据加载器也可用作加载 FMS 数据库。

这两种技术能够使整个机队在一夜之间完成软件更新。

此外是处理航空公司更改需要的灵活性。飞机的基本设备可设计配有可编程引脚装置，这适用于航空公司常要更改的设备和像 FMS 那样的其他系统，航空公司可在 FMS 中加载自己特选的数据库。这些特性使航空公司能够在外场汇集数据库和标准备件，还可获得他们所需要的那种操作。另一个特性是分区软件，对于完全特制的系统，如 ACARS，所有用户仅需对一组“核心”软件进行一次性认证。航空公司可以在这个“核心”软件的顶层加载自己需要的附加操作软件。

最后，一些系统如供选用的飞机状态监视系统（ACMS）是非常客户化的。这种系统将各个技术设备组合起来，形成所有用户需要的超级设备集，使航空公司在很宽的设备选择范围之外，选择所需的功能件。

30.13　开发环境

空客公司开发的每种飞机都借助于全飞机系统铁鸟(iron bird)试验台和各个系统试验台,以使开发工作能同时进行而不相互干扰。A330/340飞机型号也不例外,空客公司为这个计划专门构建了许多设施。现在,其他机身制造商也在使用空客公司的方法。

正确的软件开发是整个飞机系统开发中极其重要的一部分,为此空客公司开发了许多软件工具,特别是形式化方法、快速原型设计、自动编码和快速数据恢复和分析等软件工具。这些工具加上试飞机队上的大型快速数据记录与遥测设备以及实时快速回放测试数据显示器设备,为机上的飞行试验观察者和地面的测试与系统工程师带来了好处。

这种开发环境合理地使用了以前项目所用的设备以及合适的管理测试数据流和由此产生的决策过程,创造出这样一种飞机,即投入使用后具有惊人的无故障周期。根据用户满意度和可度量的参数(如延误率)等方面的信息,A340飞机在这些方面比以前派生的正在运营的远程飞机高出一个量级。

30.14　支持环境

A330/340飞机除了配有以上所述的那些设备之外,还有许多独特的保障设备。与其他空客飞机一样,A330/340有一种全机自动测试设备单元,连同一套测试程序,可供用户使用。目前,其他机身生产商还不能提供这种航空电子设备。通过将仔细设计的飞机维护手册、故障诊断手册与CMS结合起来,可以更容易、更快速地排故。对于希望使用它的那些航空公司,还有一个与微机兼容的软件包可供使用,借此可进一步加快寻找故障的速度。同时,该文件也与工业界公开的计算机文本和图形标准兼容,便于采用智能维修文件系统。

31

空客系列电子飞行控制：系列容错系统

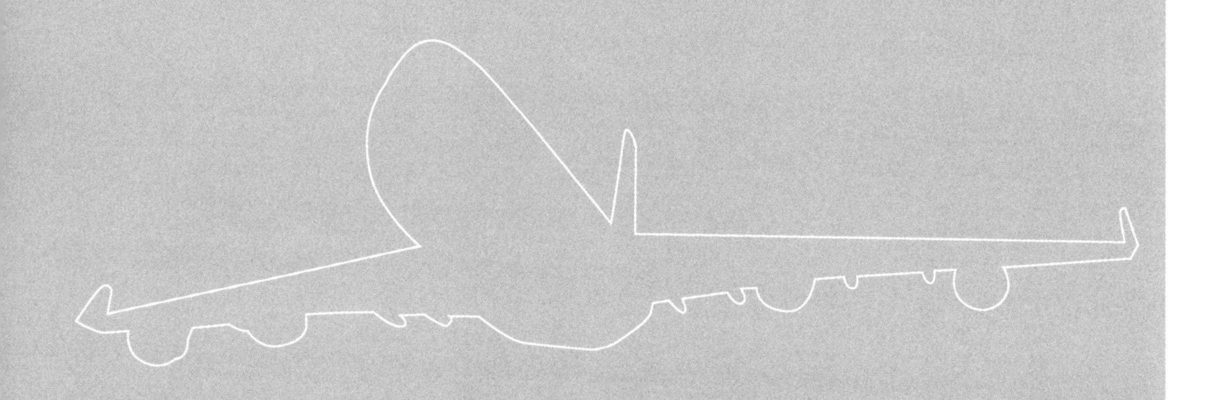

31.1　导言

用于民用飞机的首款电子飞行控制系统由 Aerospatiale(现在完全合并到空客公司中)设计并安装在 Concorde 上。这是一个用于所有操纵面的全权限模拟系统。指令型操纵面位置与手柄输入成正比。该系统在三个轴上提供了机械备用系统。

20 世纪 80 年代初,第一代采用数字技术的电气飞行控制系统出现在空客公司 A310 计划中的几款民用飞机中,控制缝翼、襟翼和扰流板。这些电子飞行控制系统设计遵循非常严格的安全要求(必须极不可能发生操纵面失控)。由于这些功能的损失会增加机组工作量,因此在一些情况下,电子飞行控制系统可能会失效。

A320(1988 年初认证)是第二代采用电子飞行控制系统的民机中的首架机,其次是 A330/A340 飞机(1992 年年底认证)。这些飞机得益于从电传飞行控制系统使用的技术中获得的重要经验(见表 31-1),其显著特征是所有操纵面都是电控的,并且系统设计成在所有情况下都可用。

表 31-1　增量引入新技术

首 次 飞 行	1955	1969	1972	1978—1983	1983	1987
伺服控制和人工感觉	x	x	x	x	x	→x
电液作动器		x	x	x	x	→x
命令和监视计算机		x	x	x	x	→x
数字计算机				x	x	→x
平飞,偏航阻尼器,保护	x	x	x	x	x	→x
电气飞行控制		x		x	x	→x
侧杆,控制律				x		→x
伺服飞机(自动驾驶)	x	x	x	x	x	→x
正式系统安全评估		x	x	x	x	→x

(续　表)

首次飞行	1955	1969	1972	1978—1983	1983	1987
系统集成测试	x	x	x	x	x	→x
	Carevelle	Concorde	A300	飞行测试 Concorde A300	A310, A300 - 600	A320

在安全性(系统不产生错误信号)和可用性(系统极不可能完全失效)方面,该系统符合非常严格的可靠性要求。

飞机电传飞行控制系统的总体可靠性尤其依赖于计算机布置(所谓的控制/监视器架构)、系统对硬件和软件故障的容忍度、伺服控制和电源布置、故障监视以及系统防止外部侵害的能力,也依赖于飞行控制律(可以最大限度地减少机组工作量)、飞行包线保护(使飞机保持在飞行包线的安全部分的同时,允许快速反应)和系统设计与验证方法。

飞机的安全性通过使用定性和定量评估来证明,这种方法与适航性条例一致。定性评估用于处理设计缺陷、相互作用(维护、机组)故障和外部环境危害。对于物理("硬件")故障,使用定性和定量评估(Traverse 等,2010)。定量评估涵盖 FAR/CS 25. 1309 要求,并将故障条件分类(次要的直至灾难性的)与其概率联系起来。

本章从容错角度对空客电传飞行控制系统进行描述。电传飞行控制系统的基本原理对目前生产中的所有空客飞机来说是一样的,包括 A320(及其系列:A318、A319、A321)、A330/A340(包括 A340 - 600 的重要变型)、A380、A400M 和 A350。本章首先介绍这些原理,然后介绍这些飞机共同的主要系统特性,故障检测和重新配置程序,这些飞机的特性以及设计、开发和验证程序。本章总结了电传飞行控制系统容错方面的未来趋势。

31.2　电传飞行控制系统的原理

在A300和A310型飞机上，飞行员指令通过机械部件(杆、电缆、滑轮等)的布置传送到伺服控制系统。此外，特定的计算机和作动器驱动机械联动装置，还原操作杆上的飞行员感觉，并发送自动驾驶指令(见图31-1)。

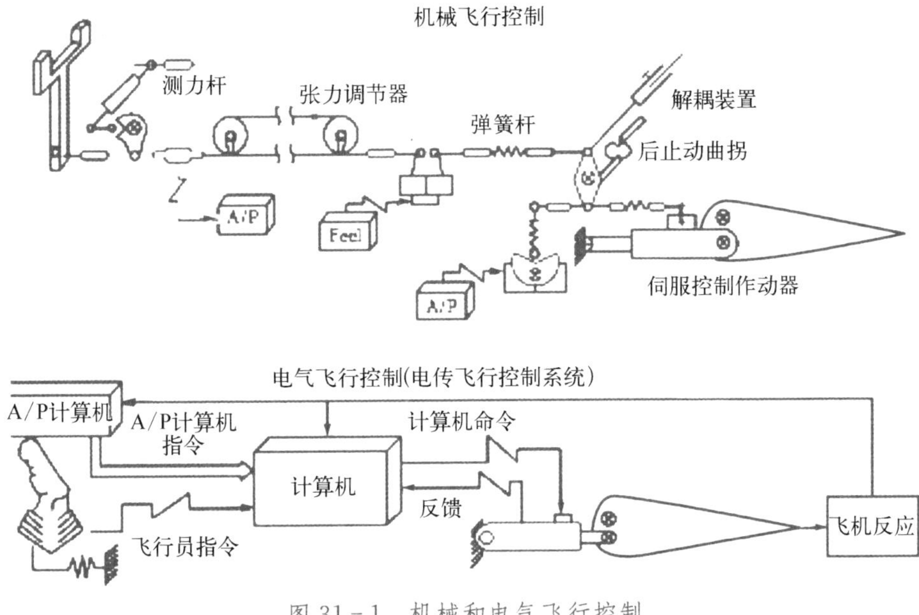

图31-1　机械和电气飞行控制

“电传飞行”这一术语用来描述飞行员使用电气信号而不是机械信号向飞行控制作动器发出指令。在基本形式的电传飞行控制系统中，飞机保留常规飞行员的控制杆和控制轮、液压作动器(但是电控)以及在20世纪70年代Concorde计划使用的人工感觉。电传飞行控制系统只向控制作动器提供与飞行员操纵杆的角位移成正比的电信号，而没有任何形式的增强。

事实上，A320等飞行控制系统的设计利用了电传飞行控制系统的潜力，结合了控制律，提供广泛的稳定性增强和飞行包络限制(Favre，1993)。操纵面的定位不再是简单地反映飞行员的控制输入，相反，飞机的自然空气动力学特性

也不直接反馈给飞行员(见图 31 - 2)。

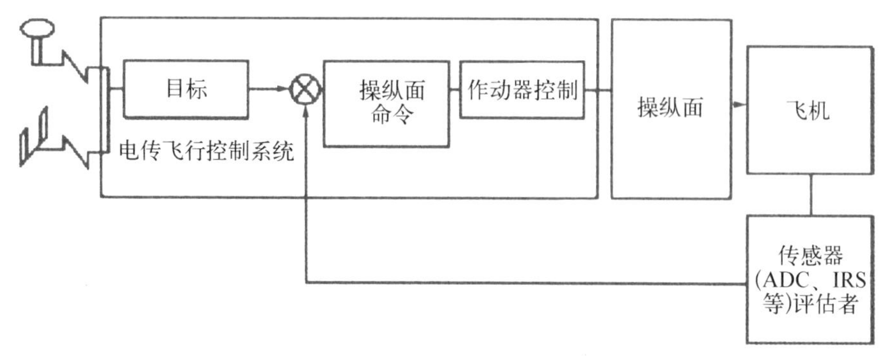

图 31 - 2　飞行控制律

侧杆是现代驾驶舱设计的一部分,能够为飞行员提供较大的仪表面板视野,因为带有滑轮、缆索和连杆机构的机械传动可被齿隙和摩擦抑制,可认为是电传飞行控制系统的自然问题。

方向舵的感应滚转特性提供了足够的滚转操纵性,使得可以仅在方向舵上设计一个机械备用系统来进行横向控制,保持了侧杆设计的优点,现在将机械连杆机构驱动到滚转表面不再费力。

寻找最小阻力可以使水平尾翼的负升力最小化,但也会同时影响飞机的纵向稳定性。据估计,对于空客系列来说,当后部重心位置超过某一限度时,预计不能有显著的收益。可以设计一个只带一个机械备用的系统来实现镇定,而无须人工参与。

这些选择对于建立空客电传飞行控制系统(见图 31 - 3 和图 31 - 4)的经典架构来说显然是基本选择,即一组五个(或更多)全权数字计算机,用于控制俯仰、偏航和滚转三个轴,并通过最终的备用系统(可调整水平稳定器和方向舵的机械备用系统或升降舵、副翼和舵上的模拟系统)来完成(对于 A320 飞机,自动驾驶系统增加了两台计算机,负责控制方向舵)。

当然,电传飞行控制系统依赖于激励作动器移动操纵面的功率系统,以及传输飞行员控制的计算机系统。用于加压伺服控制的能量由一组(三个)液压

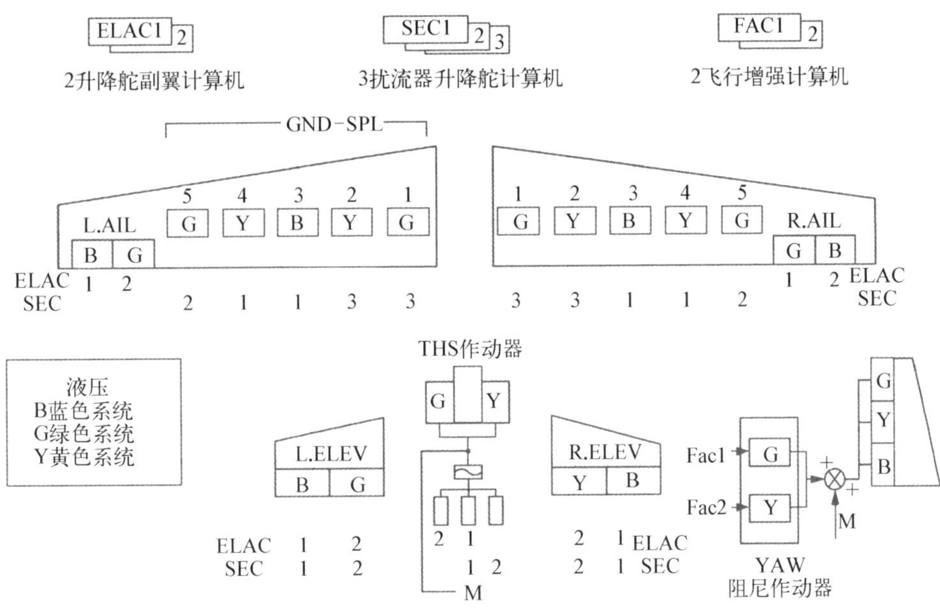

图 31-3　A320/A321 飞行控制系统架构

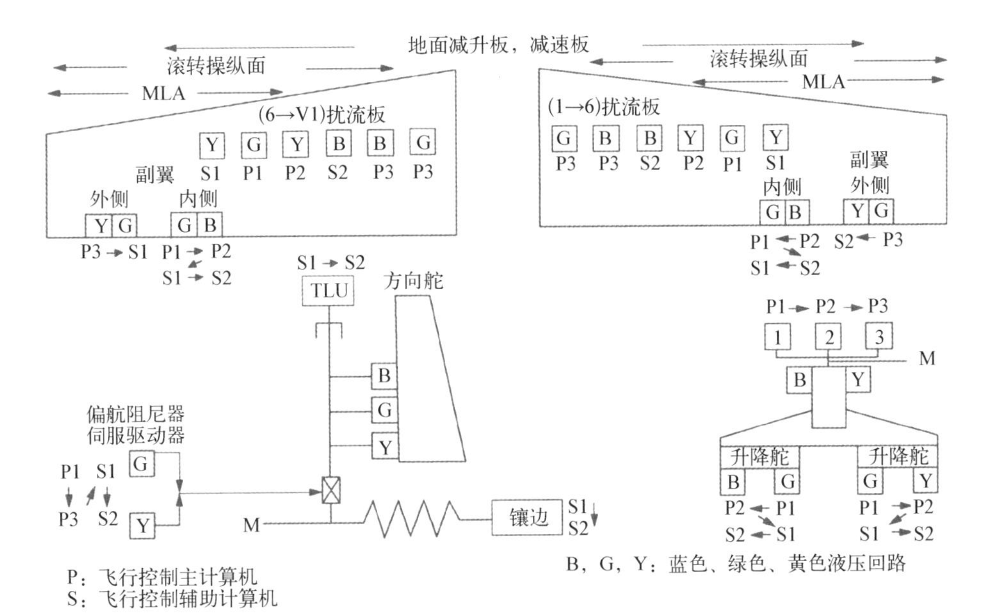

图 31-4　A330/A340 飞行控制系统架构

电路提供,而其中一个就足以控制飞机。三个回路中的一个可由 Ram 空气涡轮机增压,Ram 空气涡轮机可在全发动机熄火的情况下自动延续,A380 就开始使用电动作动器。现在的空客标准(A380、A400M 和 A350)使用两个液压回路加上两个电路为作动器供电,Ram 空气涡轮机提供电力。

通常由两个分离的网络供电,每一个供电网络由一台或两台发电机驱动(取决于发动机的数量)。在正常发电失效的情况下,应急发电机向其中的有限台电传控制计算机(其他设备等)供电,这些计算机也可由两个电池供电。

31.3 主要的系统特性

31.3.1 计算机配置

31.3.1.1 冗余

五台电传控制计算机同时工作。它们负责控制律的计算,该控制律是飞行员输入和单独作动器控制的函数。该系统具有足够的冗余度,当一台计算机发生故障时,可提供额定性能和安全水平,同时仍然可在仅有一台计算机工作的情况下安全地驾驶飞机。

因为操纵面失控可能会影响飞机的安全性(如升降舵),因此每台计算机分成两个物理上分离的通道(见图 31-5)。第一个为控制通道,由第二个(即监视通道)永久监视。在控制和监视之间不一致的情况下,受故障影响的计算机被挂起,而具有次高优先级的计算机取得控制权。计算机、伺服控制、液压回路和电母线的重新分配以及计算机之间的优先级由包括发动机爆裂分析和一组特定风险在内的安全性分析决定。

31.3.1.2 差异性

尽管差异性会引起非偶然成本,但重要的是,五台计算机有着不同的性质,可避免共模故障,共模故障可能会导致电子飞行控制系统的完全失效。

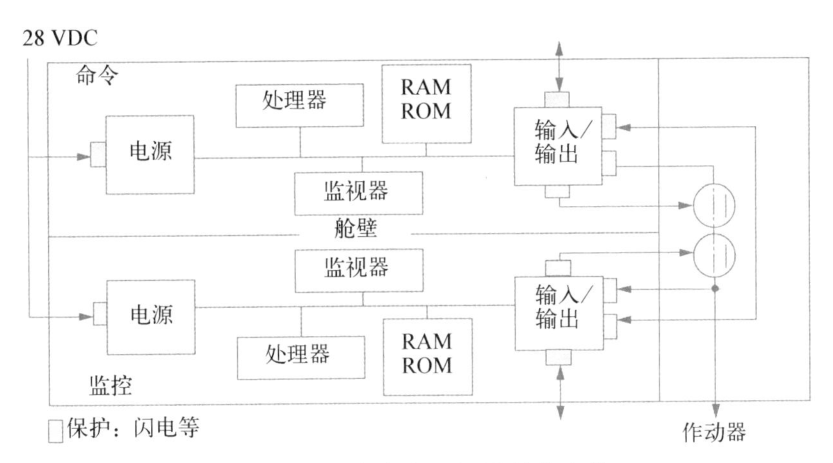

图 31-5　命令和监视计算机架构

因此，计算机可分两种：

(1) A320 系列上的 1.2 升降舵和副翼计算机(ELAC)和 3 扰流器和升降舵计算机(SEC)

(2) A330/A340 及其他上的 2.3 飞行控制主计算机(FCPC)和 2 飞行控制辅助计算机(FCSC)

以 A320 为例，ELAC 设计约有 68 010 个微处理器以及 80 186 个微处理器的 SEC。因此，有两个不同的设计和制造团队，使用不同的微处理器(和相关电路)、不同的计算机架构和不同的功能规范。当一个控制通道就能满足功能需求时，在软件层面，系统的架构却需要使用四个软件包：控制通道(ELAC)、监视通道(ELAC)、控制通道(SEC)和监视通道(SEC)。

31.3.1.3　伺服控制配置

副翼和升降舵可通过两个并联的伺服控制系统来定位。由于可能失去对一个舵面的控制，阻尼模式集成到每个伺服控制中，以防止在故障情况下发生颤动。通常，一个伺服控制起作动作用，而另一个起阻尼作用。在电气控制失效的情况下，通过机械反馈使升降舵作动器位于中心位置，以增加水平稳定器效率。

方向舵和水平稳定器控制系统用于接收机械输入和电气输入(或仅电气输

入,取决于 A/C 型号)。每个扰流器表面有一个伺服控制就足够了。在失去电气控制的情况下,在收起的位置对扰流器伺服控制系统加压。

31.3.1.4　飞行控制律

集成在电传飞行控制系统中的飞行控制律的总体目标是改进飞机的自然飞行质量,特别是在稳定性、控制和飞行域保护这些方面。在电传飞行控制系统中,计算机易于处理风速测量信息、惯性信息以及描述飞机状态的所有信息。因此,控制律可根据简单控制目标进行设计。计算机将操纵杆输入信号转换成好比惯性和风速计传感器测量的飞机实际状态的飞行员控制目标。因此,就纵向控制而言,侧杆位置转换成垂直负载系数需求,而水平控制通过滚转速度、侧滑角和倾斜角目标来实现。

飞行控制律所提供的稳定性增强提高了飞机飞行质量并有助于飞机安全。事实上,非常强的旋转稳定性使飞机在遇到阵风或发动机故障等扰动情况下依然能保持稳定,因而有别于其他的飞机。飞机通过目标控制可以显著减少机组人员工作量,电传飞行控制系统成为自动驾驶系统的内环,而飞行员代表负责目标管理的外环。

最后,禁止偏离正常飞行区域可能会引起危害的行程,这种保护可集成在系统中(见图 31-6),其主要优点是允许飞行员毫不犹豫地迅速做出反应,因为他知道这种行动不会导致危急情况。

31.3.1.5　计算机架构

并排放置的两台计算机可认为是相互独立且不相同的(见图 31-5)。这两台(子)计算机具有不同的功能,并且彼此相邻,使得飞机的维护更容易。命令和监视两个通道的计算机同时有源或无源,并准备控制。

每个通道包括一个或多个处理器、相关的存储器、输入/输出电路、电源装置和特定软件。当这两个通道的结果明显不同时,由检测到故障的通道切断计算机和外部的链路。系统设计成使计算机的输出可靠(通过继电器中断信号)。故障检测主要通过比较控制和监视命令之间的差值与预定阈值来实现。因此,

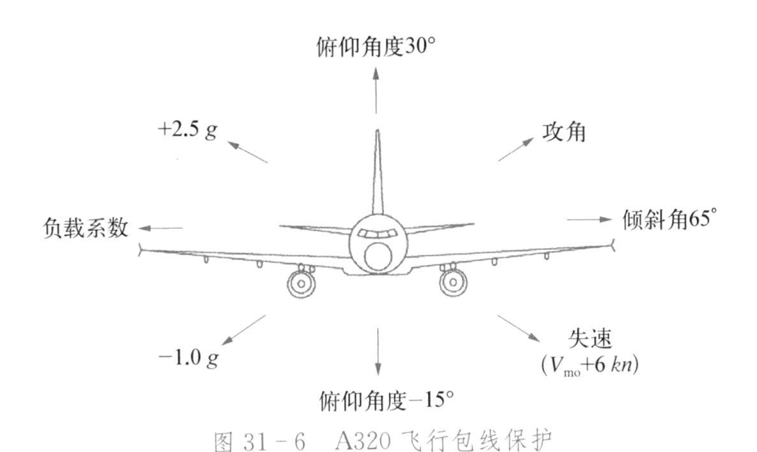

图 31-6　A320 飞行包线保护

将检测并钝化单个计算机故障的所有结果，以防止产生的错误传播到计算机外部。该检测方法通过永久监控程序排序和程序正确执行来完成。

飞行控制计算机必须具有鲁棒性。特别是，必须防止它们受到过电压和欠电压、电磁侵蚀和闪电的间接影响；飞行控制计算机由通风系统冷却，即使通风系统不工作的情况下，该计算机也须正常运行。

31.3.1.6　安装

电气安装，特别是许多电气连接，包括一个共同点的风险，该风险可通过大范围间隔来避免。在正常操作中，存在两个没有单一共同点的发电系统。计算机之间的链路是有限的，用于监视的链路不与用于控制的链路采用同一布线。还须考虑飞机零件的损坏；计算机放置在三个不同的位置，与作动器相连接的计算机放在飞机的地板下，还有一些在顶板上，其他放在货舱内。

31.4　故障检测和重新配置

31.4.1　飞行控制律

在飞行控制系统计算机中实施的控制律具有绝对权威性，必须根据至少两个一致的独立来源提供的综合信息来制定控制律。

因此，飞机反馈控制律（即正常控制律）的可用性与传感器的可用性密切相关。空客飞机的电传飞行控制系统使用三个大气数据和惯性参考单元（ADIRU）以及特定的加速计和速率陀螺仪的信息。此外，对于纵向正常控制律，冗余分析被应用于验证由单个惯性参考装置提供的俯仰速率信息。通过俯仰速率信息估计负载因子，并与可用的加速计测量结果进行比较，以验证 IRS 数据。

在出现两次或三次故障之后，当不可能去比较独立源的数据时，正常控制律被重新配置成直接控制律，其中操纵面偏转与杆输入成比例。为了增强差异性，将具有飞机反馈的复杂控制律（正常控制律）集成在一种计算机中，而另一种计算机仅包括直接控制律。

31.4.2 作动器控制和监视

通常的想法是将实际舵面位置与由监测通道计算的理论舵面位置进行比较。如有需要，控制通道和监测通道使用专用传感器来进行实际舵向位置与理论舵向位置的比较。特定的传感器安装在伺服阀阀芯上，为升降舵提供早期检测能力。两个通道都可以使作动器停止工作。根据故障源的情况，检测到的失控可能将导致伺服控制的停用或计算机的钝化。

31.4.3 比较和稳健性

一直在对两个通道中的特定变量进行比较，并将控制通道和监视通道结果之间的差异与阈值进行比较。必须在断开计算机之前进行确认，包括检测到的故障持续的时间足够长，检测参数（阈值、时间）必须足够“宽”以避免意外断开，且足够“紧”以便计算机的环境（飞机）能容忍未检测到的故障。更确切地说，须考虑所有系统公差（最显著的是传感器不准确、线索公差、计算机异步），以防止不当的故障检测，并且必须根据处理质量和结构负载效应来评估不可检测的错误(在信号阈值和定时阈值内)。

注意,为了检测不当振荡,检测阈值为待检测信号频率的函数,变得相当精细(Goupil,2011；Cazes 等,2012)。

31.4.4　潜在故障

某些故障可能在发生后很长一段时间内都是被屏蔽的。常见情况是监视通道受到故障影响而无法工作,并且仅在监视通道本身发生故障时才能检测到。测试是周期性进行的,以使不期望事件发生的概率足够低(即满足 FAR CS 25.1309 定量要求)。通常,计算机在飞机加电期间运行自检并测试其外围设备,因此至少每天或每次飞行检测一次。

31.4.5　重新配置

一旦在用计算机中断其功能(如控制律或作动器控制)时,备用计算机几乎立即工作,且在操纵面上不会产生抖动或只产生有限的抖动。通常,为了永远传输正常信号设计为双机系统,即一旦"功能"输出(如到作动器)丢失则就中断传输信号。

31.4.6　系统安全性评估

飞机的安全性可以使用定性评估和定量评估来证明,定性评估用于处理设计缺陷、相互作用(维护、机组)故障和外部环境危害。对于物理("硬件")故障,定性评估和定量评估都需要进行。特别是,定量评估将涵盖故障条件分类(从轻微故障到灾难性故障)与概率目标之间的联系。

31.4.7　警告和提醒

在有限故障的情况下,向机组人员通知故障情况是有用的,机组人员可根据故障的结果采取措施。然而,必须注意,要保持机组人员工作量在可接受的范围内。基本原则是，仅在必须采取行动来处理已出现的或未来可能发生的故障时，才提醒机组人员注意。同时，维护人员必须获得所有故障信息。

向飞行员发出的警告和提醒分为以下三类：

(1) 当需要立即采取行动时(如降低飞机速度)，发出红色警告并有连续声音告警。

(2) 琥珀色警告并伴随一个简单的声音，仅提醒飞行员但并不需要飞行员立即采取行动(如在失去飞行包线保护时，飞机不应超速)。

(3) 简单的警告(无声音)，不需要采取行动(如冗余丢失)。

这些警告和提醒的优先规则是最重要的信息优先提醒(Traverse 等，1994)。

31.5 飞机特性

从 A320 到最新的 A350，虽然基本原理是一样的。但是无论是根据飞机的规模和任务，还是根据所引进的新技术，每架飞机都有其特殊性。

31.5.1 A330/A340

考虑到 A340 的特点(远程四引擎飞机)，A330/A340 电传飞行控制系统的一般设计目标是尽可能重现为 A320 机型的架构和原理，以实现通用性和高效性。

现在，在每个新程序中都很常见的是，A320 和 A330/A340 程序之间的计算机功能密度增加了：为了实现更多的功能并控制不断增多的操纵面，减少计算机的数量(见图 31-3)。

就两类计算机(PRIM 和 SEC)之间的差异而言，一个重要的决定是强制选择这些计算机所使用的技术，而不依赖于每个开发团队的独立选择。做出这种选择是因为可采用的技术手段在减少，该选择的结果是在空客中开发两类计算机。

A320 飞行控制律的一般概念保留下来了，并根据飞机特性进行了一些调整，然后用于优化飞机性能，具体体现在如下几个方面：

(1) 加强了攻角保护，以更好地应对飞机的空气动力学特性。

(2) 通过副翼产生的附加阻尼，横滚阻尼系统用于避免舵阻，并且附加额外的自主阻尼器，能避免不可能发生完全的电气故障。因此，现有的 A300 尾翼可用于 A330 和 A340 飞机，并有相关的工业优势。

(3) 起飞性能可通过设计在旋转期间控制飞机俯仰姿态的特定控制律来优化。

(4) 电传飞行控制系统的灵活性用于优化地面上的最小控制速度(VMCG)。事实上，通过完全不对称地部署内侧和外侧副翼在踏板动作的一侧(作为方向舵行程的函数)，增加了地面上方向舵的效率：要求内副翼向下，要求外副翼(由一个扰流器补充)向上。

(5) 通过所谓的“湍流阻尼函数”，在 A340 项目上实现了通过电传控制指导结构模式控制的第一步，目的是通过阻尼由湍流激发的结构模式来改善乘客的舒适性。

31.5.2　A340 - 600

通过增加基础的 A340 型号机身的长度得到了 A340 - 600。这一特性导致以下结果。

要有具体的控制律来管理刚性和灵活的机身模式(Kubica 等，1995)。

要有一个能产生精确控制且不要维护成本的方向舵的全电气控制来消除机械控制的磨损。因此，最终的备用系统被设计成一个模拟计算机连接到驾驶舱中的踏板和方向舵伺服控制系统。该设备随后安装在所有 A330 和 A340 上。

自动驾驶内回路已集成在飞行控制计算机中,以减少功能之间的异步程度。

31.5.3 A380

需要有合适的控制律和系统结构以应对多个操纵面,同时还需要有合适的作动器和电力系统(Lelaie,2012),A380 的尺寸是一个明显的挑战。

然而,最显著的演变当然是使用电气作动。除了液压伺服控制,还使用电动液压作动器和电动备用液压作动器(见图 31-7,Todeschi,2007)。它们由以前仅用于航空电子设备的两个独立电路供电。因此,电力架构从三个用于作动的液压回路和两个用于航空电子的电路(典型的 A320/330/340)演变成三个用于作动的液压回路和两个用于作动和航空电子设备的电路。

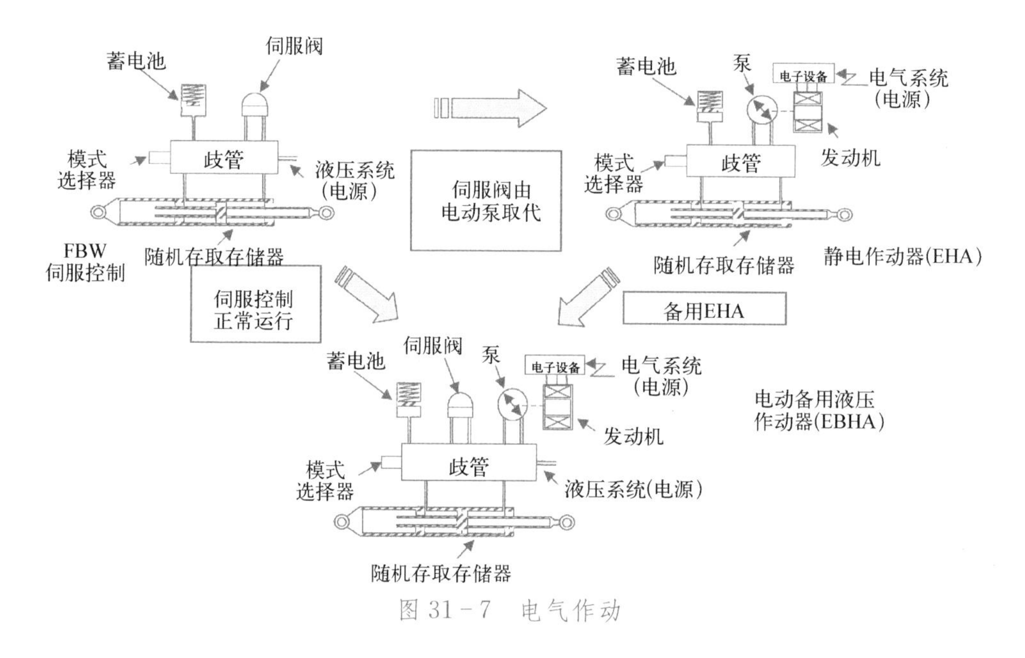

图 31-7 电气作动

使用电气作动的主要原因是改善 A380 在特定风险下(如发动机旋翼爆裂)的耐受性。事实上,电缆可在乘客区(A380 的主甲板和上层甲板)中布线,这种布线方式通常不用于液压管道。

此外,电气作动允许简化液压系统并且将冲压空气涡轮机从液压发电机改变为电动发电机。关键的推动因素是技术的可用性：EHA和EBHA的原型在A380发布之前已用于A320。

除了电气作动之外，通过将整个自动驾驶仪和飞行控制系统集成在一起，并且具有最终全电动备用系统，将模拟计算机连接到侧杆和踏板、方向舵、副翼和升降舵，A340－600的经验得到了拓展。

A380也引入了如下新功能。

制动到撤消：自动控制制动和扰流系统，以到达跑道的预选出口(Villaume，2009)。

跑道超速保护：如果着陆条件不当应警告机组人员，并实时监测可用着陆距离(Jacob等，2009)。

AP/FD TCAS：支持飞行员自动地或在飞行指引系统的帮助下回答交通防撞系统的决策咨询(Botargues，2009)；TCAS告警防预(TCAP)，以避免滋扰的决策咨询(Botargues，2012)。

31.5.4　A400M

A400M是一种多用途运输机，其架构非常接近A380，主要区别与欧洲北约国家所要执行的功能和所需的机动性要求有关。

在民用空客定义了系统FBW部分(PRIM加上SEC)的安全目标，并未从最终备用系统中受益。然而在A400M上，备用系统完全能够继续安全飞行和着陆，这一点必须向客户说明。这也使得PRIM和SEC之间的差异性需要减少，它们使用通用的硬件(但具有不同的功能和软件)。通过PRIM和SEC之间的功能差异以及PRIM/SEC与最终备用冗余之间的总体硬件差异性来确保对设计或硬件制造误差的容忍。

31.5.5　A350

A350的架构也非常接近A380。一个主要区别是引入了可变弯度功能，使扰流板与襟翼移动紧密同步。

A350飞行控制系统也是首次在飞机上使用，其中作动器控制分布在连接到作动器本身的电子模块中。这些作动器模块和主飞行控制计算机之间的数据通过双向数据总线交换，这符合 MIL - STD - 1553 标准。

31.6 设计、开发和验证程序

31.6.1 电传飞行控制系统认证背景

只有当飞机具有由航空公司所在国的航空当局颁发的类型证书时，航空公司才能运营该飞机。对于一个国家来说，当相关组织（美国联邦航空管理局，几个欧洲国家的欧洲航空安全局等）已证实飞机符合国家的航空规则及高级安全要求时，才授予该证书。每个国家都有自己的一套监管材料，但共同核心基本一致。监管材料基本上由两部分组成：一部分是要求，另一部分是一组解释和符合性的可接受手段。一个要求是“飞机系统的设计必须使任何妨碍飞机继续安全飞行和着陆的故障情况都极不可能发生”。[联邦和联合航空要求 CS 25.1309 (FAR CS 25)]规定的相关部分（来自 FAA 的咨询通告，来自 CS 25.1309 的联合咨询材料）给出了该要求的意义并讨论了诸如“故障条件”和“极不可能”等术语。此外，还给出如何证明符合性的指南（Traverse 等，2010）。

为了覆盖新技术（如使用电传控制系统），航空监管材料一直在不断完善。这是因为通过针对特定飞机的特定问题的特殊条件修改一般是由监管材料来完成的。关于空客电传控制飞机，认证时需解决以下创新问题（注意，其中一些问题也涉及其他飞机系统）：

（1）飞行包线保护。

（2）侧杆控制系统。

（3）静态稳定性。

(4) 系统和结构的相互作用。

(5) 系统安全性评估。

(6) 闪电间接效应和电磁干扰。

(7) 控制信号传输的完整性。

(8) 电源。

(9) 软件验证和文档,自动代码生成。

(10) 系统验证。

(11) 特定应用的集成电路。

31.6.2　A320 实践

31.6.2.1　设计

为 A320 程序开发的基本方案是所谓的 SAO 规范(Spécification Assistée par Ordinateur),清楚地指定控制律和系统逻辑的法国宇航公司(Aerospatiale)图形语言定义。这种方法的优点之一是使用的每个符号都有一个用严格规则来管理其互连的正式定义。规范受配置管理工具的控制,会自动检查部分语法。

31.6.2.2　软件

软件的产生是受到基本约束的,即必须经过验证和确认。此外,它必须满足世界上最严格的民用航空标准(1 级软件,DO - 178A,1985;Barbaste 和 Desmons,1988)。功能规范作为飞机制造商和软件设计师之间的接口。A320 飞行控制软件规范的主要部分复制了功能规范,避免了在将功能规范转换为软件规范时产生错误。对于软件的“功能”部分,不需要验证,因为它已包含在功能规范上执行的工作中。软件规范唯一要验证的部分涉及硬件和软件之间的接口(任务序列器,管理自检软件输入/输出)。这部分只在飞机开发过程中稍做修改。

为了使软件验证更容易,以输入的周期性扫描作为预定顺序对各种任务进行排序,只有时钟可产生用于控制任务排序的中断。这种排序是确定性的,任务排序器验证工作包括对每个任务的最大执行时间(最差情况)和分配给此任务的时间之间的余量进行有条理的评估。一个重要任务是检查软件与规范的一致性,并通过测试和检查来完成。开发过程中每个步骤的结果都要根据其规范进行检查。例如,根据规范测试代码模块。该测试首先应是功能性的(黑盒),然后是结构性的(白盒)。

必须为内部结构和输入范围获取充足的覆盖。术语"充足"不表示测试被认为是详尽的。例如,对模块的结构测试,为每个输入定义等价类。以这些等价类和所有模块分支(包含其他)为基础,测试必须覆盖模块输入范围。这些等价类和可能的其他测试工作已得到各方(飞机制造商、设备制造商、适航当局、设计者和质量控制)的批准。

控制通道的软件与监控通道的软件不同。同样,ELAC 计算机的软件与 SEC 计算机的软件也不同(相同情形适用于后者的 A/C 模型中的 FCPC 和 FCSC)。这样做的目的是最小化可能导致操纵面失控(控制/监控不相似)或所有计算机完全关闭(ELAC/SEC 不相似)的常见错误风险。

要保留的基本规则是以最可能的方式生成软件。这已得到了来自工业和适航当局的几位软件专家的认可。不相同的一点是增加了一个预防措施,而这并不能减少为保证软件质量所需做的工作。

31.6.2.3 系统验证

模拟代码、全尺寸模拟器和飞行测试广泛用于设计、开发和验证 A320 飞行控制系统(Chatrenet,1989)以及对该飞机控制系统的分析和同行审核。

使用称为飞机运动仿真工具(outil de simulation des mouvements avion,OSMA)的"批量"类型模拟代码来初步设计飞行控制律和保护措施,包括非线性域,并将其用于一般处理质量研究。

然后开发模拟器,在开发过程中尽快让飞行员在环路中测试控制律。该模拟器配备与 A320 一模一样的固基驾驶舱、控制装置和视觉系统;获得基于风洞测试的一组临时 A320 航空数据后,它于 1984 年开始服役。开发模拟器用于开发和初始调整包括试飞员在内的闭环合作过程中的所有飞行控制律。

三个“一体化”模拟器于1986年投入使用。它们包括与A320一模一样的驾驶舱、视觉系统以及实际飞机设备，包括计算机、显示器、控制面板以及警告和维护设备。一个模拟器可耦合到“铁鸟”，这是液压和电气用品的全尺寸复制品，并安装了所有实际的飞行控制系统组件，包括伺服插口。这些模拟器的主要目的是在一个与实际飞机环境非常类似的环境中测试系统所有元件的操作、集成和兼容性。

最后，试飞仍然是验证飞行控制系统的最终且不可或缺的方式。即使在最先进的模拟技术条件下，模拟器仍然不能完全取代试飞进行质量评估。在这种情况下，开发了一种称为SPATIALL(systeme pour acquisition et traitement d’informations analogiques ARINC et logiques)的特定系统，用于辅助试飞。该系统允许飞行工程师进行以下操作。

(1) 记录所有计算机的内部参数。

(2) 选择要测试的几个预编程配置(增益、限制、阈值等)。

(3) 向控件、操纵面或所有中间点注入校准的请求。

由试飞补充的集成阶段被认为是现在经典的V形系统开发/验证过程验证测试的最后一步。

31.6.3　A340实践

31.6.3.1　设计

系统的定义要求将一定数量的作动器分配给各操纵面并将电源和计算机分配给各作动器。这种布置意味着要检查系统安全目标是否得到满足。因此，必须设想大量的故障组合。已有研究工作开始解决该过程的自动化。

可以看出，可评估大量故障情况且允许使用容量函数的工具是有用的，并且即使有时可能会导致悲观的结果，对静态依赖性建模的可能性不是绝对必要的。该研究提出了一种数据处理工具，将计算机、作动器、液压和电源的布局以及特定事件(如同时关闭所有发动机并因此同时关闭大量电源)作为输入,操纵面的可用性取决于这些资源的可用性。此描述使用故障树支持作为该工具的输入。

用于限定飞机滚转可控性的容量函数是根据飞行控制系统的降级状态来定义的。可控性可通过一个函数实现,该函数通过可用操纵面的滚转速率的线性函数来测量可用滚转速率。然后,可将系统的降级状态划分为成功或失效状态,并计算系统相对于目标滚转可控性的失效概率。

该工具自动创建故障组合,评估操纵面的可用性,进而评估滚转可控性函数的可用性,并将评估结果与目标进行比较。目标可能是可控性(倾斜操纵面的可用性、可用滚转速率等),也可能是可靠性(概率大于给定可靠性目标时,所有故障组合必须满足可控性目标)。该工具给出了不符合目标(如有)的故障组合清单,并针对每个可控性目标给出了不合格的概率,还考虑了使用一台计算机时的调度失败情形。

31.6.3.2 自动编程

自动编程工具的使用越来越普遍。A320 就出现了这种趋势,并在 A340 上得到了确认(特别是,FCPC 部分被自动编程)。该工具将 SAO 表作为输入,并且使用一个软件包库。在该库中,每个符号都有一个软件包。自动编程工具将符号的软件包关联在一起。

这种工具的使用能提高系统的安全性,即使需要快速体现对规范的修改(如在试飞阶段期间遇到的情况),自动工具也能实现对规范修改的编码,且没有任何压力。此外,通过使用形式规范语言的自动编程允许将一个飞机程序的机载代码用于其他飞机程序。需要注意的是,功能规范验证工具(模拟器)使用自动编程工具。该工具具有与生成飞行控制计算机代码的自动编程工具相同的部件。这增加了模拟的验证能力。出于各种原因,只有 FCPC 计算机被自动编码(FCSC 为手动编码)。FCPC 自动编码工具有两个不同的代码转换器,一个用于通道控制,另一个用于通道监控。

31.6.3.3　系统验证

A320 实践表明，有必要在设计过程中尽早检测错误，以尽量减少开发阶段的调试工作。因此，人们决定开发工具，使工程师能够在实际飞行环境中对飞机进行试飞，以便在装入计算机代码之前检查规范是否满足性能要求和安全目标。

这个项目的基本要素是所谓的 SCADE 规范语言[SCADE 语言已经替代了在 A320 上使用的 SAO (Polchi，2005)]，这种图形语言用于清楚指定控制律和系统逻辑。然后，在控制律和系统区域，对该规范自动编码以用于工程模拟。

在控制律领域，辅助参数模拟(outil de conception assistée par simulation，OCAS)是一种实时模拟工具，将控制律的 SAO 定义与前面提及的飞机运动仿真工具(OSMA)相连。通过包括侧杆和发动机推力水平等的简化控制来输入飞行员指令。简化的 PFD(主飞行显示)可显示控制律的输出。然后，工程师可判断他刚刚得到的控制律的质量，特别是在控制律转换和非线性效应方面。在早期开发阶段，在试飞员使用的全尺寸 A340 开发模拟器中也使用了相同的模拟。

在系统领域中，扩展多重配置(outil de simulation multi equipement，OSIME)是一种扩展的时间模拟，它将整个系统(控制律和系统逻辑)的 SAO 定义与完整的伺服控制模式和飞机运动仿真工具(OSMA)相连。目标是在飞行环境中模拟整个电传飞行控制系统，包括三台主计算机(FCPC)、两台辅助计算机(FCSC)和伺服控制器。

该工具有助于电传飞行控制系统的功能定义、系统验证和故障分析。此外，可在每个参数的有效性限制(包括时间延迟)下检查系统的行为，以定义稳定的监控算法。非回归测试早就集成到设计过程中了，以检查每个新规范标准的有效性。

一旦通过验证，在使用 OCAS 和 OSIME 工具的控制律和系统领域中，即认为已准备好将新的规范标准在实际计算机(自动编码)中实施，并在测试台、模拟器和飞机上进一步验证(见图 31-8)。

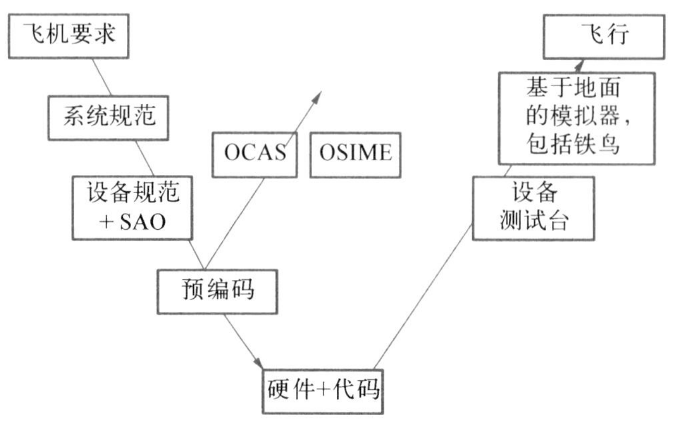

图 31-8 验证方法

31.6.4 A340-600 实践

在 20 世纪 90 年代,监管材料的整合产生了一套文档(四个):

(1) 关于系统设计、验证和确认、配置管理、质量保证的文档(ARP4754,1994; Landi 和 Nicholson,2011)。

(2) 关于软件设计、验证、配置管理、质量保证的文档(DO-178B,1992)。

(3) 有关硬件设计、验证、配置管理、质量保证的文档(DO-254,1995)。

(4) 关于系统安全评估过程的文档(ARP4761,1994)。

值得注意的是,A340-600 当然是被证明其系统(飞行控制系统)符合 ARP4754 标准的第一架飞机。

31.6.5 A380 实践

A380 已在开发中的多处引入了模型检查技术。

首先,自动形式技术(验证工具)已用于验证低级别要求(Souyris 等,2011)。形式验证包括使用证据工具来证明组件代码的所有可能执行都符合其低级别形式要求。

除单一验证之外，以下验证活动现在得益于装备齐全的形式技术（自动化）：计算用于程序栈的存储量的保证上限标记和计算每个功能任务的所有执行时间的保证上限标记。所有这些工作都得到了认证机构的认可。

此外，软件的某些有限功能规范（SCADE 规范）还使用了模型检查功能。

31.7　未来发展趋势

已证明，为 A320 开发的电传飞行控制系统适用于各种飞机（最著名的是 A380 和 A400M）及新机。如下要点是本书第一版中提到的未来趋势。

(1) A380 引入了电气作动。

(2) 终极备份现在完全电动化（在 A340 - 600 率先使用，在 A380 终结）。

(3) A340 - 600 已大幅度引入结构模式控制。

(4) 在 A380 出现了集成模块航空电子，集成了一些飞行控制功能（维护和警告），PRIM 计算机的设计与 IMA 模块共享。

那么，接下来呢？

一方面，我们当然可期待新型电作动器的出现，即不需要任何液压传动的机电作动器（Todeschi，2010）。

另一方面，我们已经看到了在 A380 上提供增加安全裕度的新功能。我们当然希望未来有更多功能。

参考文献

[1] ARP4754. 1994. *System Integration Requirements*. Society of Automotive Engineers (SAE) and European Organization for Civil Aviation Electronics

(EUROCAE). Revision A published in 2010. SAE: Warrendale, PA.

[2] ARP4761. 1994. *Guidelines and Tools for Conducting the Safety Assessment Process on Civil* Airborne Systems and Equipment. Society of Automotive Engineers (SAE) and European Organization for Civil Aviation Electronics (EUROCAE). Eurocae: Malakoff, France.

[3] Barbaste, L. and Desmons, J. P. 1988. Assurance qualite du logiciel et la certification des aeronefs/Experience A320. ler seminaire EOQC sur la qualite des logiciels, Brussels, Belgium, pp. 135 - 146, April 1988.

[4] Botargues, P. 2009. P. Airbus AP/FD TCAS mode: A new step towards safety improvement. *Safety First — The Airbus* Safety *Magazine*, February 7, 2009.

[5] Botargues, P. 2012. The airbus TCAS alert prevention (TCAP). *Safety First — The Airbus Safety Magazine*, January 13, 2012.

[6] Cazes, F., Chabert, M., Mailhes, C., Michel, P., Goupil, P., Dayre, R., and le Berre, H. 2012. Flight control system improvement based on a software sensor derived from partial least squares algorithm. *Eighth IFAC symposium on Fault-Detection, Supervision and Safety of Technical Processes (SAFEPROCESS)*, Mexico City, Mexico, August 2012.

[7] Chatrenet, D. 1989. Simulateurs A320 d'Aerospatiale: leur contribution a la conception, au developpement et a la certification. *INFAUTOM 89*, Toulouse, France.

[8] DO - 178A. 1985. *Software Considerations in Airborne Systems and Equipment Certification.* RTCA and European Organization for Civil Aviation Electronics (EUROCAE). ARINC: Annapolis, MD.

[9] DO - 178B. 1992. *Software Considerations in Airborne Systems and Equipment Certification.* RTCA and European Organization for Civil Aviation Electronics (EUROCAE). Revision C has been published in 2012. ARINC: Annapolis, MD.

[10] DO - 254. 1995. *Design Assurance Guidance for Complex Electronic Hardware*

Used in Airborne Systems. RTCA and by European Organization for Civil Aviation Electronics (EUROCAE). EUROCA: Malakoff, France.

[11] FAR CS 25. *Airworthiness Standards: Transport Category Airplanes*. Part 25 of "Code of Federal Regulations, Title 14, Aeronautics and Space," for the Federal Aviation Administration, and "Airworthiness Joint Aviation Requirements — Large aeroplane" for the Joint Aviation Authorities.

[12] Favre, C. 1993. Fly-by-wire for commercial aircraft — The Airbus experience. *International Journal of Control*, special issue on *Aircraft Flight Control*, 59 (1), 139 - 157, January 1994, Taylor & Francis, Florence, KY.

[13] Jacob, A., Lignee, R., and Villaume, F. 2009. The runway overrun prevention system. *Safety First — The Airbus Safety* Magazine, July 8, 2009.

[14] Kubica, F., Livet, T., Le Tron, X., and Bucharles, A. 1995. Parameter-robust flight control system for a flexible aircraft. Control *Eng. Prac.*, 3 (9), 1209 - 1215.

[15] Landi, A. and Nicholson, M. 2011. ARP4754A/ED - 79A guidelines for development of civil aircraft and systems — Enhancements, novelties and key topics. *SAE 2011 AeroTech Congress & Exhibition*, Toulouse, France, October 18 - 21, 2011.

[16] Lelaie, C. 2012. A380: Development of the flight controls. *Safety First — The Airbus Safety Magazine*, January 13, 2012, July 14, 2012, January 15, 2013.

[17] Polchi, J. F. 2005. "Developpement systeme. Un exemple avec l'outil SCADE: les commandes de vol Airbus". *AFIS/Journée outils de l'ingénierie système*, Toulouse, France, 2005.

[18] Souyris, J., Delmas, D., and Duprat, S. 2011. Airbus: Formal verification in avionics. *Static Analysis of Software — The Abstract Interpretation*. John Wiley & Sons: Hoboken, NJ.

[19] Todeschi, M. 2007. A380 flight control actuation — Lessons learned on EHAs

design. *Recent Advances in Aerospace Actuation Systems and Components Conference*, Toulouse, France, June 2007.

[20] Todeschi, M. 2010. Airbus — EMA for flight controls actuation system — Perspectives. *Recent Advances in Aerospace Actuation Systems and Components Conference*, Toulouse, France, May 2010.

[21] Traverse, P. 2008. System safety in a few nutshells. *Fourth European Congress ERTS Embedded Real Time Software*, Toulouse, France, January 2008.

[22] Traverse, P., Bezard, C., Camus, J. M., Lacaze, I., Leberre, H., Ringeard, P., and Souyris, J. 2010. Dependable avionics architectures: Examples of a fly-by-wire system. *Safety of Computer Architectures*. John Wiley & Sons, 2010. John Wiley & Sons: Hoboken, NJ.

[23] Traverse, P., Briere, D., and Frayssignes, J. J. 1994. Architecture des commande de vol electriques Airbus, reconfiguration automatique et information equipage. *INFAUTOM 94*, Toulouse, France.

[24] Villaume, F. 2009. Brake-to-vacate system — The smart automatic braking system for enhanced surface operations. *FAST — Airbus Technical Magazine*, July 44, 2009.